高等学校土木工程专业规划教材

土木工程行业执业资格考试概论

董 军 主 编
王治均 副主编
王肇民 主 审

中国建筑工业出版社

图书在版编目（CIP）数据

土木工程行业执业资格考试概论/董军主编．—北京：
中国建筑工业出版社，2010.6
（高等学校土木工程专业规划教材）
ISBN 978-7-112-12218-9

Ⅰ．①土… Ⅱ．①董… Ⅲ．①土木工程-工程技术人员-
资格考核-自学参考资料 Ⅳ．①TU

中国版本图书馆 CIP 数据核字（2010）第 125392 号

本书是高等学校土木工程专业规划教材之一，可作为土木工程专业本科学生教材，也可供相关工程技术人员准备土木工程行业执业资格考试参考。

全书共六章。第一章绪论，介绍执业资格考试的目的、意义、形式、特点、在我国的发展概况，以及土木工程专业相关执业资格考试的类型及特点。第二章注册结构工程师执业资格考试，介绍注册结构工程师执业资格考试的目的及意义、形式及特点、在我国的发展概况，以及考试的内容及基本要求。第三章注册土木工程师（岩土）执业资格考试，介绍注册土木工程师（岩土）执业考试的特点、发展以及注册土木工程师（岩土）的权利和义务、基础考试的大纲要求和部分基本内容要求；重点介绍注册土木工程师（岩土）专业考试的大纲要求和内容重点。第四章注册监理工程师执业资格考试，介绍注册监理工程师执业资格考试的目的和意义、考试形式和特点，介绍建设工程合同管理、质量控制、投资控制、进度控制、建设工程监理概论、监理相关法规、案例考试内容和考试要求。第五章注册建造师执业资格考试，介绍注册建造师执业资格考试的目的和意义、考试形式和特点，以及建设工程经济、工程项目管理、建设工程法规及相关知识、建筑工程管理与实务考试内容和考试要求。第六章注册造价工程师执业资格考试，介绍注册造价工程师执业资格考试特点及内容、工程造价的组成内容及确定、工程造价的定额计价方法、工程量清单计价的基本原理和特点、工程造价的计价与控制。

* * *

责任编辑：朱首明　李　明
责任设计：张　虹
责任校对：兰曼利　关　健

高等学校土木工程专业规划教材
土木工程行业执业资格考试概论
董　军　主　编
王治均　副主编
王肇民　主　审

*

中国建筑工业出版社出版、发行（北京西郊百万庄）
各地新华书店、建筑书店经销
北京红光制版公司制版
北京市安泰印刷厂印刷

*

开本：787×1092 毫米　1/16　印张：30　字数：730 千字
2010 年 9 月第一版　2010 年 9 月第一次印刷
定价：**55.00** 元
ISBN 978-7-112-12218-9
（19468）

版权所有　翻印必究
如有印装质量问题，可寄本社退换
（邮政编码 100037）

序

随着我国经济社会的日益发展,越来越多的专业领域建立了执业资格制度。执业资格考试作为执业制度的核心内容,有利于加快人才培养,促进和提高专业队伍素质和业务水平,促进专业技术人员队伍建设,建立合理的专业人才库;有利于统一专业人员的业务能力标准,公正地评价专业人员是否具备执业资格,从而合理使用专业技术人才;有利于同国际接轨,参与世界经济交流与合作,推进资格互认工作,参与国际竞争,开拓国际市场。

土木工程行业涉及国民经济建设的方方面面,是我国推行执业资格制度最早和最广泛的行业之一。注册结构工程师、注册监理工程师、注册建筑师等执业资格制度的实施,已在国家经济建设中发挥了重要作用。土木行业专业技术人员取得相应的执业资格已成为就业的基本条件之一,参加执业资格考试的人数不断增多,而且土木行业执业资格考试种类也在不断增加。虽然已有大量的土木类执业资格考试参考书,但基本上是针对某一具体的执业资格要求,和本书思路相同的还未见到。

本书基本覆盖了土木行业主要的执业资格考试类别,在内容上兼顾博与专,既简要介绍了土木工程行业已有的各类执业资格考试,又选择了参考人数较多的注册结构工程师、注册土木工程师(岩土)、注册监理工程师、注册建造师、注册造价工程师进行详细介绍,使读者能在较短的时间内对相关的执业资格考试有初步的了解,从而可为选定考试种类、制订考试计划、学习相关课程提供参考。

为提高可读性,作者还在每章开始设"本章导读",介绍本章主要内容、重点、难点,提出本章需要达到的学习目的;章末设本章小结,进一步突出本章重点内容和要求;每章后附考试内容与主要课程对应关系表,为读者全面了解执业资格考试内容与各门课程的关系提供了方便。

本书组织者董军教授曾在同济大学作为我的博士生专攻钢结构,获得工学博士学位并被评为同济大学优秀博士毕业生,从事土木工程教学、科研和工程应用多年,一贯治学严谨、勤奋,具有良好的专业素养。其他几位作者也都是既有丰富工程实践经验、又在教学一线耕耘多年的优秀教师。

总之,本书内容新颖、适应面广、质量高,既可用做土木工程专业教材,也是工程技术人员准备执业资格考试的很好参考书,因而,乐为之序。

2009 年 12 月 28 日

前　言

土木工程行业执业资格考试种类很多，本书选择了报考人数较多的五类执业资格考试进行分类介绍，旨在使读者能在较短的时间内对相关的执业资格考试有一个初步的了解，从而为选定考试种类、制订考试计划、学习相关课程提供参考。本课程建议在本科阶段二年级下学期或三年级上学期开设，使学生能结合拟报考的执业资格考试种类及时复习已学习的课程，调动学习后续专业课程的兴趣；授课学时可考虑 16～24 学时。

据作者所知，虽然已有大量的土木类执业资格考试参考书，但和本书思路相同的还未见到。由于本书覆盖面广，基本覆盖了土木工程专业本科教学的所有课程，作者撰写时碰到了诸多的困难。如缺乏相似参考书、内容博与专怎样兼顾、基本内容和考试要求怎样协调等等。为此编写组召开了多次全体会议，认真研讨了相关问题，并在试写的基础上统一了编写原则和具体要求。为提高可读性，采取了以下措施：

（1）每章开始设"本章导读"，介绍本章主要内容、重点、难点，提出本章需要达到的学习目的；章末设本章小结，进一步突出本章重点内容和要求。

（2）每章后附考试内容与主要课程对应关系表，为读者全面了解执业资格考试内容与各门课程的关系提供了方便。

全书由董军教授负责拟定编写大纲，并组织南京工业大学和江苏科技大学相关教师分工编写。第一章由南京工业大学董军教授、江苏科技大学一级注册结构工程师王治均编写；第二章由王治均、董军编写；第三章由南京工业大学蒋刚副教授编写；第四、五章由江苏科技大学注册监理工程师及注册建造师缪志萍编写，江苏科技大学唐柏鉴副教授协助编写；第六章由南京工业大学注册造价工程师赵宏华编写。全书由董军主编，王治均副主编，唐柏鉴副教授协助做了大量组织和统稿工作。全书由全国最早的一级注册结构工程师、同济大学博导王肇民教授主审。

我们要特别感谢同济大学王肇民教授，他在百忙中仔细审阅了全书，提出了宝贵的修改意见，撰写了热情洋溢的序言，文中多有褒奖之词，反映了前辈对好学后进的热情鼓励和殷切希望，将激励和鞭策我们不断努力进取。

书中引用了较多的参考文献，主要的已在各章列出，特向所有本书引用文献的作者致以衷心的感谢。

虽然我们已尽了自己的努力，但由于全书涉及面广，自身学识和能力所限，书中一定还有诸多值得商榷改进之处，诚挚希望读者诸君能不吝赐教。

董军

2009 年 12 月 20 日

于南京工业大学学府苑

目　　录

第1章　绪论 ··· 1
1.1　执业资格考试的目的及意义 ··· 1
1.1.1　执业资格考试的目的 ··· 1
1.1.2　执业资格考试的意义 ··· 1
1.2　执业资格考试的形式及特点 ··· 4
1.2.1　执业资格考试形式 ··· 4
1.2.2　执业资格考试特点 ··· 4
1.3　执业资格考试在我国的发展概况 ··· 4
1.4　土木工程专业相关执业资格考试简介 ··· 9
1.4.1　注册结构工程师 ··· 10
1.4.2　注册土木工程师 ··· 10
1.4.3　注册监理工程师 ··· 11
1.4.4　注册造价工程师 ··· 11
1.4.5　注册建造师 ··· 11
1.4.6　注册房地产估价师 ··· 12
1.4.7　注册房地产经纪人 ··· 12
1.4.8　注册物业管理师 ··· 12
1.4.9　注册咨询工程师 ··· 13
1.4.10　注册建筑师 ··· 13
1.4.11　注册城市规划师 ··· 14
1.4.12　地震安全性评价工程师 ··· 14
1.4.13　注册电气工程师 ··· 15
1.4.14　注册公用设备工程师 ··· 15
1.4.15　注册设备监理师 ··· 16
1.4.16　注册安全工程师 ··· 16
1.4.17　注册环保工程师 ··· 16
1.4.18　注册资产评估师 ··· 17
本章小结 ··· 17
本章参考文献 ··· 17

第2章　注册结构工程师执业资格考试 ··· 19
2.1　注册结构工程师执业资格考试简介 ··· 19
2.1.1　注册结构工程师执业资格考试的目的及意义 ··· 19
2.1.2　注册结构工程师执业资格考试的特点 ··· 19
2.1.3　注册结构工程师执业资格考试的发展 ··· 20
2.1.4　注册结构工程师执业资格考试的基本要求 ··· 21
2.2　注册结构工程师基础考试内容与要求 ··· 24

- 2.2.1 基础理论 ·· 24
- 2.2.2 力学 ·· 38
- 2.2.3 专业基础课程 ··· 48
- 2.2.4 专业课程 ·· 54
- 2.3 注册结构工程师专业考试内容与要求 ··················· 63
  - 2.3.1 总则 ·· 64
  - 2.3.2 混凝土结构 ··· 75
  - 2.3.3 钢结构 ·· 93
  - 2.3.4 砌体结构与木结构 ·· 111
  - 2.3.5 地基与基础 ··· 121
  - 2.3.6 高层建筑结构、高耸结构及横向作用 ················· 136
  - 2.3.7 桥梁结构 ·· 153
- 本章小结 ·· 160
- 本章考试内容与主要课程对应关系表 ·································· 161
- 本章参考文献 ·· 162

第3章 注册土木工程师（岩土）执业资格考试 ············ 164

- 3.1 注册土木工程师（岩土）执业资格考试简介 ······· 164
  - 3.1.1 注册土木工程师（岩土）执业资格考试的发展 ··· 164
  - 3.1.2 注册土木工程师（岩土）执业资格考试的特点 ··· 165
  - 3.1.3 注册土木工程师（岩土）执业及管理规定 ······· 166
- 3.2 注册土木工程师（岩土）执业资格基础考试内容与要求 ··· 168
  - 3.2.1 岩体力学 ·· 168
  - 3.2.2 工程地质 ·· 170
- 3.3 注册土木工程师（岩土）执业资格专业考试内容与要求 ··· 182
  - 3.3.1 岩土工程勘察 ·· 182
  - 3.3.2 岩土工程设计基本原则 ·· 193
  - 3.3.3 浅基础 ·· 195
  - 3.3.4 深基础 ·· 208
  - 3.3.5 地基处理 ·· 225
  - 3.3.6 土工结构与边坡防护 ·· 243
  - 3.3.7 基坑工程与地下工程 ·· 250
  - 3.3.8 特殊条件下的岩土工程 ·· 268
  - 3.3.9 地震工程 ·· 289
  - 3.3.10 岩土工程检测与监测 ·· 298
  - 3.3.11 工程经济与管理 ·· 303
- 本章小结 ·· 304
- 本章考试内容与主要课程对应关系表 ·································· 305
- 本章参考文献 ·· 305

第4章 注册监理工程师执业资格考试 ···························· 308

- 4.1 注册监理工程师执业资格考试简介 ······················· 308
- 4.2 建设工程合同管理 ·· 309

- 4.2.1 考试大纲基本要求 ……………………………………………… 309
- 4.2.2 建设工程合同管理法律基础 …………………………………… 310
- 4.2.3 合同法律制度 …………………………………………………… 312
- 4.2.4 建设工程招标管理 ……………………………………………… 314
- 4.2.5 建设工程委托监理合同 ………………………………………… 315
- 4.2.6 建设工程勘察设计合同管理 …………………………………… 317
- 4.2.7 建设工程施工合同管理 ………………………………………… 318
- 4.2.8 建设工程物资采购合同管理 …………………………………… 321
- 4.2.9 FIDIC 合同条件下的施工管理 ………………………………… 321
- 4.2.10 建设工程施工索赔 ……………………………………………… 322
- 4.2.11 例题 ……………………………………………………………… 323

4.3 建设工程质量控制 …………………………………………………… 324
- 4.3.1 考试大纲基本要求 ……………………………………………… 324
- 4.3.2 建设工程质量管理制度及责任体系 …………………………… 324
- 4.3.3 工程勘察设计阶段的质量控制 ………………………………… 325
- 4.3.4 工程施工阶段的质量控制 ……………………………………… 326
- 4.3.5 设备采购、制造与安装的质量控制 …………………………… 329
- 4.3.6 工程施工质量验收 ……………………………………………… 329
- 4.3.7 工程质量问题和质量事故 ……………………………………… 330
- 4.3.8 工程质量控制的统计分析方法 ………………………………… 331
- 4.3.9 质量管理体系标准 ……………………………………………… 332
- 4.3.10 例题 ……………………………………………………………… 333

4.4 建设工程投资控制 …………………………………………………… 333
- 4.4.1 考试大纲基本要求 ……………………………………………… 333
- 4.4.2 建设工程投资的特点及主要任务 ……………………………… 334
- 4.4.3 建设工程投资构成 ……………………………………………… 335
- 4.4.4 建设工程投资确定的依据 ……………………………………… 336
- 4.4.5 建设工程投资决策 ……………………………………………… 337
- 4.4.6 建设工程设计阶段的投资控制 ………………………………… 340
- 4.4.7 建设工作施工招标阶段的投资控制 …………………………… 341
- 4.4.8 建设工程施工阶段的投资控制 ………………………………… 343
- 4.4.9 建设工程竣工决算 ……………………………………………… 345
- 4.4.10 例题 ……………………………………………………………… 345

4.5 建设工程进度控制 …………………………………………………… 346
- 4.5.1 考试大纲基本要求 ……………………………………………… 346
- 4.5.2 建设工程进度控制的措施和任务 ……………………………… 346
- 4.5.3 流水施工 ………………………………………………………… 347
- 4.5.4 网络计划技术 …………………………………………………… 348
- 4.5.5 建设工程进度计划实施中的监测与调整方法 ………………… 350
- 4.5.6 建设工程设计阶段的进度控制 ………………………………… 351
- 4.5.7 建设工程施工阶段的进度控制 ………………………………… 351
- 4.5.8 例题 ……………………………………………………………… 352

- 4.6 建设工程监理基本理论与相关法规 ··· 352
  - 4.6.1 考试大纲基本要求 ·· 352
  - 4.6.2 注册监理工程师和工程监理企业 ··· 353
  - 4.6.3 建设工程目标控制 ·· 359
  - 4.6.4 建设工程风险管理 ·· 360
  - 4.6.5 建设工程监理的组织 ·· 361
  - 4.6.6 建设工程监理规划 ·· 363
  - 4.6.7 国外建设工程项目管理 ·· 363
  - 4.6.8 建设工程信息管理 ·· 364
  - 4.6.9 建设工程监理相关法规及规范 ·· 365
  - 4.6.10 例题 ··· 366
- 4.7 建设工程监理案例分析 ··· 366
  - 4.7.1 考试大纲要求 ·· 367
  - 4.7.2 例题 ·· 367
- 本章小结 ··· 369
- 本章考试内容与主要课程对应关系表 ··· 370
- 本章参考文献 ·· 370

第5章 注册建造师执业资格考试 ·· 372
- 5.1 建造师执业资格考试简介 ·· 372
- 5.2 建筑工程经济 ·· 373
  - 5.2.1 考试大纲基本要求 ·· 373
  - 5.2.2 会计基础与财务管理 ·· 375
  - 5.2.3 宏观经济政策及融资 ·· 377
  - 5.2.4 例题 ·· 379
- 5.3 建设工程项目管理 ·· 379
  - 5.3.1 考试大纲基本要求 ·· 379
  - 5.3.2 建设工程项目的组织与管理 ··· 381
  - 5.3.3 建设工程职业健康安全与环境管理 ····································· 382
  - 5.3.4 例题 ·· 384
- 5.4 建设工程法规及相关知识 ·· 384
  - 5.4.1 考试大纲基本要求 ·· 384
  - 5.4.2 建设工程法律制度 ·· 385
  - 5.4.3 建设工程纠纷的处理 ·· 390
  - 5.4.4 建设工程法律责任 ·· 392
  - 5.4.5 例题 ·· 393
- 5.5 专业工程管理与实务（建筑工程专业） ··· 393
  - 5.5.1 考试基本要求 ·· 393
  - 5.5.2 房屋结构工程技术 ·· 396
  - 5.5.3 建筑装饰装修技术 ·· 397
  - 5.5.4 建筑材料 ··· 397
  - 5.5.5 建筑工程施工技术 ·· 398
  - 5.5.6 建筑工程职业健康安全和环境管理 ····································· 400

5.5.7　建筑工程项目现场管理 …………………………………………… 401
　　5.5.8　建筑工程项目的综合管理 …………………………………………… 403
　　5.5.9　建筑工程法规 …………………………………………………………… 404
　　5.5.10　建筑工程技术标准 …………………………………………………… 411
　　5.5.11　例题 …………………………………………………………………… 411
本章小结 ………………………………………………………………………………… 413
本章考试内容与主要课程对应关系表 ……………………………………………… 414
本章参考文献 …………………………………………………………………………… 414

第6章　注册造价工程师执业资格考试 …………………………………… 416
6.1　全国注册造价工程师执业资格考试简介 ……………………………………… 416
6.2　工程造价概述 ……………………………………………………………………… 417
　　6.2.1　建筑安装工程费用构成 …………………………………………………… 417
　　6.2.2　设备购置费的构成计算 …………………………………………………… 420
　　6.2.3　工程建设其他费用构成 …………………………………………………… 423
6.3　工程造价的定额计价方法 ……………………………………………………… 426
　　6.3.1　工程建设定额分类和特点 ………………………………………………… 426
　　6.3.2　工程定额计价的基本方法 ………………………………………………… 427
　　6.3.3　人、机、料定额消耗量确定方法 ………………………………………… 428
　　6.3.4　预算定额 …………………………………………………………………… 430
6.4　工程量清单计价方法 …………………………………………………………… 433
　　6.4.1　工程量清单的概念和内容 ………………………………………………… 433
　　6.4.2　工程量清单计价的操作过程与计价办法 ………………………………… 436
6.5　工程造价的计价与控制 ………………………………………………………… 443
　　6.5.1　建设项目决策阶段工程造价的计价与控制 ……………………………… 443
　　6.5.2　建设项目可行性研究 ……………………………………………………… 444
　　6.5.3　建设项目投资估算 ………………………………………………………… 445
　　6.5.4　建设项目财务评价 ………………………………………………………… 448
6.6　建设项目施工阶段造价的确定 ………………………………………………… 453
　　6.6.1　《建设工程施工合同（示范文本）》条件下的工程变更 ……………… 453
　　6.6.2　工程索赔 …………………………………………………………………… 454
　　6.6.3　建设工程价款结算 ………………………………………………………… 461
　　6.6.4　竣工验收和竣工决算的编制 ……………………………………………… 464
本章小结 ………………………………………………………………………………… 467
本章考试内容与主要课程对应关系表 ……………………………………………… 467
本章参考文献 …………………………………………………………………………… 467

第1章 绪 论

本章导读：执业资格考试是专业技术人员获得从事特定行业工作资格的一种专门考试，是选拔人才的一种有效手段。本章主要介绍执业资格考试的目的、意义、形式、特点、在我国的发展概况，以及土木工程专业相关执业资格考试的类型及特点。其中重点为执业资格考试的目的和意义，难点为执业资格考试的特点。通过本章学习，应对执业资格考试的目的、意义及在我国的发展概况有初步了解，熟悉与土木工程专业相关的主要执业资格考试种类。

1.1 执业资格考试的目的及意义

1.1.1 执业资格考试的目的

随着我国经济社会的日益发展，越来越多的部门和行业协会在相关专业领域建立了职业资格制度。按照有利于经济发展、社会公认、国际可比、事关公共利益的原则，我国在涉及国家、人民生命财产安全的专业技术工作领域，积极稳妥、有步骤地推行专业技术人员职业资格制度。

专业技术人员职业资格是对从事某一职业所必备的学识、技术和能力的基本要求，职业资格包括从业资格和执业资格。从业资格是政府规定专业技术人员从事某种专业技术性工作的学识、技术和能力的起点标准；执业资格是政府对某些责任较大，社会通用性强，关系公共利益的专业技术工作实行的准入控制，是专业技术人员依法独立开业或独立从事某种专业技术工作学识、技术和能力的必备标准。

执业资格通过考试方法取得，考试的目的是提高专业人员的素质，加强对职业准入控制，科学、公正、客观地评价应试人员是否具备相关专业知识、技术与职业技能。凡符合条件经过本考试并成绩合格者，由国家颁发执业资格证书，表明其具备了申请执业注册的资格。

1.1.2 执业资格考试的意义

执业资格制度是国家对从事特定行业的专业人员实施管理的一种重要的事前控制手段，通过考试的专业人员获得从事某种特定行业的资格，是选拔人才的一种有效手段。实行这一制度，可以加快专业人员的管理制度走上规范化、市场化与法制化的轨道，强化专业人员在市场经济环境中的行为主体地位，进一步明确其在保障国家财产、公众利益和人民生命安全等方面的责任，提高工程技术人员的执业水平。

建立和推行执业资格制度，是适应社会主义市场经济体制改革的一项重要改革，是建设高素质专业技术队伍的一项重要措施。它体现了人才评价的客观公正原则，绝大多数资格都是通过严格的考试而获得的；它顺应了职称管理社会化的趋势，不再对评价对象进行严格的身份与范围限制。更重要的是，它针对市场经济体制下政府管理模式的转变，通过法律制度，实行了个人资格与单位资格相结合的资质管理方式，规范了职业秩序与市场行为。近几年来，我国社会经济领域中出现的一些事故、问题，可以说是经济转型时期我国执业资格制度建设相对滞后的一个反映。因此，建立执业资格制度是形势所需和历史必然。

执业资格考试作为整个制度的核心内容，要严把考试质量关，确保评价结果客观、公正，从而真实体现专业技术人员的人才价值，为社会提供有效的用人依据。

执业资格考试意义具体如下：

1. 有利于加快人才培养，促进和提高专业队伍素质和业务水平，促进专业技术人员队伍建设，建立合理的专业人才库。

随着建设市场的全面开放，国外相关企业进入国内市场，加剧了国内的行业竞争，这对国内企业的生存与发展提出了严峻的考验。市场的竞争最终将体现为人才的竞争，没有一批高素质的人才，就不可能有强有力的竞争力。改革开放以来，经过多年的实践与培养，我国从业人员的业务水平得到了提高，但离市场要求尚有一定的距离。要改变这种现状，就必须实行准入制度，建立起适应人才市场竞争，不断提高专业人员技术水平和执业能力的激励机制。基于市场行为的严格的准入标准可以保证执业者的专业能力、道德水准与专业责任、权利相匹配，进而为专业技术人员的教育培训、专业实践、职业道德养成等提供导向，通过优胜劣汰机制，提升工程技术人员队伍的整体水平。

执业资格考试是对执业人员实际工作能力的一种考核，是人才选拔的过程，也是知识水平和综合素质提高的过程。执业资格证书代表着个人的品牌与成就，是个人知识能力及水平得到社会公认的证明书。从业人员获得执业资格后即可凭此到社会上去谋职，为获得工作权利提供了基础。因此它具有很大吸引力，可以激励从业人员靠自己的真才实学不断进取。对注册执业人员，要求在注册有效期内，完成规定学时的继续教育。这提高了执业人员的业务素质、职业道德水平和参与市场竞争的能力，保证了专业技术工作质量。

经过十多年的努力，我国的执业资格考试制度得到了健康发展，并不断规范和完善，成为社会最为关注、行业最为重视、个人最为迫切的一种人才选拔制度，提高了人才培养质量。

目前，我国执业人员队伍正在逐步扩大，一支初具规模的高水平、高素质的人才队伍正在形成。通过严格的考试和注册管理，这些人员已成为建设行业的中坚力量，为规范市场秩序，促进行业发展做出了重要贡献。

2. 有利于统一专业人员的业务能力标准，公正地评价从业人员是否具备执业资格，从而合理使用专业技术人才。

执业资格要求具备一定的知识、技术水平。通过考试优胜劣汰，使有真才实学者获得相应的执业资格。

从业人员素质的高低关系到国家财产和人民生命的安全。通过严格的资格审查和考试，以此保证资格的获得者在德才方面的素质能达到某一基准，从而为保证国家和人民生命财产的安全奠定了基础。

从业人员通过政府或行业协会举办的考试获得执业资格，这是社会对从业人员的学识、技能达到了某一标准的肯定，是社会对个人能力的鉴定性评价。

3. 有利于同国际接轨,参与世界经济交流与合作,推进资格互认工作,参与国际竞争,开拓国际市场。

执业资格制度是国际上对专业技术人员依法进行管理的通行做法。为保证经济的有序发展,经济发达国家都实行执业资格制度,实施对从业人员依法管理。从业人员一般经过学会组织的考试、继续教育等培训后取得执业资格。这些国家经过长期的实践得出结论:执业资格制度对市场经济的有序、规范发展起着重要的作用。

随着经济和技术发展全球化进程的加快,我国相关行业要参与国际竞争,特别是我国加入WTO以后,迫切需要建立和完善符合国际通行做法的专业技术人员执业资格制度,为参与国际竞争创造条件。我国已在许多专业领域实施执业资格制度,并逐步实现跟世界各国及地区开展执业资格互认,建立与国际接轨的完整的执业资格制度体系。例如,我国建设行业建立符合国际通行做法的专业技术人员执业资格制度,积极推进双边或多边执业资格的国际合作和交流工作,并就一些执业资格开展了国际互认,逐步实现专业技术人才国际化,为我国建设行业实施"走出去"战略,积极参与国际竞争创造了条件。目前,我国已经与一些国家、地区及国际组织建立了广泛的联系和合作渠道。我们的注册建筑师、注册结构工程师、注册房地产估价师等专业分别与美国、英国开展了试点互认工作,在国际上得到了广泛的认可;注册房地产估价师、注册建筑师、注册结构工程师、注册城市规划师、注册造价工程师、注册监理工程师与香港实现了资格互认。这些工作的推进,进一步提升了我国建设领域专业技术人员的影响力和竞争力,对规范国内市场经济秩序也起到了积极的促进作用。

4. 通过教育评估有力推动高校的专业建设,有利于促进高等学校本科专业教学质量的提高。

中国专业教育评估是随着执业注册考试制度的启动而开始启动的。专业教育评估是执业注册考试制度的前提条件和基础,有利于保证执业注册师在接受正规系统的专业教育时必须达到的专业理论知识能力和职业能力。专业教育评估作为执业资格考试制度的重要组成部分,有力地推动了高校的专业建设,促进了办学水平和人才培养质量的提高。专业教育评估是针对行业性工程教育的特点,由国家行业性评估机构对高校某专业的办学条件、教学过程、教学成果进行的专项评价,是国家执业注册考试制度的重要组成部分,目的是保证专业教育质量达到执业实践的要求。执业资格考试制度的实施,不但明确了专业人员应具备的条件,而且能促进我国工程教育界与工程界有机结合。高等学历教育环节中引入专业执业资格知识,便于学生在校期间有重点有选择地汲取知识,打好工程执业的基础。目前,相关部门正讨论、研究勘察设计注册工程师考试基础考试和教育评估的结合问题,比如能否让通过评估的院校的学生,在大学本科第四年参加基础考试,通过教育评估来引导学校的教育,也可以先进行部分试点。相关专业院校应积极研究行业执业资格制度的特点和要求,并以此为参考确立合理的专业培养目标和培养计划,推动课程体系、教学内容与教学方法的改革,强化实践环节与技能掌握要求,以确保高校紧紧围绕市场,为社会培养具有较高执业素质和创新精神的合格人才。

1.2 执业资格考试的形式及特点

1.2.1 执业资格考试形式

执业考试形式根据专业不同而稍有差别，一般为笔试闭卷考试（部分专业考试采用开卷考试）的形式，基础知识科目题型一般采用客观题，专业知识科目及案例分析题型一般采用主观题或主、客观相结合的考试方法。考试成绩一般实行滚动制，即所有科目在规定年限内通过有效。例如一级注册结构工程师设基础考试和专业考试两部分，其中基础考试为客观题，在答题卡上作答；专业考试采取主、客观相结合的考试方法，即要求考生在填涂答题卡的同时，在答题纸上写出计算过程。

1.2.2 执业资格考试特点

1. 报考人员需具备一定条件。

执业实践标准规定了专业技术人员要想获得某专业的执业资格必须在该领域内工作一定年限，有的还规定了专业技术人员所负责的工程应达到的复杂程度，即具备一定年限的工程实践经验，参加执业资格考试的报名条件根据不同专业另行规定，满足一定学历和实践要求的中华人民共和国公民可报名参加全国统一组织的执业资格考试。考试合格者取得执业资格证书。取得执业资格证书的人员经注册机关审核批准颁发相应的注册证书后被允许以相应的名义执业。注册有效期一般为2~3年。为了不断提高执业人员的专业技术水平，执业人员还应进行继续教育。

2. 执业资格考试公正、严格。

执业资格考试工作由人力资源和社会保障部会同国务院有关业务主管部门按照客观、公正、严格的原则进行。考试实行全国统一大纲、统一命题、统一组织、统一时间，执业资格考试由国家定期举行，一般每年举行一次。所取得的执业资格经注册后，全国范围有效。

国务院有关业务主管部门负责组织执业资格考试大纲的拟定、培训教材的编写和命题工作，并组织考前培训和对取得执业资格人员的注册管理工作。培训要坚持考培分开、自愿参加的原则，参与考试管理工作的人员不得参与培训工作和参加考试。人力资源和社会保障部负责审定考试科目、考试大纲和审定命题；确定合格标准；会同有关部门组织实施执业资格考试的有关工作。各地人事劳动和社会保障部门会同当地有关业务部门负责本地区执业资格考试的考务工作。

1.3 执业资格考试在我国的发展概况

执业资格是专业技术人员从事某一特定专业技术工作应具备的学识、技术、能力和职业道德的必备标准。执业资格制度是市场经济国家对专业技术人员管理的通行做法。在市场经济比较发达的国家、地区，对涉及公众生命和财产安全的职业实行执业资格制度已有150多年的历史，形成了一套完整的法律体系和管理体系。如美国、英国、加拿大、日本等国家都建立了注册建筑师、注册工程师等执业资格制度，并形成了严格的考试、注册及执业的管理制度。

我国执业资格制度的探索始于20世纪80年代末。根据当时国内、国际形势的发展，一方面，随着各国经贸活动的相互渗透，促进了职业工程师活动国际化进程的开展；另一方面，随着我国社会主义市场经济的不断完善，勘察设计行业改革的不断深化，设计队伍的急速增长，客观要求提高设计人员素质。这些都为我们建立注册制度提供了机遇。随着改革开放步伐的加快，为规范市场秩序，保证工程质量，同时也为了推动我国建设行业走向国际市场和引进外资项目，原建设部决定按照国际惯例拟在工程监理、建筑设计等领域建立工程师和建筑师执业资格注册制度，并多次进行了出国考察及调研论证。1992年6月以部令的形式颁发了《监理工程师资格考试和注册试行办法》，此时建立注册建筑师和注册房地产估价师的筹备工作也已起步。

1993年11月党的十四届三中全会决定建立社会主义市场经济体制，在会议通过的《中共中央关于建立社会主义市场经济体制若干问题的决定》中指出"要制订各种职业的资格标准和录用标准，实行学历文凭和职业资格两种证书制度"。根据这一要求，原人事部按照国务院的部署，把建立和推行专业技术人员执业资格制度作为一项重点工作，并作为深化职称改革工作的一项重要内容，有计划、有步骤地组织实施了各类执业资格制度。1994年，原人事部与原劳动部共同协商，联合下发了有关实施执业资格制度的分工意见，并经国务院批准，把管理专业技术执业资格制度作为人事部的一项职能任务。国家将专业技术人员职业资格分为从业资格和执业资格两类。

为了保证执业考试工作的顺利实施和考试标准的科学性、准确性，在一些执业资格制度的建立前期，为摸索和确定评价的标准，积累各类执业资格考试的经验，组织进行了试点考试和试点考试后的情况分析，针对"点"的情况，确定"面"的办法，确保顺利推广全国。如1994年在辽宁进行的一级注册建筑师试点，在北京、山东、上海、广东进行了注册监理工程师试点，1995年在辽宁、浙江、重庆进行了二级注册建筑师的试点。1996年经原建设部、原人事部批准，一级注册结构工程师执业资格试点考试在江苏省、湖北省和重庆市举行。

目前，我国执业资格制度总体框架基本确立。在国家正式提出建立执业资格制度以后，建设行业执业资格制度建立工作进入了较快的发展时期。1992年6月原建设部发布了《监理工程师资格考试和注册试行办法》，拉开了推行执业资格制度的序幕。1996年8月，原建设部、原人事部印发了《建设部、人事部关于全国监理工程师执业资格考试工作的通知》，从1997年起，全国正式举行注册监理工程师执业资格考试。

1993年建设部和原人事部联合认定了一批注册房地产估价师，根据《房地产估价师执业资格制度暂行规定》和《房地产估价师执业资格考试实施办法》文件精神，从1995年起，国家开始实施注册房地产估价师执业资格制度，资格考试工作从1995年开始实施。

1994年9月，原建设部、原人事部下发了《建设部、人事部关于建立注册建筑师制度及有关工作的通知》，决定在我国实行注册建筑师制度，并成立了全国注册建筑师管理委员会。1995年国务院颁布了《中华人民共和国注册建筑师条例》，1996年原建设部下发了《中华人民共和国注册建筑师条例实施细则》，注册建筑师制度已于1995年在全国推行，第一批注册建筑师于1997年开始执业。

1995年10月，依据《人事部、国家国有资产管理局关于印发〈注册资产评估师执业资格制度暂行规定〉及〈注册资产评估师执业资格考试实施办法〉的通知》，从1995年起，国家开始实施注册资产评估师执业资格制度。资格考试工作从1996年开始实施。2002年2月，原人事部、财政部下发了《关于调整注册资产评估师执业资格考试有关政策的通知》和《关于在注册资产评估师执业资格中增设珠宝评估专业有关问题的通知》对原有考试管理办法进行了修订。

1996年，原人事部、原建设部发布《造价工程师执业资格制度暂行规定》，国家开始实施注册造价工程师执业资格制度。1998年1月，原人事部、原建设部下发了《人事部、建设部关于实施造价工程师执业资格考试有关问题的通知》，并于当年在全国首次实施了注册造价工程师执业资格考试。

1997年9月1日原建设部、原人事部联合颁布了《注册结构工程师执业资格制度暂行规定》，同时《全国一级注册结构工程师资格考试大纲》也于1997年9月15日正式颁布实施。从1997年起，决定在我国实行注册结构工程师执业资格制度，并成立了全国注册结构工程师管理委员会，明确指出我国勘察设计行业将实行注册结构工程师执业资格制度，同年12月举行了首届全国一级注册结构工程师资格考试。1998年全国注册工程师管理委员会（结构）颁布了二级注册结构工程师资格考试大纲，1999年3月在山西省太原市举行了二级注册结构工程师资格试点考试，2000年举行了全国范围内的正式考试。

1999年原人事部、原建设部印发了《注册城市规划师执业资格制度暂行规定》及《注册城市规划师执业资格认定办法》，国家开始实施注册城市规划师执业资格制度。2000年2月，原人事部、原建设部下发了《人事部、建设部关于印发〈注册城市规划师执业资格考试实施办法〉的通知》。

2001年12月，原人事部、原国家发展计划委员会下发了《人事部、国家发展计划委员会关于印发〈注册咨询工程师（投资）执业资格制度暂行规定〉和〈注册咨询工程师（投资）执业资格考试实施办法〉的通知》，从2001年12月12日起，国家开始实施注册咨询工程师（投资）执业资格制度。

2001年1月，原人事部、原建设部正式出台《勘察设计注册工程师制度总体框架及实施规划》（其中将勘察设计注册工程师划分为17个专业，包括已开考的注册结构工程师），计划到2010年全国实行勘察设计注册工程师执业注册制度。2002年4月，原人事部、原建设部下发了《关于印发〈注册土木工程师（岩土）执业资格制度暂行规定〉、〈注册土木工程师（岩土）执业资格制度考试实施办法〉和〈注册土木工程师（岩土）执业资格考核认定办法〉的通知》，从2002年起，决定在我国实行注册土木工程师（岩土）执业资格制度。2003年，原人事部、建设部下发了《关于印发〈注册土木工程师（港口与航道工程）执业资格制度暂行规定〉、〈注册土木工程师（港口与航道工程）执业资格制度考试实施办法〉和〈注册土木工程师（港口与航道工程）执业资格考核认定办法〉的通知》，从2003年5月1日起，决定在我国实行注册土木工程师（港口与航道工程）执业资格制度；从2005年9月1日起，根据《注册土木工程师（水利水电工程）制度暂行规定》、《注册土木工程师（水利水电工程）资格考试实施办法》和《注册土木工程师（水利水电工程）资格考核认定办法》文件精神，国家对从事水利水电工程勘察、设计活动的专业技术人员，实行职业准入制度，纳入全国专业技术人员职业资格证书制度统一管理。2003年5月由原人事部、原建设部、原交通部分别出台了注册电气工程师、注册化工工程师、注册公用设备工程师执业资格制度暂行规定。

从 2002 年起，根据《人事部、建设部印发〈房地产经纪人员职业资格制度暂行规定〉和〈房地产经纪人执业资格考试实施办法〉的通知》文件精神，国家对注册房地产经纪人员实行职业资格制度，纳入全国专业技术人员职业资格制度统一规划。

从 2002 年起，根据《关于印发〈建造师执业资格制度暂行规定〉的通知》、《关于印发〈建造师执业资格考试实施办法〉和〈建造师执业资格考核认定办法〉的通知》和《关于贯彻执行〈建造师执业资格制度暂行规定〉及〈建造师执业资格考试实施办法〉的通知》文件精神，国家施行注册建造师执业资格制度，并于 2004 年 2 月印发了《建造师执业资格考试实施办法》和《建造师执业资格考核认定办法》，第一批注册建造师已经通过考核认定产生，考试于 2005 年举行。

从 2003 年 12 月 1 日起，根据《注册安全工程师执业资格制度暂行规定》的通知文件精神，国家在生产经营单位实行注册安全工程师执业资格制度，纳入全国专业技术人员执业资格制度统一规划。根据《注册设备监理师执业资格制度暂行规定》、《注册设备监理师执业资格考试实施办法》的通知和《关于注册设备监理师执业资格认定工作有关问题的通知》文件精神，国家对设备监理行业实行执业资格制度，纳入全国专业技术人员职业资格证书制度的统一规划。

从 2005 年起，根据《关于印发〈注册环保工程师制度暂行规定〉、〈注册环保工程师资格考试实施办法〉和〈注册环保工程师资格考核认定办法〉的通知》文件精神，国家对从事环保专业工程设计活动的专业技术人员，实行执业准入制度，纳入全国专业技术人员执业资格证书制度统一规划。

由人力资源和社会保障部、住房和城乡建设部、交通运输部联合发起的注册土木工程师（道路工程）和注册结构工程师（桥梁工程）执业资格考试也在有序筹备。目前全国勘察设计注册工程师道路工程专业管理委员会已成立，注册土木工程师（道路工程）执业资格有关印章已启用，相关《勘察设计注册土木工程师（道路工程）制度暂行规定》、《勘察设计注册土木工程师（道路工程）资格考试实施办法》、《勘察设计注册土木工程师（道路工程）资格考核认定办法》和《勘察设计注册土木工程师（道路工程）考试大纲》已拟定并通过审核。勘察设计注册土木工程师（道路工程）资格第一批考核认定 2350 人合格人员名单已于 2009 年 2 月初公布。第一次执业考试时间在 2010 年左右进行。

全国勘察设计注册结构工程师桥梁工程专业管理委员会和勘察设计注册结构工程师（桥梁工程）资格考试专家组已正式成立。全国勘察设计注册结构工程师桥梁工程专业管理委员会及秘书处印章已启用，注册结构工程师（桥梁工程）执业资格专家组筹备组已召开三次会议，讨论相关各考试科目的考试样题和考试复习辅导材料。

目前，建设行业执业资格制度覆盖了建筑业、勘察设计咨询业、房地产业和城市规划、市政公用事业，建设执业资格制度总体框架基本确立。其中，在勘察设计行业中，今后几年将重点开展尚未实施考试的冶金、机械、采矿矿物、石油天然气、道路、桥梁等专业考试的各项前期准备工作。

其他行业也相继实行执业资格注册考试制度。1981 年我国恢复注册会计师行业制度，成立第一家会计师事务所。1993 年月 31 日，我国第一部《注册会计师法》颁布，该法对注册会计师的地位、考试和注册、业务范围和规则、会计师事务所的设立、法律责任等事项作了进一步明确的规定。注册会计师从最初规定为外商投资企业进行年度会计报表及资本投入的审验，发展到为上市公司、集团公司等社会各方面提供审计、验资、资产评估、管理咨询等多种服务，表明注册会计师行业在市场经济运行中已发挥了其不可替代的作用，为开展其他各种注册工程师制度积累了宝贵的经验。

执业药师资格制度从1994年开始实施，纳入全国专业技术人员执业资格制度统一规划的范围。1996年国家原人事部在《关于修订印发〈执业药师资格制度暂行规定〉和〈执业药师资格考试实施办法〉的通知》文件中，对有关规定进行了修订。

根据《关于印发〈注册税务师资格制度暂行规定〉的通知》和《关于印发〈注册税务师执业资格考试实施办法〉的通知》文件精神，从1996年起国家将注册税务师资格制度纳入专业技术人员执业资格制度的统一规划。

1998年，根据《关于印发〈企业法律顾问执业资格制度暂行规定〉及〈企业法律顾问执业资格考试实施办法〉》文件精神，国家实施企业法律顾问执业资格考试工作。原人事部在《关于调整企业法律顾问执业资格考试有关规定的通知》文件中，对企业法律顾问执业资格考试报名条件及有关政策进行了调整。

根据《人事部、国家发展计划委员会关于印发〈价格鉴证师执业资格制度暂行规定〉和〈价格鉴证师执业资格考试实施办法〉的通知》文件精神，国家从2000年开始实施价格鉴证师执业资格制度。

2001年11月，原人事部办公厅在《人事部办公厅关于2002年上半年各专业资格考试有关问题的通知》中，对考试管理办法进行了部分调整；根据《注册核安全工程师执业资格制度暂行规定》、《注册核安全工程师执业资格考试实施办法》文件精神，从2003年起，国家对在核能和核技术应用及为核安全提供技术服务的单位中从事核安全关键岗位工作的专业技术人员实行执业资格制度，纳入国家专业技术人员职业资格证书制度，统一规划管理；根据《人事部办公厅、中国地震局办公室关于举行一级地震安全性评价工程师资格考试有关问题的通知》，国家从2008年起实行一级地震安全性评价工程师资格制度。

目前，我国已建立了包括注册建筑师、注册结构工程师、注册建造师、注册监理工程师、注册土木工程师（港口与航道工程）、注册土木工程师（岩土）、注册土木工程师（水利水电工程）、注册房地产估价师、注册房地产经纪人、注册物业管理师、注册资产评估师、注册造价工程师、注册咨询工程师（投资）、注册城市规划师、地震安全性评价工程师、注册电气工程师（发输变电、供配电）、注册公用设备工程师（暖通空调、给排水、动力）、注册设备监理师、注册安全工程师、注册核安全工程师、注册环保工程师、注册化工工程师、矿产储量评估师、矿业权评估师、企业法律顾问、执业律师、拍卖师、注册会计师、注册税务师、价格鉴证师、商标登记代理、专利登记代理、企业登记代理、珠宝玉石质量检验师、执业医师、执业药（中药）师、假肢与矫形器制作师、棉花质量检验师等在内的38个执业资格制度。根据规划，我国执业资格制度的实施专业范围近几年内将达到50个左右，基本形成比较完整的执业资格体系。持证上岗正成为社会的一种普遍现象。随着执业资格证书制度的推行，要求持证上岗的工种越来越多。

在我国3000万专业技术人员中，约有20%通过考试获得相应资格，其中在建设领域，截至2008年，取得各类执业资格人员总数近100万人。执业资格证书已成为职场中人员获得职位及晋升扩展事业的重要砝码，是人们趋之若鹜的"硬通货"，成为人们进行"人力资本"投资的重点领域。可以断言："21世纪是执业证书的时代"。今后，大到城市规划，小到棉花质检均须持证上岗。执业资格考试，正在进入越来越多人的视野，正在成为眼下最热门考试之一。随着执业资格证书制度的推行，要求先通过考试取得执业资格，而后才有上岗机会的岗位越来越多。目前，在国务院部委中，除人力资源和社会保障部外，包括住房和城乡建设部、交通运输部、水利部、卫生部、国土资源部、财政部、司法部、国家发改委等机构均组织执业资格考试。

近二十年来，我国在执业资格制度方面探索出一些有益于执业资格制度发展的经验。进入21世纪以来，工作有了新的进展。中国工程院完成了"关于在我国推行注册工程师制度的研究"，并向国务院科教领导小组提出建议，得到了肯定和采纳。根据建设部和人力资源和社会保障部的规划，我国勘察设计业将在近五年内全面实行注册工程师执业制度。

今后我国的注册工程师制度将主要在下述方面发展：

其一，注册制度将进一步扩大范围，逐步形成专业配套的完整系统。

其二，注册管理机构将更加健全。今后，政府直接管理经济的职能将逐步转变，建立起以间接手段为主的宏观调控体系，传统的行政管理将逐步转向行业自律性的管理，使行业协会、中介服务性企业的优势更加突出，职能得到加强。

其三，进一步与国际接轨，进一步强化注册资格的管理和明确注册师的权利和义务，按国际惯例明确注册工程师的职业范围，并建立与之对应的法规。强化执业资格制度，完善专业技术职务聘任制度，淡化职称概念。有些专业技术职务系列，条件成熟后，可以逐步向执业资格制度转化，如会计、审计、营销、工程中的部分专业。

当然，我国执业注册考试也存在不足，最突出的是考试内容和实际业务差距较大。执业资格考试是能力考试，要求考试内容和执业人员的实际业务相一致。但由于每个执业资格都涵盖多个行业，导致执业资格考试偏重各行业通用性和基本理论，导致不同程度上存在"能干的不会考、能考的不会干"的现象。

因此，今后需完善执业考试制度。首先，要加大专业教育评估和资格考试有机衔接，例如，对在专业教育评估有效期内取得学士及以上学位资格的，可以适当减少基础考试的科目或采取其他有效办法。其次，要完善执业资格考试大纲，探索题型改革，改进执业资格考试内容和方法，逐步加大执业实践的考核比例，提高执业人员评价的科学性。再次，要积极推进试题库建设，做好题库建设相关的研究论证工作。

1.4 土木工程专业相关执业资格考试简介

目前我国已实行的土木工程类相关执业资格考试有注册结构工程师、注册建造师、注册监理工程师、注册土木工程师（岩土）、注册土木工程师（港口与航道工程）、注册土木工程师（水利水电工程）、注册造价工程师、注册房地产估价师、注册房地产经纪人、注册物业管理师、注册资产评估师、注册咨询工程师（投资）、注册建筑师、注册城市规划师、地震安全性评价工程师、注册电气工程师（发输变电、供配电）、注册公用设备工程师（暖通空调、给排水、动力）、注册设备监理师、注册安全工程师、注册环保工程师等。

执业注册考试一般实行全国统一大纲、统一命题、统一组织的办法，考试每年举行一次。全国统考，原则上只在省会城市设立考点。

1.4.1 注册结构工程师

注册结构工程师考试分为一级注册结构工程师考试和二级注册结构工程师考试。凡是土木工程及相关专业毕业具备规定学历的中华人民共和国公民并且从事结构设计满足规定最低工作年限、或不具备规定学历但满足规定最低工作年限且作为专业负责人或主要设计人，完成指定项目全过程设计，由本人提出申请，经所在单位审核同意后，均可报名参加考试（一级基础合格后才允许参加一级专业考试）。一级注册结构工程师设《基础考试》和《专业考试》两部分；二级注册结构工程师只设《专业考试》。其中，《基础考试》为客观题，在答题卡上作答；《专业考试》采取主、客观相结合的考试方法，要求考生在填涂答题卡的同时，在答题纸上写出计算过程，考试时间一般安排在9月下旬。

考试分4个半天进行（表1-1）。一、二级注册结构工程师《专业考试》均为开卷考试，允许考生携带正规出版社出版的各种专业规范和参考书；一级注册结构工程师《基础考试》为闭卷考试，统一发《考试手册》，考后收回。

参加一、二级注册结构工程师考试的人员，须在1个考试年度内通过全部科目的考试。

一、二级注册结构工程师考试安排表　　　　　　　　　表1-1

专业名称	考试时间	考试科目	考试形式
一级注册结构工程师	4小时	基础考试（上）	闭卷
	4小时	基础考试（下）	闭卷
	4小时	专业考试（上）	开卷
	4小时	专业考试（下）	开卷
二级注册结构工程师	4小时	专业考试（上）	开卷
	4小时	专业考试（下）	开卷

1.4.2 注册土木工程师

注册土木工程师包括注册土木工程师（岩土）、注册土木工程师（港口与航道工程）、注册土木工程师（水利水电工程）。

凡遵守国家法律、法规，取得相应工程技术类专业规定学历及职称，工作满规定年限，从事岩土工程工作（港口与航道工程设计或水利水电工程勘察、设计）满规定年限的中华人民共和国公民，可以申请参加注册土木工程师（岩土）、注册土木工程师（港口与航道工程）、注册土木工程师（水利水电工程）执业资格考试。

考试时间一般安排在9月下旬。考试分基础考试和专业考试两部分。参加基础考试合格并按规定完成职业实践年限者，方能报名参加专业考试。满足规定条件可免基础考试，只需参加专业考试。

基础考试为客观题，在答题卡上作答。专业考试分为《专业知识考试》和《专业案例考试》两部分，其中《专业知识考试》为客观题，在答题卡上作答；《专业案例考试》采取主、客观相结合的考试方法，要求考生在填涂答题卡的同时，在答题纸上写出计算过程。

基础考试分2个半天进行，各为4个小时。专业考试中《专业知识考试》和《专业案例考试》均为 2 个半天进行，每个半天均为 3 个小时。

《专业考试》为开卷考试，允许考生携带正规出版社出版的各种专业规范和参考书；《基础考试》为闭卷考试，统一发《考试手册》，考后收回。

注册土木工程师（岩土）、注册土木工程师（港口与航道工程）、注册土木工程师（水利水电工程）执业资格考试为非滚动管理考试，参加基础或专业考试的人员，须分别在 1 个考试年度内通过全部科目。

1.4.3 注册监理工程师

凡遵守国家法律、法规，取得工程技术或工程经济类专业规定学历及职称，工作满规定年限，从事工程建设监理工作满规定年限的中华人民共和国公民，可以申请参加注册监理工程师执业资格考试。

考试每年举行一次，考试时间一般安排在 5 月中旬。考试设 4 个科目，具体是：《建设工程监理基本理论与相关法规》、《建设工程合同管理》、《建设工程质量、投资、进度控制》、《建设工程监理案例分析》。其中，《建设工程监理案例分析》为主观题，在试卷上作答；其余 3 科均为客观题，在答题卡上作答。

考试分 4 个半天进行，《工程建设合同管理》、《工程建设监理基本理论与相关法规》的考试时间为 2 个小时；《工程建设质量、投资、进度控制》的考试时间为 3 个小时；《工程建设监理案例分析》的考试时间为 4 个小时。

考试以两年为一个周期，参加全部科目考试的人员须在连续两个考试年度内通过全部科目的考试。免试部分科目的人员须在一个考试年度内通过应试科目。

对于从事工程建设监理工作且同时具备规定条件的报考人员，可免试《建设工程合同管理》和《建设工程质量、投资、进度控制》两个科目，只参加《建设工程监理基本理论与相关法规》和《建设工程监理案例分析》两个科目的考试。

1.4.4 注册造价工程师

凡遵守国家法律、法规，取得工程造价专业、工程或工程经济类专业规定学历，工作满规定年限，从事工程造价业务满规定年限的中华人民共和国公民，可以申请参加注册造价工程师执业资格考试。

考试时间一般安排在 10 月份，考试设四个科目，即：《工程造价管理相关知识》、《工程造价的确定与控制》、《建设工程技术与计量》（本科目分土建和安装两个专业，考生可任选其一）、《工程造价案例分析》。其中，《工程造价案例分析》为主观题，在答题纸上作答；其余 3 科均为客观题，在答题卡上作答。

考试分 4 个半天进行，《工程造价管理相关知识》和《建设工程技术与计量》的考试时间均为 2.5 小时；《工程造价的确定与控制》的考试时间为 3 个小时；《工程造价案例分析》的考试时间为 3.5 小时。

考试以两年为一个周期，参加全部科目考试的人员须在连续两个考试年度内通过全部科目的考试。免试部分科目的人员须在一个考试年度内通过应试科目。

满足规定条件人员可免试《工程造价管理相关知识》和《建设工程技术与计量》两个科目。

1.4.5 注册建造师

注册建造师执业资格考试分为一级建造师和二级建造师执业资格考试。凡遵守国家法律、法规，取得工程类或工程经济类专业规定学历，工作满规定年限，其中从事建设工程项目施工管理工作满规定年限的中华人民共和国公民，可以申请参加一级或二级注册建造师执业资格考试。

一级注册建造师执业资格考试实行统一大纲、统一命题、统一组织考试的制度，原则上每年举行一次。二级注册建造师执业资格实行全国统一大纲，各省、自治区、直辖市命题并组织考试的制度。住房和城乡建设部负责拟定二级建造师执业资格考试大纲，人力资源和社会保障部负责审定考试大纲。考试设《建设工程经济》、《建设工程法规及相关知识》、《建设工程项目管理》和《专业工程管理与实务》4个科目。其中《专业工程管理与实务》科目分为：房屋建筑、公路、铁路、民航机场、港口与航道、水利水电、电力、矿山、冶炼、石油化工、市政公用、通信与广电、机电安装和装饰装修14个专业类别，考生在报名时可根据实际工作需要选择其一。

考试分4个半天，以纸笔作答方式进行。《建设工程经济》科目的考试时间为2小时，《建设工程法规及相关知识》和《建设工程项目管理》科目的考试时间均为3小时，为客观题。《专业工程管理与实务》科目的考试时间为4小时。

符合一定条件的人员可免试《建设工程经济》和《建设工程项目管理》两个科目，只参加《建设工程法规及相关知识》和《专业工程管理与实务》两个科目的考试。

一级注册建造师执业资格考试成绩实行两年为一个周期的滚动管理办法，参加全部4个科目考试的人员须在连续的两个考试年度内通过全部科目；免试部分科目的人员须在当年通过应试科目。

1.4.6 注册房地产估价师

凡遵守国家法律、法规，取得房地产估价相关学科专业规定学历，工作满规定年限，从事房地产估价实务满规定年限的中华人民共和国公民，可以申请参加注册房地产估价师执业资格考试。

考试设《房地产基本制度与政策》（含房地产估价相关知识）、《房地产开发经营与管理》、《房地产估价理论与方法》、《房地产估价案例与分析》（开卷）4个科目。考试分为4个半天进行，每个科目考试时间为2.5小时。

注册房地产估价师执业资格考试成绩实行两年为一个周期的滚动管理办法，参加全部四个科目考试的人员必须在连续两个考试年度内通过全部科目。

1.4.7 注册房地产经纪人

凡遵守国家法律、法规，取得规定学历，工作满规定年限，其中从事房地产经纪业务满规定年限的中华人民共和国公民，可以申请参加注册房地产经纪人执业资格考试。

注册房地产经纪人执业资格考试科目为《房地产基本制度与政策》、《房地产经纪相关知识》、《房地产经纪概论》和《房地产经纪实务》4个科目。考试分四个半天进行，每个科目的考试时间为2.5小时。

考试成绩实行两年为一个周期的滚动管理。参加全部4个科目考试的人员必须在连续两个考试年度内通过应试科目；免试部分科目的人员，必须在一个考试年度内通过应试科目。

1.4.8 注册物业管理师

凡遵守国家法律、法规，恪守职业道德，取得经济学、管理科学与工程或土建类规定学历，工作满规定年限，其中从事物业管理工作满规定年限的中华人民共和国公民，可以申请参加物业管理师执业资格考试。

符合有关报名条件，并于 2004 年 12 月 31 日前，评聘工程类或经济类高级专业技术职务，且从事物业管理工作满 10 年的人员，可免试《物业管理基本制度与政策》、《物业经营管理》2 个科目，只参加《物业管理实务》、《物业管理综合能力》2 个科目的考试。

资格考试分 4 个半天，采用闭卷、笔试的方法进行。其中《物业管理基本制度与政策》、《物业经营管理》两个科目的考试时间为 2.5 小时，试题题型为单项选择题、多项选择题；《物业管理综合能力》科目的考试时间为 2.5 小时，《物业管理实务》科目考试时间为 3 个小时，试题题型为单项选择题、多项选择题和综合（案例）分析题。

考试成绩实行 2 年为一个周期的滚动管理办法，参加全部 4 个科目考试的人员必须在连续两个考试年度内通过全部科目；免试部分科目的人员必须在一个考试年度内通过应试科目。

1.4.9 注册咨询工程师

凡遵守国家法律、法规，取得工程技术类或工程经济类专业规定学历，工作满规定年限，从事工程咨询相关业务满规定年限的中华人民共和国公民，可以申请参加注册咨询工程师（投资）执业资格考试。

考试时间一般安排在 4 月，考试设 5 个科目：《工程咨询概论》、《宏观经济政策与发展规划》、《工程项目组织与管理》、《项目决策分析与评价》、《现代咨询方法与实务》。

其中，《现代咨询方法与实务》为主观题，采用无纸化阅卷（计算机网络阅卷），在专用答题纸卡上作答。按照专用答题卡标定各题号的位置作答，未按规定的作答无效；其余 4 个科目均为客观题，在答题卡上作答。

考试分 5 个半天进行，客观题科目考试时间为 2.5 小时，主观题科目为 3 小时。

考试以 3 年为一个周期，参加全部科目考试的人员须在连续三个考试年度内通过全部科目的考试；免试部分科目的人员须在一个考试年度内通过应试科目。

凡符合相关规定条件之一者，可免试《工程咨询概论》、《宏观经济政策与发展规划》、《工程项目组织与管理》3 个科目。

1.4.10 注册建筑师

注册建筑师执业资格考试分为一级注册建筑师执业资格考试和二级注册建筑师执业资格考试。凡是建筑学、建筑设计及相关专业毕业的中华人民共和国公民具备规定学历并且从事建筑设计满足规定最低工作年限、或不具备规定学历但满足规定最低工作年限且作为项目负责人或专业负责人，完成指定项目全过程设计（一级注册建筑师执业资格报名考试人员应完成不少于 700 个单元的职业实践训练），由本人提出申请，经所在单位审核同意后，均可报名参加一级或二级注册建筑师考试。考试时间一般安排在 5 月份。

自 2008 年起，一级注册建筑师考试以 8 年为一个周期，参加全部科目考试的人员须在连续 8 个考试年度内通过全部科目的考试。二级注册建筑师考试以 4 年为一个周期，参加全部科目考试的人员须在连续 4 个考试年度内通过全部科目的考试。

注册建筑师资格考试科目及考试时间设置见表 1-2。

注册建筑师资格考试科目及时间设置表　　　表 1-2

级别	考试科目	考试时间
一级	建筑设计	3.5 小时
	建筑经济、施工与设计业务管理	2 小时
	设计前期与场地设计	2 小时
	场地设计（作图题）	3.5 小时
	建筑结构	4 小时
	建筑材料与构造	2.5 小时
	建筑方案设计（作图题）	6 小时
	建筑物理与建筑设备	2.5 小时
	建筑技术设计（作图题）	6 小时
二级	建筑构造与详图（作图题）	3.5 小时
	法律、法规、经济与施工	3 小时
	建筑结构与设备	3.5 小时
	场地与建筑设计（作图题）	6 小时

一级注册建筑师考试科目中，《场地设计（作图）》、《建筑技术设计（作图）》和《建筑设计与表达（作图）》为主观题，在图纸上作答；其余6科均为客观题，在答题卡上作答。考试分4天进行。二级注册建筑师考试设科目中，《建筑构造与详图（作图题）》、《场地与建筑设计（作图题）》为主观题，在图纸上作答；《法律、法规、经济与施工》、《建筑结构与设备》为客观题，在答题卡上作答。考试分2天进行。

1.4.11 注册城市规划师

凡遵守国家法律、法规，取得城市规划专业规定学历，工作满规定年限，其中从事城市规划工作满规定年限的中华人民共和国公民，可以申请参加注册城市规划师执业资格考试。

考试时间一般安排在10月中旬，考试设4个科目，具体是：《城市规划原理》、《城市规划相关知识》、《城市规划管理与法规》、《城市规划实务》。其中，《城市规划实务》为主观题，在答题纸上作答；其余3科均为客观题，在答题卡上作答。

考试分4个半天进行，《城市规划实务》的考试时间为3个小时，其余3个科目的考试时间均为2.5小时。

考试以2年为1个周期，参加全部科目考试的人员须在连续两个考试年度内通过全部科目的考试。免试部分科目的人员须在一个考试年度内通过应试科目。对于已受聘担任高级专业技术职务并具备规定条件者，只参加《城市规划管理与法规》、《城市规划实务》两个科目的考试，《城市规划原理》、《城市规划相关知识》两个科目可免试。

1.4.12 地震安全性评价工程师

地震安全性评价工程师执业资格考试分为一级地震安全性评价工程师执业资格考试和二级地震安全性评价工程师执业资格考试。凡遵守国家法律、法规，恪守职业道德，取得地质学、地球物理学或土木工程专业规定学历，工作满规定年限，从事地震安全性评价相关工作满规定年限的中华人民共和国公民，可以申请参加地震安全性评价工程师执业资格考试。

截止 2004 年 12 月 31 日前，评聘为高级工程师专业技术职务，并取得中国地震局颁发的"甲级地震安全性评价上岗证"的人员，可免试《地震安全性评价法律法规及相关知识》科目，只参加《地震安全性评价管理与实务》和《地震安全性评价案例分析》2 个科目的考试。

考试设 3 个科目，即《地震安全性评价管理与务实》、《地震安全性评价案例分析》、《地震安全性评价法律法规及相关知识》。《地震安全性评价管理与实务》科目分为：地震活动性评价、地震构造评价和工程场地地震影响评价 3 个专业类别，考生在报名时可根据实际工作需要选择其一。

一级地震安全性评价工程师资格考试分 3 个半天进行。各科目考试时间均为 3 小时，采用闭卷纸笔作答方式进行。

参加全部 3 个科目考试或免试《地震安全性评价法律法规及相关知识》科目的人员，都必须在 1 个考试年度内通过应试科目，方可获得地震安全性评价工程师资格证书。

1.4.13 注册电气工程师

凡遵守国家法律、法规，恪守职业道德，取得本专业（指电气工程、电气工程自动化专业）或相近专业（指自动化、电子信息工程、通信工程、计算机科学与技术专业）或其他工科专业规定学历，并具备相应专业教育和职业实践条件，从事电气专业工程设计工作满规定年限的中华人民共和国公民，可以申请参加注册电气工程师（发输变电、供配电）执业资格考试。

考试分为基础考试和专业考试。参加基础考试合格并按规定完成职业实践年限者，方能报名参加专业考试。

符合规定条件者，可免基础考试，只需参加专业考试。

考试分为基础考试和专业考试。基础考试分 2 个半天进行，各为 4 小时；专业考试分专业知识和专业案例两部分内容，每部分内容均分 2 个半天进行，每个半天均为 3 小时。

基础考试为闭卷考试，考试时只允许使用统一配发的《考试手册》（考后收回），禁止携带其他参考资料；专业考试为开卷考试，考试时允许携带正规出版社出版的各种专业规范、参考书和复习手册。

1.4.14 注册公用设备工程师

凡遵守国家法律、法规，恪守职业道德，取得本专业（指公用设备专业工程中的暖通空调、动力、给水排水专业）或相近专业或其他工科专业规定学历，并具备相应专业教育和职业实践条件，从事公用设备专业工程设计工作满规定年限的中华人民共和国公民，可以申请参加注册公用设备工程师（暖通空调、给排水、动力）考试。

考试划分为给水排水工程、暖通空调工程、动力工程 3 个专业。

各专业考试均分基础考试和专业考试。基础考试分 2 个半天进行，各为 4 小时；专业考试分专业知识和专业案例两部分内容，每部分内容均分 2 个半天进行，每个半天均为 3 小时。

基础考试为闭卷考试，考试时只允许使用统一配发的《考试手册》（考后收回），禁止携带其他参考资料；专业考试为开卷考试，考试时允许携带正规出版社出版的各种专业规范、参考书和复习手册。

参加基础考试合格并按规定完成职业实践年限者，方能报名参加专业考试。

1.4.15 注册设备监理师

凡遵守国家法律、法规，恪守职业道德，取得工程技术专业规定学历并评聘为工程师专业技术职务，从事设备工程专业工作满规定年限的中华人民共和国公民，可以申请参加注册设备监理师考试。

注册设备监理师执业资格考试原则上每年举行1次，考试时间定于每年的第三季度。考试设《设备工程监理基础及相关知识》、《设备监理合同管理》、《质量、投资、进度控制》、《设备监理综合实务与案例分析》4个科目，分4个半天进行。《设备工程监理基础及相关知识》、《设备监理合同管理》和《质量、投资、进度控制》科目的考试时间均为3小时，《设备监理综合实务与案例分析》科目的考试时间为4小时。

考试为滚动考试（每两年为一个滚动周期），参加4个科目考试的人员必须在连续两个考试年度内通过应试科目；免试部分科目的人员必须在当年通过应试科目，方能取得注册设备监理师执业资格考试合格证书。

1.4.16 注册安全工程师

凡遵守国家法律、法规，取得安全工程、工程经济类专业规定学历，从事安全生产相关业务满规定年限的中华人民共和国公民，可以申请参加注册安全工程师考试。

凡符合注册安全工程师执业资格考试报名条件，且规定时间已评聘高级专业技术职务，并从事安全生产相关业务工作满10年的专业人员，可免试《安全生产管理知识》和《安全生产技术》2个科目，只参加《安全生产法及相关法律知识》和《安全生产事故案例分析》2个科目的考试。

考试设置4个科目：《安全生产法及相关法律知识》、《安全生产管理知识》、《安全生产技术》、《安全生产事故案例分析》。

考试分四个半天进行，每个科目的考试时间均为2.5小时。一般安排在9月上旬进行。考试成绩实行2年为一个周期的滚动管理办法，参加全部4个科目考试的人员必须在连续两个考试年度内通过全部科目；免试部分科目的人员必须在一个考试年度内通过应试科目。

1.4.17 注册环保工程师

凡遵守国家法律、法规，恪守职业道德，并具备相应专业教育和职业实践条件者，取得本专业（指环境工程、环境科学、农业建筑环境与能源工程、农业资源与环境等专业）或相近专业（建筑环境与设备工程、给水排水工程、热能与动力工程、土木工程等专业）或其他专业规定学历，从事环保专业工程设计工作满规定年限的中华人民共和国公民，可以申请参加注册环保工程师考试。

考试日期为每年第三季度。注册环保工程师资格考试由基础考试和专业考试两部分组成。基础考试合格并符合规定的专业考试报名条件的，可参加专业考试。

基础考试分2个半天进行，各为4个小时。专业考试分专业知识和专业案例两部分内容，每部分内容均为2个半天，每半天均为3个小时。

符合规定条件者，可免基础考试，只需参加专业考试。

考试为非滚动管理模式，参加基础考试或专业考试的考生应分别在当年通过全部科目。

1.4.18 注册资产评估师

凡遵守国家法律、法规，取得经济类、工程类专业规定学历，从事资产评估相关工作满规定年限的中华人民共和国公民，可以申请参加注册资产评估师考试。

考试时间一般安排在9月下旬，考试设5个科目，具体是：《资产评估》、《经济法》、《财务会计》、《机电设备评估基础》、《建筑工程评估基础》。考试分5个半天进行。《资产评估》考试时间为3个小时，其余4科考试时间均为2.5小时。

5个科目均由客观题和主观题两个部分组成，分别在答题卡和答题纸上作答。

考试以3年为一个周期，参加全部科目考试的人员须在连续3个考试年度内通过全部科目的考试。参加4个科目考试的人员须在连续两个考试年度内通过所报科目的考试。

从事资产评估相关工作满2年，并按照国家有关规定评聘为经济类、工程类高级专业技术职务的人员，可免试1个相应考试科目。其中，评聘为高级工程师（含相应专业的副教授、副研究员等）职务的人员，可免试《机电设备评估基础》或《建筑工程评估基础》；评聘为高级经济师（含相应专业的副教授、副研究员等）职务的人员，可免试《经济法》；高级会计师或高级审计师（含相应专业的副教授、副研究员等），可免试《财务会计》。

本 章 小 结

通过本章学习，应对执业资格考试的目的、意义及在我国的发展概况有初步了解，熟悉与土木工程专业相关的主要执业资格考试种类。

执业资格考试的目的是提高专业人员的素质，加强对职业准入控制，科学、公正、客观地评价应试人员是否具备相关专业知识、技术与职业技能。

执业资格考试的意义：有利于加快人才培养，促进和提高专业队伍素质和业务水平，促进专业技术人员队伍建设，建立合理的专业人才库；有利于统一专业人员的业务能力标准，公正地评价专业人员是否具备执业资格，从而合理使用专业技术人才；有利于同国际接轨，参与世界经济交流与合作，推进资格互认工作，参与国际竞争，开拓国际市场；通过教育评估有力推动高校的专业建设，有利于促进高等学校本科专业教学质量的提高。

执业注册考试一般实行全国统一大纲、统一命题、统一组织的办法，考试每年举行一次，全国统考。

执业资格考试特点：报考人员需具备一定条件；执业资格考试公正、严格。

我国已实行的与土木类相关执业资格考试有注册结构工程师、注册建造师、注册监理工程师、注册土木工程师（岩土）、注册土木工程师（港口与航道工程）、注册土木工程师（水利水电工程）、注册造价工程师、注册房地产估价师、注册房地产经纪人、注册物业管理师、注册资产评估师、注册咨询工程师（投资）、注册建筑师、注册城市规划师、地震安全性评价工程师、注册电气工程师（发输变电、供配电）、注册公用设备工程师（暖通空调、给排水、动力）、注册设备监理师、注册安全工程师、注册环保工程师等。

目前，我国执业资格制度总体框架基本确立，执业资格考试制度正走向完善。

本 章 参 考 文 献

[1] 王雪青，赵辉．执业资格考试及格线确定的方法探讨[J]．东南大学学报（哲学社会科学版），2007(5)．

[2] 唐云清,桂玉枝. 试谈执业资格考试及监管机制的完善[J]. 半月聚焦,2007(14).
[3] 陶建明,陈中博. 建设行业执业资格制度的现状及发展趋势[N]. 中国建设报,2003-03-28.
[4] 贾若君,轩海华. 我国执业资格考试存在的主要问题与对策分析[J]. 考试周刊,2008(21).
[5] 张志英. 我国工程师认证制度的发展现状与趋势[J]. 中国考试,2007(4).
[6] 何任飞. 中国建设执业注册制度改革与其专业教育评估进程-土建类专业教育评估回顾[J]. 高等建筑教育,2007(2).
[7] 郭志涛. 执业资格制度下工程管理专业教学改革[J]. 平原大学学报,2007(8).
[8] 张志坚. 改革职称工作体制推行执业资格制度[J]. 新东方,2004(4).
[9] 李运龙. 工程设计行业实行执业资格制度浅析[J]. 水电站设计,1999(12).
[10] 完善执业制度促进行业发展-关于完善住房和城乡建设领域个人执业资格管理制度的调研报告[N]. 中国建设报,009-01-10.
[11] 中华人民共和国人事部. 职业资格证书制度暂行办法[Z]. 1995-1-17.

第 2 章　注册结构工程师执业资格考试

本章导读：注册结构工程师执业资格考试是关于结构工程专业从业人员执业能力的专门考试，考察考生对结构工程专业相关规范的理解程度和解决实际工程问题的能力。本章的主要内容为：介绍注册结构工程师执业资格考试的目的及意义、形式及特点、在我国发展概况，以及考试的内容及基本要求。其中重点为注册结构工程师基础考试和专业考试的基本要求和基本内容，难点为注册结构工程师考试内容和相关课程的内在联系。通过本章学习，应了解注册结构工程师执业资格考试的目的、意义及特点，了解注册结构工程师基础考试的基本要求和基本内容，熟悉注册结构工程师专业考试的基本要求和基本内容，明确考试内容和相关课程的内在联系。

2.1　注册结构工程师执业资格考试简介

注册结构工程师是指经全国统一考试合格，依法登记注册，取得中华人民共和国注册结构工程师执业资格证书和注册证书，从事房屋结构、桥梁结构及塔架结构等工程设计及相关业务的专业技术人员。注册结构工程师分为一级注册结构工程师和二级注册结构工程师。

2.1.1　注册结构工程师执业资格考试的目的及意义

我国一级注册结构工程师设基础考试和专业考试两部分；二级注册结构工程师只设专业考试。基础考试在考生本科大学毕业后按相应规定的年限进行，其目的是测试考生是否基本掌握进入结构工程设计实践所必须具备的基础及专业理论知识。专业考试在考生通过基础考试（二级不需要通过基础考试），并在结构工程设计或相关业务岗位上实践了规定年限的基础上进行，其目的是测试考生是否已具备按照国家法律及设计规范进行结构工程设计、能够保证工程的安全可靠和经济合理的能力。

2.1.2　注册结构工程师执业资格考试的特点

注册结构工程师执业资格考试是一种执业能力的考试，考察的是考生对规范、规程的理解程度和解决实际工作问题的能力。这与我们在校学习时一般意义上的课程考试不同，作为考生应理解和适应这种考试目的的改变和考试方法的变化，并及时跟上这种角色的转变。

注册结构工程师执业资格考试实行全国统一大纲、统一命题、统一组织的办法，原则上每年举行一次。考试时间一般安排在9月下旬（双休日），原则上在省会城市、直辖市设立考点。一级注册结构工程师基础考试为客观题，在答题卡上作答；一、二级注册结构工程师专业考试采取主、客观相结合考试的方法，即：要求考生在填涂答题卡的同时，在答题纸上写出计算过程。注册结构工程师执业资格考试工作由住房和城乡建设部、人力资源和社会保障部共同负责，日常工作委托全国注册结构工程师管理委员会办公室承担，具体考务工作委托人力资源和社会保障部人事考试中心组织实施。

一级注册结构工程师专业考试采用各地计算机读卡，全国统一集中阅卷方式。首先各地按人力资源和社会保障部下发的考后规则模板分别对考生的基础、专业知识进行机读评分，并按规定将各科考试成绩信息及考场分配信息以 PTD 格式上报人力资源和社会保障部人事考试中心。人力资源和社会保障部人事考试中心对各地上报的各科读卡成绩分别进行统计分析，并将各科成绩统计分析结果及时报送全国勘察设计注册工程师管理委员会，全国勘察设计注册工程师管理委员会将依据读卡成绩分析结果，经研究后确定各科的调档分数线。正式评分前一周，各地应将全部一级结构专业考试的考生试卷（上、下午）考场纪录单和报考人员名册一并以机要邮寄方式或派人押送到指定的阅卷点。考试读卡成绩均达到调档分数线的考生试卷，将由各地选派的评分专家对其作答情况进行阅卷评分。考试读卡成绩未达到调档分数线的考生试卷，不进行专家阅卷评分。

二级注册结构工程师专业考试评分由各地参照上述作法组织评阅试卷。

为保证考试评分的客观、公正性，全国勘察设计注册工程师各有关专业管理委员会将组织评分专家依据各考试专家组制定的评分标准及试题标准答案对试卷上有效题的主要分析或计算过程及结果进行评分，对不满足试卷评分标准及试题标准答案的试题，在试卷上不写明试题答案或无主要分析计算过程及结果的试题，视为无效试题，不给分。

注册结构工程师执业资格考试涉及科目多，内容范围广，且要求在一年内通过所有科目考试，具有一定难度。以 2008 年为例，当年全国共有 15088 人报名参加全国一级注册结构工程师专业考试，实际参考人数为 12186 人，参考率为 80.77%，一、二级结构专业考试的合格分数线均为 48 分（满分 80 分的 60%），一级结构专业考试全国共有 2807 人读卡成绩达到合格分数线，读卡合格率为 23.03%（未计入未参加考试人员）；共有 4509 人报名参加全国二级注册结构工程师考试，实际参考人数为 3324 人，参考率为 73.72%，读卡合格人数为 489 人，读卡合格率为 14.71%（以上二级结构的统计数据不含山西省、广东省、四川省和深圳市）。截至 2008 年 4 月，全国共有一级注册结构工程师 31914 人，二级注册结构工程师 6643 人。

2.1.3 注册结构工程师执业资格考试的发展

随着我国 30 年来的改革开放，基本建设事业飞速发展，建筑市场越来越大，这促使了结构工程师队伍的迅速发展。长期繁重的设计任务使众多的结构工程师疲于奔命、忙于应付计算、出图，特别是计算机设计软件的普及替代了对结构进行手算计算，使得某些结构工程师过于依赖计算软件，而忽略传统的结构分析。在所发生的建筑工程事故中，涉及设计问题的主要原因之一是因为结构工程师设计错误造成的。结构工程师肩负着结构安危的重担，其所设计的工程直接影响着人民生命和财产的安全，正是由于这一职业的特殊要求，我国注册结构工程师资格考试始终坚持高标准、高起点，考试标准不低于目前国际上发达国家现行标准，同时又充分考虑到我国目前的国情。随着我国市场经济体制的不断完善，优胜劣汰的法则对于每一位结构工程师都是适用的。

1996 年经原建设部、原人事部批准，全国注册结构工程师试点考试在江苏省、湖北省和重庆市举行，在总结试点考试经验的基础上，1997 年 9 月 1 日原建设部、原人事部联合颁布了《注册结构工程师执业资格制度暂行规定》，决定在我国实行注册结构工程师执业资格制度，并成立了全国注册结构工程师管理委员会。这为我国全面实施注册结构工程师工作提供了依据，同时正式确立了在我国实施注册结构工程师执业制度，这标志着我国勘察设计行业在体制改革并逐步与国际接轨方面迈出了新的步伐。根据《注册结构工程师执业资格制度暂行规定》，《全国注册结构工程师考试大纲》也于1997年9月15日正式颁布实施，同年12月20日、21日举行了首届全国范围内的注册结构工程师资格考试。1998年全国注册工程师管理委员会（结构）颁布了二级注册结构工程师资格考试大纲，1999年3月在山西省太原市举行了二级注册结构工程师资格试点考试，2000年举行了全国范围内的正式考试。

依据1997年颁布的考试大纲，一级注册结构工程师专业考试上午段试卷由6道作业题组成，其中钢筋混凝土结构作业题1道，钢结构作业题1道，砌体结构与木结构作业题1道，地基与基础作业题1道，高层建筑、高耸结构与横向作用作业题1道，桥梁结构作业题1道，考生可从上述6个专业的作业题中任选4个专业的作业题进行考试；下午段试卷则由64道单选题组成，其中钢筋混凝土结构试题8道，钢结构试题8道，砌体结构与木结构试题8道，地基与基础试题8道，高层建筑、高耸结构与横向作用试题8道，桥梁结构试题8道，考生可从上述6个专业的8道单选题中任选4个专业的单选题进行作答，而设计概念的8道试题及建筑经济与设计业务管理8道试题则为考生必答题，上、下午考试时间均为4小时。1997年颁布的考试大纲实施了4年时间。

2000年全国注册工程师管理委员会（结构）在认真总结前4届注册结构工程师资格考试经验的基础上，借鉴了英国和美国注册结构工程师考题设计的长处，并结合我国注册结构工程师资格考试的具体情况，对1997年颁布的《全国注册结构工程师考试大纲》进行了修订，修订后的新大纲于2000年9月1日颁布实施。2001举行了大纲修订后即题型改革后的首次考试，到2008年为止已举行了8届考试。

题型改革后的试卷由过去的6个专业任选4个专业的作业题和单选题，改为6个专业全选全做的主观题客观化的选择题，试卷上、下午段分别由40道选择题构成，上、下午共计80题，每题1分，试卷满分80分，上、下午考试时间仍分别为4小时。6个专业的题量分配如下（一级专业考试）：钢筋混凝土结构15道试题，钢结构14道试题，砌体结构与木结构14道试题，地基与基础14道试题，高层建筑、高耸结构与横向作用15道试题，桥梁结构8道试题。考生在作答时，须在试卷上每道试题所给出的4个备选答案中选出一个正确答案，同时还须在试卷上写出每道试题的主要作答过程，并将答案选项所对应的字母用2B铅笔填涂在计算机计分答题卡上。考试评分采取计算机读卡与专家人工复评相结合的方式，首先通过对全国计算机读卡成绩的统计分析，经全国注册工程师管理委员会（结构）确定本年度的合格分数线后，再由评分专家对读卡成绩达到合格分数线的考生试卷进行人工复评，未达到复评标准的试卷其读卡成绩无效；对读卡成绩未达到合格分数线的考生试卷不进行人工复评。这种评分方式可以极大地提高考试阅卷的工作效率。

2.1.4 注册结构工程师执业资格考试的基本要求

2.1.4.1 概况

一级注册结构工程师基础考试的上午段主要测试考生在基础学科方面的掌握程度，设120道单选题，每题1分，下午段主要测试考生对结构工程及直接有关专业理论知识的掌握程度，设60道单选题，每题2分。一、二级注册结构工程师专业考试均为主观题，上、下午各 40 道题，均为单选题，每题 1 分，试卷满分为 80 分。

2.1.4.2 报考条件

1. 全国一级注册结构工程师执业资格考试基础科目考试报考条件

(1) 具备下列条件人员（表 2-1）

全国一级注册结构工程师执业考试基础科目报考条件表　　　　表 2-1

类　别	专业名称	学历或学位	职业实践最少时间
本专业	结构工程	工学硕士或研究生毕业及以上学位	1 年
	建筑工程 （不含岩土工程）	评估通过并在合格有效期内的工学学士学位	
		未通过评估的工学学士学位	
		专科毕业	
相近专业	建筑工程的岩土工程 交通土建工程 矿井建设 水利水电建筑工程 港口航道及治河工程 海岸与海洋工程 农业建筑与环境工程 建筑学 工程力学	工学硕士或研究生毕业及以上学位	1 年
		工学学士或本科毕业	
		专科毕业	
其他工科专业		工学学士或本科毕业及以上学位	1 年

(2) 1971 年（含 1971 年）以后毕业，不具备规定学历的人员，从事建筑工程设计工作累计 15 年以上，且具备下列条件之一，也可申报一级注册结构工程师资格考试基础科目的考试：

1) 作为专业负责人或主要设计人，完成建筑工程分类标准三级以上项目 4 项（全过程设计），其中二级以上项目不少于 1 项。

2) 作为专业负责人或主要设计人，完成中型工业建筑工程以上项目 4 项（全过程设计），其中大型项目不少于 1 项。

2. 全国一级注册结构工程师执业资格考试专业科目考试报考条件

(1) 具备下列条件人员（表 2-2）

全国一级注册结构工程师执业考试专业科目报考条件表　　　　表 2-2

类别	专业名称	学历或学位	Ⅰ类人员 职业实践 最少时间	Ⅱ类人员 职业实践 最少时间
本专业	结构工程	工学硕士或研究生毕业及以上学位	4 年	6 年
	建筑工程 （不含岩土工程）	评估通过并在合格有效期内的工学学士学位	4 年	
		未通过评估的工学学士学位或本科毕业	5 年	8 年
		专科毕业	6 年	9 年

续表

类别	专业名称	学历或学位	Ⅰ类人员 职业实践最少时间	Ⅱ类人员 职业实践最少时间
相近专业	建筑工程的岩土工程 交通土建工程 矿井建设 水利水电建筑工程 港口航道及治河工程 农业建筑与环境工程 海岸与海洋工程 建筑学 工程力学	工学硕士或研究生毕业及以上学位	5年	8年
		工学学士或本科毕业	6年	9年
		专科毕业	7年	10年
	其他工科专业	工学学士或本科毕业及以上学位	8年	12年

注：表中"Ⅰ类人员"指基础考试已经通过，继续申报专业考试的人员；"Ⅱ类人员"指按住房和城乡建设部、人力资源和社会保障部发文《关于一级注册结构工程师资格考核认定和1997年资格报考工作有关问题的说明》文件规定，符合免基础考试条件，只参加专业考试的人员。免考范围不再扩大，该类人员可一直参加专业考试，直至通过为止。

（2）1970年（含1970年）以前建筑工程专业大学本科、专科毕业的人员。

（3）1970年（含1970年）以前建筑工程或相近专业中专及以上学历毕业，从事结构设计工作累计10年以上的人员。

（4）1970年（含1970年）以前参加工作，不具备规定学历要求，从事结构设计工作累计15年以上的人员。

3. 全国二级注册结构工程师执业资格考试报考条件

具备下列条件人员（表2-3）：

全国二级级注册结构工程师执业考试专业科目报考条件表　　表2-3

类别	专业名称	学历	职业实践最少时间（年）
本专业	工业与民用建筑	本科及以上学历	2年
		普通大专毕业	3年
		成人大专毕业	4年
		普通中专毕业	6年
		成人中专毕业	7年
相近专业	建筑设计技术 村镇建设 公路与桥梁 城市地下铁道 铁道工程 铁道桥梁与隧道 小型土木工程 水利水电工程建筑 水利工程 港口与航道工程	本科及以上学历	4年
		普通大专毕业	6年
		成人大专毕业	7年
		普通中专毕业	9年
		成人中专毕业	10年
不具备规定学历	从事结构设计工作满13年以上，且作为项目负责人或专业负责人，完成过三级（或中型工业建筑项目）不少于二项		13年

4. 上述报考条件中有关学历的要求是指国家教育行政主管部门承认的正规学历或学位。以上报考条件仅供参考,以当次报考文件为准。

5. 经国务院有关部门同意,获准在中华人民共和国境内就业的外籍人员及港、澳、台地区的专业人员,符合《注册结构工程师执业资格制度暂行规定》和《注册结构工程师执业资格考试实施办法》的规定,也可按规定程序申请参加考试。

报考人员应参照规定的报考条件,结合自身情况,自行确定是否符合报考条件。确认符合报考条件的人员,须经所在单位审查同意后,方可报名。凡不符合基础考试报考条件的人员,其考试成绩无效。专业考试成绩合格后,报考人员须持符合相关报考条件的证件(原件)进行资格复审,复审合格者方可获得相应执业资格证书。

2.1.4.3 考试报名

报考者由本人提出申请,经所在单位审核同意后,统一到所在省(区、市)注册结构工程师管理委员会或人事考试管理机构办理报名手续。党中央、国务院各部门、部队及直属单位的人员,按属地原则报名参加考试。

2.1.4.4 注册管理

注册结构工程师资格考试合格者,由各省、自治区、直辖市人事(职改)部门颁发人力资源和社会保障部统一印制的、人力资源和社会保障部与住房和城乡建设部用印的中华人民共和国《注册结构工程师执业资格证书》。该证书在全国范围内有效。

取得《注册结构工程师执业资格证书》者,要从事结构工程设计业务的,须按规定向所在省(区、市)注册结构工程师管理委员会申请注册,注册结构工程师注册有效期为3年。有效期届满需要继续注册的,应当在期满前30日内办理再次注册手续。

2.2 注册结构工程师基础考试内容与要求

一级注册结构工程师基础考试的上午段主要测试考生在基础学科方面的掌握程度,设120道单选题,每题1分,分9个科目如下:高等数学(24题);流体力学(12题);普通物理(12题);计算机应用基础(10题);普通化学(12题);电工电子技术(12题);理论力学(13题);工程经济(10题);材料力学(15题)。下午段主要测试考生对结构工程及直接有关专业理论知识的掌握程度,设60道单选题,每题2分,分8个科目如下:土木工程材料(7题);工程测量(5题);职业法规(4题);土木工程施工与管理(5题);结构设计(12题);结构力学(15题);结构试验(5题);土力学与地基基础(7题)。

2.2.1 基础理论

2.2.1.1 高等数学

高等数学知识覆盖高等数学、线性代数及概率统计等课程的知识,内容较为丰富。试题包括基本概念、分析、计算及记忆判别等类型。对本部分内容要求根据考试大纲掌握好基本概念、基础知识,熟悉基本计算方法和解题技巧;能灵活运用所学过的知识解题。

1. 空间解析几何

(1)大纲要求基本内容

向量代数,直线,平面,柱面,旋转曲面,二次曲面,空间曲线。

（2）基本要求

1）向量代数

向量是本章重点，它是学习平面和空间直线知识的基本工具。要求掌握两点之间的距离公式，两点连线的向量表示，向量的模和方向余弦，向量的坐标式和分解式以及向量运算（数量积、向量积）。

2）平面与直线

掌握空间直线的标准方程、参数方程和一般方程，会进行方程间互化并会求直线方程（关键是确定其方向向量）。会用方向向量讨论直线与直线、直线与平面及平面与平面之间的位置关系。

掌握平面的点法式方程，掌握平面的一般方程（关键是找出其法方向），会求平面方程、点到平面的距离。

3）柱面、旋转曲面、二次曲面、空间曲线

掌握柱面、旋转曲面、二次曲面及空间曲线的基本概念及其方程表示方法。

2. 微分学

（1）大纲要求基本内容

极限，连续，导数，微分，偏导数，全微分，导数与微分的应用。

（2）基本要求

1）极限

① 熟悉函数极限的基本概念；

② 熟悉无穷小量的概念，了解无穷小量的运算性质及其与无穷大量的关系，了解无穷小量的比较；

③ 熟练掌握极限四则运算法则（加、减、乘、除），消去极限式中的不定因子，利用无穷小量的运算性质，有理化根式，函数的连续性等方法；

④ 掌握两个重要极限：$\lim\limits_{x \to 0} \dfrac{\sin x}{x} = 1$；$\lim\limits_{x \to \infty} \left(1 + \dfrac{1}{x}\right)^x = e$；

能灵活应用两个重要极限求极限，（作适当的变换），将所求极限的函数变形为重要的极限或重要极限的扩展形式，再利用重要极限的结论和极限的四则运算法则。

2）连续

① 熟悉函数连续性的定义；

② 熟悉函数间断点的概念；

③ 掌握初等函数（幂函数、指数函数、对数函数、三角函数和反三角函数）的连续性性质；

④ 掌握闭区间上连续函数的性质。

3）导数

① 导数的定义：熟悉导数的定义，掌握函数的导数的几何意义，建立曲线的切线方程方法，了解函数可导与连续的关系；

② 熟练掌握基本求导法则，牢记基本求导公式；要掌握的求导法则有：导数的和、差、积、商四则运算法则；反函数的求导方法；复合函数的求导方法；隐函数的求导方法；对数求导方法；参数表示的函数的求导方法；高阶导数的求导方法。

4) 微分

① 了解微分的定义，掌握微分的计算：一元函数可微的充要条件是函数可导；微分的计算可归纳为导数的计算，即函数的微分等于函数的导数与自变量微分的乘积。但要注意它们之间的不同之处。

② 微分的应用：要掌握下面几个常用近似公式（$x \to 0$ 时）：$\sqrt[n]{1+x} \approx 1 + \frac{1}{n}x$；$\sin x \approx x$（$x$ 用弧度作单位）；$\tan x \approx x$（x 用弧度作单位）；$e^x \approx 1+x$；$\ln(1+x) \approx x$。

5) 导数的应用

① 掌握罗尔定理和拉格朗日中值定理；会用罗必塔法则求"$\frac{0}{0}$"、"$\frac{\infty}{\infty}$"型不定式的极限，以及较简单的"$\infty - \infty$"、"$0 \cdot \infty$"型不定式的极限；

② 会用导数判断函数的单调、极值、最值、凹凸性；

③ 会求曲线的渐近线、弧微分、曲率。

6) 偏导数

① 熟悉一阶偏导概念：偏导数的定义及计算：即将变量固定，求另一个变量的导数。一般说只要会求一元函数的导数就会求二元函数的导数；

② 熟悉高阶偏导概念；

③ 掌握多元复合函数的求导法则：z 是变量 u、v 的二元函数：$z = f(u, v)$，u、v 都是变量 x、y 的函数：$u = \varphi(x, y)$，$v = \psi(x, y)$，则 $z = f[\varphi(x,y), \psi(x,y)]$，在 (x,y) 处有 $f'_x = f'_u \cdot u'_x + f'_v \cdot v'_x$，$f'_y = f'_u \cdot u'_y + f'_v \cdot v'_y$；

④ 掌握隐函数求导法则；

⑤ 偏导数的应用：掌握空间曲线的切线与法平面方程、曲面的切平面与法线方程；掌握多元函数的极值求解方法、极值存在的必要条件和充分条件。

7) 全微分

掌握全增量和全微分的定义。

3. 积分学

(1) 大纲要求基本内容

不定积分，定积分，广义积分，二重积分，三重积分，平面曲线积分，积分应用。

(2) 基本要求

1) 不定积分与定积分

① 掌握不定积分与定积分的概念；

② 掌握不定积分、定积分的主要性质；

③ 掌握积分法：牢记基本积分法；掌握换元积分法（包括第一类换元积分法和第二类换元积分法）；掌握分部积分法。

2) 广义积分

熟悉两类广义积分的定义（即无穷限的广义积分和无界函数的广义积分），掌握 $\int_a^{+\infty} f(x)\mathrm{d}x$，$\int_0^{+\infty} f(x)\mathrm{d}x$，$\int_{-\infty}^{+\infty} f(x)\mathrm{d}x$ 广义积分收敛与发散。

3) 重积分

① 掌握重积分（二重积分、三重积分）的概念与性质；

② 掌握二重积分的计算方法与步骤（包括利用直角坐标和利用极坐标两种计算方法）；
③ 掌握三重积分的计算方法与步骤（包括利用直角、柱面和球面坐标三种计算方法）。

4) 平面曲线积分
① 掌握对弧长的曲线积分的概念、性质及计算方法；
② 掌握对坐标的曲线积分的概念、性质及计算方法。

5) 积分的应用
① 对定积分的应用，应掌握：用定积分求简单平面曲线围成图形的面积，旋转体的体积，平面曲线的弧长及变力沿直线做功。
② 对二重积分的应用，应掌握：会计算曲面的面积，平面薄片的质量、重心及转动惯量。

4. 无穷级数
(1) 大纲要求基本内容
常数项级数，幂级数，泰勒级数，傅里叶级数。
(2) 基本要求
1) 常数项级数
① 掌握常数项级数部分和、收敛和发散的概念；
② 掌握常数项级数的性质，掌握级数收敛的必要条件；
③ 掌握常数项级数收敛与发散的判别方法：掌握并牢记几何级级数和 P-级数的收敛性；掌握正向级数收敛的收敛准则和判别方法（主要判别方法有：比较审敛法、比值审敛法和根值审敛法）；
④ 掌握交错级数收敛的莱布尼兹判别法；
⑤ 掌握任意项级数绝对收敛和条件收敛的概念。

2) 幂级数、泰勒级数
① 掌握幂级数的收敛点、发散点、收敛区间和收敛域的概念；
② 掌握幂级数的收敛半径概念及其求法；
③ 掌握幂级数的性质；
④ 掌握泰勒级数的概念，记住常用函数的幂级数展开形式。

3) 傅里叶级数
① 掌握傅里叶系数和傅里叶级数的概念；
② 掌握狄利克雷收敛定理；
③ 掌握正弦级数和余弦级数；
④ 掌握周期为 $2l$ 的周期函数的傅里叶级数。

5. 常微分方程
(1) 大纲要求基本内容
可分离变量方程，一阶线性方程，可降阶方程，常系数线性方程。
(2) 基本要求
1) 基本概念

掌握微分方程的定义，微分方程的解、通解，初始条件与特解等基本概念。
2）可分离变量的微分方程
会求可分离变量的微分方程解。
3）一阶线性微分方程
会求一阶线性微分方程的解。
4）可降阶方程
会求 $y^{(n)}=f(x)$，$y''=f(x,y')$，$y''=f(y,y')$ 三种可降阶方程的解。
5）常系数线性方程
① 会根据二阶常系数齐次微分方程 $y''+py'+qy=0$ 的特征方程 $r^2+pr+q=0$ 的特征根判断、求解方程的通解；
② 掌握二阶常系数非齐次微分方程 $y''+py'+qy=f(x)$ 通解的结构，掌握叠加原理，会用待定系数法求方程一个特解。
6. 概率与数理统计
（1）大纲要求基本内容
随机事件与概率，古典概型，一维随机变量的分布和数字特征，数理统计的基本概念，参数估计，假设检验，方差分析，一元回归分析。
（2）基本要求
1）随机事件与概率
① 掌握必然事件、不可能事件等基本概念，掌握事件间的关系（包含、相等、互不相容等）和运算（和事件、积事件、对立事件、差事件等）；
② 掌握概率的主要性质；
③ 掌握古典概型概率概念；
④ 掌握概率的计算公式，主要有：加法公式、求逆公式、乘法公式、全概率公式、贝叶斯公式、条件概率公式及事件独立性公式。
2）一维随机变量的分布和数字特征
① 掌握离散型和连续型随机变量的基本概念，掌握随机变量的分布函数及函数分布概念；
② 掌握离散型和连续型随机变量的数学期望、方差的概念与性质；
③ 掌握二点分布、泊松分布、二项分布、均匀分布、正态分布、指数分布等常用离散型和连续型随机变量的分布和数字特征。
3）数理统计的基本概念、参数估计、假设检验
① 掌握总体、样本、统计量的基本概念；
② 掌握样本均值、样本方差的定义与性质；
③ 掌握最大似然估计、矩估计的概念；
④ 掌握置信区间的定义与性质；
⑤ 熟悉假设检验的一般步骤，掌握正态总体中参数的假设检验及总体分布函数的假设检验。
4）方差分析及一元回归分析
① 掌握方差分析的概念、数学模型与分析方法；

② 掌握回归分析的数学模型与回归分析方法。
7. 向量分析
(1) 熟悉向量函数的定义、向量函数的终端曲线概念；
(2) 掌握向量函数的极限与连续性；
(3) 掌握向量函数的导向量与微分定义及法则，熟悉导向量的几何意义；
(4) 掌握向量函数的积分（不定积分与定积分）定义。
8. 线性代数
(1) 大纲要求基本内容
行列式，矩阵，n 维向量，线性方程组，矩阵的特征值与特征向量，二次型。
(2) 基本要求
1) n 阶行列式
熟悉 n 阶行列式定义，掌握 n 阶行列式的性质和计算（二阶行列式、三阶行列式、上（下）三角行列式、转置行列式和代数余子式）。会用克莱姆法则求解线性方程组。
2) 矩阵
① 掌握矩阵的基本概念：矩阵、零矩阵、相等矩阵、方阵，矩阵的行列式、对角矩阵、单位矩阵、数量矩阵、上（下）三角矩阵；
② 掌握矩阵加、减、数乘、矩阵乘法运算、方阵的幂、矩阵的转置等计算方法；
③ 掌握可逆矩阵的概念及性质；
④ 掌握矩阵的初等行变换、初等列变换、矩阵的等价和阶梯形矩阵，会用初等矩阵求逆阵；
⑤ 会求矩阵的秩。
3) n 维向量
① 熟悉 n 维向量的基本概念；
② 掌握向量组的线性组合定义，掌握线性相关与线性无关定义，掌握向量组线性相关与线性无关的判别方法；
③ 掌握向量组的极大无关组定义，掌握等价向量组定义，掌握向量组的秩定义；
④ 掌握向量组的内积与范数和正交矩阵。
4) 线性方程组
掌握线性方程组的基本概念，如线性方程组的一般形式、方程组的系数矩阵和增广矩阵。掌握齐次线性方程和非齐次线性方程的性质。
5) 矩阵的特征值与特征向量
掌握特征值与特征向量、特征多项式。
6) 二次型
掌握二次型的定义、二次型与对称矩阵、二次型的秩，注意二次型的秩就是对称矩阵的秩。掌握用可逆变换化二次型为标准型。
2.2.1.2 普通物理
普通物理是研究物质的基本结构、相互作用和物质最基本、最普遍的运动形式及相互转化规律的科学。普通物理内容丰富、涉及面广，应注重基本概念、基本规律和物理现象的理解和把握，着重于方程和公式的理解和应用。

1. 热学

(1) 大纲要求基本内容

气体状态参量，平衡态，理想气体状态方程，理想气体的压力和温度的统计解释，能量按自由度均分原理，理想气体内能，平均碰撞次数和平均自由程，麦克斯韦速率分布律；功，热量，内能，热力学第一定律及其对理想气体等值过程和绝热过程的应用，气体的摩尔热容，循环过程，热机效率，热力学第二定律及其统计意义，可逆过程和不可逆过程，熵。

(2) 基本要求

1) 熟悉以下几个常量：普适常量，波尔兹曼常量，摄氏温度与热力学温度之间的关系，常用气体的摩尔质量。

2) 气体状态参量、平衡态

熟悉气体状态参量、平衡态基本概念。

3) 理想气体状态方程

掌握理想气体状态方程。

4) 理想气体的压力和温度的统计解释

熟悉理想气体的压强公式，熟悉温度的统计解释含义。

5) 能量按自由度均分原理、理想气体内能

熟悉能量按自由度均分原理，掌握理想气体内能方程。

6) 麦克斯韦速率分布律

熟悉气体分子速率分布函数含义，掌握平衡态时的麦克斯韦速率分布函数，掌握由麦克斯韦速率分布函数求解速率的三种统计平均值（最可几速率、算术平均速率、方均根速率）。

7) 平均碰撞次数和平均自由程

掌握分子平均碰撞频率和平均自由程概念。

8) 功、热量、内能

掌握功、热量、内能等基本概念。

9) 热力学第一定律及其对理想气体等值过程和绝热过程的应用

掌握热力学第一定律及其适用条件，掌握热力学第一定律对理想气体等值过程和绝热过程的应用（等容过程、等压过程、等温过程、绝热过程）。

10) 循环过程、热机效率

熟悉循环过程、卡诺循环、正循环、热机效率、逆循环、制冷系数等概念。

11) 可逆过程和不可逆过程

熟悉不可逆过程概念，掌握可逆过程特征、条件。

12) 热力学第二定律及其统计意义

掌握热力学第二定律，熟悉其统计意义。

13) 熵

掌握熵的含义及熵增加原理。

2. 波动学

(1) 大纲要求基本内容

机械波的产生和传播，简谐波表达式，波的能量，驻波，声速，超声波，次声波，多普勒效应。

（2）基本要求

1）机械波的产生和传播

了解机械波的概念，掌握产生波动的两个条件（一要有振动源，二要有传播振动的弹性介质）。熟悉波的传播原理、波的分类，掌握描述波的物理量（波速、波长、周期、频率）及其相互关系。

2）简谐波表达式

熟悉平面简谐波的波动方程含义并会应用。

3）波的能量

掌握以下基本概念：体积元的能量、能量密度、波的能流、能流密度。

4）波的干涉、驻波

熟悉惠更斯定理、波的叠加原理、波的干涉原理。掌握驻波方程及驻波的振幅分布特点、位相分布特点、能量分布特点。

5）声速、超声波、次声波

掌握声速、超声波、次声波等基本概念。

6）多普勒效应

掌握多普勒效应原理。

3. 光学

（1）大纲要求基本内容

相干光的获得，杨氏双缝干涉，光程，薄膜干涉，迈克尔干涉仪，惠更斯-菲涅耳原理，单缝衍射，光学仪器分辨本领，x 射线衍射，自然光和偏振光，布儒斯特定律，马吕斯定律，双折射现象，偏振光的干涉，人工双折射及应用。

（2）基本要求

1）光的干涉

熟悉光的叠加原理、光的相干条件。掌握获得相干波的方法（杨氏双缝、菲涅耳双镜、洛艾镜、双棱镜）。掌握杨氏双缝干涉条件。在薄膜干涉中，掌握以下基本概念及原理：半波损失、等倾干涉、劈尖干涉、牛顿环。掌握迈克尔干涉仪工作原理。

2）光的衍射

熟悉惠更斯-菲涅耳原理、夫琅和费单缝衍射现象原理。熟悉小圆孔衍射现象、光学仪器的分辨率取值。熟悉衍射光栅常数、光栅方程、缺级概念。掌握 x 射线衍射原理。

3）光的偏振

熟悉以下几个基本概念：偏振、振动面、偏振面、自然光、偏振光。熟悉反射光的偏振原理，掌握布儒斯特定律。熟悉起偏和检偏的方法，掌握马吕斯定律。熟悉光的双折射现象、掌握几个基本概念：晶体的光轴、晶体的主截面、光线的主平面。会利用双折射现象获得偏振光，熟悉偏振光的干涉原理、会利用人工双折射现象为科技服务。

2.2.1.3 普通化学

重点要求掌握基本概念、基础理论的理解以及运用基本公式进行简单的计算。

1. 物质结构与物质状态

(1) 大纲要求基本内容

原子核外电子分布，原子、离子的电子结构式，原子轨道和电子云概念，离子键特征，共价键特征及类型；分子结构式，杂化轨道及分子空间构型，极性分子与非极性分子，分子间力与氢键；分压定律及计算，液体蒸气压，沸点，汽化热；晶体类型与物质性质的关系。

(2) 基本要求

1) 原子结构

① 了解原子核外电子运动的近代概念，微观粒子的运动规律（波粒二象性，量子化，统计性）；波函数和原子轨道，几率密度和电子云的概念；核外电子的能级及能级交错的含义；原子轨道和电子云的角度分布图。

② 熟悉四个量子数（含义、数值和作用）及其相互制约关系；原子核外电子分布所遵循的两条原理一条规则（能量最低原理、泡利不相容原理、洪特规则）的含义及作用。

③ 重点掌握核外电子排布的 7 个能量组及近似能级顺序，能熟练地对 109 种元素进行核外电子排布；写出外（价）层电子排布式；据此确定元素在周期表中的分区（最后的电子排在 s、p、d、f 上，分别为 s 区、p 区、d 区、f 区，d 区排满 10 为 ds 区）、所在周期（n 值最大的数为周期号数）、族（s+p＝主族号数＝最高氧化值；s+d＝副族号数＝最高氧化值；d 区排满 10，看 s 区 1～2＝副族号数第 8 族 s+d＝8～10，最高氧化值除铁和锇有+8 价外，其余为+2、+3 价）。

④ 理解并熟练掌握 24 号 C_r，29 号 C_u 的特殊电子排布及在周期表中的分区和位置（周期、族）。

2) 化学键与分子结构

① 了解化学键的类型（离子键、共价键、金属键）、离子键的特点（无方向性、无饱和性）及形成条件（电负性小的活泼金属与电负性大的非金属）；

② 重点掌握从价键理论，理解共价键的形成条件（有未成对电子，且自旋方向相反，对称性匹配条件（同号才能实现有效重叠），最大重叠条件）；理解并掌握共价键的特点（具有方向性、饱和性），类型（σ 键、π 键）及含义；

③ 重点熟练掌握杂化的轨道类型（等性杂化：SP、SP^2、SP^3 杂化，不等性 SP^3 杂化）及杂化条件、空间构型、键角；

④ 了解极性分子和非极性分子的概念。熟悉并掌握分子间力（范德华力、色散力、诱导力、取向力）的形成及特点（无方向性、无饱和性）、强度（比化学键小 10^{1-2}）、应用（同族元素形成的同类型化合物如 HF、HCl、HBr、HI）、状态（气态、液态及固态）；

⑤ 理解并掌握氢键的形成条件（与 H 结合的原子半径小，电负性大，有孤对电子，如 O、F、N）、特点（方向性、饱和性）、强度（与分子间力相当）、应用（同族元素氢化物，如 HF、H_2O、NH_3 熔沸点出现反常行为，特别高；溶解度大，因为分子之间不仅有分子间力，而且还形成氢键，使熔沸点升高，溶解度增大）。

3) 晶体结构

① 重点掌握晶体的四大基本类型（离子、原子、分子、金属晶体）的组成、微粒间作用力、性质（硬度、熔沸点、溶解度、导电性）；

② 了解过渡型晶体（层状和链状结构）的组成、作用力和性质。

4）分压定律

① 熟悉分压定律（混合气体总压力等于各组分气体压力之和）及所处条件，熟悉摩尔分数、体积分数；

② 重点掌握分压力的计算及应用：$p_A = p_总 \cdot n_1/n_总 = p_总 \cdot V_A/V_总$。

5）理解几个概念

① 液体蒸汽压（任何溶液在一定温度下都有一定的饱和蒸汽压）；

② 沸点（液体沸腾时的温度）；

③ 汽化热（单位质量的液体汽化变为气体所吸收的热量）。

2. 溶液

(1) 大纲要求基本内容

溶液的浓度及计算，非电解质稀溶液通性及计算，渗透压概念；电解质溶液的电离平衡，电离常数及计算，同离子效应和缓冲溶液，水的离子积及 pH 值；盐类水解平衡及溶液的酸碱性；多相离子平衡，溶度积常数，溶解度概念及计算。

(2) 基本要求

1）溶液的通性

① 掌握溶液浓度（体积摩尔浓度、质量摩尔浓度、摩尔分数浓度）的表示方法及其计算；

② 重点掌握稀溶液的通性（难挥发非电解质溶液的蒸汽压下降、沸点上升、凝固点下降、产生渗透压）产生的条件及原因，计算公式及有关计算，溶液的沸点及凝固点的计算；

③ 熟悉电解质及挥发性溶液的四项性质，偏离稀溶液依数性的原因，掌握有关计算等。

2）电解质溶液与多相离子平衡

① 掌握一元弱酸、弱碱的电离平衡及其有关计算（C_{H^-}、C_{OH^-}、K_a、K_b、pH 的计算）；

② 掌握同离子效应、缓冲溶液的概念及其计算（C_{H^+}、C_{OH^-}、pH 的计算）；

③ 掌握沉淀-溶解平衡，溶液积常数的概念，容度积规则，利用该规则判断沉淀的生成与溶解，沉淀的转化与分步沉淀；

④ 重点掌握同离子效应及缓冲溶液氢离子浓度、氢氧根离子浓度及 pH 值的计算；容积度、溶度积规则及其应用（判断沉淀的生成与溶解，判断沉淀的转化与先后沉淀）的有关计算；

⑤ 了解水的离子积、多元弱酸的电离平衡及其 pH 值的计算，溶解度与容积度的换算。

3）盐类的水解

① 熟悉盐类水解的实质；

② 掌握各类盐的水解常数 k_h 的计算、盐溶液酸碱性的判断及计算。

3. 周期表

(1) 大纲要求基本内容

周期表结构、周期、族，原子结构与周期表关系；元素性质及氧化物及其水化物的酸碱性递变规律。

(2) 基本要求

1) 掌握元素周期表的结构、周期、族（7个周期、7个主族、1个零族、1个第8族、还有镧系、锕系元素）。

2) 熟练掌握：原子结构与周期表的关系（周期表是原子结构的具体表达形式）；元素性质（原子半径、电离能、电子亲和能、电负性、金属性、非金属性）的周期性变化与核外电子排布（重复相似的电子排布）的关系；氧化物及其水合物的酸碱性（同周期、同族）递变规律。

4. 化学反应方程式、化学反应速率与化学平衡

(1) 大纲要求基本内容

化学反应方程式写法及计算，反应热概念，热化学反应方程式写法；化学反应速率表示方法，浓度、温度对反应速率的影响，速率常数与反应级数，活化能及催化剂概念；化学平衡特征及平衡常数表达式，化学平衡移动原理及计算、压力熵与化学反应方向判断。

(2) 基本要求

1) 熟悉：化学反应速率的概念和表示法，以及浓度、温度、催化剂对反应速率的影响；基元反应和非基元反应；热化学方程式的写法和反应热的概念；化学方程式的写法与反应速率及平衡常数表达式的关系；反应速率常数的物理意义；化学平衡的概念及平衡移动原理；温度与平衡常数的关系。

2) 重点掌握：质量作用定律及其适用范围、反应级数，多相反应的速率方程式的写法，平衡常数 K_p、K_c 表达式及有关计算，化学平衡移动有关计算，活化能的概念及时化反应的速率的影响（活化能越大，反应越慢）。

3) 了解：分压平衡常数 K_p 与分压力的关系，压力熵 Q_p 表达式，根据 K_p 与 Q_p 的关系，判断反应进行的方向。

5. 氧化还原与电化学

(1) 大纲要求基本内容

氧化剂与还原剂，氧化还原反应方程式写法及配平；原电池组成及符号，电极反应与电池反应，标准电极电势，能斯特方程及电极电势的应用，电解与金属腐蚀。

(2) 基本要求

1) 理解并掌握：氧化剂、还原剂；氧化还原方程式的写法与配平（离子-电子法），电极电势；电解原理及有关概念（分解电压、超电压、超电势），金属腐蚀分类（化学腐蚀、电化学腐蚀、析 H_2 腐蚀、吸氧腐蚀）及机理，腐蚀的防止。

2) 熟练掌握：原电池的组成及符号表达式（4种形式），电极反应与电池反应，能斯特方程式（浓度对电极电势的影响），电极电势的应用（根据电极电势判断氧化剂、还原剂的相对强弱；判断原电池的正、负极，计算电动势），判断氧化还原反应进行的方向，判断氧化还原反应的先后次序，判断氧化还原反应进行的程度。

6. 有机化学

(1) 大纲要求基本内容

有机物特点、分类及命名，官能团及分子结构式；有机物的重要化学反应：加成、取

代、消去、氧化、加聚与缩聚；典型有机物的分子式、性质及用途：甲烷、乙炔、苯、甲苯、乙醇、酚、乙醛、乙酸、乙酯、乙胺、苯胺、聚氯乙烯、聚乙烯、聚丙烯酸酯类、工程塑料（ABS）、橡胶、尼龙66。

(2) 基本要求

1) 了解有机物的组成、特点及分类。

2) 掌握有机化合物的重要反应：加成、取代、消去、氧化、加（成）聚（合）、缩（合）聚（合）反应。

3) 掌握：官能团及分子结构式，有机物的命名（系统命名法），典型有机物分子式、性质及用途：甲烷、乙炔、苯、甲苯、乙醇、酚、乙醛、乙酸、乙酯、乙胺、苯胺、聚氯乙烯、聚乙烯聚丙烯酸酯类、工程塑料（ABS）、橡胶、尼龙66。

2.2.1.4　电工电子技术

电工电子技术包括电场与磁场、电工学、电子技术基础三大块内容，复习本部分内容时，应将主要精力放在基本概念的正确理解，电路定律的正确应用以及掌握求解各类电路所用的方法上。

1. 电场与磁场

(1) 大纲要求基本内容

库仑定律，高斯定理，环路定律，电磁感应定律。

(2) 基本要求

1) 电场

掌握用库仑定律求解点电荷之间的相互作用问题，应用高斯定理计算具有对称性的电场的场强。

2) 磁场

了解安培环路定律，计算具有一定对称性的电流分布的磁场强度或磁感应强度；正确理解电磁感应的条件，电磁感应定律，掌握磁场中运动导体感应电动势的产生和计算，磁场中转动的线圈内感应电动势及感应电流的计算，左手定则和右手定则。

2. 直流电路

(1) 大纲要求基本内容

电路基本元件，欧姆定律，基尔霍夫定律，叠加原理，戴维南定理。

(2) 基本要求

1) 电路的基本概念

了解电路模型及理想电路元件的意义，熟悉电压、电流正方向的意义，掌握电路的三种工作状态。

2) 电路基本定律

掌握电路的欧姆定律，电路的基尔霍夫定律，电路的叠加原理，了解戴维南定理。

3. 正弦交流电路

(1) 大纲要求基本内容

正弦量三要素，有效值，复阻抗，单相和三相电路计算，功率及功率因数，串联与并联谐振，安全用电常识。

(2) 基本要求

1) 熟悉正弦交流电的三要素、相位差及有效值的概念；
2) 掌握正弦交流电的各种表示方法，以及相互之间的关系；
3) 熟悉电路基本定律的向量形式和复数阻抗，并掌握用相量法计算简单正弦交流电路的方法；
4) 掌握有功功率和功率因素的计算，了解瞬时功率、无功功率、视在功率的概念和提高功率因素的经济意义；
5) 了解交流电路的频率特性，主要谐振电路；
6) 掌握三相四线制电路中单相及三相负载的正确联接，并了解中线的作用；
7) 掌握相电压（相电流）与线电压（线电流）在对称三相电路中的相互关系；
8) 掌握对称三相电路电压、电流和功率的计算方法；
9) 了解安全用电常识。

4. RC 和 RL 电路暂态过程
（1）大纲要求基本内容
三要素分析法。
（2）基本要求
熟悉电路的暂态与稳态，以及电路的时间常数的物理意义；掌握一阶线性电路的零输入响应在跃激励之下的零状态响应和全响应；掌握三要素分析法。

5. 变压器与电动机
（1）大纲要求基本内容
变压器的电压、电流和阻抗变换，三相异步电动机的使用，常用继电-接触器控制电路。
（2）基本要求
了解变压器的基本构造、工作原理、铭牌数据；了解变压器的外特性和绕组的同极性端；掌握变压器电流、电压、阻抗的变换；掌握三相异步电动机的基本结构、工作原理及效率；掌握三相异步电动机的使用、Y/△降压启动；掌握常用继电器-接触器控制电路的控制原理。

6. 二极管及整流、滤波和稳压电路
基本要求：
（1）二极管元件
熟悉 PN 结构的单相导电性；了解二极管、稳压管和晶体管的基本结构、工作原理和主要特性曲线，熟悉主要参数的含义。
（2）整流、滤波和稳压电路
了解单相整流电路和滤波电路的工作原理；了解稳压管稳压电路和串联型稳压电路的工作原理；了解集成稳压电源的作用。

7. 三极管及单管放大电路
基本要求
了解晶体三极管的结构；熟悉晶体管的电流分配和放大作用；掌握单管放大电路的组成和工作原理；学会计算单管放大电路的放大系数 A_u 和输入输出电阻 r_0 和 r_1。

8. 运算放大器

(1) 大纲要求基本内容

理想运放组成的比例，加、减和积分运算电路。

(2) 基本要求

了解集成运算放大器的基本组成及其主要参数的意义；掌握运算放大器组成的比例、加减、微分和积分运算电路的工作原理。

9. 门电路和触发器

(1) 大纲要求基本内容

基本门电路，RS、D、JK 触发器。

(2) 基本要求

掌握与门、或门、非门、与非门和异或门的逻辑功能；掌握触发器（R-S 触发器、D 触发器、J-K 触发器）结构分类、逻辑功能。

2.2.1.5　计算机应用基础

计算机应用基础包括计算机基础知识、操作系统知识及程序设计语言三部分组成，需重点掌握常用概念、了解性知识和重要结论。

1. 计算机基础知识

(1) 大纲要求基本内容

硬件的组成及功能、软件的组成及功能、数制转换。

(2) 基本要求

掌握计算机系统的基本原理和软、硬件的组成及功能基本知识，熟悉进位计数定义及其特点，能够熟练掌握和计算不同进制数的标志、数制转换。

2. Windows 操作系统

(1) 大纲要求基本内容

基本知识，系统启动，有关目录文件磁盘及其他操作，网络功能。

(2) 基本要求

1) 基本知识

掌握 Windows 的桌面构成，窗口的构成，鼠标操作和应用程序等基本概念。

2) 系统启动

掌握系统启动（冷启动、热启动、复位启动方法）、Windows 的启动及关机方法。

3) 有关目录文件磁盘及其他操作、网络功能

掌握文件及文件夹（目录）的概念及操作、磁盘、硬盘的概念及操作、控制面板及其他操作。

4) 网络功能

了解计算机网络的基本知识，了解 Windows 配置网络的方法，掌握 web 浏览器（主要指 IE）和电子邮件实用程序的使用。

3. 计算机程序设计语言

(1) 大纲要求基本内容

程序结构与基本规定，数据，变量，数组，指针，赋值语句，输入输出的语句，转移语句，条件语句，选择语句，循环语句，函数，子程序（或称过程），顺序文件，随机文件。

（注：鉴于目前情况暂采用 FORTRAN 语言）

(2) 基本要求

1) FORTRAN 的程序结构与基本规定

① 了解 FORTRAN 的程序结构，了解其基本规定：包括程序书写格式和语句的排列顺序。

② 掌握数据、变量、数组、指针等基本概念及类型。

2) 常用语句

掌握赋值语句、输入输出的语句、转移语句、条件语句、选择语句、循环语句定义、分类及格式及应用。

3) 函数、子程序

掌握函数（内部函数、语句函数）、子程序的定义、形式及应用。

4) 文件

熟悉文件定义、分类（顺序文件和随机文件）。

2.2.2 力学

2.2.2.1 理论力学

1. 静力学

(1) 大纲要求基本内容

平衡，刚体，力，约束，静力学公理，受力分析，力对点之矩，力对轴之矩，力偶理论，力系的简化，主矢，主矩；力系的平衡，物体系统（含平面静定桁架）的平衡，滑动摩擦，摩擦角自锁，考虑滑动摩擦时物体系统的平衡重心。

(2) 基本要求

1) 熟悉各种常见的约束的性质，对简单的物体系统能熟练地取分离体，正确进行受力分析，并正确地画出受力图。

2) 熟悉力、力矩、力偶等的基本概念和性质，能熟练计算力的投影，熟练地计算力对点的矩和力对轴的矩。

3) 掌握各类力系的简化方法和结果，熟悉主矢、主矩的计算。

4) 能应用各类力系的平衡条件和平衡方程求解单个物体和一般物体系统的平衡问题。能熟练地取分离体和应用各种形式的平衡方程求解平衡问题。

5) 会用结点法、截面法求解简单静定桁架的内力。

6) 掌握计算物体重心或形心的各种方法。

7) 熟悉滑动摩擦和摩擦力的特征，要求掌握求解考虑滑动摩擦时的一般物体系统的平衡问题。

2. 运动学

(1) 大纲要求基本内容

点的运动方程轨迹，速度和加速度，刚体的平动，刚体的定轴转动，转动方程，角速度和角加速度，刚体内任一点的速度和加速度。

(2) 基本要求

1) 熟悉描述点的运动的矢径法、直角坐标法和自然坐标法，能求点的轨迹，熟练地求解与点的速度、加速度有关的问题。

2) 熟悉刚体的平动和定轴转动的特征。熟练地求解定轴转动刚体的角速度、角加速度以及刚体内各点的速度、加速度有关的问题。熟悉角速度、角加速度及刚体各点速度、加速度的矢量表达法。

3) 掌握速度合成与分解的基本概念与方法，能熟练应用点的速度合成定律和加速度合成定理（牵引运动为平动和定轴转动两种情形）求解有关问题。

4) 熟悉刚体平面运动的特征。能应用基点法、速度投影法、瞬心法求解平面图形内各点速度、加速度有关问题。能对常见的平面机构进行速度、加速度分析。

3. 动力学

（1）大纲要求基本内容

动力学基本定律，质点运动微分方程，动量，冲量，动量定理，动量守恒的条件，质心，质心运动定理，质心运动守恒的条件，动量矩，动量矩定理，动量矩守恒的条件，刚体的定轴转动微分方程，转动惯量，回转半径，转动惯量的平行轴定理，功，动能，势能，动能定理，机械能守恒，惯性力，刚体惯性力系的简化，达朗伯原理，单自由度系统线性振动的微分方程，振动周期，频率和振幅，约束；自由度，广义坐标，虚位移，理想约束，虚位移原理。

（2）基本要求

1) 会建立质点的运动微分方程。

2) 理解并熟练地计算质点和质点系的动量、动量矩、动能、冲量、功、势能等各基本物理量。

3) 熟练掌握力学普遍定理（动量定理、质心运动定理、对固定点和质心的动量矩定理、动能定理）及相应的守恒定律，能熟练地选择和综合应用这些定理求解质点、质点系的动力学问题，能应用刚体定轴转动和平面运动微分方程求解有关问题。

4) 掌握刚体转动惯量的计算。

5) 了解惯性力的概念，掌握刚体平动、定轴转动、平面运动时惯性力系简化结果的计算。熟练掌握达朗伯原理的应用。了解定轴转动刚体动反力的概念。

6) 熟悉自由度、广义虚位移、理想约束广义力等概念。掌握虚位移原理及应用。

7) 能建立单自由度系统线性振动的微分方程，熟悉振动的特征，会计算振动周期、频率和振幅等。

2.2.2.2 材料力学

材料力学概念性很强，对基本内容要求相当熟练，少部分内容如应力状态分析和压杆稳定则还要求能深入进行分析。

1. 轴向拉伸和压缩

（1）大纲要求基本内容

轴力和轴力图，拉、压杆横截面和斜截面上的应力，强度条件，虎克定律和位移计算，应变能计算。

（2）基本要求

1) 了解内力、应力、位移和应变的概念。

2) 掌握截面法求轴力、作轴力图的方法。

3) 掌握横截面上的应力计算方法。

4) 熟悉拉（压）杆的变形计算，掌握虎克定律的应用，了解拉（压）杆的应变能计算。

5) 了解常用工程材料拉（压）时的力学性能，掌握强度的应用。

2. 剪切和挤压计算

（1）大纲要求基本内容

剪切和挤压的实用计算，剪切虎克定律，剪应力互等定理。

（2）基本要求

1) 熟悉连接件和被连接件的受力分析；

2) 准确区分剪切面和挤压面，掌握剪切与挤压的实用计算；

3) 准确理解剪应力互等定理的意义，掌握剪切虎克定律的应用。

3. 扭转

（1）大纲要求基本内容

外力偶矩的计算，扭矩和扭矩图，圆轴扭转剪应力及强度条件，扭转角计算及刚度条件，扭转应变能计算。

（2）基本要求

1) 熟悉传动轴的外力偶矩计算，掌握求扭矩和作扭矩图的方法；

2) 掌握横截面上剪应力分布规律和剪应力计算，了解斜截面上的应力计算，掌握剪应力强度条件的应用。

3) 熟悉圆截面的极惯性矩，抗扭截面系数计算公式的应用；

4) 熟悉圆截面杆扭转角的计算和刚度条件的应用，了解受扭圆杆应变能的计算。

4. 截面的几何性质

（1）大纲要求基本内容

静矩和形心，惯性矩和惯性积，平行移轴公式，形心主惯矩。

（2）基本要求

1) 了解静矩和形心、极惯性矩和惯性积的概念，熟悉简单图形静矩、形心、惯性矩和惯性积的计算。

2) 掌握惯性矩和惯性积平行移轴公式的应用，熟练掌握有一对称轴的组合截面惯性矩的计算方法。

3) 准确理解形心主轴和形心主惯性矩的概念，熟悉常见组合截面形心主惯性矩的计算步骤。

5. 弯曲

（1）大纲要求基本内容

梁的内力方程，剪力图和弯矩图，q、Q、M 之间的微分关系，弯曲正应力和正应力强度条件，弯曲剪应力和剪应力强度条件，梁的合理截面，弯曲中心概念，求梁变形的积分法，迭加法和卡氏第二定理。

（2）基本要求

1) 弯曲内力

① 了解平面弯曲的概念，掌握对称截面梁平面弯曲的特征；

② 熟悉梁的内力的产生，熟悉弯矩、剪力的正负号规定；

③ 掌握常用的作剪力图和弯矩图的方法：列剪力、弯矩方程并作剪力图、弯矩图，

简易法作剪力图、弯矩图，用叠加法作弯矩图；

④ 掌握 q、Q、M 之间的微分关系，熟练掌握各种受力情况下，Q、M 图的特征，掌握用简易法计算指定截面上 Q、M 的方法。

2）弯曲应力

① 明确弯曲正应力公式的应用条件，掌握横截面上正应力的分布规律，掌握中性轴为对称轴时或为非对称轴时正应力强度的计算；

② 熟悉常见截面剪应力的分布规律，熟悉剪应力公式的应用，掌握剪应力强度条件的应用；

③ 了解梁的合理截面形状，熟悉提高梁强度的措施；

④ 了解弯曲中心的概念，熟悉常见开口薄壁杆件的弯曲中心。

3）弯曲变形

① 熟悉弯矩与曲率的关系，确定梁的挠度方程和转角方程与条件即挠曲线近似微分方程，边界条件与连续条件；

② 掌握积分法求梁的位移的步骤与方法，正确地写出梁的边界条件与连续条件，掌握求梁的位移的叠加法；

③ 熟悉梁的弯曲应变能的计算和应用卡式第二定律求梁的位移。

6．应力状态与强度理论

（1）大纲要求基本内容

平面应力状态分析的数值解法和图解法，一点应力状态的主应力和最大剪应力，广义虎克定律，四个常用的强度理论。

（2）基本要求

1）应力状态

① 准确理解一点处的应力状态、主平面与主应力的概念。

② 掌握平面应力状态分析的三种方法：数解法、图解法和联合法。对于数解法要掌握斜截面上正应力与剪应力公式的应用、主应力大小和方向的公式的应用；图解法要掌握作应力圆的方法、步骤以及应力圆上的点与单元体的对应关系；联合法是应用解析法求主应力的大小和主应力方向角的绝对值。

③ 掌握已知主应力的三向应力状态的分析法，该方法实际上先考虑与已知主应力垂直的平面的应力分析，求出该平面的两个主应力，再与已知的主应力比较，即可得三个主应力。

④ 熟悉三向应力状态已知三个主应力作应力圆的方法，掌握最大剪应力的求法，特别需要注意的最大剪应力是单元体任意截面而不是垂直于某个主平面的截面上的最大剪应力。

⑤ 掌握各向同性材料的广义虎克定律并用于应力和应变的分析，了解体积应变比能、体积改变比能和形状改变比能的概念。

2）强度理论

① 熟悉材料常见的破坏形式，了解强度理论的概念；

② 熟悉四个常用强度理论的应用范围，掌握四个常用的强度理论的强度条件；

③ 全面掌握焊接工字形截面梁的强度计算，并能将第三或第四强度理论用于弯矩组

合变形下钢制圆轴的强度计算。

7. 组合变形

（1）大纲要求基本内容

斜弯曲，偏心压缩（或拉伸），拉-弯或压-弯组合，扭弯组合。

（2）基本要求

1）了解组合变形的一般分析方法；

2）掌握斜弯曲的分析方法，斜弯曲可分解为两相互垂直平面内的弯曲，掌握有两根对称轴、四个角点的截面（如矩形、工字形截面）最大正应力的计算；

3）掌握拉（压）-弯曲组合变形的分析方法，对于有两根对称轴、四个角点的截面杆，掌握其最大正应力的计算；

4）掌握偏心拉伸（或压缩）的分析方法，即经过简化后，可归纳为拉伸（或压缩）与弯曲的组合；

5）了解截面核心的概念，熟悉确定截面核心边界的方法；

6）掌握弯-扭组合变形下横杆截面上的应力计算，并用相应的强度理论对危险点进行强度计算。

8. 压杆稳定

（1）大纲要求基本内容

细长压杆的临界力公式，欧拉公式的适用范围，临界应力总图和经验公式，压杆的稳定校核。

（2）基本要求

1）了解压杆稳定性的概念，掌握各种典型支承条件下细长压杆临界压力的欧拉公式。

2）熟悉欧拉公式的应用范围，欧拉公式只是在 $\sigma_{cr} \leqslant \sigma_p$ 即 $\lambda \leqslant \lambda_p = \pi\sqrt{\dfrac{E}{\sigma_p}}$ 时才能应用。

3）掌握不同柔度压杆临界应力计算，当 $\lambda_0 \leqslant \lambda \leqslant \lambda_p$ 时用直线型经验公式 $\sigma_{cr} = a - b\lambda$。

4）了解压杆折减系数的查法，掌握压杆的稳定条件和稳定校核方法，了解提高压杆稳定性的概念。

2.2.2.3 结构力学

结构力学是土建类专业的一门重要技术基础课，基础考试中，需掌握基本概念、基本原理及基本解题方法。

1. 平面体系的几何组成

（1）大纲要求基本内容

名词定义，几何不变体系的组成规律及其应用。

（2）基本要求

1）熟悉以下名词定义：几何不变体系与几何可变体系、自由度、约束、多余约束、瞬变体系。

2）熟练掌握几何不变体系的三个组成规律（固定一点、固定一刚片、固定两刚片）并运用其判断体系的几何构造性质。

2. 静定结构受力分析与特性
(1) 大纲要求基本内容
静定结构受力分析方法，反力、内力的计算与内力图的绘制；静定结构特性及其应用。
(2) 基本要求
1) 静定结构受力分析方法
掌握静定结构受力分析方法（取隔离体，用截面法，通过平衡条件建立方程按几何组成的逆顺序求解结构未知力）。掌握静定梁与刚架（受弯为主）、三铰拱（受压为主）、静定平面桁架（杆件承受轴力）、静定组合结构受力分析方法及内力反力计算方法。会判断桁架的结点单杆与截面单杆，并会判断零杆。掌握绘制静定结构内力图（弯矩图、剪力图、轴力图）的方法。
2) 熟悉静定结构特性并会简单应用。

3. 静定结构的位移
(1) 大纲要求基本内容
广义力与广义位移，虚功原理，单位荷载法，荷载下静定结构的位移计算，图乘法，支座位移和温度变化引起的位移，互等定理及其应用。
(2) 基本要求
熟悉广义力与广义位移的基本概念；了解虚功原理（外力虚功＝内力虚功，虚功原理具有两种形式即虚力原理与虚位移原理）；掌握用单位荷载法求结构的位移；掌握图乘法原理、适用条件，掌握用图乘法求位移。了解支座位移和温度变化引起的位移、互等定理及其应用。

4. 超静定结构受力分析及特性
(1) 大纲要求基本内容
超静定次数，力法基本体系，力法方程及其意义，等截面直杆刚度方程，位移法基本未知量，基本体系，基本方程及其意义，等截面直杆的转动刚度，力矩分配系数与传递系数，单结点的力矩分配，对称性利用，半结构法，超静定结构位移，超静定结构特性。
(2) 基本要求
1) 熟悉超静定次数，力法基本体系，力法基本未知量，力法基本结构等基本概念。掌握力法基本原理、基本要点，熟悉力法方程及相关参数的含义，熟练掌握用力法求解超静定结构。
2) 熟悉等截面直杆刚度方程，位移法基本未知量、基本体系，掌握位移法基本原理、基本要点；熟悉位移法方程及参数含义，熟练掌握用位移法求解结构。
3) 掌握等截面直杆的转动刚度、力矩分配系数与传递系数等基本概念，掌握力矩分配法基本原理，熟练掌握力矩分配法求解单结点无侧移刚架内力。
4) 会用对称性将结构简化成半结构，从而简化结构，掌握求解超静定结构位移方法、了解超静定结构特性。

5. 影响线及应用
(1) 大纲要求基本内容
影响线概念，简支梁静定多跨梁，静定桁架反力及内力影响线，连续梁影响线形状，影响线应用，最不利荷载位置，内力包络图概念。

（2）基本要求

掌握影响线的概念，分清影响线和内力图的区别，掌握影响线的作法（静力法和机动法），会求解简支梁、静定多跨梁、静定桁架反力及内力影响线，会判断超静定连续梁支座反力、剪力、弯矩影响线的形状。会利用影响线求解各种荷载作用下的内力、求荷载的最不利位置。熟悉内力包络图的概念。

6. 结构动力特性与动力反应

（1）大纲要求基本内容

单自由度体系周期、频率、简谐荷载与突加荷载作用下简单结构的动力系数、振幅与最大动内力，阻尼对振动的影响，多自由度体系自振频率与主振型，主振型正交性。

（2）基本要求

掌握动力自由度、周期、频率、振幅、动力系数、阻尼、阻尼比等基本概念，熟练掌握周期、频率的计算公式，熟悉单自由度体系及多自由体系的振动方程（考虑有阻尼及无阻尼两种情况），熟悉方程中相关参数的含义，熟悉在简谐荷载及突加荷载作用下单自由度体系及多自由体系的振动方程（考虑有阻尼及无阻尼两种情况），熟悉方程中相关参数的含义，并会求解多自由体系的自振频率及主振型，掌握主振型的正交特性。

2.2.2.4 流体力学

流体力学是一门难度较大的课程，复习时应加深对概念的理解，便于解题时区别、判断、分析及计算。

1. 流体的主要物理性质

基本要求

（1）流体的连续介质假设

掌握流体的连续性假设的内涵。

（2）流体的密度及压缩性方程

掌握流体的密度的定义及表达式；掌握压缩性表达式中各参数的含义及单位，并能运用该方程进行计算。

（3）流体的黏性

1）熟练掌握牛顿内摩擦定律表达式，对公式中各符号的含义要理解并能灵活运用，能运用该公式进行工程计算；

2）了解描述流体黏性的两种指标（动力粘度、运动粘度），特别注意其中单位及相互之间的换算关系；

3）了解流体黏性随温度的变化规律。

2. 流体静力学

（1）大纲要求基本内容

流体静压强的概念；重力作用下静水压强的分布规律，总压力的计算。

（2）基本要求

1）流体、静压强度及其测量

①了解流体静压强度的各向等值性及等值传递性；

②掌握压强的度量单位及单位之间的换算关系，一个工程大气压和一个标准大气压的具体数据；

③掌握以绝对真空为基准点的绝对压强和以当地大气压为基准点的相对压强之间的换算关系。掌握用单位面积上的压力、大气压的倍数和液柱高度表示的三种表示方法。掌握通过液压计读取流体静压强度的办法。

2）重力作用下静压强的分布规律

①掌握静压强基本方程各参数的含义、单位，掌握流体中某点的压强计算方法；

②掌握静压强的内法向作用和线性分布规律，并能准确计算其数值和绘制压强分布图。

3）作用在平面和曲面上的流体总压力

①对于作用在平面上的流体总压力，了解流体作用在垂直和斜平面上的压强分布规律；掌握流体总压强度的大小、方向、作用点的确定方法。对于该部分的积分推导要了解其过程和思路，重点记忆推导后的简化结论公式。

②对于作用在曲面上的流体总压力，要了解总压力的解析法推导思路与过程。掌握总压力垂直与水平力的表达式，并能对总压力的大小、方向、作用点进行计算确定。重点掌握实、虚压力体的规定，压力体的具体围成面以及压力体的合成。对于复杂曲面要会通过分析、分解、简化求算压力体的体积。另外，要特别注意柱面与球面的计算区别。其中，在求算作用在曲面上的水平力时，仍然运用平面总压力的相关知识，能准确判断曲面的投影面形式。

3．流体动力学基础

（1）大纲要求基本内容

以流场为对象描述流动的概念；流体运动的总流分析，恒定总流连续性方程、能量方程和动量方程。

（2）基本要求

1）以流场为对象描述流动的概念

①了解两种描述流体运动的方法，即拉格朗日法和欧拉法的本质区别；

②了解流线与迹线的定义与本质区别；

③熟悉流管、流束、过流断面、元流、总流的概念；

④掌握流量与平均流速的定义与计算方法；

⑤掌握流体运动形态的分类方法。

2）恒定总流连续性方程

掌握恒定总流连续性方程的含义及相关参数意义。

3）恒定总流能量方程

掌握理想液体能量方程含义，掌握位置水头、压强水头、测压强水头和总水头的组成及含义；掌握实际液体总流能量方程含义及其应用条件，掌握两断面间有能量输入或输出时，能量水头与机械功率的换算方式，会用总流量方程计算能量损失。

4）恒定总流的动量方程

①掌握动量方程在三个坐标轴的投影具体表达式；

②合理选取坐标系，正确选择计算断面。

4．流动阻力和水头损失

（1）大纲要求基本内容

实际流体的两种流态-层流和紊流，圆管中层流运动、紊流运动的特征，沿程水头损失和局部水头损失，边界层附面层基本概念和绕流阻力。

(2) 基本要求

1) 实际流体的两种流态——层流和紊流

①熟悉影响实际流体流态的因素（流速、流体的粘性、过流断面形式）；

②掌握圆形与非圆形断面雷诺数的表达式及雷诺准则，掌握各种过流断面形式下临界雷诺数。

2) 圆管中层流运动、紊流运动的特征

①熟悉圆管中的均匀流的切应力表达式及各参数的含义；

②掌握圆管中层流运动中过流断面切应力的分布规律，掌握沿程阻力的计算表达式及各参数的含义，掌握流速分布规律，最大流速与平均流速的关系；

③掌握紊流沿岸水头损失的通用式，各参数的含义；掌握尼古拉兹试验对不同流态的划分、各流态区流动阻力的影响因素及规律；掌握谢才方程、曼宁公式及其应用。

3) 局部水头损失

①掌握局部水头损失的通用表达式及各参数的含义；

②掌握典型条件下（断面突扩、突缩）局部水头损失的具体表达式与计算。

4) 边界层与绕流阻力

①掌握边界层的概念、描述及其对对局部水头损失的产生机理；

②掌握绕流阻力的通用表达式及各参数的含义。

5. 孔口、管嘴出流有压管道恒定流

基本要求

(1) 孔口出流

1) 掌握薄壁孔口出流与非薄壁孔口出流的判别条件，薄壁小孔口出流的条件；

2) 掌握常水头薄壁小孔口自由出流流量表达式及各参数取值、含义；

3) 掌握常水头薄壁小孔口淹没出流流量表达式及各参数取值、含义。

(2) 管嘴出流

1) 熟悉管嘴恒定出流的条件；

2) 熟悉管嘴恒定出流流量表达式及各参数含义、取值；

3) 掌握管嘴出流与薄壁孔口出流流量的区别，产生机理。

(3) 有压管嘴恒定流

1) 对简单管道恒定流水里计算，要熟悉总流量方程的运用，求解流量、流速、作用水头、管径等问题。

2) 对串联管道水力计算，会运用连续方程进行流速计算，进而运用能量方程进行作用水头、管径的计算。

3) 对并联管道水力计算，能运用连续方程求解各分支管道的流量、流速的分配关系，利用任一条分支管的单位水头损失相等这一规律，了解并能运用阻抗这一指标进行水力计算。

4) 对枝状管网水力计算，会求干管起点水头及管径；对环状管网的水力计算，会求各管道通过流量、管径和管段水头损失。重点掌握管径的经济流速选择法，管径段数与节点数及二者的关系式，针对简单环状管网进行水力计算。

6. 明渠恒定均匀流

基本要求

（1）了解明渠均匀流的形成条件和水力特征。

（2）熟练掌握明渠均匀流基本公式及断面水力要素。

（3）掌握谢才公式、曼宁公式及各种计算断面的水力半径计算公式，明确公式中各参数的含义、进行相关水力计算。

（4）掌握矩形、梯形断面明渠均匀流最有断面的尺寸表达式。

（5）掌握无压均匀流的基本计算公式及各参数的含义，熟悉最大流量、圆管流量与流速比的关系。

7. 渗流定律、井和集水廊道

基本要求

（1）渗流规律

1）了解渗流速度的定义及其影响因素；

2）掌握达西渗流定律表达式，裘布依假设和裘布依公式中各参数含义；

3）了解渗透系数的含义及常用取值。

（2）渗流计算

1）掌握集水廊道的浸润曲线及渗流量表达式，并能进行水力计算；

2）掌握潜水井、完全井、自流井、大口井的概念及其渗流特点；

3）掌握潜水井、自流井、大口井的渗流量计算方法。

8. 相似原理和量纲分析

基本要求

（1）了解几何相似、运动相似、动力相似的概念及表达式。

（2）了解相似的准则及模型律的定义。

（3）掌握流体运动参数的单位及其量纲表达式。

（4）掌握量纲和谐原理的基本内涵。

（5）会运用瑞利法和π定理进行量纲分析。

9. 流体运动参数（流速、流量、压强）的测量

基本要求

（1）流速的测量

1）了解浮标法测取流量的原理；

2）掌握毕托管测流速的原理及表达式；

3）了解其他流速测量方法，如旋桨式转数计法、激光测速法、超声波测速、热线测速等。

（2）流量的测量

1）掌握文丘里流量计的测速原理和计算公式；

2）掌握量水堰测量的原理和基本公式；

3）了解浮子流量计、电磁流量计等其他测量方法。

（3）压强的测量

1) 掌握液柱式压力计的测压原理、读数方法；

2) 了解金属压力表及压强的电测法。

2.2.3 专业基础课程

2.2.3.1 土木工程材料

土木工程材料概念性强，应把重点放在对概念、原理、结论的理解上，掌握相应的概念以及不同概念之间的区别与联系。

1. 材料科学与物质结构基础知识

（1）大纲要求基本内容

材料的组成：化学组成，矿物组成及其对材料性质的影响；材料的微观结构及其对材料性质的影响：原子结构，离子键，金属键，共价键和范德华力，晶体与无定形体（玻璃体），材料的宏观结构及其对材料性质的影响；建筑材料的基本性质：密度，表观密度与堆积密度，孔隙与孔隙率；特征：亲水性与憎水性，吸水性与吸湿性，耐水性，抗渗性，抗冻性，导热性、强度与变形性能、脆性与韧性。

（2）基本要求

1) 了解材料的化学成分（有机成分及无机成分），熟悉根据材料化学成分对材料的分类，了解材料化学组成、矿物组成对材料性质的影响。

2) 掌握材料宏观结构、细观结构、微观结构的尺寸范围、分类及特点；熟悉材料的微观结构及其对材料性质的影响。

3) 掌握材料结构按微观分类（晶体、玻璃体和胶体）的概念及特性；掌握晶体分类（原子晶体、离子晶体、分子晶体及金属）的概念及特性；熟悉以下基本概念：原子结构、离子键、金属键、共价键和范德华力。

3) 熟悉材料的基本物理性质：材料的密度、表观密度与堆积密度；材料的密实度、孔隙率和空隙率；材料的亲水性与憎水性；材料的含水率、吸水性与吸湿性；材料的耐水性、抗渗性、抗冻性、导热性。

4) 熟悉材料的力学性能：强度与比强度，弹性与塑性，脆性与韧性。

2. 材料的性能和应用

（1）大纲要求基本内容

无机胶凝材料：气硬性胶凝材料，石膏和石灰技术性质与应用；

水硬性胶凝材料：水泥的组成，水化与凝结硬化机理，性能与应用；

混凝土：原材料技术要求，拌合物的和易性及影响因素，强度性能与变形性能，耐久性、抗渗性、抗冻性，碱骨料反应，混凝土外加剂与配合比设计；

沥青及改性沥青：组成、性质和应用；

建筑钢材：组成、组织与性能的关系，加工处理及其对钢材性能的影响，建筑钢材种类与选用；

木材：组成、性能与应用；

石材和黏土：组成、性能与应用。

（2）基本要求

1) 气硬性无机胶凝材料

掌握石膏、石灰、水玻璃成分、特性、反应式及其应用。

2）水泥

①掌握常用水泥品种（硅酸盐水泥、普通硅酸盐水泥、掺混合材料的硅酸盐水泥）的组成、主要特征、适用范围及选用原则。

②熟悉水泥的定义、代号，混合材料的掺量；掌握水泥熟料的组成及其对水泥性能的影响，掌握水泥的水化与凝结机理；掌握水泥的主要技术性能（细度、凝结时间、体积安定性、强度、水化热）。

3）混凝土

①了解混凝土的分类，熟悉混凝土的材料构成，掌握配制混凝土对水泥、粗骨料、细骨料质量要求：对于水泥，需选择合理的品种与强度等级；对于粗、细骨料，需限制有害杂质含量，在颗粒形状及表面特征方面有一定要求，具有一定的硬度，具有合理的颗粒级配；对于拌合用水，不得含有影响水泥正常凝结与硬化的有害杂质；

②掌握新拌混凝土的和易性概念、测定方法，掌握影响混凝土和易性的因素（水泥浆数量、水泥浆稠度、砂率、水泥的品种和骨料的性质，外加剂，时间和温度等）和改善和易性的方法；

③掌握混凝土强度的测试方法，掌握影响混凝土强度的因素（水灰比和水泥强度等级、养护温度和湿度、龄期）及提高混凝土强度的措施；

④掌握混凝土在非荷载作用下变形影响因素（化学收缩、干湿变形、温度变形）和混凝土在荷载作用下的变形影响因素（在短期荷载作用下的变形、混凝土的徐变）；

⑤掌握混凝土耐久性影响因素（抗渗性、抗冻性、抗侵蚀性、碳化、碱骨料反应）；

⑥熟悉混凝土外加剂分类与定义、作用机理、适用范围、主要作用；常用外加剂的组成与特性及应用；

⑦掌握混凝土配合比设计的基本要求（强度要求、和易性要求、耐久性要求、成本要求）及设计步骤。

4）沥青

掌握沥青的分类（石油沥青、煤沥青、改性石油沥青及沥青防水材料）、组成、性能（黏性、塑性、温度稳定性、大气稳定性）及选用。

5）钢材

掌握建筑钢材分类、内部组织结构、组成成分，主要力学性能（屈服点、抗拉强度、伸长率、冷弯性能、冲击韧性、硬度、疲劳性能、可焊性）及其影响因素（晶体组织、化学成分、冶炼过程及加工方法）；掌握常用建筑钢材的种类（热轧钢筋、预应力热处理钢筋、冷拉热轧钢筋和冷拔低碳钢丝、冷轧带肋钢筋、预应力钢丝、刻痕钢丝和钢绞线、型钢）及选用标准（考虑结构或构建的重要性、荷载类型、连接方式及环境温度等）。

6）木材

掌握木材分类、物理性质（含水率、湿胀干缩）、力学性能（抗拉强度、抗压强度、抗碱强度、抗弯强度）及选用标准。

7）石材和黏土

了解石材和黏土的组成和物理性质，掌握黏土的压实性及影响压实的因素。

2.2.3.2 工程测量

工程测量主要要求掌握其基本理论和概念；掌握各种常规测量仪器的构造、使用和检验校正方法，掌握高差、角度和距离这些定位基本要素的测量和放样方法，以及掌握测量的各方面实际应用内容等。要求在理解的基础上再加以记忆，同时掌握有关的计算方法和过程。

1. 测量基本概念

（1）大纲要求基本内容

地球的形状和大小，地面点位的确定，测量工作基本概念。

（2）基本要求

1）了解地球形状（椭圆形，测区小时，近似为圆球形）及尺寸（椭圆时，参数为长轴、短轴及扁率；近似圆球时，参数为半径）。

2）熟悉地面点位确定方法：平面位置确定（可采用地理坐标、独立平面直角坐标系及高斯平面直角坐标系确定）及地面高程点确定方法。

3）掌握测绘工作原则（测量布局上由整体到局部、测量次序上先控制后细部，精度上由低级到高级）及基本观测量（距离、角度、高差）概念。

2. 水准测量

（1）大纲要求基本内容

水准测量原理，水准仪的构造、使用和检验校正，水准测量方法及成果整理。

（2）基本要求

1）水准测量原理

掌握水准测量原理：利用水准仪提供的水平视线，在竖立在预测定高差的两点上的水准尺上读数，根据读数计算高差。

2）水准仪的构造使用和检验校正

熟悉水准仪的原理、构造（由测量望远镜、水准管和基座等组成）与等级、使用方法（粗平-瞄准-精平-读数）；熟悉水准仪检验校正原理、方法，包括圆水准器的检验和校正、十字丝的检验与校正、水准管轴平行于视准轴的检验和校正。

3）水准测量方法及成果整理

①掌握水准测量方法：水准点设置、水准路线（闭合水准路线、附合水准路线、支水准路线）概念、水准测量方法（变动仪器高法和双面尺法）。

②掌握水准测量成果整理方法：高差闭合差计算（闭合水准路线、附合水准路线、支水准路线）、高差闭合差的分配和高程计算。

3. 角度测量

（1）大纲要求基本内容

经纬仪的构造、使用和检验校正，水平角观测，垂直角观测。

（2）基本要求

1）经纬仪的构造使用和检验校正

①熟悉经纬仪的构造：主要由基座、水平度盘和照准部组成。

②熟悉经纬仪的使用方法：对中-整平-照准-读数。

③掌握经纬仪的读数方法。

④掌握经纬仪的检验校正原理、方法、内容：竖轴倾斜误差检验校正、十字丝竖丝垂直横轴的检验校正、视准轴误差检验校正、横轴倾斜误差检验校正、竖盘指标差的检验

校正。

2) 水平角观测

掌握水平角观测方法：测回法及方向观测法。

3) 垂直角观测

熟悉垂直度盘构造，掌握垂直角观测步骤及垂直角计算方法。

4. 距离测量

(1) 大纲要求基本内容

卷尺量距，视距测量，光电测距。

(2) 基本要求

1) 卷尺量距

掌握卷尺测量方法并注意对尺长、温度及倾斜进行修正。

2) 视距测量

熟悉视距测量原理、计算公式及步骤。

3) 光电测距

掌握光电测距原理、会使用红外测距仪进行光电测距，注意光电测距的成果修正整理（仪器常数修正、气象修正及倾斜改正及高差改正）。

5. 测量误差基本知识

(1) 大纲要求基本内容

测量误差分类与特性，评定精度的标准，观测值的精度评定，误差传播定律。

(2) 基本要求

1) 测量误差分类与特性

熟悉误差产生原因（仪器原因、人的原因及外界环境影响），掌握误差分类（系统误差和偶然误差）及特性（系统误差具有积累性，可以采取一定的方法加以消除或削弱；偶然误差具有随机性，通过改进观测方法并合理处理观测数据减少对观测成果的影响）。

2) 评定精度的标准

掌握误差精度标准：中误差、相对误差、极限误差。

3) 观测值的精度评定

掌握观测值的精度评定依据。

4) 误差传播定律

掌握误差传播定律。

6. 控制测量

(1) 大纲要求基本内容

平面控制网的定位与定向，导线测量，交会定点，高程控制测量。

(2) 基本要求

1) 平面控制网的定位与定向

理解平面控制网的定位与定向的原理与方法，会计算平面控制网的坐标，并会进行坐标换算。

2) 导线测量

会根据测区的不同情况和要求，进行导线布设（闭合导线布设、附和导线布设和支导线布设)。

熟悉导线测量的外业工作(踏勘选点及建立标志、量边、测角和联测等)。

熟悉导线测量内业计算工作：依据外业成果和检核条件计算出导线各点的坐标。

3) 交会定点

掌握平面控制点加密方法：前方交汇方法和侧边交汇方法。

4) 高程控制测量

掌握图根水准测量方法：用于测定测区首级平面控制点和图根控制点的高程。

掌握三角高程测量方法：用于在水准测量较困难的地区(如山地)。

7. 地形图测绘

(1) 大纲要求基本内容

地形图基本知识，地物平面图测绘，等高线地形图测绘。

(2) 基本要求

了解地形图的比例尺、地形图图式(地物符号、地貌符号、等高线、标注)；掌握地物平面图、等高线的绘制方法与步骤，熟悉等高线特性。

8. 地形图应用

(1) 大纲要求基本内容

掌握地形图应用的基本知识，建筑设计中的地形图应用，城市规划中的地形图应用。

(2) 基本要求

1) 地形图应用的基本知识

会应用地形图：求图上某点的坐标、高程；求图上两点的距离；求图上某直线的坐标方向角；确定直线的坡度。

2) 建筑设计中的地形图应用

工程设计中，会利用地形图绘制地形断面图、确定地面汇水范围、平整场地、面积计算。

3) 城市规划中的地形图应用

在城市规划中，会用地形图进行城市用地的地形分析、建筑群体布置、建筑通风设计、建筑日照设计。

9. 建筑工程测量

(1) 大纲要求基本内容

建筑工程控制测量，施工放样测量，建筑安装测量，建筑工程变形观测。

(2) 基本要求

1) 掌握建筑工程控制测量方法(主要是建立施工控制网，包括水平控制网和高程控制网)。

2) 掌握施工放样测量方法与步骤(建筑物的定位、轴线测设、基础施工测量)。

3) 掌握建筑安装测量方法与步骤(柱子的安装测量、吊车梁的安装测量、吊车轨道的安装测量)。

4) 掌握建筑工程变形观测方法与步骤(沉降观测、倾斜观测)。

2.2.3.3　工程经济学

工程经济学是研究经济规律在工程问题中应用的科学。将工程经济学原理应用于工程建设领域，可为建设项目评价和工程技术人员提供重要的业务工具，因而成为结构工程师必须具备的知识和技能。

1. 现金流量构成与资金等值计算

(1) 大纲要求基本内容

现金流量，投资，资产，固定资产折旧，成本，经营成本，销售收入，利润，工程项目投资涉及的主要税种，资金等值计算的常用公式及应用，复利系数表的用法。

(2) 基本要求

1) 熟悉现金流量的概念（包括现金流入、现金流出和净现金流量三部分），会分析现金流量图。

2) 熟悉投资、收入、成本、利润和税金的基本概念；熟悉投资项目成本和费用的构成及资金来源；熟悉常见的成本类型；熟悉投资项目中常见的税金及计算方法；掌握建设项目投资构成（固定资产投资、建设期贷款利息、流动资金投资），熟悉资产的概念及构成（固定资产、无形资产、其他资产、流动资产）。熟悉固定资产折旧概念及折旧方法（年平均法、工作量法、双倍余额递减法和年数总和法），掌握经营成本计算公式（经营成本费用=总成本费用-折旧费-维简费-摊销费-利息支出）并会计算；掌握销售计算概念、公式并会应用。掌握成本的概念、构成及经营成本的概念及计算公式（经营成本=总成本费用-折旧费-摊销费-利息支出）。掌握利润概念及计算公式（利润总额=营业利润+投资净收益+营业外收支净额；净利润=利润总额-所得税）。熟悉工程项目投资涉及的主要税种。熟悉资金等值计算的一些基本概念（现值、终值、年值、等值），掌握资金等值计算的常用公式（包括一次支付终值、一次支付现值、等额支付终值、等额分付偿债基金、等额支付现值、等额分付资本回收、等差序列的等值计算、等比序列的等值计算）并会应用公式计算，会用复利系数表。掌握名义利率和实际利率的区别及计算。

2. 投资经济效果评价方法和参数

(1) 大纲要求基本内容

净现值，内部收益率，净年值，费用现值，费用年值，差额内部收益率，投资回收期，基准折现率，备选方案的类型，寿命相等方案与寿命不等方案的比选。

(2) 基本要求

掌握净现值指标及净现值指数的含义，掌握公式参数含义；掌握内部收益率概念及经济意义，会求内部收益率，熟悉内部收益率与静态投资回收期的关系。

掌握基准折现率及其遵循的原则。

熟悉方案比较的基本方法，熟悉备选方案类型（独立性、互斥型、层混型）；掌握方案比选常用指标；掌握寿命相等方案与寿命不等方案的比选常用指标与方法。

3. 不确定性分析

(1) 大纲要求基本内容

盈亏平衡分析，盈亏平衡点，固定成本，可变成本，单因素敏感性分析，敏感因素。

(2) 基本要求

掌握不确定性分析的不确定性和风险的原因和相关计算方法。掌握不确定性分析中盈亏平衡分析（线性盈亏分析和非线性盈亏分析）的基本原理及分析方法，会求盈亏平衡点。熟悉敏感性分析方法，掌握单因素敏感性分析方法，会确定敏感因素。

4. 投资项目的财务评价

（1）大纲要求基本内容

工业投资项目可行性研究的基本内容，投资项目财务评价的目标与工作内容，赢利能力分析，资金筹措的主要方式，资金成本债务偿还的主要方式，基础财务报表，全投资经济效果与自有资金经济效果，全投资现金流量表与自有资金现金流量表，财务效果计算，偿债能力分析，改扩建和技术改造投资项目财务评价的特点（相对新建项目）。

（2）基本要求

熟悉工业投资项目可行性研究的基本内容、投资项目财务评价的目标与工作内容；掌握资金筹措的主要方式（股权性融资和债权性融资）；熟悉资金成本概念，会进行偿债能力分析；熟悉资金成本债务偿还的主要方式（等额本金法、等额利息法、偿债基金法、等额还本付息法、一次性偿付法）。

熟悉基础财务报表、会分析全投资经济效果与自有资金经济效果、熟悉全投资现金流量表与自有资金现金流量表，会进行盈利能力分析。

熟悉改扩建和技术改造投资项目财务评价的特点（与新建项目比较）。

5. 价值工程

（1）大纲要求基本内容

价值工程的概念、内容与实施步骤，功能分析。

（2）基本要求

掌握价值工程的概念，理解其公式含义（$V = F/C$）；掌握价值工程的内容与实施步骤；会进行功能分析、功能整理、功能评价。

2.2.4 专业课程

2.2.4.1 结构设计

1. 钢筋混凝土结构

复习本部分时，应结合钢筋混凝土结构基本内容和基本原理解题。

（1）大纲要求基本内容

材料性能：钢筋，混凝土，粘结；基本设计原则：结构功能，极限状态及其设计表达式，可靠度；承载能力极限状态计算：受弯构件，受扭构件，受压构件，受拉构件，冲切，局压，疲劳；正常使用极限状态验算：抗裂，裂缝，挠度；预应力混凝土：轴拉构件，受弯构件；构造要求；梁板结构：塑性内力重分布，单向板肋梁楼盖，双向板肋梁楼盖，无梁楼盖；单层厂房：组成与布置，排架计算，柱，牛腿，吊车梁，屋架，基础；多层及高层房屋：结构体系及布置，框架近似计算，叠合梁，剪力墙结构，框剪结构，框剪结构设计要点，基础；抗震设计要点：一般规定，构造要求。

（2）基本要求

1）材料性能

①混凝土

熟悉混凝土的立方体抗压强度、轴心抗压强度、抗拉强度的试验方法及其之间的相互关系，混凝土在复合受力状态下的强度；掌握混凝土在单调、短期荷载作用下的变形性能，混凝土在重复荷载作用下的变形性能，混凝土在长期荷载作用下的变形性能及混凝土收缩徐变等内容。

②钢筋

掌握反映钢筋性能的主要指标：屈服点、抗拉强度、伸长率和冷弯性能；熟悉钢筋冷加工方法，及冷拉前后的力学性能变化；掌握混凝土对钢筋性能的要求。

③粘结

熟悉钢筋与混凝土粘结力组成：化学粘结力、摩阻力或握裹力、机械咬合力、机械锚固力。熟悉光面钢筋和变形钢筋粘结破坏机理，熟悉影响粘结强度的因素。

2) 设计基本原则

了解结构设计满足的功能要求：安全、适用、耐久；掌握极限状态（承载能力极限状态、正常使用极限状态）及其设计表达式含义；了解可靠度及可靠度指标的含义。

3) 承载能力极限状态计算

掌握混凝土受弯构件、受扭构件、受压构件（轴心受压构件、偏心受压构件）、受拉构件（轴心受拉构件、偏心受拉构件）、冲切、局压计算原理与计算方法，了解混凝土构件疲劳计算原理与计算方法。

4) 正常使用极限状态验算：

掌握混凝土构件抗裂、裂缝宽度、挠度计算方法。

5) 预应力混凝土

熟悉预应力混凝土基本概念，掌握预应力混凝土轴拉构件、受弯构件原理及计算方法，熟悉预应力损失的组成与计算方法。

6) 构造要求

熟悉板、梁、柱等的构造要求。

7) 梁、板结构

掌握梁塑性内力重分布概念，熟悉塑性铰的含义，掌握连续梁的塑性内力重分布的计算方法及适用范围，掌握单向板肋梁楼盖、双向板肋梁楼盖、无梁楼盖受力特点及计算方法。

8) 单层厂房

掌握单层厂房组成与布置，掌握支撑分类与布置原则，掌握排架、柱、牛腿、吊车梁、屋架及基础计算。

9) 多层及高层房屋

掌握多层及高层房屋结构体系及布置原则，主要是框架结构、剪力墙结构等各种结构体系的布置原则和适用范围；了解结构计算的基本假定和基本方法，熟悉有关构造要求；重点掌握框架近似计算方法、熟悉叠合梁、剪力墙结构、框剪结构及基础设计要点及计算方法。

10) 抗震设计要点

了解抗震设计的一般知识和一般规定，熟悉构件抗震计算的要点和一般构造要求等内容。

2. 钢结构

本部分应注重基本概念、计算、构造、结构布置形式，复习时应掌握钢结构的材料、构件、连接、钢屋盖的全部内容。

(1) 大纲要求基本内容

钢材性能：基本性能，影响钢材性能的因素，结构钢种类，钢材的选用；构件：轴心受力构件，受弯构件（梁），拉弯和压弯构件的计算和构造；连接：焊缝连接，普通螺栓和高强度螺栓连接，构件间的连接；钢屋盖：组成，布置，钢屋架设计。

（2）基本要求

1）基本性能

重点掌握钢材的力学性能、影响钢材性能的因素和钢材的种类及选用。

2）受弯构件（梁）

重点掌握梁的强度、整体稳定性、局部稳定性和腹板加劲肋的设计。

3）轴心受力构件

重点掌握实腹式和格构式轴压构件的整体稳定性和局部稳定性（或单肢稳定）的计算，了解轴心受压柱脚的构造和计算。

4）拉弯和压弯构件

重点掌握拉弯构件和压弯构件的整体稳定性和局部稳定性计算，包括实腹式和格构式构件。

5）连接

重点掌握角焊缝、普通螺栓和高强螺栓连接各构造和计算。

6）钢屋盖

重点掌握钢屋盖支撑系统的作用和布置，以及钢屋架的设计，包括屋架的形式和尺寸、屋架内力计算和杆件设计等。

3. 砌体结构

本部分主要考查考生是否具备砌体结构设计所需要的基本理论知识。主要考察基本概念、基本原理、基本方法及有关构造。

（1）大纲要求基本内容

材料性能：块材，砂浆，砌体；基本设计原则：设计表达式；承载力：受压，局压；混合结构房屋设计：结构布置，静力计算，构造；房屋部件：圈梁，过梁，墙梁，挑梁；抗震设计要求：一般规定，构造要求。

（2）基本要求

1）材料性能

重点掌握砌体的强度、砌体强度与块体和砂浆之间的关系，影响砌体强度的因素及砌体强度设计值的调整等。

2）基本设计原则

掌握砌体结构的基本设计原则（承载能力极限状态下和正常使用状态下），熟悉表达式意义。

3）承载力

了解承载力计算的基本假定和基本计算公式，特别是局部受压承载力的计算。熟悉各公式中符号的含义和取值以及各公式的适用条件和范围。掌握局部受压强度提高系数计算的各种情况。

了解配筋砌体受力原理、适用条件、配筋方式及构造要求。

4）混合结构房屋设计

掌握常用砌体结构布置方案（纵墙承重方案、横墙承重方案、纵横墙承重方案、内框架承重方案）。掌握以上结构布置方案的荷载传递路线、方案特点和适用范围。掌握结构静力计算方案划分原则（刚性方案、刚弹性方案、弹性方案）及各种方案的墙、柱静力计算方法。

5）构造要求

掌握墙体高厚比计算方法及砌体结构一般构造要求。

6）房屋部件

重点掌握圈梁、过梁、墙梁、挑梁的基本概念和构造要求。掌握墙梁及挑梁的设计计算。

7）抗震设计要求

掌握砌体结构抗震设防的基本原则、结构布置原则、结构体系选择原则，以及抗震构造措施。

2.2.4.2 土力学与地基基础

要对基本概念、基本试验方法、基本理论知识和基本计算方法有全面的了解，重点掌握。

1. 土的物理性质及工程分类

（1）大纲要求基本内容

土的生成和组成，土的物理性质，土的工程分类。

（2）基本要求

1）熟练掌握土的物理性质指标，熟记相关计算公式。

2）掌握土的颗粒组成、密度指标、标准贯入试验等内容。

3）掌握土的可塑性指标及灵敏度的概念。

4）掌握土的分类方法。

2. 土中应力

（1）大纲要求基本内容

自重应力，附加应力。

（2）基本要求

1）掌握垂直向自重应力、水平向自重应力的计算方法，并应考虑地下水位变化的影响。

2）掌握中心荷载作用下及单向偏心荷载作用下的材料力学简化计算公式。

3）重点掌握均布矩形荷载角点下的竖向附加应力计算公式的应用。

4）掌握求解作用在基底处的总附加应力。

3. 地基变形

（1）大纲要求基本内容

土的压缩性，基础沉降，地基变形与时间关系。

（2）基本要求

1）掌握压缩系数、压缩模量的计算及高、中、低压缩性土的判别。

2）掌握分层总和法及弹性力学公式求基础沉降。

3）熟练掌握一维地基平均固结计算公式。

4. 土的抗剪强度

(1) 大纲要求基本内容

抗剪强度的测定方法，土的抗剪强度理论。

(2) 基本要求

1) 了解抗剪强度的基本概念及测定方法，熟练掌握抗剪强度计算公式。

2) 熟练掌握黏性土的极限平衡条件计算公式。

5. 土压力地基承载力和边坡稳定

(1) 大纲要求基本内容

土压力计算，挡土墙设计，地基承载力理论，边坡稳定。

(2) 基本要求

1) 掌握主动土压力、被动土压力及静止土压力的计算，熟记朗金土压力和库伦土压力公式并会应用。

2) 掌握重力式挡土墙的计算方法（稳定性、承载力及墙身强度计算）。

3) 熟练掌握地基承载力理论公式、地基承载力的静载试验方法及判别标准。

4) 了解边坡稳定的基本概念。

6. 地基勘察

(1) 大纲要求基本内容

工程地质勘察方法，勘察报告分析与应用。

(2) 基本要求

1) 掌握工程地质常用勘察方法（坑探、钻探和触探）及其优缺点与适用性。

2) 了解勘察报告的组成（文字和图标），会阅读、分析、利用勘察报告，了解勘察报告的目的并能判断勘察报告结论的可靠性。

7. 浅基础

(1) 大纲要求基本内容

浅基础类型，地基承载力设计值，浅基础设计，减少不均匀沉降损害的措施，地基、基础与上部结构共同工作概念。

(2) 基本要求

1) 了解浅基础常用形式（独立基础、条形基础、十字交叉基础、筏形基础、箱形基础）及这些基础的特点及适用范围。

2) 了解地基承载力的概念，影响承载力大小的因素、确定地基承载力的常用方法。

3) 掌握浅基础的设计步骤及方法。

4) 了解减少不均匀沉降损害的措施。

5) 掌握地基、基础与上部结构共同工作概念。

8. 深基础

(1) 大纲要求基本内容

深基础类型，桩与桩基础的分类，单桩承载力，群桩承载力，桩基础设计。

(2) 基本要求

1) 了解常用深基础类型（桩基础、沉井基础、地下连续墙等）及特点。

2) 掌握桩与基础的分类方法，了解各类桩基础的特点、设计及施工方法。

3) 熟练掌握单桩承载力计算公式。

4）掌握桩基础设计步骤及受力验算。

9. 地基处理

（1）大纲要求基本内容

地基处理方法，地基处理原则，地基处理方法选择。

（2）基本要求

1）了解常用的地基处理方法及计算公式。

2）掌握地基处理原则，会根据地基地质情况选择合理的地基处理方法。

2.2.4.3 土木工程施工与管理

土木工程施工与管理主要包括施工技术和施工组织两部分。对施工技术部分，主要学习各种工程的施工方法（包括施工工艺、施工的基本要求）、不同施工方法的适用范围以及主要施工机械设备的类型和特点。对于施工组织部分，重点学习施工组织设计方法，以及流水施工、网络技术中的基本概念和计算方法。

1. 土石方工程、桩基础工程

（1）大纲要求基本内容

土方工程的准备与辅助工作，机械化施工，爆破工程，预制桩、灌注桩施工，地基加固处理。

（2）基本要求

1）土石方工程的准备与辅助工作

了解土石方工程的准备与辅助工作内容，包括"三通一平"（路通、水通、电通、场地平整）、降水与基坑支护结构等，它是保证土石方工程顺利进行的重要条件。

2）机械化施工

主要掌握土方工程的主要施工机械的特点、性能、适应范围及土方机械的选择原则。

3）爆破工程

了解常用的工业炸药，起爆器材、施工程序、起爆方法和爆破方法。

4）预制桩、灌注桩施工

了解桩基的分类（按桩的施工方法，分为预制桩和灌注桩两类）。

①了解预制桩的施工方法（打入法、静力压桩法、水冲沉桩法、振动沉桩法）。掌握打桩施工工艺（桩的制作、起吊、运输和存放）。了解桩锤桩架的特点。掌握根据不同的地形、土质和桩的布置密度确定打桩方法和打桩顺序。

②了解沉管灌注桩、挖孔灌注桩、钻孔灌注桩的施工工艺及适用范围。掌握各种灌注桩的施工技术要求和施工参数的设定和计算。

5）地基加固处理

了解地基加固处理的常用方法、作用原理和适用范围。

2. 钢筋混凝土工程与预应力混凝土工程

（1）大纲要求基本内容

钢筋工程，模板工程，混凝土工程，钢筋混凝土预制构件制作、混凝土冬雨期施工，预应力混凝土施工。

（2）基本要求

1）钢筋工程

了解钢筋的冷加工方法和技术：冷拉、冷拔。了解钢筋连接方法和技术：焊接（闪光对焊、电弧焊、电渣压力焊、电弧焊、气压焊）、机械连接（套筒连接和锥螺纹连接）。掌握钢筋的等强度代换和等面积代换原则的计算方法，注意代换结构构件的抗裂性能及裂缝宽度是否满足要求。掌握钢筋下料长度的计算。

2）模板工程

了解模板的组成（模板系统由模板、支承件和紧固件组成）与分类（常用的模板包括木模板、定型组合模板、大型工具式的大模板、爬模、滑升模板、隧道模、台模（飞模、桌模）、永久式模板等）。了解各类模板的组成、特点。

了解模板要求：要求它能保证结构和构件的形状尺寸准确；有足够的强度、刚度和稳定性；装拆方便可多次周转使用；接缝严密不漏浆。

会进行模板设计：模板及其支架应根据工程结构形式、荷载大小、地基土类别、施工设备和材料供应等条件进行设计。

3）混凝土工程

掌握常用混凝土搅拌机械（自落式搅拌机和强制式搅拌机）组成、特点及适用范围。
掌握混凝土的搅拌制度以及不同搅拌制度对混凝土性能的影响。
掌握防止混凝土运输中离析的方法；混凝土施工缝的留置位置和处理方法；混凝土的浇筑方法，特别是大体积混凝土的浇筑方法；水下混凝土的浇筑方法；混凝土的振捣方法和振捣机械；混凝土的养护办法、养护时间等。

4）钢筋混凝土预制构件制作

熟悉钢筋混凝土预制构件制作工艺。

5）混凝土冬雨期施工

掌握混凝土的冬期及雨期施工方法及注意事项。

6）预应力混凝土施工

掌握先张法和后张法预应力施工工艺。

3. 结构吊装工程与砌体工程

（1）大纲要求基本内容

起重安装机械与液压提升工艺，单层与多层房屋结构吊装，砌体工程与砌块墙的施工。

（2）基本要求

1）起重安装机械与液压提升工艺

掌握常用安装机械的性能、适用范围和选用原则，重点掌握塔式起重机，掌握塔式起重机的类型、型号，掌握液压提升工艺。

2）单层与多层房屋结构吊装

掌握柱的吊装工艺：绑扎、起吊、对位、临时固定、校正、最终固定。
掌握屋架的吊装工艺：绑扎、扶直就位、吊升、对位、临时固定、校正、最终固定。
掌握起重量、起重半径和起重机台数的计算。掌握构件吊装方法：分件吊装法、综合吊装法。

3）砌体工程与砌块墙的施工

掌握砌体工程的施工工艺、砌筑要求及保证质量措施。

4. 施工组织设计

(1) 大纲要求基本内容

施工组织设计分类，施工方案，进度计划，平面图，措施。

(2) 基本要求

1) 施工组织设计分类

熟悉施工组织设计分类，包括施工组织条件设计、施工组织总设计、单位工程施工设计、分部（分项）工程施工设计。

熟悉施工组织设计的内容：施工准备工作计划；施工方案；施工进度计划；施工现场平面布置图；劳动力、机械设备、材料和构件等供应计划；工地业务的组织规划；安全技术；主要技术经济指标。

2) 施工方案

会选择合理的施工方案，它是单位工程施工组织设计的核心，它包括选择施工方法和施工机械、施工段的划分、工程开展顺序和流水施工安排等。

3) 施工进度计划

熟悉施工进度计划编制的步骤和依据。

4) 平面图

熟悉施工平面图的内容、设计原则和设计步骤。

5) 施工技术组织措施

熟悉施工技术组织措施的主要内容：保证工程质量措施、保证安全施工措施、保证施工进度措施、冬雨期施工措施、节约材料和降低工程造价措施、提高劳动生产率措施、环保措施等。

5. 流水施工原则

(1) 大纲要求基本内容

节奏专业流水，非节奏专业流水，一般的搭接施工。

(2) 基本要求

掌握流水施工中表述各数量关系的参数和流水参数的定义及相互关系。掌握流水方式的分类：节奏流水、非节奏流水。掌握节奏流水和非节奏流水的流水步长、流水节拍及流水工期的计算步骤和方法。

6. 网络计划技术

(1) 大纲要求基本内容

双代号网络图，单代号网络图，网络计划优化。

(2) 基本要求

掌握双代号网络图和单代号网络图的基本概念、网络图的绘制原则和方法，掌握其时间参数的计算。掌握网络计划优化的基本原理。

7. 施工管理

(1) 大纲要求基本内容

现场施工管理的内容及组织形式，进度、技术、全面质量管理，竣工验收。

(2) 基本要求

熟悉现场施工管理的内容及组织形式，了解施工进度控制、技术管理和质量管理的基本知识，了解竣工验收的条件、验收依据和验收组织。

2.2.4.4 职业法规

职业法规涉及内容繁多，复习时要将相关法律、法规及有关规定认真通读一遍，做到胸中有数，要分清考题出自哪份文件及其具体条款。

1. 大纲要求基本内容

我国有关基本建设、建筑、房地产、城市规划、环保等方面的法律法规；工程设计人员的职业道德与行为准则。

2. 基本要求

了解建设法规在行政管理方面的法规、条例和各种规章、政令及技术经济方面的标准、规范和定额方面的体系。

相关建设法规有：《中华人民共和国建筑法》、《中华人民共和国城乡规划法》、《中华人民共和国城市房地产管理法》、《中华人民共和国合同法》、《中华人民共和国环境保护法》、《中华人民共和国土地管理法》等。

相关行政法规有：《建设工程勘察设计管理条例》、《建设工程质量管理条例》、《建设工程安全生产管理条例》、《中外合作设计工程管理项目暂行规定》、《无照经营查处取缔办法》等。

建设部门规章有：《注册造价工程师管理办法》、《民用建筑节能管理规定》、《注册建筑师条例实施细则》、《注册结构工程师执业资格制度暂行规定》等。

其他相关法规、条例等规定有：地方建设法规、地方建设规章、技术标准规范、规程体系及工程定额等。

2.2.4.5 结构试验

结构试验是用试验方法研究或检测结构性能的一门实践性较强的技术科学。本部分主要考察考生是否具备掌握结构试验的技术和方法，能否组织一般结构试验，并对试验结果作出正确的分析和评价。考察项目有：基本概念、基本要求及相关规定、基本原理和方法、不同技术和方法之间的区别、适用范围和注意事项；有关试验参数的确定，对试验结果的评价。

1. 结构试验的试件设计、荷载设计、观测设计、材料的力学性能与试验的关系

（1）结构试验的试件设计

熟悉试件设计内容，试件形状的选择、试件尺寸与数量的确定以及构造措施的研究考虑，同时必须满足结构与受力的边界条件、试件的破坏特征、试验加载条件的要求。

（2）结构试验的荷载设计

掌握结构试验的荷载设计内容，包括试验加载图式的选择与设计、试验加载装置的设计、结构试验的加载制度。

（3）结构试验的观测设计

掌握结构试验的观测设计内容，包括观测项目的确定、测点的选择与布置、仪器的选择与测读的原则。

（4）材料的力学性能与试验的关系

掌握材料力学性能的试验方法对强度指标的影响：包括试件尺寸与形状的影响、试验加载速度的影响。

2. 结构试验的加载设备和量测仪器
（1）结构试验的荷载设备
了解结构试验常用的荷载设备：重力加载法（标准铸铁砝码，混凝土立方试块，水箱等）、液压加载法（液压加载器、液压加载系统、大型结构试验机、电液伺服液压系统、地震模拟振动台）、惯性力加载法（冲击力加载、离心力加载）、机械力加载法（吊链、卷扬机、绞车、花篮螺丝、螺旋千斤顶及弹簧）、气压加载法（压缩空气加载、试件边缘密封加载）、电磁加载法（电磁式激振器）、人激振动加载法、环境随机振动激振法。

（2）量测仪器
了解试验常用量测仪器，按功能和使用情况可以分为：传感器、放大器、显示器、记录器、分析仪器、数据采集仪，或一个完整的数据采集系统等。

3. 结构静力（单调）加载试验
掌握以下静力加载试验试件安装和加载方法、试验观测与测点布置：受弯构件试验、柱与压杆试验、屋架试验、薄壳和网架结构试验、钢筋混凝土楼盖试验、原型结构和足尺模型的整体试验。

4. 结构低周反复加载试验（伪静力试验）
掌握以下伪静力加载试验加载装置设计、试验加载程序、试验观测与测点布置：砖石及砌块结构墙体抗震性能试验、钢筋混凝土框架梁柱节点组合体的抗震性能试验。

5. 结构动力试验
熟悉结构动力特性量测方法、结构动力响应量测方法。

6. 模型试验
掌握模型试验的相似原理（三个相似定理）、模型（弹性模型、强度模型）设计程序与模型材料的选用原则。

7. 结构试验的非破损检测技术
掌握混凝土结构非破损检测技术的原理与方法：回弹法检测混凝土强度、超声脉冲法检测混凝土强度、超声回弹综合法检测混凝土强度、钻芯法检测混凝土强度、超声法检测混凝土缺陷；掌握砖石和砌体结构的现场检测技术的原理与方法：原位轴压法、扁顶法；掌握钢结构现场检测技术。

2.3 注册结构工程师专业考试内容与要求

一、二级注册结构工程师专业考试试卷由 80 道单项选择题组成，其中上、下午试卷各 40 题，试卷满分 80 分，即每题 1 分。一级注册结构工程师专业考试设 6 个专业（科目）的试题，其中钢筋混凝土结构试题 15 道，钢结构试题 14 道，砌体结构与木结构试题 14 道，地基与基础试题 14 道，高层建筑与横向作用试题 15 道，桥梁结构试题 8 道；二级注册结构工程师资格考试设 5 个专业（科目）的试题，其中钢筋混凝土结构试题 18 道，钢结构试题 12 道，砌体结构与木结构试题 18 道，地基与基础试题 16 道，高层建筑与横向作用试题 16 道。

下面以一级注册结构工程师专业科目考试为例，阐述考试基本内容和要求。

2.3.1 总则
2.3.1.1 大纲基本要求

了解以概率理论为基础的结构极限状态设计方法的基本概念；熟悉建筑结构、桥梁结构和高耸结构的技术经济；掌握建筑结构、桥梁结构和高耸结构的荷载分类和组合及常用结构的静力计算方法；熟悉钢、木、混凝土及砌体等结构所用材料的基本性能、主要材料的质量要求和基本检查、实验方法；掌握材料的选用和设计指标取值，了解建筑结构、桥梁结构及高耸结构的施工技术；熟悉防火、防腐蚀和防虫的基本要求；了解防水工程的材料质量要求、施工要求及施工质量标准。

本部分内容一般不单独出试题，主要和相关专业课程内容相结合出题。

2.3.1.2 结构极限状态设计基本原理

建筑结构设计是以概率理论为基础的极限状态设计方法，用可靠性指标定义，在规范中用可靠度指标度量结构构件的可靠度，以荷载、材料性能等代表值、结构重要性系数、分项系数、组合值系数的设计表达式进行计算。

结构的极限状态分为两类：承载能力极限状态和正常使用极限状态，其设计表达式为：

承载能力极限状态

无震组合：
$$\gamma_0 S \leqslant R \tag{2-1}$$

有震组合：
$$S \leqslant R/\gamma_{RE} \tag{2-2}$$

正常使用极限状态：
$$S \leqslant C \tag{2-3}$$

式中 γ_0 是重要性系数。根据结构破坏后果的严重程度，结构划分为三个安全等级。其中安全等级为一级的结构构件，其重要性系数为 1.1，安全等级为二级的结构构件，其重要性系数为 1.0，安全等级为三级的结构构件，其重要性系数为 0.9。

结构在规定的设计年限内（建筑工程一般为 50 年）应满足安全、适用、耐久基本功能要求。

2.3.1.3 荷载与作用

常用荷载及作用有：恒荷载、楼面和屋面活荷载、积灰荷载、吊车荷载、雪荷载、风荷载及地震作用等。

在不同极限状态下有不同的荷载代表值：永久荷载采用标准值，可变荷载采用标准值、组合值、频遇值或准永久值。

1. 竖向作用

（1）楼面、屋面活荷载

民用建筑楼面、屋面均布活荷载的代表值按《建筑结构荷载规范》取用。应注意以下几点：

1) 屋面均布活荷载，不应与雪荷载同时组合；
2) 积灰荷载应与雪荷载或不上人屋面均布活荷载两者中较大值同时考虑；
3) 在设计楼面梁、多高层建筑的竖向构件（柱、墙）和基础时，可根据建筑物的类别、梁的从属面积大小以及竖向构件计算截面以上的楼层数，可分别乘以不同的折减系数；

4）直接承受动荷载的构件应乘以动力系数。

（2）雪荷载

雪荷载标准值是指屋面水平投影面上的数值，按下式计算：

$$s_k = \mu_r s_0 \tag{2-4}$$

（3）吊车竖向荷载

吊车竖向荷载标准值，应采用吊车最大轮压或最小轮压。计算吊车竖向荷载时，应注意以下几点：

1）计算排架考虑多台吊车竖向荷载时，对一层吊车单跨厂房每个排架，参与组合的吊车台数不宜多于2台；对一层吊车的多跨厂房的每个排架，不宜多于4台。

计算排架考虑多台吊车竖向荷载时，对一层吊车单跨厂房的每个排架，参与组合的吊车台数不应多于2台。

2）计算排架时，多台吊车的竖向荷载的标准值，应乘以相应的折减系数。

3）当计算吊车梁及其连接的强度时，吊车竖向荷载应乘以动力系数。

2. 横向作用

（1）风荷载

垂直于建筑物物表面上的风荷载标准值，应按下述公式计算：

1）当计算主要承重结构时：

$$w_k = \beta_z \mu_s \mu_z w_0 \tag{2-5}$$

2）当计算维护结构时：

$$w_k = \beta_{gz} \mu_{s1} \mu_z w_0 \tag{2-6}$$

（2）吊车水平荷载

吊车横向水平荷载标准值，应取横行小车重量与额定起重量之和的规定百分数。对于重级工作制吊车梁的强度、稳定性尚应考虑卡轨力。

吊车纵向水平荷载标准值，应按作用在一边轨道上所有刹车轮的最大轮压之和的10%采用；该项荷载的作用点位于刹车轮与轨道的接触点，其方向与轨道方向一致。

计算水平荷载时，应注意以下几点：

1）考虑多台吊车水平荷载时，对单跨或多跨厂房的每个排架，参与组合的吊车台数不应多于2台；

2）计算排架时，多台吊车的水平荷载的标准值，应乘以相应的折减系数。

（3）地震作用

1）水平地震作用计算

①底部剪力法：适用于高度不超过40m、以剪切变形为主且质量和刚度沿高度分布比较均匀的建筑结构。采用底部剪力法时，各楼层可仅取一个自由度，结构的水平地震作用标准值，应按下列公式确定：

$$F_{EK} = \alpha_1 G_{eq} \tag{2-7}$$

$$F_i = \frac{G_i H_i}{\sum_{j=1}^{n} G_j H_j} F_{EK}(1-\delta_n) \tag{2-8}$$

单质点结构：
$$G_{eq} = G_E = G_k + 0.5Q_k \tag{2-9}$$

多质点结构：
$$G_{eq} = 0.85G_E = 0.85\sum_{i=1}^{n}(G_{ki} + 0.5Q_{ki}) \tag{2-10}$$

采用底部剪力法时，突出屋面的屋顶间、女儿墙、烟囱等的地震作用效应，宜乘以增大系数 3，此增大部分不应往下传递，但与该突出部分相连的构件应予计入。

②振型分解反应谱法

A. 不考虑扭转耦联振动影响时

不考虑扭转耦联振动影响时，可按下式计算水平地震作用标准值：
$$F_{ji} = \alpha_j \gamma_j X_{ji} G_i \tag{2-11}$$

$$\gamma_j = \frac{\sum_{i=1}^{n} X_{ji} G_i}{\sum_{i=1}^{n} X_{ji}^2 G_i} \tag{2-12}$$

水平地震作用效应（弯矩、剪力、轴向力和变形），应按下式确定：
$$S_{EK} = \sqrt{\sum_{j=1}^{m} S_j^2} \tag{2-13}$$

B. 考虑扭转耦联振动影响时

对于质量和刚度明显不对称、不均匀的结构，应考虑水平地震作用的扭转耦联振动影响。按扭转耦联振型分解法计算时，各楼层可取两个正交的水平位移和一个转角共三个自由度，并应按下列公式计算结构的地震作用和作用效应。

j 振型 i 层的水平地震作用标准值，应按下列公式确定：
$$F_{xji} = \alpha_j \gamma_{tj} X_{ji} G_i \tag{2-14}$$
$$F_{yji} = \alpha_j \gamma_{tj} Y_{ji} G_i \tag{2-15}$$
$$F_{tji} = \alpha_j \gamma_{tj} r_i^2 \varphi_{ji} G_i \tag{2-16}$$

单向水平地震作用的扭转效应，可按下列公式确定：
$$S_{EK} = \sqrt{\sum_{j=1}^{m}\sum_{k=1}^{m} \rho_{jk} S_j S_k} \tag{2-17}$$

双向水平地震作用的扭转效应，可按下列公式中的较大值确定：
$$S_{EK} = \sqrt{S_x^2 + (0.85S_y)^2} \tag{2-18}$$

或
$$S_{EK} = \sqrt{S_y^2 + (0.85S_x)^2} \tag{2-19}$$

采用振型分解法时，突出屋面部分可作为一个质点。

抗震验算时，结构任一楼层的水平地震剪力应符合下式要求：
$$V_{EKi} > \lambda \sum_{j=i}^{n} G_j \tag{2-20}$$

2）竖向地震作用计算

9 度时的高层建筑，其竖向地震作用标准值应按下列公式确定：

$$F_{EvK} = \alpha_{vmax} G_{eq} \tag{2-21}$$

$$\alpha_{vmax} = 0.65\alpha_{max} \tag{2-22}$$

$$G_{eq} = 0.75G_E = 0.75\sum_{i=1}^{n}(G_{ki} + 0.5Q_{ki}) \tag{2-23}$$

$$F_{vi} = \frac{G_i H_i}{\sum_{j=1}^{n} G_j H_j} F_{EvK} \tag{2-24}$$

平板型网架屋盖和跨度大于24m屋架的竖向地震作用标准值，宜取其重力荷载代表值和竖向地震作用系数的乘积。

长悬臂和其他大跨度结构的竖向地震作用标准值，8度和9度可分别取该结构、构件重力荷载代表值的10%和20%；设计基本地震加速度为0.30g时，可取该结构、构件重力荷载代表值的15%。

（4）抗震变形验算

多遇地震作用下的抗震变形验算，其楼层内最大的弹性层间位移应符合下式要求：

$$\Delta u_e \leqslant [\theta_e]h \tag{2-25}$$

罕遇地震作用下的抗震变形验算，结构薄弱层（部位）弹塑性层间位移应符合下式要求：

$$\Delta u_p \leqslant [\theta_p]h \tag{2-26}$$

2.3.1.4 荷载组合

1. 承载能力极限状态

（1）无震组合

1）可变荷载效应控制的基本组合公式

一般式：

$$S = \gamma_G S_{Gk} + \gamma_{Q1} S_{Q1} + \sum_{i=2}^{n} \gamma_{Qi} \psi_{ci} S_{Qik} \tag{2-27}$$

当考虑风荷载时（高层结构）：

$$S = \gamma_G S_{Gk} + \psi_Q \gamma_Q S_{Qk} + \psi_W \gamma_W S_{Wk} \tag{2-28}$$

一般排架及框架结构的简化式：

$$S = \gamma_G S_{Gk} + \gamma_{Q1} S_{Q1k} \tag{2-29}$$

$$S = \gamma_G S_{Gk} + 0.9\sum_{i=1}^{n} \gamma_{Qi} S_{Qik} \tag{2-30}$$

2）永久荷载效应控制的基本组合

$$S = \gamma_G S_{Gk} + \sum_{i=1}^{n} \gamma_{Qi} \psi_{ci} S_{Qik} \tag{2-31}$$

（2）有震组合

$$S = \gamma_G S_{GE} + \gamma_{Eh} S_{Ehk} + \gamma_{Ev} S_{Evk} + \psi_W \gamma_W S_{Wk} \tag{2-32}$$

2. 正常使用极限状态

（1）标准组合公式

$$S = S_{Gk} + S_{Q1k} + \sum_{i=2}^{n} \psi_{ci} S_{Qik} \tag{2-33}$$

(2) 频遇值组合公式

$$S = S_{Gk} + \psi_{f1} S_{Q1k} + \sum_{i=2}^{n} \psi_{qi} S_{Qik} \tag{2-34}$$

(3) 准永久组合公式

$$S = S_{Gk} + \sum_{i=1}^{n} \psi_{qi} S_{Qik} \tag{2-35}$$

2.3.1.5　各类建筑的抗震设计及构造

1. 一般规定

抗震设防烈度为6度及以上地区的建筑，必须进行抗震设计；大于9度地区的建筑和行业有特殊要求的工业建筑，抗震设计有专门规定。

建筑结构采用"三水准，两阶段"设防目标，即"小震不坏，中震可修，大震不倒"。建筑设计应符合抗震概念设计的要求，不应采用严重不规则的设计方案。

结构体系应符合下列各项要求：应具有明确的计算简图和合理的地震作用传递途径；应避免因部分结构或构件破坏而导致整个结构丧失抗震能力或对重力荷载的承载能力；应具备必要的抗震承载力，良好的变形能力和消耗地震能量的能力；对可能出现的薄弱部位，应采取措施提高抗震能力。

建筑结构应进行多遇地震作用下的内力和变形分析，此时，可假定结构与构件处于弹性工作状态，内力和变形分析可采用线性静力方法或线性动力方法。

不规则且具有明显薄弱部位可能导致地震时严重破坏的建筑结构，应进行罕遇地震作用下的弹塑性变形分析。此时，可根据结构特点采用静力弹塑性分析或弹塑性时程分析方法。

当结构在地震作用下的重力附加弯矩大于初始弯矩的10%时，应计入重力二阶效应的影响。

天然地基基础抗震验算时，应采用地震作用效应标准组合，且地基抗震承载力应取地基承载力特征值乘以地基抗震承载力调整系数计算。

2. 多高层混凝土房屋

(1) 一般规定

钢筋混凝土房屋应根据烈度、结构类型和房屋高度采用一级、二级、三级、四级（高层建筑尚有特一级）不同的抗震等级，并应符合相应的计算和构造措施要求。

框架结构和框架-抗震墙结构中，框架和抗震墙均应双向设置，柱中线与抗震墙中线、梁中线与柱中线之间偏心距不宜大于柱宽的1/4。

部分框支抗震墙结构的抗震墙，其底部加强部位的高度，可取框支层加框支层以上二层的高度及落地抗震墙总高度的1/8二者的较大值，且不大于15m；其他结构的抗震墙，其底部加强部位的高度可取墙肢总高度的1/8和底部二层二者的较大值，且不大于15m。

(2) 计算要点

框架结构采用延性设计原则，即"强柱弱梁"、"强剪弱弯"、"强节点强锚固"、"强底层柱底"等。

一、二、三级框架的梁柱节点处，除框架顶层和柱轴压比小于0.15者及框支梁与框支柱的节点外，柱端组合的弯矩设计值应符合下式要求：

$$\Sigma M_{\mathrm{C}} = \eta \sum M_{\mathrm{b}} \tag{2-36}$$

一级框架结构及 9 度时尚应符合：

$$\Sigma M_{\mathrm{C}} = 1.2 \Sigma M_{\mathrm{bua}} \tag{2-37}$$

一、二、三级框架结构的底层，柱下端截面组合的弯矩设计值，应分别乘以增大系数 1.5、1.25 和 1.15。底层柱纵向钢筋宜按上下端的不利情况配置。

一、二、三级的框架梁和抗震墙中跨高比大于 2.5 的连梁，其梁端截面组合的剪力设计值应按下式调整：

$$V = \eta_{\mathrm{vb}}(M_{\mathrm{b}}^l + M_{\mathrm{b}}^r)/l_{\mathrm{n}} + V_{\mathrm{Gb}} \tag{2-38}$$

一级框架结构及 9 度时尚应符合：

$$V = \eta_{\mathrm{vb}}(M_{\mathrm{bua}}^l + M_{\mathrm{bua}}^r)/l_{\mathrm{n}} + V_{\mathrm{Gb}} \tag{2-39}$$

一、二、三级的框架柱和框支柱组合的剪力设计值应按下式调整：

$$V = \eta_{\mathrm{vc}}(M_{\mathrm{c}}^b + M_{\mathrm{c}}^t)/H_{\mathrm{n}} \tag{2-40}$$

一级框架结构及 9 度时尚应符合：

$$V = 1.2(M_{\mathrm{cua}}^b + M_{\mathrm{cua}}^t)/H_{\mathrm{n}} \tag{2-41}$$

抗震墙各墙肢截面组合的弯矩设计值，应按下列规定采用：

一级抗震墙的底部加强部位及以上一层，应按墙肢底部截面组合弯矩设计值采用；其他部位，墙肢截面的组合弯矩设计值应乘以增大系数，其值可采用 1.2。

部分框支抗震墙结构的落地抗震墙墙肢不宜出现小偏心受拉。

双肢抗震墙中，墙肢不宜出现小偏心受拉；当任一墙肢为大偏心受拉时，另一墙肢的剪力设计值、弯矩设计值应乘以增大系数 1.25。

一、二、三级的抗震墙底部加强部位，其截面组合的剪力设计值应按下式调整：

$$V = \eta_{\mathrm{vw}} V_{\mathrm{w}} \tag{2-42}$$

9 度时尚应符合：

$$V = 1.1 \frac{M_{\mathrm{wua}}}{M_{\mathrm{w}}} V_{\mathrm{w}} \tag{2-43}$$

一、二级抗震等级的框架应进行节点核心区抗震受剪承载力计算。三、四级抗震等级的框架节点核心区可不进行计算，但应符合抗震构造措施的要求。框支层中间层节点的抗震受剪承载力计算方法及抗震构造措施与框架中间层节点相同。

(3) 抗震构造措施

1) 梁的钢筋配置，应符合下列各项要求：

梁端纵向受拉钢筋的配筋率不应大于 2.5%，且计入受压钢筋的梁端混凝土受压区高度和有效高度之比，一级不应大于 0.25，二、三级不应大于 0.35。

梁端截面的底面和顶面纵向钢筋配筋量的比值，除按计算确定外，一级不应小于 0.5，二、三级不应小于 0.3。

梁端箍筋加密区的长度、箍筋最大间距和最小直径应满足规范要求，当梁端纵向受拉钢筋配筋率大于 2% 时，抗震规范相应表中箍筋最小直径数值应增大 2mm。

2) 柱的钢筋配置，应符合下列各项要求：

柱纵向钢筋的最小总配筋率应满足规范要求，同时每一侧配筋率不应小于 0.2%；对建造于Ⅳ类场地且较高的高层建筑，抗震规范相应表中的数值应增加 0.1。

柱箍筋在规定的范围内应加密,加密区的箍筋间距和直径,应符合下列要求:

一般情况下,箍筋的最大间距和最小直径,应满足规范要求;

二级框架柱的箍筋直径不小于 10mm 且箍筋肢距不大于 200mm 时,除柱根外最大间距应允许采用 150mm;三级框架柱的截面尺寸不大于 400mm 时,箍筋最小直径应允许采用 6mm;四级框架柱剪跨比不大于 2 时,箍筋直径不应小于 8mm。

框支柱和剪跨比不大于 2 的柱,箍筋间距不应大于 100mm。

柱轴压比应满足规范规定要求。

3) 抗震墙竖向、横向分布钢筋的配筋,应符合下列要求:

一、二、三级抗震墙的竖向和横向分布钢筋最小配筋率均不应小于 0.25%;四级抗震墙不应小于 0.20%;钢筋最大间距不应大于 300mm,最小直径不应小于 8mm。

部分框支抗震墙结构的抗震墙底部加强部位,纵向及横向分布钢筋配筋率均不应小于 0.3%,钢筋间距不应大于 200mm。

抗震墙两端和洞口两侧应设置边缘构件(约束边缘构件、构造边缘构件)。

3. 砌体结构

(1) 一般规定

配筋砌块砌体剪力墙和墙梁的抗震设计应根据设防烈度和房屋高度,分为一级、二级、三级、四级四个结构抗震等级,并应符合相应的计算和构造要求。

砌体结构构件进行抗震设计时,房屋的总高度和层数、高宽比、结构体系、抗震横墙的间距、局部尺寸的限值、防震缝设置及结构构造措施,应满足相应规范的要求。

(2) 无筋砖砌体构件

烧结普通砖、烧结多孔砖、蒸压灰砂砖、蒸压粉煤灰砖墙体和石墙体的截面抗震承载力应按下式验算:

$$V \leqslant \frac{f_{vE}}{\gamma_{RE}} A \tag{2-44}$$

混凝土砌块墙体的截面抗震承载力应按下式验算:

$$V \leqslant \frac{1}{\gamma_{RE}} [f_{vE} A + (0.3 f_t A_c + 0.05 f_y A_s) \zeta_c] \tag{2-45}$$

各类砌体沿阶梯形截面破坏的抗震抗剪强度设计值应按下式计算:

$$f_{vE} = \zeta_N f_v \tag{2-46}$$

(3) 配筋砖砌体构件

网状配筋或水平配筋烧结普通砖、烧结多孔砖墙的截面抗震承载力应按下式验算:

$$V \leqslant \frac{1}{\gamma_{RE}} (f_{vE} A + \zeta_s f_y A_s) \tag{2-47}$$

砖砌体和钢筋混凝土构造柱组合墙的截面抗震承载力应按下式计算:

$$V \leqslant \frac{1}{\gamma_{RE}} [\eta_c f_{vE} (A - A_c) + \zeta f_t A_c + 0.08 f_y A_s] \tag{2-48}$$

4. 底部框架多层房屋

底部框架多层房屋包括底部框架-抗震墙和框支墙梁房屋,底层框架-抗震墙房屋底部纵、横两个方向有框架和抗震墙,而框支墙梁房屋底部有抗震墙、框支墙梁及框架。两者的主要区别在框支墙梁计算地震组合内力时,应采用合适的计算简图;考虑上部墙体与托梁的组合作用时，应计入地震时墙体开裂对组合作用的不利影响，可调整有关弯矩系数、轴力系数等计算参数。

(1) 计算简图和地震作用

底部框架-抗震墙和框支墙梁房屋结构水平地震作用的计算简图与多层砌体房屋相同。其底层纵向或横向地震剪力设计值均应乘以地震剪力增大系数。

(2) 底层抗震墙承担的剪力

底层的纵向和横向地震剪力设计值应全部由该方向的抗震墙承担，并按各抗震墙的侧向刚度比例进行分配。

(3) 底层框架柱承担的剪力

在底层框架-抗震墙和框支墙梁房屋中，底部框架承担的剪力设计值，可按各抗侧力构件有效侧移刚度进行分配。

(4) 地震倾覆力矩

底层框架-抗震墙和框支墙梁房屋，应考虑上部各楼层的水平地震作用对底部引起的倾覆力矩，倾覆力矩使底部抗震墙产生的附加弯矩，以及对框架柱产生的轴力。

(5) 底部框架-抗震墙房屋中嵌砌于框架之间的普通砖抗震墙，当符合抗震构造要求时，应进行抗震验算。

2.3.1.6 常用建筑结构静力计算方法

1. 竖向荷载作用下连续梁和框架的内力计算

(1) 力矩分配法

力矩分配法是近似计算方法，适用于无侧位移或侧移可以忽略的连续梁和框架。其基本思路是：求出各节点上每个杆件的分配系数；加约束锁紧全部刚结点，计算各杆固端弯矩与各结点的约束力矩；每次放松一个结点（其余结点仍锁住）进行力矩分配与传递。对每个结点轮流放松，经多次循环后，结点渐趋平衡。实际计算一般进行2个循环就可获得足够的精度。最后将各次计算所得杆端弯矩相加，得实际杆端弯矩。

(2) 分层法

分层法适用于无侧移框架结构内力计算。其基本思路是：将各层满载的框架分解为若干个只有单层受荷的框架之和，而每一单层受荷框架的内力又都可忽略其非本层梁、柱的弯矩，进而可以设想把其中无内力的杆件从结构计算模型中去掉，而以完全嵌固支座来代替它们对直接受荷层梁、柱的约束作用。最后再将这些开口框架的内力图叠加，即可得到整体框架的最终内力图。应用分层法时应注意：除底层外其他各层柱的线刚度均乘以0.9的折减系数；除底层外，其他各层柱的弯矩传递系数取1/3。分层计算法最后所得的结果，在刚结点上各弯矩可能不平衡，但误差不致太大，这是由于分层计算单元与实际情况不符带来的误差。如有需要，可对结点不平衡弯矩再进行一次分配。

混凝土结构中，在竖向荷载作用下，考虑内力重分布，梁端允许出现塑性铰时，可采用弯矩调幅法，人为减小梁端负弯矩，增大跨中正弯矩。

2. 水平荷载作用下框架和排架结构的内力计算

(1) 反弯点法

反弯点法适用于梁的线刚度比柱的线刚度大的多时，各柱上下端无角位移的框架。计算假定：梁的线刚度与柱的线刚度之比无限大（$i_b/i_c \geq 3$）（柱上、下端无转角）；

梁端弯矩按左、右梁的线刚度分配，并满足节点平衡条件（规定了梁的弯矩计算）。

反弯点位置：底层距支座 2/3 层高处；其余层 1/2 层高处。

剪力在各柱中的分配：层间剪力按各柱的抗侧移刚度在楼层的各柱中分配。

反弯点法的计算步骤：确定反弯点高度；确定侧移刚度系数（$12i/h^2$）；确定同层各柱剪力；确定柱端弯矩；梁端弯矩的确定。

(2) D 值法

反弯点法在考虑柱侧移刚度时，假设结点转角为零，即横梁的线刚度假设为无穷大，这样误差也较大，实际上柱的反弯点位置是随着柱、梁之间的线刚度比而变化的，也与该层柱所处的楼层位置（层次）及上、下层层高的不同而异。因此，对框架柱侧向刚度应进行修正，对框架柱的反弯点在柱高的 1/2 处的概念也应进行修正。

当完成了柱的侧向刚度修正，并确定了修正后的柱的反弯点位置之后，这时的高层框架在水平荷载作用下的内力计算同反弯点法一样。这种方法是对反弯点法的改进。对修正后的柱侧移刚度用 D 表示，如式 (2-49) 所示，故称为 D 值法。

$$D = \alpha \frac{12i}{h^2} \tag{2-49}$$

反弯点高度修正：梁柱线刚度比及层数对反弯点高度的影响；上下横梁线刚度比对反弯点高度的影响；层高变化对反弯点的影响。表达式如下：

$$yh = (y_0 + y_1 + y_2 + y_3)h \tag{2-50}$$

(3) 排架内力计算

进行排架内力计算，首先要确定排架上有哪几种可能单独考虑的荷载工况，然后对每种荷载工况利用结构力学的方法进行排架内力计算，再进行最不利内力组合。排架是一个超静定结构，力法是排架内力计算的基本方法之一，可用来分析等高或不等高排架的内力，对于等高排架的内力可用剪力分配法进行计算。

3. 砌体结构楼层水平地震剪力的分配

结构的楼层水平地震剪力，应按下列原则分配：

现浇和装配整体式混凝土楼、屋盖等刚性楼盖建筑，宜按抗侧力构件等效刚度的比例分配；木楼盖、木屋盖等柔性楼盖建筑，宜按抗侧力构件从属面积上重力荷载代表值的比例分配；普通的预制装配式混凝土楼、屋盖等半刚性楼、屋盖的建筑，可取上述两种分配结果的平均值；计入空间作用、楼盖变形、墙体弹塑性变形和扭转的影响时，可按本规范各有关规定对上述分配结果作适当调整。

进行地震剪力分配和截面验算时，砌体墙段的层间等效侧向刚度应按下列原则确定：刚度的计算应计及高宽比的影响。高宽比小于 1 时，可只计算剪切变形；高宽比不大于 4 且不小于 1 时，应同时计算弯曲和剪切变形；高宽比大于 4 时，等效侧向刚度可取 0；墙段宜按门窗洞口划分；对小开口墙段按毛墙面计算的刚度，可根据开洞率乘以洞口影响系数。

2.3.1.7 常用结构结构体系的布置原则和设计方法

1. 混凝土结构

(1) 单层工业厂房结构

目前，我国混凝土单层厂房的结构型式主要有排架结构和刚架结构两种。排架结构由屋架（或屋面梁）、柱和基础组成，柱与屋架铰接，与基础刚接。排架结构可做成等高、不等高和锯齿形等多种形式。排架结构是目前单层厂房结构的基本结构形式，其跨度可超过 30m，高度可达 20～30m 或更高，吊车吨位可达 150t 甚至更大。

单层工业厂房排架结构主要由屋盖结构、横向平面排架、纵向平面排架、支撑、基础及维护结构等结构构件组成并相互连接成整体。

单层厂房结构所承受的各种荷载，基本上都是传给排架柱，再由柱传至基础及地基。

单层厂房的结构布置包括柱网布置、变形缝（伸缩缝、沉降缝和防震缝）设置、支撑（屋盖支撑和柱间支撑）布置。

柱网布置原则为：符合生产和使用要求；建筑平面和结构方案经济合理；在厂房结构型式和施工方法上具有先进性和合理性；符合厂房建筑模数标准的有关规定；适应发展和技术革新的要求。

单层厂房排架计算简图取具有代表性一榀平面排架计算，并在一定条件下考虑厂房整体空间作用。对于等高排架用剪力分配法计算内力。

（2）多层框架结构

框架结构由柱和梁连接而成，梁柱交接处的框架节点通常为刚接，柱底一般为固定支座。混凝土结构按施工方法不同可分为现浇式、装配式和装配整体式等。目前国内外大多采用现浇式混凝土框架。

框架结构的柱网布置既要满足生产工艺和建筑平面布置的要求，又要使结构受力合理，施工方便。

按楼面竖向荷载传递路线的不同，承重框架的布置方案有横向框架承重、纵向框架承重和纵横向框架混合承重等几种。

在确定框架结构计算简图时，常忽略结构纵向和横向之间的空间联系，忽略各构件的抗扭作用，将纵向框架和横向框架分别按平面框架进行分析计算，结构设计时一般取中间有代表性的一榀横向框架进行分析即可。

在竖向荷载作用下，框架内力计算方法有分层法及力矩分配法；在水平荷载作用下，框架内力计算方法有反弯点法及 D 值法。在竖向荷载作用下进行框架结构设计时，一般均对梁端进行弯矩调幅。

2. 钢结构

（1）单层工业厂房结构

单层工业厂房包括门式刚架轻型钢结构和冶金工厂和重型机械工厂的重型工业厂房。厂房骨架是由柱、梁（或桁架）和支撑等相互联系而成的空间体系，承受来自屋面、墙面、吊车等各种竖向及水平荷载，并向基础传递。厂房结构常采用横向平面框（排）架和纵向结构两个相互独立的体系。这种体系由屋盖系统、吊车梁系统、柱子系统、墙架系统组成。

屋盖结构一般由屋面板、檩条、屋架、托架、天窗架、屋盖支撑所组成。屋盖体系分为有檩体系和无檩体系。檩条主要承受屋面板传来的线荷载，一般按双向受弯单跨简支梁或连续梁设计。

无檩屋盖支撑通常分为上弦横向水平支撑、下弦横向水平支撑、下弦纵向水平支撑、垂直支撑和系杆五种类型，以下弦面作为主要传递水平力的体系，将水平力传于柱顶。有檩体系有时将主要传力面布置在上弦平面，柱顶伸至屋架上弦，屋架下弦平面内不布置支撑，下弦稳定依靠隅撑解决。

钢屋架计算时假设为理想的铰接平面桁架，当杆件采用H形、箱形等刚度较大的截面尚应考虑次弯矩的影响。屋面均布荷载按水平投影面积汇集为节点荷载，从而计算屋架杆件的轴力。

吊车梁分为实腹式（型钢梁、组合工字形梁、箱形梁等）和空腹式（桁架、撑杆式桁架等）。有简支和连续梁，有焊接、铆接、栓焊等不同加工方法；有等截面和变截面。焊接实腹工字梁是最常用的形式。

吊车梁系统通常由吊车梁、制动结构、辅助桁架、垂直支撑、下部水平支撑组成，还包括轨道、车挡等。

由于吊车是移动荷载，求吊车梁最大内力时应按结构力学影响线的方法找出最不利截面。

吊车梁需验算强度（弯曲应力、剪切应力、局部压应力及折算应力等）、刚度、稳定性（整体稳定及局部稳定）及疲劳等。

单层厂房柱按结构形式分为等截面、阶形柱、分离式柱三大类，阶形柱将吊车梁支承在柱截面变化的肩梁处，分离式柱则由屋盖肢和吊车肢组成，两肢用水平板连接，各自分别受力。

柱按截面形式分为实腹式和格构式柱，实腹式柱通常为工字形或箱形，工字形柱的翼缘可用钢板、型钢制作，格构式分肢可用型钢或钢管组成，用缀条或缀板连接。

柱的截面尺寸，根据厂房高度、跨数、柱距、吊车、荷载等因素确定。

柱子属于轴压或压弯构件，其强度、稳定性、长细比、变形等均按计算确定。

（2）多层钢框架结构

多层钢框架结构体系主要包括纯框架体系、框架-支撑体系。一般来说，框架-支撑体系抗侧能力强于纯框架体系。在选择结构体系时，首先要考虑房屋荷载，尤其是风荷载和地震作用。其次，要考虑房屋的尺寸和形状，包括平面形状、立面要求、房屋高度和高宽比等。再者，还应考虑房屋材料、工程造价、施工条件等。

建筑平面宜简单、规则、对称，并具有良好的完整性，建筑的开间、进深宜统一，使结构构件、隔墙、楼盖等均可形成有规则的标准尺寸。进行结构布置时，应结合建筑的平、立面形状，将抗力构件沿房屋纵、横主轴方向布置，尽量做到"分散、均匀、对称"，使结构各层的抗力中心与水平作用力合力的中心重合或接近，以避免或减小扭转振动。当建筑平面不规则时，需要在抗震计算和构造方面采取相应的措施。

柱网形式根据建筑使用功能确定，有矩形、方形、圆形、梯形、三角形以及不规则柱网等多种。柱网尺寸一般根据建筑要求、荷载大小、钢梁经济跨度及结构受力特点等确定，使结构成为布置有序、承载可靠的工作体系，并与楼梯等有特殊功能的隔间相配合。

建筑立面和竖向剖面宜规则，结构的侧向刚度宜均匀变化，竖向抗侧力构件的截面尺寸和材料强度宜自下而上逐步减小，避免抗侧力结构的侧向刚度和承载力突变。立面布置时应使柱沿建筑物全高贯通而不致中途切断，避免出现悬空柱和高度不一致的错层。

对于框架-支撑结构体系，垂直支撑宜沿房屋高度方向连续布置。柱网平面为方形或接近方形时，柱间垂直支撑可布置在四角及其中间部分，以避免结构刚度中心的偏移。当柱网为狭长时，宜在横向的两端及中间布置支撑，纵向宜布置在柱网中部，以避免在纵向端部布置而限制温度变形。

多层钢结构楼盖结构包括楼板和梁系，楼板和梁系的连接不仅仅起固定作用，还要可靠地传递水平剪力。楼板常用做法有：现浇钢筋混凝土楼板、带压型钢板的混凝土组合楼板、叠合板上有现浇层的钢筋混凝土楼板、装配式楼板等，目前常用的是压型钢板组合楼板。楼盖结构的方案选择除了要遵循满足建筑设计要求、较小自重以及便于施工等一般性原则外，还要有足够的整体刚度。梁系由主梁和次梁组成。结构体系包含框架时，一般以框架梁为主梁，次梁以主梁为支承，间距小于主梁。主梁通常等间距设置，主要有横向框架承重布置方案、纵向框架承重布置方案、纵横向框架承重布置方案。常见的次梁布置有：等跨等间距次梁、等跨不等间距次梁。梁系布置还要考虑以下一些因素：钢梁的间距要与上覆楼盖类型相协调，尽量取在楼板的经济跨度内。

一般情况下，多层建筑钢结构是一个空间的受力体系，应建立空间模型，采用有限单元法进行计算。如果结构比较规则，且楼板的平面内刚度可视为无穷大，如框架结构及框架-支撑结构，在水平力作用下结构的扭转效应很小，为了简化计算，可以不考虑纵向构件和横向构件的共同作用，提取平面结构进行计算。

对于平面结构计算模型，各类作用的统计计算均以一榀框架来考虑，一般取该榀框架与相邻框架中线间的范围作为荷载统计范围，这一范围内的所有荷载将由该榀框架承担。

确定计算简图时，各个构件均用单线表示，竖直线条代表各柱构件的形心轴。柱高可取楼面板顶标高的距离，底层柱高可以取基础顶面至二层标高处，顶层柱高度则取顶层楼面顶板至屋面板顶的距离。

对于手算方法，尚需确定框架梁、柱线刚度计算及梁、柱计算长度。

荷载作用下框架结构内力计算方法（手算）主要有：竖向荷载作用下用分层法或弯矩分配法，水平荷载作用下用 D 值法。

在活荷载作用下，应考虑其不利布置，用手算方法计算结构内力时，可用以下两种近似方法：分层或分跨布置法或满布荷载法。

水平地震作用下，对于一般多层钢框架结构，可用底部剪力法将剪力分配给每一楼层，然后将楼层剪力按抗侧刚度分配给所取的一榀框架，再用 D 值法计算。

水平荷载作用下框架侧移计算包括：风荷载作用下的框架侧移计算和地震作用下框架的侧移计算。

结构验算包括承载能力极限状态下考虑荷载组合作用的结构构件内力验算及节点验算，正常使用极限状态下主次梁挠度验算及水平荷载作用下框架水平侧移验算。

2.3.2 混凝土结构

2.3.2.1 大纲基本要求

掌握各种常用结构体系的布置原则和设计方法；掌握基本受力构件的正截面、斜截面、扭曲截面、局部受压及受冲切承载力的计算；了解疲劳强度的验算；掌握构件裂缝和挠度的验算；掌握基本构件截面形式、尺寸的选定原则及构造规定；掌握现浇和装配构件的连接构造及节点配筋形式；掌握预应力构件设计的基本方法；了解预应力构件施工的基本知识；掌握一般钢筋混凝土结构构件的抗震设计计算要点及构造措施；了解对预制构件的制作、检验、运输和安装等方面的要求。

2.3.2.2 材料

1. 混凝土材料

（1）混凝土强度标准值

混凝土强度指标有：立方体抗压强度标准值 $f_{cu,k}$，轴心抗压强度标准值 f_{ck}，抗拉强度标准值 f_{tk}。混凝土强度等级按立方体抗压强度标准值确定。

（2）混凝土强度的设计值

将强度标准值除以材料分项系数即为强度设计值。混凝土的材料分项系数 γ_c 的取值是根据可靠度分析和工程经验校准法确定的。

（3）混凝土的变形

混凝土的变形分为两类，一类是在荷载作用下的受力变形，包括单调短期加荷变形、多次重复加荷变形以及荷载在长期作用下变形。另一类与其受力无关的体积变形，指的是混凝土的收缩、膨胀以及由于温度变化所产生的变形等。

（4）混凝土材料的选用

钢筋混凝土结构不宜采用强度过低的混凝土，因为当混凝土强度过低时，钢筋与混凝土之间的粘结强度太低，将影响钢筋强度的充分利用。预应力混凝土结构宜采用强度等级较高的混凝土，以便施加较大的预应力。

2. 钢筋

（1）钢筋的品种和级别

钢筋包括钢筋和钢丝两类。钢筋按外形分为光圆钢筋和变形钢筋两种。钢筋的品种很多，可分为碳素钢和普通低合金钢。建筑工程中，常用的钢筋按加工工艺的不同分为：热轧钢筋、冷拉钢筋、冷轧带肋钢筋、冷轧扭钢筋、热处理钢筋、碳素钢丝、刻痕钢丝、冷拔低碳钢丝、钢绞线等。对热轧钢筋，按其强度分为 HPB235、HRB335、HRB400、RRB400 级四种。钢筋级别越大强度越高，但塑性越低。HPB235 钢为普通碳素钢筋，HRB335、HRB400、RRB400 级钢筋均为普通低合金钢。

（2）钢筋的力学性能指标

钢筋混凝土及预应力混凝土结构中所用的钢筋可分为两类：有明显屈服点的钢筋（一般称为软钢如低碳钢）和无明显屈服点的钢筋（一般称为硬钢，如高碳钢）。

钢筋的力学性能指标有四个，即屈服强度、抗拉强度、伸长率和冷弯性能。

（3）钢筋强度的标准值和设计值

1）钢筋强度的标准值

热轧钢筋的强度标准值根据屈服强度确定，用 f_{yk} 表示。预应力钢绞线、钢丝和热处理钢筋的强度标准值根据其抗拉强度确定，用 f_{ytk} 表示。

2）钢筋强度的设计值

将受拉钢筋的强度标准值除以钢材的材料分项系数 γ_s 后即得受拉钢筋的强度设计值。

（4）钢筋的冷加工

为提高钢材的强度，可对热轧钢筋在常温下进行冷加工，常用方法有冷拉、冷拔两种。

（5）钢筋材料的选用

钢筋混凝土材料中不宜采用强度过高的钢筋。普通钢筋（普通钢筋系指用于钢筋混凝土结构中的钢筋和预应力混凝土结构中的非预应力钢筋）宜采用 HRB400 级和 HRB335 级钢筋，也可采用 HPB235 级和 RRB400 级钢筋；预应力钢筋宜采用高强的预应力钢绞线、钢丝，也可采用热处理钢筋。

3. 混凝土结构对钢筋性能的要求

混凝土结构对钢筋的强度、可焊性、塑性、耐火性都有一定要求。

2.3.2.3 梁、柱截面尺寸确定

1. 梁

（1）截面形状

梁、板常用矩形、T形、工字形、槽型、空心板和倒L形梁等对称和不对称截面。

（2）梁、板的截面尺寸

现浇梁、板的截面尺寸宜按下述采用：

矩形截面梁的高宽比 h/b 一般取 2.0～3.5；T形截面梁的 h/b 一般取 2.5～4.0。

（3）框架梁截面尺寸确定

框架梁截面尺寸应根据承受竖向荷载大小、跨度、抗震设防烈度、混凝土强度等级等诸多因素综合考虑确定。

在一般情况下，框架梁截面高度可按计算跨度的 1/10～1/18，且不小于 400mm，也不宜大于 1/4 净跨考虑。

2. 柱

（1）截面型式及尺寸

轴心受压构件截面一般采用方形或矩形，有时也采用圆形或多边形。偏心受压构件一般采用矩形截面，对于装配式柱，较大尺寸的柱常采用I形截面。采用离心法制造的柱、桩、电杆以及烟囱、水塔支筒等常用环形截面。方形柱的截面尺寸不宜小于 250mm×250mm，并应满足刚度要求。对于I形截面，翼缘厚度不宜小于 120mm。

（2）框架柱截面尺寸的确定

框架柱的截面尺寸，可根据柱支承的楼层面积计算由竖向荷载产生的轴力设计值按经验公式估算柱截面面积，然后再确定柱边长。

柱的剪跨比不宜大于 2，其截面尺寸应满足抗剪要求。

2.3.2.4 承载能力极限状态计算

1. 正截面承载力计算

（1）一般规定

1）正截面承载力计算的基本假定

①截面应变保持平面；

②不考虑混凝土的抗拉强度；

③混凝土受压时的应力与应变关系按《混凝土结构设计规范》规定情况取用；

④钢筋应力取等于钢筋应变与其弹性模量的乘积，但其绝对值不应大于其相应的强度设计值。

2）受压区混凝土的等效矩形应力图形

在实际工程设计中，为了简化计算，一般采用等效矩形应力分布图形来代替曲线的应力分布图形。但要满足以下两个条件：

①曲线应力分布图形和等效矩形应力分布图形的面积要相等，即合力大小要相等；
②两个图形合力作用点的位置相同。

3) 相对界限受压区高度 ξ_b

当纵向受拉钢筋屈服与受压区混凝土破坏同时发生时，即达到所谓"界限破坏"。

界限受压区高度 x_b 与截面有效高度 h_0 的比值即为相对界限受压区高度 ξ_b，即 $\xi_b = x_b/h_0$。当 $\xi > \xi_b$ 时，为超筋梁，配筋率应满足当 $\rho_{min} < \rho < \rho_{max}$，防止发生超筋脆性破坏和少筋脆性破坏。

(2) 受弯构件正截面承载力计算

1) 受弯构件破坏的基本特征

根据梁内配筋的多少，钢筋混凝土梁分为适筋梁、超筋梁和少筋梁，它们的破坏形式很不相同。

适筋梁的破坏属拉压破坏，分三个阶段：第Ⅰ阶段弹性工作阶段，是计算构件抗裂能力的依据；第Ⅱ阶段为开裂阶段，相当于梁使用时的应力状态，可作为使用阶段验算变形和裂缝开展的依据；第Ⅲ阶段为破坏阶段，可作为梁正截面受弯承载力的依据。

适筋梁的破坏属拉压破坏，破坏前纵向钢筋先屈服，然后裂缝开展很宽，构件挠度亦较大，这种破坏是有预兆的，称为塑性破坏。由于适筋梁受力合理，可以充分发挥材料的强度，因此实际工程中我们都把钢筋混凝土梁设计成适筋梁。

超筋梁的破坏属受压脆性破坏，少筋梁的破坏为瞬时受拉脆性破坏。实际工程中，我们应当避免出现超筋梁和少筋梁。

2) 单筋矩形截面计算

对适筋梁，根据其正截面受弯破坏特征，将混凝土受压区应力图形进一步简化成矩形分布，基本公式如下：

$$\alpha_1 f_c bx = f_y A_s \tag{2-51}$$

$$M \leqslant \alpha_1 f_c bx(h_0 - x/2) \tag{2-52}$$

或

$$M \leqslant f_y A_s(h_0 - x/2) \tag{2-53}$$

适用条件：

$x \leqslant \xi_b h_0$，防止梁的超筋破坏；

$\rho \geqslant \rho_{min}$，防止梁的少筋破坏。

要提高单筋矩形截面受弯构件承载能力，最有效的办法是加大截面高度。

3) 双筋矩形截面计算

当梁截面高度受到限制或当有变号弯矩时，可在受压区配置一定数量的受压钢筋，与受压区混凝土共同抵抗截面的压力，这就成了双筋矩形截面梁。双筋矩形截面梁中的纵向受压钢筋还可减少混凝土的徐变，提高构件的长期刚度。

双筋矩形截面应力图形可看成由两部分叠加而成：一部分由受压混凝土的压力与相应受拉钢筋 A_{s1} 的拉力所组成；另一部分由受压钢筋 A'_s 的压力与它相应的一部分受拉钢筋 A_{s2} 的拉力组成。

基本计算公式：

$$\alpha_1 f_c bx + f'_y A'_s = f_y A_s \tag{2-54}$$

$$M \leqslant \alpha_1 f_c bx(h_0 - x/2) + f'_y A'_s(h_0 - a'_s) \tag{2-55}$$

适用条件：

$x \leqslant \xi_b h_0$，防止梁的超筋破坏；

$x \geqslant 2a'_s$ 保证受压钢筋屈服。

4) T 形截面计算

①T 形截面翼缘的计算宽度

对于翼缘混凝土受压的梁，如现浇楼盖中，楼板的一部分将参与梁的工作，而形成 T 形截面。梁共同工作的翼缘宽度是有限度的，这个宽度称为翼缘计算宽度。《混凝土结构设计规范》表 7.2.3 列出了 T 形、I 形及倒 L 形截面受弯构件位于受压区的翼缘计算宽度 b'_f。

②T 形截面的分类与判别

按中和轴的位置分为两类：中和轴在翼缘内通过时为第一类 T 形截面，中和轴在肋部通过时为第二类。

两类 T 形截面的判别方法：

截面设计时：

若 $M \leqslant \alpha_1 f_c b'_f h'_f \left(h_0 - \dfrac{h'_f}{2}\right)$，属第一类 T 形截面；

若 $M > \alpha_1 f_c b'_f h'_f \left(h_0 - \dfrac{h'_f}{2}\right)$，属第二类 T 形截面。

截面复核时：

若 $f_y A_s \leqslant \alpha_1 f_c b'_f h'_f$，属第一类 T 形截面；

若 $f_y A_s > \alpha_1 f_c b'_f h'_f$，属第二类 T 形截面。

③基本计算公式及适用条件

第一类 T 形截面：

由于不考虑混凝土的抗拉能力，故第一类 T 形截面的计算相当于宽度为 b'_f 的矩形截面计算，此时，只需将单筋矩形截面基本计算公式中的梁宽 b 代换为翼缘宽度 b'_f，得

$$\alpha_1 f_c b'_f x = f_y A_s \tag{2-56}$$

$$M \leqslant \alpha_1 f_c b'_f x(h_0 - x/2) \tag{2-57}$$

适用条件：

$x \leqslant \xi_b h_0$，一般满足要求，可不必验算；

$\rho \geqslant \rho_{\min}$，注意此处 ρ 是对梁肋部计算的，即 $\rho = \dfrac{A_s}{bh}$。

第二类 T 形截面：

第二类 T 形截面可看做由两部分组成：一部分由肋部受压区混凝土的压力与相应的钢筋 A_{s1} 的拉力所组成；另一部分由翼缘混凝土的压力与相应的钢筋 A_{s2} 的拉力所组成。

基本计算公式：

$$\alpha_1 f_c bx + \alpha_1 f_c (b'_f - b) h'_f = f_y A_s \tag{2-58}$$

$$M \leqslant \alpha_1 f_c (b'_f - b) h'_f \left(h_0 - \dfrac{h'_f}{2}\right) + \alpha_1 f_c bx(h_0 - x/2) \tag{2-59}$$

适用条件：

$x \leqslant \xi_b h_0$;

$\rho \geqslant \rho_{\min}$，一般均能满足，可不必验算。

正截面受弯承载力计算有两类问题：一是截面设计，二是截面校核。根据已知条件及截面平衡条件，利用基本公式进行推导求解。

(3) 受压构件正截面承载力计算

钢筋混凝土受压构件，分为轴心受压构件和偏心受压构件两大类。其中，当轴向力只在一个方向有偏心的称为单向偏心受压构件；当在两个方向均有偏心时，称为双向偏心受压构件。

1) 轴心受压构件

①配置普通箍筋的轴心受压构件

轴心受压构件的正截面承载力按下式计算：

$$N \leqslant 0.9\varphi(f_c A + f'_y A'_s) \tag{2-60}$$

轴心受压构件须满足最小配筋率要求：$A'_s \geqslant \rho'_{\min} A$

②配置螺旋箍筋或焊接环式间接钢筋的轴心受压构件

由于螺旋箍筋对核心混凝土的约束作用，提高了核心混凝土的抗压强度，从而使构件的承载力有所提高。配有螺旋箍筋的柱的承载力计算公式为：

$$N \leqslant 0.9(f_c A_{cor} + f'_y A'_s + 2\alpha f_y A_{sso}) \tag{2-61}$$

$$A_{sso} = \frac{\pi d_{cor} A_{ss1}}{s} \tag{2-62}$$

《混凝土结构设计规范》规定，按上式算得的构件受压承载能力设计值不应大于按普通轴心受压算得的构件受压承载力设计值的 1.5 倍，且不得小于 1.0 倍。

2) 偏心受压构件

①偏心受压构件受力性能及有关规定

A. 偏心受压构件的破坏分两种情况：

大偏心受压破坏：当偏心距较大或受拉钢筋较小时，构件的破坏是由于纵向受拉钢筋先达到屈服引起的，因此，属于受拉破坏。

小偏心受压破坏：当偏心距较小或偏心距虽然较大但纵向受拉钢筋较多时，构件的破坏是由压区混凝土达到极限应变值引起的。

大小偏心受压构件的判别：按相对受压区高度 ξ 来判别。

当 $\xi \leqslant \xi_b$ 时，属大偏心受压构件；当 $\xi > \xi_b$ 时，属小偏心受压构件。

B. 偏心距：

荷载偏心距 e_0 是指轴向压力 N 对截面重心的偏心距，$e_0 = M/N$。

附加偏心距 e_a 是指考虑到荷载作用位置及施工时可能产生偏差等因素，计算时对荷载偏心距进行修正。其值应取 20mm 和偏心方向截面最大尺寸的 1/30 两者中的较大值。

设计计算时，规范采用初始偏心距 e_i 代替荷载偏心距 e_0，其计算公式为：

$$e_i = e_0 + e_a \tag{2-63}$$

C. 偏心距增大系数

《混凝土结构设计规范》规定：各类混凝土结构中的偏心受压构件，均应在其正截面受压承载力计算中考虑结构侧翼和构件挠曲引起的附加内力。

在确定偏心受压构件的内力设计值时，规范给出了两种方法：即：近似考虑二阶弯矩对轴压偏心矩的影响，将轴压力对截面重心的初始偏心矩 e_i 乘以偏心距增大系数 η；另一种方法是用考虑二阶效应的弹性分析方法，直接计算出结构构件各控制截面包括弯矩设计值在内的内力设计值，并按相应的内力设计值进行各构件的截面设计。

影响偏心矩增大系数的最主要原因是柱子的长细比。

②矩形截面偏心受压构件

A. 基本计算公式

大偏心受压构件：

根据假定，受压钢筋应力达到 f'_y，受拉区混凝土不参加工作，受拉钢筋应力达到 f_y，计算公式如下：

$$N \leqslant \alpha_1 f_c bx + f'_y A'_s - f_y A_s \tag{2-64}$$

$$Ne \leqslant \alpha_1 f_c bx(h_0 - x/2) + f'_y A'_s(h_0 - a'_s) \tag{2-65}$$

式中 e——轴向力作用点至受拉钢筋截面重心的偏心距，$e = \eta e_i + \dfrac{h}{2} - a_s$。

适用条件：

$x \leqslant \xi_b h_0$，保证破坏时受拉钢筋屈服；

$x \geqslant 2a'_s$，保证受压钢筋屈服。

小偏心受压的构件：

小偏心受压破坏时，受压区混凝土压碎，受压钢筋 A'_s 屈服，而远侧钢筋 A_s 不论是受拉还是受压但都不屈服。计算公式为：

$$N \leqslant \alpha_1 f_c bx + f'_y A'_s - \sigma_s A_s \tag{2-66}$$

$$Ne' \leqslant \alpha_1 f_c bx\left(\dfrac{x}{2} - a'_s\right) + \sigma_s A_s(h_0 - a'_s) \tag{2-67}$$

或

$$Ne' \leqslant \alpha_1 f_c bx\left(h_0 - \dfrac{x}{2}\right) + f'_y A'_s(h_0 - a'_s) \tag{2-68}$$

式中 e、e' 分别为轴向力作用点至受拉钢筋截面重心和受压钢筋截面重心的偏心距，$e = \eta e_i + \dfrac{h}{2} - a_s$，$e' = \dfrac{h}{2} - \eta e_i - a'_s$；

对非对称的小偏心受压构件，当偏心距很小时，为防止 A_s 受压屈服，尚应满足以下公式规定：

$$N\left[\dfrac{h}{2} - a' - (e_0 - e_a)\right] \leqslant \alpha_1 f_c bx\left(h'_0 - \dfrac{h}{2}\right) + f'_y A_s(h_0 - a_s) \tag{2-69}$$

B. 不对称配筋矩形截面偏心受压构件正截面受压承载力的计算方法

偏心受压构件正截面受压承载力的计算包括截面设计和截面校核两类问题。

截面设计时，大小偏心受压的判别方法：当 $\eta e_i \leqslant 0.3h_0$ 时，属于小偏心受压；当 $\eta e_i > 0.3h_0$ 时，先按大偏心受压计算，然后按 ξ_b 判断。

截面校核时，大小偏心受压的判别方法：若已知 N 求 M_u，用下式判别：

$$N_{ub} = \alpha_1 f_c b x_b + f'_y A'_s - f_y A_s \tag{2-70}$$

当 $N \leqslant N_{ub}$ 时为大偏压，当 $N > N_{ub}$ 时为小偏压。

若已知 e_0 求 N_u，用下式判别：

$$f_y A_s \left(\eta e_i + \frac{h}{2} - a_s \right) = f'_y A'_s \left(\eta e_i - \frac{h}{2} + a'_s \right) + \alpha_1 f_c bx \left(\eta e_i - \frac{h}{2} + \frac{x}{2} \right) \quad (2-71)$$

求出 x，当 $x \leqslant x_b$ 时为大偏压，当 $x > x_b$ 时为小偏压。

判别以后，根据已知条件，利用基本公式进行推导求解。

无论是截面设计还是截面校核题，是大偏心受压还是小偏心受压，除了在弯矩作用平面内依照偏心受压进行计算外，都要验算垂直于弯矩作用平面的轴心受压承载力。

C. 对称配筋矩形截面偏心受压构件正截面受压承载力的计算方法

实际工程中，偏心受压构件在各种不同荷载组合下（如在风荷载或地震作用与垂直荷载组合时），弯矩可能变号，当两种不同符号的弯矩相差不大时，为了施工和吊装方便，通常设计成对称配筋，一般有：$f_y A_s = f'_y A'_s$。

无论对于截面设计还是截面校核问题，先判别大小偏压，再利用已知条件、对称条件和基本公式进行推导计算。

(4) 受拉构件正截面承载力计算

1) 轴心受拉构件承载力计算

由于混凝土抗拉强度很低，轴心受拉构件按正截面计算时，不考虑混凝土参加工作，拉力全部由纵向钢筋承担。计算公式为：

$$N \leqslant f_y A_s \quad (2-72)$$

2) 偏心受拉构件承载力计算

根据偏心拉力的作用位置不同，偏心受拉构件分为大偏心受拉和小偏心受拉两种。当轴向拉力的作用位置在钢筋 A_s 和 A'_s 之间时，不管偏心距大小如何，构件破坏时，均为全截面受拉，这种情况称为小偏心受拉；当轴向拉力作用在钢筋 A_s 和 A'_s 的范围以外时，受荷后截面部分受压、部分受拉，其破坏形态与大偏心受压构件类似，这种情况称为大偏心受拉。

① 矩形截面小偏心受拉构件 $\left(e_0 \leqslant \frac{h}{2} - a'_s \right)$

基本公式：

$$Ne \leqslant f_y A'_s (h_0 - a'_s) \quad (2-73)$$

$$Ne' \leqslant f_y A_s (h'_0 - a_s) \quad (2-74)$$

式中 $e = \frac{h}{2} - e_0 - a_s$；$e' = \frac{h}{2} + e_0 - a'_s$。

② 矩形截面大偏心受拉构件 $\left(e_0 > \frac{h}{2} - a'_s \right)$

基本公式：

$$N \leqslant f_y A_s - f'_y A'_s - \alpha_1 f_c bx \quad (2-75)$$

$$Ne \leqslant \alpha_1 f_c bx \left(h_0 - \frac{x}{2} \right) + f'_y A'_s (h_0 - a'_s) \quad (2-76)$$

适用条件：

$x \leqslant x_b$，保证受拉钢筋屈服；

$x \geqslant 2a'_s$，保证受压钢筋屈服。

无论对于截面设计还是截面校核问题，先判别大小偏压，再利用已知条件和基本公式进行推导计算，在截面设计中，所计算的配筋率应满足大于或等于最小配筋率的要求。

对称配筋的矩形截面偏心受拉构件，不论大、小偏心受拉，均按公式 $Ne' \leqslant f_y A_s (h'_0 - a_s)$ 计算。

2. 斜截面承载力计算

（1）梁沿斜截面破坏的主要形态

由于荷载的类别（集中荷载或均布荷载）、加载方式（直接加载或间接加载）、剪跨比（$\lambda = a/h_0$，a 为集中荷载作用点至支座截面或节点边缘的距离）、腹筋用量等因素的影响，梁沿截面破坏大致可归纳为三种主要破坏形态，即：斜压破坏（$\lambda < 1$）、剪压破坏（$1 < \lambda < 3$）、斜拉破坏（$\lambda > 3$）。

设计时应把构件控制在剪压破坏类型，《混凝土结构设计规范》给出了梁中允许的最大配箍量以避免形成斜压破坏，同时又规定了最小配箍量以防止发生斜拉破坏。

（2）受弯构件梁斜截面承载力计算

1）截面构造要求

为防止构件发生斜压破坏，防止在使用阶段斜裂缝过宽，受剪截面应符合下列条件：

当 $\dfrac{h_w}{b} \leqslant 4$ 时，$V \leqslant 0.25 \beta_c f_c b h_0$；

当 $\dfrac{h_w}{b} \geqslant 6$ 时，$V \leqslant 0.20 \beta_c f_c b h_0$；

当 $4 \leqslant \dfrac{h_w}{b} \leqslant 6$ 时，按线性内插取用。

$\rho \geqslant \rho_{sv,min}$，防止斜拉破坏。

2）斜截面受剪承载力的计算位置

《混凝土结构设计规范》规定，下列各种斜截面应分别计算受剪承载力是否满足要求：支座边缘处的斜截面；弯起钢筋弯起点处的斜截面；箍筋数量或间距改变处的斜截面；腹板宽度改变处的斜截面。

3）计算公式

对于有腹筋的梁，斜截面抗剪能力由三部分组成。即：

$$V \leqslant V_{cs} + V_{sb} \tag{2-77}$$

$$V_{sb} = 0.8 f_y A_{sb} \sin\alpha_s \tag{2-78}$$

矩形、T 形和 I 形截面的一般受弯构件：

$$V_{cs} = 0.7 f_t b h_0 + 1.25 f_{yv} \dfrac{A_{sv}}{s} h_0 \tag{2-79}$$

对集中荷载作用下的独立梁：

$$V_{cs} = \dfrac{1.75}{\lambda + 1} f_t b h_0 + f_{yv} \dfrac{A_{sv}}{s} h_0 \tag{2-80}$$

（3）不配置箍筋和弯起钢筋的一般板类受弯构件斜截面承载力计算

均布荷载作用下，无腹筋梁的剪切破坏可能发生在支座附近，也可能发生在跨中，只要支座处最大剪力不大于 $0.7\beta_h f_t b h_0$，即能保证梁不发生剪切破坏。因此，规范对均布荷载作用下无腹筋梁的斜截面承载力取为：

$$V_c = 0.7\beta_h f_t b h_0 \quad (2-81)$$

$$\beta_h = \left(\frac{800}{h_0}\right)^{1/4} \quad (2-82)$$

(4) 偏心受力构件斜截面受剪承载力计算

偏心受力构件（包括受压构件和受拉构件）斜截面承载力构造规定同受弯构件，斜截面受剪承载力计算公式类似于受弯构件，只是在公式中考虑轴力的影响。

矩形、T形和I形截面的钢筋混凝土偏心受压构件，其斜截面受剪承载力应符合下列规定：

$$V = \frac{1.75}{\lambda+1} f_t b h_0 + f_{yv} \frac{A_{sv}}{s} h_0 + 0.07N \quad (2-83)$$

矩形、T形和I形截面的钢筋混凝土偏心受压构件，当符合下列公式的要求时：

$$V \leqslant \frac{1.75}{\lambda+1} f_t b h_0 + 0.07N \quad (2-84)$$

可不进行斜截面受剪承载力计算，而仅需按构造要求配置箍筋。

矩形、T形和I形截面的钢筋混凝土偏心受拉构件，其斜截面受剪承载力应符合下列规定：

$$V = \frac{1.75}{\lambda+1} f_t b h_0 + f_{yv} \frac{A_{sv}}{s} h_0 - 0.2N \quad (2-85)$$

3. 截面抗扭承载力计算

扭曲构件分为纯扭、剪扭、弯扭和弯剪扭等受力情况。在实际工程中，一般都是扭转和弯曲同时发生。受扭截面常见的有矩形截面、T形截面和I形截面等几种。

对于矩形截面弯、扭构件承载力计算：分别按受弯、受扭构件承载力计算，纵筋数量采用叠加方法，箍筋为受扭计算决定。

T形和I形截面弯剪扭构件除按受弯承载力计算外，根据"截面完整性"准则，将T形和I形截面还分为数个矩形截面块，各截面承受的扭矩按各矩形截面受扭塑性抵抗矩进行分配。

在弯矩、剪力和扭矩共同作用下，对 $h_w/b \leqslant 6$ 的矩形、T形、I形截面和 $h_w/t_w \leqslant 6$ 的箱形截面构件，其截面应符合下列条件：

当 h_w/b（或 h_w/t_w）$\leqslant 4$ 时，$\dfrac{V}{bh_0} + \dfrac{T}{0.8W_t} \leqslant 0.25\beta_c f_c$

当 h_w/b（或 h_w/t_w）$= 6$ 时，$\dfrac{V}{bh_0} + \dfrac{T}{0.8W_t} \leqslant 0.2\beta_c f_c$

(1) 纯扭构件的受扭承载力

在一般工程中，一般由截面核心部分混凝土、横向箍筋和沿构件截面周边均匀分布的纵向钢筋组成的骨架共同承担扭矩的作用。

受扭构件按配筋数量可分为适筋、超筋（或部分超筋）及少筋构件。前者为延性破坏，后二者是脆性破坏；前者应用于结构，后二者在结构设计中应避免。

1) 矩形截面纯扭构件承载力计算

构件受扭承载力由混凝土和受扭钢筋两部分的承载力组成。矩形截面纯扭构件承载力计算公式为：

$$T \leqslant 0.35 f_t W_t + 1.2\sqrt{\zeta} f_{yv}\frac{A_{st1}A_{cor}}{s} \tag{2-86}$$

$$\zeta = \frac{f_y A_{stl} \cdot s}{f_{yv} A_{st1} \cdot u_{cor}} \tag{2-87}$$

2）T形和I形截面纯扭构件的受扭承载力的计算

对于T形和I形截面纯扭构件，可将其截面划分为几个矩形截面按矩形截面纯扭构件的受剪承载力进行计算。每个矩形截面的扭矩设计值按各矩形截面的受扭塑性抵抗矩与截面总的受扭塑性抵抗矩的比值进行分配确定。

（2）剪扭构件承载力的计算

在剪力和扭矩共同作用下的矩形截面剪扭构件，其受剪扭承载力应符合下列规定：

1）一般剪扭构件

①受剪承载力

$$V \leqslant (1.5-\beta_t)0.7 f_t b h_0 + 1.25 f_{yv}\frac{A_{sv}}{s}h_0 \tag{2-88}$$

②受扭承载力

$$T \leqslant \beta_t 0.35 f_t W_t + 1.2\sqrt{\zeta} f_{yv}\frac{A_{st1}A_{cor}}{s} \tag{2-89}$$

2）集中荷载作用下的独立剪扭构件

①受剪承载力

$$V \leqslant (1.5-\beta_t)\frac{1.75}{\lambda+1} f_t b h_0 + f_{yv}\frac{A_{sv}}{s}h_0 \tag{2-90}$$

②受扭承载力

$$T \leqslant 0.35\alpha_h \beta_t f_t W_t + 1.2\sqrt{\zeta} f_{yv}\frac{A_{st1}A_{cor}}{s} \tag{2-91}$$

（3）弯剪扭构件承载力的计算

在弯矩、剪力和扭矩共同作用下的矩形、T形、I形和箱形截面的弯剪扭构件，可按下列规定进行承载力计算：当 $V \leqslant 0.35 f_t b h_0$ 或 $V \leqslant 0.875 f_t b h_0/(\lambda+1)$ 时，可仅按受弯构件的正截面受弯承载力和纯扭构件的受扭承载力分别进行计算；当 $T \leqslant 0.175 f_t W_t$ 或 $T \leqslant 0.175\alpha_h f_t W_t$ 时，可仅按受弯构件的正截面受弯承载力和斜截面受剪承载力分别进行计算。

矩形、T形、I形和箱形截面弯剪扭构件，其纵向钢筋截面面积应分别按受弯构件的正截面受弯承载力和剪扭构件的受扭承载力计算确定，并应配置在相应的位置；箍筋截面面积应分别按剪扭构件的受剪承载力和受扭承载力计算确定，并应配置在相应的位置。

在轴向压力、弯矩、剪力和扭矩共同作用下的钢筋混凝土矩形截面框架柱，其纵向钢筋截面面积应分别按偏心受压构件的正截面受压承载力和剪扭构件的受扭承载力计算确定，并应配置在相应的位置；箍筋截面面积应分别按剪扭构件的受剪承载力和受扭承载力计算确定，并应配置在相应的位置。

钢筋混凝土纯扭、剪扭构件承载力计算时，应注意基本公式的适用条件及最小配筋率的要求。

4. 其他承载力计算

(1) 受冲切承载力计算

钢筋混凝土楼板或基础板在集中荷载作用下（如柱子传来的荷载），由于板双向受力，可能沿荷载作用面周边产生斜截面破坏，即冲切破坏。冲切破坏时，形成破坏锥体的锥面与平板面大致呈 45°的倾角。

配有弯起筋和箍筋的平板，可以大大提高受冲切承载力。

在局部荷载或集中反力作用下不配置箍筋或弯起钢筋的板，其受冲切承载力应符合以下规定：

$$F_l \leqslant 0.7\beta_h f_t \eta \mu_m h_0 \tag{2-92}$$

当受冲切承载力不满足此规定且板厚受到限制时，可配置箍筋或弯起钢筋，根据相应公式确定箍筋及弯起筋数量。此时受冲切截面应符合下列条件：

$$F_l \leqslant 1.05 f_t \eta \mu_m h_0 \tag{2-93}$$

配置箍筋或弯起钢筋的板，其受冲切承载力应符合下列规定：

当配置箍筋时：

$$F_l \leqslant 0.35 f_t \eta \mu_m h_0 + 0.8 f_{yv} A_{svu} \tag{2-94}$$

当配置弯起钢筋时：

$$F_l \leqslant 0.35 f_t \eta \mu_m h_0 + 0.8 f_{yv} A_{sbu} \sin\alpha \tag{2-95}$$

对矩形截面柱的阶形基础，应计算在柱与基础交接处以及基础变阶处的受冲切承载力：

$$F_l \leqslant 0.7\beta_h f_t b_m h_0 \tag{2-96}$$

当板开有孔洞且孔洞至局部荷载或集中反力作用面积边缘的距离不大于 $6h_0$ 时，受冲切承载力计算中取用的临界截面周长 u_m，应扣除局部荷载或集中反力作用面积中心至开孔外边画出两条切线之间所包含的长度。

(2) 局部受压承载力计算

局部承压是工程中常见的受力形式，如后张法预应力混凝土构件锚具下局部受压、刚架或拱的铰接点以及支柱、桥墩和基础上的局部受压等。

为限制局部受压板底面下的混凝土下沉变形不致过大，局部受压区的截面尺寸应符合下列要求：

$$F_l \leqslant 1.35 \beta_c \beta_l f_c A_{ln} \tag{2-97}$$

局部受压区可配置方格网式或螺旋式间接钢筋，以提高其承载力，并按下列公式验算局部受压承载力：

$$F_l \leqslant 0.9(\beta_c \beta_l f_c + 2\alpha\rho_v \beta_{cor} f_y) A_{ln} \tag{2-98}$$

5. 疲劳强度验算

在疲劳验算中，荷载应取用标准值，吊车荷载应乘以动力系数。疲劳验算包括正截面疲劳验算和斜截面疲劳验算，详见《混凝土结构设计规范》7.9 节。

2.3.2.5 正常使用极限状态验算

钢筋混凝土构件，除了有可能由于承载力不足超过承载能力极限状态外，还有可能由于变形过大或裂缝宽度超过允许值，使构件超过正常使用极限状态而影响正常使用。因此《混凝土结构设计规范》规定，根据使用要求，构件除进行承载力计算外，尚需进行正常使用极限状态即变形及裂缝宽度的验算。

1. 裂缝的形成、控制和宽度验算

(1) 裂缝的形成和开展

引起钢筋混凝土结构产生裂缝的原因很多，主要因素有：荷载效应、外加变形和约束变形、钢筋锈蚀等。在合理设计和正常施工的条件下，荷载效应的直接作用往往不是形成裂缝宽度过大的主要原因，许多裂缝是几种因素综合的结果，其中温度与收缩是裂缝出现和发展的主要因素。

一般情况下，可以通过下列措施来避免裂缝的产生，如：合理地设置温度缝来避免或减少温度裂缝的出现；通过设置沉降缝、选择刚度大的基础类型、做好地基持力层的选择和验槽处理工作，来防止或减少由于不均匀沉降引起的沉降裂缝；通过保证混凝土保护层的厚度来防止纵向钢筋锈蚀，以免引起沿钢筋长度方向的纵向裂缝；通过布置构造钢筋（如梁中的腰筋和板、墙中的分布钢筋）来避免收缩裂缝。

影响裂缝宽度的主要因素有：钢筋应力；钢筋与混凝土之间的粘结强度；钢筋的有效约束区；混凝土保护层的厚度。

(2) 控制裂缝宽度的构造措施

1) 对跨中垂直裂缝的控制

当梁的截面高度超过 700mm 时，在梁的两侧每隔 200～400mm 应设置一根直径不小于 10mm 的纵向构造钢筋（即腰筋）。

2) 对斜裂缝的控制

为了减小斜裂缝的宽度，要求每一条斜裂缝至少有一根箍筋通过，当剪力较大时至少有 2 根箍筋通过。

3) 对节点边缘垂直裂缝宽度的控制

满足受拉纵筋的水平锚固长度是控制节点边缘垂直裂缝宽度的有效措施。

(3) 最大裂缝宽度验算

验算裂缝宽度时，应满足：

$$w_{\max} \leqslant w_{\lim} \tag{2-99}$$

$$w_{\max} = \alpha_{cr} \psi \frac{\sigma_{sk}}{E_s}(1.9c + 0.08\frac{d_{eq}}{\rho_{te}}) \tag{2-100}$$

2. 受弯构件挠度的验算

钢筋混凝土和预应力混凝土受弯构件在正常使用极限状态下的挠度，可根据构件的刚度用结构力学方法计算。

受弯构件的挠度应按荷载效应标准组合并考虑荷载长期作用影响的刚度 B 进行计算，所求得的挠度计算值不应超过混凝土规范规定的限值，即：

$$f \leqslant f_{\lim} \tag{2-101}$$

$$f = S\frac{M_k l_0^2}{B} \tag{2-102}$$

$$B = \frac{M_k}{M_q(\theta-1)+M_k}B_S \tag{2-103}$$

2.3.2.6 构造规定

1. 伸缩缝

伸缩缝的设置，是为了防止温度变化和混凝土收缩而引起结构过大的附加内应力，从而避免当受拉的内应力超过混凝土的抗拉强度时引起结构产生裂缝。

设计中为了控制结构物的裂缝，其中一个重要的措施就是用温度伸缩缝将过长的建筑物分成几个部分，使每一个部分的长度不超过规范规定的伸缩缝最大间距要求。

2. 混凝土保护层

在钢筋混凝土构件中，保护层的厚度对保证钢筋与混凝土之间的粘结强度和提高混凝土的耐久性有重要作用。

纵向受力的普通钢筋及预应力钢筋，其混凝土保护层厚度（钢筋外边缘至混凝土表面的距离）不应小于钢筋的公称直径，并满足《混凝土结构设计规范》要求。

在保证锚固、耐久的条件下，保护层应尽量取较小值，《混凝土结构设计规范》规定了保护层的最小厚度。

3. 钢筋的锚固

钢筋混凝土结构中钢筋和混凝土能够共同工作的基础是两者之间有良好的粘结锚固作用。光面钢筋粘结力主要来自胶着力和摩阻力，而变形钢筋的粘结力主要来自机械咬合作用。

影响粘结强度的因素有：混凝土的强度；保护层厚度、钢筋间距；钢筋表面形状；横向钢筋。规范规定以纵向受拉的变形钢筋的锚固长度作为基本锚固长度。

当计算中充分利用钢筋的抗拉强度时，受拉钢筋的锚固长度应按下列公式计算：

$$l_a \leqslant \alpha \frac{f_y}{f_t} d \tag{2-104}$$

应用式（2-104）时，由计算所得基本锚固长度 l_a 应乘以对应于不同锚固条件的修正系数加以修正，且不小于规定的最小锚固长度。

受压钢筋的锚固长度可取为受拉钢筋锚固长度的 0.7 倍。

4. 钢筋的连接

钢筋的连接可分为两类：绑扎搭接；机械连接或焊接。机械连接接头和焊接接头的类型及质量应符合国家现行有关标准的规定。

受力钢筋的接头宜设置在受力较小处。在同一根钢筋上宜少设接头。

轴心受拉及小偏心受拉杆件（如桁架和拱的拉杆）的纵向受力钢筋不得采用绑扎搭接接头。

当受拉钢筋的直径 $d>28$mm 及受压钢筋的直径 $d>32$mm 时，不宜采用绑扎搭接接头。同一构件中相邻纵向受力钢筋的绑扎搭接接头宜相互错开。

钢筋绑扎搭接接头连接区段的长度为 1.3 倍搭接长度，凡搭接接头中点位于该连接区段长度内的搭接接头均属于同一连接区段。同一连接区段内纵向钢筋搭接接头面积百分率为该区段内有搭接接头的纵向受力钢筋截面面积与全部纵向受力钢筋截面面积的比值。

纵向受拉钢筋的搭接长度计算公式：

$$l_1 \leqslant \zeta l_a \tag{2-105}$$

5. 纵向钢筋的最小配筋率

钢筋混凝土结构构件中受拉钢筋和受压钢筋的最小配筋率应满足规范规定要求。

2.3.2.7　结构构件的基本规定

1. 板

混凝土板分为单向板和双向板。板的最小厚度、混凝土强度等级、受力钢筋及分布筋品种及规格、间距、锚固和截断位置等方面应满足《混凝土结构设计规范》要求。

2. 梁

梁的截面尺寸、混凝土强度等级、受力钢筋品种、直径、肢距、在支座处锚固长度、截断位置、钢筋的弯起设置、抗扭钢筋及腰筋的布置、支座腹筋及架立筋构造、箍筋的布置、梁集中荷载处附加横向钢筋设置、折梁的构造等应满足《混凝土结构设计规范》要求。

3. 柱

柱的截面尺寸、混凝土强度等级、受力钢筋品种、直径、肢距、箍筋的布置等应满足《混凝土结构设计规范》要求。

4. 梁柱节点

受力钢筋在节点中应有可靠锚固,节点中应按构造配置一定数量的水平箍筋。

5. 墙

墙应满足一定的截面尺寸,其混凝土最低强度等级应满足规范要求,对墙肢应进行正截面、斜截面承载力计算,连梁应进行受弯、受剪承载力计算。墙肢应满足构造要求。

6. 叠合式受弯构件

施工阶段设有可靠支撑的叠合式受弯构件,可按普通受弯构件计算,但叠合构件斜截面受剪承载力和叠合面受剪承载力应满足《混凝土结构设计规范》中相应规定。

施工阶段不加支撑的叠合式受弯构件,应对叠合构件及其预制构件部分分别进行计算,以使其分别满足施工阶段和使用阶段的承载力要求。

7. 深受弯构件

$l_0/h<5.0$ 的简支钢筋混凝土单跨梁或多跨连续梁宜按深受弯构件进行设计。其中 $l_0/h\leqslant 2$ 的简支钢筋混凝土单跨梁和 $l_0/h\leqslant 2.5$ 的简支钢筋混凝土多跨连续梁称为深梁。深梁除应符合深受弯构件的一般规定外尚应符合《混凝土规范结构设计》的相应规定。

简支钢筋混凝土单跨深梁可采用由一般方法计算的内力进行截面设计,钢筋混凝土多跨连续深梁应采用由二维弹性分析求得的内力进行截面设计。

深受弯构件应进行正截面受弯承载力计算、斜截面受剪承载力计算;其纵向受力钢筋、箍筋及纵向构造钢筋的构造规定应满足《混凝土结构设计规范》要求。

8. 牛腿

牛腿的截面尺寸应满足规范要求,其纵向受力钢筋、水平箍筋和弯起钢筋应满足规范要求。

在牛腿中,由承受竖向力所需的受拉钢筋截面面积和承受水平拉力所需的锚筋截面面积所组成的纵向受力钢筋的总截面面积,应符合《混凝土结构设计规范》规定。

9. 吊环和预埋件

预埋件的计算主要是根据不同的受力情况,确定锚筋截面面积,或根据构造要求事先假定锚筋截面面积,然后验算其承载力。

预制构件的吊环应采用 HPB235 级钢筋制作,严禁使用冷加工。钢筋吊环埋入混凝土的深度不应小于 $30d$,并应焊接或绑扎在钢筋骨架上。在构件的自重标准值作用下,每个吊环按 2 个截面计算的吊环应力不应大于 $50\ N/mm^2$,当在一个构件上设有 4 个吊环时设计时应仅取 3 个吊环进行计算。

10. 预制构件的连接

预制构件连接接头的形式应根据结构的受力性能和施工条件进行设计，且应构造简单、传力直接。对能够传递弯矩及其他内力的刚性接头设计时应使接头部位的截面刚度与邻近接头的预制构件的刚度相接近。

当柱与柱、梁与柱、梁与梁之间的接头按刚性设计时，钢筋宜采用机械连接的或焊接连接的装配整体式接头。

装配整体式接头的设计应满足施工阶段和使用阶段的承载力稳定性和变形的要求。

计算时考虑传递内力的装配式构件接头，其灌筑接缝的细石混凝土强度等级不宜低于C30。并应采取措施减少灌缝混凝土的收缩，梁与柱之间的接缝宽度不宜小于 80mm。计算时不考虑传递内力的构件接头，应采用不低于 C20 的细石混凝土浇筑。

11. 预制构件的安装

安装构件时，构件强度一般不应低于设计混凝土强度的 75%。预制构件要进行吊装验算，包括确定吊装方案和吊点的数目及其位置。预制构件吊装方案按起吊的方式分为卧吊和翻身吊，按吊点数分为一点起吊，二点起吊和多点起吊。对于预制柱一般采用一点起吊，对于板、梁、屋架等构件可采用两点起吊，对于大型的预制构件常采用多点起吊。

2.3.2.8 预应力混凝土构件设计

1. 基本概念

预应力混凝土结构，是在结构承受外荷载之前，预先施加压力，使其在外荷载作用时的受拉区混凝土内产生压应力，以抵消或减小外荷载产生的拉应力。

预应力混凝土结构可以分为全预应力混凝土和部分预应力混凝土。张拉预应力钢筋的方法主要有两种。一种是先张法，一种是后张法。

（1）预应力混凝土构件计算的一般规定

1）预应力钢筋的张拉控制应力 σ_{con}

张拉控制应力是指张拉钢筋时预应力钢筋中达到的最大应力值，即用张拉设备所控制的总张拉力除以预应力钢筋截面面积所得出的应力值。

2）预应力损失

预应力钢筋从张拉、锚固至运输、安装使用的各个过程中，由于张拉工艺和材料特性等种种原因，钢筋中的张拉应力将逐渐降低，称为预应力损失。预应力损失会降低预应力混凝土构件的抗裂性及刚度。

常见的预应力损失包括：①张拉端锚具变形和钢筋内缩引起的预应力损失 σ_{l1}，可以通过减少垫板块数或增加台座长度的办法以减小损失；②预应力钢筋与孔道壁之间摩擦引起的预应力损失 σ_{l2}，它可以通过两端张拉或超张拉的办法以减小损失；③混凝土加热养护时，因受张拉的钢筋与承受拉力的设备之间的温差引起的预应力损失 σ_{l3}，它可以采用两次升温的办法以减小损失；④钢筋应力松弛引起的预应力损失 σ_{l4}，它可以采用超张拉的办法以减小损失；⑤混凝土收缩、徐变所引起的预应力损失 σ_{l5}，它可以参考减小混凝土收缩、徐变的办法以减小损失；⑥用螺旋式预应力钢筋作配筋的环形构件，由于混凝土的局部挤压引起的预应力损失 σ_{l6}。各阶段预应力损失值的组合见表 2-4。

各阶段预应力损失值的组合 表 2-4

预应力损失值的组合	先张法构件	后张法构件
混凝土预压前（第一批）的损失	$\sigma_{l1}+\sigma_{l2}+\sigma_{l3}+\sigma_{l4}$	$\sigma_{l1}+\sigma_{l2}$
混凝土预压后（第二批）的损失	σ_{l5}	$\sigma_{l4}+\sigma_{l5}+\sigma_{l6}$

（2）预应力构件和非预应力构件的比较

1）在非预应力构件中，在构件开裂前钢筋的应力值很小，而在预应力构件中预应力钢筋一直处于高拉应力状态，充分利用了钢筋和混凝土两种材料的特性。

2）预应力构件产生裂缝时的外荷载远比非预应力构件的大。即预应力构件的抗裂度比非预应力构件大为提高，同时也提高了构件的刚度。

3）由于两种构件破坏时都是受拉钢筋达到抗拉强度而受压区混凝土被压碎，故此两种构件的承载能力相等。

2. 预应力混凝土构件的计算

预应力混凝土结构构件，除应根据使用条件进行承载力计算及变形、抗裂、裂缝宽度和应力验算外，尚应按具体情况对制作、运输及安装等施工阶段进行验算。

在承载能力极限状态下，预应力作为结构抗力效应，在正常使用极限状态下，预应力作为荷载效应。当预应力作为荷载效应考虑时，其设计值在《混凝土结构设计规范》有关章节计算公式中给出。对承载能力极限状态，当预应力效应对结构有利时，预应力分项系数应取 1.0；不利时应取 1.2。对正常使用极限状态预应力分项系数应取 1.0。

2.3.2.9 典型例题

某钢筋混凝土 T 形截面简支梁，安全等级为二级，混凝土强度等级为 C25，荷载简图及截面尺寸如图 2-1 所示。梁上有均布静荷载 g_k，均布活荷载 q_k，集中静荷载 G_k，集中活荷载 P_k；各种荷载均为标准值（2005 年考题）。

说明：本章所选例题均选自一级注册结构工程师专业考试历年试题。

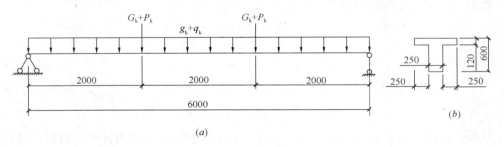

图 2-1 梁荷载简图及截面尺寸图
(a) 荷载简图；(b) 梁截面尺寸

1. 已知：$a_s=65$mm，$f_c=11.9$ N/mm^2，$f_y=360$N/mm^2。当梁纵向受拉钢筋采用 HRB400 级钢筋且不配受压钢筋时，试问：该梁能承受的最大弯矩设计值（kN·m），应与下列何项数值最为接近？（ ）

A. 450　　　　　B. 523　　　　　C. 666　　　　　D. 688

正确答案：C。

解答过程：

根据《混凝土结构设计规范》第 7.1.4 条，

$$\xi_b = \frac{\beta_1}{1+\dfrac{f_y}{E_s \xi_{cu}}} = \frac{0.8}{1+\dfrac{360}{2\times 10^5 \times 0.0033}} = 0.518$$

$$h_0 = (600-65)\text{mm} = 535\text{mm}$$

$$x_b = 0.518 \times 535\text{mm} = 277\text{mm} > h_f' = 120\text{mm}$$

根据《混凝土结构设计规范》第 7.2.2 条,

$$\begin{aligned}M &= [1.0\times 11.9\times 250\times 277\times(535-277/2) \\ &\quad +1.0\times 11.9\times 500\times 120\times(535-120/2)]\text{N}\cdot\text{mm}\\ &= 665.9\times 10^6\text{N}\cdot\text{mm} = 665.9\text{kN}\cdot\text{mm}\end{aligned}$$

分析:

本题考查单筋 T 形截面的正截面受弯承载能力。要求熟练掌握正截面受弯承载能力的基本原理,熟练应用基本公式。

2. 已知: $a_s = 65\text{mm}$,$f_{yv} = 210\text{ N/mm}^2$,$f_t = 1.27\text{ N/mm}^2$;$g_k = q_k = 4\text{kN/m}$,$G_k = P_k = 40\text{kN}$;箍筋采用 HPB235 级钢筋。试问:当采用双肢箍且间距为 200mm 时,该梁斜截面抗剪所需箍筋的单肢截面面积(mm^2),应与下列何项数值最为接近?(　　)

A. 33　　　　　B. 54　　　　　C. 65　　　　　D. 108

正确答案:B。

解答过程:

支座截面剪力设计值

$$V = \left[(1.2\times 4+1.4\times 4)\times \frac{6}{2}+1.2\times 40+1.4\times 40\right]\text{kN} = 135.2\text{kN}$$

集中荷载产生的剪力与总剪力之比

$$\frac{1.2\times 40+1.4\times 40}{135.2} = 0.77 > 75\%$$

根据《混凝土结构设计规范》公式 7.5.4-4 计算:

$$\lambda = \frac{2000}{600-65} = 3.74 > 3$$

取 $\lambda = 3$

$$135.2\times 10^3\text{kN} = \frac{1.75}{3+1}\times 1.27\times 250\times 535 + 210\times \frac{A_{sv}}{200}\times 535$$

$$A_{sv} = 108.4\text{ mm}^2,\ A_{sv}/2 = 54.2\text{ mm}^2$$

分析:本题考查斜截面承载能力的计算。要求掌握斜面承载力计算的原理,熟练应用基本公式。应用到的相关知识有:承载能力极限状态下荷载组合知识(本题计算的剪力由可变荷载效应控制的组合,见《建筑结构荷载规范》GB 50009—2001 第 3.2.3 条);结构力学基本知识(计算简支梁在荷载作用下的最大剪力);斜截面承载能力计算知识。

3. 假定该梁两端支座均改为固定支座,且 $g_k = q_k = 0$(忽略梁自重),$G_k = P_k = 58\text{kN}$,集中荷载作用点分别有同方向的集中扭矩作用,其设计值均为 $12\text{kN}\cdot\text{m}$;$a_s = 65\text{mm}$。已知腹板、翼缘的矩形截面受扭塑性抵抗矩分别为 $W_{tw} = 16.15\times 10^6\text{ mm}^3$,$W_{tf} = 3.6\times 10^6\text{ mm}^3$。试问,集中荷载作用下该受扭构件混凝土受扭承载力降低系数 β_t,应与下列何项数值最为接近?(　　)

A. 0.60　　　　B. 0.69　　　　C. 0.79　　　　D. 1.0

正确答案：A。
解答过程：

$$\lambda = \frac{2000}{600-65} = 3.74 > 3$$

取 $\lambda = 3$

$$V = (1.2 \times 58 + 1.4 \times 58)\text{kN} = 150.8\text{kN}$$

$$T_w = \frac{W_{tw}}{W_{tw} + W_{tf}} \cdot T = \frac{16.15 \times 10^6}{16.15 \times 10^6 + 3.6 \times 10^6} \times 12 = 9.81\text{kN} \cdot \text{m}$$

根据《混凝土结构设计规范》第7.6.8条及第7.6.9条，

$$\beta_t = \frac{1.5}{1+0.2 \times (\lambda+1)\frac{VW_{tw}}{T_w bh_0}} = \frac{1.5}{1+0.2 \times (3+1)\frac{150.8 \times 16.15 \times 10^9}{9.81 \times 10^6 \times 250 \times 535}} = 0.604$$

分析：
本题主要考查扭曲截面的承载力计算。要求掌握扭曲截面承载力计算方法。考查的知识有：结构力学知识（计算剪力）；受扭构件计算知识（计算受扭承载力降低系数）。

4. 假设该梁底部配有 4⌀22 纵向受拉钢筋，按荷载效应标准组合计算的跨中截面纵向钢筋应力 $\sigma_{sk} = 268 \text{ N/mm}^2$。已知：$A_s = 1520 \text{ mm}^2$，$E_s = 2.0 \times 10^5 \text{ mm}^2$，$f_{sk} = 1.78 \text{ N/mm}^2$，钢筋保护层厚度 $c = 25\text{mm}$。试问，该梁荷载效应的标准组合并考虑长期作用影响的裂缝最大跨度 $w_{\max}$（mm），应与下列何项数值最为接近？（ ）

A. 0.22   B. 0.29   C. 0.34   D. 0.42

正确答案：C。
解答过程：
根据《混凝土结构设计规范》第8.1.2条，

$$\rho_{te} = \frac{A_s}{A_{te}} = \frac{1520}{0.5 \times 250 \times 600} = 0.02$$

$$\psi = 1.1 - 0.65 \times \frac{1.78}{0.02 \times 268} = 0.884$$

$$w_{\max} = 2.1 \times 0.884 \times \frac{268}{2 \times 10^5} \times \left(1.9 \times 25 + 0.08 \times \frac{22}{0.02}\right)\text{mm} = 0.34\text{mm}$$

分析：
本题考查正常使用极限状态下构件最大裂缝宽度验算。

2.3.3 钢结构

2.3.3.1 大纲基本要求

掌握钢结构体系的布置原则和主要构造；掌握受弯构件的强度及其整体和局部稳定计算；掌握轴心受力构件和拉弯、压弯构件的计算；掌握构件的连接计算、构造要求及其连接材料的选用；熟悉钢与混凝土组合梁、钢与混凝土组合结构的特点及其设计原理；掌握钢结构的疲劳计算及其构造要求；熟悉塑性设计的适用范围和计算方法；熟悉钢结构的防锈、隔热和防火措施；了解对钢结构的制作、焊接、运输和安装方面的要求。

2.3.3.2 钢结构的材料

1. 钢材的性能

钢材的性能与其化学成分（主要有碳、硫、磷、氧、氮等）、组织构造等内在因素密切相关，同时也受到荷载类型（如静、动荷载）、结构形式、连接方法和工作环境（如温度）等外界因素的影响。

钢材的破坏形式有：塑性破坏（较大的塑性变形）；脆性破坏（变形小，破坏突然）。在设计中要防止脆性破坏。

钢材三个重要的力学性能指标：抗拉强度、伸长率、屈服点，其他力学指标有：冷弯性能、冲击韧性。

钢材的强度设计值随着其厚度（直径）的增大而变小。

2. 建筑用钢的种类、规格和选用

建筑用钢应具有较高的强度、塑性和韧性，以及良好的加工性能。我国的建筑用钢主要有碳素钢（Q235）和低合金钢 Q345、Q390 和 Q420。

建筑钢材规格有钢板、型钢和冷弯薄壁型钢。

在选用钢材时，应根据结构的重要性、荷载特征、连接方法、工作环境、应力状态、钢材厚度等因素综合考虑。

承重结构应有抗拉强度、屈服强度和硫、磷含量的合格保证，焊接结构尚应有含碳量的合格保证。焊接承重结构以及重要的非焊接承重结构，还应具有冷弯试验的合格保证。

2.3.3.3　钢结构的连接

连接原则：安全可靠、传力明确、构造简单、制造方便、节约钢材。

连接方法：焊缝连接、铆钉连接（较少用）、螺栓连接。

1. 焊缝连接

焊缝连接是现代钢结构最主要的连接方法。

（1）焊缝连接的特点

优点：构造简单，施工方便，用料经济，连接密闭性好，结构刚度大。

缺点：热影响区内，局部材质变脆；焊接残余应力和残余变形使受压构件承载力降低；局部裂纹易扩展，低温冷脆问题突出。

（2）钢结构常用的焊接方法

手工电弧焊（常用）、自动或半自动埋弧焊、气体保护焊、电阻焊等。

（3）焊缝连接形式

平接、搭接、T形连接、角接。

（4）焊缝形式

对接焊缝（正对接焊缝、斜对接焊缝）、角焊缝（正面角焊缝、侧面角焊缝、斜焊缝）。

（5）焊缝缺陷及质量检验

焊缝缺陷：裂纹、焊瘤、烧穿、弧坑、气孔、夹渣、咬边、未熔合、未焊透等。

焊缝质量检验：外观检查—外观缺陷和几何尺寸；内部无损检验—内部缺陷—超声波法；按检验方法和质量要求分为一级、二级、三级。

（6）焊缝构造和计算

1）对接焊缝

①构造要求

坡口焊缝坡口形式：直边缝、单边V形坡口、V形坡口、U形坡口、K形坡口、X

形坡口。

对接焊缝用于宽度不同或厚度差 4mm 以上板对接时，应做坡，坡度不大于 1∶2.5（承受静载者）或 1∶4（需计算疲劳者）。

②计算公式

轴心受力的正对接焊缝：

$$\sigma = \frac{N}{l_w t} \leqslant f_t^w \text{ 或 } f_c^w \tag{2-106}$$

轴心受力的斜对接焊缝：

$$\sigma = \frac{N \cdot \sin\theta}{l_w t} \leqslant f_t^w \tag{2-107}$$

$$\tau = \frac{N \cdot \cos\theta}{l_w t} \leqslant f_v^w \tag{2-108}$$

$\tan\theta \leqslant 1.5$ 时，不用计算焊缝强度。

承受弯矩和剪力联合作用的对接焊缝，应分别计算正应力和剪应力：

$$\sigma = \frac{M}{W_w} \leqslant f_t^w \tag{2-109}$$

$$\tau = \frac{VS}{I_w t} \leqslant f_v^w \tag{2-110}$$

I 形、箱形、T 形等构件，在腹板和翼缘交界处，还应验算折算应力：

$$\sqrt{\sigma_1^2 + 3\tau_1^2} \leqslant 1.1 f_t^w \tag{2-111}$$

承受轴心力、弯矩和剪力联合作用的对接焊缝：

正应力为轴力和弯矩引起的应力叠加，剪应力按式（2-110）计算，折算应力按式（2-111）计算。

各种形式的对接焊缝连接的计算式见表 2-5。

2）角焊缝

①构造

焊脚尺寸：$1.5\sqrt{t_{max}} \leqslant h_f \leqslant 1.2 t_{min}$（式中 t_{max} 为较厚焊件厚度，t_{min} 为较薄焊件厚度，单位均为 mm）。

侧面角焊缝长度：$8h_f$（40mm）$\leqslant l_w \leqslant 60 h_f$。

②基本计算公式

直角角焊缝的强度计算：

正面角焊缝：

$$\sigma_f = \frac{N}{h_e l_w} \leqslant \beta_f f_f^w \tag{2-112}$$

侧面角焊缝：

$$\tau_f = \frac{N}{h_e l_w} \leqslant f_f^w \tag{2-113}$$

在各种应力综合作用下：

$$\sqrt{\left(\frac{\sigma_f}{\beta_f}\right)^2 + \tau_f^2} \leqslant f_f^w \tag{2-114}$$

③计算

对接焊缝连接的强度计算公式

表 2-5

连接形式及受力情况	计算内容	计算公式	备注
	拉应力	$\sigma=\dfrac{N}{l_w t}\leqslant f_t^w$	质量为三级的受拉焊缝才需验算。当采用斜焊缝对接,焊缝与作用力间的夹角 θ 符合 $\tan\theta\leqslant1.5$ 时,不用计算焊缝强度
	正应力 剪应力	$\sigma=\dfrac{6M}{l_w^2 t}\leqslant f_t^w$ $\tau=\dfrac{1.5V}{l_w t}\leqslant f_v^w$	
	正应力 剪应力 折算应力	1点:$\sigma=\dfrac{N}{A}+\dfrac{M}{W}\leqslant f_t^w$ $\tau=\dfrac{VS_1}{It}\leqslant f_v^w$ 2点:$\sqrt{\sigma_1^2+3\tau_1^2}=$ $\sqrt{\left(\dfrac{N}{A}+\dfrac{Mh_0}{2I}\right)^2+3\left(\dfrac{VS_2}{It}\right)^2}\leqslant1.1f_t^w$	在正应力和剪应力都较大的地方才需计算折算应力,如图中的2点处
	正应力 剪应力 折算应力	1点:$\sigma=\dfrac{M}{W}\leqslant f_t^w$ $\tau=\dfrac{V}{h_0 t}\leqslant f_v^w$ 2点:$\sqrt{\sigma_2^2+3\tau_2^2}=$ $\sqrt{\left(\dfrac{Mh_0}{2I}\right)^2+3\left(\dfrac{V_2}{h_0 t}\right)^2}\leqslant1.1f_t^w$	如连接在柱翼缘处无横向加劲肋加强,则计算正应力 σ 和 σ_2 时不应计入翼缘水平焊缝。此处剪应力考虑了柱子刚度大,翼缘焊缝作用小,仅考虑腹板受剪

不同受力形式的角焊缝计算见表 2-6。

不同受力形式的角焊缝 表 2-6

连接形式	计算公式	备注
侧面角焊缝	$\dfrac{N}{0.7 h_f \Sigma l_w} \leqslant f_f^w$	假设剪应力在有效截面内均匀分布
正面角焊缝	$\dfrac{N}{0.7 h_f \Sigma l_w} \leqslant \beta_f f_f^w$	考虑正截面角焊缝承载力高,对承受静力荷载和间接承受动力荷载的结构取 $\beta_f=1.22$;对直接承受动力荷载的结构取 $\beta_f=1.0$
斜向角焊缝	$\sqrt{\left(\dfrac{\sigma}{\beta_f}\right)^2 + 3\tau^2} \leqslant f_f^w$ 或 $\sqrt{\left(\dfrac{N\sin\theta}{0.7 h_f \beta_f \Sigma l_w}\right)^2 + \left(\dfrac{N\cos\theta}{0.7 h_f \Sigma l_w}\right)^2} \leqslant f_f^w$	平行于焊缝的应力分量与垂直于焊缝的应力分量进行叠加
搭接角焊缝	$\dfrac{N}{0.7(h_{f1}+h_{f2})\beta_f l_w} \leqslant f_f^w$	
侧面角焊缝连接	$l_{w1} \geqslant \dfrac{k_1 N}{2 \times 0.7 h_{f1} f_f^w}$ $l_{w2} \geqslant \dfrac{k_2 N}{2 \times 0.7 h_{f2} f_f^w}$	k_1、k_2 为角钢背角钢尖的轴力分配系数,等边角钢取 $k_1=0.7$、$k_2=0.3$;短边相连的不等边角钢取 $k_1=0.75$、$k_2=0.25$;长边相连的不等边角钢取 $k_1=0.65$、$k_2=0.35$
三面围焊角焊缝连接	$l_{w1} \geqslant \dfrac{k_1 N - 0.7 \beta_f h_{f3} b f_f^w}{2 \times 0.7 h_{f1} f_f^w}$ $l_{w2} \geqslant \dfrac{k_2 N - 0.7 \beta_f h_{f3} b f_f^w}{2 \times 0.7 h_{f2} f_f^w}$	
L形围焊角焊缝连接	$N_3 = 2 k_2 N$ $N_1 = N - N_3$ $l_{w1} \geqslant \dfrac{N - 2 k_2 N}{2 \times 0.7 h_{f1} f_f^w}$	L形围焊一般用于内力较小的杆件,并 $l_{w1} \geqslant l_{w3}$

续表

连接形式	计算公式	备 注
	$\sigma_f = \dfrac{M}{W_w} \leqslant \beta_f f_f^w$	
	$\sigma_A^T = \dfrac{Tr_x}{I_p}$ $\tau_A^T = \dfrac{Tr_y}{I_p}$ $\sqrt{\left(\dfrac{\sigma_A^T}{\beta_f}\right)^2 + \tau_A^{T2}} \leqslant f_f^w$	
	$\sigma_A^M = \dfrac{V_e}{W_w} = \dfrac{M}{W_w}$ $\tau_A^V = \dfrac{V}{h_e \sum l_w}$ $\sigma_A^N = \dfrac{N}{h_e \sum l_w}$ $\sqrt{\left(\dfrac{\sigma_A^M + \sigma_A^N}{\beta_f}\right)^2 + \tau_A^{V2}} \leqslant f_f^w$	
	$\sigma_A^V = \dfrac{V}{h_e \sum l_w}$ $\tau_A^N = \dfrac{N}{h_e \sum l_w}$ $\tau_A^T = \dfrac{Tr_y}{I_p}$ $\sigma_A^T = \dfrac{Tr_x}{I_p}$ $\sqrt{\left(\dfrac{\sigma_A^T + \sigma_A^V}{\beta_f}\right)^2 + (\tau_A^T + \tau_A^N)^2} \leqslant f_f^w$	
	1点：$\sigma_f^M = \dfrac{M}{W_{w1}} \leqslant \beta_f f_f^w$ 2点：$\sigma_f^M = \dfrac{M}{W_{w2}}$ $\tau_f^V = \dfrac{V}{A_w'}$ $\sqrt{\left(\dfrac{\sigma_f^M}{\beta_f}\right)^2 + (\tau_f^V)^2} \leqslant f_f^w$	如连接在柱内梁翼缘处未设横向加劲肋，则剪力 V 仅由竖直焊缝承担

2. 螺栓连接构造和计算
（1）普通螺栓连接
普通螺栓分为 A、B、C 三级，A、B 级为精制螺栓，较少用，C 级为粗制螺栓，分 4.6 级或 5.8 级。
1）构造要求
螺栓等在构件上的排列可以是并列或错列，排列应满足受力、构造、施工要求。
2）单个螺栓受剪计算
螺栓连接按受力情况有只承受剪力、只承受拉力和同时承受拉力和剪力三种情况。受剪连接的破坏形式：栓杆剪断、孔承压破坏、端部冲剪破坏、板件拉断及螺栓弯曲。前两种破坏形式通过计算预防，后三种破坏形式通过构造避免。

计算假定：栓杆受剪计算时，螺栓受剪面上的剪应力均匀分布；孔壁承压计算时，挤压力沿栓杆直径平面均匀分布。

受剪承载力设计值：

$$N_v^b = n_v \frac{\pi d^2}{4} f_v^b \tag{2-115}$$

承压承载力设计值：

$$N_c^b = d \Sigma t \cdot f_c^b \tag{2-116}$$

$$N_{\min}^b = \min(N_v^b, N_c^b) \tag{2-117}$$

3）单个螺栓的受拉承载力
单个螺栓受拉承载力的设计值：

$$N_t^b = A_e \cdot f_t^b = \frac{\pi d_e^2}{4} \cdot f_t^b \tag{2-118}$$

4）受剪力和拉力的联合作用
破坏形式：一是螺栓杆受剪受拉破坏；二是孔壁承压破坏。
验算剪-拉作用：

$$\sqrt{\left(\frac{N_v}{N_v^b}\right)^2 + \left(\frac{N_t}{N_t^b}\right)^2} \leqslant 1 \tag{2-119}$$

验算孔壁承压：

$$N_v \leqslant N_c^b \tag{2-120}$$

（2）高强螺栓连接的构造和计算
高强螺栓连接分为高强度螺栓摩擦型连接和高强度螺栓承压型连接。
1）高强度螺栓连接的工作性能和构造要求
高强度螺栓摩擦型连接单纯依靠被连接构件间的摩擦阻力传递剪力，以剪力等于摩擦力为承载能力的极限状态，高强度螺栓承压型连接以螺栓或钢板破坏为承载能力的极限状态，可能的破坏形式和普通螺栓相同。高强度螺栓承压型连接不应用于直接承受动力荷载的结构。高强度螺栓的排列和普通螺栓相同。

2) 单个高强度螺栓摩擦型连接计算

受剪连接承载力：
$$N_v^b = 0.9 n_f \mu P \tag{2-121}$$

受拉连接承载力：
$$N_t^b = 0.8P \tag{2-122}$$

3) 单个高强度螺栓承压型连接计算

高强度螺栓承压型连接计算方法和普通螺栓相同。

受剪承载力设计值：

螺栓杆剪断：
$$N_v^b = n_v \frac{\pi d_e^2}{4} f_v^b \tag{2-123}$$

承压承载力设计值（壁承压）：
$$N_c^b = d \Sigma t \cdot f_c^b \tag{2-124}$$

受剪连接承载力：
$$N_{\min}^b = \min(N_v^b, N_c^b) \tag{2-125}$$

受拉连接承载力：
$$N_t^b = 0.8P \tag{2-126}$$

4) 高强度螺栓群的计算

①高强度螺栓群受剪

计算与普通螺栓同，螺栓承载力设计值采用高强度螺栓的。

对摩擦型螺栓，验算板件净截面强度时，最不利净截面传力为：
$$N' = N\left(1 - \frac{0.5 n_1}{n}\right) \tag{2-127}$$

②高强度螺栓群受拉

计算与普通螺栓同，螺栓承载力设计值采用高强度螺栓的。

高强度螺栓群受弯矩作用：

螺栓摩擦型连接计算：
$$\frac{N_v}{N_v^b} + \frac{N_t}{N_t^b} \leqslant 1 \tag{2-128}$$

承压型连接的计算：

验算剪—拉作用：
$$\sqrt{\left(\frac{N_v}{N_v^b}\right)^2 + \left(\frac{N_t}{N_t^b}\right)^2} \leqslant 1 \tag{2-129}$$

验算孔壁承压：
$$N_v \leqslant N_c^b / 1.2 \tag{2-130}$$

螺栓群连接的各种受力情况计算见表 2-7。

表 2-7

螺栓连接的计算方法

受力情况		简 图	普通螺栓连接	摩擦型高强螺栓连接	承压型高强螺栓连接
受剪螺栓连接	受轴力作用		当 $l_1 \leq 15d_0$ 时：$n = \dfrac{N}{N_{\min}^b}$ 当 $l_1 > 15d_0$ 时：$n = \dfrac{N}{\beta N_{\min}^b}$ 净截面强度：$\sigma = \dfrac{N}{A_n} \leq f$	n 的计算与普通螺栓相同，仅需用 $0.9n_1\mu P$ 代替 $N_{\min}^b$，净截面强度 $\sigma = \dfrac{N'}{A_n} \leq f$ 式中 $N' = N\left(1 - 0.5\dfrac{n_1}{n}\right)$	所需螺栓数目 n 和净截面强度计算均与普通螺栓连接相同，但 $N_{\min}^b$ 取抗剪、承压中的最小值。当剪切面或承压面在螺纹处，按有效截面计算
	受轴力、剪力和弯矩共同作用		$N_{1x}^N = \dfrac{N}{n}$ $N_{1y}^N = \dfrac{V}{n}$ $N_{1x}^M = \dfrac{My_1}{\sum\limits_i^n x_i^2 + \sum\limits_i^n y_i^2}$ $N_{1y}^M = \dfrac{Mx_1}{\sum\limits_i^n x_i^2 + \sum\limits_i^n y_i^2}$ $N_{1\max} = \sqrt{(N_{1x}^N + N_{1x}^M)^2 + (N_{1x}^V + N_{1x}^M)^2} \leq N_{\min}^b$	与普通螺栓连接的计算相同，仅需用 $N_v^b = 0.9n_1\mu P$ 代替 $N_{\min}^b$	与普通螺栓连接的计算相同，但 $N_{\min}^b$ 取值同上

续表

受力情况	简图	普通螺栓连接	摩擦型高强螺栓连接	承压型高强螺栓连接
受拉螺栓连接 / 受轴力作用		$n \geq \dfrac{N}{N_t^b}$	与普通螺栓连接的计算相同，仅需注意 $N_t^b = 0.8P$	与普通螺栓连接的计算相同
受拉螺栓连接 / 受弯矩作用	普通螺栓 / 高强螺栓	$N_{1\max} = \dfrac{My_1}{m\sum\limits_{i}^{n} y_i^2} \leq N_t^b$	与普通螺栓连接的计算相同，仅需注意中和轴位置和 $N_t^b = 0.8P$	与普通螺栓连接的计算相同，中和轴不同
受拉螺栓连接 / 受轴力和弯矩共同作用	普通螺栓 / 高强螺栓	(1) $\dfrac{N}{n} - \dfrac{My_1}{m\sum\limits_{i}^{n} y_i^2} \geq 0$ 时，$N_{1\max} = \dfrac{N}{n} + \dfrac{My_1}{m\sum\limits_{i}^{n} y_i^2} \leq N_t^b$ (2) $\dfrac{N}{n} - \dfrac{My_1}{m\sum\limits_{i}^{n} y_i^2} < 0$ 时，$N_{1\max} = \dfrac{(M+Ne)y_1}{m\sum\limits_{i}^{n} y_i^2} \leq N_t^b$	只需计算：$N_t(N_{1\max}) = \dfrac{N}{n} + \dfrac{My_1}{m\sum\limits_{i}^{n} y_i^2} \leq N_t^b$ $= 0.8P$ 计算 y_i 时注意中和轴位置	与普通螺栓连接的计算相同，中和轴不同
受拉螺栓连接 / 受轴力剪力和弯矩共同作用		中和轴在最下排螺栓中心 $N_v = \dfrac{V}{n}$ $\sqrt{\left(\dfrac{N_v}{N_v^b}\right)^2 + \left(\dfrac{N_{1\max}}{N_t^b}\right)^2} \leq 1$ $N_v \leq N_c^b$	中和轴在螺栓群中心 $\dfrac{N_v}{N_v^b} + \dfrac{N_t}{N_t^b} \leq 1$ $N_v^b = 0.9n_f\mu P$ $N_t^b = 0.8P$	与普通螺栓连接的计算相同，但有修正：中和轴在螺栓群中心，按剪切面在螺纹处时，按剪切面有效面积设计值承载力设计值 $\sqrt{\left(\dfrac{N_v}{N_v^b}\right)^2 + \left(\dfrac{N_t}{N_t^b/1.2}\right)^2} \leq 1$ $N_v \leq N_c^b/1.2$

(3) 其他连接

1) 组合工字梁翼缘连接

组合工字梁翼缘与腹板可用双面焊缝连接或铆钉（或摩擦型连接高强螺栓）连接，其承载力应满足《钢结构设计规范》要求。

2) 梁与柱的刚性连接

梁与柱刚性连接时，要确定柱是否应设置加劲肋及如何设置加劲肋。节点域抗剪强度应满足规范要求，柱腹板厚度应满足局部稳定要求。

3) 连接节点处板件的计算

对于节点板（如桁架节点板）处，应需进行拉、剪作用下的强度计算、稳定性计算，并满足一定的构造要求。

4) 支座

平板支座底板应有足够的面积将支座压力传给其下面的支承结构，其厚度应支座反力对底板产生的弯矩进行计算；弧形支座和滚轴支座的支座反力应满足规范要求；铰轴式支座承压应力应小于应力强度设计值。

2.3.3.4 受弯构件

受弯构件承受横向荷载，包括单向受弯构件，双向受弯构件。

钢结构受弯构件需计算：承载力极限状态（抗弯强度、抗剪强度、整体稳定性、受压翼缘的局部稳定性、组合梁腹板考虑腹板屈曲后强度的计算、腹板的局部稳定性）、正常使用极限状态（刚度）。

1. 受弯构件的强度和刚度验算

(1) 弯曲强度

单向受弯梁的抗弯强度：

$$\frac{M_x}{\gamma_x W_{nx}} \leqslant f \tag{2-131}$$

双向受弯梁的抗弯强度：

$$\frac{M_x}{\gamma_x W_{nx}} + \frac{M_y}{\gamma_y W_{ny}} \leqslant f \tag{2-132}$$

(2) 抗剪强度

单向抗剪强度：

$$\tau = \frac{VS}{I t_w} \leqslant f_v \tag{2-133}$$

(3) 局部压应力

$$\sigma_c = \frac{\psi F}{t_w l_z} \leqslant f \tag{2-134}$$

(4) 折算应力

在复杂应力状态下，若某一点的折算应力达到钢材单向拉伸的屈服点，则该点进入塑性状态。

折算应力：

$$\sigma_z = \sqrt{\sigma^2 + \sigma_c^2 - \sigma\sigma_c + 3\tau^2} \leqslant \beta_1 f \tag{2-135}$$

$$\sigma = \frac{M_x}{I_x} y_1 \tag{2-136}$$

(5) 刚度

标准荷载下的挠度验算：

$$v \leqslant [v] \tag{2-137}$$

2. 梁的整体稳定

(1) 影响梁整体稳定的因素及加强梁整体稳定的措施

影响梁整体稳定的因素：梁侧向支承点的间距、梁截面的尺寸、梁两端的支承条件、荷载种类及荷载作用位置。

增强梁整体稳定的措施：增加侧向支撑、采用闭合箱形截面、增大梁截面尺寸、增加梁两端约束。

(2) 不需验算整体稳定的情况

有铺板密铺在受压翼缘上并与其牢固相连，能阻止梁的受压翼缘侧向位移时；

H型钢或等截面工字形简支梁受压翼缘的自由长度与其宽度之比满足《钢结构设计规范》要求时；

箱形截面满足 $h/b_0 \leqslant 6$，$l_1/b_0 \leqslant 95(235/f_y)$ 时，可保证梁整体稳定。

(3) 梁的整体稳定计算

单向受弯梁为保证梁不发生整体失稳，梁中最大弯曲应力不超过临界弯矩产生的临界应力：

$$\frac{M_x}{\varphi_b W_x} \leqslant f \tag{2-138}$$

3. 梁板件的局部失稳

梁是由板件组成的，考虑梁的整体稳定及强度要求时，希望板尽可能宽而薄，但过薄的板可能导致在整体失稳或强度破坏前，腹板或受压翼缘出现波形鼓曲，即出现局部失稳。两种方法处理局部失稳：一是限制板件宽厚比；二是设置加劲肋。

(1) 加劲肋设置原则

直接承受动力荷载的吊车梁及类似构件，或其他不考虑屈曲后强度的组合梁：

1) 当 $h_0/t_w \leqslant 80\sqrt{\frac{235}{f_y}}$，$\sigma_c = 0$ 时，腹板局部稳定能保证，不必配加劲肋。对吊车梁及类似构件（$\sigma_c = 0$），应按构件配置横向加劲肋。

2) 当 $h_0/t_w > 80\sqrt{\frac{235}{f_y}}$ 时，应配置横向加劲肋。其中，当 $h_0/t_w > 170\sqrt{\frac{235}{f_y}}$（受压翼缘扭转受约束）或 $h_0/t_w > 150\sqrt{\frac{235}{f_y}}$（受压翼缘扭转不受约束），或按计算需要时，除配置横向加劲肋外，还应在弯矩较大的受压区配置纵向加劲肋。局部压应力很大的梁，必要时尚应在受压区配置短加劲肋。

任何情况下，$h_0/t_w \leqslant 250\sqrt{\frac{235}{f_y}}$，以免焊接翘曲变形。

3) 梁的支座处和上翼缘受有较大固定集中荷载处，宜设置支承加劲肋。

(2) 配置加劲肋的腹板区格局部稳定验算

1) 仅配置横向加劲肋

$$\left(\frac{\sigma}{\sigma_{cr}}\right)^2 + \left(\frac{\tau}{\tau_{cr}}\right)^2 + \frac{\sigma_c}{\sigma_{c,cr}} \leqslant 1 \tag{2-139}$$

2）同时配置横向加劲肋和纵向加劲肋

受压翼缘与纵向加劲肋之间的区格

$$\frac{\sigma}{\sigma_{cr1}} + \left(\frac{\tau}{\tau_{cr1}}\right)^2 + \left(\frac{\sigma_c}{\sigma_{c,cr1}}\right)^2 \leqslant 1.0 \tag{2-140}$$

受拉翼缘与纵向加劲肋之间的区格

$$\left(\frac{\sigma_2}{\sigma_{cr2}}\right)^2 + \left(\frac{\tau}{\tau_{cr2}}\right)^2 + \frac{\sigma_{c2}}{\sigma_{c,cr2}} \leqslant 1.0 \tag{2-141}$$

3）当受压翼缘与纵向加劲肋之间设有短加劲肋

计算公式同上，只需进行局部参数修改。

(3) 加劲肋构造要求

加劲肋宜在腹板两侧成对配置，也可单侧配置，但支承加劲肋、重级工作制吊车梁的加劲肋不宜单侧配置。加劲肋的截面尺寸应符合构造要求。

4. 组合梁腹板考虑屈曲后强度的计算

承受静荷载和间接承受动荷载的组合梁宜考虑腹板屈曲后强度。当腹板仅配置支承加劲肋时，应验算其抗弯、抗剪承载能力：

$$\left(\frac{V}{0.5V_u} - 1\right)^2 + \frac{M - M_f}{M_{eu} - M_f} \leqslant 1 \tag{2-142}$$

当配置加劲肋不能满足上式要求时，应在两侧成对配置中间横向加劲肋，中间横向加劲肋和上端受有集中压力的中间支承加劲肋，其截面尺寸除应满足构造要求外，还应按轴心受压构件计算其腹板平面外的稳定性。

2.3.3.5 轴心受力构件

1. 截面形式

轴心受力构件分为轴心受拉构件和轴心受压构件，截面组成形式有实腹式构件和格构式构件，在格构式构件截面中，通过分肢腹板的主轴叫做实轴，通过分肢缀件的主轴叫虚轴。缀件有缀条和缀板两种。

2. 强度和刚度

(1) 轴心受力构件的强度计算

轴心受力构件强度计算准则：截面的平均应力不大于钢材的设计强度。

净截面强度计算：

$$\sigma = \frac{N}{A_n} \leqslant f \tag{2-143}$$

高强度螺栓摩擦型连接的构件，最外列螺栓处危险截面的净截面强度应按下式计算：

$$\sigma = \frac{N'}{A_n} \leqslant f \tag{2-144}$$

$$N' = N(1 - 0.5n_1/n) \tag{2-145}$$

(2) 轴心受力构件的刚度验算

轴心受力构件的刚度通常用长细比来衡量，长细比愈小，表示构件刚度愈大，反之刚度愈小。

$$\lambda_x = \frac{l_{0x}}{i_x} \leqslant [\lambda], \quad \lambda_y = \frac{l_{0y}}{i_y} \leqslant [\lambda] \qquad (2-146)$$

3. 轴心受压构件的整体稳定计算

一般情况下，轴心受压构件由整体稳定控制其承载力。影响轴心受压构件的整体稳定的主要因素是截面纵向残余应力、构件的初弯曲、荷载作用点的初偏心以及构件的端部约束条件。

（1）轴心受压构件的整体稳定计算公式：

$$\frac{N}{\varphi A} \leqslant f \qquad (2-147)$$

（2）轴心受压构件整体稳定计算的构件长细比

截面为双轴对称或极对称的构件

$$\lambda_x = \frac{l_{0x}}{i_x}, \quad \lambda_y = \frac{l_{0y}}{i_y} \qquad (2-148)$$

截面为单轴对称的构件，绕非对称轴的长细比 λ_x 仍按式（2-148）计算，但绕对称轴应取计及扭转效应的换算长细比代替 λ_y。

对格构式轴心受压构件的稳定性计算时，对其虚轴的长细比应采用换算长细比。桁架杆件计算长度按《钢结构设计规范》中规定取用。

（3）轴心受压构件的稳定系数

轴心受压构件的稳定系数与钢材屈服强度、截面分类、长细比等因素有关，可以通过查表得到。

4. 轴心受压构件的局部稳定

（1）确定板件宽（高）厚比限值的准则

为了保证实腹式轴心受压构件的局部稳定，通常采用限制其板件宽（高）厚比的办法来实现。确定板件宽（高）厚比限值的原则有二种：一是使构件应力达到屈服前其板件不发生局部屈曲，即局部屈曲临界应力不低于屈服应力；二是使构件整体屈曲前其板件不发生局部屈曲，即局部屈曲临界应力不低于整体屈曲临界应。

（2）轴心受压构件板件宽（高）厚比的限值

工字形截面

翼缘：

$$\frac{b}{t} \leqslant (10 + 0.1\lambda)\sqrt{\frac{235}{f_y}} \qquad (2-149)$$

腹板：

$$\frac{h_0}{t_w} \leqslant (25 + 0.5\lambda)\sqrt{\frac{235}{f_y}} \qquad (2-150)$$

（3）加强局部稳定的措施

设置纵向加劲肋：成对配置，外伸宽度 $b_z \geqslant 10 t_w$，厚度 $t_z \geqslant 0.75 t_w$。

横向加劲肋：成对配置，外伸宽度 $b_s \geqslant (h_0/30) + 40 \text{mm}$，厚度 $t_s \geqslant b_s/15$。

（4）腹板的有效截面

大型工字形截面的腹板，可利用腹板屈曲后强度，有效截面进行计算。计算强度、稳定性时，腹板截面仅考虑计算高度边缘范围内两侧宽度各为 $20 t_w \sqrt{235/f_y}$ 的部分。计算长细比和整体稳定系数 φ 时，仍用全截面。

2.3.3.6 拉弯、压弯构件

1. 拉弯、压弯构件的截面形式

压弯（或拉弯）构件：同时承受轴心压（或拉）力和绕截面形心主轴的弯矩作用的构件，截面形式分有实腹式构件、格构式构件。

设计时，考虑承载能力极限状态（强度计算、整体稳定计算，包括弯矩作用平面内稳定、弯矩作用平面外稳定计算、局部稳定计算）、正常使用极限状态（刚度要求：限制构件长细比）。

单层或多层框架等截面柱，在框架平面内的计算长度应等于该层柱高乘以计算长度系数 μ。

2. 拉弯、压弯构件的强度与刚度计算

弯矩作用在一个主平面内截面强度

$$\frac{N}{A_n} \pm \frac{M_x}{\gamma_x W_{nx}} \leqslant f \tag{2-151}$$

弯矩作用在两个主平面内截面强度

$$\frac{N}{A_n} \pm \frac{M_x}{\gamma_x W_{nx}} \pm \frac{M_y}{\gamma_y W_{ny}} \leqslant f \tag{2-152}$$

3. 实腹式压弯构件的稳定计算

实腹式压弯构件的稳定计算包括平面内稳定计算和平面外稳定计算。

(1) 弯矩作用平面内的稳定计算

单向压弯构件弯矩作用平面内失稳属于弯曲失稳。

压弯构件弯矩作用平面内的整体稳定的计算公式

$$\frac{N}{\varphi_x A} + \frac{\beta_{mx} M_x}{\gamma_x W_{1x}(1 - 0.8 N/N'_{Ex})} \leqslant f \tag{2-153}$$

对于单轴对称截面压弯构件，应补充计算：

$$\left| \frac{N}{A} - \frac{\beta_{mx} M_x}{\gamma_x W_{2x}(1 - 1.25 N/N'_{Ex})} \right| \leqslant f \tag{2-154}$$

(2) 弯矩作用平面外的稳定计算

单向压弯构件的弯矩作用平面外失稳属于弯扭失稳。

压弯构件弯矩作用平面外整体稳定的计算公式

$$\frac{N}{\varphi_y A} + \eta \frac{\beta_{tx} M_x}{\varphi_b W_{1x}} \leqslant f \tag{2-155}$$

(3) 双向压弯构件的稳定承载力计算

弯矩作用在两个主平面内的双轴对称实腹式工字形截面和箱形截面的压弯构件，稳定计算：

$$\frac{N}{\varphi_x A} + \frac{\beta_{mx} M_x}{W_{1x}(1 - 0.8 N/N'_{Ex})} + \eta \frac{\beta_{ty} M_y}{\varphi_{by} W_{1y}} \leqslant f \tag{2-156}$$

$$\frac{N}{\varphi_y A} + \frac{\beta_{my} M_y}{W_{1y}(1 - 0.8 N/N'_{Ey})} + \eta \frac{\beta_{tx} M_x}{\varphi_{bx} W_{1x}} \leqslant f \tag{2-157}$$

4. 格构式压弯构件的稳定计算

(1) 弯矩作用平面内的稳定计算（单向受弯）

绕虚轴（x 轴）弯曲的格构式压弯构件

$$\frac{N}{\varphi_x A} + \frac{\beta_{mx} M_x}{W_{1x}(1 - \varphi_x N/N'_{Ex})} \leqslant f \tag{2-158}$$

(2) 弯矩作用平面外的稳定计算（单向受弯）

格构式压弯构件平面外稳定性，按分肢计算，因分肢已各自保证，整体的平面外可不必验算。分肢的轴心力应按桁架弦杆分配。对缀板柱的分肢尚应考虑由剪力引起的局部弯矩。

弯矩绕实轴作用的格构式压弯构件，其弯矩作用平面内和平面外的稳定性计算均与实腹式构件相同。但在计算弯矩作用平面外的稳定性时，长细比应取换算长细比，φ_b 应取 1.0。

双肢格构式构件双向受弯时，应按整体及分肢进行稳定性验算。

5. 压弯构件的局部稳定

实腹式压弯构件的局部稳定性也是采用限制板件宽（高）厚比的办法来保证的。

(1) 受压翼缘板的宽厚比限值

外伸翼缘板：

$$b/t \leqslant 13\sqrt{235/f_y} \text{ 或 } b/t \leqslant 13\sqrt{235/f_y} (\text{弹性}) \tag{2-159}$$

两边支承翼缘板：

$$b/t \leqslant 40\sqrt{235/f_y} \tag{2-160}$$

(2) 腹板的高厚比限值

工字形和 H 形截面的腹板

应力梯度

$$\alpha_0 = \frac{\sigma_{max} - \sigma_{min}}{\sigma_{max}} \tag{2-161}$$

工字形和 H 形截面的腹板高厚比限值

当 $0 \leqslant \alpha_0 \leqslant 1.6$ 时，

$$\frac{h_0}{t_w} = (16\alpha_0 + 0.5\lambda + 25)\sqrt{\frac{235}{f_y}} \tag{2-162}$$

当 $1.6 \leqslant \alpha_0 \leqslant 2$ 时，

$$\frac{h_0}{t_w} = (48\alpha_0 + 0.5\lambda - 26.2)\sqrt{\frac{235}{f_y}} \tag{2-163}$$

$\lambda < 30$ 时，取 $\lambda = 30$，当 $\lambda > 100$ 时，取 $\lambda = 100$。

2.3.3.7 疲劳

承受动力荷载重复作用的钢结构构件（如吊车梁）及其连接，当在预计使用期间其应力循环次数 $n \geqslant 5 \times 10^4$ 时，应进行疲劳计算。疲劳计算按构件处于弹性状态，采用标准荷载，以容许应力幅方法计算。对于吊车荷载，只考虑一台最大者且不计入动力系数。

1. 常幅疲劳计算公式

$$\Delta\sigma \leqslant [\Delta\sigma] \tag{2-164}$$

$$[\Delta\sigma] = \left(\frac{c}{n}\right)^{1/\beta} \tag{2-165}$$

2. 变幅疲劳计算公式
$$\Delta\sigma_e \leqslant [\Delta\sigma] \tag{2-166}$$
3. 吊车梁疲劳计算公式
$$\alpha_f \Delta\sigma \leqslant [\Delta\sigma]_{2\times10^6} \tag{2-167}$$

2.3.3.8 塑性设计

对不直接承受动荷载的固端梁、连续梁以及实腹构件组成的单层和两层框架结构可采用塑性设计。

采用塑性设计的结构或构件，按承载能力极限状态设计时，应采用荷载设计值，考虑构件截面内塑性的发展及由此引起的内力重分配，用简单塑性理论进行内力分析。

按正常使用极限状态设计时，采用荷载标准值，并按弹性理论进行计算。

采用塑性设计的受弯构件，应进行弯曲强度计算、剪切强度计算（剪力假定由腹板承受）。采用塑性设计的压弯构件（弯矩作用在一个主平面内），应进行弯曲强度、剪切强度计算及弯矩作用平面内、平面外稳定计算。

2.3.3.9 钢与混凝土组合梁

1. 组合梁特点

组合结构可充分发挥结构钢材受拉和混凝土受压的性能，承载力较高；结构钢材和混凝土相互结合，整体稳定性和局部稳定性均得到改善；组合结构刚度大，抗疲劳和抗震性能较好。

2. 组合梁设计

对于完全抗剪连接组合梁设计，可按简单塑性理论形成塑性铰的假定来计算组合梁的抗弯承载力。其抗弯强度计算应包括正弯矩作用区段抗弯强度计算和负弯矩作用区段抗弯强度计算。

当抗剪连接件的设置受构造等原因影响不能全部配置，因而不足以承受组合梁上最大弯矩点和邻近零弯矩点之间的剪跨区段内总的纵向水平剪力时，可采用部分抗剪连接设计法。部分抗剪连接组合梁的抗弯强度计算应包括正弯矩作用区段抗弯强度计算和负弯矩作用区段抗弯强度计算。其抗弯承载力计算公式，实际上是考虑最大弯矩截面到零弯矩截面之间混凝土翼板的平衡条件。

组合梁的抗剪连接件宜采用焊钉，也可采用槽钢、弯筋或有可靠依据的其他类型连接件。连接件的抗剪承载力设计值是通过推导与试验所确定的。

组合梁的挠度应分别按荷载的标准组合和准永久组合进行计算，以其中的较大值作为依据。挠度计算可按结构力学公式进行，仅受正弯矩作用的组合梁，其抗弯刚度应取考虑滑移效应的折减刚度，连续组合梁应按变截面刚度梁进行计算。在上述两种荷载组合中，组合梁应取相应的折减刚度。

2.3.3.10 其他构造

1. 防锈、隔热、防火

当前，采用涂装方法是建筑钢结构的主要防锈措施。防锈涂（漆）层一般分成底漆、中间漆和面漆。常用涂装方法有刷涂法和烘烤法。

钢材强度和弹性模量随温度升高而急剧下降，超过一定温度时，将失去承载能力。所以，应采取防护和保护措施，常用的防护措施有：砖或耐热材料隔热层防护、钢板防护罩防护、内部冷却循环水控制温度防护等。

钢结构构件的防火保护层应根据建筑物的耐火等级对不同的构件所要求的耐火极限进行设计。常用的防火保护措施有：防火隔热涂料防火、防火膨胀材料防火、防火板材或灰浆防火及包裹混凝土。

2. 制作、运输和安装

从钢材制备开始，经矫正、放样、切割、制孔、边缘加工、摩擦面处理、弯曲成型、组装、焊接而制成构件，再进行防锈涂装。

结构的运送单元除考虑结构受力条件外，尚应注意经济合理、便于运输和拼装、根据运输条件确定路线和方案、考虑界限尺寸、构件重量和道桥承载力。

安装前对基础质量进行检查，保证测量放线质量，合理选定吊点，考虑气候和工作环境，确定安装程序。

2.3.3.11 典型例题

某单层工业厂房，设置两台 $Q=25/10t$ 的软钩桥式吊车，吊车每侧有两个车轮，轮距4m，最大轮压标准值 $P_{max}=279.7kN$，吊车横行小车重量标准值 $g=73.5kN$，吊车轨道的高度 $h_R=130mm$。

厂房柱距12m，采用工字形截面的实腹式钢吊车梁，上翼缘板的厚度 $h_y=18mm$，腹板厚度 $t_w=12mm$。沿吊车梁腹板平面作用的最大剪力为 V；在吊车梁顶面作用有吊车轮压产生的移动集中荷载 P 和吊车安全走道上的均布荷载 q。（2006年考题）

1. 假定吊车为重级工作制时，试问，作用在每个车轮处的横向水平荷载标准值（kN），应与下列何项数值最为接近？（　　）

A. 8.0　　　　　B. 14.0　　　　　C. 28.0　　　　　D. 42.0

正确答案：A。

解答过程：

根据《建筑结构荷载规范》第5.1.2条，软钩吊车，
$$T_k = 0.1 \times (Q+g)/4 = 0.1 \times (25 \times 9.8 + 73.5)/4 kN = 7.96 kN$$

根据《钢结构设计规范》（GB 50017—2003）第3.2.2条，重级工作制软钩吊车，
$$H_k = 0.1 \times P_{max} = 0.1 \times P_{max} = 27.97 kN > T_k = 7.96 kN$$

分析：

本题考查吊车横向水平荷载的计算。对于重级工作制吊车，不仅要按《建筑结构荷载规范》计算横向水平荷载，还要按《钢结构设计规范》考虑卡轨力。

2. 当吊车为中级工作制时，试问，在吊车最大轮压作用下，在腹板计算高度上边缘的局部压应力设计值（N/mm²），应与下列何项数值最为接近？（　　）

A. 85.7　　　　　B. 81.5　　　　　C. 90.6　　　　　D. 64.1

正确答案：A。

解答过程：

根据《钢结构设计规范》第4.1.3条，腹板计算高度上边缘的局部压应力计算公式为
$$\sigma_c = \frac{\psi F}{t_w l_z}$$

对于中级工作制软钩吊车，$\psi=1$，F 为吊车最大轮压设计值，由《建筑结构荷载规范》第

5.3.1条，动力系数取 1.05；轮压分布长度 $l_z=a+5h_y+2h_R=(50+5\times18+2\times130)$ mm=400mm。由此得：

$$\sigma_c=\frac{\psi F}{t_w l_z}=\frac{1.0\times1.4\times1.05\times279.7\times10^3}{12\times400}\text{N/mm}^2=85.7\text{ N/mm}^2$$

分析：

本题考查受弯构件（吊车梁）在集中荷载作用下腹板计算高度边缘的局部压应力强度计算，需注意的是吊车梁直接承受吊车的集中轮压，此荷载为动荷载，需按《建筑结构荷载规范》考虑动力系数。

3. 吊车梁上翼缘板与腹板采用双面角焊缝连接。当对上翼缘焊缝进行强度计算时，试问，应采用下列何项荷载的共同作用？（　　）

A. V 与 P 的共同作用　　　　B. V 与 P 和 q 的共同作用
C. V 与 q 的共同作用　　　　D. P 与 q 的共同作用

正确答案：A。

解答过程：

根据《钢结构设计规范》中公式 7.3.1，焊接组合梁翼缘与腹板的双面角焊缝连接强度计算式中

$$\frac{1}{2h_e}\sqrt{\left(\frac{VS_f}{I}\right)^2+\left(\frac{\psi F}{\beta_f l_z}\right)^2}\leqslant f_f^w$$

知吊车梁上翼缘焊缝强度与剪力 V 和和集中力 P 有关。

分析：

本题考查对规范条文的熟悉程度。

2.3.4 砌体结构与木结构

2.3.4.1 大纲基本要求

掌握无筋砌体构件的承载力计算；掌握墙梁、挑梁及过梁的设计方法；掌握配筋砖砌体的设计方法；掌握砌体结构的抗震设计方法；掌握底层框架砖房的设计方法；掌握砌体结构的构造要求和抗震构造措施；熟悉常用木结构的构件、连接计算和构造要求；了解木结构设计对施工的质量要求。

2.3.4.2 砌体材料及其力学性能

1. 砌体分类

砌体是由各种块材和砂浆按一定的砌筑方法砌筑而成的整体。它分为无筋砌体和配筋砌体两大类。

2. 砌体材料的强度等级

块材和砂浆的强度等级，依据其抗压强度来划分。它是确定砌体在各种受力情况下强度的基本数据。我国目前所用砌体结构的块材有：烧结普通砖、烧结多孔砖、蒸压灰砂砖、蒸压粉煤灰砖、砌块、石材等。

砖的抗压强度应根据抗压强度和抗折强度综合评定。石材的强度等级：由边长为 70mm 的立方体试块的抗压强度来表示。砂浆的强度等级：由边长为 70.7mm 的立方体试块，在标准条件下养护，进行抗压试验，取其抗压强度平均值。

3. 砌体的受力性能

砖砌体轴心受压时，从加载至破坏，可分为三个阶段。

砌体受压时的应力状态有：砌体中的块材受有弯剪应力、水平拉应力、竖向灰缝中存在应力集中现象。

影响砌体抗压强度的因素有：块材和砂浆强度的影响、块材的表面平整度和几何尺寸的影响、水平灰缝厚度和饱满度的影响、砖砌筑时含水率的影响、砌筑方法的影响、施工技术和管理水平的影响、试件尺寸的影响。

4. 砌体的受拉、受弯和受剪性能

（1）砌体轴心受拉

根据拉力作用方向，有三种破坏形态。当轴心拉力与砌体水平灰缝平行时，砌体可能沿灰缝截面破坏，也可能沿块体和竖向灰缝破坏；当轴心拉力与砌体水平灰缝垂直时，砌体沿通缝截面破坏。

当块材强度较高而砂浆强度较低时，砌体沿齿缝受拉破坏；当块材强度较低而砂浆强度较高时，砌体受拉破坏可能通过块体和竖向灰缝连成的截面发生。

（2）砌体弯曲受拉

砌体弯曲受拉时，有三种破坏形态，即砌体沿齿缝破坏；沿块体和竖向灰缝破坏和沿通缝破坏。

（3）砌体抗剪强度

砌体受抗剪破坏时，有三种破坏形态。即沿通缝剪切破坏；沿齿缝剪切破坏；沿阶梯形缝剪切破坏。

单排孔混凝土砌块对孔砌筑时，灌孔砌体的抗剪强度设计值 f_{vg}，应按下列公式计算：

$$f_{vg} = 0.2 f_g^{0.55} \tag{2-168}$$

影响砌体抗剪强度的因素有：砂浆强度的影响、竖向压应力的影响、砌筑质量的影响等。

5. 砌体强度计算值

（1）砌体强度平均值

$$f_m = \frac{\sum_{i=1}^{n} f_i}{n} \tag{2-169}$$

（2）砌体强度标准值

砌体强度标准值是结构设计时采用的强度基本代表值。考虑了强度的变异性，强度标准值 f_k 与平均值 f_m 的关系为：

$$f_k = f_m(1 - 1.645\delta_f) \tag{2-170}$$

（3）砌体强度设计值

砌体强度设计值是由可靠度分析或工程经验校准法确定的，引入了材料性能分项系数来体现不同情况的可靠度要求。该值直接用于结构构件的承载力计算。

$$f = f_k / \gamma_f \tag{2-171}$$

各类砌体轴心抗拉、弯曲抗拉和抗剪强度设计值可查《砌体结构设计规范》。

单排孔混凝土砌块对孔砌筑时，灌孔砌体的抗压强度设计值 f_g，应按下列公式计算：

$$f_g = f + 0.6\alpha f_c \tag{2-172}$$

2.3.4.3 砌体房屋的静力计算

房屋中的墙、柱等竖向构件用砌体材料，屋盖、楼盖等水平承重构件用钢筋混凝土或其他材料建造的房屋，由于采用了两种或两种以上材料，称为混合结构房屋，或称为砌体结构房屋。

砌体结构房屋承重墙布置有四种方案：横墙承重体系、纵墙承重体系、纵横墙承重体系、内框架承重体系。

1. 砌体结构房屋的空间工作

砌体结构房屋是由墙、柱、楼（屋盖）、基础等结构构件组成的空间工作体系。竖向荷载的传递路线是：楼（屋）面板→楼（屋）面梁→墙（柱）→基础→地基；水平荷载（风载、地震作用和竖向偏心荷载引起的水平力）的传递路线与房屋的空间刚度有关。

2. 砌体结构房屋静力计算的三种方案

砌体结构房屋，根据其横墙间距的大小、屋（楼）盖结构刚度的大小及山墙在自身平面内的刚度（即房屋空间刚度），可将房屋的静力计算分为三种方案：刚性方案、刚弹性方案、弹性方案。

作为刚性和刚弹性方案的横墙，为了保证屋盖水平梁的支座位移不致过大，横墙长度、厚度、开洞大小等应符合《砌体结构设计规范》要求，以保证其平面刚度。

3. 刚性方案房屋的静力计算

房屋空间刚度大，在荷载作用下墙柱内力可按顶端具有不动铰支承的竖向结构计算。

（1）单层房屋承重纵墙

1）计算单元、计算简图和荷载

对有门窗洞口的外纵墙，可取一个开间的墙体作为计算单元。对无门窗洞口的纵墙，可取1.0m墙体作为计算单元。

在竖向和水平荷载作用下，可将墙上端视作为不动铰支座支承于屋盖，下端嵌固于基础顶面的竖向构件。

作用于排架上的竖向荷载（包括屋盖自重、屋面活载和雪载），以集中力 N_1 的形式作用于墙顶端。由于屋架或大梁对墙体中心线有偏心距 e，屋面竖向荷载还产生弯矩 $M=N_1 \cdot e$。

作用于屋面上的风载简化为集中力形式直接通过屋盖传至横墙，对纵墙不产生内力。

作用于墙面上的风荷载为均布荷载，迎风面为压力，背风面为吸力。

墙体自重作用于墙体中心线上，对等截面墙时，墙体自重不产生弯矩。

2）内力计算

竖向荷载作用下及水平荷载作用下，按结构力学方法计算内力。

3）截面承载力验算

取纵墙顶部和底部两个控制截面进行内力组合，考虑荷载组合系数，取最不利内力进行验算。

（2）多层房屋承重纵墙

多层房屋通常选取荷载较大、截面较弱的一个开间作为计算单元。

在竖向荷载作用下，多层房屋墙体在每层范围内，可近似地看作两端铰支的竖向构件；在水平荷载作用下，可视作竖向的多跨连续梁。

刚性方案多层房屋因风荷载引起的内力很小，当刚性房屋外墙开洞、层高及屋面荷载大小满足《砌体结构设计规范》要求时，可不考虑风荷载的影响。

当必须考虑风荷载时，风荷载引起的弯矩可按下式计算：

$$M = \frac{wH_i^2}{12} \tag{2-173}$$

4. 弹性方案单层房屋的静力计算

（1）计算简图

对于弹性方案单层房屋，在荷载作用下，墙柱内力可按有侧移的平面排架计算，不考虑房屋的空间工作。

（2）内力计算

1）先在排架上端加一假想的不动铰支座，成为无侧移的平面排架，算出在荷载作用下该支座的反力，画出排架柱的内力图。

2）将柱顶支座反力反方向作用在排架顶端，算出排架内力，画出相应的内力图。

3）将上述两种计算结果叠加，假想的柱顶支座反力尺相互抵消，叠加后的内力图即为弹性方案有侧移平面排架的计算结果。

①屋盖荷载

屋盖荷载 N_1 作用点对砌体重心有偏心矩 e_1，所以柱顶作用有轴向力 N_1 和弯矩 $M = N_1 e_1$。由于荷载对称，柱顶无位移，假想柱顶支座反力 $R=0$。

②风荷载

屋盖结构传给排架的风荷载以集中力作用于柱顶，迎风面风载为 W_1，背风面为 W_2，将算得的支座反力 R 作用于排架顶端，然后将以上两种情况叠加即得内力。

5. 刚弹性方案房屋的静力计算

在水平荷载作用下，刚弹性方案房屋产生水平位移较弹性方案小。在静力计算中，屋盖作为墙柱的弹性支承，计算方法类似于弹性方案，不同的仅是考虑房屋的空间作用，将作用在排架顶端的支座反力 R 改为 $\eta_i R$（η_i 为空间性能影响系数）。

对多层刚弹性方案房屋，只需在各层横梁与柱连接点处加一水平支杆，求出各层水平支杆反力 R_i 后，再将 $\eta_i R$ 反向施加在相应的水平支杆上，计算其内力，最后将结果叠加。

6. 上柔下刚和上刚下柔房屋的静力计算

（1）上柔下刚房屋的静力计算

上柔下刚的多层房屋指顶层横墙间距超过刚性方案的限值，而下面各层横墙间距均在刚性方案限值范围内的房屋。在确定计算简图时，顶层可按单层刚弹性或弹性方案进行静力计算，空间性能影响系数 η_i 根据屋盖类别按《砌体结构设计规范》确定。下面各层仍按刚性方案进行内力分析，上下层交接处可只考虑竖向荷载向下传递，不考虑固端弯矩。

（2）上刚下柔房屋的静力计算

上刚下柔房屋是指底层横墙间距超过刚性方案的限值，而上面各层横墙间距在刚性方案限值内的房屋。在水平荷载作用下，内力可按下述方法进行计算。

2.3.4.4 无筋砌体构件承载力计算

1. 受压构件

对不同高厚比 $\beta = H_0/h$ 和不同偏心率 e/h（或 h_T）（$e \leqslant 0.6y$）的受压构件承载力采

用下式计算：
$$N \leqslant \varphi f A \tag{2-174}$$

2. 局部受压

砌体的局部受压按受力特点的不同可以分为局部均匀受压和梁端局部受压两种。

(1) 砌体截面局部均匀受压
$$N_l \leqslant \gamma f A_l \tag{2-175}$$
$$\gamma_l = 1 + 0.35\sqrt{\frac{A_0}{A_l} - 1} \leqslant \gamma_{max} \tag{2-176}$$

(2) 梁端局部受压

当梁支承在砌体上时，由于梁的弯曲，使梁端有脱开砌体的趋势，所以梁端受压属于非均匀局部受压。梁端支承处砌体的局部受压承载力按以下公式计算：
$$\psi N_0 + N_l \leqslant \eta \gamma f A_l \tag{2-177}$$

(3) 刚性垫块下的砌体局部受压承载力应按下列公式计算：
$$N_0 + N_l \leqslant \varphi \gamma_1 f A_b \tag{2-178}$$

(4) 梁下设有长度大于 πh_0 的垫梁下的砌体局部受压承载力应按下列公式计算：
$$N_0 + N_l \leqslant 2.4\delta_2 f b_b h_0 \tag{2-179}$$

3. 轴心受拉构件

轴心受拉构件的承载力，应按下列公式计算：
$$N_t \leqslant f_t A \tag{2-180}$$

4. 受弯构件

(1) 受弯构件的抗弯承载力，应按下面公式计算：
$$M \leqslant f_{tm} W \tag{2-181}$$

(2) 受弯构件的受剪承载力，应按下面公式计算：
$$V \leqslant f_v b z \tag{2-182}$$

5. 受剪构件

沿通缝或沿阶梯形截面破坏时受剪构件的承载力，应按如下公式计算：
$$V \leqslant (f_V + \alpha \mu \sigma_0) A \tag{2-183}$$

2.3.4.5　配筋砌体构件承载力计算

在砌体内配置钢筋，可以提高其承载能力，减小构件截面面积。目前常用配筋形式有：网状配筋、组合砌体、横向配筋、纵向配筋、约束砌体等。

1. 网状配筋砖砌体受压构件

(1) 适用范围

砖砌体受压构件的截面受到限制时；偏心距不超过截面核心范围，对于矩形截面即 $e/h \leqslant 0.17$；构件高厚比 $\beta \leqslant 16$。

(2) 网状配筋砖砌体受压构件承载能力计算

网状配筋砖砌体的配筋形式有方格网配筋和连弯钢筋网。

计算公式：
$$N \leqslant \varphi_n f_n A \tag{2-184}$$

对矩形截面构件，当轴向力偏心方向的截面边长大于另一方向的边长时，除按偏心受压计算外,还应对较小边长方向按轴心受压进行验算。

2. 组合砖砌体构件承载力计算

(1) 适用范围

无筋砖砌体受压构件的截面受到限制时;偏心距 $e \geqslant 0.7y$ 时;采用无筋砌体设计不经济时。

(2) 计算公式:

轴心受压构件:

$$N \leqslant \varphi_{com}(fA + f_cA_c + \eta_s f'_y A'_s) \qquad (2-185)$$

偏心受压构件:

$$N \leqslant fA' + f_cA'_c + \eta_s f'_y A'_s - \sigma_s A_s \qquad (2-186)$$

$$Ne_N \leqslant fS_s + f_cS_{c,s} + \eta_s f'_y A'_s(h_0 - a'_s) \qquad (2-187)$$

3. 砖砌体和钢筋混凝土构造柱组合墙受压承载力计算

计算公式:

$$N \leqslant \varphi_{com}[fA_n + \eta(f_cA_c + f'_yA'_s)] \qquad (2-188)$$

2.3.4.6 构造要求

1. 墙、柱的允许高厚比

(1) 墙、柱的高厚比应按下式验算:

$$\beta = \frac{H_0}{h} \leqslant \mu_1\mu_2[\beta] \qquad (2-189)$$

(2) 带壁柱墙和带构造柱墙的高厚比验算,应按下列规定进行:

1) 按式 (2-189) 验算带壁柱墙的高厚比,此时公式中 h 应改用带壁柱墙截面的折算厚度 h_T,在确定截面回转半径时,墙截面的翼缘宽度,可按《砌体规范》第 4.2.8 条的规定采用;当确定带壁柱墙的计算高度 H_0 时,应取相邻横墙间的距离。

2) 当构造柱截面宽度不小于墙厚时,可按式 (2-189) 验算带构造柱墙的高厚比,此时公式中 h 取墙厚;当确定墙的计算高度时,s 应取相邻横墙间的距离;墙的允许高厚比 $[\beta]$ 可乘以提高系数 μ_c:

$$\mu_c = 1 + \gamma\frac{b_c}{l} \qquad (2-190)$$

3) 按式 (2-189) 验算壁柱间墙或构造柱间墙的高厚比,此时 s 应取相邻壁柱间或相邻构造柱间的距离。设有钢筋混凝土圈梁的带壁柱墙或带构造柱墙,当 $b/s \geqslant 1/30$ 时,圈梁可视作壁柱间墙或构造柱间墙的不动铰支点(b 为圈梁宽度)。如不允许增加圈梁宽度,可按墙体平面外等刚度原则增加圈梁高度,以满足壁柱间墙或构造柱间墙不动铰支点的要求。

2. 一般构造要求

(1) 五层及五层以上房屋的墙,以及受振动或层高大于 6m 的墙、柱所用材料的最低强度等级,应符合下列要求:砖采用 MU10;砌块采用 MU7.5;石材采用 MU30;砂浆采用 M5。

(2) 填充墙、隔墙应分别采取措施与周边构件可靠连接。

(3) 砌块砌体应分皮错缝搭砌,上下皮搭砌长度不得小于 90mm。当搭砌长度不满足上述要求时，应在水平灰缝内设置不少于 2ϕ4 的焊接钢筋网片（横向钢筋的间距不宜大于 200mm），网片每端均应超过该垂直缝，其长度得小于 300mm。

（4）砌块墙与后砌隔墙交接处，应沿墙高每 400mm 在水平灰缝内设置不少于 2ϕ4、横筋间距不大于 200mm 的焊接钢筋网片。

3. 防止或减轻墙体开裂的主要措施

（1）为了防止或减轻房屋在正常使用条件下，由温差和砌体干缩引起的墙体竖向裂缝，应在墙体中设置伸缩缝。伸缩缝应设在因温度和收缩变形可能引起应力集中、砌体产生裂缝可能性最大的地方。

（2）为了防止或减轻房屋顶层墙体、底层墙体的裂缝，可根据情况采取相应构造措施。

2.3.4.7 圈梁、过梁、墙梁和挑梁

1. 圈梁

（1）为了增强房屋的整体刚度，防止由于地基的不均匀沉降或较大振动荷载等对房屋引起的不利影响，可在墙中设置现浇钢筋混凝土圈梁。

（2）车间、仓库、食堂等空旷的单层房屋应按相应规定设置圈梁。

（3）宿舍、办公楼等多层砌体民用房屋，且层数为 3～4 层时，应在檐口标高处设置圈梁一道。当层数超过 4 层时，应在所有纵横墙上隔层设置。

多层砌体工业房屋，应每层设置现浇钢筋混凝土圈梁。

设置墙梁的多层砌体房屋应在托梁、墙梁顶面和檐口标高处设置现浇钢筋混凝土圈梁，其他楼层处应在所有纵横墙上每层设置。

2. 过梁

过梁是房屋中用来承受门窗洞口顶面以上砌体自重和上层楼盖板传来荷载的构件，常用的过梁有砖砌过梁和钢筋混凝土过梁，砖砌过梁又可划分为钢筋砖过梁和砖砌平拱过梁。

（1）过梁的荷载

过梁的荷载包括梁、板荷载和墙体荷载，根据梁、板下的墙体高度及过梁上的墙体高度与过梁净跨的关系考虑相应的荷载。

（2）过梁的计算

1）砖砌平拱

砖砌平拱受弯和受剪承载力，可按式 $M \leqslant f_{tm}W$ 和 $V \leqslant f_v bz$ 并采用沿齿缝截面的弯曲抗拉强度或抗剪强度设计值进行计算。

2）钢筋砖过梁

①受弯承载力可按下式计算：

$$M \leqslant 0.85 h_0 f_y A_s \qquad (2-191)$$

②受剪承载力可按 $V \leqslant f_v bz$ 计算；

③钢筋混凝土过梁，应按钢筋混凝土受弯构件计算。验算过梁下砌体局部受压承载力时，可不考虑上层荷载的影响。

3. 墙梁

混凝土托梁和托梁上计算高度范围内的砌体墙组成的组合构件，称为墙梁。

墙梁包括简支墙梁、连续墙梁和框支墙梁。可划分为承重墙梁和自承重墙梁。

墙梁的破坏形态有弯曲破坏、剪切破坏（斜拉破坏、斜压破坏）、剪压破坏。

(1) 墙梁的计算简图：

墙梁的计算简图应按《砌体结构设计规范》采用。墙梁计算跨度、墙体计算高度、墙梁跨中截面计算高度、翼墙计算宽度、框架柱计算高度等计算参数应按《砌体结构设计规范》规定取用。

(2) 墙梁的计算荷载

1) 使用阶段墙梁上的荷载

①承重墙梁

A. 托梁顶面的荷载设计值 Q_1、F_1，取托梁自重及本层楼盖的恒荷载和活荷载；

B. 墙梁顶面的荷载设计值 Q_2，取托梁以上各层墙体自重，以及墙梁顶面以上各层楼（屋）盖的恒荷载和活荷载；集中荷载可沿作用的跨度近似化为均布荷载。

②自承重墙梁

墙梁顶面的荷载设计值 Q_2，取托梁自重及托梁以上墙体自重。

2) 施工阶段托梁上的荷载

①托梁自重及本层楼盖的恒荷载；

②本层楼盖的施工荷载；

③墙体自重，可取高度为 $l_{0max}/3$ 的墙体自重，开洞时尚应按洞顶以下实际分布的墙体自重复核。

(3) 墙梁承载力的计算

墙梁应分别进行托梁使用阶段正截面承载力和斜截面受剪承载力计算、墙体受剪承载力和托梁支座上部砌体局部受压承载力计算，以及施工阶段托梁承载力验算。自承重墙梁可不验算墙体受剪承载力和砌体局部受压承载力。

1) 墙梁的托梁正截面承载力应按下列规定计算：

①托梁跨中截面应按钢筋混凝土偏心受拉构件计算，其弯矩 M_{bi} 及轴心拉力 N_{bti} 可按下列公式计算：

$$M_{bi} = M_{1i} + \alpha_M M_{2i} \tag{2-192}$$

$$N_{bti} = \eta_N \frac{M_{2i}}{H_0} \tag{2-193}$$

②托梁支座截面应按钢筋混凝土受弯构件计算，其弯矩 M_{bj} 可按下列公式计算：

$$M_{bj} = M_{1j} + \alpha_M M_{2j} \tag{2-194}$$

2) 墙梁的托梁斜截面受剪承载力应按钢筋混凝土受弯构件计算，其剪力 V_{bj} 可按下式计算：

$$V_{bj} = V_{1j} + \beta_V V_{2j} \tag{2-195}$$

3) 墙梁的墙体受剪承载力，应按下列公式计算：

$$V_2 \leqslant \xi_1 \xi_2 \left(0.2 + \frac{h_b}{l_{0i}} + \frac{h_t}{l_{0i}}\right) f h h_w \tag{2-196}$$

4) 托梁支座上部砌体局部受压承载力应按下列公式计算：

$$Q_2 \leqslant \xi f h \tag{2-197}$$

5) 托梁应按混凝土受弯构件进行施工阶段的受弯、受剪承载力验算。

4. 挑梁

(1) 砌体墙中钢筋混凝土挑梁的抗倾覆应按下式验算：

$$M_{ov} \leqslant M_r \tag{2-198}$$

(2) 挑梁的抗倾覆力矩设计值可按下式计算：

$$M_r = 0.8 G_r (l_2 - x_0) \tag{2-199}$$

(3) 挑梁下砌体的局部受压承载力，可按下式验算：

$$N_l \leqslant \eta \gamma f A \tag{2-200}$$

(4) 挑梁的最大弯矩设计值 M_{max} 与最大剪力设计值 V_{max}，可按下列公式计算：

$$M_{max} = M_{0v} \tag{2-201}$$

$$V_{max} = V_0 \tag{2-202}$$

2.3.4.8 木结构

1. 木结构用木材

结构用的木材分两类：针叶材和阔叶材。结构构件所用木材根据使用前截面的不同，可分为原木、方木和板材三种。

木材的力学性能主要考虑受拉性能、受弯性能、承压性能、受剪性能。木材承压工作按外力与木纹所成角度的不同，可分为顺纹承压、横纹承压和斜纹承压三种形式。木材的受剪可分为截纹受剪、顺纹受剪和横纹受剪。

影响木材力学性能的因素有：木材的缺陷、含水率、木纹斜度。

2. 木结构构件的计算

木结构构件的承载能力计算公式见表 2-8。

木结构构件承载能力计算公式 表 2-8

受力类型		计 算 公 式
轴心受拉构件		$\dfrac{N}{A_n} \leqslant f_t$
拉弯构件		$\dfrac{N}{A_n f_t} + \dfrac{M}{W_n f_m} \leqslant 1$
受弯构件	单向受弯	$\dfrac{M}{W_n} \leqslant f_m$；$\dfrac{VS}{Ib} \leqslant f_v$；$w \leqslant [w]$
	双向受弯	$\dfrac{M_x}{W_{nx}} + \dfrac{M_y}{W_{ny}} \leqslant f_m$；$w = \sqrt{w_x^2 + w_y^2} \leqslant [w]$
压弯构件	承载力计算	$\dfrac{N}{A_n f_c} + \dfrac{M}{W_n f_m} \leqslant 1$
	稳定计算	$\dfrac{N}{\varphi \varphi_m A_0} \leqslant f_c$
轴心受压构件	强度计算	$\dfrac{N}{A_n} \leqslant f_c$
	稳定计算	$\dfrac{N}{\varphi A_0} \leqslant f_c$

3. 木结构的连接

（1）齿连接

1）单齿连接

按木材承压：

$$\frac{N}{A_c} \leqslant f_{c\alpha} \tag{2-203}$$

按木材受剪：

$$\frac{V}{l_v b_v} \leqslant \psi_v f_v \tag{2-204}$$

2）双齿连接

按木材承压：

$$\frac{N}{A_c} \leqslant f_{c\alpha} \tag{2-205}$$

承压面积 A_c 应取两个齿承压面积之和。

按木材受剪：

$$\frac{V}{l_v b_v} \leqslant \psi_v f_v \tag{2-206}$$

仅考虑第二个剪面的工作。

3）螺栓连接和钉连接

根据穿过被连接构件间剪面数目可分为单剪连接和双剪连接。

螺栓连接或钉连接顺纹受力的每一剪面的设计承载力公式：

$$N_v \leqslant k_v d^2 \sqrt{f_c} \tag{2-207}$$

4. 对施工的质量要求

对于承重木结构，制作时应采用符合设计要求的材质等级和树种的木材。制作承重结构的木材宜提前备料，其含水率不宜大于《木结构设计规范》规定。

木结构的制作，应保证制成的平直度。

木结构在运输和贮放过程中，应防止结构受潮和长时间日晒雨淋。应在安装过程中防止发生失稳或倾斜。

2.3.4.9 典型例题

某多层砌体结构承重墙段 A，如图 2-2，采用烧结普通砖。（2006 年考题）

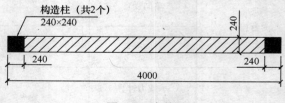

图 2-2 墙段图

1. 当砌体抗剪强度设计值 $f_v = 0.14$ MPa 时，假定对应于重力荷载代表值的砌体上部压应力 $\sigma_0 = 0.3$ MPa，试问，该墙段截面抗震受剪承载力（kN），应与下列何项数值最为接近？（   ）

A. 150   B. 170   C. 185   D. 200

正确答案：B。

解答过程：

根据《砌体结构结构设计规范》10.2.3 条，

$$f_{VE} = \zeta_N \cdot f_v$$

ζ_N 查表 10.2.3，$\dfrac{\sigma_0}{f_v} = \dfrac{0.3}{0.14} = 2.14$，普通砖砌筑

查《砌体结构结构设计规范》(GB 50003—2001) 表 10.2.3，得

$$\zeta_N = 1.0 + \dfrac{2.14 - 1.0}{3.0 - 1.0} \times (1.28 - 1.00) = 1.1596$$

从而 $f_{ve} = 1.1596 \times 0.14 \text{ N/mm}^2 = 0.1623 \text{ N/mm}^2$

由式 (10.2.1)，查表 10.1.5，两端均设构造柱，$r_{RE} = 0.9$

$$V = \dfrac{f_{VE}A}{\gamma_{RE}} \dfrac{0.1623 \times 4 \times 240}{0.9} \text{kN} = 173.1 \text{kN}$$

分析：

本题考查无筋砌体的截面受剪抗震承载力计算。要求掌握抗震基本知识及砌体抗震相关知识。

2. 在墙段中部增设一构造柱，如图 2-3 所示。构造柱的混凝土强度等级为 C20，每根构造柱均配 4Φ14 纵向钢筋（$A_s = 615 \text{ mm}^2$）。试问，该墙段的最大截面受剪承载力设计值 (kN)，应与下列何项数值最为接近？（ ）

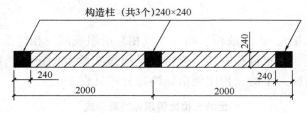

图 2-3 墙段布置图

提示：$f_t = 1.1 \text{ N/mm}^2$，$f_y = 210 \text{ N/mm}^2$，$r_{RE} = 0.85$，取 $f_{ve} = 0.2 \text{ N/mm}^2$ 进行计算。

A. 240   B. 265   C. 285   D. 315

正确答案：C。

解答过程：

根据《砌体结构结构设计规范》第 10.3.2 条，

$$\begin{aligned}
V_u &= \dfrac{1}{r_{RE}}[\eta_c f_{ve}(A - A_c) + \zeta f_t A_c + 0.08 f_y A_s] \\
&= \dfrac{1}{0.85}[1.1 \times 0.2 \times (4000 \times 240 - 240 \times 240) \\
&\quad + 0.5 \times 1.1 \times 240 \times 240 + 0.08 \times 210 \times 615] \\
&= 283 \text{kN}
\end{aligned}$$

分析：

本题主要考查配筋砖砌体结构受剪抗震承载能力计算。

2.3.5 地基与基础

2.3.5.1 大纲基本要求

了解工程地质勘察的基本方法；熟悉地基土（岩）的物理性质和工程分类；熟悉地基

和基础的设计原则和要求；掌握地基承载力的确定方法、地基的变形特征和计算方法；掌握软弱地基的加固处理技术和设计方法；掌握建筑浅基础及深基础的设计选型、计算方法和构造要求；掌握土坡稳定分析及挡土墙的设计方法；熟悉地基抗液化的设计方法及技术措施；了解各类软土地基加固处理和桩基的一般施工方法和要求。

2.3.5.2 工程地质勘察

工程地质勘察的目的在于以各种勘察手段和方法，调查研究和分析评价建筑场地和地基的工程地质条件，为设计和施工提供所需的工程地质资料。

工程地质勘察的方法有：勘探（坑探、钻探和触探等）、室内试验、现场原位测试（包括静载试验、旁压试验、大型直剪试验、十字板剪切试验、单桩静载荷试验和现场地基土动力参数的测定）。

2.3.5.3 地基岩土工程分类及其工程特性指标

1. 岩土分类

建筑地基的岩土，可分为：岩石、碎石土、砂土、粉土、黏性土、人工填土等。

特殊土是指在特定地理环境或人为条件下形成的特殊性质的土。它的分布一般具有明显的区域性。特殊土包括软土、人工填土、湿陷性土、红黏土、膨胀土、多年冻土、混合土、盐渍土、污染土等。

2. 岩土的特性指标

土是由颗粒（固相）、水（液相）和气（气相）所组成的三相体系。

土粒的相对密度、含水量和密度三个指标是通过实验室测定的。这三个指标确定后，可以导出其余各个指标。土的三相比例指标换算公式见表2-9。

土的三相比例指标换算公式 表2-9

名称	符号	三相比例表达式	常用换算公式	单位	常用的数值范围
土的相对密度	d_s	$d_s = \dfrac{m_s}{V_s \rho_w}$	$d_s = \dfrac{S_r e}{w}$		黏性土：2.72～2.76 粉土：2.70～2.71 砂土：2.65～2.69
含水量	w	$w = \dfrac{m_w}{m_s} \times 100\%$	$w = \dfrac{S_r e}{d_s}$；$w = \dfrac{\rho}{\rho_d} - 1$		20%～60%
密度	ρ	$\rho = \dfrac{m}{V}$	$\rho = \rho_d (1+w)$ $\rho = \dfrac{d_s (1+w)}{1+e} \rho_w$	g/cm³	1.6～2.0
干密度	ρ_d	$\rho_d = \dfrac{m_s}{V}$	$\rho_d = \dfrac{\rho}{1+w}$ $\rho_d = \dfrac{d_s}{1+e} \rho_w$	g/cm³	1.3～1.8
饱和密度	ρ_{sat}	$\rho_{sat} = \dfrac{m_s + V_v \rho_w}{V}$	$\rho_{sat} = \dfrac{d_s + e}{1+e} \rho_w$	g/cm³	1.8～2.3
有效密度	ρ'	$\rho' = \dfrac{m_s - V_s \rho_w}{V}$	$\rho' = \rho_{sat} - \rho_w$ $\rho' = \dfrac{d_s - 1}{1+e} \rho_w$	g/cm³	0.8～1.3

续表

名称	符号	三相比例表达式	常用换算公式	单 位	常用的数值范围
重度	γ	$\gamma=\dfrac{m}{V}\cdot g=\rho\cdot g$	$\gamma=\dfrac{d_s+(1+w)}{1+e}\cdot\gamma_w$	kN/m³	16~20
干重度	γ_d	$\gamma_d=\dfrac{m_s}{V}\cdot g=\rho_d\cdot g$	$\gamma_d=\dfrac{d_s}{V}\cdot g=\rho_d\cdot g$	kN/m³	13~18
饱和重度	γ_{sat}	$\gamma_{sat}=\dfrac{m_s+V_v\rho_w}{V}\cdot g$ $=\rho_{sat}\cdot g$	$\gamma_{sat}=\dfrac{d_s+e}{1+e}\cdot\gamma_w$	kN/m³	18~23
有效重度	γ'	$\gamma'=\dfrac{m_s-V_s\rho_w}{V}\cdot g$ $=\rho'\cdot g$	$\gamma'=\dfrac{d_s-1}{1+e}\cdot\gamma_w$ $\gamma'=\gamma_{sat}-\gamma_w$	kN/m³	8~13
孔隙比	e	$e=\dfrac{V_v}{V_s}$	$e=\dfrac{d_s\rho_w}{\rho_d}-1$ $e=\dfrac{d_s(1+w)\rho_w}{\rho}-1$		黏性土和粉土： 0.40~1.20 砂土：0.30~0.90
孔隙率	n	$n=\dfrac{V_v}{V}\times 100\%$	$n=\dfrac{e}{1+e}$；$n=1-\dfrac{\rho_d}{d_s\rho_w}$		黏性土和粉土： 30%~60% 砂土：25%~45%
饱和度	S_r	$S_r=\dfrac{V_w}{V_v}\times 100\%$	$S_r=\dfrac{wd_s}{e}$；$S_r=\dfrac{w\rho_d}{n\rho_w}$		0~100%

3. 土的状态参数

(1) 无黏性土的密实度

无黏性土的密实度指的是碎石土和砂土的疏密程度。

$$D_r=\frac{e_{max}-e}{e_{max}-e_{min}} \tag{2-208}$$

根据 D_r 值可把砂土的密实度状态划分为下列三种：

$1\geqslant D_r>0.67$ 密实的

$0.67\geqslant D_r>0.33$ 中密的

$0.33\geqslant D_r>0$ 松散的

(2) 黏性土的水理性质

土的水理性质一般指的是粘性土的液限、塑限（由实验室测得）及由这两个指标计算得来的液性指数和塑性指数。这几个指标也是工程中必需提供的。对于饱和黏性土还有灵敏度和触变性。

1) 塑性指数 I_P（省去%符号）：

$$I_P=\omega_L-\omega_P \tag{2-209}$$

2) 液性指数：

$$I_L=\frac{\omega-\omega_P}{\omega_L-\omega_P}=\frac{\omega-\omega_P}{I_P} \tag{2-210}$$

3) 饱和黏性土的灵敏度 S_t

对于黏性土的灵敏度，可按下式计算：

$$S_t = q_u/q'_u \tag{2-211}$$

根据灵敏度可将饱和黏性土分为：低灵敏（$1<S_t\leqslant2$）、中灵敏（$2<S_t\leqslant4$）和高灵敏（$S_t>4$）三类。土的灵敏度愈高，其结构性愈强，受扰动后土的强度降低就愈多。所以在基础施工中应注意保护基槽，尽量减少土结构的扰动。

(3) 土的压实原理

在一定的压实能量下使土最容易压实，并能达到最大密实度时的含水量，称为土的最优含水量（或称最佳含水量），用 ω_{op} 表示。相对应的干密度叫做最大干密度，以 ρ_{dmax} 表示。土的最优含水量可在试验室内进行击实试验测得。

(4) 土的抗剪强度指标的确定

土的抗剪强度指标包括内摩擦角 φ 与黏聚力 c 两项，为建筑地基基础设计的重要指标，此指标 φ、c 由专用的仪器进行试验后确定。在实验室内常用的有直接剪切试验，三轴压缩试验和无侧限抗压试验，在现场原位测试的有十字板剪切试验，大型直接剪切试验等。

2.3.5.4 地基基础设计基本规定

1. 地基基础设计等级

根据地基复杂程度、建筑物规模和功能特征以及由于地基问题可能造成建筑物破坏或影响正常使用的程度，将地基基础设计分为甲、乙、丙三个设计等级。

2. 地基基础设计基本要求

根据建筑物地基基础设计等级及长期荷载作用下地基变形对上部结构的影响程度，地基基础设计应符合下列规定：所有建筑物的地基计算均应满足承载力计算的有关规定；设计等级为甲级、乙级的建筑物，均应按地基变形设计；满足《建筑地基基础设计规范》表3.0.2 所列范围内设计等级为丙级的建筑物可不作变形验算，某些特殊情况下，仍应作变形验算；基坑工程应进行稳定性验算；当地下水埋藏较浅，建筑地下室或地下构筑物存在上浮问题时，尚应进行抗浮验算。

3. 荷载组合及相应的抗力值

地基基础设计时，所采用的荷载效应最不利组合与相应的抗力限值应按下列规定：

（1）按地基承载力确定基础底面积及埋深或按单桩承载力确定桩数时，传至基础或承台底面上的荷载效应应按正常使用极限状态下荷载效应的标准组合。相应的抗力应采用地基承载力特征值或单桩承载力特征值。

（2）计算地基变形时，传至基础底面上的荷载效应应按正常使用极限状态下荷载效应的准永久组合，不应计入风荷载和地震作用。相应的限值应为地基变形允许值。

（3）计算挡土墙土压力、地基或斜坡稳定及滑坡推力时，荷载效应应按承载能力极限状态下荷载效应的基本组合，但其分项系数均为 1.0。

（4）在确定基础或桩台高度、支挡结构截面、计算基础或支挡结构内力、确定配筋和验算材料强度时，上部结构传来的荷载效应组合和相应的基底反力，应按承载能力极限状态下荷载效应的基本组合，采用相应的分项系数。

当需要验算基础裂缝宽度时应按正常使用极限状态荷载效应标准组合。

（5）基础设计安全等级结构设计使用年限结构重要性系数应按有关规范的规定采用但

结构重要性系数不应小于 1.0。

4. 基础埋置深度

基础埋置深度按下列条件确定：与建筑物有关的条件、工程地质条件和水文地质条件、场地环境条件及地基冻融条件（最小埋深 $d_{min}=z_0 \cdot \psi_t - d_{fr}$）。

2.3.5.5 地基承载力计算

1. 承载力计算

（1）地基承载力验算

基础底面的压力应符合下式要求：

当轴心荷载作用时：

$$p_k \leqslant f_a \tag{2-212}$$

当偏心荷载作用时：

$$p_k \leqslant f_a \tag{2-213}$$

$$p_{kmax} \leqslant 1.2 f_a \tag{2-214}$$

（2）地基承载力特征值的基础宽度

地基承载力特征值可由载荷试验或其他原位测试、公式计算并结合工程实践经验等方法综合确定。

当基础宽度大于 3m 或埋置深度大于 0.5m 时，从载荷试验或其他原位测试、经验值等方法确定的地基承载力特征值，尚应按下式修正。

$$f_a = f_{ak} + \eta_b \gamma (b-3) + \eta_d \gamma_m (d-0.5) \tag{2-215}$$

当偏心距小于或等于 0.033 倍基础底面宽度时，根据土的抗剪强度指标确定地基承载力特征值可按下式计算，并应满足变形要求。

$$f_a = M_\gamma \gamma b + M_d \gamma_m d + M_c c_k \tag{2-216}$$

2. 基础底面压力的确定

轴心荷载作用时：

$$p_k = \frac{F_k + G_k}{A} \tag{2-217}$$

偏心荷载作用时：

$$p_{kmax} = \frac{F_k + G_k}{A} + \frac{M_k}{W} \tag{2-218}$$

$$p_{kmin} = \frac{F_k + G_k}{A} - \frac{M_k}{W} \tag{2-219}$$

当偏心距 $e > \dfrac{b}{6}$ 时，p_{kmax} 应按下式计算：

$$p_{kmin} = \frac{2(F_k + G_k)}{3la} \tag{2-220}$$

3. 软弱下卧层验算

当地基受力层范围内有软弱下卧层时，应按下式验算软弱下卧层的地基承载力：

$$p_k + p_{cz} \leqslant f_{az} \tag{2-221}$$

2.3.5.6 地基变形计算

1. 土的压缩性

土的压缩系数：

$$a \approx \tan\alpha = \frac{\Delta e}{\Delta P} = \frac{e_1 - e_2}{p_2 - p_1} \tag{2-222}$$

通常采用压力间隔由 $p_1=100\mathrm{kPa}$ 增加到 $p_2=200\mathrm{kPa}$ 时所得的压缩系数 a_{1-2} 来评定土的压缩性。

用压缩系数 a_{1-2} 来评定土的压缩性：

当 $a_{1-2}<0.1\mathrm{MPa}^{-1}$ 时，属低压缩性土；

当 $0.1\leqslant a_{1-2}<0.5\mathrm{MPa}^{-1}$ 时，属中压缩性土；

当 $a_{1-2}\geqslant 0.5\mathrm{MPa}^{-1}$ 时，属高压缩性土。

压缩模量（侧限压缩模量）：

$$E_s = \frac{1+e_1}{a} \tag{2-223}$$

2. 土中应力计算

（1）土中自重应力

均质土：

$$p_{cz} = \gamma z \tag{2-224}$$

成层土：

$$p_{cz} = \sum_{i=1}^{n} \gamma_i h_i \tag{2-225}$$

（2）基底附加压力

$$p_0 = p - \sigma_c = p - \gamma_0 d \tag{2-226}$$

（3）土中附加应力

土中附加应力是指在基底附加压力作用下土中某点产生的竖向应力。

基底以下任意深度处某点的附加应力 p_{0z} 为：

$$p_{0z} = \alpha p_0 \tag{2-227}$$

3. 地基的最终沉降量

地基的最终沉降量，采用分层总和法进行计算，即在地基沉降计算深度范围内划分为若干层，计算各分层的压缩量，然后求其总和。计算时应先按基础荷载，基底形状和尺寸，以及土的有关指标确定地基沉降计算深度，且在地基沉降计算深度范围内进行分层，然后计算基底附加应力，各分层的顶、底面处自重应力平均值和附加应力平均值。

大多数地基的可压缩土层较厚而且是成层的。计算时必须确定地基沉降计算深度，且在地基沉降计算深度范围内进行分层，然后计算各分层的顶、底面处自重应力平均值和附加应力平均值。

4. 地基变形验算

地基变形特征一般分为：沉降量、沉降差、倾斜、局部倾斜。

具体建筑物所需验算的地基变形特征取决于建筑物的结构类型、整体刚度和使用要求。

（1）要求验算地基变形的建筑物范围

只要是安全等级为三级，或地基条件和建筑类型符合规范要求的二级建筑物，在按规范表格提供的承载力确定基础底面尺寸之后，就可以不进行地基变形验算。

（2）防止不均匀沉降损害的措施

建筑措施：建筑物的体型应力求简单、控制长高比及合理布置墙体、设置沉降缝、控制相邻建筑物间距、调整某些设计标高。

结构措施：减轻建筑物的自重、设置圈梁、减小或调整基底附加压力、采用刚性结构。

施工措施：合理安排施工程序，注意某些施工方法。

2.3.5.7　土压力与挡土墙

1. 土压力

根据墙的位移情况和墙后土体所处的应力状态，土压力可分为以下三种：主动土压力、被动土压力、静止土压力（$E_0 < \frac{1}{2}\gamma H^2 K_0$）。

（1）主动土压力

无黏性土

$$\sigma_a = \gamma z \tan^2\left(45° - \frac{\varphi}{2}\right) \tag{2-228}$$

或

$$\sigma_a = \gamma z k_a \tag{2-229}$$

黏性土

$$\sigma_a = \gamma z \tan^2\left(45° - \frac{\varphi}{2}\right) - 2c\tan\left(45° - \frac{\varphi}{2}\right) \tag{2-230}$$

或

$$\sigma_a = \gamma z K_a - 2c\sqrt{K_a} \tag{2-231}$$

上列各式中 K_a 为主动土压力系数，$K_a = \tan^2\left(45° - \frac{\varphi}{2}\right)$；

如取单位墙长计算，则主动土压力 E_a 为：

$$E_a = \frac{1}{2}\gamma H^2 K_a - 2cH\sqrt{K_a} + \frac{2c^2}{\gamma} \tag{2-232}$$

主动土压力 E_a 通过在三角形压力分布图的形心，即作用在离墙底 $(H-z_0)/3$ 处。

（2）被动土压力

无黏性土：

$$\sigma_p = \gamma z K_P \tag{2-233}$$

黏性土：

$$\sigma_p = \gamma z K_P + 2c\sqrt{K_P} \tag{2-234}$$

式中 K_p 为被动土压力系数，$K_p = \tan^2\left(45° + \frac{\varphi}{2}\right)$。

取单位墙长计算，则被动土压力可由下式计算：

无黏性土：

$$E_P = \frac{1}{2}\gamma H^2 K_P \tag{2-235}$$

黏性土：

$$E_P = \frac{1}{2}\gamma H^2 K_P + 2cH\sqrt{K_P} \tag{2-236}$$

被动土压力 E_p 通过三角形或梯形压力分布图的形心。

(3) 几种情况下的土压力计算

1) 填土面有均布荷载

当挡土墙后填土面有连续均布荷载 q 作用时，通常土压力的计算方法是将均布荷载换算成当量的土重，即用假想的土重代替均布荷载。当填土面水平时，当量的土层厚度为

$$h = \frac{q}{\gamma} \tag{2-237}$$

2) 成层填土

挡土墙后有几层不同种类的水平土层，在计算土压力时，第一层的土压力按均质土计算，计算第二层土压力时，将第一层土按重度换算成与第二层土相同的当量土层，即其当量土层厚度为 $h'_1 = h_1 \frac{\gamma_1}{\gamma_2}$，然后以 $h'_1 + h_2$ 为墙高，按均质土计算土压力，但只在第二层土层厚度范围内有效。

3) 墙后填土有地下水

当挡土墙后填土有地下水时，作用在墙背上的侧压力有土压力和水压力两部分，计算土压力时假设地下水位上下土的内摩擦角 φ 和墙与土之间的摩擦角 δ 相同。

2. 挡土墙设计

挡土墙就其结构型式可分为以下三种主要类型：重力式挡土墙、悬臂式挡土墙、扶壁式挡土墙。

挡土墙的截面一般按试算法确定，即先根据挡土墙所处的条件（工程地质、填土性质以及墙体材料和施工条件等）凭经验初步拟定截面尺寸，然后进行挡土墙的验算，如不满足要求，则应改变截面尺寸或采用其他措施。

挡土墙的计算通常包括下列内容：稳定性验算，包括抗倾覆和抗滑移稳定验算；地基的承载力验算；墙身强度验算。

挡土墙的稳定性破坏通常有两种形式，一种是在主动土压力作用下外倾，对此应进行倾覆稳定性验算，另一种是在土压力作用下沿基底外移，需进行滑动稳定性验算。

抗移滑动稳定性验算：

$$\frac{(G_n + E_{an})\mu}{E_{at} - G_t} \geqslant 1.3 \tag{2-238}$$

抗倾覆稳定性验算：

$$\frac{Gx_0 + E_{az}x_f}{E_{ax}z_f} \geqslant 1.6 \tag{2-239}$$

2.3.5.8 浅基础设计

不同类型的基础，在荷载作用下的工作性质不同，其构造要求和设计计算的内容也不相同。构造和设计计算的内容包括外形尺寸的一般要求，钢筋的截面、数量及布置；钢筋包括受力钢筋和构造钢筋，这些都必须满足基础的强度、刚度和耐久性的要求。

浅基础设计按通常方法验算地基承载力和地基沉降时，不考虑基础底面以上土的抗剪强度对地基承载力的作用，也不考虑基础侧面与土之间的摩阻力，浅基础可以用通常的施

工方法建造，施工条件和工艺都比较简单。浅基础根据它的形状和大小可以分为独立基础、条形基础（包括十字交叉条形基础）、筏形基础、箱形基础和壳体基础等。根据所使用的材料性能可分为无筋扩展基础（刚性基础）和扩展基础（柔性基础）。

1. 无筋扩展基础

刚性基础是指使用砖、毛石以及灰土或三合土等材料建成的基础，其特点是抗压性能好而抗弯性能差，适用于六层和六层以下（三合土基础不宜超过四层）的民用建筑和墙承重的厂房。

不配筋基础的材料都具有较好的抗压性能，但抗拉、抗剪强度却不高。

无筋扩展基础的高度应符合下式要求：

$$H_0 \geqslant \frac{b-b_0}{2\tan\alpha} \tag{2-240}$$

2. 扩展基础

扩展基础系指柱下钢筋混凝土独立基础和墙下钢筋混凝土条形基础。

扩展基础的计算，应符合下列要求：

(1) 基础底面积，应《建筑地基基础设计规范》有关规定确定。在墙下条形基础相交处，不应重复计入基础面积；

(2) 对矩形截面柱的矩形基础，应验算柱与基础交接处以及基础变阶处的受冲切承载力；受冲切承载力应按下列公式验算：

$$F_l \leqslant 0.7\beta_{hp}f_t a_m h_0 \tag{2-241}$$

(3) 基础底板的配筋，应按抗弯计算确定；

在轴心荷载或单向偏心荷载作用下底板受弯可按下列简化方法计算：

1) 对于矩形基础，当台阶的宽高比小于或等于 2.5 和偏心距小于或等于 1/6 基础宽度时，任意截面的弯矩可按下列公式计算：

$$M_\mathrm{I} = \frac{1}{12}a_1^2\left[(2l+a')\left(p_{\max}+p-\frac{2G}{A}\right)+(P_{\max}-p)l\right] \tag{2-242}$$

$$M_\mathrm{II} = \frac{1}{48}(l-a')^2(2b+b')+\left(P_{\max}+p_{\min}-\frac{2G}{A}\right) \tag{2-243}$$

2) 对于墙下条形基础任意截面的弯矩，可取 $l=a'=1\mathrm{m}$ 按式（2-243）进行计算，其最大弯矩截面的位置，应符合下列规定：当墙体材料为混凝土时，取 $a_1=b$；如为砖墙且放脚不大于 1/4 砖长时，取 $a_1=b_1+1/4$ 砖长；

(4) 当扩展基础的混凝土强度等级小于柱的混凝土强度等级时，尚应验算柱下扩展基础顶面的局部受压承载力。

3. 柱下条形基础

柱下条形基础的计算，应符合下列规定：

(1) 在比较均匀的地基上，上部结构刚度较好，荷载分布较均匀，且条形基础梁的高度不小于 1/6 柱距时，地基反力可按直线分布，条形基础梁的内力可按连续梁计算，此时边跨跨中弯矩及第一内支座的弯矩值宜乘以 1.2 的系数。

(2) 当不满足本条第一款的要求时，宜按弹性地基梁计算。

(3) 对交叉条形基础，交点上的柱荷载，可按交叉梁的刚度或变形协调的要求，进行分配。其内力可按上述规定，分别进行计算。

(4) 验算柱边缘处基础梁的受剪承载力。

(5) 当存在扭矩时，尚应作抗扭计算。

(6) 当条形基础的混凝土强度等级小于柱的混凝土强度等级时，尚应验算柱下条形基础梁顶面的局部受压承载力。

(7) 基础底面积，应《建筑地基基础设计规范》有关规定确定。

4. 高层建筑筏形基础

筏形基础分为梁板式和平板式两种类型，其选型应根据工程地质、上部结构体系、柱距、荷载大小以及施工条件等因素确定。

筏形基础的平面尺寸，应根据地基土的承载力、上部结构的布置及荷载分布等因素按《建筑地基基础设计规范》第五章有关规定确定。对单幢建筑物，在地基土比较均匀的条件下，基底平面形心宜与结构竖向永久荷载重心重合。

高层建筑筏形基础计算规定如下：

(1) 梁板式筏基

梁板式筏基底板除计算正截面受弯承载力外，其厚度尚应满足受冲切承载力、受剪切承载力的要求。

底板受冲切承载力按下式计算：

$$F_l \leqslant 0.7\beta_{hp} f_t u_m h_0 \tag{2-244}$$

底板斜截面受剪承载力应符合下式要求：

$$V_s \leqslant 0.7\beta_{hs} f_t (l_{n2} - 2h_0) h_0 \tag{2-245}$$

(2) 平板式筏基

平板式筏基的板厚应满足受冲切承载力的要求。

$$\tau_{max} = F_l / u_m h_0 + \alpha_s M_{unb} C_{AB} / I_s \tag{2-246}$$

$$\tau_{max} \leqslant 0.7\beta_{hp} f_t (0.4 + 1.2/\beta_s) \tag{2-247}$$

当柱荷载较大，等厚度筏板的受冲切承载力不能满足要求时，可在筏板上面增设柱墩或在筏板下局部增加板厚或采用抗冲切箍筋来提高受冲切承载能力。

平板式筏基内筒下的板厚应满足受冲切承载力的要求，其受冲切承载力按下式计算：

$$F_l / u_m h_0 \leqslant 0.7\beta_{hp} f_t / \eta \tag{2-248}$$

当需要考虑内筒根部弯矩的影响时：

$$\tau_{max} \leqslant 0.7\beta_{hp} f_t / \eta \tag{2-249}$$

平板式筏板除满足受冲切承载力外，尚应验算距内筒边缘或柱边缘 h_0 处筏板的受剪承载力。

受剪承载力应按下式验算：

$$V_s \leqslant 0.7\beta_{hs} f_t b_w h_0 \tag{2-250}$$

当筏板变厚度时，尚应验算变厚度外筏板的受剪承载力。

梁板式筏基的基础梁除满足正截面受弯及斜截面受剪承载力外，尚应按现行《混凝土结构设计规范》有关规定验算底层柱下基础梁顶面的局部受压承载力。

2.3.5.9 桩基础设计

深基础主要有桩基础、沉井和地下连续墙等几种类型，其中桩基础应用最为广泛。

1. 桩的分类

桩基础一般由设置于土中的桩和承接上部结构的承台组成。按施工方法的不同,桩有预制桩和灌注桩两大类。按桩的设置效应,可将桩分为大量挤土桩、小量挤土桩和不挤土桩三类。按桩的受力性能,又可分为端承桩和摩擦桩。

2. 桩基的设计原则

(1) 桩基设计时需进行下列计算和验算

1) 桩基的竖向承载力计算(抗压或抗拔),当主要承受水平荷载时应进行水平承载力计算;桩基承台应满足抗冲切、抗剪切、抗弯承载力和上部结构要求。

柱下桩基独立承台应分别对柱边和桩边,变阶处和桩边连线形成的斜截面进行受剪计算。当柱边外有多排桩形成多个剪切斜截面时,尚应对每个斜截面进行验算。当承台的混凝土强度等级低于柱或桩的混凝土强度等级时,尚应验算柱下或桩上承台的局部受压承载力。

2) 对桩身和承台进行承载力验算。

3) 对位于桩端以下有软弱下卧层时,应进行软弱下卧层验算。

4) 对位于坡地、岸边的桩基应进行整体稳定性验算。

5) 按《建筑抗震设计规范》的规定,需进行抗震验算的桩基,应进行桩基的抗震承载力验算。

6) 承载力计算时,应采用荷载作用效应的基本组合和地震效应组合。

(2) 对以下建筑物的桩基应进行沉降验算

1) 地基基础设计等级为甲级的建筑物桩基;

2) 体型复杂,荷载不均匀或桩端以下存在软弱土层的设计等级为乙级的建筑物桩基;

3) 摩擦型桩基。

桩基础的沉降不得超过建筑物的沉降允许值。计算桩基础沉降时,最终沉降量宜按单向压缩分层总和法计算。

桩基础相关计算公式及构造规定详见《建筑地基基础设计规范》8.5节。

2.3.5.10 软弱地基与地基处理

1. 软弱地基

软弱地基系指主要由淤泥、淤泥质土、冲填土、杂填土或其他高压缩性土层构成的地基。

利用软弱土层作为持力层时,应满足《建筑地基基础设计规范的要求》,局部软弱土层以及暗塘、暗沟等,可采用基础、换土、桩基或其他方法处理。

当地基承载力或变形不能满足设计要求时,地基处理可选用机械压(夯)实、堆载预压、塑料排水带或砂井真空预压、换填垫层或复合地基等方法。

复合地基设计应满足建筑物承载力和变形要求。

2. 地基处理

地基处理的目的是针对软土地基上建造建筑物可能产生的问题,采取人工的方法改善地基土的工程性质,达到满足上部结构对地基稳定和变形的要求,这些方法主要包括提高地基土的抗剪强度,增大地基承载力,防止剪切破坏或减轻土压力;改善地基土压缩特性,减少沉降和不均匀沉降;改善其渗透性,加速固结沉降过程;改善土的动力特性,防止液化,减轻振动;消除或减少特殊土的不良工程特性(如黄土的湿陷性,膨胀土的膨胀性等)。

经处理后的地基,当按地基承载力确定基础底面积及埋深而需要对本规范确定的地基承载力特征值进行修正时,应符合下列规定:基础宽度的地基承载力修正系数应取零;基础埋深的地基承载力修正系数应取1.0。

处理后的地基,当在受力层范围内仍存在软弱下卧层时,尚应验算下卧层的地基承载力。

对水泥土类桩复合地基尚应根据修正后的复合地基承载力特征值,进行桩身强度验算。

按地基变形设计或应作变形验算且需进行地基处理的建筑物或构筑物,应对处理后的地基础进行变形验算。

受较大水平荷载或位于斜坡上的建筑物及构筑物,当建造在处理后的地基上时,应进行地基稳定性验算。地基处理的主要方法、适用范围和加固原理见表2-10。

地基处理的主要方法、适用范围和加固原理 表2-10

分类	方法	加固原理	适用范围
置换	换填垫层法	采用开挖后换好土回填的方法。地基浅层性能良好的垫层,与下卧层形成双层地基。垫层可有效地扩散基底压力,提高地基承载力和减少沉降量	浅层软弱地基及不均匀地基处理
	强夯置换法	采用强夯时,夯坑内回填块石、碎石挤淤置换的方法,形成碎石墩柱体,以提高地基承载力和减少沉降量	高饱和度的粉土与软塑—流塑的黏性土等地基
	砂石桩法	采用沉管法或其他技术,在软土中设置砂或碎石桩柱体,置换后形成复合地基,可提高地基承载力,降低地基沉降。同时,砂、石柱体在软黏土中形成排水通道,加速固结	挤密松散砂土、粉土、黏性土、素填土、杂填土等地基
	石灰桩法	在软弱土中成孔后,填入生石灰或其他混合料,形成竖向石灰桩柱体,通过生石灰的吸水膨胀、放热以及离子交换作用改善桩柱体周围土体的性质,形成石灰桩复合地基,以提高地基承载力,减少沉降量	饱和黏性土、淤泥、淤泥质土、素填土等地基
排水固结	预压法	在预压荷载作用下,通过一定的预压时间,天然地基被压缩、固结,地基土的强度提高,压缩性降低。在达到设计要求后,卸去预压荷载,再建造上部结构,以保证地基稳定和变形满足要求。当天然土层的渗透性较低时,为了缩短渗透固结的时间,加速固结速率,可在地基中设置竖向排水通道,如砂井、排水板等。加载预压的荷载,一般有利用建筑物自身荷载、堆载或真空预压等	淤泥质土、淤泥和冲填土等饱和黏性土地基
振密挤密	强夯法	采用重量100~400kN的夯锤,从高处自由落下,在强烈的冲击力和振动力作用下,地基土密实,可以提高承载力,减少沉降量	碎石土、砂土、低饱和度的粉土与黏性土、湿陷性黄土、素填土和杂填土等地基

续表

分类	方法	加固原理	适用范围
振密挤密	振冲法	振冲器的强力振动,使得饱和砂层发生液化,砂粒重新排列,孔隙率降低;同时,利用振冲器的水平振冲力,回填碎石料使得砂层挤密,达到提高地基承载力,降低沉降的目的	砂土、粉土、粉质黏土、素填土和杂填土等地基,黏粒含量少于10%的疏松散砂土地基
	挤密碎(砂)石桩法	施工方法与排水中的碎(砂)石桩相同,但是,沉管过程中的排土和振动作用,将桩柱体之间土体挤密,并形成碎(砂)石桩柱体复合地基,达到提高地基承载力和减小地基沉降的目的	松散砂土、杂填土、非饱和黏性土地基、黄土地基
	土、灰土桩法	采用沉管等技术,在地基中成孔,回填土或灰土形成竖向加固体,施工过程中排土和振动作用,挤密土体,并形成复合地基,提高地基承载力,减小沉降量	地下水位以上的湿陷性黄土、杂填土、素填土地基
	锚固法	主要有土钉和土锚法,土钉加固作用依赖于土钉与其周围土间的相互作用;土锚则依赖于锚杆另一端的锚固作用,两者主要功能是减少或承受水平向作用力	边坡加固,土锚技术应用中,必须有可以锚固的土层、岩层或构筑物
	竖向加固体复合地基法	在地基中设置小直径刚性桩、低等级混凝土桩等竖向加固体,例如CFG桩、二灰混凝土桩等,形成复合地基,提高地基承载力,减少沉降量	各类软弱土地基、尤其是较深厚的软土地基
化学固化	深层搅拌法	利用深层搅拌机械,将固化剂(一般的无机固化剂为水泥、石灰、粉煤灰等)在原位与软弱土搅拌成桩柱体,可以形成桩柱体复合地基、格栅状或连续墙支挡结构。作为复合地基,可以提高地基承载力和减少变形;作为支挡结构或防渗,可以用作基坑开挖时,重力式支挡结构,或深基坑的止水帷幕。水泥系深层搅拌法,一般有两大类方法,即喷浆搅拌法和喷粉搅拌法	饱和软黏土地基,对于有机质较高的泥炭质土或泥炭、含水量很高的淤泥和淤泥质土,适用性宜通过试验确定
	灌浆或注浆法	有渗入灌浆、劈裂灌浆、压密灌浆以及高压注浆等多种工法,浆液的种类较多	类软弱土地基,岩石地基基加固,建筑物纠偏等加固处理

2.3.5.11 液化土的处理

饱和砂土和饱和粉土(不含黄土)的液化判别和地基处理,6度时,一般情况下可不进行判别和处理,但对液化沉陷敏感的乙类建筑可按7度的要求进行判别和处理,7~9度时,乙类建筑可按本地区抗震设防烈度的要求进行判别和处理。

存在饱和砂土和饱和粉土(不含黄土)的地基,除6度设防外,应进行液化判别;存在液化土层的地基,应根据建筑的抗震设防类别、地基的液化等级,结合具体情况采取相应的措施。

当液化土层较平坦且均匀时,宜按表2-11选用地基抗液化措施;尚可计入上部结构重力荷载对液化危害的影响,根据液化沉陷量的估计适当调整抗液化措施。不宜将未经处理的液化土层作为天然地基持力层。

抗液化措施　　　　　　　　　表 2-11

建筑抗震设防类别	地基的液化等级		
	轻微	中等	严重
乙类	部分消除液化沉陷，或对基础和上部结构处理	全部消除液化沉陷，或部分消除液化沉陷且对基础和上部结构处理	全部消除液化沉陷
丙类	基础和上部结构处理，也可不采取措施	基础和上部结构处理，或更高要求的措施	全部消除液化沉陷，或部分消除液化沉陷且对基础和上部结构处理
丁类	可不采取措施	可不采取措施	基础和上部结构处理，或其他经济的措施

2.3.5.12 典型例题

有一毛石混凝土重力式挡土墙，如图 2-4 所示。墙高为 5.5m，墙顶宽度为 1.2m，墙底宽度为 2.7m。墙后填土表面水平并与墙齐高，填土的干密度为 1.90 t/m³。墙背粗糙，排水良好，土对墙背的摩擦角为 $\delta = 10°$。已知主动土压力系数 $k_a = 0.2$，挡土墙埋深为 0.5m，土对挡土墙基底摩擦系数 $\mu = 0.45$（2003 年考题）。

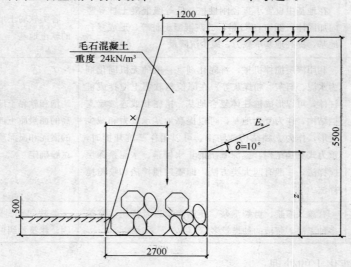

图 2-4 挡土墙断面图

1. 挡土墙后填土的重度为 $\gamma = 20 \text{ kN/m}^3$，当填土表面无连续均布荷载作用，即 $q = 0$，试问，主动土压力 E_a 最接近下列何项数值？（　　）

A. $E_a = 60.50 \text{kN/m}$　　　　B. $E_a = 66.55 \text{kN/m}$
C. $E_a = 90.75 \text{N/m}$　　　　D. $E_a = 99.83 \text{kN/m}$

正确答案：B。

解答过程：

根据《建筑地基基础设计规范》第 6.3.3 条，墙高 $H = 5.5\text{m} > 5\text{m}$，取 $\psi_c = 1.1$。

则，$E_a = \frac{1}{2}\psi_c\gamma H^2 k_a = 0.5 \times 1.1 \times 20 \times 5.5^2 \times 0.2 \text{kN/m} = 66.55 \text{kN/m}$

分析：

本题考查挡土墙主动土压力计算。

2. 假定填土表面有连续均布荷载 $q = 20\text{kPa}$ 作用，试问，由均布荷载作用产生的主动土压力 E_{aq} 最接近下列何项数值？（ ）

    A. $E_{aq} = 24.2\text{kN/m}$ B. $E_{aq} = 39.6\text{kN/m}$

    C. $E_{aq} = 79.2\text{kN/m}$ D. $E_{aq} = 120.0\text{kN/m}$

正确答案：A。

解答过程：

$$E_{aq} = \psi_c q H k_a = 1.1 \times 20 \times 5.5 \times 0.2 \text{kN/m} = 24.2 \text{kN/m}$$

分析：

本题考查特殊情况下（墙后承受连续均布荷载）主动土压力计算。

3. 假定主动土压力 $E_a = 93\text{kN/m}$，作用在距基底 $z = 2.10\text{m}$ 处，试问，挡土墙抗滑移稳定性安全系数 K_1 最接近下列何项数值？（ ）

    A. $K_1 = 1.25$ B. $K_1 = 1.34$

    C. $K_1 = 1.42$ D. $K_1 = 9.73$

正确答案：B。

解答过程：

根据《建筑地基基础设计规范》第 6.6.5 条，第一款

$\alpha_0 = 0°$，$\alpha = 90°$，$\delta = 10°$

$G = \frac{1}{2} \times (a+b) \times h \times \gamma = \frac{1}{2} \times (1.2+2.7) \times 5.5 \times 24 = 257.4 \text{kN/m}$

$G_n = G\cos 0° = 257.4 \text{kN/m}$，$G_t = G\sin 0° = 0$

$E_{at} = E_a \sin(\alpha - \alpha_0 - \delta) = 93\sin(90° - 10°) = 91.59 \text{kN/m}$，

$E_{an} = E_a \cos(\alpha - \alpha_0 - \delta) = 93\cos(90° - 10°) = 16.15 \text{kN/m}$，

$K_1 = \frac{(G + E_a \sin\delta) \cdot \mu}{E_a \cos\delta} = \frac{(257.4 + 16.15) \times 0.45}{91.59} = 1.344$

分析：

本题考查挡土墙抗滑移稳定计算。

4. 条件同上题，试问，挡土墙抗倾覆稳定性安全系数 K_2 最接近下列何项数值？（ ）

    A. $K_2 = 1.50$ B. $K_2 = 2.22$

    C. $K_2 = 2.47$ D. $K_2 = 20.12$

正确答案：C。

解答过程：

由已知

$$x_0 = 1.677, x_f = 2.7, Z_f = 2.1$$

$$Z_{az} = E_a \cos\delta = 16.15 \text{kN/m}，Z_{ax} = E_a \sin\delta = 91.59 \text{kN/m}$$

根据《建筑地基基础设计规范》第 6.6.5 条，第 2 款

$$K_2 = \frac{Gx_0 + E_{az}x_f}{E_{ax}Z_f} = \frac{257.4 \times 1.677 + 16.15 \times 2.7}{91.59 \times 2.1} = 2.47$$

分析：
本题考查挡土墙抗倾覆稳定验算。

5. 条件同 3，且假定挡土墙重心离墙址的水平距离 $x_0 = 1.677$m，挡土墙每延米自重 $G = 257.4$kN/m。已知每米长挡土墙底面的抵抗矩 $W = 1.215$m³，试问，其基础底面边缘的最大压力 p_{max}，与下列何项数值最为接近？（　　）

A. $p_{max} = 134.69$kPa　　　　B. $p_{max} = 143.76$kPa
C. $p_{max} = 157.83$kPa　　　　D. $p_{max} = 166.41$kPa

正确答案：D。

解答过程：
自重 G、E_a 对底面形心的力矩为
$$M = [91.59 \times 2.1 - 257.4 \times (1.677 - 1.35)]\text{kN} = 86.37\text{kN}$$
则基底最大压力为
$$p_{max} = \frac{G}{A} + \frac{M}{W} = \left(\frac{257.4}{2.7 \times 1} + \frac{86.37}{1.215}\right)\text{kN} = 166.42\text{kPa}$$

分析：
本题考查基底土压力计算，涉及知识点有：结构力学知识、材料力学知识及土力学知识。

2.3.6 高层建筑结构、高耸结构及横向作用

2.3.6.1 大纲基本要求

了解竖向荷载、风荷载和地震作用对高层建筑结构和高耸结构的影响；掌握风荷载和地震作用的取值标准和计算方法；掌握荷载效应的组合方法；掌握常用高层建筑结构（框架、剪力墙、框架－剪力墙和筒体等）的受力性能及适用范围；熟悉概念设计的内容及原则，并能运用于高层建筑结构的体系选择、结构布置和抗风、抗震设计；熟悉高层建筑结构的内力与位移的计算原理；掌握常用钢筋混凝土高层建筑结构的近似计算方法、截面设计方法和构造措施；熟悉钢结构高层民用建筑的设计方法；熟悉高耸结构的选型要求、荷载计算、设计原理和主要构造。

由于高层混凝土结构应用广泛，也是考试重点，本章侧重于阐述高层混凝土结构内容。

2.3.6.2 高层建筑结构设计一般规定

10 层和 10 层以上或房屋高度超过 28m 的建筑为高层建筑。多层建筑结构设计由竖向荷载控制，而高层建筑结构设计一般由水平荷载控制。

1. 高层建筑结构体系及其适用范围

高层建筑混凝土结构常用的结构体系：框架结构、框架－剪力墙结构、剪力墙结构、筒体结构。

框架结构可同时承受竖向及水平荷载，优点是框架柱网可大可小，建筑平面布置灵活。延性大、耗能能力强的延性框架结构，具有较好的抗震性能。在水平力作用下，框架的侧移变形有两部分组成：弯曲变形、柱的轴向变形。框架结构的侧移曲线表现为剪

切型。

剪力墙结构整体性好，刚度大，在水平力作用下侧移小，能设计成抗震性能好的延性剪力墙。施工方便，适用于住宅、旅馆等建筑。在水平作用下，剪力墙结构以弯曲变形为主，侧移曲线表现为弯曲型。

框架－剪力墙结构及框架－筒体结构兼有框架结构布置灵活、延性好和剪力墙结构刚度大、承载力大。框架、剪力墙的协同工作，在结构的底部框架侧移减小，在结构的上部剪力墙的侧移减小，侧移曲线是弯剪型。层间变形沿建筑高度比较均匀，不容易形成变形集中的软弱层，地震时，剪力墙为第一道防线，框架为第二道防线，形成多道抗震设防，其最大适用高度与剪力墙结构接近。

筒中筒结构可以充分发挥空间作用，在水平力作用下，水平剪力由与水平力方向一致的腹板框架和角柱承受，倾覆力矩主要由垂直于水平力的翼缘框架承受，扭矩由所有柱内的剪力抵抗。在水平力作用下，外框架筒的变形以剪切型为主，内筒以弯曲型为主。

2. 高层建筑结构的布置原则与要求

房屋适用高度和高宽比：钢筋混凝土高层建筑结构的最大适用高度和高宽比应分为 A 级和 B 级。高层建筑结构高宽比应满足一定要求。

结构平面布置：在高层建筑的一个独立结构单元内，宜使结构平面形状简单、规则，刚度和承载力分布均匀。不应采用严重不规则的平面布置。结构平面布置应减少扭转的影响。考虑到高层建筑的使用要求、立面效果、防水处理等原因，高层建筑结构设计时，宜尽量调整平面形状和尺寸，采取构造和施工措施，不设伸缩缝、沉降缝和防震缝。需要设缝时，应将结构划分为独立的结构单元。

结构竖向布置：高层建筑的竖向体型宜规则、均匀，避免有过大的外挑和内收。结构的侧向刚度宜下大上小，逐渐均匀变化，不应采用竖向布置严重不规则的结构。抗震设计时，结构竖向抗侧力构件宜上下连续贯通。

楼盖结构：房屋高度超过 50m 时，框架-剪力墙结构、筒体结构及复杂高层建筑结构应采用现浇楼盖结构，剪力墙结构和框架结构宜采用现浇楼盖结构。

水平位移限值和舒适度要求：在正常使用条件下，高层建筑结构应具有足够的刚度，避免产生过大的位移而影响结构的承载力、稳定性和使用要求。按弹性方法计算的楼层层间最大位移与层高之比及结构薄弱层（部位）层间弹塑性位移应符合规范要求。

抗震设防结构布置原则：考虑以下因素，即：地基、基础要求；合理选择建筑场地；计算简化、传力途径要求；多道抗震设防防线的要求；结构体系的要求；合理设置防震缝；结构刚度的要求；结构的强度要求；节点的要求；结构的延性的要求；突出屋面的塔楼要求；结构自重、材料要求；局部破坏与整体稳定性的要求。

重力二阶效应及结构稳定：在水平荷载作用下，高层建筑结构弹性等效侧向刚度应满足规定条件，可不考虑重力二阶效应的不利影响。为保证稳定性，高层建筑结构弹性等效侧向刚度应满足一定条件。

2.3.6.3 框架结构

框架结构主要用于非抗震设计的高层建筑和有抗震设防的层数较少的房屋中。

本节内容可参见 2.3.2 混凝土结构部分。

2.3.6.4 剪力墙结构设计

1. 一般规定及结构布置

现浇高层钢筋混凝土剪力墙结构，适用于住宅、公寓、饭店、医院病房楼等平面墙体布置较多的建筑。

当住宅、公寓、饭店等建筑在底部一层或多层需设置机房、汽车房、商店、餐厅等较大平面空间用房时，可以设计成上部为一般剪力墙结构，底部为部分剪力墙落到基础，其余为框架承托上部剪力墙结构。

剪力墙结构的平面体形，可根据建筑功能需要，设计成各种形状，剪力墙应按各类房屋使用要求、满足抗侧力刚度和承载力进行合理布置。

剪力墙结构中，剪力墙宜沿主轴方向或其他方向双向布置；抗震设计的剪力墙结构，应避免仅单向有墙的结构布置形式。剪力墙墙肢截面宜简单、规则。剪力墙的抗侧刚度及承载力均较大，为充分利用剪力墙的性能，减轻结构重量，增大剪力墙结构的可利用空间；墙不宜布置太密，应使结构具有适宜的侧向刚度，刚度不宜过大。

2. 剪力墙分类

（1）剪力墙分类

剪力墙按墙上洞口面积的有无、大小、形状和位置等可分为整体墙（包括洞口墙）、整体小开口墙、联肢墙和壁式框架。

（2）等效刚度计算

采用简化方法进行剪力墙的内力和位移计算时，为了考虑轴向变形和剪切变形对剪力墙的影响，剪力墙的刚度可以按顶点位移相等的原则，折算成竖向悬臂受弯构件的等效刚度。不同类型的剪力墙等效刚度公式不同。

3. 剪力墙内力和位移计算方法

（1）水平荷载作用下内力和位移计算方法

对于整体墙和整体小开口墙，在水平荷载作用下可视为上端自由、下端固定的竖向悬臂梁，其任意截面的弯矩和剪力可按材料力学中悬臂梁的基本公式计算。计算位移时应同时考虑墙体弯曲变形和整体变形。

对于联肢墙，采用简化连梁的方法，即将每一层楼层的连梁假想为分布在整个楼层高度上的一系列连续杆，借助于连杆的位移协调条件建立墙的内力微分方程，解微分方程便可求得内力。计算位移时应同时考虑墙体弯曲变形和整体变形。

对于壁式框架，将剪力墙简化为带刚域的杆件，可用D值法简化计算。计算位移时应考虑梁柱弯曲和剪切变形产生的位移和由柱轴向变形产生的位移。

（2）竖向荷载作用下内力计算方法

在竖向荷载作用下，除了在连梁内产生弯矩外，在墙肢内主要产生轴力，各片剪力墙承受的竖向荷载可按它的受荷面积进行分配计算。

4. 截面设计及构造

（1）剪力墙的受剪力截面应符合下列要求：

1）无地震作用组合时

$$V_w \leqslant 0.25\beta_c f_c b_w h_{w0} \tag{2-251}$$

2）有地震作用组合时

剪跨比 λ 大于 2.5 时：

$$V_w \leqslant \frac{1}{\gamma_{RE}}(0.20\beta_c f_c b_w h_{w0}) \tag{2-252}$$

剪跨比 λ 不大于 2.5 时：

$$V_w \leqslant \frac{1}{\gamma_{RE}}(0.15\beta_c f_c b_w h_{w0}) \tag{2-253}$$

(2) 剪力墙稳定计算：

剪力墙墙肢应满足下式的稳定要求：

$$q \leqslant \frac{E_c t^3}{10 l_0^2} \tag{2-254}$$

剪力墙墙肢计算长度应按下式采用：

$$l_0 = \beta h \tag{2-255}$$

(3) 钢筋混凝土剪力墙应进行平面内的斜截面受剪、偏心受压或偏心受拉、平面外轴心受压承载力计算。在集中荷载作用下，墙内无暗柱时还应进行局部受压承载力计算。

(4) 如果双肢剪力墙中一个墙肢出现小偏心受拉，该墙肢可能会出现水平通缝而失去抗剪能力，则由荷载产生的剪力将全部转移另一个墙肢而导致其抗剪承载力不足。当墙肢出现大偏心受拉时，墙肢易出现裂缝，使其刚度降低，剪力将在墙肢中重分配。因此，抗震设计的双肢剪力墙中，墙肢不宜出现小偏心受拉；当任一墙肢大偏心拉时，另一墙肢的弯矩设计值应乘以增大系数 1.15。

(5) 矩形、T 形、工形偏心受压剪力墙的正截面受压承载力可按现行国家标准《混凝土结构设计规范》的有关规定计算，也可按下列公式计算：

无地震作用组合时：

$$N \leqslant f_y' A_y' - A_s \sigma_s - N_{sw} + N_c \tag{2-256}$$

$$N\left(e_0 + h_{w0} - \frac{h_w}{2}\right) \leqslant A_s' f_y'(h_{w0} - a_s') - M_{sw} + M_c \tag{2-257}$$

当 $x > h_f'$ 时：

$$N_c = \alpha_1 f_c b_w x + \alpha_1 f_c (b_f' - b_w) h_f' \tag{2-258}$$

$$M_c = \alpha_1 f_c b_w x \left(h_{w0} - \frac{x}{2}\right) + \alpha_1 f_c (b_f' - b_w) h_f' \left(h_{w0} - \frac{h_f'}{2}\right) \tag{2-259}$$

$x \leqslant h_f'$ 时：

$$N_c = \alpha_1 f_c b_f' x \tag{2-260}$$

$$M_c = \alpha_1 f_c b_f' x \left(h_{w0} - \frac{x}{2}\right) \tag{2-261}$$

当 $x \leqslant \xi_b h_{w0}$ 时：

$$\sigma_s = f_y \tag{2-262}$$

$$N_{sw} = (h_{w0} - 1.5x) b_w f_{yw} \rho_w \tag{2-263}$$

$$M_{sw} = \frac{1}{2}(h_{w0} - 1.5x)^2 b_w f_{yw} \rho_w \tag{2-264}$$

当 $x > \xi_b h_{w0}$ 时：

$$\sigma_s = \frac{f_y}{\xi_b - 0.8}\left(\frac{x}{h_{w0}} - \beta_1\right) \tag{2-265}$$

$$N_{sw} = 0 \tag{2-266}$$

$$M_{sw} = 0 \tag{2-267}$$

$$\xi_b = \frac{\beta_1}{1 + \dfrac{f_y}{E_s \varepsilon_{cu}}} \tag{2-268}$$

有地震作用组合时，式（2-256）、式（2-257）右端均应除以承载力抗震调整系数 γ_{RE}，γ_{RE} 取 0.85。

（6）矩形截面偏心受拉剪力墙的正截面承载力可按下列近似公式计算：

无地震作用组合：

$$N \leqslant \frac{1}{\dfrac{1}{N_{0u}} + \dfrac{e_0}{M_{wu}}} \tag{2-269}$$

地震作用组合：

$$N \leqslant \frac{1}{\gamma_{RE}} \left\{ \frac{1}{\dfrac{1}{N_{0u}} + \dfrac{e_0}{M_{wu}}} \right\} \tag{2-270}$$

（7）抗震设计时，为体现强剪弱弯的原则，剪力墙底部加强部位的剪力设计值按一、二、三级的不同要求乘以增大系数。

剪力墙底部加强部位墙肢截面的剪力设计值，一、二、三级抗震等级时应按下式调整，四级抗震等级及无地震作用组合时可不调整。

$$V = \eta_{vw} V_w \tag{2-271}$$

9度抗震设计时尚应符合：

$$V = 1.1 \frac{M_{wua}}{M_w} V_w \tag{2-272}$$

（8）偏心受压剪力墙的斜截面受剪承载力应按下列公式进行计算：

无地震作用组合时：

$$V \leqslant \frac{1}{\lambda - 0.5} \left(0.5 f_t b_w h_{w0} + 0.13 N \frac{A_w}{A} \right) + f_{yh} \frac{A_{sh}}{s} h_{w0} \tag{2-273}$$

有地震作用组合时：

$$V \leqslant \frac{1}{\gamma_{RE}} \left[\frac{1}{\lambda - 0.5} \left(0.4 f_t b_w h_{w0} + 0.1 N \frac{A_w}{A} \right) + 0.8 f_{yh} \frac{A_{sh}}{s} h_{w0} \right] \tag{2-274}$$

（9）偏心受拉剪力墙的斜截面受剪承载力应按下列公式进行计算：

无地震作用组合时：

$$V \leqslant \frac{1}{\lambda - 0.5} \left(0.5 f_t b_w h_{w0} - 0.13 N \frac{A_w}{A} \right) + f_{yh} \frac{A_{sh}}{s} h_{w0} \tag{2-275}$$

上式右端的计算值小于 $f_{yh} \dfrac{A_{sh}}{s} h_{w0}$ 时，取等于 $f_{yh} \dfrac{A_{sh}}{s} h_{w0}$。

有地震作用组合时：

$$V \leqslant \frac{1}{\gamma_{RE}} \left[\frac{1}{\lambda - 0.5} \left(0.4 f_t b_w h_{w0} - 0.1 N \frac{A_w}{A} \right) + 0.8 f_{yh} \frac{A_{sh}}{s} h_{w0} \right] \tag{2-276}$$

上式右端方括号内的计算值小于 $0.8 f_{yh} \dfrac{A_{sh}}{s} h_{w0}$ 时，取等于 $0.8 f_{yh} \dfrac{A_{sh}}{s} h_{w0}$。

（10）按一级抗震等级设计的剪力墙，要防止水平施工缝处发生滑移。考虑了摩擦力的有利影响后，要验算通过水平施工缝的竖向钢筋是否以抵抗水平剪力，已配置的端部和分布竖向钢筋不够时，可设置附加插筋，附加插筋在上、下层剪力墙中都要有足够的锚固长度。

按一级抗震等级设计的剪力墙，其水平施工缝处的抗滑移能力宜符合下列要求：

$$V_{wj} \leqslant \frac{1}{\gamma_{RE}}(0.6f_y A_s + 0.8N) \tag{2-277}$$

（11）抗震设计时，一、二级抗震等级的剪力墙墙底部加强部位，其重力荷载代表值作用下墙肢的轴压比不宜超过《建筑抗震设计规范》规定限值。

（12）一、二级抗震设计的剪力墙底部加强位及其上一层的墙肢端部应设置约束边缘构件；一、二级抗震设计剪力墙的其他部位以及三、四级抗震设计和非抗震设计的剪力墙墙肢端部均应设置构造边缘构件。

5. 连梁设计及构造

（1）连梁的剪力设计值 V_b 应按下列规定计算：

无地震作用组合以及有地震作用组合的四级抗震等级时，应取考虑水平风荷载或水平地震作用组合的剪力设计值；

有地震作用组合的一、二、三级抗震等级时，跨高比大于 2.5 的连梁的剪力设计值应按下式进行调整：

$$V_b = \eta_{vb}\frac{M_b^l + M_b^r}{l_n} + V_{Gb} \tag{2-278}$$

9 度抗震设计时尚应符合：

$$V_b = 1.1(M_{bua}^l + M_{bua}^r)/l_n + V_{Gb} \tag{2-279}$$

（2）剪力墙连梁的截面尺寸应符合下列要求：

无地震作用组合时：

$$V_b \leqslant 0.25\beta_c f_c b_b h_{b0} \tag{2-280}$$

有地震作用组合时

跨高比大于 2.5 时：

$$V_b \leqslant \frac{1}{r_{RE}}(0.20\beta_c f_c b_b h_{b0}) \tag{2-281}$$

跨高比不大于 2.5 时：

$$V_b \leqslant \frac{1}{r_{RE}}(0.15\beta_c f_c b_b h_{b0}) \tag{2-282}$$

（3）连梁的斜截面受剪承载力，应按下列公式计算：

无地震作用组合时：

$$V_b \leqslant 0.7f_t b_b h_{b0} + f_{yv}\frac{A_{sv}}{s}h_{b0} \tag{2-283}$$

有地震作用组合时

跨高比大于 2.5 时：

$$V_b \leqslant \frac{1}{r_{RE}}\left(0.42f_t b_b h_{b0} + f_{yv}\frac{A_{sv}}{s}h_{b0}\right) \tag{2-284}$$

跨高比不大于 2.5 时：

$$V_b \leqslant \frac{1}{r_{RE}}\left(0.38f_t b_b h_{b0} + 0.9 f_{yv}\frac{A_{sv}}{s}h_{b0}\right) \quad (2\text{-}285)$$

2.3.6.5　框架-剪力墙结构设计

1. 框剪结构的特点

（1）框架-剪力墙结构是框架结构和剪力墙结构组成的结构体系，既能为建筑使用提供较大的平面空间，又具有较大的抗侧力刚度。框架－剪力墙结构可应用于多种使用功能的高层房屋，如办公楼、饭店、公寓、住宅、教学楼、试验楼、病房楼等等。其组成形式一般有：

1）框架与剪力墙（单片墙、联肢墙或较小井筒）分开布置，各自形成抗侧力结构；
2）在框架结构的若干跨度内嵌入剪力墙（有边框剪力墙）；
3）在单片抗侧结构内布置框架和剪力墙；
4）上述两种或几种形式的混合；
5）板柱结构中设置部分剪力墙（板柱-剪力墙结构）。

（2）框剪结构由框架和剪力墙两种不同的抗侧力结构组成，这两种结构的受力特点和变形性质是不同的。在水平力作用下，剪力墙是竖向悬臂弯曲结构，其变形曲线呈弯曲型。楼层越高水平位移增长速度越快，顶点水平位移值与高度是四次方关系：

均布荷载时

$$u = \frac{qH^4}{8EI} \quad (2\text{-}286)$$

倒三角形荷载时

$$u = \frac{11 q_{\max} H^4}{120 EI} \quad (2\text{-}287)$$

2. 结构布置

（1）框架-剪力墙结构的最大适用高度、高宽比和层间位移限值应符合有关规定。

（2）框架-剪力墙结构应设计成双向抗侧力体系，主体结构构件之间不宜采用铰接。抗震设计时，两主轴方向均应布置剪力墙。

3. 刚度计算

（1）框架-剪力墙结构在内力与位移计算中，所有构件均可采用弹性刚度，但是，框架与剪力墙之间的连梁和剪力墙墙肢间的连梁刚度可予以折减，折减系数不应小于 0.50。

（2）框架-剪力墙结构采用简化方法计算时，可将结构单元内的所有框架、连梁和剪力墙分别合并成为总的框架、连梁和剪力墙，它们的刚度分别为相应的各单个结构刚度之和。采用简化方法时，框架的总刚度可采用在 D 值计算各层框架柱抗推刚度 D 值。

（3）框架-剪力墙结构采用计算进行内力与位移计算时，较规则的可采用平面抗侧力结构空间协同工作方法，开口较大的联肢墙作为壁式框架考虑，无洞口整截面墙和整体小开口墙可按其等效刚度作为单柱考虑。体型和平面较复杂的框剪结构，宜采用三维空间分析方法进行内力与位移计算。

（4）墙肢大小均匀的联肢墙和壁式框架，均可转换成带刚域杆件的壁式框架，采用 D 值法进行抗侧力简化计算。

4. 内力与位移计算

（1）框剪结构在水平力（风荷载、水平地震作用）作用下剪力墙与框架之间按变形协调原则分配内力。简化计算时，在不同形式荷载作用下的位移，框架与剪力墙之间的剪力分配以及剪力墙的弯矩值可应用图表进行计算。

（2）高层框剪简化计算时，可把整个结构看作由若干平面框架和剪力墙等抗侧力结构所组成。在平面正交布置的情况下，假定每一方向的水平力只由该方向的抗侧力承担，垂直水平力方向的抗侧力结构，在计算中不予考虑。

当结构单元中框架和剪力墙与主轴方向成斜交时，在简化计算中可将柱和剪力墙的刚度转换到主轴方向上再进行计算。

（3）在水平力作用下的内力与位移计算，假定楼板在自身平面内的刚度为无限大，平面外的弯曲刚度不考虑。

（4）采用侧移计算框剪结构在水平力作用下的内力与位移时，所有框架合并成总框架，先计算出各道剪力墙的等效刚度，然后把所有剪力墙的等效刚度合作并成总剪力墙刚度。

（5）框剪结构采用侧移法计算内力和位移时，将水平地震作用按顶层集中力和倒三角形分布荷载考虑。

（6）框剪结构协同工作计算得到总框架的剪力 V_f 后，当考虑与剪力墙相连的框架连梁总等效刚度 C_b 时，按下列公式计算框架总剪力和连梁的楼层平均总约束弯矩：

框架总剪力

$$V'_f = \frac{C_f}{C_f + C_b} V_f \tag{2-288}$$

连梁的楼层平均总约束弯矩

$$m = \frac{C_b}{C_f + C_b} V_f = V_f - V'_f \tag{2-289}$$

（7）有了剪力墙总剪力 V_w 后，各道剪力墙之间剪力和弯矩的分配以及各道剪力墙墙肢的内力计算，可按下列方法计算：

1）整个墙和整体小开口墙将各楼层剪力 V_i 和弯矩 M_i 分配到各道剪力墙：

$$V_j = \frac{EI_{eqj}}{EI_w} V_i \tag{2-290}$$

$$M_j = \frac{EI_{eqj}}{EI_w} M_i \tag{2-291}$$

2）整体小开口墙各大部肢内力：

弯矩

$$M_j = 0.85M \frac{I_i}{I} + 0.15M \frac{I}{\sum I_i} \tag{2-292}$$

轴力

$$N_j = 0.85M \frac{A_j y_j}{I} \tag{2-293}$$

剪力

$$V_j = \frac{V}{2} \left(\frac{A_j}{\sum A_j} + \frac{I_j}{\sum I_j} \right) \tag{2-294}$$

连梁的剪力为上层和相邻下层墙肢的轴力差。

剪力墙多数墙肢基本均匀，又符合整体小开口墙的条件，当有个别细小墙肢时，仍可按整体小开口墙计算内力，上墙肢端宜按下列计算时附加局部弯曲的影响：

$$M_j = M_{j0} + \Delta M_j \tag{2-295}$$

$$\Delta M_j = V_j \frac{h_0}{2} \tag{2-296}$$

（8）框架连梁得到总约束弯矩 m 后，连梁的内力按下列公式计算：

每根连梁的楼层平均约束弯矩

$$m' = \frac{m_{ij}}{\sum m_{ij}} m \tag{2-297}$$

每根连梁在墙中处弯矩

$$M_{12} = m'h \tag{2-298}$$

每根连梁在墙边的弯矩

$$M'_{12} = \left(\frac{2l_0}{L} - 1\right) M_{12} \tag{2-299}$$

连梁端剪力

$$V_b = \frac{M'_{12} + M_{21}}{l_0} \tag{2-300}$$

（9）双肢墙的连梁内及对墙肢的弯矩和轴力计算

按照剪力图形面积相等的原则，将双肢墙曲线形剪力图近似简化成直线形剪力图，并分解为顶点集中荷载和均布荷载作用下两种剪力图的叠加。

1）连梁的剪力

$$V_b = V_{b1} + V_{b2} \tag{2-301}$$

$$V_{b1} = V_{b1} mh \frac{\phi_1}{I} \tag{2-302}$$

$$V_{b2} = V_{02} mh \frac{\phi_{21}}{I} \tag{2-303}$$

2）连梁的弯矩

$$M_b = \frac{1}{2} V_b l_0 \tag{2-304}$$

3）墙肢的轴向力

$$N_{1i} = -N_{2i} = \sum_{i}^{n} V_b \tag{2-305}$$

4）墙肢的弯矩

$$M_i = M_{pi} - \sum_{i}^{n} M'_b \tag{2-306}$$

$$M'_b = \frac{1}{2} V_b L \tag{2-307}$$

$$M_{1i} = \frac{I_1}{I_1 + I_2} M_i \tag{2-308}$$

$$M_{2i} = \frac{I_2}{I_1 + I_2} M_i \tag{2-309}$$

5）墙肢的剪力

$$V_{1i} = \frac{I_{1eqi}}{I_{1eqi} + I_{2eqi}} V_i \tag{2-310}$$

$$V_{2i} = \frac{I_{2eqi}}{I_{1eqi} + I_{2eqi}} V_i \tag{2-311}$$

$$I_{jeq} = \frac{I_j}{1 + \dfrac{9\mu I_j}{A_j H^2}} \quad (j = 1, 2) \tag{2-312}$$

5. 地震作用下的内力调整

抗震设计时，框架-剪力墙结构由地震作用产生的各层框架总剪力标准值应符合下列规定：

满足式（2-313）要求的楼层，其框架总剪力标准值不必调整；不满足式（2-313）要求的楼层，其框架总剪力标准值应按 $0.2V_0$ 和 $1.5V_{f,max}$ 二者的较小值采用。

$$V_f \geqslant 0.2V_0 \tag{2-313}$$

2.3.6.6 底部大空间剪力墙结构设计

1. 在高层建筑结构的底部，当上部楼层分竖向构件（剪力墙、框架柱）不能直接连续贯通落地时，应设置结构转换层，在结构转换层布置转换结构构件。转换结构构件可采用梁、桁架、空腹桁架、箱形结构、斜撑等。非抗震设计和 6 度抗震设计时转换构件可采用厚板，7、8 度抗震设计的地下室的转换构件可采用厚板。

2. 底部大空间部分框支剪力墙高层建筑结构在地面以上的大空间层数，8 度时不宜超过 3 层，7 度时不宜超过 5 层，6 度时其层数可适当增加；底部带转换层的框架-核心筒结构和外筒为密柱框架的筒中筒结构，其转换层位置可适当提高。

3. 底部带转换层的高层建筑结构，其剪力墙底部加强部位的高度可取框支层加上框支层以上两层的高度及墙肢总高度的 1/8 二者的较大值。

4. 带转换层的高层建筑结构，其框支柱承受有地震剪力标准值应按下列规定采用：

（1）每层框支柱的数目不多于 10 根的场合，当框支层为 1~2 时，每根柱所受的剪力应正在至少取基底剪力的 2%；当框支层为 3 层及 3 层以上时，每根柱所受的剪力应至少基底剪力的 3%；

（2）每层框支柱的数目多于 10 根的场合，当框支层为 1~2 层时，每层框支柱承受剪力之和应取基底剪力的 20%；当框支层为 3 层及 3 层以上时，每层框支柱承受剪力之和应取基底剪力的 30%。

框支柱剪力调整的，应相应调整框支柱的弯矩及柱端梁（不包括转换梁）的剪力、弯矩，框支柱轴力可不调整。

5. 框支梁设计尚应符合下列要求

（1）框支梁与框支柱截面中线宜重合；

（2）框支梁截面宽度不宜大于框支柱相应方向的截面宽，不宜小于其上墙体截面厚度的 2 倍，且不宜小于 400mm；当梁上托柱时，尚不应小于梁宽方向的柱截面宽度。梁截面高度，抗震设计时不应小于计算跨度的 1/6，非抗震设计时不应小于计算跨度的 1/8；框支梁可采用加腋梁。

（3）框支梁截面组合的最大剪力设计值应符合下列要求

无地震作用组合时

$$V \leqslant 0.20\beta_c f_c bh_0 \qquad (2-314)$$

有地震作用组合时

$$V \leqslant \frac{1}{r_{RE}}(0.15\beta_c f_c bh_0) \qquad (2-315)$$

6. 框支柱截面的组合最大剪力设计值应符合下列要求

框支柱设计尚应符合下列要求：

无地震作用组合时

$$V \leqslant 0.20\beta_c f_c bh_0 \qquad (2-316)$$

有地震作用组合时

$$V \leqslant \frac{1}{r_{RE}}(0.15\beta_c f_c bh_0) \qquad (2-317)$$

2.3.6.7 筒体结构设计

筒体结构是三维空间结构，具有很好的抗风、抗震性能，适用于超高层办公楼、饭店、综合楼等房屋。

1. 筒体结构分类和受力特点

筒体结构具有造型美观、使用灵活、受力合理、刚度大、有良好的抗侧力性能等优点，适用于 30 层或 100m 以上的超高层建筑。

筒体结构根据平面墙柱构件布置情况分为：筒中筒结构、框架-筒体结构、框筒结构、多重筒结构、束筒结构及底部大空间筒体结构。

2. 一般规定

（1）筒体结构的高度不宜低于 60m，筒中筒结构的高宽比不宜小于 3；筒体结构的混凝土强度等级不宜低于 C30。

（2）当相邻层的柱不贯通时，应设置转换梁等构件。转换梁的高度不宜小于跨度的 1/6。底部大空间为 1 层筒体结构，沿竖向的结构布置应符合以下要求：必须设置落地筒；在竖向结构变化处应设置具有足够刚度和承载力的转换层；转换层上、下层结构刚度的变化，r 宜接近 1，非抗震设计时 r 不应大于 3，抗震设计时 r 不应大于 2 $\left(r = \frac{G_2 A_2}{G_1 A_1} \times \frac{h_1}{h_2}\right)$。

3. 框架-核心筒结构

（1）核心筒宜贯通建筑物全高。核心筒的宽度不宜小于筒体总高的 1/12，当筒体结构设置角筒、剪力墙或增强结构整体刚度的构件时，核心筒的宽度可适当减小。

（2）核心筒应具有良好的整体性，并满足下列要求：

1）墙肢宜均匀、对称布置；

2）筒体角部附近不宜开洞；

3）核心筒的外墙厚度，对一、二级抗震等级的底部加强部位不应小于层高的 1/16 及 200mm，对其余情况不应小于层高的 1/20 及 200mm，配筋不应少于双排；在满足承载力以及轴压比限值（仅对抗震设计）时，核心筒内墙可适当减薄，但不应小于 160mm；

4）抗震设计时，核心筒的连梁可通过配置交叉暗柱、设水平缝或减小梁的高跨比等措施来提高连梁的延性。

4. 筒中筒结构

(1) 筒中筒结构的平面外形宜选用圆形、正多边形、椭圆形或矩形等，内筒宜居中。矩形平面的长宽经不宜大于 2。

(2) 内筒的边长可为的 1/15~1/12，如有另外的角筒和剪力墙时，内筒平面尺寸还可适当减小。内筒宜贯通建筑物全高，竖向刚度宜均匀变化。

(3) 三角形平面宜切角，外筒的切角长度不宜小于相应边长的 1/8，其角部可设置刚度较大的角柱或角筒；内筒的切角长度不宜小于相应边长的 1/10，切角处的筒壁宜适当加厚。

(4) 除平面形状外，外框筒的空间作用的大小还与柱距、墙面开洞率，以及洞口高宽比与层高/柱距之比等有关。矩形平面框筒的柱距越接近层高、墙面开洞率越小，洞口高宽比与层高/柱距越接近，外框筒的空间作用越强。

(5) 筒中筒结构外框筒柱一般不宜采用正方形和圆形截面，因为在相同梁柱截面面积情况下，采用正方形截面，梁柱的受力性能远远差于扁宽梁柱。

(6) 外框筒梁和内筒连梁的截面尺寸应符合下列要求：

1) 无地震作用组合：

$$V_b \leqslant 0.25\beta_c f_c b_b h_{b0} \qquad (2\text{-}318)$$

2) 有地震作用组合：

跨高比大于 2.5 时：

$$V_b \leqslant \frac{1}{r_{RE}}(0.20\beta_c f_c b_b h_{b0}) \qquad (2\text{-}319)$$

跨高比不大于 2.5 时：

$$V_b \leqslant \frac{1}{r_{RE}}(0.15\beta_c f_c b_b h_{b0}) \qquad (2\text{-}320)$$

2.3.6.8 高耸结构

1. 高耸结构的种类和选型

高耸结构一般高度较大，而平面尺寸与高度相比相对较小，在结构计算中以风荷载为主要可变荷载。高耸结构种类繁多，包括烟囱、水塔、电视塔、无线电塔、微波塔、输电塔、城市高灯杆，以及石油、化工、采矿、冶炼等工业用的各种塔架等。对于烟囱、水塔、电视塔等高耸结构，其主要组成有塔（筒）身、基础和塔上建（构）筑物组成。塔（筒）身是高耸结构的主体，其立面轮廓形式以抛物线最为理想，实际常用的塔、架立面轮廓有等截面直线形、变截面直线形（斜直线形）和折线形等。较矮的烟囱、水塔常采用等截面直线形，较高的烟囱、水塔可采用变截面直线形，电视塔常采用折线形。烟囱和水塔支筒（架）的结构材料以钢筋混凝土和砖砌体为主，电视塔则采用钢、钢筋混凝土、预应力混凝土或几种材料的结合。水塔塔身常用圆形，也有采用四边形或多边形钢筋混凝土空间框架或空间桁架的。钢电视塔通常采用空间桁架，塔的平面形状有三角形、四边形、六边形、八边形等，以三角形较为经济。钢筋混凝土或预应力混凝土电视塔的塔身多数采用圆形筒身，可以是单筒，也可以是多筒组合截面。

高耸结构的浅基础根据基础材料不同分为刚性基础和柔性基础，刚性基础采用砌体材料或素混凝土，一般均采用台阶型，柔性基础为钢筋混凝土基础，主要有柱下单独基础、板式基础和薄壳基础三种类型。深基础一般采用桩基础。

2. 高耸结构的荷载和作用效应

（1）种类

永久荷载：结构自重、固定的设备重、物料重、土重、土压力等。

可变荷载：风荷载、裹冰荷载、地震作用（抗震设防烈度为7度及7度以上列为可变作用）、雪荷载、安装检修荷载、塔楼楼面或平台的活荷载、温度变化、地基沉陷等。

偶然荷载：抗震设防烈度不大于6度时，地震作用可作为偶然荷载考虑。

（2）设计要求及荷载效应的组合

1）承载能力极限状态

无震组合

$$\gamma_0 S \leqslant R \tag{2-321}$$

$$S = \gamma_G C_G G_K + \gamma_{Q1} C_{CQ1} Q_{1K} + \sum_{i=1}^{n} \psi_{ci} \gamma_{Qi} C_{CQi} Q_{iK} \tag{2-322}$$

有震组合

$$S \leqslant R/\gamma_{RE} \tag{2-323}$$

$$S = \gamma_G C_G G_E + \gamma_{Eh} C_{Eh} E_{hK} + \gamma_{EV} C_{EV} E_{VK} + \psi_w \gamma_w C_w w_K \tag{2-324}$$

2）正常使用极限状态

要求结构在使用过程中最不利荷载效应作用下，满足为维持正常工作而需的各种条件，如变位、裂缝开展等。

3. 钢筋混凝土圆筒形塔身设计

钢筋混凝土电视塔、排气塔以及水塔支筒等结构均属圆筒形塔。

（1）塔身变形和塔筒截面内力计算内容

1）计算圆筒形塔的动力特征时可将塔身简化成多质点悬臂体系，沿塔高每10～26m设一质点。每个质点的重力应取相邻上下质点距离内结构自重的一半，有塔楼时应包括相应的塔楼重和楼面固定设备重，但楼面活荷载可不计。相邻质点间的塔身截面刚度应取该区段的平均截面刚度，可不考虑开孔和局部加强措施的影响。

2）计算结构自振特性和正常使用极限状态时，可将塔身视为弹性体系。

3）计算不均匀日照引起的塔身变形。

4）在风荷载的动力作用下，塔身任意高度处的振动加速度。

5）考虑横向风振时截面的组合弯矩。

6）在塔身任意截面处由塔体竖向荷载和水平位移所产生的附加弯矩。

对产生较大位移的情况（如地震作用），位移计算中应考虑非线性影响。

（2）塔筒承载能力计算

钢筋混凝土塔筒水平截面承载能力可分别按截面无孔洞和有孔洞的情况计算。详见《高耸结构设计规范》5.3节。

钢筋混凝土塔筒的竖向截面承载力可不验算，但竖向裂缝宽度应验算，并应满足构造配筋要求。

（3）塔筒裂缝宽度计算

钢筋混凝土塔筒在各项标准荷载和温度共同作用下产生的最大水平裂缝宽度及塔筒由

于内外温差所产生的最大竖向裂缝宽度可按《高耸结构设计规范》5.4 节进行计算。

4. 烟囱设计

(1) 荷载与作用

烟囱的荷载与作用分为以下三类：

1) 永久性荷载与作用：结构自重、土重、土压力、拉线的拉力；

2) 可变荷载与作用：风荷载、烟气温度作用、雪荷载、安装检修荷载、平台活荷载、裹冰荷载、大气温度作用、常遇地震作用、烟气压力及地基沉陷等。

3) 偶然荷载：罕遇地震作用、拉线断线、撞击、爆炸等。

(2) 荷载效应组合

《烟囱设计规范》采用以概率论为基础的极限状态设计方法，以可靠度指标度量结构构件的可靠度，以荷载、材料性能等代表值、结构重要性系数、分项系数、组合值系数的设计表达式进行计算。

1) 承载能力极限状态

无震组合

$$\gamma_0(\gamma_G S_{GK} + \gamma_{Q1} S_{Q1K} + \sum_{i=2}^{n} \gamma_{Qi} \psi_{ci} S_{QiK}) \leqslant R(\cdot) \tag{2-325}$$

$$\gamma_0(\gamma_G S_{GK} + \sum_{i=1}^{n} \gamma_{Qi} \psi_{ci} S_{QiK}) \leqslant R(\cdot) \tag{2-326}$$

有震组合

$$\gamma_{GE} S_{GE} + \gamma_{Eh} S_{EhK} + \gamma_{Ev} S_{EvK} + \psi_{cWE} \gamma_W S_{WK} + \psi_{cMaE} S_{MaE} \leqslant R(\cdot)/\gamma_{RE} \tag{2-327}$$

2) 正常使用极限状态

烟囱的正常使用极限状态应根据不同目的分别按荷载效应和温度作用效应的标准组合或准永久组合进行设计，并应满足《烟囱设计规范》规定的各项限值。

标准组合应用于验算钢筋混凝土烟囱筒壁的混凝土压应力、钢筋拉应力及裂缝宽度，应按下式计算：

$$S_{dn} = S_{Gk} + S_{Q1k} + \sum_{i=2}^{n} \psi_{ci} S_{Qik} \tag{2-328}$$

准永久组合用于地基变形的计算，应按下式确定：

$$S_{dq} = S_{Gk} + \sum_{i=1}^{n} \psi_{qi} S_{Qik} \tag{2-329}$$

(3) 截面承载力

对于砖烟囱，主要是为了确定砖壁厚度和环筋、环箍的设置，对水平截面承载力极限状态按下式计算：

$$N \leqslant \varphi f A \tag{2-330}$$

对于钢筋混凝土烟囱，在无震组合时，应根据自重、风荷载及附加弯矩内外温差作用下，筒身按环形截面算出纵向钢筋和环向钢筋。在有震组合时，应根据自重、水平地震作用、竖向地震作用、风及附加弯矩作用下，按环形截面求出所需的筒身纵向钢筋和环向钢筋。

对钢结构烟囱，主要应验算其强度和稳定。

2.3.6.9 高层建筑民用钢结构

1. 结构体系和布置

《高层民用建筑钢结构技术规程》适用于高层建筑钢结构的有下列体系：框架体系、双重抗侧力体系（钢框架-支撑（剪力墙板）体系、钢框架-混凝土剪力墙体系、钢框架-混凝土核心筒体系）筒体体系（框筒体系、桁架筒体系、筒中筒体系和束筒体系）。

高层建筑钢结构建筑平面宜简单规则，并使结构各层的抗侧力刚度中心与水平作用合力中心接近重合，同时各层接近在同一竖直线上。建筑的开间、进深宜统一；柱截面的钢板厚度不宜大于100mm。

抗震设防的高层建筑钢结构，宜采用竖向规则的结构。

2. 地基、基础和地下室

高层建筑钢结构的基础形式，应根据上部结构、工程地质条件、施工条件等因素综合确定，宜选用筏基、箱基、桩基或复合基础。基础埋深应满足《高层民用建筑钢结构技术规程》要求。

钢结构高层建筑宜设地下室。

3. 静力计算

高层建筑钢结构的作用效应可采用弹性方法计算。

（1）计算方法

框架结构、框架-支撑结构、框架剪力墙结构和框筒结构等，其内力和位移均采用矩阵位移法计算，筒体结构可按位移相等的原则转化为连续的竖向悬臂筒体，采用薄壁杆件理论、有线条法或其他有效方法进行计算。

（2）估算方法

在预估构件截面时，可采用以下近似方法计算荷载效应：

1) 在竖向荷载作用下，框架内力可采用分层法进行简化计算。在水平荷载作用下，框架内力和位移可采用D值法进行简化计算。

2) 平面布置规则的框架—支撑结构，在水平荷载作用下当简化为平面抗侧力体系分析时，可将所有框架合并为总框架，并将所有竖向支撑合并为总支撑，然后进行协同工作分析。

3) 平面布置规则的框架剪力墙结构，在水平荷载作用下，简化为平面抗侧力体系分析时，可将所有框架合并为总框架，所有剪力墙合并为总剪力墙，然后进行协同工作分析。

4) 平面为矩形或其他规则形状的筒体结构，可采用等效角柱法、展开平面框架法或等效截面法，转化为平面框架进行近似计算。

5) 当对规则但有偏心的结构进行近似分析时，可先按无偏心结构进行分析，然后将内力乘以修正系数。

6) 用底部剪力法估算高层钢框架结构的构件截面时，水平地震作用下倾覆力矩引起的柱轴力，对体型较规则的丙类建筑可折减，但对乙类建筑不应折减。

（3）应计入梁柱节点域剪切变形对高层建筑钢结构侧移的影响。

（4）结构整体稳定验算

稳定分析主要考虑二阶效应的结构极限承载计算。对于有支撑的结构，且 $\Delta u \leqslant$

1/1000 时，按有效长度法验算结构整体稳定；对无有支撑的结构和 $\Delta u \leqslant 1/1000$ 的有支撑的结构，按能反映二阶效应的方法验算结构整体稳定；当符合《高层民用建筑钢结构技术规程》规定条件时，可不验算结构的整体稳定。

（5）施工阶段验算

施工中采用附墙塔、爬塔等对结构有影响的起重机械或其他设备时，在结构设计中应根据具体情况进行施工阶段验算。

4. 钢构件设计

梁、轴心受压柱、框架柱、中心支撑、偏心支撑及其他抗侧力构件等应按《高层民用建筑钢结构技术规程》、《钢结构设计规范》及《建筑抗震设计规范》相关规定执行。

5. 节点设计

梁与柱的连接节点、柱与柱的连接节点、梁与梁的连接节点、钢柱脚及支撑连接等应按《高层民用建筑钢结构技术规程》及《钢结构设计规范》相关规定执行。

2.3.6.10 典型例题

某42层现浇框架-核心筒高层建筑，如图2-5所示，内筒为钢筋混凝土筒体，外周边为型钢混凝土框架，房屋高度为132m，建筑物的竖向体形比较规则、均匀。该建筑物抗震设防烈度为7度，丙类，设计地震分组为第一组，设计基本加速度为0.1g，场地类别为Ⅱ类。结构的计算基本自振周期 $T_1 = 3.0s$，周期折减系数取0.8。（2006年考题）

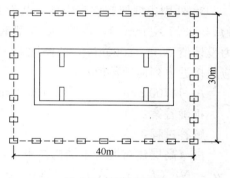

图2-5 平面布置图

1. 计算多遇地震时，试问，该结构的水平地震影响系数，应与下列何项数值最为接近？（　　）

A. 0.019　　B. 0.021　　C. 0.023　　D. 0.025

提示：$\eta_1 = 0.021$，$\eta_2 = 1.078$

正确答案：A。

解答过程：

由《高层建筑混凝土结构技术规程》第11.1.1条，本结构为混合结构，由11.2.18条，混合结构阻尼比 $\zeta = 0.04$，由《高层建筑混凝土结构技术规程》表3.3.7-1，$\alpha_{max} = 0.08$，由表3.3.7-2，设计地震分组为第一组，Ⅱ类场地，$T_g = 0.35s$，$\eta_1 = 0.021$，$\eta_2 = 1.078$。

由《高层建筑混凝土结构技术规程》式（3.3.8-1），$\gamma = 0.9 + \dfrac{0.05 - \zeta}{0.05 + 5\zeta} = 0.9 + \dfrac{0.05 - 0.04}{0.5 + 5 \times 0.04} = 0.914$

$$T_1 = 0.8 \times 3 = 2.4s > 5T_g = 5 \times 0.35 = 1.75s$$

则

$$\alpha = [0.2^\gamma \eta_2 - \eta_1 (T - 5T_g)] \alpha_{max}$$
$$= [0.2^{0.914} \times 1.078 - 0.021 \times (2.4 - 1.75)] \times 0.08 = 0.0187$$

分析：

本题考查地震影响系数的计算。

2. 该建筑物总重力荷载代表值为 6×10^5 kN，抗震设计时，在水平地震作用下，对应于地震作用标准值的结构底部总剪力计算值为 8600kN，对应于地震作用标准值且未经调整的各层框架总剪力中，底层最大，其计算值为 1500kN。试问，抗震设计时，对应于地震作用标准值的底层框架总剪力的取值，应最接近下列何项数值？（　　）

A. 1500kN　　　　　B. 1720kN　　　　　C. 1920kN　　　　　D. 2250kN

正确答案：B。

解答过程：

由《高层建筑混凝土结构技术规程》11.1.5 条，8.1.4 条，

$1.5\times1500=2250>0.2\times8600=1720$，取二者较小值。

分析：

本题考查对相关规范条文的理解。

3. 外周边框架底层某中柱，截面 $b\times h=700\text{mm}\times700\text{mm}$，混凝土强度等级为 C50（$f_c=23.1\text{N/mm}^2$），内置 Q345 型钢（$f_y=295\text{N/mm}^2$），考虑地震作用组合的柱轴压力设计值 $N=18000$kN，剪跨比 $\lambda=2.5$。试问，采用的型钢截面面积最小值（mm^2），应最接近下列何项数值？（　　）

A. 14700 mm²　　　B. 19600 mm²　　　C. 45000 mm²　　　D. 53000 mm²

正确答案：D。

解答过程：

由《高层建筑混凝土结构技术规程》11.3.3 及 11.3.4 条

$\mu_N=N/(f_cA+f_aA_a)=18000\times1000/(700\times700\times23.1+(295-23.1)A_a)\leqslant0.7$

$$A_a=52943$$

再由 11.3.5 条第 4 款

$$A_a/(700\times700)=10.8\%>4\%$$

满足要求。

分析：

本题考查对相关规范条文的熟悉程度。

4. 条件同上，假定柱轴压比大于 0.5，试问，该柱在箍筋加密区的下列四组配筋（纵向钢筋和箍筋），其中哪一组满足且最接近相关规范、规程最低构造要求？（　　）

A. 12Φ20，4Φ12@100（每项各四肢，下同）
B. 12Φ22，4Φ12@100
C. 12Φ20，4Φ12@100
D. 12Φ22，4Φ12@100

正确答案：D。

解答过程：

由《高层建筑混凝土结构技术规程》11.3.6-2，抗震等级为一级，轴压比 $\mu_N\geqslant0.5$，$\rho_{v,\min}\geqslant1.2\%$，由第 11.3.5 条、5 款，柱箍筋采用 HRB335 级

$$\rho_v=\frac{\sum n_iA_il_i}{sA_{cor}}=\frac{2\times4\times A_{sv1}\times640}{100\times640\times640}\geqslant1.2\%$$

$$d \geqslant 11.1\text{mm}$$

由《高层建筑混凝土结构技术规程》(JGJ—2002) 11.3.5 条第 5 款，柱箍筋宜采用 HRB335 和 HRB400 级热轧钢筋；同时由 11.3.5 条第 2 款

$$\rho = \frac{A_s}{A} = \frac{n\pi d^2}{4}/A = \frac{12 \times 214 d^2}{4}/(700 \times 700) \times 100\% \geqslant 0.8\%$$

得 $d \geqslant 20.4\text{mm}$。

分析：

本题考查柱钢筋的构造要求。

2.3.7 桥梁结构

2.3.7.1 大纲基本要求

熟悉常用桥梁结构总体布置原则，并能根据工程条件，合理比选桥梁结构及其基础型式；掌握常用桥梁结构体系的设计方法；熟悉桥梁结构抗震设计方法及其抗震构造措施；熟悉各种桥梁基础的受力特点；掌握桥梁基本受力构件的设计方法；掌握常用桥梁的构造特点和设计要求；了解桥梁常用的施工方法。

2.3.7.2 桥梁的组成与分类

1. 桥梁的组成

桥梁由上部结构（桥跨结构）和下部结构（桥墩、桥台、基础）组成。桥梁上部结构由桥面系、主要承重结构和支座三部分组成，具有承担跨越障碍的功能。桥梁墩台承受的各种荷载经由桥梁基础传至地基。

2. 桥梁的分类

桥梁可以从不同角度进行分类：

(1) 按桥梁的用途分：公路桥、铁路桥、公铁路两用桥、城市桥、渠道桥、管道桥等。

(2) 按跨越障碍分：跨河桥、跨线桥、高架桥等。

(3) 按上部结构的主要建筑材料分：木桥、圬工桥、钢筋混凝土桥和预应力混凝土桥、钢桥、钢梁-混凝土组合桥等。

(4) 按桥面系的位置分：上承式桥、中承式桥和下承式桥。

(5) 按跨径分：特大桥、大桥、中桥、小桥、涵洞。

(6) 按承受力特点分：梁桥、拱桥、刚构桥、悬索桥、斜拉桥等组合体系桥。

梁桥主受弯，在竖向荷载作用下结构一般不产生推力。拱桥主受压，在水平荷载作用下主拱有推力产生，因而主拱可以采用抗压能力强的圬工材料。刚架桥受力性能介于梁桥与拱桥之间。悬索桥主缆主受拉，主缆一般采用抗拉强度大的钢丝束股，因而跨径大。组合体系桥梁是几种结构体系组合，例如斜拉桥就是主梁（受弯）与斜缆（受拉）的组合体系。

2.3.7.3 桥梁总体设计

桥梁按照"安全、适用、经济、耐久、美观和有利于环保"的原则进行设计。

桥梁设计程序包括前期工序（预可阶段和工可阶段）和三阶段设计（初步设计、技术设计和施工图设计）。

对于桥位的选择与布置，大、中桥原则上服从道路路线的总体要求，并综合考虑确

定，一般应选择 2～3 个可能桥位，进行各方面的综合比选，以确定最合理桥位。中、小桥涵的位置应服从路线走向。桥梁的线形应尽量采用直线或标准跨径。

桥梁的分孔关系到桥梁的总造价。跨径越大孔径越少，上部结构造价就越高，而墩台的造价就越低。当使每孔桥梁上部结构与下部结构造价大体相当为最优。一般先设通航孔，其余跨径按经济跨径布置。

对于桥跨结构结构型式的选择，不同桥跨结构型式均有其适用跨径、结构的力学特性和对地基基础的不同要求。按照桥位处河床的具体情况和拟定的桥梁结构跨径进行组合配置，选出适当的桥跨结构，拟定结构的主要尺寸。对于特大桥和大桥的主桥，应采用成熟的先进技术，以其技术的先进性，把适用、安全、经济、美观和有利于环保的原则落实。特大桥和大桥的引桥、中小桥，一般采用成熟的标准结构，做到经济、合理。

对于桥墩和基础型式的选择，首先应明确桥墩的冲刷线标高。仔细、认真分析桥位处地质勘察资料，按照选择的桥跨结构型式，估算桥墩的设计荷载（竖向、水平荷载），确定基础可能的持力层。按照上下部结构相协调的原则选择桥墩型式，综合考虑桥跨结构、墩台与基础的相互作用，选择桥梁基础型式，估算、确定它们的尺寸。同时按照桥位处河流的水文、地质情况，拟定基础施工方案。

桥梁的横断面宽度应与所衔接道路的路幅尽可能保持一致。桥梁除满足桥下泄洪或其他交通要求外，还应满足桥上道路纵断面线形的设计要求。

在进行深入研究后，为了获得适用、安全、经济、美观的桥梁设计，在可行性研究和初步设计阶段，都应综合各项技术条件，做出基本满足要求的多种不同的设计方案，通过技术、经济、美观、环保、运营、施工、养护等方面的综合比较，比选出最佳设计方案。

2.3.7.4　桥梁结构的设计方法

与建筑结构相比，桥梁设计也采用概率极限状态设计法，两者极限状态的定义与分类是相同的，设计基准期有所不同（建筑结构为 50 年，桥梁结构为 100 年）。

2.3.7.5　桥梁的作用

1. 作用的分类

桥梁结构的作用划分为：

（1）永久作用（恒载）：结构重力（包括结构附加重力），预加力，土的重力和土侧压力，混凝土收缩及徐变影响力，水的浮力及基础变位作用。

（2）可变作用：可变作用有 11 种，即汽车荷载、汽车冲击力、汽车离心力、汽车引起的土侧压力、人群荷载、汽车制动力、风荷载、流水压力、冰压力、温度（均匀温度和梯度温度）作用、支座摩阻力等。

公路汽车荷载划分为公路Ⅰ级和公路Ⅱ级两个等级。汽车荷载由车道荷载和车辆荷载组成。桥梁结构的整体计算采用车道荷载；桥梁结构的局部加载、涵洞、桥台和挡土墙土压力等的计算采用车辆荷载；车道荷载与车辆荷载的作用不得叠加。多车道桥上的汽车荷载应考虑多车道折减，当桥梁跨径大于 150m 时，汽车荷载应考虑纵向折减。

（3）偶然作用：如地震作用、船只或漂流物撞击作用、汽车撞击作用。

2. 作用效应组合

（1）承载力极限状态下，公路桥涵采用基本组合和偶然组合两种效应组合形式。

基本组合，即永久作用的设计值效应与可变作用设计值效应相组合，表达式为：

$$\gamma_0 S_{ud} = \gamma_0 \left(\sum_{i=1}^{m} \gamma_{Gi} S_{Gik} + \gamma_{Q1} S_{Q1k} + \psi_c \sum_{j=2}^{n} \gamma_{Qj} S_{Qjk} \right) \quad (2\text{-}331)$$

或

$$\gamma_0 S_{ud} = \gamma_0 \left(\sum_{i=1}^{m} S_{Gid} + S_{Q1d} + \psi_c \sum_{j=2}^{n} S_{Qjd} \right) \quad (2\text{-}332)$$

偶然组合，即永久作用标准值效应与可变作用某种代表值效应、一种偶然作用效应标准值效应相组合。偶然作用的效应分项系数取 1.0。

（2）正常使用极限状态设计时，所涉及的是构件的抗裂、裂缝宽度和挠度。短期效应组合（永久作用标准值与可变作用频遇值效应组合）和长期效应组合（永久作用标准值与可变作用准永久值效应组合）形式。

短期效应组合：

$$S_{sd} = \sum_{i=1}^{m} S_{Gik} + \sum_{j=1}^{n} \psi_{1j} S_{Qjk} \quad (2\text{-}333)$$

长期效应组合：

$$S_{ld} = \sum_{i=1}^{m} S_{Gik} + \sum_{j=1}^{n} \psi_{2j} S_{Qjk} \quad (2\text{-}334)$$

2.3.7.6 桥梁基本构件的计算

1. 持久状态承载能力极限状态计算

公路桥涵的持久状况设计应按承载能力极限状态的要求，对构件进行承载力及稳定计算，必要时应进行结构的倾覆和滑移的验算。在进行承载能力极限状态设计时，作用（或荷载）的效应（其中汽车荷载应计入冲击系数）应采用其组合设计值；结构材料性能采用其强度设计值。

桥梁混凝土及预应力混凝土受弯构件正截面抗弯承载力计算、斜截面抗剪承载力计算，受压构件（包括轴心受压构件和偏心受压构件）正截面抗压承载力计算、受拉构件正截面抗拉承载力计算、受扭构件抗扭承载力计算、受冲切构件抗冲切承载力计算、局部承压构件局部抗压承载力计算原理同建筑结构。

2. 持久状态正常使用极限状态计算

正常使用极限状态下，桥梁混凝土及预应力混凝土结构构件抗裂验算、裂缝宽度验算、挠度验算的计算原理同建筑结构。

3. 预应力混凝土简支梁截面配筋设计的主要内容

预应力混凝土简支梁的设计主要包括截面设计、钢筋数量估算以及构造要求等内容。简支梁首先应满足承载力要求。

为保证结构的正常使用，在正常使用极限状态下，构件的抗裂性和结构变形必须满足规范规定的限值。对于允许出现裂缝的构件，其裂缝宽度也应限制在允许范围之内。

在持久使用荷载作用下，构件的正截面压应力、斜截面主压应力和钢筋拉应力不应超过《公路钢筋混凝土及预应力混凝土桥涵设计规范》规定要求。

为保证构件在制造、运输、安装时的安全，对于短暂状况下的构件的截面应力同样应满足《公路钢筋混凝土及预应力混凝土桥涵设计规范》的有关规定。

4. 圬工结构构件的设计与计算

混凝土和砌体构件的设计，采用概率极限状态设计原则和分项安全系数表达的方法。

(1) 砌体（包括砌体与混凝土组合）受压构件承载力计算

当偏心距 $e \leqslant 0.6s$（基本组合）时或 $e \leqslant 0.7s$（偶然组合）时，承载力按下式计算：

$$\gamma_0 N_d \leqslant \varphi A f_{cd} \tag{2-335}$$

(2) 混凝土偏心受压构件的承载力计算

当偏心距 $e \leqslant 0.6s$（基本组合）时或 $e \leqslant 0.7s$（偶然组合）时，承载力按下式计算：

$$\gamma_0 N_d \leqslant \varphi A_c f_{cd} \tag{2-336}$$

对矩形截面，单向偏心受压时：

$$\gamma_0 N_d \leqslant \varphi f_{cd} b(h - 2e) \tag{2-337}$$

对矩形截面，双向偏心受压时：

$$\gamma_0 N_d \leqslant \varphi f_{cd} [(h - 2e_y)(b - 2e_x)] \tag{2-338}$$

当偏心距 $e > 0.6s$（基本组合）时或 $e > 0.7s$（偶然组合）时，承载力按下式计算：

单向偏压：

$$\gamma_0 N_d \leqslant \varphi \frac{f_{tmd} A}{\frac{Ae}{W} - 1} \tag{2-339}$$

双向偏压：

$$\gamma_0 N_d \leqslant \varphi \frac{f_{tmd} A}{\frac{Ae_x}{W_y} + \frac{Ae_y}{W_x} - 1} \tag{2-340}$$

(3) 正截面受弯构件

$$\gamma_0 M_d \leqslant W f_{tmd} \tag{2-341}$$

(4) 砌体构件或混凝土构件直接受剪

$$\gamma_0 V_d \leqslant A f_{vd} + \frac{1}{1.4} \mu_f N_k \tag{2-342}$$

(5) 混凝土局部承压

$$\gamma_0 N_d \leqslant 0.9 \beta A_l f_{cd} \tag{2-343}$$

2.3.7.7 混凝土梁式桥的计算

1. 行车道板的计算

行车道板既是主梁的一部分，又是直接承受车轮荷载的受力构件。在工程中常见的是单向板、悬臂板和铰接悬臂板。汽车车轮作为局部荷载作用在桥面上，并通过桥面铺装层扩散到桥面板上。板在局部荷载作用下，不仅直接承压部分的板带参加工作，与其相邻的部分板带也会分担部分荷载共同参与工作。因此，在桥面板的计算中，就需要确定板的有效分布宽度。其实质就是将局部荷载在板的一定区域内等效成均布荷载，然后将这部分板按均布荷载，取单元宽度，按结构力学方法计算板的内力。板的分布宽度根据板的类型（单向板、双向板或悬臂板）及局部荷载距离板支撑位置不同而有所差别。本节内容可以和建筑结构楼面在设备基础作用下等效均布荷载确定方法进行对比学习。在恒载作用下，板的内力按结构力学取单元计算宽度进行计算。

2. 荷载横向分布系数计算

荷载横向分布的主要计算方法有杠杆原理法、偏心压力法、横向铰接板（梁）法、横向刚接梁法、比拟正交异性板法。其中杠杆原理法把横向结构（桥面板和横隔梁）视作在主梁上断开而简支在其上的简支梁。偏心压力法把横梁视作刚性极大的梁，当计及主梁抗扭刚度的影响时，称为修正的偏心压力法。

3. 简支梁桥主梁内力计算

对于作用于主梁的结构重力和通过横向分布系数求得的汽车、人群的作用力，可按一般工程力学的方法计算主梁的截面内力（弯矩 M 和剪力 V）。已知截面内力后，即可按钢筋混凝土和预应力混凝土结构的计算原理进行主梁各截面的配筋设计或验算。

对于一般小跨径简支梁，通常只需计算跨中截面的最大弯矩和支点截面及跨中截面剪力。对于跨径较大的简支梁，一般还应计算跨径四分之一截面处的弯矩和剪力。

(1) 结构重力计算

可按一般工程力学公式计算梁内各截面的弯矩和剪力。

(2) 可变作用结构内力计算

当求得汽车、人群的横向分布系数后，就可具体确定作用在一根主梁上的作用力数值，再用一般工程力学方法来计算作用效应。

1) 汽车荷载作用下的内力计算公式

$$S_q = (1+\mu) \cdot \xi \cdot m_{cq} \cdot (q_k \cdot \Omega + p_k y_i) \tag{2-344}$$

2) 人群荷载作用下内力计算公式

$$S_r = m_{cr} \cdot q_r \cdot \Omega \tag{2-345}$$

4. 横隔梁内力计算

可用偏心压力法来计算横隔梁内力。求得横隔梁内力后，就可按钢筋混凝土和预应力混凝土结构的计算原理配置钢筋并进行强度计算或验算应力。

5. 连续梁桥内力计算

预应力混凝土连续梁桥属于超静定结构，因此应考虑预加力、混凝土的收缩、徐变、基础沉降及温度变化引起结构的次内力。

(1) 恒载内力计算

对于连续梁桥等超静定结构，结构自重产生的内力应根据它所采用的施工方法来确定其计算图示。连续梁桥施工方法主要有：有支架施工法、逐孔施工法、悬臂施工法和顶推施工法等。上述几种方法中，除有支架施工一次落梁法的连续梁桥可按成桥结构进行分析外，其余几种方法施工的连续梁都存在结构体系转换和内力叠加的问题。

(2) 活载内力计算

活载内力是在桥梁使用阶段所产生的结构内力，与施工方法无关，力学计算图式明确。当梁桥采用 T 形或箱形截面且肋数较多时，应考虑结构空间受力特点，进行活载内力计算；当桥梁采用单箱单室截面时，可按平面杆系结构进行活载内力计算。

6. 梁桥支座

梁式桥支座一般分成分为固定支座和活动支座两种，两者区别在能否限制梁体的水平位移。支座的布置应有利于墩台传递水平力的原则。

我国目前使用最广泛的是橡胶支座，一般可分为板式橡胶支座、四氟橡胶滑板式支座、球冠圆板式支座和盆式橡胶支座四类。应会计算、选用各类橡胶支座。

2.3.7.8 拱桥

在竖向荷载作用下，拱的两端支承处除竖向反力外，还有水平推力。由于水平推力的作用，使拱桥的弯矩比相同跨径的梁桥弯矩小得多，拱圈截面以上承受压力为主。

1. 拱桥的组成与类型

拱桥的桥跨结构由主拱圈和拱上建筑组成，拱桥的下部结构由桥墩、桥台和基础组成。

一般的拱桥以裸拱作为主要承重结构，按照不同的静力图式，主拱圈可分为三铰拱、两铰拱和无铰拱。

按主拱圈截面型式不同，可分为板拱、肋拱、双曲拱和箱型拱等。

2. 拱桥设计要点

(1) 轴线选择

选择拱轴线的原则是：各施工阶段和使用过程中，全拱范围内各截面的纵向力的偏心距较小。

对于中小桥的拱轴线，常采用不考虑弹性压缩的恒载压力线（合理拱轴线），方程为：

$$y_1 = \frac{f}{m-1}(chk\xi - 1) \tag{2-346}$$

空腹式拱桥的拱轴线，使用"五点重合法"，即使拱顶、四分之一点、拱脚等五点与结构压力线相重合。

对于大跨径拱桥的拱轴线，常需优选决定。

(2) 拱桥内力计算与验算

拱桥在总体布置和拱轴线确定后，即可计算各截面的内力。一种方法是利用拱桥手册，通过查询手册中相应的计算公式和用表，参照范例进行拱圈内力计算。另一种方法通过有限元程序计算。

拱桥应验算各阶段的截面强度和整体"强度-稳定"验算。

2.3.7.9 桥梁的墩台和基础

桥梁墩台和基础作用是支承桥梁上部结构并传递其荷载至基础。

1. 墩台及基础类型

桥梁墩台主要由桥墩（台）帽、墩（台）身及基础组成，一般分为重力式墩台和轻型墩台两类。

桥梁的基础根据埋置深度不同分为浅基础和深基础两类。一般将埋置深度在5m以内的称为浅基础，当埋置深度大于5m时，一般采用桩基、沉井等深基础。

2. 桥梁墩台的设计

桥梁墩台的荷载除承受上部结构传递的荷载外，还应考虑直接受到的自重、风力、水的浮力、土压力、流水压力、冰压力以及地震力、船只或漂浮物的撞击力和基础变位的影响力等。各种荷载作用下，应以对墩身、基础承载力最不利情况，考虑可能出现的荷载计算。

考虑墩台的活荷载时，应考虑墩身、基础和地基的工作特性，以不同的车辆布载方式进行计算。

墩身应按桥墩结构特性进行计算。对于重力式圬工墩身，要验算其抗压强度、荷载偏心距和抗剪强度等；对于高度大于20m的重力式桥墩还应验算其稳定性。对于钢筋混凝土墩台、盖梁，还应按静力图式验算。

2.3.7.10 典型例题

某一级公路设计行车速度$V = 100$km/h，双向六车道，汽车荷载采用公路-Ⅰ级。其公路上有一座计算跨径为 40m 的预应力混凝土箱型简支桥梁，采用上、下分幅分离式横断面。混凝土强度等级为 C50。横断面布置如图 2-6 所示（2006 年考题）。

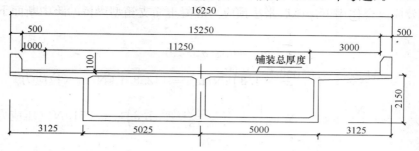

图 2-6 单幅桥横断面图（单位 mm）

1. 计算该箱型梁桥汽车车道荷载时，应按横向偏载考虑。假定车道荷载冲击系数 $\mu = 0.215$，车道横向折减系数为 0.67，扭转影响对箱型梁内力的不均匀系数 $K=1.2$。试问，该箱型梁桥跨中断面，由汽车车道荷载产生的弯矩作用标准值（kN·m），应与下列何项数值最为接近？（　　）

A. 21000　　　　　B. 21500　　　　　C. 22000　　　　　D. 22500

正确答案：A。

解答过程：

根据《公路桥涵设计通用规范》中 4.3.1 条第 7 款表 4.3.1-3，双向行驶，桥面宽 15.25m，应按四车道计算汽车设计车道荷载。根据第 4 款，公路-Ⅰ级车道荷载的均布荷载标准值 $q_k = 10.5 \text{kN/m}$，集中荷载 $P_k = [180+4\times(40-5)]\text{kN} = 320\text{kN}$。车道横向折减系数为 0.67，扭转影响对箱型梁内力的不均匀系数 $K=1.2$，则跨中截面由汽车车道荷载产生的弯矩作用标准值为：

$$M_{Qik} = 4 \times 0.67 \times K \times \left(\frac{1}{8}q_k l_0^2 + \frac{1}{4}P_k l_0\right)(1+\mu)$$
$$= 4 \times 0.67 \times 1.2 \times (10.5 \times 40^2/8 + 320 \times 40/4) \times 1.215 \text{kN·m}$$
$$= 20709 \text{kN·m}$$

分析：

本题考查桥梁结构内力计算。要求熟悉《公路桥涵设计通用规范》相关条文。涉及的知识点有：结构力学中简支梁跨中弯矩的计算及影响线知识；桥梁相关基本概念。

2. 计算该后张法预应力混凝土简支箱型梁桥跨中截面时，所采用的有关数值为：$F=9.6\text{m}^2$，$h=2.25\text{m}$，$I_0=7.75\text{m}^4$；中性轴至上翼缘边缘距离为 0.95m，至下翼缘边缘距离为 1.3m；混凝土强度等级为 C50，$E_c = 3.45 \times 10^4 \text{MPa}$；预应力钢束合力点距下边缘距离为 0.3m。假定，在正常使用极限状态短期效应组合作用下，跨中断面弯矩永久作用标准值与可变作用频遇值的组合设计值 $S_{sd} = 85000\text{kN·m}$，试问，该箱型梁桥按全预应力混凝土构件设计时，跨中断面所需的永久有效最小预应力值（kN），应与下列何项数值最为接近？（　　）

A. 61000　　　　　B. 61500　　　　　C. 61700　　　　　D. 62000

正确答案：C。

解答过程：

根据《公路钢筋混凝土及预应力混凝土桥涵设计规范》第6.3.1条，全预应力混凝土构件，短期效应组合作用下，该后张法预应力混凝土简支箱型梁桥的跨中断面下翼缘边缘应满足：

$$\sigma_{st} - 0.85\sigma_{pc} \leqslant 0$$

而 $\sigma_{st} = \dfrac{M_{sd}}{I_0} y_0 = \left(\dfrac{85000}{7.75} \times 1.3\right) \text{kN/m}^2 = 14258.1 \text{ kN/m}^2$（拉应力）

$\sigma_{pc} = \dfrac{N_p}{A_n} + \dfrac{N_p e_{pn}}{I_n} y_n = N_p \left(\dfrac{1}{9.6} + \dfrac{1.3-0.3}{7.75} \times 1.3\right) = 0.2719 N_p$（压应力）

从而有
$N_p \geqslant 14258.1/(0.85 \times 0.2719) \text{kN} = 61693 \text{kN}$

分析：
本题考查对预应力基本概念的理解。

3. 该箱形梁桥按承载能力极限状态设计时，假定跨中断面永久作用弯矩设计值为65000kN·m，由汽车车道荷载产生的弯矩设计值为25000kN·m（已计入冲击系数），其他二种可变荷载产生的弯矩设计值为9600kN·m。试问，该箱形简支梁中，跨中断面基本组合的弯矩组合设计值（kN·m），应与下列何项数值最为接近？（　　）

A．91000　　　　　　B．93000　　　　　　C．95000　　　　　　D．97000

正确答案：D。

解答过程：

根据《公路桥涵设计通用规范》第4.1.6条，安全等级为二级，

$$M_{ud} = S_{Gd} + S_{Q1d} + \psi_c \sum_{j=2}^{n} S_{Qjd} = (65000 + 25000 + 0.7 \times 9600) \text{kN} \cdot \text{m}$$
$$= 96720 \text{kN} \cdot \text{m}$$
$$= 96720 \text{kN} \cdot \text{m}$$

分析：
本题考查桥梁荷载组合基本知识。

本 章 小 结

通过本章学习，应了解注册结构工程师执业资格考试的目的、意义及特点，了解注册结构工程师基础考试的基本要求和基本内容，熟悉注册结构工程师专业考试的基本要求和基本内容，明确考试内容和相关课程的内在联系。

一级注册结构工程师基础考试目的是测试考生是否基本掌握进入结构工程设计实践所必须具备的基础及专业理论知识，专业考试在考生通过基础考试的基础上进行，目的是测试考生是否已具备按照国家法律及设计规范进行结构工程设计、保证工程的安全可靠和经济合理的能力。

注册结构工程师执业资格考试是一种执业能力的考试，考察的是考生对规范规定的理解程度和解决实际工作问题的能力。参加注册结构工程师执业资格考试需要一定学历要求及职业实践要求。

注册结构工程师考试实行全国统一大纲、统一命题、统一组织的办法，原则上每年举行一次。

一级注册结构工程师基础考试内容涵盖了大学本科教育阶段基础理论课程（高等数学、普通物理、普通化学、电工电子技术、计算机应用基础）、土木结构类四大力学课程（理论力学、材料力学、结构力学、流体力学）及其他技术基础课程（土木工程材料、工程测量、工程经济）、专业课程（结构设计、土力学与地基基础、土木工程施工与管理、职业法规及结构试验），要求重点掌握基本概念、基本理论知识。

一级注册结构工程师专业课程覆盖了土木结构类专业（主要是房屋建筑）几乎所有的结构专业课程（混凝土结构、钢结构、砌体结构与木结构、地基与基础、高层结构、高耸结构及桥梁结构），要求掌握结构及构件设计知识及构造措施，吃透规范条文，加强计算能力，掌握考试大纲、相关规范及课程之间的内在联系。

考试内容与主要课程对应关系见下表：

本章考试内容与主要课程对应关系表

序号	考试内容	主要对应课程名称	备注
1	2.1 注册结构工程师执业资格考试简介	土木工程行业执业资格考试概论	
2	2.2.1.1 高等数学	高等数学、线性代数、概率论与数理统计	
3	2.2.1.2 普通物理	普通物理或大学物理	
4	2.2.1.3 普通化学	普通化学或大学化学	
5	2.2.1.4 电工电子技术	电工与电子技术 或电工技术基础 或电工学	
6	2.2.1.5 计算机应用基础	计算机文化基础、程序设计基础	
7	2.2.2.1 理论力学	理论力学	
8	2.2.2.2 材料力学	材料力学	
9	2.2.2.3 结构力学	结构力学	
10	2.2.2.4 流体力学	流体力学	
11	2.2.3.1 土木工程材料	土木工程材料	
12	2.2.3.2 工程测量	测量学或工程测量	
13	2.2.3.3 工程经济学	工程经济与企业管理 或工程经济学	
14	2.2.4.1 结构设计	混凝土结构基本原理 混凝土结构设计 钢结构基本原理 钢结构设计 砌体结构	

续表

序号	考试内容	主要对应课程名称	备注
15	2.2.4.2 土力学与地基基础	土力学与地基基础	
16	2.2.4.3 土木工程施工与管理	土木工程施工技术 土木工程施工组织	1. 有的高校将土木工程施工技术与土木工程施工组织合为一门课 2. 不同学校名称略有差别
17	2.2.4.4 职业法规	建设法规	
18	2.2.4.5 结构试验	结构试验	
19	2.3.2 混凝土结构	混凝土结构基本原理 混凝土结构设计	不同学校名称略有差别
20	2.3.3 钢结构	钢结构基本原理 钢结构设计	不同学校名称略有差别
21	2.3.4 砌体结构与木结构	砌体结构	1. 有的高校将砌体结构与混凝土结构合在一起； 2. 木结构一般不单独开课
22	2.3.5 地基与基础	土力学与地基基础	
23	2.3.6 高层建筑结构、高耸结构及横向作用	高层建筑结构设计	高耸结构及横向作用一般不单独开课
24	2.3.7 桥梁结构	桥梁工程 结构设计原理	

注：建筑结构抗震设计课程在高校课程设置中单独开设，贯穿于注册结构工程师专业考试房屋结构的混凝土结构、钢结构、高层建筑结构及地基与基础等各门学科。

本章参考文献

[1] 中华人民共和国国家标准．建筑结构荷载规范（GB 50009—2001）（2006年版）[S]．北京：中国建筑工业出版社．2006．

[2] 中华人民共和国国家标准．建筑抗震设计规范（GB 50011—2001）（2008年版）[S]．北京：中国建筑工业出版社．2001．

[3] 中华人民共和国国家标准．建筑地基基础设计规范（GB 50007—2002）[S]．北京：中国建筑工业出版社．2002．

[4] 中华人民共和国国家标准．建筑地基处理技术规范（JGJ 79—2002、J220—2002）[S]．北京：中国建筑工业出版社，2002．

[5] 中华人民共和国国家标准．混凝土结构设计规范（GB 50010—2002）[S]．北京：中国建筑工业出版社，2002．

[6] 中华人民共和国国家标准．钢结构设计规范（GB 50017—2003）[S]．北京：中国计划出版社，2003．

[7] 中华人民共和国国家标准．高层民用建筑钢结构技术规程（JGJ 99—98）[S]．北京：中国建筑工业出版社，1998．

[8] 中华人民共和国国家标准．砌体结构设计规范（GB 50003—2001）[S]．北京：中国建筑工业出版

社，2001.

[9] 中华人民共和国国家标准. 木结构设计规范(GB 50005—2003)(2005年版)[S]. 北京：中国建筑工业出版社，2005.

[10] 中华人民共和国国家标准. 烟囱设计规范(GB 50051—2002)[S]. 北京：中国建筑工业出版社，2002.

[11] 中华人民共和国国家标准. 高层建筑混凝土结构技术规程(JGJ 3—2002、J 186—2002)[S]. 北京：中国建筑工业出版社，2002.

[12] 中华人民共和国国家标准. 公路桥涵设计通用规范(JTGD 60—2004)[S]. 北京：人民交通出版社，2004.

[13] 中华人民共和国国家标准. 公路圬工桥涵设计规范(JTGD 61—2005)[S]. 北京：人民交通出版社，2005.

[14] 中华人民共和国国家标准. 公路钢筋混凝土及预应力混凝土桥涵设计规范(JTGD 62—2004)[S]. 北京：人民交通出版社，2004.

[15] 中华人民共和国国家标准. 公路桥涵地基与基础设计规范(JTGD 63—2007)[S]. 北京：人民交通出版社，2007.

[16] 中华人民共和国国家标准. 公路桥涵钢结构及木结构设计规范(JTJ 025—86)[S]. 北京：人民交通出版社，1986.

[17] 中华人民共和国国家标准. 公路工程抗震设计规范(JTJ 004—89)[S]. 北京：人民交通出版社．1989.

[18] 中华人民共和国国家标准. 公路桥涵施工技术规范(JTJ 041—2000)[S]. 北京：人民交通出版社，2000.

[19] 中华人民共和国国家标准. 公路工程技术标准(JTGB 01—2003)[S]. 北京：人民交通出版社，2003.

[20] 朱炳寅. 对备考注册结构工程师执业资格考试的几点建议[J]. 建筑结构，2006(5).

[21] 赵赤云主编. 2008全国一、二级注册结构工程师执业资格考试-专业考试考前30天冲刺[M]. 北京：中国电力出版社，2008.

[22] 周云. 一级注册结构工程师基础考试复习题集[M]. 北京：中国建筑工业出版社，2004.

[23] 陈跃东. 100天突破一级注册结构工程师(房屋结构)执业资格考试基础考试复习指南[M]. 北京：人民交通出版社，2004.

[24] 周奎，郑七振主编. 2008全国一级结构工程师执业资格考试历年真题解析及模拟试题-专业部分(第二版)[M]. 武汉：华中科技大学出版社，2008.

[25] 孙芳垂，徐健. 一、二级注册结构工程师专业考试复习教程(第四版)[M]. 北京：中国建筑工业出版社，2008.

[26] 龚绍熙. 新编注册结构工程师专业考试教程(第二版)[M]. 北京：中国建材工业出版社，2006.

第3章 注册土木工程师（岩土）执业资格考试

本章导读：本章的主要内容为：介绍注册土木工程师（岩土）执业考试的发展、特点以及注册土木工程师（岩土）的权利和义务；介绍注册土木工程师（岩土）执业资格基础考试大纲要求和部分基本内容；重点介绍注册土木工程师（岩土）执业资格专业考试的要求、内容及重点。通过本章学习，可了解注册土木工程师（岩土）执业资格考试的目的、意义及特点，了解注册土木工程师（岩土）基础考试的基本要求和基本内容，熟悉注册土木工程师（岩土）专业考试的基本要求和基本内容。

3.1 注册土木工程师（岩土）执业资格考试简介

继我国实行注册建筑师制度和注册结构工程师制度后，1998年在我国又开始推行注册岩土工程师执业资格制度。注册土木工程师（岩土），是指取得《中华人民共和国注册土木工程师（岩土）执业资格证书》和《中华人民共和国注册土木工程师（岩土）执业资格注册证书》，从事岩土工程工作的专业技术人员。2009年，为尽快实施注册土木工程师（岩土）执业管理制度，落实专业技术人员的法律责任，保障岩土工程项目的质量和安全，住房和城乡建设部制定颁布了《注册土木工程师（岩土）执业及管理工作暂行规定》。规定自2009年9月1日起，凡《工程勘察资质标准》规定的甲级、乙级岩土工程项目，统一实施注册土木工程师（岩土）执业制度。

注册土木工程师（岩土）执业资格考试已经纳入我国专业技术人员执业资格制度。今后从事岩土工程的技术人员必须具有注册土木工程师（岩土）的执业资格，凡注册土木工程师（岩土）执业范围内的主要技术文件均应由注册土木工程师（岩土）签字盖章后方可生效，可见取得注册土木工程师（岩土）的执业资格的重要意义是不言而喻的。

3.1.1 注册土木工程师（岩土）执业资格考试的发展

建设部自1998年前后启动了注册岩土工程师的前期工作，人事部、建设部2002年4月8日颁布了《注册土木工程师（岩土）执业资格制度暂行规定》。《暂行规定》中明确：注册土木工程师（岩土）执业资格制度纳入国家专业技术人员执业资格制度，由建设部、人事部和国务院各有关部门及岩土工程专业的专家组成全国勘察设计注册工程师岩土工程专业管理委员会，具体负责注册土木工程师（岩土）执业资格的考试和注册等工作。岩土工程专业委员会负责拟定岩土工程专业考试大纲和命题、编写培训教材或指定考试用书等工作，统一规划考前培训工作。全国勘察设计注册工程师管理委员会负责审定考试大纲、年度试题、评分标准与合格标准。

注册土木工程师（岩土）执业资格考试实行全国统一大纲、统一命题、统一组织的办法，原则上每年举行一次。岩土工程专业委员会负责拟定岩土工程专业考试大纲和命题、编写培训教材或制定考试用书等工作，统一规划考前培训工作。全国勘察设计注册工程师管理委员会负责审定考试大纲、年度试题、评分标准与合格标准。注册土木工程师（岩土）执业资格考试由基础考试和专业考试组成。参加基础考试合格并按规定完成职业实践年限者，方能报名参加专业考试。其中，基础考试的内容与要求等均与注册结构工程师一致。申请参加基础考试者，需具备以下条件之一：

1. 取得本专业（指勘查技术与工程、土木工程、水利水电工程、港口航道与海岸工程专业）或相近专业（指地质勘探、环境工程、工程力学专业，下同）大学本科及以上学历或学位；

2. 取得本专业或相近专业大学专科学历，从事岩土工程专业工作满1年；

3. 取得其他工科专业大学本科及以上学历或学位，从事岩土工程专业工作满1年。

基础考试合格，并具备以下条件之一者，可申请参加专业考试：

1. 取得本专业博士学位，累计从事岩土工程专业工作满2年；或取得相近专业博士学位，累计从事岩土工程专业工作满3年。

2. 取得本专业硕士学位，累计从事岩土工程专业工作满3年；或取得相近专业硕士学位，累计从事岩土工程专业工作满4年。

3. 取得本专业双学士学位或研究生班毕业，累计从事岩土工程专业工作满4年；或取得相近专业双学士学位或研究生班毕业，累计从事岩土工程专业工作满5年。

4. 取得本专业大学本科学历，累计从事岩土工程专业工作满5年；或取得相近专业大学本科学历，累计从事岩土工程专业工作满6年。

5. 取得本专业大学专科学历，累计从事岩土工程专业工作满6年；或取得相近专业大学专科学历，累计从事岩土工程专业工作满7年。

6. 取得其他工科专业大学本科及以上学历或学位，累计从事岩土工程专业工作满8年。

2003年注册土木工程师（岩土）执业资格考试实施办法中，首次执业资格考试针对部分工程技术人员规定满足相应条件者，可免基础考试，只需参加专业考试。2003年至今已进行了六次注册土木工程师（岩土）执业资格考试。对于绝大部分岩土工程的从业人员而言，必须通过执业资格考试才能获得注册土木工程师（岩土）的执业资格。

3.1.2 注册土木工程师（岩土）执业资格考试的特点

相对土木工程其他专业而言，岩土工程更为复杂、多变，涉及的专业知识面更广。解决岩土工程实际问题，经验与原则更胜于理论与计算。执业资格考试是对从业人员掌握岩土工程基本理论与计算方法的基本测试，是考核每个从业人员是否具备了执业的基本素质。只有在掌握了基本理论与计算方法之后才能在实践中积累经验，在工程中灵活应用解决问题的基本原则。

注册岩土工程师考试分两阶段进行，第一阶段是基础考试，在考生大学本科毕业后按相应规定的年限进行，其目的是测试考生是否基本掌握进入岩土工程实践所必须具备的基础及专业理论知识；第二阶段是专业考试，在考生通过基础考试，并在岩土工程工作岗位实践了规定年限的基础上进行，其目的是测试考生是否已具备按照国家法律、法规及技术规范进行岩土工程的勘察、设计和施工的能力和解决实践问题的能力。基础考试与专业考试各进行一天，分上、下午两段，各4个小时。

注册土木工程师（岩土）基础考试为闭卷考试，上午段主要测试考生对基础科学的掌握程度，设120道单选题，每题1分，分9个科目：高等数学、普通物理、理论力学、材料力学、流体力学、建筑材料、电工学、工程经济，下午段主要测试考生对岩土工程直接有关专业理论知识的掌握程度，设60道题，每题2分，分7个科目：工程地质、土力学与地基基础、弹性力学结构力学与结构设计、工程测量、计算机与数值方法、建筑施工与管理、职业法规。上、下合计180题，考试时间总计为8小时，满分为240分。

注册土木工程师（岩土）执业资格专业考试分2天进行，第1天为专业知识考试，第2天为专业案例考试，专业知识和专业案例考试时间均为6小时，上、下午各3小时。

第一天为知识概念性考题，上、下午各70题，前40题为单选题，每题分值为1分，后30题为多选题，每题分值为2分，试卷满分200分；第二天为案例分析题，上、下午各30题，实行30题选25题做答的方式，多选无效。如考生作答超过25道题，按题目序号从小到大的顺序对作答的前25道题计分及复评试卷，其他作答题目无效。每题分值为2分，满分100分。

考试题型由概念题、综合概念题、简单计算题、连锁计算题及综合分析题组成，连锁题中各小题的计算结果一般不株连。

专业知识试卷由8个专业（科目）的试题构成，分别为：岩土工程勘察、浅基础、深基础、地基处理、土工结构与边坡防护、基坑与地下工程、特殊条件下的岩土工程、地震工程、岩土工程检测与监测、工程经济与管理；专业案例试卷由11个专业（科目）的试题组成，包括：岩土工程勘察、岩土工程设计基本原则、浅基础、深基础、地基处理、土工结构与边坡防护、基坑工程与地下工程，特殊条件下的岩土工程、岩土工程检测与监测、地震工程、工程经济与管理。注册土木工程师（岩土）专业考试为非滚动管理考试，且为开卷考试，考试时允许考生携带正规出版社出版的各种专业规范和参考书进入考场。

2009年国家颁布新的《勘察设计注册工程师资格考试公共基础考试大纲》，新考试大纲将勘察设计注册工程师公共基础知识要求定位在"工程科学基础"、"现代工程技术基础"和"现代工程管理基础"三个方面，其中包含理论性、方法性、技术性和知识性四个层次的基本要求。所包含的四个层次知识要求是从勘察设计注册工程师执业资格考试的角度提出的，是对工程师执业所必须具备的基本素养的检验。新大纲中"工程科学基础"部分共78题，包括数学基础24题，理论力学基础12题，物理基础12题，材料力学基础12题，化学基础10题，流体力学基础8题；"现代工程技术基础"部分共28题，包括电气技术基础12题，计算机基础10题，信号与信息基础6题；"现代工程管理基础"部分共14题，包括工程经济基础8题，法律法规6题。试卷题目数量合计120题，每题1分，满分为120分。考试时间为4小时。

3.1.3 注册土木工程师（岩土）执业及管理规定

注册土木工程师（岩土）执业资格考试合格者，由省、自治区、直辖市人事行政部门颁发人事部统一印制，人事部、建设部用印的《中华人民共和国注册土木工程师（岩土）执业资格证书》。由岩土工程专业委员会向准予注册的申请人核发由全国勘察设计注册工程师管理委员会统一制作的《中华人民共和国注册土木工程师（岩土）执业资格证书》和执业印章，经注册后，方可在规定的业务范围内执业。注册土木工程师（岩土）执业资格注册有效期为2年。有效期满需继续执业的，应在期满前30日内办理再次注册手续。

在2009年颁布的《注册土木工程师（岩土）执业及管理工作暂行规定》中，明确规定了注册土木工程师（岩土）的执业范围：

1. 岩土工程勘察。与各类建设工程项目相关的岩土工程勘察、工程地质勘察、工程水文地质勘察、环境岩土工程勘察、固体废弃物堆填勘察、地质灾害与防治勘察、地震工程勘察。

2. 岩土工程设计。与各类建设工程项目相关的地基基础设计、岩土加固与改良设计、边坡与支护工程设计、开挖与填方工程设计、地质灾害防治设计、地下水控制设计（包括施工降水、隔水、回灌设计及工程抗浮措施设计等）、土工结构设计、环境岩土工程设计、地下空间开发岩土工程设计以及与岩土工程、环境岩土工程相关其他技术设计。

3. 岩土工程检验、监测的分析与评价。与各类建设工程项目相关的地基基础工程、岩土加固与改良工程、边坡与支护工程、开挖与填方工程、地质灾害防治工程、土工构筑物工程、环境岩土工程以及地下空间开发工程的施工、使用阶段相关岩土工程质量检验及工程性状监测；地下水水位、水压力、水质、水量等的监测；建设工程对建设场地周边相邻建筑物、构筑物、道路、基础设施、边坡等的环境影响监测；其他岩土工程治理质量检验与工程性状监测。

4. 岩土工程咨询。上述各类岩土工程勘察、设计、检验、监测等方面的相关咨询；岩土工程、环境岩土工程专项研究、论证和优化；施工图文件审查；岩土工程、环境岩土工程项目管理咨询；岩土工程、环境岩土工程风险管理咨询；岩土工程质量安全事故分析；岩土工程、环境岩土工程项目招标文件编制与审查；岩土工程、环境岩土工程项目投标文件审查。

注册土木工程师（岩土）应在规定的技术文件上签字并加盖执业印章（以下统称"签章"）。凡未经注册土木工程师（岩土）签章的技术文件，不得作为岩土工程项目实施的依据。

在注册土木工程师（岩土）执业管理上，要求注册土木工程师（岩土）必须受聘并注册于一个建设工程勘察、设计、检测、施工、监理、施工图审查、招标代理、造价咨询等单位方能执业。未取得注册证书和执业印章的人员，不得以注册土木工程师（岩土）的名义从事岩土工程及相关业务活动。

注册土木工程师（岩土）可在规定的执业范围内，以注册土木工程师（岩土）的名义在全国范围内从事相关执业活动。注册土木工程师（岩土）执业范围不得超越其聘用单位的业务范围，当与其聘用单位的业务范围不符时，个人执业范围应服从聘用单位的业务范围。

注册土木工程师（岩土）执业制度不实行代审、代签制度。在规定的执业范围内，甲、乙级岩土工程的项目负责人须由本单位聘用的注册土木工程师（岩土）承担。注册土木工程师（岩土）承担《勘察设计注册工程师管理规定》规定的责任与义务，对其签章技术文件的技术质量负责。

《注册土木工程师（岩土）执业及管理工作暂行规定》对注册土木工程师（岩土）执业的权利和义务包括：① 有权以注册土木工程师（岩土）的名义从事规定的专业活动；② 在岩土工程勘察、设计、咨询及相关专业工作中形成的主要技术文件，应当由注册土木工程师（岩土）签字盖章后生效；③ 注册土木工程师（岩土）在执业过程中，应及时、独立地在规定的岩土工程技术文件上签章，有权拒绝在不合格或有弄虚作假内容的技术文件上签章。聘用单位不得强迫注册土木工程师（岩土）在工程技术文件上签章。

注册土木工程师（岩土）执业应履行的义务包括：①遵守法律、法规和职业道德，维护社会公众利益；②保证执业工作的质量，并在其负责的技术文件上签字盖章；③保守在执业中知悉的商业技术秘密；④不得同时受聘于二个以上单位执业；⑤不得准许他人以本人名义执业。

注册土木工程师（岩土）应按规定接受继续教育，并作为再次注册的依据。

3.2 注册土木工程师（岩土）执业资格基础考试内容与要求

2008年前颁布的注册土木工程师（岩土）执业资格考试分为基础考试和专业考试，其中上午段的基础理论考试内容与要求、考试时间等与注册结构工程师相同。下午段的基础理论考试内容中，土木工程材料、工程测量、职业法规、土木工程施工与管理、结构力学与结构设计、土力学、基础工程等内容与第二章注册一级结构工程师基础考试内容基本相同，部分内容与难度稍低，以上内容本节不再赘述，仅就注册一级结构工程师基础考试大纲中不涉及的岩体力学、工程地质、岩体工程等部分内容加以简要说明。

3.2.1 岩体力学

3.2.1.1 岩石的基本物理、力学性能及其试验方法

1. 概述

岩体力学是研究岩石和岩体力学性能的理论和应用的科学，是探讨岩石和岩体对其周围物理环境（力场）的变化作出反应的一门力学分支。岩体是指在一定工程范围内的自然地质体，由岩石和结构面组成。所谓的结构面是指没有或者具有极低抗拉强度的力学不连续面，它包括一切地质分离面，大到延伸几公里的断层，小到岩石矿物中的片理和解理等。结构面往往是岩体中相对比较薄弱的环节。因此，结构面的力学特性在一定的条件下将控制岩体的力学特性，控制岩体的强度和变形。

岩石的基本物理性质包括：①质量指标，有密度和比重，其中密度有天然密度、饱和密度、干密度；②孔隙性，有孔隙比、孔隙率；③水理性质包括含水性质和渗透性，含水性质有含水量、吸水率；④抗风化指标，包括软化系数、耐崩解系数和膨胀性，膨胀性有自由膨胀率、侧向约束膨胀率、膨胀压力。

2. 岩石的强度特性

岩石的强度分成单轴抗压强度、抗拉强度、抗剪强度以及三轴抗压强度等。

岩石单轴抗压强度是指岩石试件在无侧限条件下，受轴向力作用破坏时，单位面积上所施加的荷载。典型的破坏形态有圆锥形破坏和柱状劈裂破坏。

岩石的抗拉强度是指岩石试件在受到轴向拉应力后其试件发生破坏时的单位面积所能承受的拉力。单向抗拉强度试验有直接法和间接法，其中间接法常用的包括圆盘劈裂法、三点弯曲法和点荷载试验法。

岩石的剪切强度是指岩石在一定的应力条件下（主要指压应力）所能抵抗的最大剪应力。岩石的剪切强度有三种：抗剪断强度、抗切强度和弱面抗剪强度（包括摩擦试验）。

岩石的三轴抗压强度指在不同的侧压力作用下的三向压缩强度，包括常规三轴和真三轴试验。

3. 岩石的变形特征

岩石的变形特征包括单轴压缩和三轴压缩曲线，其中单轴压缩曲线根据试验仪器可分为普通试验机中的峰值前应力－应变曲线；刚性试验机中的全过程应力－应变曲线和流变试验中的流变曲线。三轴压缩曲线有常规三轴压缩曲线和真三轴压缩曲线。

4. 岩石的强度理论

岩石的强度理论是在大量的试验基础上，并加以归纳、分析描述才建立起来的。根据岩石的不同破坏机理，建立了多种强度准则。常用的岩石强度理论有莫尔－库仑强度理论、格里菲斯强度理论。

例题：在岩石单向抗压强度试验中，岩石试件高度与直径的比值 h/d 和试件端面与承压板之间的摩擦力在下列哪种组合下，最易使试件呈锥形破裂（　　）。

A. h/d 较大，摩擦力很小　　　　B. h/d 较小，摩擦力很大
C. h/d 的值和摩擦力的值都较大　　D. h/d 的值和摩擦力的值都较小

正确答案：B。

分析：

此题主要考察对岩石单向抗压强度特征及其破裂形式的影响因素的了解。

3.2.1.2　工程岩体分级

1. 工程岩体分级的目的和原则

（1）分级目的：①岩体质量的归类评价；②为工程设计、施工、成本、结算、定额标准确定等提供必要参数；③为岩体力学试验成果、施工经验、研究成果的交流提供参考标准。

（2）分级原则：①不同岩体工程应采用不同的分级方法或采取不同的修正参数，以正确评价地质条件对各类工程的影响；②采用定性与定量相结合的方法确定分类指标，综合评价岩体质量；③分级数不宜过多，一般5级；④分级方法应简易、快速、便于操作；⑤尽可能采用相互独立因素作为分级指标。

2. 《工程岩体分级标准》(GB 50218—94) 简介

我国工程岩体分级的基本方法包括确定岩体基本质量和根据基本质量分级。确定岩体基本质量按定性、定量相协调的要求，最终定量确定岩体的坚硬程度与岩体完整性指数。岩体的坚硬程度采用岩石单轴饱和抗压强度指标划分，岩体完整性指数用弹性波测试确定。最后计算岩体基本质量指标，按照表3-1划分质量分级。

岩体质量分级　　　　　　　　　　　　表 3-1

基本质量级别	岩体基本质量的定性特征	岩体的基本指标
Ⅰ	坚硬岩，岩体完整	>550
Ⅱ	坚硬岩，岩体较完整； 较坚硬岩，岩体完整	451～550
Ⅲ	坚硬岩，岩体较破碎； 较坚硬岩或软硬岩互层，岩体较完整； 较软岩，岩体完整	351～450

续表

基本质量级别	岩体基本质量的定性特征	岩体的基本指标
Ⅳ	坚硬岩，岩体破碎； 较坚硬岩，岩体较破碎～破碎； 较软岩或较硬岩互层，且以软岩为主，岩体较完整～较破碎 软岩，岩体完整～较完整	350～251
Ⅴ	较软岩，岩体破碎； 软岩，岩体较破碎～破碎； 全部极软岩及全部极破碎岩	<250

【例题 3-1】 《工程岩体分级标准》中岩体基本质量分级因素为（　　）。
A. 主要结构面产状、地下水　　　　　B. 高初始应力、地下水
C. 岩石单轴饱和抗压强度、岩体完整性指数　　D. 主要结构面产状、高初始应力
正确答案：C。
分析：此题主要考察对岩体基本质量分级因素的掌握。

3.2.1.3　岩体的初始应力状态

1. 基本概念

岩体的初始应力，是指在天然状态下存在于岩体内部的应力。地质学又称为地应力。岩体的初始应力主要由岩体的自重和地质构造运动所引起的。影响岩体初始应力状态的主要因素有自重、地质构造、地形、地震力、水压力、热应力等。

2. 量测方法

岩体应力量测可以在钻孔中、露头上和地下洞室的岩壁上进行，也可在地下工程中根据两点间的位移来进行反算而求得。通常应用较多的三种方法是应力解除法、应力恢复法和水压致裂法。

3. 主要分布规律

（1）垂直应力随深度的变化：岩体天然应力的垂直分量，一般认为等于该点的上覆岩层的质量，随深度 H 的增大呈线性关系增加。

（2）水平应力随深度的变化：地壳内水平应力随深度增加呈线性关系增大，水平应力多数大于垂直应力。侧压力系数一般在 0.8～3.0 之间。

（3）两个水平应力之间的关系：两个水平应力之间一般比值为 0.2～0.8，大多数为 0.4～0.7。

3.2.2　工程地质

3.2.2.1　岩石的成因和分类

1. 主要造岩矿物

（1）矿物的基本概念

矿物是存在于地壳中具有一定物理性质、化学成分和形态的自然元素或化合物，组成地壳的岩石，是一种或多种矿物的集合体。组成岩石的矿物称为造岩矿物。岩石的特征及其工程性质，在很大程度上取决于它的矿物成分、性质及其在各种因素影响下的变化。最主要的造岩矿物只有三十多种。

造岩矿物绝大多数是结晶质，基本特点是组成矿物的元素质点在矿物内部按一定的规

律排列，形成稳定的结晶格子构造。矿物的外形特征和许多物理性质都是矿物的化学成分和内部构造的反映。但当外界条件改变到一定程度后，矿物原来的成分、内部构造和性质会发生变化，形成新的次生矿物。

(2) 矿物的分类

矿物按生成条件可分原生矿物和次生矿物两大类。

原生矿物：一般是由岩浆冷凝生成的，如石英、长石、辉石、角闪石、云母等。

次生矿物：一般是由原生矿物经风化作用直接生成的，如高岭石、绿泥石等；或在水溶液中析出生成的，如方解石、石膏等。

2. 岩浆岩、沉积岩、变质岩的成因及其分类

岩石按成因可分为三大类：岩浆岩（火成岩）、沉积岩和变质岩。

(1) 岩浆岩

岩浆岩又称火成岩，是由地壳下面的岩浆沿地壳薄弱地带上升侵入地壳或喷出地表后冷凝而成的。依冷凝成岩时的地质环境的不同，将岩浆岩分为喷出岩（火山岩）；浅成岩；深成岩；深成岩和浅成岩又统称侵入岩。

(2) 沉积岩

沉积岩是由原岩（即岩浆岩、变质岩和早期形成的沉积岩）经风化剥蚀作用而形成的岩石碎屑、溶液析出物或有机质等，经流水、风、冰川等作用搬运到陆地低洼处或海洋中沉积，在温度不高、压力不大的条件下，经长期压密、胶结、重结晶等复杂的地质过程而形成的。沉积岩在地壳表层分布甚广泛，约占地表面积70%。沉积岩由于沉积的自然地理环境不同，而有海相、陆相和过渡相沉积之分。

根据物质组成的不同，沉积岩一般分为碎屑岩类，黏土岩类，化学和生物化学岩类。

(3) 变质岩

地壳中的原岩（包括岩浆岩、沉积岩和已经生成的变质岩），由于地壳运动、岩浆活动等所造成的物理和化学条件的变化，即在高温、高压和化学性活泼的物质（水汽、各种挥发性气体和热水溶液）渗入的作用下，在固体状态下改变了原来岩石的结构、构造甚至矿物成分，形成一种新的岩石称为变质岩。常见的变质岩可分成片理状岩类和块状岩类

3. 常见岩石的成分、结构及其他主要特征

岩石的主要特征一般包括矿物成分、结构和构造三方面。岩石的结构是指岩石中矿物颗粒的结晶程度、大小和形状，及其彼此间的组合方式等特征。岩石的构造则是指岩石中矿物的排列和填充方式以及空间分布的情况。

(1) 岩石的成分

1) 岩浆岩的矿物成分：组成岩浆岩的最主要的矿物有：石英、正长石、斜长石、云母、角闪石、辉石和橄榄石等。

2) 沉积岩的组成物质：沉积岩的物质组成是原先形成的三大类岩石的碎屑和溶解物质，共有四类：碎屑物质，大部分是原岩经物理风化后继承下来的抗风化能力强的矿物，如石英、白云母等矿物颗粒；岩石的碎屑、还有如火山喷发产生的火山灰等。第二类是化学风化作用后产生的黏土矿物，如高岭石等。第三类是化学沉积矿物，从溶液中沉淀结晶形成的矿物，如方解石、白云石、石膏等。第四类是有机质和生物残骸，如贝壳、泥炭及其他有机质等。

3) 变质岩的矿物成分：一是与岩浆岩或沉积岩共有的矿物，如石英、长石、云母、角闪石、辉石和方解石等；二是变质岩特有的矿物，如滑石、绿泥石、蛇纹石等，它们是在变质过程中新产生的变质矿物。

(2) 岩石的结构

1) 岩浆岩的结构：按照矿物的结晶程度、颗粒大小和均匀程度，可将结构分为三类：全晶质结构；半晶质结构；非晶质结构，又称为玻璃质结构。

2) 沉积岩的结构：沉积岩按其组成物质、颗粒大小及其形状一般可分为碎屑结构、泥质结构、结晶结构和生物结构。

3) 变质岩的结构：根据变质作用进行的程度，可以分为变晶结构和变余结构。

(3) 岩石的构造

1) 岩浆岩的构造：岩浆岩的构造特征，主要取决于岩浆冷凝时的环境。最常见的构造有：块状构造；流纹状构造；气孔状构造；杏仁状构造。

2) 沉积岩的构造：沉积岩最显著的特征是具有层理构造，沉积岩的层理构造反映了沉积岩的形成环境常见的有水平层理、斜层理、交错层理等。

3) 变质岩的构造：主要是块状构造和片理构造。

3.2.2.2 地质构造和地史概念

地质构造即在地质发展过程中，地壳在内、外力地质作用下，不断运动演变，所遗留下来的种种构造形态，如地壳中岩体的位置、产状及其相互关系等。地质构造的基本构造形态有褶曲和断层。地质构造（或岩层）在空间的位置叫做产状。产状有三个要素，即走向、倾向和倾角。

【例题 3-2】 根据岩层产状三要素，可知（　　）。

A. 由走向可以直接确定倾向　　B. 由倾向可以直接确定倾角
C. 由走向可以直接确定倾角　　D. 由倾向可以直接确定走向

正确答案：D。

分析：此题主要考察对岩层产状三要素及其关系的掌握。

1. 褶皱形态和分类

组成地壳的岩层受水平构造应力的作用，使原始为水平产状的岩层塑性变形，形成一系列波状弯曲而未丧失其连续性的构造，称为褶皱构造。褶曲的基本类型是背斜和向斜两种，如图 3-1 所示。

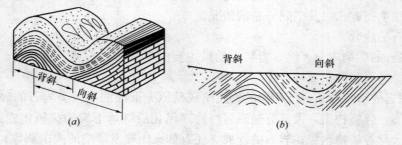

图 3-1 背斜与向斜
(a) 立体图；(b) 剖面图

无论是背斜褶曲或向斜褶曲，如果按褶曲的轴面产状，可将褶曲分为如图 3-2 所示的几种形态类型：

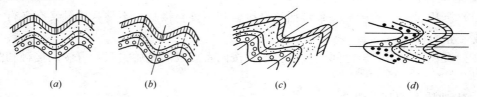

图 3-2　根据轴面产状划分的褶曲形态类型
(a) 直立褶曲；(b) 倾斜褶曲；(c) 倒转褶曲；(d) 平卧褶曲

如果按褶曲的枢纽产状，又可将褶曲分为两种形态类型：水平褶曲和倾伏褶曲，如图 3-3、图 3-4 所示。

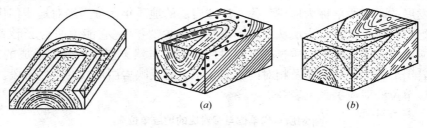

图 3-3　水平褶曲　　　　　图 3-4　倾伏褶曲
(a) 倾伏向斜；(b) 倾伏背斜

褶皱是褶曲的组合形态。换句话说，褶皱是由两个或两个以上褶曲组成的。一般单个的褶曲比较少见，大多是背斜和向斜相间排列，以大体一致的走向平行延伸，有规律地组合成不同形式的褶皱构造。

2. 断层形态和分类

岩体受地壳运动的作用，受力发生变形达一定程度后，在其内部产生了许多断裂面，使岩石丧失了原有的连续完整性，统称为断裂构造。断裂构造可分为节理和断层。

(1) 节理

节理按成因，可分为构造节理和非构造节理。构造节理是指岩层在地壳运动的作用下所产生的断裂。按其成因可分为扭（剪）性节理（闭合节理）和张性节理（张开节理）。非构造节理是由成岩作用、外动力、重力等非构造运动引起的，可分为原生节理和风化节理。

(2) 断层

岩体受力断裂后，如断裂面两侧的岩块发生了显著位移，则这种构造现象称为断层。断层规模大小不一，相对位移也不相同。

1) 断层要素：断层有断层面、上盘和下盘等要素。

2) 断层的基本类型：断层的分类方法很多，根据断层两盘相对错动的情况，可以分成正断层、逆断层和平推断层。

3) 断层的组合形式：各构造之间以一定的排列形式有规律地组合在一起，形成不同形式的断层带，如阶状断层、地堑、地垒和迭瓦状构造等。

3. 地层的各种接触关系

（1）沉积岩之间的接触关系包括整合接触和不整合接触，不整合接触又有平行不整合和角度不整合。

（2）沉积岩与岩浆岩之间的接触关系，按两者形成的先后关系，有侵入接触和沉积接触两种。

4. 大地构造的基本概念

由内部原因引起的和导致地壳构造改变的地壳运动变形被称为大地构造运动。大地构造学是地质学的一个分支，它着重从造成地质构造的地质运动的角度研究岩石圈（包括地壳和地幔的最顶部）构造的成因、组合关系以及发展规律。根据构造变形的强度以及地貌景观的特征，可以把构造运动分为造陆运动和造山运动。

5. 地史演变概况和地质年代表

地球发展的时间段落称为地质年代。地球岩层的地质年代分为绝对地质年代和相对地质年代。绝对地质年代是指岩层从形成到现在有多少"年"，它能说明岩层形成的确切时间，但不能反映岩层形成的地质过程。相对地质年代虽然不能说明岩层形成的确切时间，但能说明岩层形成的先后顺序及相对的新老关系，能反映岩层形成的自然阶段。地质年代单位与地层单位的对应关系见表3-2。

地质年代单位与相对应的地层单位表　　　　　　　　　　表3-2

使用范围	国际性	全国性或大区域性	地方性
地质年代单位	代纪世	（世）期	时（时代、时期）
地层单位	界系统	（统）阶期	群组段（带）

（1）相对地质年代的单位和地层单位

一般把地壳形成后的发展历史过程分成五个称为"代"的大阶段，每个代又分成若干个"纪"，纪内因生物发展及地质情况的不同，又细分为若干个"世"及"期"，以及一些更细的段落，这些统称地质年代。每一个地质年代都有相应的地层。相对地质年代的单位和地层单位、顺序和名称，对应见表3-3所示。

地质年代表　　　　　　　　　　表3-3

代	相对年代		绝对年龄（百万年）	主要构造运动	我国地史简要特征
	纪	世			
新生代（Kz）	第四纪（Q）	全新世（Q_4）	0.01	喜马拉雅运动	地球表面发展成现代地貌，多次冰川活动，近代各种类型的松散堆积物，黄土形成，华北、东北有火山喷发，人类出现
		（Q_3）	0.12		
		更新世（Q_2）	1		
		（Q_1）	2		
	晚第三纪（N）	上新世（N_2）	12		我国大陆轮廓基本形成，大部分地区为陆相沉积，有火山岩分布，台湾岛、喜马拉雅山形成。哺乳动物和被子植物繁盛，是重要的成煤时期，有主要的含油地层
		中新世（N_1）	26		
	早第三纪（E）	渐新世（E_3）	40		
		始新世（E_2）	60		
		古新世（E_1）	65		

续表

相对年代			绝对年龄（百万年）	主要构造运动	我国地史简要特征
代	纪	世			
中生代（Mz）	白垩纪（K）	晚白垩世（K₂） 早白垩世（K₁）	137	燕山运动	中生代构造运动频繁，岩浆活动强烈，我国东部有大规模的岩浆岩侵入和喷发，形成丰富的金属矿。我国中生代地层极为发育，华北形成许多内陆盆地，为主要成煤时期。二叠纪时华南仍为浅海沉积，以后为大陆环境 生物显著进化，爬行类恐龙繁盛，海生头足类菊石发育，裸子植物以松柏、苏铁及银杏为主，被子植物出现
	侏罗纪（J）	晚侏罗世（J₃） 中侏罗世（J₂） 早侏罗世（J₁）	195		
	三叠纪（T）	晚三叠世（T₃） 中三叠世（T₂） 早三叠世（T₁）	230	印支运动	
古生代（Pz）	晚古生代（Pz₂）	二叠纪（P）	晚二叠世（P₂） 早二叠世（P₁）	285	海西运动	晚古生代我国构造运动十分广泛，尤以天山地区较强烈。华北地区缺失泥盆系和下石炭沉积，遭受风化剥蚀，中石炭纪至二叠纪由海陆交替相变为陆相沉积。植物繁盛，为主要成煤期 华南地区一直为浅海相沉积，晚期成煤，晚古生代地层以砂岩、页岩、石灰岩为主，是鱼类和两栖类动物大量繁殖时代
		石炭纪（C）	晚石炭世（C₃） 中石炭世（C₂） 早石炭世（C₁）	350		
		泥盆纪（D）	晚泥盆世（D₃） 中泥盆世（D₂） 早泥盆世（D₁）	400		
	早古生代（Pz₁）	志留纪（S）	晚志留世（S₃） 中志留世（S₂） 早志留世（S₁）	435	加里东运动	寒武纪时，我国大部分地区为海相沉积，生物初步发育，三叶虫极盛。至中奥陶世后，华南仍为浅海，头足类、兰叶虫、腕足类笔石、珊瑚、蕨类植物发育，是海生无脊椎动物繁盛时代。早古生代地层以海相石灰岩、砂岩、页岩等为主
		奥陶纪（O）	晚奥陶世（O₃） 中奥陶世（O₂） 早奥陶世（O₁）	500		
		寒武纪（F）	晚寒武世（F₃） 中寒武世（F₂） 早寒武世（F₁）	570		
元古代（P₁）	晚元古代	震旦纪（Z）		800	晋宁运动 吕梁运动	元古代地层在我国分布广、发育全，厚度大，出露好。华北地区主要为未变质或浅变质的海相硅镁质碳酸盐岩及碎屑岩类夹火山岩，华南地区下部以陆相红色碎屑岩河湖相沉积为主，上部以浅海相沉积为主，含冰碛物为特征，低等生物开始大量繁殖。菌藻类化石较丰富
		青白口纪（Qb）		1000		
	中元古代	蓟悬纪（Jx）		1400		
		长城纪（Ch）		1900		
	早元古代			2500		
太古代（Ar）				4000	五台运动	太古代构造运动频繁，岩浆活动强烈，侵入岩和火山岩广泛分布，岩石普遍变质很深，形成古老的片麻岩、结晶片岩、石英岩、大理岩等。构成地壳的古老基底。目前已知最古老岩石的年龄为45.8亿年。最老的菌化石为32亿年
地球初期发展阶段			4600		

(2) 地史演变概况

地球形成的初期，高温熔融的地球在旋转过程中发生物质分异作用，逐渐出现层圈结构。最外面的圈开始降温冷却，在超铁镁质地幔外面出现冷凝的玄武岩质外壳。这就是初期原始地壳。原始地壳的形成，使得地球由天文行星时代进入地质发展时代。

3.2.2.3 地貌和第四纪地质

1. 各种地貌形态的特征和成因

地貌即地表形态（地形）。地貌形态大小不等，千姿万态，成因复杂，是内外地质营力互相作用的结果。地貌基本要素包括：地形面、地形线和地形点，它们是地貌形态的最简单的几何组分，决定了地貌形态的几何特征。

任何一种地貌形态的特点，都可以通过描述其地貌形态特征和形态测量特征反映出来。地貌基本形态具有一定的简单的几何形状，但是地貌形态组合特征，必须考虑这一形态组合的总体起伏特征，地形类别和空间分布形状。地貌的成因研究，涉及地貌形成的物质基础，地貌形成的动力和影响地貌形成发展的因素。地貌形成的动力主要内力地质作用和外力地质作用，是内、外应力相互作用的结果。地貌形态包括：残积物及风化壳、斜坡地貌与斜坡堆积物。其中斜坡地貌有崩塌地貌、撒落地貌、滑坡地貌、流水地貌、岩溶地貌、冰川地貌、冻土地貌、风成地貌、黄土地貌、海岸地貌。

2. 第四纪地质分期

第四纪地质可分为早更新世、中更新世、晚更新世、全新世。

3.2.2.4 岩体结构和稳定分析

1. 岩体结构面和结构体的类型和特征

(1) 岩体结构面

岩体是指包括各种地质界面——如层面、层理、节理、断层、软弱夹层等结构面的单一或多种岩石构成的地质体。结构面的类型可分为原生的、构造的、次生的三大类，不同成因的结构面，其形态与特征、力学特性等也往往不同。结构面的特征包括规模、形态、连通性、充填物的性质以及其密集程度，均对结构面的物理力学性质有很大影响。

(2) 岩体结构体

岩体中结构体的形状和大小是多种多样的，但根据其外形特征可大致归纳为：柱状、块状、板状、楔形、菱形和锥形等六种基本形态。当岩体强烈变形破碎时，也可形成片状、碎块状、鳞片状等形式的结构体。结构体的形状与岩层产状之间有一定的关系。

(3) 岩体结构特征

岩体结构是指岩体中结构面与结构体的组合方式。岩体结构的基本类型可分为整体块状结构、层状结构、碎裂结构和散体结构。

岩体的工程地质性质首先取决于岩体结构类型与特征，其次才是组成岩体的岩石的性质（或结构体本身的性质）。

2. 赤平极射投影等结构面的图示方法

(1) 赤平极射投影基本原理

赤平极射投影是把物体的点、线与面自中心开始投影于圆球面上，这样物体点、线、面的位置与角就可在球面上量度了。把球面上的点、线再以南极或北极为发射点投影于赤道平面上，即为赤平极射投影。利用此法可以将节理（或结构面）的方向和倾角一起反映出来，并可测算各节理面（或结构面）的组合关系。它成为目前反映节理和推求各节理之间的组合关系时，用得最广的方法。

（2）赤平极射投影表示结构面的图示方法

可利用吴氏投影网便于作图和量度方位角，应用赤子极射投影控制各结构面的空间几何形态，以实体比例投影在水平剖面及垂直剖面上控制结构体的大小，两者配合就可得到结构体的形态和尺寸大小。有关赤平极射投影的作图方法与详细应用可参阅相关工程地质教材或手册。

3. 根据结构面和临空面的关系进行稳定分析

根据结构面和临空面的关系进行稳定性分析的典型问题之一是岩质边坡稳定性问题。

岩体内在的各类软弱结构面是影响岩体稳定的主要因素，而其他因素一般是通过结构面对岩体稳定性施加影响。按边坡岩体内结构面组数的多少，可将岩质边坡分为一组结构面、两组结构面、三组结构面和多组结构面边坡。结构面或结构面组合线的产状及其与边坡临空面的关系对边坡稳定性的影响极大。可应用赤平极射投影图解法找出结构面及其与边坡临空面方位的组合关系，找出最不稳定的滑动体或软弱结构面，从而分析边坡的稳定性。

3.2.2.5　动力地质

1. 地震的震级、烈度、近震、远震及地震波的传播等基本概念

地震是地球上的自然现象，是由地球内部自然力冲击引起的，其主要能源来自地球的内部。地壳或地幔中发生振动的地方称为震源。震源在地面上的垂直投影称为震中。震中到震源的距离称为震源深度。

地震震级和地震烈度是地震强度的两种表示方法。

震级是表示地震能量大小的量度，以地震中的主震震级为代表，发生地震时从震源释放出来的弹性波能量越大，震级就越大。震级即在震中距为 100km 时，用伍德—安德生标准地震仪所记录到的最大振幅值以 μm 为单位的对数值。

地震烈度是指地震对地面和建筑物的影响或破坏程度。一般来讲，地震烈度和震级的大小有关，震级越大，震中区烈度越大。同一次地震，离震中区越近，烈度越大；离震中区越远，震波渐次减弱，烈度也随之变小。但影响地震烈度大小的因素，除和震级大小、震中距离有关之外，还和震源深度、震区地质构造，以及房屋结构等因素有关。

近震：震中距在 1000km 以内的地震；远震：震中距在 1000km 以外的地震。

地震波是指地震发生时，震源区积聚的能量，以弹性波的形式释放出来，向四面八方辐射传播。可以分为纵波、横波和表面波。

2. 断裂活动和地震的关系，活动断裂的分类和识别及对工程的影响

全新活动断裂往往是强烈地震的发源地。强震一般发生在深大活动断裂带及由活动断裂带形成、控制的新断陷盆地内。

根据断裂的地震工程性质，可以分为全新活动断裂、发震断裂、非全新活动断裂、构造性地裂、重力性（非构造性）地裂。

根据全新活动断裂的活动时间、活动、速率及地震强度等因素可划分为强烈全新活动断裂、中等全新活动断裂和微弱全新活动断裂。

断裂在缓慢运动或相对静止中，由于应力积累超过当地岩石强度突然破裂而发生强烈

地震，导致建筑物破坏、人员伤亡。因此，在强震区进行工程建设应正确进行断裂的勘察和评价。断裂的勘察和评价在工程可行性研究、场址选择及前期工作中是一项重要的基础性的工作。断裂勘察与评价的主要内容是查明断裂的类型，包括断裂的活动性和地震效应分析，评价断裂对工程建设可能产生的影响，提出工程处理措施方案。

3. 岩石的风化

风化作用是指在地表或接近地表环境下，由于气温变化，大气、水和水溶液的作用，以及生物的生命活动等因素的影响，使岩石在原地遭受分解和破坏的过程。风化作用使岩石、矿物在物理性状或化学组分上发生变化，使其强度降低或发生崩解，形成与原来岩石有差异的新的物质组合。风化作用可分为：物理风化作用、化学风化作用、生物风化作用等。

4. 流水、海洋、湖泊、风的侵蚀、搬运和沉积作用

侵蚀作用即各种运动的介质（流水、风等）在运动过程中，使地表岩石产生破坏并将其产物剥离原地的作用。分机械、化学和生物剥蚀三种方式。按介质分地面流水侵蚀、地下水潜蚀、海洋剥蚀、湖泊剥蚀、风蚀等作用。

搬运作用即运动介质将自然界风化、剥蚀的产物从一个地方转移到另一个地方的过程。分机械搬运、化学搬运及生物搬运三种方式。按介质分为地面流水、地下水、海洋、湖泊、风等搬运作用。

沉积作用即被运动介质所搬运的物质达到适宜场所后由于介质运动条件改变而发生沉积、堆积的过程。经过沉积作用形成的松散物质称为沉积物。分机械沉积、化学沉积和生物沉积三种方式。按沉积环境则分为河流、地下水、湖泊、海洋、风等沉积作用。

有关滑坡、崩塌、岩溶、土洞、塌陷、泥石流、活动砂丘等不良地质现象的成因、发育过程和规律及其对工程的影响限于篇幅不予展开，可参阅相关工程地质教材和手册。

3.2.2.6 地下水

1. 地下水的赋存、补给、径流、排泄规律

地下水即是赋存于地面以下岩石空隙中的水。按岩层的空隙类型区分为孔隙水、裂隙水和岩溶水三种类型。

含水层或含水系统从外界获得水量，通过径流将水量由补给处输送到排泄处向外界排出的不断往复过程即为地下水循环。在补给与排泄过程中，含水层与含水系统除了与外界交换水量外，还交换能量、热量与盐量。因此，补给、排泄与径流决定着地下水水量水质在空间与时间上的分布。

地下水的补给即含水层从外界获得水量的作用。地下水的补给来源主要有大气降水、地表水、凝结水，来自其他含水层或含水系统的水，以及与人类活动有关的补给等。

地下水的排泄即为含水层失去水量的过程。地下水排泄的方式有：泉、河流、蒸发、人工排泄等。

地下水径流是整个地球水循环的一部分。大气降水或地表水通过包气带向下渗漏，补给含水层成为地下水，地下水又在重力作用下由水位高处向水位低处流动，最后在地形低洼处以泉的形式排出地表或直接排入地表水体，如此反复地循环就是地下水径流的根本原因。天然状态下和开采状态下的地下水都是流动的。地下水的补给、径流和排泄是紧密联系在一起的，形成地下水的一个完整的、不可分割的过程。

2. 地下水埋藏分类

地表以下一定深度上,岩石中的空隙被重力水所充满,形成地下水面。地下水面以上部分称为包气带;地下水面以下部分称为饱水带。包气带自上而下可分为土壤水带、中间带和毛细水带。根据地下水的埋藏条件可将地下水划分为包气带水、潜水及承压水。

3. 地下水对工程的各种作用和影响

地下水对建筑工程的不良影响主要有:降低地下水位会使软土地基产生固结沉降;不合理的地下水流动会诱发某些土层出现流沙和机械潜蚀;基坑和地下洞室开挖的涌水和突水问题;地下水对位于地下水位以下的岩石、土层和建筑物基础产生浮托作用;某些地下水对建筑材料产生腐蚀。

地下水向取水井的稳定流运动,可分别根据裴布依(Dupuit)所提出的承压水完整井和潜水完整井理论进行计算。

4. 地下水的化学成分和化学性质及水对建筑材料腐蚀性的判别

地下水的水质包括地下水的物理性质、化学成分及悬着物。地下水的物理性质一般是指温度、颜色、透明度、嗅、味、比重及放射性等。地下水中的化学成分主要以气体、离子及分子形式存在。各种元素在地下水中的含量取决于在地壳中的含量及其溶解度。如氧、钙、钾、钠、镁等元素在地壳中分布甚广,在地下水中最常见,而且含量亦最多。而硅、铁等在地壳中分布虽广,但溶解度小,在地下水中并不多见;相反,另一些元素如氯等,在地壳中含量虽少,但因其溶解度较大,所以在地下水中却大量存在。

地下水化学成分的性质分析包括总矿化度、酸碱度、硬度、侵蚀性。

地下水的化学性质主要有:水中含 H^+ 而表现出来的酸碱性;地下水中含 Mg^{2+}、Ca^{2+}、等离子而表现出来的硬度;存在于水中的除气体成分以外的离子、分子和化合物的总含量即矿化度等。

地下水对建筑结构材料腐蚀类型有三种结晶类腐蚀、分解类腐蚀、结晶分解复合类腐蚀。地下水对建筑结构材料腐蚀的评价标准,根据各种化学腐蚀所引起的破坏作用,将 SO_4^{2-} 离子的含量归纳为结晶类腐蚀性的评价指标;将侵蚀性 CO_2、HCO_3^- 离子和 pH 值归纳为分解类腐蚀性的评价指标;而将 Mg^{2+}、NH_4^+、Cl^-、SO_4^{2-}、NO_3^- 离子的含量作为结晶分解类腐蚀性的评价指标。同时,评价地下水对建筑结构材料的腐蚀性时必须结合建筑场地所属的环境类别。

3.2.2.7 岩土工程勘察与原位测试技术

1. 勘察分级

按《岩土工程勘察规范》(GB 50021—2001)规定,勘察等级是由工程的重要性、场地的复杂程度和地基的复杂程度三个因素决定的。

(1) 工程重要性

工程重要性等级,是根据工程的规模和特征以及由于岩土工程问题造成工程破坏或影响正常使用的后果来划分的,可分为三个重要性等级:一级工程、二级工程、三级工程。

(2) 场地复杂程度

场地复杂程度的划分主要考虑建筑抗震危险性、不良地质作用发育程度、地质环境被破坏程度、地形地貌复杂程度以及地下水情况等五个因素。可分为:一级(复杂)场地、二级(中等复杂)场地、三级(简单)场地。

(3) 地基复杂程度

地级复杂程度的划分主要考虑岩土种类、均匀程度和有无特殊岩土等因素进行，可分为：一级（复杂）地基、二级（中等复杂）地基、三级（简单）地基。

(4) 岩土工程勘察等级

根据工程重要性、场地复杂程度和地基复杂程度，将岩土工程勘察等级划分为：甲级、乙级、丙级。

对于建筑在岩质地基上的一级工程，当场地复杂程度和地基复杂程度等级均为三级时，岩土工程勘察等级可定为乙级。

2. 岩土工程勘察基本要求

房屋建筑构筑物、桩基工程、基坑工程、边坡工程、地基处理、地下洞室、岸边工程、管道工程、架空线路工程、废弃物处理工程、核电站（厂）、既有建筑物的增载和保护等各类工程的岩土工程勘察基本要求见 3.3 节专业考试内容与要求。

3. 勘探、取样、土工参数的统计分析

(1) 勘探

岩土工程勘察中常用的勘探方法有钻探、坑探和物探等。主要用于探查地下地质情况，并为取样、原位测试和长期观测提供便利。

(2) 取样

采取岩芯和原状土试样，以便做分析和测试。在采取试样的过程中，应该保持试样的天然结构和含水量。

(3) 土工参数的统计分析

通过原位测试和室内试验得到的大量数据往往是分散的、波动的。因此，必须经过处理才能显示它们的规律性，得到有代表性的特征值，供设计使用。岩土参数应按工程地质单元分区段或层位统计平均值、标准差和变异系数。

4. 地基土的岩土工程评价

(1) 地基土均匀性评价

地基土的均匀性是控制建筑物变形、倾斜以且选择桩尖持力层的重要依据。地基土的均匀性评价可以从以下几个方面进行：①地基持力层层面坡度；②地基持力层与第一下卧层在基础宽度方向上的厚度差；③压缩层范围内各土层的压缩性在基础宽度方向上的变化。

(2) 地基土承载力确定

地基承载力特征值可由载荷试验或其他原位测试、公式计算，并结合工程实践经验等综合确定。

(3) 地基土沉降与变形计算

地基沉降计算方法很多，常用的有分层总和法和《建筑地基基础设计规范》推荐的计算方法，可参阅一般土力学教材。

(4) 地基稳定性计算

一般建筑物不需要进行地基稳定性计算，但由于经常受到水平荷载作用的高层建筑物和高耸结构、建造在边坡或坡顶上的建（构）筑物则应进行地基稳定性计算。地基稳定性可采用圆弧滑动面法进行验算。当边坡坡角大于 45°、坡高超过 8m 时还应进行边坡稳定验算。

5. 原位测试技术

原位测试是在岩土体原来所处的位置基本保持岩土体的天然结构、天然含水量以及天然应力状态下，测定其工程力学性质指标。原位测试技术包括载荷试验、十字板剪切试验、静力触探试验、圆锥动力触探试验、标准贯入试验、旁压试验、扁铲侧胀试验。常用的有载荷试验、静力触探试验。标准贯入试验，详细内容见3.3节专业考试内容与要求。

3.2.2.8 岩体工程

1. 岩体力学在边坡工程中的应用

岩质边坡破坏的发展过程是：坡面及附近岩体松动（又称松弛胀裂）—岩体蠕动—速蠕动—破坏。其中，前三阶段的特征属变形特征，最后阶段的特征属破坏特征。

（1）影响边坡稳定性的主要因素

影响边坡稳定性的因素有内在因素与外在因素两个方面。其中，内在因素包括组成边坡岩土体的性质、地质构造、岩体结构、地应力等，它们常常起着主要的控制作用；外在因素有地表水和地下水的作用、地震、风化作用、人工挖掘、爆破以及工程荷载等。其中地表水和地下水是影响边坡稳定最重要、最活跃的外在因素，其他大多起着触发作用。

（2）边坡稳定性评价的平面问题

岩体边坡稳定性评价方法，大体上可分为定性评价和定量评价两大类。其中定性评价包括工程类比法和图解法；定量分析法包括数值分析法、极限平衡和可靠度分析法。极限平衡法是简单、实用、应用最普遍的方法，是重点掌握的内容。平面问题包括单平面滑动体稳定性评价、双平面滑动体稳定性评价、楔体稳定性评价、转动滑动的边坡稳定性评价。

（3）边坡治理的工程措施

1）一般原则

①减小滑坡体的滑动力；

②提高滑坡体的抗滑力。

2）原则措施

①排水；

②减载；

③加固；

④处理好拉伸裂缝与破碎带。

2. 岩体力学在岩基工程中的应用

（1）岩基的基本概念　岩基的破坏模式

高层或大型建（构）筑物，其基础直接与岩体相接触。一般称支承建（构）筑的岩体地基为岩基。

岩体主要由岩块与节理裂隙及其充填物组成，并受到一定的地应力。在自然界中，岩体的成分和结构构造以及应力条件千变万化。在荷载作用下，它的破坏方式也是各种各样的。即使在同一种岩体中，荷载的大小也会产生不同的破坏形式。在荷载作用下岩基发生破坏的模式有开裂、压碎、劈裂、冲切、剪切，如图3-5所示。

（2）基础下岩体的应力和应变

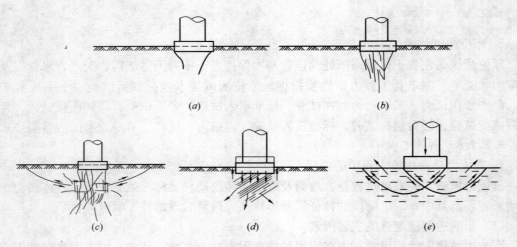

图 3-5 岩体的破坏模式
(a) 开裂;(b) 压碎;(c) 劈裂;(d) 冲切;(e) 剪切

基础下岩体的应力和应变可用弹性理论解法,采用弹性理论中的布辛涅斯克解来求取。对于几何形状、材料性质和荷载分布都不均匀的基础,可用有限单元法分析其沉降。

(3) 岩基浅基础、岩基深基础的承载力计算

1) 岩基浅基础承载力计算:

岩石地基承载力可按现场岩石类别、风化程度由地基规范确定,也可通过理论计算确定。准确的岩石地基承载力应通过试验确定,包括岩体现场载荷试验和室内饱和单轴抗压强度试验。对于一级建筑物,规范规定必须通过现场静荷载试验取值;二级建筑物可采用静荷载试验法获取地基承载力值,或按理论公式结合原位试验,根据岩石抗剪强度来确定地基承载能力。理论计算方法常用的有两种:①按压缩张裂破坏模式近似计算;②按楔体剪切滑移模式近似计算。

2) 岩基深基础的承载力计算:

岩基深基础承载力的确定有两种方法,一是试验法,目前采用比较多的是桩的现场静荷载试验法。可以不需考虑岩体与桩之间的端承及摩阻力,按照建(构)筑物的要求及桩的设计承载力直接验证桩的承载能力。二是理论计算法,一般多采用岩体的极限平衡条件计算桩的承载力,参照浅基础的计算公式,考虑埋深条件后,对有关力学参数进行修正考虑。

对于一级建筑物,嵌岩桩的单桩承载力必须通过现场原型桩的静载荷试验确定;对于二级建筑物的单桩承载力,可通过现场原型桩的静载荷试验确定,也可参照地质条件相同的试桩资料,进行类比分析后确定;对于三级建筑物的单桩承载力可直接通过理论计算确定。

3.3 注册土木工程师(岩土)执业资格专业考试内容与要求

3.3.1 岩土工程勘察

3.3.1.1 专业考试大纲基本内容与要求

1. 勘察工作的布置:熟悉场地条件、工程特点和设计要求,合理布置勘察工作。

2. 岩土的分类和鉴定：掌握岩土的工程分类和鉴别，熟悉岩土工程性质指标的物理意义及其工程应用。

3. 工程地质测绘和调查：掌握工程地质测绘和调查的要求和方法；掌握各类工程地质图件的编制。

4. 勘探与取样：了解工程地质钻探的工艺和操作技术，熟悉岩土工程勘察对钻探、井探、槽探和洞探的要求，熟悉岩石钻进中的 RQD 方法，熟悉各级土样的用途和取样技术，熟悉取土器的规格、性能和适用范围，熟悉取岩石试样和水试样的技术要求，了解主要物探方法的适用范围和工程应用。

5. 室内试验：了解岩土试验的方法，熟悉岩土试验指标间的关系，熟悉根据岩土特点和工程特点提出对岩土试验和水分析的要求，熟悉岩土试验和水分析成果的应用，熟悉水和土对工程材料腐蚀性的评价方法。

6. 原位测试：了解原位测试的方法和技术要求，熟悉其适用范围和成果的应用。

7. 地下水：熟悉地下水的类型和运动规律，熟悉地下水对工程的影响，了解抽水试验、注水试验和压水试验的方法，掌握以上试验成果的应用。

8. 岩土工程评价：掌握岩土力学基本概念在岩土工程评价中的应用，掌握岩土工程特性指标的数据处理和选用，熟悉场地稳定性的分析评价方法，熟悉地基承载力、变形和稳定性的分析评价方法，掌握勘察资料的分析整理和勘察报告的编写。

3.3.1.2 岩土工程勘察基本内容

1. 勘察工作的布置

以房屋建筑物和构筑物为例说明岩土工程勘察各阶段的工作内容与勘察布置。其他涉及地下洞室、岸边工程、管道和架空线路工程、废弃物处理工程、边坡工程、基坑工程、桩基础、地基处理、既有建筑物的增载和保护、公路桥梁工程等勘察工作内容与布置，可参阅相关行业规范。

岩土工程的勘察分级是根据岩土工程的重要性（安全）等级、场地的复杂程度和地基的复杂程度划分。

（1）建筑物的重要性等级

《岩土工程勘察规范》根据工程的规模和特征，以及由于岩土工程问题造成工程破坏或影响正常使用的后果，可分为三个工程重要性等级：一级工程：重要工程，后果很严重；二级工程：一般工程，后果严重；三级工程：次要工程，后果不严重。主要考虑工程规模大小和特点以及其产生的后果。

（2）场地的复杂程度划分

《岩土工程勘察规范》根据场地的复杂程度，把场地分为三个等级，如表 3-4 所示。

场地等级划分标准　　　　表 3-4

场地等级	场地条件
一级场地（复杂场地）	对建筑抗震危险地段，或不良地质现象强烈发育，或地质环境已经或可能受到强烈破坏，或地形地貌复杂
二级场地（中等复杂场地）	对建筑抗震不利地段，或不良地质现象一般发育，或地质环境已经或可能受到一般破坏，或地形地貌较复杂
三级场地（简单场地）	地震设防烈度等于或小于 6 度，或对建筑抗震有利的地段，或不良地震现象不发育，或地质环境未受到破坏，或地形地貌简单

建筑抗震地段划分　　　　　　　　　　　表 3-5

地段类别	地质、地形、地貌
有利地段	稳定基岩,坚硬土,开阔平坦密实均匀的中硬土等
不利地段	软弱土,液化土,条状突出的山嘴,高耸孤立的山丘,非岩质的陡坡,河岸和边坡边缘,平面分布上成因、岩性、状态明显不均匀的土层(如故河道、断层破碎带、暗埋的塘浜沟谷及半填半挖地基)等
危险地段	地震时可能发生滑坡、崩塌、地陷、地裂、泥石流等及断裂带上可能发生地表位错的部位

注:1."对建筑抗震有利、不利和危险地段的划分按照国家《建筑抗震设计规范》,根据场地的地形地貌和地质条件,按表 3-5 对建筑抗震化为三个地段。"
2."不良地质作用强烈发育"是指泥石流沟谷、崩塌、滑坡、土洞、塌陷、岸边冲刷、地下水强烈潜蚀等极不稳定的场地;"不良地质作用一般发育"是指虽有以上作用,但并不十分强烈。
3."地质环境"是指人为因素和自然因素引起的地下采空、地面下沉、地裂缝、化学污染、水位上升等。所谓"受到强烈破坏"是指对工程的安全已构成直接威胁,如:浅层采空、地面沉降盆地的边缘地带、横跨地裂缝、因蓄水而沼泽化等;"受到一般破坏"是指已有或将有上述现象,但不强烈,对工程安全的影响不严重。

(3)地基等级划分

《岩土工程勘察规范》根据地基的复杂程度,把地基分为三个等级,见表 3-6。

地基等级划分标准　　　　　　　　　　　表 3-6

地基等级	地基条件
一级地基(复杂地基)	岩土种类多,性质变化大,地下水对工程影响大,且需特殊处理;多年冻土、湿陷、膨胀、盐渍、污染严重的特殊岩土,以及其他情况复杂,需作专门处理的岩土
二级地基(中等复杂地基)	岩土种类较多,性质变化较大,地下水对工程有不利影响;一级地基规定以外的特殊性岩土
三级地基(简单地基)	岩土种类单一,性质变化不大,地下水对工程无影响;无特殊性岩土

注:多年冻土情况特殊,勘察经验不多,应定为一级地基。"严重湿陷、膨胀的特殊性岩土",是指自重湿陷性土、三级非自重湿陷性土、三级膨胀土等。

(4)岩土工程勘察等级划分

《岩土工程勘察规范》中,根据地基的复杂程度、场地的复杂程度和工程条件,把岩土工程勘察分为甲级、乙级和丙级三个等级。

甲级　在工程重要性、场地复杂程度和地基复杂程度等级中,有一项或多项为一级。

乙级　除勘察等级为甲级和丙级以外的勘察项目。

丙级　工程重要性、场地复杂程度和地基复杂程度等级均为三级。

岩土工程勘察分为可行性研究勘察、初步勘察和详细勘察三个阶段进行,场地条件复杂或有特殊要求的工程,还要进行施工勘察。

房屋建筑和构筑物的岩土工程勘察,应在搜集建筑物上部荷载、功能特点、结构类型、基础型式、埋置深度和变形限制等方面资料的基础上进行。主要工作内容应符合下列规定:

1)查明场地和地基的稳定性、地层结构、持力层和下卧层的工程特性、土的应力历史和地下水条件以及不良地质作用等;

2) 提供满足设计、施工所需的岩土参数，确定地基承载力，预测地基变形性状；

3) 提出地基基础、基坑支护、工程降水和地基处理设计与施工方案的建议；

4) 提出对建筑物有影响的不良地质作用的防治方案建议；

5) 对于抗震设防烈度等于或小于6度的场地，进行场地与地基的地震效应评价。

可行性研究勘察：应符合选择场址方案的要求。通过踏勘了解场地的地层、构造、岩性、不良地质作用和地下水等工程地质条件，应对拟建场地的稳定性和适宜性做出评价，当有2个以上拟选场地时，应进行比较分析。

初步勘察：应符合初步设计要求。应对场地内拟建建筑地段的稳定性做出评价。

查明地质构造、地层结构、岩土工程特性、地下水埋藏条件、场地不良地质作用的成因、分布、规模、发展趋势和对场地稳定性评价；对场地和地基地震效应初步评价；

详细勘察：应符合施工图设计要求。应按单体建筑或建筑群提出详细的岩土工程资料和设计、施工所需的岩土参数；对建筑地基做出岩土工程评价，并对地基类型、基础形式、地基处理、基坑支护、工程降水和不良地质作用的防治等提出建议。

施工勘察：主要是配合施工开挖进行地质编录、校对，补充勘察资料，进行施工安全预报。

2. 岩土的分类和鉴定

(1) 岩石包括地质分类和工程分类两种分类方法。地质分类主要是依据其成因，按成因可分为岩浆岩、沉积岩和变质岩三大类，可见3.2节专业基础理论部分；工程分类是依据岩石的工程性状进行分类，包括岩石的风化程度坚硬程度、岩体完整程度和岩体基本质量等级分类。

1) 按软硬程度分类：坚硬岩、较硬岩、较软岩、软岩、极软岩。

2) 按风化程度分类：未风化、微风化、中等风化、强风化、全风化和残积土6种。

3) 按结构类型分类：整体状结构、块状结构、层状结构、碎裂状结构、散体状结构。

4) 按岩层厚度分类：巨厚层、厚层、中厚层、薄层。

6) 岩体完整程度分类：完整、较完整、较破碎、破碎、极破碎。

岩体质量等级划分见3.2节中专业基础理论介绍。

(2) 土的工程分类

1)《土的分类标准》(GBJ 145—1990) 中的分类

土分为一般土和特殊土两大类。

①一般土：按土内各不同粒组的相对含量把土分为巨粒土、含巨粒土、粗粒土和细粒土四大类。

A. 巨粒土和含巨粒土的分类

巨粒土和含巨粒土按土中粒径大于60mm的巨粒含量区分。若土中巨粒含量多于50%，则该土属于巨粒土；若土中巨粒含量在15%～50%之间，则该土属含巨粒土。巨粒土和含巨粒土再结合漂石粒含量再进一步细分。

B. 粗粒土的分类

若土中的巨粒含量少于15%，则剔除巨粒，根据余土再按粗粒土或细粒土分类。若土中粒径大于0.075mm的粗粒含量大于50%，则该土属粗粒土。粗粒土分为砾类土和砂类土两大类。若土中的粒径大于2mm的砾粒含量大于50%，则该土属砾类土，否则属砂类土。砾类土或砂类土按土中粒径小于 0.075mm 的细粒含量及类别、粗粒组的级配划分亚类。

C. 细粒土的分类

若土中粒径小于 0.075mm 的细粒含量大于或等于 50%，且粗粒含量少于 25%，则该土属细粒土。细粒土可按塑性图进一步细分；若土的液限和塑性指数落在图中 A 线以上，且 $I_p \geqslant 10$，表示土的塑性高，属黏土或有机土质黏土。若土的液限和塑性指数在 A 线以下，且 $I_p < 10$，表示土的塑性低，属粉土或有机质粉土。

②特殊土

特殊土（黄土、膨胀土和红黏土）按其塑性指标在塑性图上的位置作为初步判断，最终分类应遵循相应专门规范的规定。

2)《岩土工程勘察规范》中的分类

该分类体系考虑到土的天然结构联结的性质和强度，首先按堆积年代和地质成因进行划分，按颗粒级配或塑性指数将土分为碎石土、砂土、粉土和黏性土四大类，并结合沉积年代、成因和某种特殊性质综合定名。

①土按沉积年代可划分为：

老沉积土：第四纪晚更新世 Q_3 及其以前堆积的土；

新近沉积土：第四纪全新世中近期积土。一般处于欠压密状态，结构强度较低。

②根据地质成因可将土分为：残积土、坡积土、洪积土、淤积土、冰积土、风积土和海积土等。

③根据有机质含量 w_u（%）可将土分为：无机土、有机质土、泥炭质土和泥炭，其含量分别为 $w_u < 5\%$，$5\% \leqslant w_u \leqslant 10\%$，$10\% < w_u \leqslant 60\%$，$w_u > 60\%$。

④按颗粒级配和塑性指数可将土分为：碎石土、砂土、粉土和黏性土。

碎石土：粒径大于 2mm 的颗粒含量超过总质量 50%。根据颗粒级配和颗粒形状细分为漂石、块石、卵石、圆砾和角砾。

砂土：粒径大于 2mm 的颗粒含量不超过土的总量的 50%，且粒径大于 0.075mm 的颗粒含量超过土的总量的 50% 的土。根据颗粒级配细分为砾砂、粗砂、中砂、细砂和粉砂。

粉土：粒径大于 0.075mm 的颗粒质量不超过总质量 50%，且塑性指数小于或等于 10 的土，称为粉土。

黏性土：塑性指数 $I_p > 10$ 的土称为黏性土。根据塑性指数 I_p 细分为黏土和粉质黏土。

土的工程分类还有其他行业标准，包括《港口工程地质勘察规范》(JTJ 240—1997)、水利部《土工试验规程》(SL 237—1999)、《铁路桥涵地基和基础设计规范》(TB 1002.5—2005)、《公路土工试验规程》(JTJ 051—2007)等的分类体系和内容，与国家标准《土的分类标准》(GBJ 145—1990)相近。可参阅相关行业规范和手册。

土的野外鉴别包括碎石土密实程度、砂土、黏性土、粉土、新近沉积土和细粒土的野外鉴别。其中，碎石土密实程度可根据现场的可挖性、可钻性鉴别；砂土可根据现场颗粒粗细程度、干燥时状态、湿润时用手拍状态、黏着程度等鉴别；黏性土、粉土可根据湿润时刀切面的光滑程度、用手摸的感觉、黏着程度、湿润时搓条情况、干土性质等鉴别；新近沉积土可根据沉积环境、颜色、结构性和含有物鉴别；细粒土可根据手黏感和光滑度、摇震反应、湿润时搓条情况等鉴别。

3. 工程地质测绘和调查

为了查明拟建场地的地形地貌、地层岩性、地质构造、水文地质条件及不良地质现象，对岩石出露地区或地质条件较复杂的场地，应进行工程地质测绘与调查，以评价场地的稳定性和适宜性，并为布置勘察工作量提供依据。工程地质测绘一般在可行性研究勘察阶段或初步勘察阶段进行。

（1）工程地质测绘的内容和比例尺

工程地质测绘的内容包括拟建场区的地层、岩性、地质构造、地貌、水系和不良地质现象、已有建筑物的变形和破坏状况和建筑经验、可利用的天然建筑材料的质量和分布等。

工程地质测绘的比例尺一般可有以下三种：

1) 可行性研究勘察，比例尺 1：5000～1：50000。
2) 初步勘察阶段，比例尺 1：2000～1：10000。
3) 详细勘察阶段，比例尺 1：500～1：2000。

（2）工程地质测绘方法

工程地质测绘有相片成图法和实地测绘法，实地测绘法的基本工作方法有路线穿越法、追索法、布点法三种。现场地质观测点数，宜为工程地质测绘点数的 30%～50%。

（3）工程地质测绘的内容：

1) 查明地形地貌特征，划分地貌单元；
2) 查明岩土的性质、成因、年代、厚度和分布，对岩层应查明产状、划分风化程度；
3) 查明断层等结构面的位置、类型、产状、规模（长度、宽度和断距）、充填肢结情况、新构造运动的形迹；
4) 查明地下水的类型、补给排泄条件，井泉的位置，含水层的岩性特征、埋藏条件、水位变化等；
5) 查明岩溶、土洞、滑坡、泥石流、崩塌、冲沟等不良地质现象的形成、分布、形态、规模、发育程度及对工程的影响等等。

（4）工程地质测绘的成果资料

工程地质测绘成果资料应包括：实际材料图、综合工程地质图、工程地质分区图、综合地质性状图、工程地质剖面图、各种素描图、展示图、照片和文字说明。

4. 勘探与取样

勘探是采取一定方法揭示地下岩土体（包括与其密切相关的地下水）的空间分布和变化，取样则是为了提供对岩土特性进行鉴定和各种试验所需样品。勘探包括钻探、井探、槽探、洞探、物探和触探。

（1）勘探

1) 钻探是岩土工程勘察的基本手段，其成果是进行工程地质评价和岩土工程设计、施工的基础资料。钻孔的直径、深度、方向取决于钻孔用途和钻探地点的地质条件。钻孔的直径一般为 75～150mm，但大型建筑物的地质钻孔径可达到 500mm。钻孔的深度由数米至上百米，视工程要求和地质条件而定。钻孔的方向一般为垂直的，也有打成倾斜的、水平的钻孔。

2) 钻探过程和钻进方法

钻探过程中有三个作用：①破碎岩土；②采取岩土；③保全孔壁；一般采用套管或泥浆来护壁。

工程地质钻探可根据岩土破碎的方式，钻进方法有以下三种：①冲击钻进；②回转钻进；③综合式钻进；④振动钻进。钻探方法可根据地层类别和勘察要求选用。

3) 井探、槽探、洞探

坑、槽探就是用人工或机械方式进行挖掘坑、槽，以便直接观察岩土层的天然状态以及各地层之间接触关系等地质结构，并能取出接近实际的原状结构土样。在工程地质勘探中，常用的坑、槽探主要有坑、槽、井、洞等几种类型。

（2）取样

工程地质钻探的主要任务之一是在岩土层中采取岩芯或原状土样。在采取土试样过程中，应力求使试样的被扰动量缩小，要尽力排除各种可能增大扰动量的因素。按照取样方法和试验目的，《岩土工程勘察规范》对土试样的扰动程度及质量等级见表3-7。

土试样质量等级划分　　　　　　　　　　表3-7

级别	扰动程度	试验内容
Ⅰ	不扰动	土类定名、含水量、密度、强度试验、固结试验
Ⅱ	轻微扰动	土类定名、含水量、密度
Ⅲ	显著扰动	土类定名、含水量
Ⅳ	完全扰动	土类定名

注：1. 不扰动是指原位应力状态虽已改变，但土的结构、密度、含水量变化很小，能满足室内试验各项要求。
　　2. 如确无条件采取Ⅰ级土试样，在工程技术要求允许的情况下可以Ⅱ级土试样代用，但宜先对土试样受扰动程度做抽样鉴定，判定用于试验的适宜性，并结合地区经验使用试验成果。

在钻孔取样时，采用薄壁取土器所采得的土试样定为Ⅰ-Ⅱ级；对于采用中厚壁或厚壁取土器所采得的土试样定为Ⅱ-Ⅲ级；对于采用标准贯入器、螺纹钻头或岩芯钻头所采得的钻性土、粉土、砂土和软岩的试样均定为Ⅲ-Ⅳ级。

5. 室内试验

室内试验包括土工试验、岩石试验和水质分析三部分内容。试验项目和试验方法，应根据工程要求和岩土性质的特点确定。

（1）土工试验

土的物理性质试验包括含水量、密度、比重、颗粒分析、界限含水量、相对密度、渗透和击实试验。

土的力学性质试验包括压缩、固结试验、直剪、三轴剪切试验、无侧限抗压强度试验、黄土湿陷性试验、膨胀土胀缩性试验等。

相关试验的具体方法可参阅规范《土工试验方法标准》和相关土力学文献。

（2）岩石试验

岩石试验是测定岩石的物理及力学性质指标的室内试验方法。其内容主要包括岩石的物理性质试验、岩石的单轴抗压强度试验及点荷载试验、岩石的抗剪强度试验及抗拉试验等。

6. 原位测试

原位测试是在天然条件下原位测定岩土体的各种工程性质。原位测试是在岩土现场位置进行，并基本保持其天然结构、天然含水量以及原位应力状态，所测的数据较准确可靠，更符合岩土体的实际情况。岩土工程中原位测试技术主要有载荷试验、静力触探、圆锥动力触探、标准贯入试验、十字板剪切试验、旁压试验、波速测试、现场直剪试验、岩体应力测试等的方法。

(1) 载荷试验

载荷试验包括平板载荷试验和螺旋板载荷试验，载荷试验可用于测定承压板下应力主要影响范围内岩土的承载力和变形特性。浅层平板载荷试验适用于浅层地基土；深层平板载荷试验适用于埋深等于或大于3m和地下水位以上的地基土；螺旋板载荷试验适用于深层地基土或地下水位以下的地基土。

1) 试验目的

利用载荷试验可以确定地基土的临塑荷载、极限荷载，为评定地基土的承载力提供依据；可以确定地基土的变形模量；估算地基土的不排水抗压强度；可以确定地基土的基床反力系数；估算地基土的固结系数。

2) 试验设备

①反力装置

地锚法：以若干个地锚作为反力装置；

堆载法：以铁块、混凝土块放置在承载台上作为反力；

锚桩法：把加压架固定在基桩上作为反力。

②加压装置：油泵、千斤顶、力传感器等。

③记录装置：百分表、位移传感器等。记录仪表。

④承载板（圆形或方形）

地基土 $0.25\sim0.5m^2$；基桩直径一致；复合地基与单桩加固的地基土面积相同。

3) 试验方法

试坑的大小不小于承压板直径的3倍，加荷等级不少于8级，最大加荷不小于设计荷载的2倍（试验桩）。第一级荷载可加等级荷载的2倍。试验方法包括：①快速法：2h加一级荷载，共加8级；②慢速稳定法：<0.1mm/h后开始加下级荷载。

4) 载荷试验曲线：①$p\text{-}s$曲线；②$\lg t\text{-}s$曲线；③$\lg p\text{-}\lg s$曲线；④$\Delta s\text{-}\Delta p$曲线等等。

5) 基本原理：

Ⅰ：$p\text{-}s$呈直线；Ⅱ：$p\text{-}s$变为曲线；Ⅲ：$p\text{-}s$变为陡降段。

6) 承载力特征值

一般取p_0作为地基土的承载力。对缓变型曲线按s/d取值。载荷试验较好地模拟建筑地基的工作条件，对于确定地基承载力和变形模量是可靠的。

(2) 静力触探试验：适合于软土、一般黏性土、粉土、砂土及含少碎石的土层。可根据工程需要采用单桥探头、双桥探头或带孔隙水压力量测的单、双桥探头，可测定比贯入阻力、锥尖阻力、侧壁摩阻力和孔隙水压力。

(3) 圆锥动力触探：适用于强风化、全风化的硬质岩石，各种软质岩石及各类土。

(4) 标准贯入试验（SPT）：属于动力触探试验中的一种试验方法。适用于砂土、粉

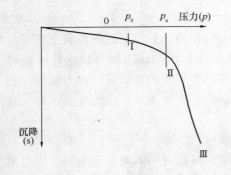

图 3-6 典型载荷试验曲线

（5）十字板剪切试验：适用于测定饱和软黏土的不排水抗剪强度和灵敏度。

（6）旁压试验：适用于测定黏性土、粉土、砂土、碎石土、软质岩石和风化岩的承载力、旁压模量和应力应变关系等。

（7）扁铲侧胀试验：试验适用于软土、一般黏性土、粉土、黄土和松散～中密的砂土。

（8）波速试验：适用于测定各类岩土体的波速，确定与波速有关的岩土参数，检验岩土加固与改良的效果。可采用跨孔法、单孔法或面波法。

（9）现场直剪试验：可用于岩土体本身、岩土体沿软弱结构面和岩体与其他材料接触面的剪切试验，可分为岩土体试体在法向应力作用下沿剪切面剪切破坏的抗剪断试验，岩土体剪断后沿剪切面继续剪切的抗剪试验（摩擦试验），法向应力为零时岩体剪切的抗切试验。

现场直剪试验可在试洞、试坑、探槽或大口径钻孔内进行。当剪切面水平或近于水平时，可采用平推法或斜推法，当剪切面较陡时，可采用楔形体法。

（10）岩石应力测试：适用于均质岩体，可采用孔壁、孔底和表面应力测试。用钻孔岩心法测求三向、双向应力；用掏槽法测求岩体表面单向应力。

【例题 3-3】 载荷试验的终止条件应为（　　）。
A. 承压板周围的土体有明显的侧向挤出
B. 总沉降量与承压板直径或宽度之比超过 0.06
C. 在某级荷载下，24 小时内沉降速率不能达到相对稳定的标准
D. A、B、C 三者之中的任何一种

正确答案 D。

分析：本题考察对静载荷原位测试技术的特点、技术要求的掌握。

7. 地下水

（1）地下水的类型和运动规律

地下水是指埋藏和运移于地表以下不同深度的土层与岩石空隙中的水。根据埋藏条件，地下水可以分为上层滞水、潜水和承压水。

1）上层带水：埋藏于地表浅处，局部隔水透镜体的上部，具有自由水面的地下水。主要是由大气降水补给。

2）潜水：埋藏在地表下第一稳定隔水层以上的具有自由水面的地下水。一般埋藏在第四纪沉积层及基岩的风化层中，主要是由雨水渗透或河流掺入土中补给。

3）承压水：充满于两个稳定隔水层之间的含水层中的地下水。它能承受一定静水压力，动态变化受气候因素影响不明显。

地下水分层流和紊流两种运动状态。土中孔隙或微小裂隙中的水,以渗透为主流动,属于层流,岩石裂隙或空洞中的水流速大,以紊流状态运动为主。

受地层渗透性影响,水和对混凝土结构的腐蚀评价是根据 pH 值、侵蚀性 CO_2 和 HCO_3^- 含量,将腐蚀性等级分为弱、中、强。

根据腐蚀等级的不同,可以按下列进行综合评定:
1) 腐蚀等级中,只出现弱腐蚀,无中、强腐蚀时,应综合评价为弱腐蚀;
2) 腐蚀等级中,无强腐蚀;最高为中等腐蚀时,应综合评价为中等腐蚀;
3) 腐蚀等级中,有一个或一个以上为强腐蚀,应综合评价为强腐蚀。

(2) 地下水对工程的影响
1) 潜水上升,引起盐渍化,增大腐蚀性。
2) 河谷阶地、斜坡及岸边,潜水上升,增大浸湿范围,破坏岩土体的结构和强度。
3) 粉土和粉、细砂层中,潜水上升,会产生液化。
4) 水位上升,可能使基础上浮使建筑物失稳。
5) 膨胀土区,水位上升或土体水分增减,使膨胀岩土产生不均匀胀缩变形。
6) 寒冷地区,潜水上升,冻结,地面隆起。解冻降低抗压强度和抗剪强度。导致建筑物开裂、失稳。
7) 地下水位在压缩层范围内突然下降,增加自重应力,使基础产生附加沉降,导致变形破坏。

另外基坑支护中的地下水的影响、地表塌陷、地面沉降都可能与地下水有关。

(3) 抽水试验、注水试验和压水试验的方法和应用
1) 抽水试验

抽水试验常用来查明拟建场地地基土层的渗透系数、导水系数、压力传导系数、给水度或弹性释水系数、越流系数、影响半径等有关水文地质参数。

① 根据抽水试验孔中存在含水岩层的多少可分为分层(段)抽水试验与混合抽水试验。

② 根据抽水孔进水段长度与含水层厚度的关系可分为完整孔抽水试验与非完整孔抽水试验。

③ 根据抽水试验时水量、水位与时间关系可分为稳定流抽水试验与非稳定流抽水试验。

2) 注水试验

钻孔注水试验适用于地下水位埋藏较深,不便于进行抽水试验的场地,或在干的透水岩土层中进行。其原理与抽水试验相似,注水可以看做是抽水的逆过程。

渗水试验和注水试验可在试坑或钻孔中进行。对砂土和粉土,可采用试坑单环法;对黏性土可采用试坑双环法;试验深度较大时可采用钻孔法。

3) 压水试验

在坚硬和半坚硬岩土层中,当地下水距地表很深时,常用压水试验测定岩层的透水性,多用于水库、水坝工程。按试验段划分可分为分段压水试验、综合压水试验和全孔压水试验;按压力点划分为一点压水试验、三点压水试验和多点压水试验;按试验压力划分为低压压水试验和高压压水试验;按加压的动力源划分为水柱压水法、自流式压水法和机

械法压水试验。

8. 岩土工程评价

(1) 一般岩土工程评价的方法

岩土工程分析评价一般采用以下方法。

1) 极限状态法

岩土工程评价应根据工程等级、场地地基条件、地区经验，采用极限状态法进行。极限状态分为二类，即：承载能力极限状态和正常使用极限状态。极限能力极限状态是将岩土及有关结构置于极限状态进行分析，找到达到某种极限状态（承载能力、变形等）时岩土的抗力。正常使用极限状态指的是整个工程或工程的一部分，超过某一特定状态就不能满足设计规定的功能要求。

承载能力极限状态也称之为破坏极限状态。如：边坡的稳定性、挡土墙的稳定性、承载力与地基的整体稳定等。

正常使用极限状态也称之为功能极限状态。如：影响结构外观和正常使用（包括引起机械或辅助装置不能正常工作）的变形、位移、或偏移；危及面层或非结构单元；引起人的不舒适感；危及建筑物及其内部设施或限制其使用功能的振动等。

2) 定性分析评价与定量分析评价

一般情况下，工程选址及场地对拟建工程的适宜性、场地地质条件的稳定性、岩土性质的直观鉴定等可只作定性分析评价。

定量分析评价可采用解析法、图解法或数值法，无论那种方法，都应有足够的安全储备。

3) 定值法和概率法

从方法上讲，岩土工程要注重定性与定量相结合的方法，岩土体的变形、强度和稳定应定量分析；场地的适宜性、场地地质条件的稳定性可仅作定性分析。

(2) 土的工程参数的统计分析

试验数据必须经过一定的统计分析，才能确定有一定可靠性的设计参数，才能对土的工作性状作出概率的预测。把地质年代、成因、岩性特征、土的物理力学性状基本一致的划分为一个统计单元。

在岩土工程勘察报告中，应按下列不同情况提供岩土参数值：

1) 一般情况下，应提供岩土参数的平均值、标准差、变异系数、数据分布范围和数据的数量；

2) 承载能力极限状态计算所需要的岩土参数标准值应按规范中所列方法计算；当设计规范另有专门规定的标准值取值方法时，可按有关规定执行。

(3) 成果报告的基本要求

1) 岩工工程勘察报告所依据的原始资料，应进行整理、检查、分析，确认无误后方可使用。

2) 岩土工程勘察报告应资料完整、真实准确、数据无误、图表清晰、结论有据、建议合理、便于使用和适宜长期保存，并应因地制宜，重点突出，有明确的工程针对性。

3) 岩土工程勘察报告应根据任务要求、勘察阶段、工程特点和地质条件等具体情况编写，并应包括下列内容：

①勘察目的、任务要求和依据的技术标准；
②拟建工程概况；
③勘察方法和勘察工作布置；
④场地地形、地貌、地层、地质构造、岩土性质及其均匀性；
⑤各项岩土性质指标，岩土的强度参数、变形参数、地基承载力的建议值；
⑥地下水埋藏情况、类型、水位及其变化；
⑦土和水对建筑材料的腐蚀性；
⑧可能影响工程稳定的不良地质作用的描述和对工程危害程度的评价；
⑨场地稳定性和适宜性的评价。

岩土工程勘察报告应对岩土利用、整治和改造的方案进行分析论证，提出建议；对工程施工和使用期间可能发生的岩土工程问题进行预测，提出监控和预防措施的建议。

成果报告应附下列图件：
①勘探点平面布置图；②工程地质柱状图；③工程地质剖面图；④原位测试成果图表；⑤室内试验成果图表。当需要时，尚可附综合工程地质图、综合地质柱状图、地下水等水位线图、素描、照片、综合分析图表以及岩土利用、整治和改造方案的有关图表、岩土工程计算简图及计算成果图表等。

对岩土的利用、整治和改造的建议，宜进行不同方案的技术经济论证，并提出对设计、施工和现场监测要求的建议。

【例题 3-4】 岩土工程勘察评价应包括以下那些内容（　　）。
A. 地基方案的评价　　　B. 地下水评价、基坑支护方案的评价
C. 场地地震效应评价　　D. $A+B+C$
正确答案：D。
分析： 本题考察岩土工程勘察报告应提供的内容和建议。

3.3.2 岩土工程设计基本原则

3.3.2.1 专业考试大纲基本内容与要求

1. 设计荷载：了解各类土木工程对设计荷载的规定及其在岩土工程中的选用原则。
2. 设计状态：了解岩土工程各种极限状态和工作状态的设计方法。
3. 安全度：了解各类土木工程的安全度控制方法；熟悉岩土工程的安全度准则。

3.3.2.2 岩土工程设计基本原则的内容

1. 设计荷载

（1）有关荷载分类、荷载代表值和荷载组合等内容，可参阅第二章注册结构工程师相关内容。

（2）地基基础设计的荷载组合原则

根据《建筑地基基础设计规范》，进行地基基础设计时所采用的荷载效应最不利组合与相应抗力限值应按下列规定：

1）按地基承载力确定基础底面积及埋深或按单桩承载力确定桩数时，传至基础或承台底面上的荷载效应应按正常使用极限状态下荷载效应的标准组合，相应的抗力应采用地基承载力特征值或单桩承载力特征值。

2）计算地基变形时，传至基础底面上的荷载效应应按正常使用极限状态下荷载效应

的准永久组合，不应计入风荷载和地震作用。相应的限值应为地基变形允许值。

3) 计算挡土墙土压力、地基或斜坡稳定及滑坡推力时，荷载效应应按承载能力极限状态下荷载效应的基本组合，但其分项系数均为1.0。

4) 在确定基础或桩台高度、支挡结构截面、计算基础或支挡结构内力、确定配筋和验算材料强度时，上部结构传来的荷载效应组合和相应的基底反力应按承载能力极限状态下荷载效应的基本组合，采用相应的分项系数。

当需要验算基础裂缝宽度时，应按正常使用极限状态荷载效应标准组合。

5) 基础设计安全等级、结构设计使用年限、结构重要性系数应按有关规范的规定采用，但结构重要性系数不应小于1.0。

2. 设计状态

地基基础的极限状态应考虑：①在最不利荷载作用下，地基不出现失稳现象；②在长期荷载作用下，地基变形不会造成承重结构的损害。

根据上述要求，地基基础极限状态也分为正常使用极限状态和承载能力极限状态。正常使用极限状态对应于地基变形或基础出现的裂缝达到规定的限值。因此，地基设计是以正常使用极限状态下变形要求，即变形设计为原则。按正常使用极限状态下相应的荷载组合计算，在确定基础底面积时，地基承载力确定要求地基不出现长期塑性变形，同时，各类建筑可能出现的变形特征及变形量满足允许值要求。承载能力极限状态对应于挡土墙、地基或边坡作为刚体失去平衡，基础在不利荷载作用下发生强度破坏。因此，应按承载能力极限状态下相应荷载组合计算。

3. 安全度

设计必须保证工程的适用性、安全性、耐久性、经济性和可持续发展的要求，其中安全性更是首当其冲。现在，结构设计已经普遍采用概率极限状态，用分项系数表达，岩土工程设计由于固有的复杂性和研究积累不足，至今仍主要采用容许应力法和单一安全系数法，于是产生了多种设计方法在同一工程中互相交叉的问题。例如基础设计，计算基础面积用容许应力法，确定基础配筋用概率极限状态法，两者的荷载取值和抗力取值各不相同。再如钢筋混凝土挡土墙设计，挡土墙的结构设计用概率极限状态法，抗滑和抗倾覆稳定性验算用单一安全系数法，地基承载力用容许应力法，荷载取值和抗力取值各不相同。

勘察设计阶段是控制工程安全度的主要阶段，如果在设计阶段的安全度控制就有缺陷，设计安全度不足，或者对岩土体的工程性状的认识有偏差，设计参数的取值存在问题，或者设计计算模式没有反映工程的主要机理，安全系数的取值过低，或者甚至发生漏项和缺项。勘察和设计从设计参数的取值和设计计算两个方面来控制岩土工程的安全度，核心问题是安全系数。

(1) 安全系数的取值与破坏计算模式有关，不同的工程问题、不同的计算模式，安全系数的取值是不同的。例如，地基承载力的安全系数为2～3，而挡土墙的抗滑稳定安全系数仅为1.3。并不表示地基承载力问题的安全度高于挡土墙的抗滑稳定性。因此不同破坏计算模式的安全系数之间，不能相互比较安全系数的大小。

(2) 安全系数的取值与抗力的确定方法有关。对相同的破坏计算模式，确定抗力的方法不同，抗力的可靠性不同，应该取用不同的安全系数。

(3) 安全系数的取值与岩土参数的试验方法有关，当采用不同的抗剪强度指标计算时，安全系数的取值是不同的。

（4）安全度控制风险的影响因素。客观的因素，取土试验过程中对试样的扰动、试验方法的不标准、试验结果的缺乏代表性、试验结果分析计算方法的不标准等因素都会影响对设计安全度的控制。主观因素，工程师对试验结果的评价与分析，对代表性指标的取用、对计算模式的选用等都会使得工程师对安全度的控制偏离预期的期望值。

岩土工程安全度控制的关键是在勘察设计阶段。岩土工程设计时，计算岩土抗力的强度参数，并不是像上部结构材料那样，可以从技术标准中查到；由岩土所构成的荷载，也不可能从荷载规范得到。这些都需要通过岩土工程勘察，由试验、测定和经验判断取得。因此设计参数的取值是否符合设计的具体工程条件，是否反映了地质条件的特点，都直接影响安全度的控制。

岩土工程设计提供了工程必需的安全度控制，使工程的安全度符合技术和经济的要求，满足设计规范的有关技术规定。但设计所控制的安全度能否真正实现，关键还在施工和使用过程中，特别的施工阶段，更是实现安全度控制的关键。

施工阶段实现设计的安全度控制，必须按照设计计算的工况施工。设计时，设计人员应充分考虑施工条件，根据工艺和施工方法的要求，方案尽可能方便施工，为施工创造条件，而施工人员应充分尊重设计人员的意图，严格按照设计图纸实施。

【例题 3-5】 计算地基沉降时，传至基础底面上的荷载按（　　　）不计入（　　　），采用标准值。

A. 短期效应组合、风荷与地震荷载　　B. 长期效应组合、风荷与地震荷载
C. 长期效应组合、雪荷载　　D. 基本组合、风荷载

正确答案：B。

分析：本题考察对地基基础设计原则的掌握，注意区分地基设计验算与基础结构设计计算的区别。

3.3.3 浅基础

3.3.3.1 浅基础考试大纲基本内容与要求

1. 浅基础方案选用与比较：了解各种类型浅基础的传力特点、构造特点和适用条件；掌握浅基础方案选用和方案比较的方法。

2. 地基承载力计算：熟悉不同结构对地基条件的要求；熟悉确定地基承载力的各种方法；掌握地基承载力深宽修正与软弱下卧层强度验算的方法。

3. 地基变形分析：了解各种建（构）筑物对变形控制的要求；掌握地基应力计算和沉降计算方法；了解地基、基础和上部结构的共同作用分析方法及其在工程中的应用。

4. 基础设计：了解各种类型浅基础的设计要求和设计步骤；熟悉基础埋置深度与基础底面积的确定原则；掌握基础底面压力分布的计算方法；熟悉各种类型浅基础的设计计算内容；掌握浅基础内力计算的方法。

5. 动力基础：了解动力基础的基本特点；了解天然地基动力参数的测定方法。

6. 不均匀沉降：了解建筑物的变形特征以及不均匀沉降对建筑物的各种危害；了解产生不均匀沉降的原因；了解防止和控制不均匀沉降对建筑物损害的建筑措施和结构措施。

3.3.3.2 浅基础基本内容

1. 浅基础类型

浅基础根据形状和大小可分成独立基础、条形基础（包括十字交叉条形基础）、筏形基础、箱形基础及壳体基础等类型。根据基础所用材料的性能又可分为无筋扩展基础和扩展基础。

（1）无筋扩展基础

无筋扩展基础通常是由砖、块石、毛石、素混凝土、三合土和灰土等材料建造的基础，这些材料具有较好的抗压性能，但抗拉、抗剪强度较低，设计时要求基础的外伸宽度和基础高度的比值在一定限度内，以避免基础截面的拉应力和剪应力超过其材料强度设计值。

无筋扩展基础可用于六层和六层以下（三合土基础不宜超过四层）的民用建筑和砌体承重的厂房。无筋扩展基础又可分为墙下无筋扩展条形基础和柱下无筋扩展独立基础。

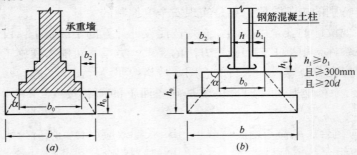

图 3-7 刚性基础
（a）墙下刚性基础；（b）柱下刚性基础

（2）扩展基础

钢筋混凝土扩展基础主要有墙下条形基础、柱下单独基础、柱下条形基础、十字交叉条形基础、筏形基础和箱形基础等。这类基础具有良好的抗剪能力和抗弯能力，并具有耐久性和抗冻性好、构造形式多样、可满足不同的建筑和结构功能要求，能与上部结构结合成整体共同工作等优点。

1）独立基础

钢筋混凝土独立基础主要指柱下基础，通常有现浇台阶形基础、现浇锥形基础和预制

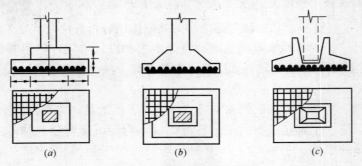

图 3-8 钢筋混凝土独立基础
（a）台阶形基础；（b）锥形基础；（b）杯口基础

柱的杯口形基础等。

2) 钢筋混凝土条形基础

钢筋混凝土条形基础可分为墙下钢筋混凝土条形基础、柱下钢筋混凝土条形基础和十字交叉钢筋混凝土条形基础等。

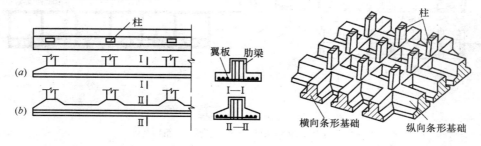

图 3-9 单向条形基础

图 3-10 十字交叉条形基础

3) 筏形基础

当地基承载力低，而上部结构的荷重又较大，以致十字交叉条形基础仍不能提供足够的底面积来满足地基承载力的要求时，可采用钢筋混凝土满堂基础，这种满堂基础称为筏形基础。筏形基础类似一块倒置的楼盖，比十字交叉条形基础有更大的整体刚度，有利于调整地基的不均匀沉降，较能适应上部结构荷载分布的变化。筏形基础又可分为平板式和梁板式两种类型。

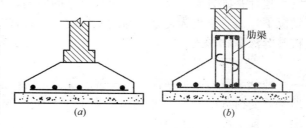

图 3-11 墙下条形基础
（a）不带肋；（b）带肋

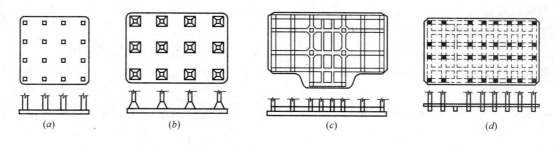

图 3-12 筏形基础
（a）、（b）平板式；（c）、（d）梁板式

4) 箱形基础

箱形基础是由钢筋混凝土底板、顶板和纵横内外隔墙形成的一个刚度极大的箱体形基础。箱形基础比筏板基础具有更大的抗弯刚度，可视为绝对刚性基础。为了加大箱形基础的底板刚度，也可采用"套箱式"的箱形基础。

2. 基础方案选用与比较

基础设计首先是通过方案比较，选择适合于工程实际条件的基础类型。选择基础方案时需要综合考虑上部结构的特点、地基土的工程地质和水文地质以及施工的难易程度等因

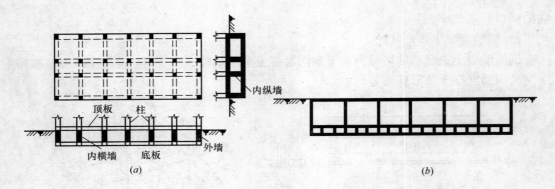

图 3-13 箱形基础
(a) 常规式箱形基础；(b) "套箱式"箱形基础

素，经过比较、优化以达到技术先进、经济合理的目的。

选择基础方案应遵循由简单到复杂的原则，即在简单经济的基础形式不能满足要求的情况下，再寻求更为复杂合适的基础类型。只有在不能采用浅基础的情况下，才考虑运用桩基等深基础形式。

3. 地基承载力确定

地基承载力是指在保证地基强度和稳定时，使建筑物不产生过大沉降和不均匀沉降时地基承受荷载的能力。地基承载力不仅与土的物理力学性质有关，还与基础的型式、埋深、结构类型、施工速度等有关。地基承载力的确定方法主要有：①按原位测试的方法确定地基承载力；②按地基土的强度理论确定地基承载力；③经验方法确定地基承载力；

(1) 按原位测试的方法确定地基承载力

在现场对地基土进行原位测试，按原位测试成果确定地基承载力是最直接可信的方法。原位测试主要有载荷试验、静力及动力触探试验、标准贯入试验、压仪试验等，其中载荷试验是最常用和可靠的方法。原位测试方法在 3.3.2 节中已有介绍。

(2) 按地基土的强度理论确定地基承载力

《建筑地基基础设计规范》(GB 50007—2002) 以土的抗剪强度指标，采用以 $p1/4$ 为基础的理论公式结合经验给出地基承载力特征值计算公式：

$$f_a = M_b \gamma b + M_d \gamma_m d + M_c c_k \tag{3-1}$$

式中　　b——基础底面宽度，大于 6m 按 6m 考虑，对于砂土，小于 3m 时按 3m 考虑；

M_b、M_d、M_c——承载力系数，按 φ_k 值查表；

φ_k、c_k、γ——基底下一倍基宽深度内土的内摩擦角标准值、凝聚力标准值、土的重度，水位下取有效重度。

【例题 3-6】 已知某墙下条形基础，底宽 $b=2.4$m，埋深 $d=1.5$m，荷载合力偏心距 $e=0.05$m，地基为黏性土，内聚力 $c_k=7.5$kPa，内摩擦角 $\varphi_k=30°$，地下水位距地表 0.8m，地下水以上土的重度 $\gamma=18.5$kN/m³，地下水位以下土的饱和重度 $\gamma_{sat}=19.8$kN/m³。试根据理论公式确定地基土的承载力。

【解】 因 $e=0.05$m$<0.033b=0.033×2.4=0.079$m，所以可按《建筑地基基础设计规范》推荐的抗剪强度指标计算地基承载力的特征值。其中 $\varphi_k=30°>24°$。查规范得，

$M_b=1.9$,$M_d=5.59$,$M_c=7.95$。

地下水位以下土的重度：$\gamma'=\gamma_{sat}-\gamma_w=19.8-9.8=10.0\text{kN/m}^3$,

故 $\gamma_m=[18.5\times0.8+10.0\times(1.5-0.8)]/1.5=14.53\text{kN/m}^3$,

则 $f_a=M_b\gamma b+M_d\gamma_m d+M_c c_k=1.9\times10.0\times2.4+5.59\times14.53\times1.5+7.95\times7.5$
$=227.1\text{kPa}$

分析：本题应注意给出的已知条件中地下水位以下土重度为饱和重度，而在承载力特征值的修正公式中，地下水位以下应取土的有效重度。必须先计算出有效重度后，才能进行修正计算。

（3）经验方法确定地基承载力

在总结工程实践经验的基础上，以载荷试验为依据，通过大量的对比统计分析，建立土的种类及相应物理力学指标与地基承载力之间的经验关系，并制成表格供查阅。

由于土性地区性的差异，在不同地区类型相同、指标相近的土，其承载力可能会有较大的差别。现行《建筑地基基础规范》中取消了原来的承载力表，但该类表仍见于地方规范。

4. 地基承载力特征值的深宽修正

基础的埋深和基底的几何形状、尺寸对地基承载力有较大影响。《建筑地基基础设计规范》采用经验修正的方法考虑实际基础的埋置深度和基础宽度对地基承载力的影响，建议从载荷试验或其他原位测试、经验方法等确定地基承载力应按下式进行修正：

$$f_a=f_{ak}+\eta_b\gamma(b-3)+\eta_d\gamma_m(d-0.5) \tag{3-2}$$

式中 f_a——修正后的地基承载力特征值；

f_{ak}——地基承载力特征值；

η_b、η_d——基础宽度和埋深的地基承载力修正系数，按基底下土的类别查规范表 5.2.4 取值；

γ——基底持力层土的天然重度，地下水位以下取有效重度γ'；

b——基础底面宽度，当 $b<3\text{m}$ 按 3m 计，当 $b>6\text{m}$ 按 6m 计；

γ_m——基础底面以上土的加权平均重度，地下水位以下取有效重度；

d——基础埋置深度，当 $d<0.5\text{m}$ 按 0.5m 计。一般自室外地面标高算起。在填方整平地区，可自填土地面标高算起，但填土在上部结构施工后完成时，应从天然地面标高算起。对于地下室，如采用整体的箱形基础或筏基时，基础埋置深度自室外地面标高算起，当采用独立基础或条形基础时，应从室内地面标高算起。

5. 软弱下卧层强度验算

《建筑地基基础设计规范》规定，当地基存在软弱下卧层时，应按下式验算软弱下卧层承载力：

$$p_z+p_{cz}\leqslant f_{az} \tag{3-3}$$

式中 p_z——荷载效应标准组合时，软弱下卧层顶面处的附加应力值；

p_{cz}——软弱下卧层顶面处的自重压力值；

f_{az}——软弱下卧层顶面处经深度修正后的地基承载力特征值。

对宽度为 b 的条形基础

$$p_z = \frac{(p_k - p_c)b}{(b + 2z\tan\theta)} \tag{3-4}$$

对底面为 $b \times l$ 的矩形基础

$$p_z = \frac{(p_k - p_c)bl}{(b + 2z\tan\theta)(l + 2z\tan\theta)} \tag{3-5}$$

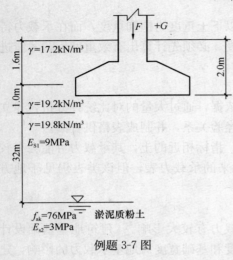

例题 3-7 图

【例题 3-7】 某柱基基底下土层情况如下图所示，$F=800\text{kN}$，$G=240\text{kN}$，基底尺寸 $b \times l = 2\text{m} \times 3\text{m}$，试验算地基下卧层土的承载力。

【解】 (1) 求基底的附加应力和自重应力：

基底面积 $A = 2 \times 3 = 6\text{m}^2$

基底处压力为 $p = (F+G)/A = (800+240)/6 = 173.3\text{kN/m}^2$

基底处自重压力为 $p_c = 1.6 \times 17.2 + 0.4 \times 19.2 = 35.2\text{kN/m}^2$

(2) 求软弱下卧层承载力特征值：

由地层剖面知，地基下卧层为淤泥质粉土层，$f_{ak} = 76\text{kPa}$。下卧层顶面以上地基土平均重度为：

$$\gamma_m = \frac{1.6 \times 17.2 + 1.0 \times 19.2 + 3.2 \times 19.8}{1.6 + 1.0 + 3.2} = \frac{110.8}{5.8} = 19.0\text{kN/m}^3$$

下卧层承载力的深度修正系数可查规范得 $\eta_b = 0$，$\eta_d = 1.0$，修正后的地基承载力特征值为：

$$\begin{aligned} f_a &= f_{ak} + \eta_b\gamma(b-3) + \eta_d\gamma_m(d-0.5) \\ &= 76 + 0 \times (3-3) + 1.0 \times 19.0 \times (5.8-0.5) \\ &= 176.7\text{kPa} \end{aligned}$$

(3) 下卧层顶面承载力验算：由图中可知下卧层顶面离基础底面的深度 $z = 3.8\text{m}$，则

$$z/b = 3.8/2 = 1.9 > 0.5; z/l = 3.8/3 = 1.27 > 0.5; E_{s1}/E_{s2} = 9/3 = 3$$

查规范得地基压力扩散角 $\theta = 23°$

下卧层顶面处的自重压力值为：

$$p_{cz} = 17.2 \times 1.6 + 19.2 \times 1.0 + 19.8 \times 3.2 = 110.1\text{kN/m}^2$$

下卧层顶面处的附加压力 p_z 计算

$$\begin{aligned} p_z &= lb(p_k - p_z)/[(b + 2z\tan\theta)(l + 2z\tan\theta)] \\ &= 3 \times 2 \times (173.3 - 35.2)/[(2 + 2 \times 3.8 \times \tan23°)(3 + 2 \times 3.8 \times \tan23°)] \\ &= 828.6/(5.23 \times 6.23) = 25.43\text{kPa} \end{aligned}$$

下卧层顶面处的总压力值为 $p_z + p_{cz}$

$$p_z + p_{cz} = 25.43 + 110.1 = 135.53\text{kPa} < f_{az} = 176.7\text{kPa}$$

下卧层承载力满足要求。

分析：本题考察对地基承载力验算的验算内容、计算方法的掌握。

6. 地基变形分析

根据建筑物地基基础设计等级及长期荷载作用下地基变形对上部结构的影响程度，地基基础设计应符合下列规定：

(1) 设计等级为甲级、乙级的建筑物，均应按地基变形设计。规范表 3-8 所列范围内设计等级为丙级的建筑物可不作变形验算，如有下列情况之一时，仍应作变形验算。

1) 地基承载力特征值小于 130kPa，且体型复杂的建筑；

2) 在基础上及其附近有地面堆载或相邻基础荷载差异较大，可能引起地基产生过大的不均匀沉降时；

3) 软弱地基上的建筑物存在偏心荷载时；

4) 相邻建筑距离过近，可能发生倾斜时；

5) 地基内有厚度较大或厚薄不均的填土，其自重固结未完成时。

可不作地基变形计算设计等级为丙级的建筑物范围   表 3-8

地基主要受力层情况	地基承载力特征值 f_{ak}（kPa）		$60 \leqslant f_{ak}$ <80	$80 \leqslant f_{ak}$ <100	$100 \leqslant f_{ak}$ <130	$130 \leqslant f_{ak}$ <160	$160 \leqslant f_{ak}$ <200	$200 \leqslant f_{ak}$ <300
	各土层坡度（%）		$\leqslant 5$	$\leqslant 5$	$\leqslant 10$	$\leqslant 10$	$\leqslant 10$	$\leqslant 10$
建筑类型	砌体承重结构、框架结构/层数		$\leqslant 5$	$\leqslant 5$	$\leqslant 5$	$\leqslant 6$	$\leqslant 6$	$\leqslant 7$
	单层排架结构（6m柱距）	单跨 吊车额定起重量(t)	5~10	10~15	15~20	20~30	30~50	50~100
		单跨 厂房跨度(m)	$\leqslant 12$	$\leqslant 18$	$\leqslant 24$	$\leqslant 30$	$\leqslant 30$	$\leqslant 30$
		多跨 吊车额定起重量(t)	3~5	5~10	10~15	15~20	20~30	30~75
		多跨 厂房跨度(m)	$\leqslant 12$	$\leqslant 18$	$\leqslant 24$	$\leqslant 30$	$\leqslant 30$	$\leqslant 30$
	烟囱	高度(m)	$\leqslant 30$	$\leqslant 40$	$\leqslant 50$	$\leqslant 75$		$\leqslant 100$
	水塔	高度(m)	$\leqslant 15$	$\leqslant 20$	$\leqslant 30$	$\leqslant 30$		$\leqslant 30$
		容积(m³)	$\leqslant 50$	50~100	100~200	200~300	300~500	500~1000

注：1. 地基主要受力层系指条形基础底面下深度为 $3b$（b 为基础底面宽度，独立基础下为 $1.5b$，且厚度均不小于 5m 范围（二层以下一般的民用建筑除外）；

2. 地基主要受力层中如有承载力特征值小于 130kPa 的土层时，表中砌体承重结构的设计，应符合规范有关要求；

3. 表中砌体承重结构和框架结构均指民用建筑，对于工业建筑中按厂房高度、荷载情况折合成与其相当的民用建筑层数；

4. 表中吊车额定起重量、烟囱高度和水塔容积的数值系指最大值。

(2) 建筑物的地基变形验算要求

地基变形计算值不超过地基变形允许值，即

$$\Delta \leqslant [\Delta] \tag{3-6}$$

式中 Δ 为地基广义变形值，可分为沉降量、沉降差、倾斜和局部倾斜等。$[\Delta]$ 为建筑物所能承受的地基广义变形的容许值，可查《建筑地基基础设计规范》表 5.3.4。

地基应力计算和沉降计算方法可参阅基础理论考试中有关土力学内容。

上部结构、基础与地基三者构成一个整体，在传递荷载的过程中是共同受力，协调变形的。三者传递荷载的过程不但要满足静力平衡条件，还应满足接触部位的变形协调条件。因而，合理的设计方法应考虑上部结构、基础与地基的共同作用，即将三者作为一个整体，考虑接触部位的变形协调来计算其内力和变形，称为上部结构和地基基础的共同作用分析。

7. 基础设计

(1) 天然地基上浅基础的设计内容和步骤

天然地基上的浅基础设计和计算应该兼顾地基和基础两方面进行，主要内容包括：

1) 天然地基设计

①选择基础埋置深度；

②确定地基承载力；

③验算地基变形和地基稳定性。

2) 基础设计

①选择基础类型和材料；

②计算基础内力，确定基础各部分尺寸、配筋和构造。

设计基础时，除了应保证基础本身有足够的强度和稳定性外，同时要满足地基的强度、稳定性和变形必须保持在容许范围内，因而基础设计又统称为地基基础设计。

3) 浅基础设计的一般步骤

①掌握拟建房屋场地的工程地质条件和地基勘察资料以及拟建桥位处河流的水文调查报告。如不良地质现象和发震断层、软弱下卧层的位置及厚度、各层土的类别及工程特性指标。地基勘察的详细程度与建筑物的安全等级以及场地的工程地质条件相适应。

②调查当地的工程材料、设备供应以及建设经验等。

③在了解以上资料的基础上，根据上部结构的特点和要求，确定基础类和平面布置方案以及地基持力层和基础埋置深度。

④根据地基承载力确定基础底面的平面尺寸，进行必要的稳定性和变形的计算。

⑤以简化的、或考虑相互作用的方法进行基础结构的内力分析和截面计算以保证基础具有足够的强度、刚度和稳定性。

⑥绘制施工详图。

⑦编制工程预算书和工程设计说明。

4) 地基的验算要求

根据地基复杂程度、建筑物规模和功能特征以及由于地基问题可能造成建筑物破坏或影响正常使用的程度，将地基基础设计分为三个等级，设计时应根据具体情况，按表 3-9 选用。

(2) 基础埋置深度与基础底面积的确定

1) 基础埋置深度的选择

基础的埋置深度（简称埋深）是指基础底面到天然地面的垂直距离。确定浅基础埋深的原则是，凡能浅埋的应尽量浅埋。但考虑基础的稳定性、动植物的影响等因素，除岩石地基外，基础最小埋深不宜小于 0.5m，并要求满足地基稳定性和变形条件。影响基础埋深的条件很多，应综合考虑以下因素后加以确定：

①建筑物的用途，有无地下室、设备基础和地下设施，基础的类型和构造条件；

②工程地质和水文地质条件，主要是选择合适的土层作为基础的持力层；
③相邻建筑物基础对埋深的影响；
④地基土冻胀和融陷的影响等。

地基基础设计等级 表 3-9

设计等级	建筑和地基类型
甲级	重要的工业与民用建筑物 30层以上的高层建筑 体型复杂，层数相差超过10层的高低层连成一体建筑物 大面积的多层地下建筑物（如地下车库、商场、运动场等） 对地基变形有特殊要求的建筑物 复杂地质条件下的坡上建筑物（包括高边坡） 对原有工程影响较大的新建建筑物 场地和地基条件复杂的一般建筑物 位于复杂地质条件及软土地区的二层及二层以上地下室的基坑工程
乙级	除甲级、丙级以外的工业与民用建筑物
丙级	场地和地基条件简单、荷载分布均匀的七层及七层以下民用建筑及一般工业建筑；次要的轻型建筑物

2）基础底面尺寸的确定
①基底压力计算
基底压力按线性分布计算。
A. 中心荷载作用：基底压力假定为均匀分布，按式（3-7）计算

$$P_K = \frac{F_K + G_K}{A} = \frac{F_K}{A} + \gamma_G d \tag{3-7}$$

式中 F_K——相应于荷载效应标准组合时，上部结构传至基础顶面处的竖向力（kN）基础自重和基础台阶上土重（kN）；
A——基础底面面积（m）；
γ_G——基础和基础上土的平均重度，一般取 $\gamma_G = 20 kN/m^3$；
d——基础埋深（m）。

B. 偏心荷载作用：当荷载偏心时，基底压力分布可按式（3-8）计算：

$$p_{\min}^{\max} = \frac{F_K + G_K}{A} \pm \frac{M_K}{W} = \frac{F_K + G_K}{A}\left(1 \pm \frac{6e}{l}\right)$$

$$e = \frac{M_K}{F_K + G_K} \tag{3-8}$$

式中 e——偏心距；
M_K——相应于荷载效应标准组合时，作用于基础底面的力矩值（kN·m）；
l——偏心方向的边长（m）；
W——基础底面的抵抗矩。

②扩展基础底面尺寸确定
中心荷载作用下基底面尺寸确定，由持力层承载力要求及基底压力计算式可得：

$$\frac{F_K}{A} + \gamma_G d \leqslant f_a \tag{3-9}$$

整理有，矩形基础

$$A \geq \frac{F_K}{f_a - \gamma_G d} \tag{3-10}$$

条形基础

$$b \geq \frac{F'_K}{f_a - \gamma_G d} \tag{3-11}$$

偏心荷载作用下基底面尺寸确定：

A. 先按中心荷载作用，按式（3-10）或式（3-11）初步估算基础底面尺寸；

B. 根据偏心程度，将基础底面积扩大 10%～40%，一般取 $l/b=1\sim2$ 确定基础的长度和宽度；

C. 验算基底最大压力和基底平均压力。

（3）各种类型浅基础的设计计算

1）刚性基础设计

刚性基础设计确定基础截面尺寸，须满足刚性角要求，即基础的外伸宽度与基础高度的比值小于基础的允许宽高比（表3-10）。

刚性基础台阶宽高比的允许值　　　　　　　　　表 3-10

基础材料	质量要求	台阶宽高比的允许值		
		$p_k \leq 100$	$100 < p_k \leq 200$	$200 < p_k \leq 300$
混凝土基础	C15 混凝土	1：1.00	1：1.00	1：1.25
毛石混凝土基础	C15 混凝土	1：1.00	1：1.25	1：1.50
砖基础	砖不低于 MU10、砂浆不低于 M5	1：1.50	1：1.50	1：1.50
毛石基础	砂浆不低于 M5	1：1.25	1：1.50	
灰土基础	体积比为 3：7 或 2：8 的灰土，其最小于密度：粉土 1.55t/m³ 粉质黏土 1.50t/m³ 黏土 1.45t/m³	1：1.25	1：1.50	
三合土基础	体积比为 1：2：4～1：3：6（石灰：砂：骨料），每层约虚 220mm，夯至 150mm	1：1.50	1：2.00	

确定刚性基础尺寸后，应根据台阶的允许宽高比确定基础的高度，即

$$b \leq b_0 + 2h[\tan\alpha]$$

或

$$h \geq \frac{b - b_0}{2[\tan\alpha]} \tag{3-12}$$

若不满足式（3-12），可增加基础高度，或选择允许宽高比值较大的材料，或改用钢筋混凝土扩展基础。

2）扩展基础设计

钢筋混凝土扩展基础包括钢筋混凝土柱下独立基础和墙下钢筋混凝土条形基础。这种基础高度不受刚性角的限制，可以较小，用钢筋承受弯曲所产生的拉应力，但需要满足抗弯抗剪和抗冲切破坏的要求。

①墙下钢筋混凝土条形基础

墙下条形扩展基础在长度方向可取单位长度计算。基础宽度由承载力确定，基础底板配筋则由验算截面的抗弯能力确定。在进行截面计算时，不计基础及其上覆土的重力作用产生的地基反力而只计算外荷载产生的地基净反力。

底板配筋计算：

基础Ⅰ-Ⅰ截面处弯矩设计值为

$$M_1 = \frac{1}{6}(2P_{j\max} + P_j)a_1^2$$

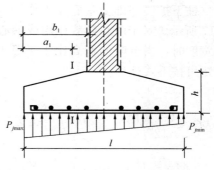

图 3-14　墙下条形基础计算简图

式中 $p_{j\max}$、p_j——相应于荷载效应基本组合时的基础底面边缘最大地基净反力设计值及验算截面Ⅰ-Ⅰ处地基净反力设计值；

a_1——弯矩最大截面位置距底面边缘最大地基反力处的距离；当墙体材料为混凝土时，取 $a_1=b_1$ 如为砖墙且放角不大于 1/14 砖长时，取 $a_1=b_1+$ 1/14 砖长。

②柱下独立扩展基础

当基础承受柱传来的荷载时，若柱周边处基础的高度不够，就会发生如图 3-15 所示的冲切破坏，即沿柱周边产生 45°斜面拉裂，形成冲切角锥体。在基础变阶处也可以发生同样的破坏。因此，钢筋混凝土柱下独立基础的高度由抗冲切验算确定。

基础底板在地基反力作用下还会产生向上的弯曲，当弯曲应力超过基础抗弯强度时，基础底板将发生弯曲破坏。如图 3-16 所示。因此，基础底板钢筋配置由抗弯曲验算确定。

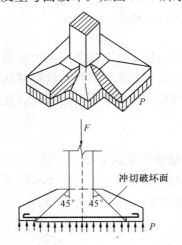

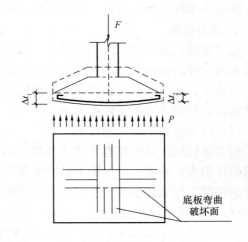

图 3-15　中心荷载作用下柱基础冲切破坏　　图 3-16　柱基础底板弯曲破坏

A. 抗冲切验算

为保证基础不发生冲切破坏，在基础冲切锥面范围以外，由地基净反力在破坏锥面上引发的冲切力 F_1，应小于基础可能冲切面上的混凝土抗冲切强度，从而确定基础最少容许高度。

B. 基础底板抗弯验算

柱下扩展基础受基底反力作用，产生双向弯曲，如图 3-17 所示。对于中心荷载作用或偏心距小于等于 1/6 倍基础宽度时，当台阶的宽高比小于等于 2.5 时，任意截面的弯矩可按下式计算。

$$M_\mathrm{I} = \frac{1}{12}a_1^2\left[(2b+a')\left(p_{max}+p-\frac{2G}{A}\right)+(P_{max}-p)b\right]$$

$$M_\mathrm{II} = \frac{1}{48}(l-a')^2(2b+b')\left(P_{max}+P_{min}-\frac{2G}{A}\right)$$

(3-13)

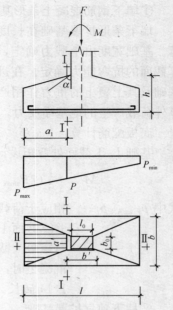

图 3-17 基础底板抗弯曲验算

式中 M_I、M_II——任意截面Ⅰ-Ⅰ，Ⅱ-Ⅱ处的弯矩设计值；

a_1——任意截面Ⅰ-Ⅰ至基底边缘最大反力处的距离；

l、b——基础底面边长；

p_{max}、p_{min}——相应于荷载效应基本组合时的基础底面边缘最大和最小地基反力设计值；

p——相应于荷载效应基本组合时在任意截面Ⅰ-Ⅰ处基础底面地基反力设计值；

G——考虑荷载分项系数的基础自重；当组合值由永久荷载控制时，$G = 1.35G_k$ 为基础及其上土的标准自重。

其他类型浅基础的设计计算内容见相关手册或行业规范。

8. 动力基础

动力基础包括活塞式压缩机基础、汽轮机组和电机基础、透平压缩机基础、破碎机和磨机基础、冲击机器基础、热模段压力机基础和金属切削机床基础。这类基础除承受机器自身自重外，还承受着由机器的不平衡扰力引起的振动。如果振动过大，会直接影响机器正常运转，甚至带来不良环境影响。

(1) 动力基础的形式和特点

机器基础的形式主要有大块式基础、墙式基础和框架式基础，如图 3-18 所示。大块式基础体积大，刚度大，一般不易发生变形。墙式基础主要用于机器要求距离地面有一定高度的情况。框架式基础主要用于透平压缩机、破碎机、离心机等机器。

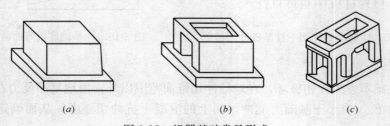

图 3-18 机器基础常见形式
(a) 大块式；(b) 墙式；(c) 框架式

（2）地基主要动力参数

地基动力参数是动力基础设计的关键参数。动力基础设计用到的参数主要有地基（桩基）刚度和阻尼比。

1) 地基刚度系数和地基刚度

地基刚度是指地基抵抗变形的能力，其值为施加于地基上的力（力矩）与其引起的线变位（角变位）之比，常用 K 表示。地基刚度分为：抗压刚度 K_z、抗剪刚度 K_x、抗弯刚度 K_φ、抗扭刚度 K_ψ。

地基刚度系数是指单位面积上的地基刚度，常用 C 表示。地基刚度系数分为：抗压刚度系数 C_z、抗剪刚度系数 C_x、抗弯刚度系数 C_φ、抗扭刚度系数 C_ψ。

2) 地基阻尼比

① 地基竖向阻尼比

黏性土
$$\zeta_{z0} = \frac{0.16}{\sqrt{\overline{m}}} \tag{3-14}$$

$$\overline{m} = \frac{m}{\rho A \sqrt{A}} \tag{3-15}$$

砂土、粉土
$$\zeta_z = \frac{0.11}{\sqrt{\overline{m}}} \tag{3-16}$$

式中　ζ_z——天然地基竖向阻尼比；
　　　$\overline{m}$——机组质量比；
　　　m——机组质量（t）。

② 地基水平回转向、扭转向阻尼比

《动力机器基础设计规范》（GB 50040—1996）提出按下式计算：

$$\zeta_{x\varphi 1} = \zeta_{x\varphi 2} = \zeta_\Psi = 0.5\zeta_z \tag{3-17}$$

式中　$\zeta_{x\varphi 1}$、$\zeta_{x\varphi 2}$、ζ_Ψ 分别表示天然地基水平回转耦合振动第一振型阻尼比、天然地基水平回转耦合振动第二振型阻尼比和天然地基扭转向阻尼比。

3) 桩基阻尼比

① 桩基竖向阻尼比

摩擦桩承台下为黏性土　　$\zeta_{pz} = \dfrac{0.2}{\sqrt{\overline{m}}}$

摩擦桩承台下为砂土、粉土　　$\zeta_{pz} = \dfrac{0.14}{\sqrt{\overline{m}}}$ （3-18）

端承桩　　$\zeta_{pz} = \dfrac{0.10}{\sqrt{\overline{m}}}$

② 桩基水平回转向、扭转向阻尼比

$$\zeta_{px\varphi 1} = \zeta_{px\varphi 2} = \zeta_{p\Psi} = 0.5\zeta_{pz} \tag{3-19}$$

式中 $\zeta_{px\varphi 1}$、$\zeta_{px\varphi 2}$、$\zeta_{p\psi}$ 分别表示桩基水平回转耦合振动第一振型阻尼比、桩基水平回转耦合振动第二振型阻尼比和桩基扭转向阻尼比。

9. 不均匀沉降

地基不均匀变形有可能使建筑物损坏或影响其使用功能。特别是高压缩性土、膨胀土、湿陷性黄土以及软硬不均等不良地基上的建筑物，如果考虑欠周，就更易因不均匀沉降而开裂损坏。因此如何防止或减轻不均匀沉降造成的损害，是设计中必须考虑的问题。若事先采取必要的措施，如从地基、基础、上部结构相互作用的观点，在建筑、结构或施工方面采取措施，往往可以减少由于不均匀沉降对结构产生的危害。

(1) 建筑措施

1) 建筑物的体型应力求简单；
2) 控制长高比及合理布置纵横墙；
3) 设置沉降缝；
4) 控制相邻建筑物基础间的净距；
5) 调整建筑物的标高。

(2) 结构措施

1) 减轻建筑物自重；
2) 增强建筑物的整体刚度和强度；
3) 设置圈梁；
4) 减小或调整基底附加压力；
5) 选用非敏感性结构。

(3) 施工措施

合理安排施工顺序对于高低、轻重悬殊的建筑部位或单位建筑，在施工进度和条件允许的情况下，一般应按照先重后轻、先高后低的顺序进行施工，或在高重部位竣工并间歇一段时间后修建轻、低部位。

带有地下室和群房的高层建筑，为减少高层部位与群房间的不均匀沉降，施工时应采用后浇带断开，待高层部分主体结构完成时再连接成整体。如采用桩基，可根据沉降情况，在高层部分主体结构未全部完成时连接成整体。

在软土地基上开挖基坑时，要尽量不扰动土的原状结构，通常可在基坑底保留大约200mm厚的原土层，待施工垫层时才临时挖除。如发现坑底软土已被扰动，可挖除扰动部分，用砂石回填处理。

在新建基础、建筑物侧力不宜堆放大量的建筑材料或弃土等重物，以免地面堆载引起建筑物产生附加沉降。

活载较大的建筑物，有条件时可先堆载预压；在使用初期应控制加载速率和加载范围，避免大量迅速、集中堆载。

注意打桩、降低地下水、基坑开挖对邻近建筑物可能产生的不利影响。

3.3.4 深基础

3.3.4.1 深基础考试大纲基本内容与要求

(1) 桩的类型、选型与布置：了解桩的类型及各类桩的适用条件；熟悉桩的设计选型应考虑的因素；掌握布桩设计原则。

(2) 单桩竖向承载力：了解单桩在竖向荷载作用下的荷载传递和破坏机理；熟悉单桩竖向承载力的确定方法；掌握桩身承载力的验算方法。

(3) 群桩的竖向承载力：了解竖向荷载作用下的群桩效应；掌握群桩竖向承载力计算方法。

(4) 负摩阻力：了解负摩阻力的发生条件；掌握负摩阻力的确定方法。

(5) 桩的抗拔承载力：了解抗拔桩基的适用条件；掌握单桩及群桩的抗拔承载力计算方法。

(6) 桩基沉降计算：熟悉桩基沉降计算的基本假定和计算模式；掌握桩基沉降计算方法。

(7) 桩基水平承载力和水平位移：了解桩基在水平荷载作用下的荷载传递和破坏机理；熟悉桩基水平承载力的确定方法；了解桩基在水平荷载作用下的位移计算方法。

(8) 承台设计：熟悉承台形式的确定方法；掌握承台的受弯、受冲切和受剪承载力计算方法。

(9) 桩基施工：了解灌注桩、预制桩和钢桩的主要施工方法及其适用条件；了解桩基施工中容易发生的问题及预防措施。

(10) 沉井基础：了解沉井基础的应用条件；掌握沉井设计方法；了解沉井下沉施工方法和主要工序；了解沉井施工中常见的问题与处理方法。

1. 桩的类型、选型与布置

(1) 按桩的承载性状分类

按竖向荷载下桩土相互作用特点，从桩的荷载传递机理来看，根据桩侧阻力和桩端阻力的发挥程度，可划分为摩擦型桩和端承型桩两大类。摩擦型桩又可分为摩擦桩和端承摩擦桩两类，端承型桩又可分为端承桩和摩擦端承桩两类。

(2) 按桩的使用功能分类

按桩的使用功能，可分为竖向抗压桩、侧向受荷桩、竖向抗拔桩和复合受荷桩。

1) 竖向抗压桩：正常工作条件下，主要承受从上部结构传下来的竖向荷载。

2) 侧向受荷桩：主要承受作用在桩上的侧向荷载。

3) 竖向抗拔桩：抗拔桩是指主要抵抗拉拔荷载的桩，拉拔荷载依靠桩侧摩阻力来承担。

4) 复合受荷桩：承担竖向、水平荷载均较大的桩。

(3) 按桩身材料分类

按桩身材料可分为天然材料桩、混凝土桩、钢桩。

(4) 按成桩效应分类

不同成桩方法对桩周围土层的扰动程度不同，按其影响可分为挤土桩、部分挤土桩和非挤土桩三类。

(5) 按成桩方法分类

(6) 按桩径大小分类

按桩径大小分类可分为小直径桩：$d \leqslant 250$ mm，中等直径桩：$250 \leqslant d \leqslant 800$ mm，大直径桩：$d \geqslant 800$ mm。

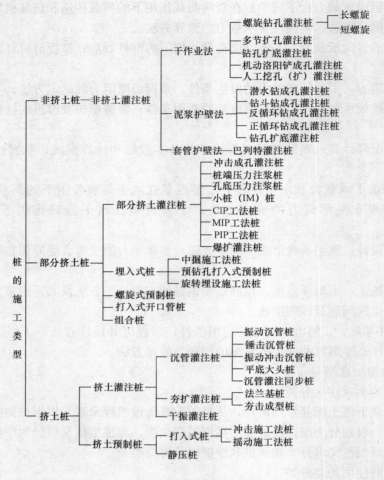

图 3-19 成桩方法分类

2. 桩基的选型与布置原则

(1) 桩型选择的基本原则

1)"因荷载制宜",即上部结构传递给基础的荷载大小是控制单桩承载力要求的主要因素。

2)"因土层制宜",即根据建筑物场地的工程地质条件、地下水位状况和桩端持力层深度来比较各种不同方案桩结构的承载力和技术经济指标,选择桩的类型。

3)"因机械制宜"即考虑本地区桩基施工单位现有的桩工机械设备;如确实需要从其他地区引进桩工机械时,则需考虑其经济合理性。

4)"因环境制宜",即考虑成桩过程中对环境的影响。例如打入式预制桩和打入式灌注桩的场合,就要考虑振动、噪声以及油污对周围环境的影响;泥浆护壁钻孔桩和埋入式桩就要考虑泥水、泥土的处理,否则会对环境造成不良影响。

5)"因造价制宜",即采用的桩型,其造价应比较低廉。

6)"因工期制宜",当工期紧迫而环境又允许,可采用打入式预制桩,其施工速度快;如施工条件合适,也可采用人工挖孔桩,因该桩型施工作业面可增多,施工进程也较快。

总之，在选择桩型和工艺时，应对建筑物的特征（建筑结构类型、荷载性质、桩的使用功能和建筑物的安全等级等）、地形、工程地质条件（穿越土层、桩端持力层岩土特性）、水文地质条件（地下水类别、地下水位标高）、施工机械设备、施工环境、施工经验、各种桩施工法的特征、制桩材料供应条件、造价以及工期等进行综合性研究分析后，并进行技术经济分析比较，最后选择经济合理、安全适用的桩型和成桩工艺。

(2) 桩的布置原则

1) 桩的中心距：群桩基础中心距的确定需考虑：挤土桩成桩过程的挤土效应；考虑群桩效应；考虑邻桩干扰效应；考虑确定的桩距。

2) 排列基桩时，宜使桩群承载力合力点与长期荷载重心重合，并使桩基受水平力和力矩较大方向有较大的截面模量。

3) 对于桩箱基础，宜将桩布置于墙下；对于带梁（肋）桩筏基础，宜将桩布置于梁（肋）下；对于大直径桩宜采用一柱一桩。

4) 同一结构单元宜避免采用不同类型的桩。

5) 桩端持力层深度的选择应符合规范要求。

3. 单桩竖向承载力

(1) 单桩在竖向荷载作用下的荷载传递机理

在竖向荷载作用下，桩身材料将发生弹性压缩变形，桩与桩侧土体发生相对位移，因而桩侧土对桩身产生向上的桩侧摩阻力。如果桩侧摩阻力不足以抵抗竖向荷载，一部分竖向荷载将传递到桩底，桩底持力层也将产生压缩变形，故桩底土也会对桩端产生阻力。桩通过桩侧阻力和桩端阻力将荷载传递给土体。或者说，土对桩的支承力由桩侧阻力和桩端阻力两部分组成。

(2) 单桩破坏机理

轴向荷载下单桩的可能破坏模式见图 3-20 所示。可分为屈曲破坏、整体剪切破坏、刺入破坏。

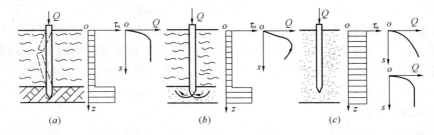

图 3-20 轴向荷载下单桩的破坏模式
(a) 屈曲破坏；(b) 整体剪切破坏；(c) 刺入破坏

(3) 单桩竖向承载力的确定方法

1) 单桩竖向静载荷试验

①试验装置：包括加载系统与位移观测系统如图 3-21 所示。

②试验方法

单桩静荷载试验的试验方法包括加载分级、测读时间、沉降相对稳定标准和破坏标准，分述如下。

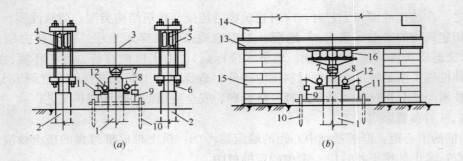

图 3-21 单桩静载荷试验装置
(a) 锚桩横梁反力装置；(b) 压重平台反力装置
1—试桩；2—锚桩；3—主梁；4—次梁；5—拉杆；6—锚筋；7—球座；
8—千斤顶；9—基准梁；10—基准桩；11—磁性表座；12—位移计；
13—载荷平台；14—压载；15—支墩；16—托梁

加载分级　每级加载为预估极限承载力的 1/15～1/10，第一级可按 2 倍分级荷载加载。

沉降观测测读时间　每级加载后间隔 5min、10min、15min 各测读一次，以后每隔 15min 测读一次，累计 1h 后每隔 30min 测计一次，每次测读值记入实验记录表。

沉降相对稳定标准　满足下列沉降相对稳定标准时可以施加下一级荷载；持力层为黏性土时，沉降速率不大于 0.1mm/b；持力层为砂土时，沉降速率不大于 0.5mm/b。按照这一稳定标准的试验称为慢速维持荷载法试验，快速维持荷载试验法则规定，每级荷载（维持不变）下观测沉降一小时即可施加下一级荷载。

破坏标准　当出现下列任何一种情况时，即认为试桩已达到破坏并可中止加载。

A. 桩发生急剧的，不停滞的下沉。

B. 该级荷载下的沉降大于其前一级沉降的 5 倍。

C. 该级沉降大于其前一级沉降的 2 倍，且在 24h 内不能稳定。

D. 试桩的总沉降超过 $100+(L-40)$，沉降以 mm 计；L 为桩长以米计。

中止加载后进行卸载，每级卸载量为加载量的 2 倍。每级卸载后隔 15min 测计一次残余沉降，读两次后，隔 30min 再测读一次，即可卸下一级荷载，全部卸载后，隔 3～4h 再测读一次。

③极限承载力的判定

A. 根据沉降随荷载的变化特征确定极限承载力：对于陡降型 Q-s 曲线取该曲线发生明显陡降的起始点。

B. 根据沉降量确定极限承载力：对于缓变型 Q-s 曲线一般可取 $s=40\sim60$mm 对应的荷载，对于大直径桩可取 $s=0.03\sim0.06D$（D 为桩端直径，大桩径取低值，小桩径取高值）所对应的荷载值；对于细长桩（$l/d>80$）可取 $s=60\sim80$mm 对应的荷载。

C. 根据沉降随时间的变化特征确定极限承载力：取 s-$\lg t$ 曲线尾部出现明显向下弯曲的前一级荷载值。

2）单桩竖向极限承载力标准值的确定

2008 年颁布的《建筑桩基技术规范》(JGJ 94—2008) 规定，设计采用的单桩竖向极限承载力标准值的确定应符合：

A. 设计等级为甲级的建筑桩基，应通过单桩静载试验确定；

B. 设计等级为乙级的建筑桩基，当地质条件简单时，可参照地质条件相同的试桩资料，结合静力触探等原位测试和经验参数综合确定；其余均应通过单桩静载试验确定；

C. 设计等级为丙级的建筑桩基，可根据原位测试和经验参数确定。

①根据现场静载荷试验确定

当各试桩条件基本相同时，单桩竖向极限承载力标准值可按如下步骤与方法确定。

A. 计算试桩结果统计特征值

按上述方法，确定 n 根正常条件试桩的极限承载力实测值 Q_{ui}；按下式计算 n 根试桩实测极限承载力平均值；其公式为：

$$Q_{um} = \frac{1}{n}\sum_{i=1}^{n} Q_{ui}$$

按下式计算每根试桩的极限承载力实测值与平均值之比

$$\alpha_i = Q_{ui}/Q_{um}$$

按下式计算 α_i 的标准差

$$S_n = \sqrt{\sum_{i=1}^{n}(\alpha_i - 1)^2/(n-1)}$$

B. 确定单桩竖向极限承载力标准值 Q_{uk}。

当 $S_n \leq 0.15$ 时，$Q_{uk} = Q_{um}$；

当 $S_n > 0.15$ 时，$Q_{uk} = \lambda Q_{um}$。

C. 单桩竖向极限承载力标准值折减系数 λ。

②原位测试法

当根据单桥探头静力触探资料确定混凝土预制桩单桩竖向极限承载力标准值时，可按下式计算：

$$Q_{uk} = Q_{sk} + Q_{pk} = u\Sigma q_{sik}l_i + \alpha p_{sk}A_p \tag{3-20}$$

当 $p_{sk1} \leq p_{sk2}$ 时，$\quad p_{sk} = \frac{1}{2}(p_{sk1} + \beta \cdot p_{sk2}) \tag{3-21}$

当 $p_{sk1} > p_{sk2}$ 时，$\quad p_{sk} = p_{sk2} \tag{3-22}$

式中　Q_{sk}、Q_{pk}——分别为总极限侧阻力标准值和总极限端阻力标准值；

u——桩身周长；

q_{sik}——用静力触探比贯入阻力值估算的桩周第 i 层土的极限侧阻力；

l_i——桩周第 i 层土的厚度；

α——桩端阻力修正系数，可按桩基规范表 5.3.3-1 取值；

p_{sk}——桩端附近的静力触探比贯入阻力标准值（平均值）；

A_p——桩端面积；

p_{sk1}——桩端全截面以上 8 倍桩径范围内的比贯入阻力平均值；

p_{sk2}——桩端全截面以下 4 倍桩径范围内的比贯入阻力平均值，如桩端持力层为密实的砂土层，其比贯入阻力平均值 p_s 超过 20MPa 时，则需乘以桩基规范表 5.3.3-2 中系数 C 予以折减后，再计算 p_{sk2} 及 p_{sk1} 值；

β——折减系数，按桩基规范表 5.3.3-3 选用。

③经验参数法

根据土的物理指标与承载力参数之间的经验关系确定单桩竖向极限承载力标准值，宜按下式估算：

$$Q_{uk} = Q_{sk} + Q_{pk} = u\Sigma q_{sik}l_i + q_{pk}A_p \tag{3-23}$$

式中　q_{sik}——桩侧第 i 层土的极限侧阻力标准值，如无当地经验时，可按桩基规范表 5.3.5-1 取值；

　　　q_{pk}——极限端阻力标准值，如无当地经验时，可按桩基规范表 5.3.5-2 取值。

根据土的物理指标与承载力参数之间的经验关系，确定大直径桩单桩极限承载力标准值时，可按下式计算：

$$Q_{uk} = Q_{sk} + Q_{pk} = u\Sigma \psi_{si}q_{sik}l_i + \psi_p q_{pk}A_p \tag{3-24}$$

式中　q_{sik}——桩侧第 i 层土极限侧阻力标准值，如无当地经验值时，可按桩基规范表 5.3.5-1 取值，对于扩底桩变截面以上 $2d$ 长度范围不计侧阻力；

　　　q_{pk}——桩径为 800mm 的极限端阻力标准值，对于干作业挖孔（清底干净）可采用深层载荷板试验确定；当不能进行深层载荷板试验时，可按桩基规范表 5.3.6-1 取值；

　　　ψ_{si}、ψ_p——大直径桩侧阻、端阻尺寸效应系数，按桩基规范表 5.3.6-2 取值。

　　　u——桩身周长，当人工挖孔桩桩周护壁为振捣密实的混凝土时，桩身周长可按护壁外直径计算。

针对钢管桩、混凝土空心桩、嵌岩桩、后注浆灌注桩等桩型或施工工艺特征，《建筑桩基技术规范》给出了利用经验参数法确定单桩极限承载力标准值的计算公式，详细规定可参阅《建筑桩基技术规范》。

4. 群桩的竖向承载力

（1）竖向荷载作用下的群桩效应

对于群桩基础，作用于承台上的荷载实际上是由桩和地基土共同承担，由于承台、桩、地基土的相互作用情况不同，使桩端、桩侧阻力和地基土的阻力因桩基类型而异。

1）端承型群桩基础

由端承型桩基持力层坚硬，桩顶沉降较小，桩侧阻力不易发挥，桩顶荷载大部分由桩身直接传递到桩端，如图 3-22 所示。因此，端承型群桩中基桩工作性状与单桩基本一致，端承型群桩基础承载力可近似取为各单桩承载力之和。

2）摩擦型群桩基础

摩擦型群桩主要通过基桩桩侧的摩阻力将荷载传递到桩周及桩端土层中。桩侧阻力在土中引起的附加应力一般假定按一定角度沿桩长向下扩散，至桩端平面处，压力分布如图 3-23 所示。当桩数较少，桩间距较大时，桩端处各桩传递的压力不重叠或重叠较少，群桩中基桩工作状态与单桩一致。当桩数较多，桩间距较小时，桩端处各桩传递的压力将相互重叠。桩端处压力比单桩时大，桩端下压缩土层的厚度也比单桩深，此时群桩中各桩的工作状态与单桩不同。群桩承载力不等于各单桩承载力之和，沉降量大于单桩沉降量，即群桩效应。

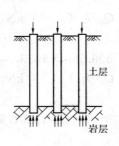
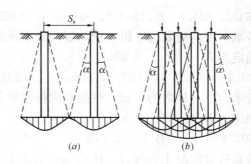

图 3-22 端承型群桩基础

图 3-23 摩擦型群桩基础
(a) 无群桩效应；(b) 有群桩效应

3) 承台的荷载分担作用

桩基在荷载作用下，由桩和承台底地基土共同承担荷载，构成复合桩基，如图 3-24 所示。承台底分担荷载的作用随桩群相对于地基土向下的位移增加而增强。为保证台底与土的接触并提供足够的土阻力，桩端须刺入持力层促使群桩整体下沉。此外，桩身受荷压缩，产生桩土相对滑移，也促使土反力增加。

(2) 群桩竖向承载力计算

1) 对于端承型桩基、桩数少于 4 根的摩擦型柱下独立桩基、或由于地层土性、使用条件等因素不宜考虑承台效应时，基桩竖向承载力特征值应取单桩竖向承载力特征值。

2) 对于符合下列条件之一的摩擦型桩基，宜考虑承台效应确定其复合基桩的竖向承载力特征值：

①上部结构整体刚度较好、体型简单的建（构）筑物；

②对差异沉降适应性较强的排架结构和柔性构筑物；

③按变刚度调平原则设计的桩基刚度相对弱化区；

④软土地基的减沉复合疏桩基础。

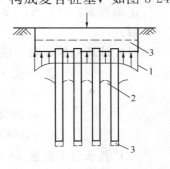

图 3-24 复合桩基
1—台底土反力；2—上层土位移；
3—桩端贯入、桩基整体下沉

3) 考虑承台效应的复合基桩竖向承载力特征值可按下列公式确定：

不考虑地震作用时
$$R = R_a + \eta_c f_{ak} A_c \tag{3-25}$$

考虑地震作用时
$$R = R_a + \frac{\zeta_a}{1.25}\eta_c f_{ak} A_c \tag{3-26}$$

$$A_c = (A - nA_{ps})/n \tag{3-27}$$

【例题 3-8】

某设计等级为乙级的柱下钢筋混凝土预制桩基础，方桩断面 400mm×400mm，桩穿越土层，第一层：粉质黏土 $=40$kPa，$l_1 = 12$m；第二层：中砂层，桩端入持力层 1.2m，$q_{sz2} = 60$kPa，$q_{pu} = 5000$kPa。桩混凝土强度等级 C30，钢筋 Ⅰ 级，主筋 $4\phi16$。$f_c = 20$N/mm^2，$f_y = 210$N/mm^2，打桩后对 3 根试桩做竖向静载荷试验，Q-s 曲线随陡降段起点相应的荷载分别为 1200kN、1230kN、1150kN。根据以上条件：

(1) 做桩的初步设计，计算桩数时桩的竖向极限承载力 $Q_u = ($ $)$ kN，安全系数 $K = 2.0$，桩的竖向承载力特征值 $R_a = ($ $)$ kN。

A. 1683.2，841.6　　B. 1683.2，941.6　　C. 1783.2，941.6　　D. 1583.2，941.6

（2）若承台下的桩数为5根，桩的竖向极限承载力Q_u为（　　）kN，桩的竖向承载力特征值确定为R_a=（　　）kN。

A. 1193.3，696.7　　B. 1193.3，596.7　　C. 1293.3，596.7　　D. 1093.3，696.7

（3）若承台下的桩数为3根，桩的竖向极限承载力Q_u为（　　）kN，桩的竖向承载力特征值确定为R_a=（　　）kN。

A. 1250，675　　　B. 1150，675　　　C. 1150，675　　　D. 1250，575

（4）验算桩身混凝土强度时，桩的混凝土强度值为（　　）kN。

A. 1200　　　　　B. 2400　　　　　C. 3600　　　　　D. 4800

（5）承台下桩数$n=5$时，若群桩按群桩刺入破坏模式设计，效率系数$\mu=1.0$，此桩基础竖向极限承载力为（　　）kN。

A. 7966.5　　　　B. 4966.5　　　　C. 6966.5　　　　D. 5966.5

正确答案：（1）A；（2）B；（3）C；（4）B；（5）D

解：

（1）计算桩数n时，应按经验公式估算单桩竖向承载力特征值

$$Q_u = q_{pu} \cdot A_p + u_p \Sigma q_{su} \cdot l_i$$
$$= 5000 \times 0.4^2 + 0.4 \times 4 \times (12.0 \times 40 + 1.2 \times 60)$$
$$= 1683.2 \text{kN}$$
$$R_a = 1683.2/2 = 841.6 \text{kN}$$

（2）若承台下桩数$n=5$根，$\overline{Q}_u = (1200+1230+1150)/3 = 1193.3 \text{kN}$

极差：$1230-1150=80<1193.3\times 0.3=358$，满足要求，

$$Q_u = \overline{Q}_u = 1193.3 \text{kN}, \quad R_a = \overline{Q}_u/2 = 596.7 \text{kN}$$

（3）$n=3$根，$Q_u = Q_{umin} = 1150 \text{kN}$

$$R_a = \overline{Q}_{umin}/2 = 1150/2 = 575 \text{kN}$$

（4）验算桩身混凝土强度 $A_p f_c \varphi_R = 400^2 \times 20 \times 0.75 = 2400 \text{kN}$

（5）此时桩基础的群桩效率系数$\eta=1.0$，群桩承载力极限值$Q_{ug} = 5 \times 1193.3 = 5966.5 \text{kN}$

分析： 本题综合性较强，要求对桩基础设计中单桩承载力确定方法、考虑群桩效应的承载力计算等内容全面掌握。

5. 负摩阻力

（1）负摩阻力的发生条件

桩土之间相对位移的方向决定了桩侧摩阻力的方向，当桩周土层相对于桩侧向下位移时，桩侧摩阻力方向向下，称为负摩阻力。通常，在下列情况下应考虑桩侧负摩阻力作用。

1）在软土地区，大范围地下水位下降，使桩周土中有效应力增大，导致桩侧土层沉降；

2）桩侧地面承受局部较大的长期荷载，或地面大面积堆载（包括填土）时；

3）桩穿越较厚松散填土、自重湿陷性黄土。欠固结土层进入相对较硬土层时；

4) 冻土地区，由于温度升高而引起桩侧吐的缺陷。

必须指出，引起桩侧负摩阻力的条件是，桩侧土体下沉必须大于桩的下沉。

(2) 负摩阻力的确定方法

中性点以上单桩桩周第 i 层土负摩阻力标准值，可按下列公式计算：

$$q_{si}^n = \xi_{ni}\sigma'_i \qquad (3-28)$$

当填土、自重湿陷性黄土湿陷、欠固结土层产生固结和地下水降低时：$\sigma'_i = \sigma'_{\gamma i}$

当地面分布大面积荷载时：$\sigma'_i = p + \sigma'_{\gamma i}$

$$\sigma'_{\gamma i} = \sum_{m=1}^{i-1} \gamma_m \Delta z_m + \frac{1}{2}\gamma_i \Delta z_i \qquad (3-29)$$

式中 q_{si}^n ——第 i 层土桩侧负摩阻力标准值；

ζ_{ni} ——桩周第 i 层土负摩阻力系数，可按桩基规范表 5.4.4-1 取值；

$\sigma'_{\gamma i}$ ——由土自重引起的桩周第 i 层土平均竖向有效应力；桩群外围桩自地面算起，桩群内部桩自承台底算起；

σ'_i ——桩周第 i 层土平均竖向有效应力；

γ_i、γ_m ——分别为第 i 计算土层和其上第 m 土层的重度，地下水位以下取浮重度；

Δz_i、Δz_m ——第 i 层土、第 m 层土的厚度；

p ——地面均布荷载。

6. 桩的抗拔承载力

(1) 抗拔桩基的适用条件

在以下结构类型中，基础经常采用抗拔桩，需要验算桩的抗拔承载力：

1) 塔式高耸结构物，包括海洋石油平台及系泊系统的桩基，高压输电塔基、电视塔、微波通讯塔等高耸结构物桩基；

2) 承受巨大浮托力作用的基础如荷载较小的地下室、地下油罐、取水泵房、船闸、船坞底板等地下建筑物；

3) 承受巨大水平荷载的叉桩结构，如码头、桥台、挡土墙上的斜桩；

4) 特殊地区的建筑物桩基，如地震荷载作用下的桩基、膨胀土及冻胀土建筑物桩基。

(2) 单桩及群桩的抗拔承载力计算方法。

1) 承受拔力的桩基，应按下列公式同时验算群桩基础呈整体破坏和呈非整体破坏时基桩的抗拔承载力：

$$N_k \leqslant T_{gk}/2 + G_{gp} \qquad (3-30)$$

$$N_k \leqslant T_{uk}/2 + G_p \qquad (3-31)$$

式中 N_k ——按荷载效应标准组合计算的基桩拔力；

T_{gk} ——群桩呈整体破坏时基桩的抗拔极限承载力标准值，可按桩基规范第 5.4.6 条确定；

T_{uk} ——群桩呈非整体破坏时基桩的抗拔极限承载力标准值，可按桩基规范第 5.4.6 条确定；

G_{gp} ——群桩基础所包围体积的桩土总自重除以总桩数，地下水位以下取浮重度；

G_p ——基桩自重，地下水位以下取浮重度，对于扩底桩应按桩基规范表 5.4.6-1 确定桩、土柱体周长，计算桩、土自重。

2) 群桩基础及其基桩的抗拔极限承载力的确定

①群桩呈非整体破坏时，基桩的抗拔极限承载力标准值可按下式计算：

$$T_{uk} = \sum \lambda_i q_{sik} u_i l_i \tag{3-32}$$

式中　T_{uk}——基桩抗拔极限承载力标准值；
　　　u_i——桩身周长，对于等直径桩取 $u = \pi d$；对于扩底桩按桩基规范表 5.4.6-1 取值；
　　　q_{sik}——桩侧表面第 i 层土的抗压极限侧阻力标准值，可按规范桩基规范表 5.3.5-1 取值；
　　　λ_i——抗拔系数，可按桩基规范表 5.4.6-2 取值。

②群桩呈整体破坏时，基桩的抗拔极限承载力标准值可按下式计算：

$$T_{gk} = \frac{1}{n} u_l \sum \lambda_i q_{sik} l_i \tag{3-33}$$

式中　u_l——桩群外围周长。

7. 桩基沉降计算

(1)《建筑桩基技术规范》中的沉降计算方法

1) 等效作用分层总和法

等效作用的假定：等效作用面位于桩端平面；等效作用面积为桩承台投影面积；等效作用附加应力近似取承台底平均附加应力；等效作用面以下的应力分布采用各向同性均质直线变形体理论。

计算桩基任意点的沉降，将桩基按通过计算点位置划分成几个（计算点在基础内部时，一般为 4 个；计算点在基础边缘时，为 2 个；计算点在角点处时，为 1 个）矩形，然后按下式计算。

$$s = \psi \cdot \psi_c \cdot s' = \psi \cdot \psi_c \cdot \sum_{j=1}^{n} P_{0j} \sum_{i=1}^{n} \frac{z_{ij}\alpha_{ij} - z_{(i-1)j}\alpha_{(i-1)j}}{E_{si}} \tag{3-34}$$

式中　s——桩基最终沉降量（mm）；
　　　s'——为按分层总和法计算出的桩基沉降量（mm）；
　　　ψ——桩基沉降计算经验系数。

2) 单桩、单排桩、桩中心距大于 6 倍桩径的疏桩基础的沉降计算

①承台底地基土不分担荷载的桩基。桩端平面以下地基中由基桩引起的附加应力，按考虑桩径影响的明德林解计算确定。将沉降计算点水平面影响范围内各基桩对应力计算点产生的附加应力叠加，采用单向压缩分层总和法计算土层的沉降，并计入桩身压缩 s_e。桩基的最终沉降量可按下列公式计算：

$$s = \psi \sum_{i=1}^{n} \frac{\sigma_{zi}}{E_{si}} \Delta z_i + s_e \tag{3-35}$$

$$\sigma_{zi} = \sum_{j=1}^{m} \frac{Q_j}{l_j^2} [\alpha_j I_{p,ij} + (1-\alpha_j) I_{s,ij}] \tag{3-36}$$

$$s_e = \xi_e \frac{Q_j l_j}{E_c A_{ps}} \tag{3-37}$$

②承台底地基土分担荷载的复合桩基。将承台底土压力对地基中某点产生的附加应力按布辛奈斯克解计算，与基桩产生的附加应力叠加，采用与上相同方法计算沉降。其最终

沉降量可按下列公式计算：

$$s = \psi \sum_{i=1}^{n} \frac{\sigma_{zi} + \sigma_{zci}}{E_{si}} \Delta z_i + s_e \tag{3-38}$$

$$\sigma_{zci} = \sum_{k=1}^{u} \alpha_{ki} \cdot p_{ck} \tag{3-39}$$

(2)《建筑地基基础设计规范》中的沉降计算方法

桩基最终沉降按单向压缩分层总和法计算。假定地基内的应力分布满足各向同性均质线性变形体理论，具体计算方法有：①实体深基础法（适用于桩距不大于$6d$）；②其他方法，包括基于明德林应力公式法。

1) 实体深基础法

$$s = \psi_p \cdot \psi_s \cdot s' = \psi_p \cdot \psi_s \cdot \sum_{i=1}^{n} p_0 \frac{z_i \bar{\alpha}_i - z_{i-1} \bar{\alpha}_{i-1}}{E_{si}} \tag{3-40}$$

式中　s——桩基最终沉降量（mm）；

　　　s'——按分层总和法计算出的桩基沉降量（mm）；

　　　ψ_p——桩基沉降计算经验系数。

2) 基于明德林应力公式方法，与建筑桩基规范中疏桩基础沉降计算方法原理相同，不再重复。

8. 桩基水平承载力和水平位移

(1) 桩基在水平荷载作用下的荷载传递和破坏机理

水平荷载作用下桩身的水平位移可按刚性桩和弹性桩考虑。刚性桩前方土体受桩侧水平挤压作用而达到屈服破坏时，桩的侧向变形迅速增大甚至倾覆，失去承载作用。弹性桩则桩身产生弹性挠曲变形。如图3-25所示。

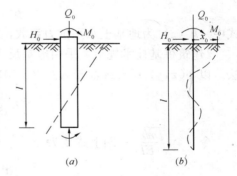

图3-25　单桩水平受力与变形
(a) 刚性桩；(b) 弹性桩

单桩水平承载力取决于桩的材料与断面尺寸、入土深度、土质条件及桩顶约束条件等因素。单桩极限水平承载力通常由桩侧土的破坏及桩身弯曲破坏两方面控制；相应的，单桩在工作条件下水平承载力设计值应满足两方面要求，即①桩侧土不因水平位移过大而造成塑性挤出、丧失对桩的水平约束作用，故桩的水平位移应较小，使桩长范围内大部分桩侧土处于弹性变形阶段；②对于桩身而言，或不允许开裂、或限制开裂宽度并在卸荷后裂缝闭合，使桩身基本处于弹性工作状态。

桩的水平承载力一般通过现场载荷试验确定，亦可按理论方法估算。

(2) 桩基水平承载力的确定方法

1) 对于受水平荷载较大的设计等级为甲级、乙级的建筑桩基，单桩水平承载力特征值应通过单桩水平静载试验确定。

2) 对于钢筋混凝土预制桩、钢桩、桩身正截面配筋率不小于0.65%的灌注桩，可根据静载试验结果取地面处水平位移为10mm（对于水平位移敏感的建筑物取水平位移6mm）所对应的荷载的75%为单桩水平承载力特征值。

3) 对于桩身配筋率小于0.65%的灌注桩,可取单桩水平静载试验的临界荷载的75%为单桩水平承载力特征值。

4) 当缺少单桩水平静载试验资料时,可按下列公式估算桩身配筋率小于0.65%的灌注桩的单桩水平承载力特征值:

$$R_{ha} = \frac{0.75\alpha\gamma_m f_t W_0}{\nu_M}(1.25 + 22\rho_g)\left(1 \pm \frac{\zeta_N \cdot N}{\gamma_m f_t A_n}\right) \quad (3-41)$$

5) 当桩的水平承载力由水平位移控制,且缺少单桩水平静载试验资料时,可按下式估算预制桩、钢桩、桩身配筋率不小于0.65%的灌注桩单桩水平承载力特征值:

$$R_{ha} = 0.75 \frac{\alpha^3 EI}{\nu_x} x_{0a} \quad (3-42)$$

(3) 桩基在水平荷载作用下的位移计算

水平荷载作用下桩基位移一般采用线弹性地基反力法(基床系数法)。该法假定桩侧土为Winkler弹簧,不考虑桩土之间的摩阻力,则桩在水平荷载作用下的基本挠曲微分方程为:

$$EI \frac{d^4 y}{dz^4} + p(z,y) = 0 \quad (3-43)$$

任一深度处桩侧反力与该处水平位移成正比,即

$$p(x,y) = k(z)yb_0 \quad (3-44)$$

式中 $k(z)$ 为地基土水平抗力系数,它随深度的变化图式有不同假定。

《建筑桩基技术规范》采用地基反力系数随深度线性增加的假定,$k(z) = mz$,即 m 法。以 $p(x,y) = mzyb_0$ 带入式(3-30)得:

$$EI \frac{d^4 y}{dz^4} + mb_0 zy = 0$$

令 $\alpha = \sqrt[5]{\frac{mb_0}{EI}}$;同上式变为

$$\frac{d^4 y}{dz^4} + \alpha^5 zy = 0 \quad (3-45)$$

上式即为 m 法的基本微分方程。其中 α 称为桩的水平变形系数,或称桩的特征值,α 是地基土的 m 值,桩的计算宽度 b_0,桩的抗弯刚度 EI 的函数。

9. 承台设计

承台设计计算过程包括:根据承台上作用的荷载估算桩数,根据桩的数量确定承台的形式,承台抗弯计算,承台抗冲切计算,承台抗剪计算,局压验算,承台的构造及配筋要求等等。

(1) 桩基承台类型

桩基承台分为四种:即箱形承台、筏形承台、独立承台(包括一柱一桩承台)

(2) 承台的受弯、受冲切和受剪承载力计算方法

1) 承台的受弯计算及配筋计算方法

承台抗弯计算主要包括两部分,即弯矩计算及配筋计算。

①多桩矩形承台弯矩计算

多桩矩形承台弯矩计算截面取在柱边或承台变截面处;

②三桩三角形承台弯矩计算

三桩三角形承台弯矩计算截面取在柱边；

③箱形承台和筏形承台弯矩计算。

A. 宜按地基—桩—承台—上部结构共同作用的原理分析计算，考虑地基土层性质、基桩的几何特征、承台和上部结构形式与刚度。

B. 对于箱形承台满足下列条件之一，仅考虑气顶、底板的局部弯曲作用进行计算。当桩端持力层为基岩、密实的碎石类土、砂土，且较均匀时；当上部结构为剪力墙、12层以上框架、框架—剪力墙体系且箱形承台的整体刚度较大时。

C. 对于筏形承台满足下列条件，可仅考虑局部弯曲作用按倒楼盖法计算；桩端持力层坚硬均匀、上部结构刚度较好，且桩荷载及桩间距的变化不超过20%。

D. 对于筏形承台满足下列条件，应按弹性地基梁板进行计算；桩端以下有中、高压缩性土、非均匀土层、上层结构刚度较差或柱荷载及间距变化较大时。

④柱下条形承台弯矩计算

A. 一般情况，按弹性地基梁分析计算。

B. 对于满足桩端持力层较硬且桩柱轴线重合条件的，可按以桩为支点的连续梁分析计算。

⑤墙下条形承台弯矩计算

可按倒置弹性地基梁进行弯矩及剪力计算（详见《建筑桩基技术规范》附录F）；对于承台上的砖墙，尚应验算桩顶以上部分砌体的局部承压强度。

2）承台的受冲切承载力计算方法

桩基承台受荷载冲切作用的破坏模式一般假定为图3-26所示。

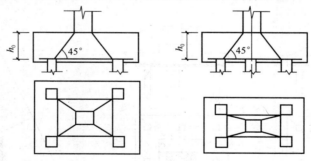

图3-26 柱下冲切破坏锥体

冲切破坏锥体采用自柱边至相应桩顶边缘连线构成的四棱截锥体，截锥体侧面坡角不小于45°时取45°。

对锥形承台，冲切破坏锥体的取法与等厚度的承台相同。

相应《建筑桩基技术规范》规定承台的受冲切验算包括：

①轴心竖向力作用下桩基承台受柱（墙）的冲切，冲切破坏锥体应采用自柱（墙）边或承台变阶处至相应桩顶边缘连线所构成的锥体，锥体斜面与承台底面之夹角不应小于45°（图3-27）。应分别验算柱下矩形独立承台受柱冲切的承载力和受上阶冲切的承载力

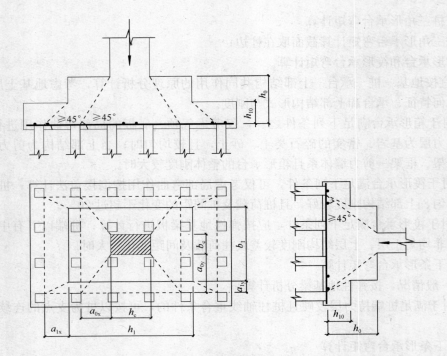

图 3-27 柱对承台的冲切计算示意

②位于柱（墙）冲切破坏锥体以外的基桩，应验算承台受角桩冲切的承载力，如图 3-28 所示。

③三桩三角形承台应分别验算底部角桩和顶部角桩冲切的承载力，如下图 3-29 所示

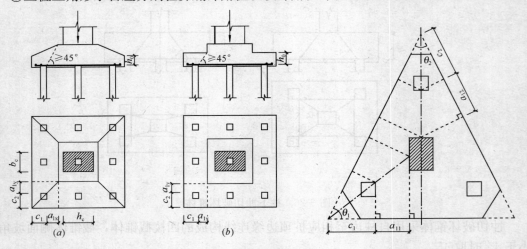

图 3-28 四桩以上（含四桩）承台角桩冲切计算示意
（a）锥形承台；（b）阶形承台

图 3-29 三桩三角形承台角桩冲切计算示意

④箱形、筏形承台，应分别计算受基桩的冲切承载力和受桩群的冲切承载力，如图 3-30 所示。

以上桩基承台的冲切承载力详细验算公式可参见规范和相关工程手册，本文从略。

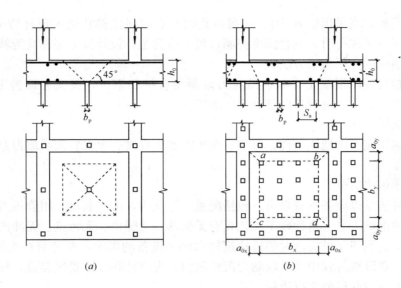

图 3-30 基桩对筏形承台的冲切和墙对筏形承台的冲切计算示意
(a) 受基桩的冲切;(b) 受桩群的冲切

3) 承台的受剪承载力计算方法

《建筑桩基技术规范》规定承台的受剪切承载力验算,应分别对柱(墙)边、变阶处和桩边连线形成的贯通承台的斜截面的受剪承载力进行验算。当承台悬挑边有多排基桩形成多个斜截面时,应对每个斜截面的受剪承载力进行验算。详细的计算方法可参见规范和相关工程手册。

10. 桩基施工

(1) 灌注桩的主要施工方法

灌注桩的施工按成孔方法可分为机械成孔和人工挖孔两大类。

灌注桩的机械成孔方法分为泥浆护壁成孔、干作业成孔、套管成孔和爆扩成孔灌注桩四种,其适用范围见表 3-11。成孔的控制深度按不同桩型采用不同标准控制。对摩擦桩,以设计桩长控制成孔深度;端承摩擦桩必须保证设计桩长及桩端进入持力层深度;采用锤击沉管法成孔,桩管入土深度控制以标高为主,贯入度控制为辅。

灌注桩成孔方法的适用范围　　　　表 3-11

序号	成孔方法		适用土类
1	泥浆护壁成孔	冲抓	碎石土、砂土、黏性土及风化岩
		冲击	
		回转钻	
		潜水钻	黏性土、淤泥、淤泥质土及砂土
2	干作业成孔	螺旋钻	地下水位以上的黏性土、砂土及人工填土
		钻孔扩底	地下水位以上的坚硬、硬塑的黏性土及中密以上砂土
		机动洛阳铲	地下水位以上的黏性土、黄土及人工填土
3	套管成孔	锤击振动	可塑、软塑、流塑的黏性土、稍密及松散的砂土
4	爆扩成孔		地下水位以上的黏性土、黄土、碎石土及风岩

对端承型桩,当采用钻(冲)、挖掘成孔时,必须保证桩孔进入设计持力层的深度;当采用锤击沉管法成孔时,沉管深度控制以贯入度为主,设计持力层标高为辅。

(2) 预制桩的主要施工方法

预制桩包括预制混凝土方桩、预应力混凝土管桩和钢桩,英文名词为 Precast pile。预制桩的沉桩方法主要有锤击沉桩和静压沉桩。

①锤击沉桩

桩锤的选用应考虑地质条件、桩型、布桩的密集程度、单桩竖向承载力及施工条件等因素。

②静力压桩法沉桩

静力压桩法是以设备本身自重(包括配重)作反力,液压驱动,用静压力将桩压入地基土中的一种沉桩工艺。这种施工工艺具有无振动、无噪声、无污染、无冲击力和施工应力小等特点。有利于沉桩震动对邻近建筑物和精密设备的影响,避免对桩头的冲击损坏,降低用钢量。在沉桩过程中还可以测定沉桩阻力,为设计和施工提供参数,预估和验证单桩极限承载力,检验桩的工程质量。

③混凝土预制桩的接桩

桩的接桩方法有焊接、法兰接及硫磺胶泥锚接三种。前面两种可用于各种土类,硫磺胶泥锚接适用于软土层,且对一级建筑桩基或承受拔力的桩宜慎重。

(3) 桩基施工中容易发生的问题及处理措施

桩基施工常遇见问题的分析与处理见表 3-12。

桩基工程常见问题分析处理表　　　　　　　　　　表 3-12

常遇问题	主 要 原 因	防止措施及处理方法
桩头打坏	桩头强度低,配筋不当,保护层过厚,桩顶不平,锤与桩不垂直,有偏心;锤过轻,落锤过高,锤击过久,桩头所受冲击力不均匀;桩帽顶板变形过大,凹凸不平	加桩垫,垫平桩头,低锤慢击或垂直度纠正等措施
桩身扭转或位移	桩不对称,桩身不正直	可用棍撬,慢锤低击纠正,偏差不大可不处理
桩身倾斜或位移	桩尖不正,桩头不平,遇横向障碍物压边,土层有陡的倾斜角,桩端与桩身不在同一直线上,桩距太近,邻桩打桩时土体挤压	偏差过大应拔出移位再打,或作补桩;入土不深,偏差不大时,可用木架顶正,再慢锤打入纠正,障碍物不深时,可挖除回填后再打或作补桩处理
桩身破裂	桩质量不符合设计要求,遇硬土层时锤击过度	加钢夹箍用螺栓扭紧后焊固补强。如已符合贯入度要求,可不处理
桩涌起	软土中相邻桩沉桩挤土作用	将涌起最大的桩重新打入,经静载荷试验不合格时需复打或重打
桩急剧下沉	遇软土层、土洞,接头破裂或桩尖劈裂,桩身弯弓或有严重的横向裂缝,落锤过高,接桩不垂直	将桩拔起检查改正重打,或在靠近原桩位补桩处理,加强沉桩前的检查

续表

常遇问题	主 要 原 因	防止措施及处理方法
桩不易沉入或达不到设计标高	遇地下障碍物、坚硬土夹层或砂夹层，停打时间过长，定错桩位	用钻机钻透硬土层或障碍物，或边射水边打入，根据地质条件正确选择桩长
桩身跳动，桩锤回弹	桩尖遇树根或坚硬土层，桩身过曲，接桩过长，落锤过高	采取措施穿过或避开障碍物，换桩重打，如入土不深，应拔起换位重打
接桩处松脱开裂	接桩处表面清理不干净，有杂质、油污，接桩铁件或法兰不平，有较大间隙，焊接不牢或螺栓拧不紧，硫黄胶泥配比不当，未按规定操纵	清理连接平面，校正铁件平面，焊接或螺栓拧紧后锤击检查是否合格，硫黄胶泥配比应进行试验检查

11. 沉井基础

沉井基础是一个用混凝土或钢筋混凝土等制成的井筒形结构物，它可以仅作为建筑物基础使用，也可以同时作为地下结构物使用。沉井基础施工的施工方法是先就地制作第一节井筒，然后在井筒内挖土，使沉井在自重作用下克服井壁和土之间的摩阻力而下沉。随着沉井的下沉，逐步加高井筒，沉到设计标高后，在其下端浇筑混凝土封底。沉井只作为建筑物基础使用时，常用低强度混凝土或砂石填充井筒，若沉井作为地下结构物使用，则不进行填充而在其上端接筑上部结构。

沉井在下沉过程中，井筒就是施工期间的围护结构。在各个施工阶段和使用期间，沉井各部分可能受到土压力、水压力、浮力、摩阻力、底面反力以及沉井自重等的作用。沉井的构造和计算应充分满足各个阶段的要求。

应用条件：沉井基础适用于松软不稳定的含水土层、人工填土、黏性土、砂土、和砂卵石等土层，但水位以下的粉细砂层，常会发生流沙现象，大量沙土涌入井内，容易使沉井倾斜。

沉井基础一般在夹有大孤石、旧基础的地层、饱和的砂土层、基岩层面倾斜起伏很大的地层中要慎用。一般在场地条件受限制、技术条件受限制、并保证深开挖边坡的稳定性、及控制对周边临近建筑物的影响时使用。

沉井下沉的原理和方法：通过人工或机械等手段挖土，使沉井依靠自重作用，克服井壁和土之间的摩阻力，不断下沉到设计标高。

沉井的设计计算

沉井的设计内容主要包括沉井尺寸确定及验算、沉井承载力计算、施工及使用阶段的结构内力分析和截面强度配筋计算以及沉井抗浮稳定验算等。

沉井在施工及使用阶段受到的作用力有井体自重、井壁外侧土压力、水压力和侧摩擦力，以及井底反力和上部结构传来的荷载等。按施工及使用阶段的各种受力条件，对刃脚及沉井井壁分别进行计算。详细计算方法可参阅相关工程手册。

沉井施工主要工序：沉井制作等准备工作；沉井下沉；接长井壁；沉井封底。

常见的问题和处理方法：沉井倾斜：掏土法、井顶不对称加重、施加水平力扶正等。

沉井下沉困难：清障法、加重法降低井壁摩阻力等方法。

3.3.5 地基处理

3.3.5.1 地基处理考试大纲基本内容与要求

1. 地基处理方法：熟悉常用地基处理方法的机理、适用范围、施工工艺和质量检验方法。

2. 复合地基：熟悉复合地基的形成条件；掌握常用复合地基承载力和沉降计算方法。

3. 地基处理设计：了解各类软弱地基和不良地基的加固机理；熟悉地基处理方案的选用；掌握地基处理设计计算方法。

4. 土工合成材料：了解常用土工合成材料的性质及其工程应用。

5. 防渗处理：了解防渗处理技术及其工程应用。

6. 既有工程地基加固与基础托换：了解既有工程地基加固要求和加固程序；了解常用加固技术、应用范围及加固设计方法；了解既有工程基础托换的常用方法和适用范围；了解建筑物迁移的常用方法。

3.3.5.2 地基处理方法

1. 常用地基处理方法的机理、适用范围、施工工艺和质量检验方法。

通常将不能满足建筑物要求的地基统称为软弱地基或不良地基，主要包括：软黏土、杂填土、冲填土、饱和粉细砂、湿陷性黄土、泥炭土、膨胀土、多年冻土、盐渍土、岩溶、土洞、山区不良地基等。软弱地基和不良地基的种类很多，其工程性质的差别也很大，因此对其进行加固处理的要求和方法也各不相同。

当地基强度稳定性不足或压缩性很大，不能满足设计要求时，可以针对不同情况对地基进行处理。处理的目的是增加地基的强度和稳定性，减少地基变形等。经过处理后的地基称为人工地基。

地基加固或处理，按其原理和做法的不同可分为以下四类。

(1) 排水固结法。利用各种方法使软黏土地基排水固结，从而提高土的强度和减小土的压缩性。

(2) 振密、挤密法。采用某种措施，如振动、挤密等，使地基土体增密，以提高土的强度，降低土的压缩性。

(3) 置换及拌入法。以砂、碎石等材料置换软土地基中部分软土，或在松软地基中掺入胶结硬化材料，或向地基中注入化学药液产生胶结作用，形成加固体，达到提高地基承载力、减小压缩量的目的。

(4) 加筋法。通过在地基中埋设强度较大的土工聚合物，以达到加固地基的目的。

选择地基处理方案时，应根据工程和地基的实际情况，并考虑到施工速度和加固所需的设备等条件，对各种加固方案进行综合比较，做到经济上合理，技术上可靠，见表3-13。

常用的地基处理方法及适用范围　　　　　表3-13

编号	分类	处理方法	原理及作用	适用范围
1	换填垫层法	砂石垫层，素土垫层，灰土垫层，工业废渣垫层	以砂石、素土、灰土和矿渣等强度较高的材料，置换地基表面软弱土，提高持力层的承载力，扩散应力，减少沉降量	适用于处理淤泥、淤泥质土、湿陷性黄土、素填土、杂填土地基及暗沟、暗塘等的浅层处理
2	预压法	天然地基预压，砂井预压，塑料排水带预压，真空预压，降水预压	在地基中增设竖向排水体，加速地基的固结和强度增长，提高地基的稳定性；加速沉降发展，使基础沉降提前完成	适用于处理淤泥、淤泥质土和冲填土等饱和黏性土地基

续表

编号	分类	处理方法	原理及作用	适用范围
3	强夯法和强夯置换法	强力夯实（动力固结）	利用强夯的夯击能，在地基中产生强烈的冲击能和动应力，迫使土动力固结密实。强夯置换墩兼具挤密、置换和加快土层固结的作用	适用于碎石土、砂土、低饱和度的粉土、黏性土、湿陷性黄土、杂填土等地基。强夯置换墩可应用于淤泥等黏性软弱土层，但墩底应穿透软土层到达较硬土层
4	振冲法	振冲置换法 振冲挤密法	采用专门的技术措施，以砂、碎石等置换软弱土地基中部分软弱土，对桩间土进行挤密。与未处理部分土组成复合地基，从而提高地基承载力，减少沉降量	适用于处理砂土、粉土、粉质黏土、素填土和杂填土等地基。不加填料振冲加密适用于处理粉粒含量不大于10%的中砂、粗砂地基
5	砂法桩法	振动成桩法 锤击成桩法	通过振动成桩或锤击成桩，减少松散砂土的孔隙比，或在黏性土中形成桩土复合地基，从而提高地基承载力，减少沉降量，或部分消除土的液化性	适用于挤密松散砂土、素填土和杂填土等地基
6	水泥粉煤灰碎石桩法	长螺旋钻孔灌注成桩，长螺旋钻孔、管内泵压混合料成桩，振动沉管灌注成桩	水泥、粉煤灰及碎石拌合形成混合料，成孔后灌入形成桩体，与桩间土形成复合地基。采用振动沉管成孔时对桩间土具有挤密作用。桩体强度高，相当于刚性桩	适用于黏性土、粉土、黄土、砂土、素填土等地基。对淤泥质土应通过现场试验确定其适用性
7	夯实水泥土桩法	人工洛阳铲成孔、螺旋钻机成孔、沉管成孔、冲击成孔	采用各种成孔机械成孔，向孔中填入水泥与土混合料夯实形成桩体，构成桩土复合地基。采用沉管和冲击成孔时对桩间土有挤密作用	适用于处理地下水位以上的粉土、素填土、杂填土、黏性土等地基。处理深度不超过10m
8	水泥土搅拌法	用水泥或其他固化剂、外掺剂进行深层搅拌形成桩体。分干法和湿法	深层搅拌法是利用深层搅拌机，将水泥浆或水泥粉与土在原位拌合，搅拌后形成柱状水泥土体。可提高地基承载力，减少沉降，增加稳定性和防止渗漏，建成防渗帷幕	适用于处理淤泥、淤泥质土、粉土、饱和黄土、素填土、黏性土以及无流动地下水的饱和松散砂土等地基
9	高压喷射注浆法	单管法 二重管法 三重管法	将带有特殊喷嘴的注浆管，通过钻孔置入到处理土层的预定深度，然后将浆液（常用水泥浆）以高压冲切土体。在喷射浆液的同时，以一定速度旋转、提升，即形成水泥土圆柱体；若喷嘴提升而不旋转，则形成墙状固结体加固后可用以提高地基承载力，减少沉降，防止砂土液化、管涌和基坑隆起，形成防渗帷幕	适用于处理淤泥、淤泥质黏土、黏性土、粉土、黄土、砂土、人工填土等地基。当土中含有较多的大粒径块石、坚硬黏性土、大量植物根茎或有过多的有机质时，应根据现场试验结构确定其适用程度

227

续表

编号	分类	处理方法	原理及作用	适用范围
10	石灰桩法	人工洛阳铲成孔、螺旋钻机成孔、沉管成孔	人工或机械在土体中成孔，然后灌入生石灰块，经夯压形成的一根桩体。通过挤密、吸水、反应热、离子交换、胶凝及置换作用，并形成复合地基，提高承载力，减少沉降量	适用于处理饱和黏性土、淤泥、淤泥质土、素填土、杂填土地基等地基
11	土域灰土挤密桩法	沉管（振动、锤击）成孔、冲击成孔	采用沉管、冲击或爆扩等方法挤土成孔，分层夯填素土或灰土成桩。对桩间土挤密，与地基土组成复合地基，从而提高地基承载力，减少沉降量。部分或全部消除地基土湿陷性	适用于处理地下水位以上的湿陷性黄土、素填土和杂填土等地基
12	柱锤冲扩法	冲击成孔填料冲击成孔复打成孔	采用柱状锤冲击成孔，分层灌入填料、分层夯实成桩，并对桩间土进行挤密，通过挤密和置换提高地基承载力，形成复合地基	适用于处理杂填土、素填土粉土、黏性土、黄土等地基。对地下水位以下饱和松软土层应通过现场试验确定其适用性
13	单液硅化法和碱液法	主要用于既有建筑物下地基加固	在沉降不均匀、地基受水浸湿引起湿陷的建（构）筑物下地基中通过压力灌注或溶液自渗方式灌入硅酸钠溶液或氢氧化钠溶液，使土颗粒之间胶结，提高水稳性，消除湿陷性，提高承载力	适用于地下水位以上渗透系数为0.1～2.0m/d的湿陷性黄土等地基。在自重湿陷性黄土场地，对Ⅱ级湿陷性地基，当采用碱液法时，应通过试验确定其适用性

选择地基处理方案时，应根据工程和地基的实际情况，并考虑到施工速度和加固所需的设备等条件，对各种加固方案进行综合比较，做到经济上合理，技术上可靠。

【例题 3-9】 在选择地基处理方案是，应主要考虑（ ）的共同作用。
A. 地质勘察资料和荷载场地土类别　　B. 荷载、变形和稳定性
C. 水文地质、地基承载力和上部结构　　D. 上部结构、基础和地基
正确答案：D。
分析：本题考察对地基处理方案选择的考虑因素的掌握。

2. 复合地基

不少地基处理方法，如碎石桩法、水泥土搅拌法、石灰桩法、加筋土法等，通过在地基中形成竖向或水平向增强体，组成复合地基以提高地基承载力，减少沉降。复合地基是指天然地基在地基处理过程中部分土体得到增强，或被置换，或在天然地基中设置加筋材料。加固区是基体（天然地基土体）和增强体两部分组成的人工地基。从整体来看，加固区是非均质的和各向异性的，根据地基中增强体的方向可分为竖向增强体复合地基和水平向增强体复合地基。竖向增强体复合地基根据增强体性质，可分为散体材料桩复合地基、柔性桩复合地基和刚性桩复合地基，即

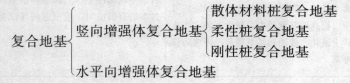

复合地基有两个基本特点：其一，加固区是由基体和增强体两部分组成，是非均质和各向异性的；其二，在荷载作用下，基体和增强体共同承担荷载的作用。前一特点使它区别于采用与地基土质不同的材料的加筋增强形成加固后的地基，该地基中的增强体与原地基协同工作共同承担外荷载，称为复合地基。所谓加筋增强体有竖向增强体、水平增强体和斜向增强体三种基本形式，竖向增强体以桩（柱）或墩的形式出现，水平向增强体常常采用土工聚合物或其他金属杆和板带，斜向增强体如土钉、斜加筋等。

(1) 复合地基载荷试验确定地基承载力

复合地基是由竖向或水平向增强体和地基土通过变形协调承载的机理，复合地基的承载力目前只能通过现场载荷试验确定，复合地基承载力特征值的确定如下：

1) 当压力-沉降曲线上极限荷载能确定，而其值不小于直线段比例界限的2倍时，取比例界限；当其值小于比例界限的2倍时，可取极限荷载的一半；

2) 当压力-沉降曲线是平缓的光滑曲线时，按相对变形值确定：①对砂石桩或振冲桩复合地基或强夯置换墩，当以黏性土为主的地基，可取，0.015所对应的压力（b和d分别为承压板宽度和直径，当其值大于2m时，按2m计算）。当以粉土或砂土为主的地基，可取s/b或$s/d=0.01$所对应的压力。②对挤密桩、石灰桩或柱锤冲扩桩复合地基，可取s/b或$s/d=0.012$所对应的压力。对灰土挤密桩复合地基，可取s/b或$s/d=0.008$所对应的压力。③对水泥粉煤灰碎石桩或夯实水泥土桩复合地基，当以卵石、圆砾、密实粗中砂为主的地基，可取s/b或$s/d=0.008$所对应的压力；当以黏性土、粉土为主的地基，可取s/b或$s/d=0.01$所对应的压力。④对水泥土搅拌桩或旋喷桩复合地基，可取s/b或$s/d=0.006$所对应的压力。⑤对有经验的地区，也可按当地经验确定相对变形值。

按相对变形值确定的承载力特征值不应大于最大加载压力的一半。

试验点的数量不应少于3点，当满足其极差不超过平均值的30%时，可取其平均值为复合地基承载力特征值。

(2) 竖向增强体复合地基承载力计算

复合地基极限承载力p_{cf}由桩的承载力和桩间土的承载力叠加而成，可用下式表示：

$$p_{cf} = k_1\lambda_1 m p_{pf} + k_2\lambda_2(1-m)p_{si} \tag{3-46}$$

式中 p_{pf}——桩体极限承载力（kPa）；

p_{si}——天然第几集线承载力（kPa）；

k_1——反应复合地基中桩体实际极限承载力的修正系数，一般大于1.0；

k_2——反应复合地基中桩间土实际极限承载力的修正系数，其值视具体工程情况，可能大于1.0，也可能小于1.0；

λ_1——复合地基破坏时，桩体发挥其极限强度的比例，可称为桩体极限强度发挥度；

λ_2——复合地基破坏时，桩间土发挥其极限强度的比例，可称为桩间土极限强度发挥度；

m——复合地基置换率，$m=A_p/A$，其中A_p为桩体截面面积，A为相应的加固面积。

(3) 水平向增强体复合地基承载力计算

水平向增强体复合地基主要包括由各种加筋材料，如土工合成材料、金属材料隔栅等形成的复合地基。图3-31为一水平向增强复合地基上的条形基础。刚性条形基础宽度为

B，下卧层厚度为 Z_0 的加筋复合土层，其黏聚力为 c_1 和内摩擦角为 φ_0，复合土层下的天然土层黏聚力为 c_1，内摩擦角为 φ_0。Florkiewicz 认为，基础的极限荷载 q_{fB} 是无加筋体（$c_1=0$）的双层土体系的常规承载力 q_{0B} 和由加筋引起的承载力提高 $\Delta q_f \cdot B$ 之和，即

$$q_f = q_0 + \Delta q_f \tag{3-47}$$

承载力提高值可用下式表示

$$\Delta q_f = \frac{D}{V_0 B} = \frac{Z_0}{B} \sigma_0 \cos(\delta - \varphi_0) \tag{3-48}$$

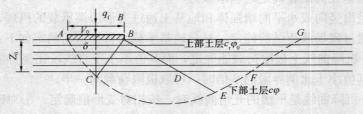

图 3-31 水平向增强体复合地基上的条形基础

(4) 复合地基沉降计算

复合地基沉降可分为两部分，即复合地基加固区压缩量 s_1 和加固区下卧层土层压缩量 s_2。复合地基总沉降为二者之和：

$$s = s_1 + s_2 \tag{3-49}$$

可将常用的计算方归纳为复合模具法（E_c 法）、应力修正法（E_s 法）、桩身压缩量法（E_p 法），并建议根据复合地基类别采用上述方法计算复合地基加固区土层压缩量。

1) 复合模量法（E_c 法）

将复合地基加固区中增强体和基体视为复合土，采用复合压缩模量 E_c 来评价复合土体的压缩性。采用分层总和法计算 s_1：

$$s_1 = \sum_{i=1}^{n} \frac{\Delta p_i}{E_{csi}} H_i \tag{3-50}$$

式中 Δp_i——第 i 层复合土上附加应力增量；

H_i——第 i 层复合土层的厚度。

E_{csi} 值可通过面积加权法计算或弹性理论表达式计算，也可通过室内试验测定。面积加权法表达式为

$$E_{cs} = m E_p + (1-m) E_s \tag{3-51}$$

式中 m——复合地基面积置换率；

E_p——桩体压缩模量；

E_s——土体压缩模量。

2) 应力修正法（E_s 法）

根据桩间土承担的荷载，按照桩间土压缩模量 E_s，忽略增强体的存在，采用分层总和法计算加固区土层压缩量 s_1：

$$s_i = \sum_{i=1}^{n} \frac{\Delta p_{si}}{E_{si}} H_i = \mu_s \sum_{i=1}^{n} \frac{\Delta p_i}{E_s} H_i = \mu_s s_{ls} \tag{3-52}$$

式中 μ_s——应力修正系数，$\mu_s = \dfrac{1}{1+m(n-1)}$；

n、m——分别为复合地基土应力比和复合地基置换率；

Δp_i——未加固地基在荷载 p 作用下第 i 层土上的附加应力增量；

Δp_{si}——复合地基中第 i 层桩间土的附加应力增量，相当于未加固地基在荷载 p 作用下第 i 层土上的附加应力增量；

s_{ls}——未加固地基在荷载 p 作用下相应厚度内的压缩量。

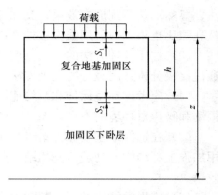

图 3-32 复合地基沉降示意

3) 桩身压缩量法（E_p）

在荷载作用下，桩身压缩量为：

$$s_p = \frac{(\mu_p p - p_{b0})}{2E_p} l \tag{3-53}$$

式中 μ_p——应力集中系数，$\mu_p = \dfrac{n}{1+m(n-1)}$；

l——桩身长度，即等于加固区厚度 h；

E_p——桩身材料变形模量；

p_{b0}——桩端端承力密度。

加固区土层压缩量为：

$$s_1 = s_p + \Delta \tag{3-54}$$

式中 S_p——桩身压缩量；

Δ——桩底端刺入下卧层土体中的刺入量。

复合地基加固区下卧层土层压缩量 s_2 通常采用分层总和法计算。其中作用在下卧层上的荷载或土体中附加应力是难以精确计算的。目前工程上一般采用应力扩散法、等效实体法、改进 Gedds 应力法计算。

【例题 3-10】 在下述复合地基处理方法中，适合于柔性桩复合地基的是（　　）。

A. CFG 桩　　　　B. 砂石桩　　　　C. 树根桩　　　　D. 钢渣桩

正确答案：A、D。

分析：本题考察对以上地基处理方法的特点的掌握。

3. 地基处理设计

选用地基处理方法要力求做到安全适用、确保质量、经济合理和技术先进。

地基处理是一门技术性和经验性很强的应用科学。处理选择方案时应根据上部结构和地基两方面特点考虑以下因素：

（1）针对地质条件和工程特点选用适合方法

地基处理方法很多，各种处理方法都有它的适用范围，没有一种方法是万能的。应根据地基条件、处理要求、材料来源和机具设备等因素综合考虑，选定合适的处理方法。

（2）选用的处理方法必须符合土力学原理

地基处理目的是改善地基土的性质或受力条件。若选择不当，非但不能达到预期效果，反而会造成相反结果。例如饱和的软土地基，在没有改善排水条件情况下，采用挤密法，显然那达不到应有效果；又如黄土，采用强夯法可以有效解决湿陷性，面红黏土，虽然孔隙比也很大，但用强夯法处理，反而有可能降低其承载力。

（3）选用处理方法的原则，应该是技术上可靠，经济上合理又能满足施工进度要求，通过比较分析选用最好的处理方法。

（4）应考虑环境保护和节约能源，避免因地基处理对地面水和地下水产生污染，以及振动和噪声对环境的不良影响。

（5）在选择地基处理方案时，应同时考虑上部结构，基础和地基的共同作用，尽量选用加强上部结构和处理地基相结合的方案，这样既可降低地基的处理费用，又可收到满意效果。

（6）应根据结构类型，荷载大小及使用要求，结合地形地貌，地层结构，土质条件，地下水特征，环境情况和对邻近建筑的影响等因素综合分析，尽可能选择几种，包括选择两种或多种地基处理措施组成的综合处理方案。

（7）对选出的各种方案，分别从加固原理，适用范围，预期处理效果，耗用材料，施工机械，工期要求等进行技术经济分析和对比，选择最佳的方案。

【例题 3-11】 对于饱和软黏土地基适用的处理方法有（　　）。
A. 搅拌桩法　　　B. 堆载预压法　　　C. 碾压法　　　D. 振冲砂石桩
正确答案：A、B、D。
分析：本题考察常见地基处理方法的机理和适用性的掌握。

鉴于地基处理的方法和技术种类繁多，且作用机理、适用条件各有差别。本文仅简要介绍 2～3 种地基处理方法的机理、设计、施工与检验。更详细的介绍可参阅相关规范和工程手册。

（1）换填垫层法
1）基本概念

当建筑物基础下的持力层比较软弱、不能满足上部结构荷载对地基的要求时，常采用换填土垫层来处理软弱地基。即将基础下一定范围内的土层挖去，然后回填以强度较大的砂、砂石或灰土等，并分层夯实至设计要求的密实程度，作为地基的持力层。换填法适于浅层地基处理，处理深度可达 2～3m。在饱和软土上换填砂垫层时，砂垫层具有提高地基承载力，减小沉降量，防止冻胀和加速软土排水固结的作用。

采用换填垫层法能有效地解决中小型工程的地基处理问题，且可就地取材，施工方便，不需特殊的机械设备，既能缩短工期，又能降低造价。

2）适用范围

换填法适用于淤泥、淤泥质土、湿陷性黄土、素填土、杂填土地基及暗沟、暗塘等浅层软弱地基及不均匀地基的处理。换填时应根据建筑体型、结构特点、荷载性质和地质条件，并结合施工机械设备与当地材料来源等综合分析，进行换填垫层的设计，选择换填材料和夯压施工方法。

3）加固机理

①置换作用。将基底以下软弱土全部或部分挖出，换填为较密实材料，可提高地基承载力，增强地基稳定。

②应力扩散作用。基础底面下一定厚度垫层的应力扩散作用，可减小垫层下天然土层

所受的压力和附加压力，从而减小基础沉降量，并使下卧层满足承载力的要求。

③加速固结作用。用透水性大的材料作垫层时，软土中的水分可部分通过它排除，在建筑物施工过程中，可加速软土的固结，减小建筑物建成后的工后沉降。

④防止冻胀。采用换土垫层对基础地面以下可冻胀土层全部或部分置换后，可防止土的冻胀作用。

⑤均匀地基反力与沉降作用。通过土料换填，保证基础底面范围内土层压缩性和反力趋于均匀。

因此，换填的目的就是：提高承载力，增加地基强度；减少基础沉降；垫层采用透水材料可加速地基的排水固结。

4）垫层设计
①垫层材料

A. 砂石。宜选用碎石、卵石、角砾、原砾、砾砂、粗砂、中砂或石屑（粒径小于2mm 的部分不应超过总重的45%），应级配良好，不含植物残体、垃圾等杂质。

B. 粉质黏土。土料中有机质含量不得超过5%，亦不得含有冻土或膨胀土。

C. 灰土。体积配合比宜为 2∶8 或 3∶7，土料宜用粉质黏土，石灰宜用新鲜的消石灰。

D. 粉煤灰。可用于道路、堆场和小型建筑、构筑物等的换填垫层。

E. 矿渣。垫层使用的矿渣是指高炉重矿渣，可分为分级矿渣、混合矿渣及原状矿渣。矿渣垫层主要用于堆场、道路和地坪，也可用于小型建筑、构筑物地基。

F. 其他工业废渣。可选用质地坚硬、性能稳定、无腐蚀性和放射性危害的工业废渣，其粒径、级配和施工工艺等应通过试验确定。

G. 土工合成材料。由分层铺设的土工合成材料与地基土构成加筋垫层。所用土工合成材料的品种与性能及填料的土类应根据工程特性和地基土条件，按照现行国家标准《土工合成材料应用技术规范》（GB 50290—1998）的要求，通过设计并进行现场试验后确定。

②垫层的厚度
垫层厚度应根据下卧层的承载力确定，按照软弱下卧层承载力验算方法确定。

③垫层的宽度
垫层底面的宽度应满足基础底面应力扩散的要求，并且要考虑垫层侧面土的侧向支承力来确定。

④垫层的承载力
垫层的承载力宜通过现场载荷试验确定，并应进行软弱下卧层验算，验算下卧层的承载力是否满足要求。

5）沉降计算

软黏土分布地区的大量建筑物沉降观测及工程经验表明，采用换填垫层进行局部处理后，当垫层下还存在软弱下卧层时，由于下卧层的变形，建筑物地基往往还会产生过大的沉降量和差异沉降量。因此，对于重要的建筑或垫层下存在软弱下卧层的建筑，还应进行地基变形计算。并且，对垫层下存在软弱下卧层的建筑，在进行地基变形验算时应考虑邻近基础对软弱下卧层顶面应力叠加的影响。对超出原地面标高的垫层或换填材料的重度高于天然土层重度的垫层，宜早换填并应考虑其附加的荷载对建筑及邻近建筑的影响。

换填垫层地基的变形由垫层自身变形和下卧层变形组成。对粗粒换填材料，由于在施工期间垫层的自身压缩变形已基本完成，且变形值很小，因此，对碎石、卵石、砂夹石、矿渣和砂垫层，当换填垫层厚度、宽度及压实程度均满足设计及相关规范的要求后，一般可不考虑垫层自身的压缩量而仅计算下卧层的变形。

当建筑物对沉降要求严格，或换填材料为细粒材料且垫层厚度较大时，尚应计算垫层自身的变形。垫层的模量应根据试验或当地经验确定。

6) 垫层施工

①施工机械

A. 粉质黏土与灰土：宜采用平碾、振动碾或羊足碾，中小型工程也可采用蛙式夯、柴油夯。

B. 砂石：宜用振动碾。

C. 粉煤灰：宜采用平碾、振动碾、平板振动器、蛙式夯。

D. 矿渣：宜采用平碾振动器或平碾、蛙式夯。

②施工方法、分层铺填厚度、每层压实遍数，宜通过试验确定。一般情况下，垫层的分层铺填厚度可取 200~300mm。

③含水量控制

粉质黏土和灰土垫层土料的施工含水量宜控制在最优含水量 $w_{op} \pm 2\%$ 的范围内，粉煤灰垫层的最优含水量宜控制在最优含水量 $w_{op} \pm 4\%$ 的范围内。最优含水量可通过击实试验确定，也可按当地经验取用。

7) 质量检验

施工质量的检验，对粉质黏土、灰土、砂垫层和砂石垫层可用环刀法、贯入仪、静力触探、轻型动力触探或标准贯入试验检验，对砂垫层、矿渣垫层可用重型动力触探检验。并均应通过现场试验以设计压实系数所对应的贯入度为标准检验垫层的施工质量。压实系数的检验可采用环刀法、灌砂法或其他方法。

(2) 预压法

1) 基本概念

预压法包括堆载预压法和真空预压法。还可进行真空~堆载联合预压。

①堆载预压法

在建筑物或构筑物建造前，先在拟建场地上用堆土或其他荷重，施加或分级施加与其相当的荷载，对地基土进行预压，使土体中孔隙水排出，孔隙体积变小，地基土压密，以增长土体的抗剪强度，提高地基承载力和稳定性；同时可减小土体的压缩性，消除沉降量以便在使用期间不致产生有害的沉降和沉降差。堆载预压法处理深度一般达 10m 左右。

为了加速土的固结，缩短预压时间，常在土中打设砂井，作为土中水从土中排出的通道，使土中水排出的路径大大缩短，然后进行堆载预压，使软土中空隙水压力得以较快地消散，这种方法称为砂井堆载预压法。也可土中插入排水塑料带，代替砂井。

②真空预压法

真空预压法是先在需加固的软土地基表面铺设一层透水砂垫层或砂砾层，再在其上覆盖一层不透气的塑料薄膜或橡胶布，四周密封好与大气隔绝，在砂垫层内埋设渗水管道，然后与真空泵连通进行抽气，使透水材料保持较高真空度，在土的孔隙水中产生负的孔隙水压力，将土中孔隙水和空气逐渐吸出，从而使土体固结。

预压法须满足两个基本要素：即加荷系统和排水通道。加荷系统是地基固结所需的荷载；排水通道是加速地基固结的排水措施。加荷系统可有多种方式，如堆载、真空预压、降水以及联合预压等；排水通道可以利用地基中天然排水层，否则，可人为增设排水通道，如砂井（普通砂井或袋装砂井）、塑料排水板、水平砂垫层等。

2）适用范围

适用于淤泥、淤泥质土和冲填土等饱和黏性土地基。

3）加固机理

饱和软黏土地基在荷载作用下，孔隙中的水被慢慢排出，孔隙体积慢慢地减小，地基发生固结变形，同时，随着超静孔隙水压力逐渐消散，有效应力逐渐提高，地基土的强度逐渐增长。所以，土体在受压固结时，一方面孔隙比减小产生压缩，一方面抗剪强度也得到提高。在荷载作用下，土层的固结过程就是孔隙水压力消散和有效应力增加的过程。

用填土等外加荷载对地基进行预压，是通过增加总应力 σ 并使孔隙水压力 u 消散来增加有效应力 σ' 的方法。降低地下水位和电渗排水则是在总应力不变的情况下，通过减小孔隙水压力来增加有效应力的方法。真空预压是通过覆盖于地面的密封膜下抽真空，使膜内外形成气压差，使黏土层产生固结压力。

4）设计

①堆载预压法

堆载预压法处理地基的设计应包括以下内容：

选择塑料排水带或砂井，确定其断面尺寸、间距、排列方式和深度；确定预压区范围、预压荷载大小、荷载分级、加载速率和预压时间；计算地基土的固结度、强度增长、抗滑稳定和变形。

A. 竖向排水体的设计

竖向排水体包括塑料排水板、砂井等，设计内容包括深度、间距、直径、平面布置和表面砂垫层材料及厚度等。

a. 深度　排水竖井的深度应根据建筑物对地基的稳定性、变形要求和工期要求确定，对以地基抗滑稳定性控制的工程，竖井深度至少应超过最危险滑动面 2.0m。

b. 直径　排水竖井分为普通砂井、袋装砂井和塑料排水带，普通砂井直径可取 300~500mm，袋装砂井直径可取 70~120mm。

c. 间距与井径比

由固结度可见，井径比 n 愈小，固结愈快。竖井的间距可按井径比 n 选用（$n=d_e/d_w$，d_w 为竖井直径，对排水板可取 $d_w=d_p$）。排水板和袋装砂井可按 $n=15~22$ 选用，普通砂可按 $n=6~8$ 选用。

d. 平面排列

砂井的平面布置常用有三角形和正方形两种形式。

e. 砂垫层、砂料选用

应在砂井或排水板顶部铺设砂垫层并搭接。砂垫层的厚度在陆地上约 0.5~0.8m，水下 1~2m。一般选择洗净中砂、中粗砂。

B. 预压荷载设计、荷载分级、加载速率和预压时间；

a. 确定预压区范围

预压荷载顶面的范围应等于或大于建筑物基础外缘所包围的范围。

b. 预压荷载、加载速率

预压荷载大小应根据设计要求确定。对于沉降有严格限制的建筑，应采用超载预压法处理。

加载速率应根据地基土的强度确定。当天然地基土的强度满足预压荷载下地基的稳定性要求时，可一次性加载，否则应分级逐渐加载。

C. 地基固结度、强度计算、抗滑稳定和变形

a. 平均固结度计算

一级或多级等速加载条件下，t 时间对应总荷载的地基平均固结度可按下式计算：

$$\overline{U}_t = \sum_{i=1}^{n} \frac{\overline{q}_i}{\sum \Delta p} \left[(T_i - T_{i-1}) - \frac{\alpha}{\beta} e^{-\rho}(e^{\rho n} - e^{\rho n-1}) \right] \quad (3-55)$$

式中　$\overline{U}_t$——t 时间地基的平均固结度；

　　　$\overline{q}_i$——第 i 级荷载的加载速率 (kPa/d)；

　　　$\sum \Delta p$——各级荷载的累加值 (kPa)；

　　　T_{i-1}、T_i——分别为第 i 级荷载加载的起始和终止时间（从零点起算），当计算第 i 级荷载加载过程中某时间 t 的固结度时，T_i 改为 t (d)；

　　　α、β——参数，根据地基土排水固结条件采用。

当排水竖井采用挤土方式施工时，平均固结度计算还应考虑涂抹和井阻影响；对排水竖井未穿透受压土层的地基，应分别计算竖井范围土层的平均固结度和竖井底面以下受压土层的平均固结度。详细计算方法可参阅相关地基处理手册。

b. 变形计算

预压荷载下地基的最终竖向变形量可按下式计算：

$$s_f = \xi \sum_{i=1}^{n} \frac{e_{0i} - e_{1i}}{1 + e_{0i}} h_i \quad (3-56)$$

式中　s_f——最终竖向变形量；

　　　e_{0i}——第 i 层中点上自重压力所对应的孔隙比，由室内固结试验所得的孔隙比 e 和固结压力 p（即 e-p）关系曲线查得；

　　　e_{1i}——第 i 层中点上自重压力和附加压力之和所对应的孔隙比，由室内固结试验所得的 e-p 关系曲线查得；

　　　h_i——第 i 层土层厚度；

　　　ξ——经验系数，对正常固结和轻度超固结黏性土地基可取（ξ=1.1～1.4），荷载较大地基土较弱时取较大值，否则取较小值。

②真空预压法

真空预压法处理地基必须设置排水竖井。设计内容包括：竖井断面尺寸、间距、排列方式和深度的选择；预压区面积和分块大小；真空预压工艺；要求达到的真空度和土层的固结度；真空预压和建筑物荷载下地基的变形计算；真空预压后地基土的强度增长计

算等。

排水竖井的间距可按堆载预压法确定。真空预压的膜下真空度应稳定地保持在650mmHg以上,且应均匀分布,竖井深度范围内土层的平均固结度应大于90％。当建筑物的荷载超过真空预压的压力,且建筑物对地基变形有严格要求时,可采用真空-堆载联合预压法,其总压力宜超过建筑物的荷载。

对于表层存在良好的透气层或在处理范围内有充足水源补给的透水层时,应采取有效措施隔断透气层或透水层。

5)施工

①堆载预压法

堆载预压法施工时,应注意以下技术要点:

A. 塑料排水带的性能指标必须符合设计要求。塑料排水带现场应妥加保护,防止阳光照射、破损或污染,破损或污染的塑料排水带不得在工程中使用。

B. 砂井的灌砂量,应按井孔的体积和砂在中密状态时的干密度计算,其实际灌砂量不得小于计算值的95％;灌入砂袋中的砂宜用干砂,并应灌制密实。

C. 塑料排水带和袋装砂井施工时,平均井距偏差不应大于井径,垂直度偏差不应大于1.5％,深度不得小于设计要求。

D. 塑料排水带和袋装砂井砂袋埋入砂垫层中的长度不应小于500mm。

②真空预压法

施工顺序为:

A. 铺设垫层;

B. 打设竖向排水通道;

C. 在砂垫层表面铺设安装传递真空压力及抽气集水用的滤水管;挖压膜沟;

D. 铺设塑料膜,封压膜沟;

E. 安装射流泵、连接管路;

F. 布设沉降杆、抽气、观测。

③其他技术要点

A. 真空预压的抽气设备宜采用射流真空泵,空抽时必须达到95kPa以上的真空吸力,每块预压区至少应设置两台真空泵。

B. 真空管路的连接应严格密封,在真空管路中应设置止回阀和截门。

C. 密封膜应采用抗老化性能好、韧性好、抗穿刺性能强的不透气材料。

④真空—堆载联合预压法

采用真空—堆载联合预压法时,应先抽真空,当真空达到设计要求并稳定后,再进行堆载,并继续抽气,堆载时需在膜上铺设土工编织布等保护材料。

(3)水泥土搅拌法

1)基本概念

水泥土搅拌法分为深层搅拌法(湿化)和粉体喷搅法(干法)。水泥土搅拌法是利用水泥等材料作为固化剂,通过特制的搅拌机械,就地将软土与固化剂浆液或粉体强制搅拌,使软土硬结成具有一定整体性、水稳性和一定强度的水泥加固土,提高地基承载力和减小沉降量。其施工工艺如图3-33所示。

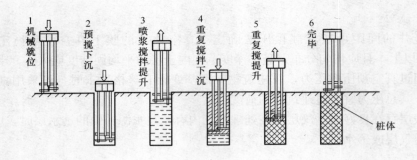

图 3-33 深层搅拌法的工艺流程

2）适用范围

水泥土搅拌法适用于处理正常固结的淤泥与淤泥质土、粉土、饱和黄土、素填土、黏性土以及无流动地下水的饱和松散砂土等地基。

3）加固机理

水泥土搅拌法加固机理包括对天然地基土的加固硬化机理（微观机理）和形成复合地基以加固地基土、提高地基土强度、减少沉降量的机理（宏观机理）。

①水泥土硬化机理（微观机理）

当水泥浆与土搅拌后，水泥颗粒表面的矿物很快与黏土中的水发生水解和水化反应，在颗粒间形成各种水化物。这些水化物有的继续硬化，形成水泥石骨料，有的则与周围具有一定活性的黏土颗粒发生反应。通过离子交换和团粒化作用使较小的土颗粒形成较大的土团粒；通过硬凝反应，逐渐生成不溶于水的稳定的结晶化合物，从而使土的强度提高。此外，水泥水化物中的游离 $Ca(OH)_2$ 能吸收水中和空气中的 CO_2，发生碳酸化反应，生成不溶于水的 $CaCO_3$，也能使水泥土增加强度。通过以上反应，使软土硬结成具有一定整体性、水稳性和一定强度的水泥加固土。

②复合地基加固机理（宏观机理）

通过施工机械，在土中形成一定直径的桩体，与桩间土形成复合地基承担基础传来的荷载，可提高地基承载力和改善地基变形特性。也可采用壁式加固，形成纵横交错的水泥土墙，构成格栅形复合地基。

4）设计

①设计内容

A. 水泥掺量

处理软土的固化剂宜选用强度等级为 32.5 级以上的普通硅酸盐水泥。水泥的掺量一般为被加固土质量的 12%～20%。湿法的水泥浆水灰比可选用 0.45～0.55。

B. 外掺剂

外掺剂可根据工程需要选用具有早强、缓凝、减水、节省水泥等性能的材料，主要有木质素磺酸钙、石膏、磷石膏、三乙醇胺等。

C. 置换率与加固深度

置换率指被加固土面积与拟加固场地面积的比率，主要取决于设计要求的复合地基承载力大小。

D. 承载力

竖向承载的搅拌桩复合地基承载力特征值应通过现场单桩或多桩复合地基载荷试验确定。初步设计时也可按下式估算：

$$f_{\text{spk}} = m\frac{R_{\text{a}}}{A_{\text{p}}} + \beta(1-m)f_{\text{sk}} \qquad (3\text{-}57)$$

式中　m——面积置换率；

　　　A_{p}——桩截面积；

　　　f_{sk}——桩间土承载力特征值；

　　　β——桩间土承载力折减系数；

　　　R_{a}——单桩竖向承载力特征值。设计时，可根据要求达到的地基承载力，按式(3-57)计算面积置换率 m。当搅拌桩处理范围以下存在软弱下卧层时，还应进行下卧层强度验算。

E. 沉降

竖向承载搅拌桩复合地基的变形包括搅拌桩复合土层的平均压缩变形和桩端以下未处理土层的压缩变形。地基沉降可按前述复合地基沉降计算方法进行计算。

②其他

A. 加固范围

竖向承载水泥搅拌桩复合地基设计时，搅拌桩平面布置可根据上部结构特点及对地基承载力和变形的要求，可只在基础范围内布桩，采用柱状、壁状、格栅状、块状等处理形式。

B. 褥垫层

竖向承载搅拌桩复合地基可选用中砂、粗砂、级配砂石等，在基础和桩之间设置褥垫层。褥垫层厚度可取 200～300mm。

5）施工顺序

深层搅拌施工可按下列步骤进行：①搅拌机械就位、调平；②预搅下沉至设计加固深度；③边喷浆（粉）、边搅拌提升至预定的停浆（灰）面；④重复搅拌下沉至设计加固深度；⑤根据设计要求，喷浆（灰）或仅搅拌提升直至预定的停浆（灰）面；⑥关闭搅拌机械。

在预（复）搅下沉时，也可采用喷浆（灰）的施工工艺，但必须确保全桩长上下至少重复搅拌一次。此外，搅拌机预搅下沉时不宜冲水，当遇到较硬土层下沉太慢时，方可适量冲水，但应考虑冲水成桩对桩身强度的影响。

4. 土工合成材料

（1）材料分类

土工合成材料是将高分子聚合物通过纺丝和后处理制成纤维，再加工而成。是岩土工程领域中的一种新型建筑材料。按制造方法，可分为有纺土工织物和无纺土工织物。土工合成材料的分类见图 3-34。

（2）工程应用

土工合成材料在工程中可起反滤作用、排水作用、隔离作用、反滤作用、加筋作用、防护作用、防渗作用。

5. 防渗处理

在挡水建筑物的地基中，遇到下列情况时，应考虑进行地基防渗处理。

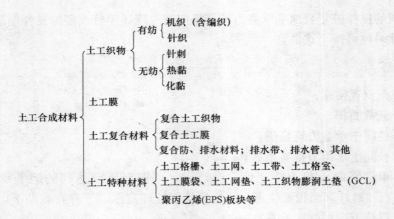

图 3-34 土工合成材料的分类

(1) 深厚的砂砾石层；
(2) 有断层、破碎带、透水性强的岩石；
(3) 含有大量可溶盐类的岩石和土；
(4) 喀斯特（岩溶）；
(5) 矿区的井、洞、采空区。

对于存在有毒、有害物质，对地下水有较强污染的情况，则无论什么地基土均需按有关标准进行处理。

对岩石地基的防渗处理，溶洞、矿区井洞等可采用水平铺盖、混凝土防渗墙等措施；基岩中的断层破碎带、有发育的节理和裂隙的透水岩石的工程岩基可作帷幕灌浆或回填混凝土、作混凝土塞。砂砾石地基的防渗处理措施有垂直防渗，包括黏性土截水槽、垂直板桩、混凝土防渗墙、灌浆帷幕；上游水平防渗铺盖。环境工程中的地基防渗处理一般采用高密度聚乙烯膜（HDPE）、土工合成材料土垫（GCL）防渗。

6. 既有工程地基加固与基础托换

托换法亦称托换技术（Underpinning）是指解决对既有建筑物的地基需要处理，地基需要加固或改建，曾层和纠偏；或解决对既有建筑物基础下需要修建地下工程，其中包括地下铁道要穿越既有建筑物；或解决因邻近需要建造新建工程而影响到既有建筑物的安全等问题的技术总称。凡进行托换法的工程总称为托换工程。

(1) 托换技术分类

1) 按托换原理分类

①补救性托换：凡对既有建筑物的基础下地基土不满足地基承载力和变形要求而需要进行的托换，称为补救性托换（Rememial Underpinning）。对旧房增层改建扩大使用面积，如增层后地基承载力、变形不满足地基规范要求时，即需采取补救性托换。

②预防性托换

既有建筑物的地基土是能满足地基承载力和变形要求的，但由于邻近要修建较深的新建建筑物基础，深基坑的开挖和地下铁道的穿越而需进行托换者，称为预防性托换（Precautionary Underpinning）。托换方式也可采用在平行于既有建筑物而修筑比较深的墙体者，亦可称为侧向托换（Lateral Underpinning）。

③维持性托换

有时在新建的建筑物基础上预先设计好可设置提升的措施，以适应幕后预估不容许出现的地基差异沉降值者，称为维持性托换（Maintenance Underpinning）。

2) 按托换方法分类

托换技术按托换托换方法分类见表3-14。

托换方法分类表　　　　　　　　　　　　　　　　　　　　　　表 3-14

①基础加宽托换			④灌浆托换	a. 水泥灌浆托换 b. 硅化灌浆托换 c. 碱液灌浆托换 d. 高压喷射灌浆托换
②抗（墩）式托换				
③桩式托换	静压桩托换：	a. 预承静压桩托换 b. 预试桩托换 c. 自承静压桩托换 d. 锚杆静压桩托换	⑤纠偏托换	加压纠偏： 　a. 堆载加压纠偏 　b. 锚桩加压纠偏
	灌注桩和打入桩托换：	a. 螺旋钻孔灌注桩托换 b. 潜水钻孔灌注桩托换 c. 人工挖孔灌注桩托换		掏土纠偏
				预升纠偏
				浸水纠偏
	树根桩托换		⑥其他托换	a. 基础减压和加强刚度托换 b. 热加固托换 c. 套筒法托换 d. 振冲法托换 e. 桩与承台预压共同受力托换
	灰土井墩托换			
	灰桩托换	a. 石灰桩托换 b. 灰土桩托换 c. 灰砂土桩托换		

另按托换接触的性质可分为既有建筑物地基设计不符合要求、既有建筑物增层、既有建筑物纠偏、邻近基坑开挖或地下铁道穿越；结构物整体迁移。按托换的时间可分为临时性托换和永久性托换。

（2）托换途径、方法和目的

托换途径、方法和目的　　　　　　　　　　　　　　　　　　　　表 3-15

托换途径	托换方法	托换目的	托换途径	托换方法	托换目的
处理地基	灌浆托换 热加固托换 灰桩托换	提高地基承载力和减小变形	加固基础	加宽基础 加深基础（坑式托换） 静压桩托换 灌注桩和打入桩托换 树根桩托换 灰土井墩托换	提高基础支承能力、减小基底压力和地基变形
	灌　浆 掏　土 浸　水	对建筑物纠偏		堆载加压、锚杆加压千斤顶顶升	对建筑物纠偏

（3）常用的地基加固与基础托换技术

1) 静压桩托换技术

静压桩是采用静压方式进行沉桩托换，包括顶承静压桩、预试桩、自承静压桩和锚杆静压桩等。其中锚杆静压桩是锚杆和静压桩结合形成的新桩基工艺。锚杆静压桩法适用于淤泥、淤泥质土、黏性土、粉土和人工填土等地基。通过在基础上埋设锚杆固定压桩架，以既有建筑的自重荷载作为压桩反力，用千斤顶将桩段从基础中预留或开凿的压桩孔内逐段压入土中，再将桩与基础联结在一起，从而达到提高基础承载力和控制沉降的目的，从而使既有建筑物可增加荷载或加层，或者用于由于地基承载力不足导致基础下沉时的地基加固。

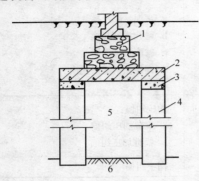

图 3-35　灌注桩托换示意
1—原有基础；2—钢筋混凝土横梁；
3—混凝土梁垫；4—灌注桩（或灰土桩）；
5—湿陷性黄土；6—坚实的非湿陷性黄土

2) 灌注桩托换技术

灌注桩托换是在被托换的基础四周浇筑灌注桩，再在灌注桩的桩顶上加设与基础正交的钢筋混凝土横梁，以托住基础（见图 3-35），或将原有基础加宽与桩顶浇成整体。

3) 树根桩托换技术

树根桩（RootPiles）是小直径的钻孔灌注桩，其直径通常为 100～250mm，有时也有 300mm。长度最大达 30m。施工时一般先用钻机成孔，达到设计标高后清孔、下放钢筋笼和注浆管，通过注浆管进行压浆而成桩。

用树根桩托换基础同其他常规的托换方法相比，其特点是：

①由于使用小型钻机，所需施工场地较小，在平面尺寸为 1.0m、1.5m 及净空度为 2.5m 即可施工，为此可保证工厂继续生产，公用设施继续使用；

②施工时噪声和振动小，使被托换的建筑物比较安全；

③因桩孔小，对基础和基础土几乎都不产生应力；

④所有操作都在地面上进行，施工较为方便，且没有从基础下面开挖的危险，无需临时支撑结构和大量的改建和恢复工作；

⑤桩，承台和墙身联成一体，结构整体性好；

⑥可用于碎石土，砂土，粉土和黏性等各种不同的地基土质条件，因而使用范围较广；

⑦竣工后不会损伤既有建筑物的外貌，这对修复古建筑尤为重要。

4) 纠偏托换

纠偏方法的分类可分：迫降纠偏（如掏土纠偏，降水纠偏，堆载加压纠偏，锚桩加压纠偏和锚杆静压桩加压纠偏等），顶升纠偏（如在新建工程设计中预留千斤顶位置的维持性托换；在基础下加千斤顶或在地面上切断墙柱后再加千斤顶的顶升纠偏）和综合纠偏（如顶桩掏土纠偏，浸水加压纠偏）。

5) 建筑物增层

对增层改造中的托换技术，其工作内容有：①复核上部结构，对原地基基础的设计方法进行调查研究，检验及评价；②对既有建筑物基础进行扩大加固，补强或局部增设顶托新基础的设计；③对既有建筑物的地基土进行处理或更换基础持力层；④对既有建筑物的基础进行纠偏扶正；⑤对邻近建筑物基础的侧面或底面进行支托和保护；⑥对被托换建筑物进行原位观测与监护控制。

6) 既有建筑移位技术

建筑移位是通过托换技术（Underpinning）将建筑物沿某一特定标高进行分离，而后设置能支承建筑物的上下轨道梁及滚动装置，通过外加的牵拉力或推力将建筑物沿规定的路线搬移到预先设置好的新基础上，连接结构与基础，即完成建筑物的搬移。

3.3.6 土工结构与边坡防护

3.3.6.1 土工结构与边坡防护考试大纲基本内容与要求

（1）土工结构：熟悉路堤和堤坝的设计原则及方法；熟悉土工结构的防护与加固措施；了解土工结构填料的选用及填筑方法；熟悉土工结构施工质量控制及监测、检测方法；熟悉不同土质及不同条件下土工结构的设计要求及方法。

（2）边坡稳定性：了解影响边坡稳定的因素与边坡破坏的类型；掌握边坡的稳定分析方法；熟悉边坡安全坡率的确定方法。

（3）边坡防护：了解边坡防护的常用技术；熟悉不同防护结构的设计方法和施工要点；熟悉挡墙的结构形式、设计方法和施工要点；掌握边坡排水工程的设计方法和施工要点。

3.3.6.2 土工结构

由土、石材料在地面上堆填起来的结构物统称土工结构物。土工结构按其使用功能不同，可分为公路路堤、铁路路堤、河岸坝堤、水库土石坝以及其他土石结构形式。表 3-16 给出了常见的土工结构类型、应用范围、受力特征以及在设计施工中应重点考虑的有关岩土工程方面的问题。

常见的土工结构类型与应用范围　　　　　　　　　　表 3-16

类型	应用范围	受力特征	有关岩土工程设计施工的问题
路堤	公路、铁路路基，河道防洪堤，港湾防浪堤等	填土自重、路面行车荷载、水压力、波浪压力及地震荷载等	土料选择、压实方法、标准确定，路面结构，面层、基层、垫层材料选择，水压力、波浪压力、边坡稳定及地震作用分析等
岸坡挡土墙	公路、铁路两侧护墙，港湾、闸、坝岸墙等	填土自重、填土面超载、土压力、水压力、渗流力及地震荷载等	墙型、墙后填料选择，压实方法、标准确定，土压力、水压力、渗流力计算，倾覆、移滑、墙后土体连同地基滑动稳定及地震作用分析等
围堰	河道整治及导流工程等	土石填料自重，堰顶荷载，水压力、渗流力及地震荷载等	堰型选择，堰体及地基防渗措施，填料种类、压实方法及标准确定，边坡稳定及地震作用分析等
土石坝	水库挡水结构，山区冲沟淤积坝等	填料自重，坝顶荷重，上游水压力，坝体和地基渗流力，淤积泥砂土压力及地震荷载等	坝型选择，坝体及地基防渗措施，筑坝材料选择，压实方法及标准确定，坝身浸润线、边坡稳定、地基稳定计算，坝身、坝基应力、变形及地震作用分析等

路堤、堤坝等土工结构设计的基本要求是满足结构体的整体稳定和使用期变形要求，为此路堤等土工结构的设计主要应考虑六个方面内容：①地基的强度与变形；②填料的选用；③边坡的形状与坡度；④堤身的压实度；⑤排水设施；⑥坡面防护；除此之外，对于

水库土石坝，还需特别进行防渗设计。

本文对公路路基的设计方法与要求作一简单介绍，其他有关铁路路堤的设计可参阅《铁路路基规范》（TB 10001—99），有关水库土石坝的设计可参阅《碾压式土石坝设计规范》（SL 274—2001）。

公路路基的设计方法与要求：

1. 地基

路堤应坐落在具有足够承载力和低压缩性的地基土上，以免基底出现剪切破坏而危及路堤的稳定，或者路堤出现过量的沉降而影响路面的行驶质量。基岩、砾石土或一般砂土和黏性土地基，基本上符合支承路堤的要求。

2. 填料

对于填料的选择，主要取决于土工结构的类型、压实土部位及其功用。填筑路堤的理想填料为水稳定性好，压缩性小，便于施工压实以及运距短的土、石材料。

根据填料性质和适用性，可选择砾石、不易风化的石块，碎石土、卵石土、砾石土、粗砂、中砂，砂性土，黏性土，极细砂、粉土等作为路堤填料。而易风化的软质岩石块、重黏土、含有较多有机质的土类，如泥炭、硅藻土、腐殖土或含有石膏等易溶盐类，均不宜用来填筑路堤。

3. 坡形与坡度

路堤边坡的形状可采用三种形式：

（1）直线：堤顶到坡脚采用一种坡度，适用于矮路堤和中等高度路堤；

（2）折线：采用上陡下缓的折线形边坡符合路堤的受力状况，上部可减小下滑力，下部可增加抗滑力；

（3）台阶形：每隔一定高度设置宽度不小于1～2m的护坡道，护坡道具有3％外向横坡，适用于高路堤。设置护坡道可以减缓流经较长坡面的地面水流速，防止坡面受冲刷。可增加路堤的稳定性。

路堤边坡的陡缓，影响到堤身的稳定和工程量的大小。设计坡度可根据填料的力学性质指标，通过验算确定。表 3-17 所列即为规范规定的路堤边坡坡度值。

路 堤 边 坡 坡 度 表 3-17

填料种类	边坡最大高度(m)			边坡坡度		
	全部高度	上部高度	下部高度	全部高度	上部高度	下部高度
黏性土、粉土、砂性土	20	8	12		1:1.5	1:1.75
砾石土、粗砂、中砂	12			1:1.5		
碎(块)石土、卵石土	20	12	8		1:1.5	1:1.75
不易风化的石块	20	8	12		1:1.3	1:1.5

4. 堤身压实

（1）土的含水量要求

土在最佳含水量（w_{op}）时压实填料，可以获取最经济的压实效果和达到最大密实度。因此采用压实措施，保持在接近 w_{op} 值时进行压实，可得到堤身土体最高的浸湿后强度，获得在湿度和荷载作用下沉陷变形和累积变形小以及水稳定性好的路堤。

（2）路基压实度要求

填筑土质路堤时应将填土分层压实。一般路基土的压实程度应随填土深度（从路基边缘算起）的变化而不同。路基压实有重型和轻型两种击实标准。

5. 排水设计

路基排水系统设计的目的，是拦截路基上方的地面水和地下水，迅速汇集基身内的地面水导入排水通道，并将其宣泄到路基的下方，以免浸湿基身而降低其强度和稳定性。对于路基下方，则应妥善处理路基上方宣泄下来的水流或者路基下方水道内的水流，防止冲刷路基坡脚危及路基稳定性。

拦截、汇集、拦蓄、引导和宣泄水流的排水设施有：截水沟、边沟、排水沟各种沟渠；阻水堤、蓄水池各种蓄水构造物；明沟、渗沟各种地下排水构造物；桥梁涵洞、渗水路堤和过水路面等各种泄水构造物；导流坝、人工渠道等河道整治构造物。

路基上方、基身和下方，为完成各自的排水任务，需采用不同的排水设施，把全部地面水有效地拦截、汇集、引导和宣泄到路基范围之外，组成一个排水系统，使各处的水流都有归宿，并顺畅地由路基上方流至下方。

6. 坡面防护与加固措施

防护工程包括坡面防护和冲刷防护

（1）坡面防护

路堤和路堑边坡的坡面暴露在大气中，受自然因素（水、温、风）的反复干湿、冻融、冲刷和剥蚀等作用，使路基坡面有时出现各种病害。常用的坡面防护措施有植物防护、砌石护坡、抹面等类型；

（2）冲刷防护

沿河路堤的边坡和坡脚易遭受流水的冲刷和淘刷作用而破坏。根据河流特性（水流方向和流速大小），常用的冲刷防护措施有，植物防护、片石防护、抛石、石笼和浸水挡土墙等。

3.3.6.3 边坡稳定性

1. 边坡的类型

（1）按成因分类

边坡按其成因可分为天然边坡和人工边坡。天然边坡是指自然形成的山坡和江河湖海的岸坡；人工边坡是指人工开挖基坑、基槽、路堑或填筑路堤、土坝形成的边坡。

（2）按组成边坡的土性或岩性分类

按组成边坡的岩土性质，边坡可分为：①黏性土类边坡；②碎石类边坡；③黄土类边坡；④岩石类边坡。

2. 边坡稳定的影响因素、破坏类型及特征

（1）影响边坡稳定的因素

1）岩土的性质：包括岩土的坚硬（密实）程度、抗风化和抗软化能力，抗剪强度，颗粒大小、形状以及透水性能等。

2）岩层结构及构造：包括节理、劈理、裂隙的发育程度及分布规律，结构面胶结情况以及软弱面、破碎带的分布与斜坡的相互关系，下伏岩土面的形态和坡向、坡度等。

3）水文地质条件：地下水埋藏条件，流动、潜蚀情况以及动态变化等。

4) 地貌因素：斜坡的高度、坡度和形态是影响斜坡稳定性的重要因素。

5) 风化作用：风化作用使岩土的强度减弱，裂隙增加，影响斜坡的形状和坡度，使地面水易于侵入，改变地下水的动态等。同时，沿裂隙风化时，可使岩土体脱落或沿斜坡崩塌、堆积、滑移等。

6) 气候作用：岩土风化速度、风化层厚度以及岩石风化后的机械变化和化学变化，均与气候有关。此外气候引起的降水作用也是影响边坡稳定的重要因素。

7) 地震作用：地震作用除了岩土体受到地震加速度的作用而增加下滑力外，在地震作用下，岩土中的孔隙水压力增加和岩土体强度降低都对斜坡的稳定不利。

8) 人为因素：如路堑或基坑开挖、路堤填筑或坡顶堆载等。

(2) 边坡失稳的原因

1) 外界力的作用破坏了土体内原来的应力平衡状态。如路堑或基坑的开挖，路堤的填筑或土坡顶面上作用外荷载，以及土体内水的渗流力、地震力的作用时，也都会改变土体内原有的应力平衡状态，促使土坡坍塌。

2) 土的抗剪强度由于受到外界各种因素的影响而降低，促使土坡失稳破坏。如由于外界气候等自然条件的变化，使土时干时湿、收缩膨胀、冻结、融化等，从而使土变松，强度降低；土坡内因雨水的浸入使土湿化，强度降低；土坡附近因施工引起的震动，如打桩、爆破等，以及地震力的作用，引起土的液化或触变，使土的强度降低。

(3) 边坡的破坏类型与特征

边坡在自然与人为因素作用的破坏形式主要有：滑坡、塌滑、崩塌、剥落几种，其主要特征见表 3-18。

边坡破坏类型及特征 表 3-18

类型	特征
滑坡	斜坡部分岩（土）体在重力作用下，沿着一定的软弱面（带），缓慢地、整体地向下移动，滑坡一般具有蠕动变形、滑动破坏和渐趋稳定三个阶段，有时也具高速急剧移动现象
塌滑	因开挖、填筑、堆载引起边坡滑动或塌落，一般较突然，黏性土类边坡有时也会表现出一个变形发展过程
崩塌	整体岩（土）块脱离母体突然从较陡的斜坡上崩落翻转、跳跃堆落在坡脚。规模巨大时称为山崩，规模小时称为塌方
剥落	斜坡表层岩（土）长期遭受风化，在冲刷和重力作用下，岩（土）屑（块）不断沿斜坡滚落堆积在坡脚

3. 边坡的稳定分析方法

边坡稳定分析，其目的在于根据工程地质条件确定合理的边坡容许坡度和高度，或验算拟定的尺寸是否稳定、合理。路堤、路堑边坡，应根据土体性质、工程地质和水文地质条件，选择合适的边坡稳定分析方法，详细计算可参阅相关工程手册。

3.3.6.4 边坡防护

1. 边坡防护的常用技术

当边坡的稳定性计算不能满足要求时，就需要采取工程措施来进行边坡加固。边坡加固的本质在于改变滑动体滑面上的平衡条件，提高抗滑能力。边坡加固形式可分为直接加固和间接加固,直接加固如挡墙、抗滑桩、锚杆、锚喷护面等,间接加固如削坡卸载、排水降压、地面防渗、麻面爆破等。

(1) 边坡支护

边坡支护结构常用形式见表3-19。

边坡支护结构常用形式 表3-19

结构类型	条件			说明
	边坡环境	边坡高度 H/m	边坡工程	
重力或挡墙	场地允许,坡顶无重要构筑物	地坡,$H \leqslant 8$ 岩坡,$H \leqslant 10$	一、二、三级	土方开挖后边坡稳定性较差时不应采用
扶壁式挡墙	填方区	土坡,$H \leqslant 10$	一、二、三级	土质边坡
悬臂式支护		土层,$H \leqslant 8$ 岩层,$H \leqslant 10$	一、二、三级	土层较差,或对挡墙变形要求较高时,不宜采用
板肋式或格构式锚杆挡墙支护		土坡,$H \leqslant 15$ 岩坡,$H \leqslant 30$	一、二、三级	坡高较大或稳定性较差时宜采用逆作法施工。对挡墙变形有较高要求的土质边坡,宜采用预应力锚杆
排桩式锚杆挡墙支护	坡顶建(构)筑物需要保护,场地狭窄	土坡,$H \leqslant 15$ 岩坡,$H \leqslant 30$	一、二级	严格按逆作法施工。对挡墙变形有较高要求的土质边坡,应采用预应力锚杆
岩石锚喷支护		Ⅰ岩坡 $H \leqslant 30$ Ⅱ类岩坡 $H \leqslant 30$ Ⅲ类岩坡 $H < 15$	一、二、三级 二、三级 二、三级	
坡率法	坡顶无重要建(构)筑物,场地有放坡条件	土坡,$H \leqslant 10$ 岩坡,$H \leqslant 25$	二、三级	不良地质段,地下水发育区,流塑状土时不应采用

(2) 边坡防护

边坡防护,又称坡面防护,可分植物防护与工程防护两种类型。

植物防护包括种草、铺草皮、植树。

工程防护包括框格防护、封面(抹面、捶面、喷浆和喷射混凝土)、护面墙、干砌片石护坡、浆砌片(卵)石护坡、水泥混凝土预制块护坡、锚杆铁丝网喷浆或喷射混凝土护坡。

(3) 冲刷防护

冲刷防护一般分为直接防护和间接防护两类。

直接防护包括植物、砌石、抛石、石笼、挡土墙等。

间接防护包括导致构造物以及改移河道,营造防护林带等。设置导致结构物可改变水流方向,消除和减缓水流对堤岸直接破坏。导致结构物主要设坝,按其与河道的相对位置,一般可分为丁坝、顺坝或格坝。

2. 喷锚支护技术

喷锚支护是一种"刚"、"柔"适度的薄层支护,既有抑制边坡岩面有害变形的一面,又有适应边坡变形的一面。

(1) 喷锚支护所用材料

喷锚支护所用材料有水泥、砂、石，配制喷射混凝土的速凝剂、添加剂和减水剂以及锚杆锚索和相应的各种锚夹具。

(2) 岩石坡面的喷锚支护构造设计

1) 岩石护层可采用喷射混凝土层，也可采用现浇混凝土板或格构梁等形式。喷射混凝土面板厚度不应小于50mm，含水岩层的喷射混凝土面板厚度和钢筋网喷射混凝土面板厚度不应小于100mm。

2) 锚杆设置要求

①锚杆倾角宜为10°～20°；

②锚杆布置宜采用菱形排列，也可采用行列式排列；

③锚杆间距宜为1.25～3m，且不应大于锚杆长度的一半；对Ⅰ、Ⅱ类岩体边坡最大间距不得大于3m，对Ⅲ类岩体边坡最大间距不得大于2m；

④应采用全粘结锚杆。

3) 锚杆的灌浆要求

①灌浆前应清孔，排放孔内积水；

②注浆管宜与锚杆同时放入孔内，注浆管端头到孔底距离宜为100mm；

③灌浆材料为水泥砂浆，浆体配置的灰砂比宜为0.8～1.5，水灰比宜为0.38～0.5。

④根据工程条件和设计要求确定灌浆压力，应确保浆体灌注密实；

⑤锚杆外露段（外锚头）可采用外涂防腐材料或包在喷混凝土中。

土钉墙是在土体内放置一定长度和密度的土钉体，同时增设钢筋网喷射混凝土面层，与土共同作用，形成了能大大提高原状土强度和刚度的复合土体，约束了土坡的变形和破坏形态，显著提高了土坡的整体稳定性，是喷锚结构在土体边坡防护中有效应用形式。

土钉墙由土钉、面层和防水系统三部分组成。

土钉墙分为钻孔注浆土钉和打入土钉两类。钻孔注浆土钉，是最常用的土钉类型。先在土中钻孔，置入螺纹钢筋，然后沿全长注浆。打入土钉是在土中直接打入角钢、圆钢或螺纹钢筋，不再注浆，由于打入式土钉与土体间粘结摩阻力低，钉长又受限制，因而布置较密。

土钉墙的特点：①能合理利用土体自承能力，将土体作为支护结构不可分割的部分；②结构轻，柔性大，有良好抗震性；③施工设备简单，土钉的制作与成孔不需要复杂的技术和大型机具；④施工不需要单独占用场地；⑤工程造价相对较低；⑥可根据现场监测及时调整土钉长度和间距。

土钉墙的适用性：适用于地下水位以上或经人工降水以后有自稳能力的边坡和基坑；适用于不大于12m的边坡支护和基坑开挖；不宜用于含水丰富、粉细砂层、砂砾卵石层，没有自稳能力的淤泥和软弱土层；一般用于临时施工支护。

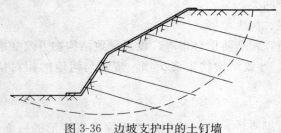

图3-36 边坡支护中的土钉墙

3. 边坡防护中的桩锚结构

桩锚结构属柔性挡土支护结构，这种结构除自立（悬臂）式外，常与锚拉或支撑杆件相结合，以维持在侧压力作用下的自行稳定。详见基坑支护内容。

4. 边坡支护中的重力式挡土支护结构

（1）重力式挡土支护结构简介

重力式挡土支护结构是以其自身重力来维持在侧压力作用下的自身稳定。根据墙背倾斜情况，重力式挡墙可分为俯斜式挡墙、仰斜式挡墙、直立式挡墙和衡重式挡墙及其他形式挡墙。

按建筑材料又可分为：石砌挡土墙、钢筋混凝土挡土墙（悬臂式、扶臂式挡墙）、砖砌挡土墙、加筋土挡土墙。按结构形式又可分为重力式挡土墙、半重力式挡土墙、衡重式挡土墙、悬臂式挡土墙、扶臂式挡土墙、空箱式挡土墙等，下面以重力式挡土墙为主进行介绍。

重力式挡土墙是一种很普遍的边坡防护构筑物。采用重力式挡土墙时，土质边坡高度不宜大于8m，岩质边坡高度不宜大于10m。超过以上高度边坡防护应考虑更经济的桩式挡土墙、桩锚结构挡土墙或其他结构形式挡土墙防护结构。

一般在下列情况可考虑修筑重力式挡土墙：

1）凡地面横坡较陡，须修建挡土墙以保证路堤稳定或只有建造挡土墙才能填筑路基时。

2）高填深挖工程，当土石方数量很大，建造挡土墙可以减少土石方工程，少占农田用地，造价经济时。

3）沿河路堤，为了防止冲刷需建挡土墙起防护作用时。

4）建筑物处于陡坡地区，房屋周围需要填土平整场地时。

5）在粒状材料的储藏中，当设置挡土墙能减少较多场地时。

6）其他必须修建挡土墙的地方。

（2）重力式挡土墙的稳定性验算

重力式挡土墙结构设计除了结构选型和结构尺寸拟定外，需对挡土墙断面进行抗滑移稳定性验算、抗倾覆稳定性验算，地基软弱时还应进行地基承载力计算。对于重要挡土墙，还要进行墙身应力验算。详细计算方法可参阅相关规范和工程手册。其中作用在挡墙上的土压力可按库伦土压力理论计算。

（3）重力式挡土墙结构形式

重力式挡土墙材料可使用浆砌块石、条石或素混凝土。重力式挡墙基底可作成逆坡。对土质地基，基底逆坡坡度不宜大于0.1∶1.0；对岩质地基，基底逆坡坡度不宜大于0.2∶1.0。挡墙地基纵向坡度大于5%时，基底应作成台阶形。

重力式挡土墙基础埋置深度，应根据地基稳定性、地基承载力、冻结深度、水流冲刷情况和岩石风化程度等因素确定。重力式挡土墙伸缩缝间距，浆砌石挡墙应采用20~25m，素混凝土挡墙应采用10~15m。在地基形状和挡墙高度变化处应设沉降缝，缝宽20~30mm，缝中应填塞沥青麻筋或其他有弹性的防水材料。挡墙墙体应根据墙背渗水情况设置一定数目排水孔。挡墙后面填土，应优先选择透水性较强的材料，以减小墙背土冻胀力和有利于积水排出。

【例题3-12】 地下水对边坡稳定影响正确的是（　　　）。

A. 增大孔隙水压力、软化岩土体、减少了土体的重量、产生动水压力、冲刷作用、冻胀等

B. 减小孔隙水压力、软化岩土体、增加了土体的重量、产生动水压力、冲刷作用、冻胀等

C. 增大孔隙水压力、软化岩土体、增加了土体的重量、产生动水压力、冲刷作用、冻胀等

D. 增大孔隙水压力、软化岩土体、增加了土体的重量、产生扬水压力、冲刷作用、冻胀等

正确答案：C。

分析：本题考察地下水对边坡稳定的影响作用机理和效应的掌握。

3.3.7 基坑工程与地下工程

3.3.7.1 基坑工程与地下工程考试大纲基本内容与要求

（1）基坑工程：了解基坑工程的特点及支护方案的选用原则；掌握常用支护结构的设计和计算方法；了解基坑施工对环境的影响及应采取的技术措施。

（2）地下工程：了解影响洞室围岩稳定的主要因素；熟悉围岩分类及支护、加固的设计方法；熟悉新奥法的施工理念和技术要点；了解矿山法、掘进机法、盾构法的特点及适用条件；了解开挖前后岩土体应力应变测试方法及检测与监测；了解地下工程施工中常见的失稳类型及预报防护方法。

（3）地下水控制：熟悉地下水控制的各种措施的适用条件，掌握其设计方法；了解地下水控制的施工方法；了解地下水控制对环境的影响及其防治措施。

3.3.7.2 基坑工程

基坑支护技术是岩土力学问题与结构力学问题的结合，即要有丰富的岩土力学专业知识和经验，又要有一定的结构专业的知识和经验。同时，支护设计与施工方法密不可分，支护方案的选择受地域地质条件影响很大，因此需要具有相当丰富的施工经验和对当地地质情况的深入了解。

1. 基坑工程的特点

根据基坑开挖深度、场地岩土工程条件、周边环境、施工与开挖方法，可以分为无支护（放坡）开挖与有支护开挖。如图 3-37 所示。

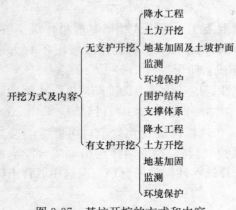

图 3-37 基坑开挖的方式和内容

基坑工程设计一般包括以下内容：

(1) 支护体系的方案比较和选型；
(2) 支护结构的强度和变形计算；
(3) 基坑稳定性验算；
(4) 围护墙的抗渗计算；
(5) 地下水控制方案；
(6) 挖土方案；
(7) 监测方案与环境保护要求；
(8) 应急措施。

2. 影响基坑支护结构选型和设计施工的主要因素

(1) 工程地质和水文地质条件

地质勘察单位在现场勘察、室内试验和编制勘察报告工作中，除满足主体结构的勘察要求外，还应针对基坑支护工程的特殊要求进行勘察工作。

(2) 基坑周边的环境条件

基坑开挖、降水和支防结构位移引起的地面沉降和水平位移会对周边建筑物、道路和地下管线造成影响，周边建筑物地下室和基础、地下管线也会对支护结构施工带来影响。在支护方案制定和设计时，必须对周边环境进行详细调查，周边环境调查应包括以下内容：

1) 支护结构影响范围内建筑物的距离、结构类型、层数、基础型式和埋深、建筑物荷载和结构使用状况；

2) 基坑周边各类地下设施，包括电力电讯管线，燃气管线、供水管线、污水雨水管线和热力管线等的位置尺寸和使用性状；

3) 场地周边范围内地表水汇流、排泄情况、旧有地下水管渗漏情况等；

4) 基坑周边道路的距离及车辆载重情况。

(3) 主体结构设计和施工的要求

为了使支护结构满足地下室正常施工的要求，支护结构设计要考虑到建筑物地下室的情况和相关要求。设计前应考虑的主要因素有：

1) 基坑边缘尺寸应保证建筑物地下室外墙、底板和承台边缘的尺寸及外墙模板安装空间的要求；

2) 基坑边缘与地下室外墙距离应考虑外墙防水作法；

3) 支撑、锚杆和腰梁的标高应考虑与地下室各层楼板的关系，锚杆和腰梁是否拆除，拆除时间与地下室楼层施工的关系，是否利用楼板结构作为支撑等问题；

4) 靠近基坑边的基础或桩基的施工是否影响支护结构的设计受力条件；

5) 地下室内外管线接口位置的标高是否与支护结构有矛盾；

6) 地下室车道出入口的支护措施。

(4) 场地施工条件

基坑和地下室施工条件也是影响支护结构设计施工的一个因素，主要有以下几方面问题：

1) 材料制作加工场地、材料堆放场地、临建、施工车辆道路和出入口的位置对基坑尺寸的要求；

2) 材料堆放荷载、施工车辆荷载、塔吊荷载等对支护结构受力的影响；

3) 现场对施工噪声和振动的限制对支护结构施工机具的要求。

3. 基坑支护结构的主要验算内容

支护结构的破坏或失效主要包括：

(1) 支护结构构件的承载能力破坏

根据支护结构形式的不同，其构件承载能力包括：①护坡桩或地下连续墙的受弯、受剪承载能力；②支撑和支撑立柱的承载能力；③锚杆或土钉的抗拔承载力；④腰梁或受力冠梁的受弯、受剪承载力；⑤结构各连接件的受压、受剪承载力等。在支护结构设计和施工时，这些构件应严格满足有关的设计规范和施工质量要求。

(2) 支护结构的整体失稳破坏和土的隆起破坏

根据不同的支护型式特点，其整体失稳的破坏形式为：

1）当桩墙—锚杆结构滑动面向外延伸发展时，使其滑动面以外的锚杆锚固长度减小，或最危险滑动面出现在锚杆以外，造成滑动面以内土体和支护结构一起滑移失稳；

2）对于各种支护结构，由于支护结构下面土的承载力不够，产生沿支护结构底面的滑动面，土体向基坑内滑动，基坑外土体下沉，基底隆起；

3）重力式结构自身的抗倾覆或抗滑移能力不够，使重力式结构倾覆或向基坑内水平滑移；

4）土钉墙的滑弧稳定能力不足，土钉拔出，产生边坡整体滑动；或滑动面发展到土钉以外，使土钉和土体一起滑移。

（3）支护结构位移和地面沉降过大

基坑周边地面的过大沉降，特别是不均匀沉降会导致沉降影响范围内建筑物和道路的下沉、结构开裂、门窗变形，也会导致刚性地下管线接头处的断裂或损坏，严重时可使这些建筑物、地下管线失去使用功能而报废，而基坑周边地面一般为不均匀沉降。影响基坑周边地面沉降的因素主要有以下几点：

1）由于支护结构水平位移连带着基坑周边土体的水平变形和垂直变形；

2）在地下水位高于基坑面的场地上，由于施工降水或基坑开挖引起的地下水位下降，降水影响范围土的有效应力增加，使土层产生固结变形而引起地面下沉；

3）由于支护结构施工对土的扰动变形，如地下连续墙或护坡桩成槽成孔时的流砂、涌泥、塌孔，锚杆或土钉成孔时孔的压缩、塌孔等。特别是在砂土、软土和有地下水渗流时较为严重。

4. 常用基坑支护结构形式的特点及其适用条件

根据支护结构受力特点划分可分为桩墙结构（排桩或地下连续墙）、土钉墙结构、重力式结构（水泥土墙）、拱墙结构几种基本类型。可根据基坑周边环境、开挖深度、工程地质与水文地质、施工设备和季节等条件按表3-20选择。

基坑支护结构选型　　　　　　　　　　　表3-20

结构形式	适用条件
排桩或地下连续墙	①基坑侧壁安全等级为一、二、三级 ②悬臂式结构在软土场地中不宜大于5m ③当地下水位高于基坑底面时，宜采用降水、排桩加截水帷幕或地下连续墙
水泥土墙	①基坑侧壁安全等级宜为二、三级 ②水泥土桩施工范围内地基土承载力不宜大于150kPa ③基坑深度不宜大于6m
土钉墙	①基坑侧壁安全等级宜为二、三级的非软土场地 ②基坑深度不宜大于12m ③当地下水位高于基坑底面时，应采取降水或截水措施
逆作拱墙	①基坑侧壁安全等级宜为二、三级 ②淤泥和淤泥质土场地不宜采用 ③拱墙轴线的矢跨比不宜小于1/8 ④基坑深度不宜大于12m ⑤地下水位高于基坑底面时，应采取降水或截水措施

续表

结 构 形 式	适 用 条 件
放坡	①基坑侧壁安全等级为三级 ②施工场地应满足放坡条件 ③可独立或与上述其他结构结合使用 ④当地下水高于脚坡时，应采取降水措施

上述几种支护结构的基本形式具有各自的受力特点和适用条件，应根据具体工程情况合理选用。国家行业标准《建筑基坑支护技术规程》(JGJ 120—1999)在第3.3节中对各种支护结构的选型做了明确的规定，提出了各种支护形式的适用条件。

支护结构选型时，还应考虑结构的空间效应和受力条件的改善，采用有利支护结构材料受力性状的形式。在软土场地可采用深层搅拌、高压喷射注浆等方法，局部或整体对基坑底土体进行加固，或在不影响基坑周边环境的情况下，采用降水措施提高土的抗剪强度和减小水土压力。

【例题 3-13】 对于开挖深度较深，地基土质较好，基坑周边不允许有较大沉降的基坑，宜采用（　　）挡土结构，既经济又可靠。

A. 排桩＋水泥帷幕　　B. 水泥土墙　　C. 地下连续墙　　D. 钢板桩

正确答案：A。

分析：本题考察对基坑支护设计方案的考虑因素及常见支护方案特点、适用性的了解和掌握。

5. 常用基坑支护结构的设计、计算方法

（1）排桩和地下连续墙支护结构

1) 嵌固深度计算

桩墙支护结构的嵌固深度常用的有多种计算方法，根据结构型式和受力特点的不同，可用不同的方法计算，嵌固深度应满足结构整体稳定、抗坑底隆起和抗渗透破坏等破坏形式的要求。

①悬臂支护结构的极限平衡法

作用在悬臂支护结构上的土压力在基坑外侧一般可采用主动土压力，内侧取被动土压力。悬臂支护结构的最小嵌固深度设计值可通过各水平力对支护结构底端取矩的力矩平衡条件确定，如图3-38所示。

$$h_p \Sigma E_{kj} - 1.2\gamma_0 h_a \Sigma E_{ai} \geqslant 0 \qquad (3-58)$$

式中　ΣE_{kj}——桩墙底以上基坑内侧各土层水平抗力标准值 e_{pji} 的合力之和；

　　　h_p——合力 ΣE_{kj} 作用点至桩墙底的距离；

　　　ΣE_{ai}——桩墙底以上基坑外侧各土层水平抗力标准值 e_{aji} 的合力之和；

　　　h_a——合力 ΣE_{ai} 作用点至桩墙底的距离；

　　　γ_0——基坑侧壁重要性系数。

②等值梁法

等值梁法适用于带有支锚的桩墙支护结构的嵌固深度的计算，一般可分为单支点结构的等值梁法和多支点结构的等值梁法。等值梁法计算嵌固深度时，也同时计算了桩墙结构的支点力。

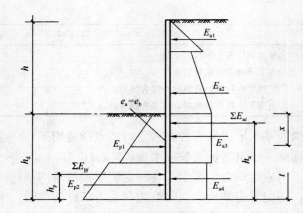

图 3-38 悬臂式支护结构嵌固深度计算简图

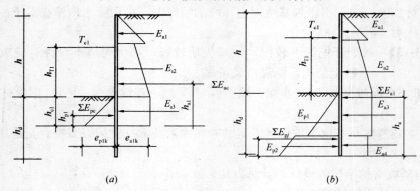

图 3-39 单支点等值梁法计算简图
(a) 单层支点支护结构支点力计算简图；(b) 单层支点支护结构嵌固深度计算简图

单支点桩墙结构的等值梁法的计算方法和步骤为：

A. 求基坑底面以下支护结构设定弯矩零点位置至基坑底面的距离 h_{cl}；可按下式确定

$$e_{alk} = e_{plk} \tag{3-59}$$

B. 支点力 T_{cl} 可按式（3-60）计算：

$$T_{cl} = \frac{h_{al}\Sigma E_{ac} - h_{pl}\Sigma E_{pc}}{h_{T1} + h_{cl}} \tag{3-60}$$

式中 ΣE_{ac}——设定弯矩零点位置以上基坑外侧各土层水平荷载标准值的合力之和；

h_{al}——合力 ΣE_{ac} 作用点至设定弯矩零点的距离；

ΣE_{pc}——设定弯矩零点位置以上基坑内侧各土层水平抗力标准值的合力之和；

h_{pl}——合力 ΣE_{pc} 作用点至设定弯矩零点的距离；

h_{T1}——支点至基坑底面的距离；

h_{cl}——基坑底面至设定弯矩零点位置的距离。

C. 嵌固深度设计值可按式（3-61）计算

$$h_p \Sigma E_{kj} + T_{cl}(h_{T1} + h_d) - 1.2\gamma_0 h_a \Sigma E_{ai} \geqslant 0 \tag{3-61}$$

《建筑基坑支护技术规程》规定，多支点桩墙结构的嵌固深度宜按圆弧滑动简单条分法确定，详细计算方法可参阅规范。

2) 结构计算

①排桩、地下连续墙可根据受力条件分段按平面问题计算，排桩水平荷载计算宽度可取排桩的中心距；地下连续墙可取单位宽度或一个墙段。

②结构内力与变形计算值、支点力计算值应根据基坑开挖及地下结构施工过程的不同工况按下列规定计算：

A. 宜按《建筑基坑支护技术规程》附录 B 的弹性支点法计算，支点刚度系数 K_T 及地基土水平抗力系数 m 应按地区经验取值，当缺乏地区经验时可按规程附录 C 确定；

B. 悬臂及单层支点结构的支点力计算值 T_{c1}、截面弯矩计算值 M_c、剪力计算值 V_c 也可按规程第 4.1.1 条的静力平衡条件确定。

(2) 土钉墙的设计计算方法

土钉墙的计算主要包括局部稳定性及整体稳定性验算。

1) 局部稳定性验算

土钉墙在保证整体稳定性条件下，为保证沿主动土压力破裂面不破坏发生，需要依靠单根土钉的抗拉能力以平衡作用于面层上的主动土压力，如图 3-40 所示。当土钉的水平间距为 s_x，垂直间距为 s_z 时，《建筑基坑支护技术规程》的局部稳定性要求单根土钉的受拉荷载标准值 T_{jk} 由下式计算确定：

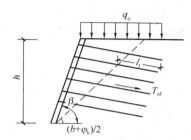

图 3-40 土钉墙抗拉承载力计算简图

$$T_{jk} = \xi e_{ak} s_x s_z / \cos\theta \tag{3-62}$$

式中 ξ——斜面土钉墙荷载折减系数；

e_{ak}——作用于土钉位置处的水平荷载标准值；

s_x、s_z——土钉与相邻土钉的水平、垂直间距；

θ——土钉的倾角。

其中荷载折减系数 ξ 可按下式计算：

$$\xi = \tan\frac{\beta - \varphi_k}{2}\left[\frac{1}{\tan\dfrac{\beta + \varphi_k}{2}} - \frac{1}{\tan\beta}\right]$$

式中 β——土钉墙坡面与水平面的夹角；

φ_k——基坑面以上各土层厚度加权的土体内摩擦角标准值。

基坑侧壁安全等级为二级的土钉抗拉承载力应按试验确定，基坑侧壁安全等级为三级时单根土钉抗拉承载力设计值可按式（3-62）计算：

$$T_{uj} = \frac{1}{\gamma_s}\pi d_n \varepsilon q_{sik} l_i \tag{3-63}$$

式中 d_n——土钉锚固体直径；

q_{sik}——土钉穿越第 i 层土的锚固体与土体极限摩阻力标准值；

l_i——穿越破裂面之外第 i 层土中的土钉长度，破裂面与水平面夹角 $\dfrac{\beta + \varphi_k}{2}$。

《建筑基坑支护技术规程》中规定，单根土钉抗拉承载力计算应符合下列要求：

$$1.25\gamma_0 T_{jk} \leqslant T_{uj} \tag{3-64}$$

式中 γ_0——基坑侧壁重要性系数;
T_{jk}——单根土钉承受的受拉荷载标准值;
T_{uj}——单根土钉受拉承载力设计值。

2) 整体稳定性验算

土钉墙的整体稳定验算针对土钉墙整体失稳,边坡形成圆弧面或平面破坏,整体向坑内滑移或塌滑,整体稳定分析一般采用圆弧滑动条分法验算。

3) 构造要求

①土钉墙墙面坡度

土钉墙的适宜高度一般不超过12m,墙面坡度一般不宜大于1∶0.1。土钉墙应分层分段施工,每层开挖的最大深度应保证该工况下土钉墙的稳定和刚开挖段坡体不塌落。

②土钉长度

土钉长度一般为开挖深度的0.5~1.2倍。土钉太短起不到锚固作用,易沿土钉端部形成整体滑动,土钉过长对承载力的提高不明显,施工难度越大。

③土钉直径

土钉的钢筋直径一般为16~32mm,用Ⅱ级或Ⅲ级螺纹钢筋;人工成孔时,孔径一般为70~120mm;机械成孔时,孔径一般为100~120mm,也可用到150mm。

④土钉间距

土钉的水平间距和竖向间距在1.0~1.5m,最大为2.0m。各层土钉的布置可用矩形或梅花形。

⑤土钉倾角

土钉倾角取决于注浆钻孔工艺与土体分层特点等多种因素,一般为5°~20°。

⑥注浆材料

一般选用水泥浆,也可用水泥砂浆。水泥浆水灰比宜为0.5,水泥砂浆配合比宜为1∶1~1∶2,水灰比0.38~0.45。

⑦喷射混凝土面层

喷射混凝土面层应配置钢筋网,钢筋直径宜为6~10mm,最常用的为6mm。钢筋网的钢筋间距宜为150~300mm。喷射混凝土强度等级不宜低于C20,面层厚度一般80~100mm。

土钉与面层钢筋要有效连接,一般设加强钢筋或承压钢板等构造措施,与土钉钢筋焊接或用螺栓连接。

⑧排水措施

当有地下水渗流时,坡面应设泄水孔。为防雨水等地表水渗漏,坡顶和坡脚应有排水措施。

(3) 水泥土墙的设计计算方法

1) 嵌固深度计算

①按整体稳定计算嵌固深度

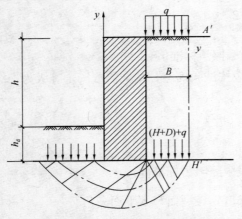

图 3-41 水泥土墙稳定性验算简图

《建筑基坑支护技术规程》建议采用圆弧滑动条分法用式（3-65）计算，如图 3-41 所示：

$$\sum_{i=1}^{n} c_{ik}l_i + \sum_{i=1}^{n}(w_i + q_0 b_i)\cos\theta_i \tan\varphi_i - \gamma_k \sum_{i=1}^{n}(w_i + q_0 b_i)\sin\theta_i \geqslant 0 \qquad (3-65)$$

式中　c_i、φ_i——最危险滑动面上第 i 土条滑动面上土的黏聚力、内摩擦角；

l_i——第 i 土条的弧长；

b_i——第 i 土条的宽度；

γ_k——整体稳定分项系数，一般取 1.3；

w_i——作用于滑裂面上第 i 土条的重量，黏性土、水泥土按饱和重度计算，碎石土按浮重度计算；

θ_i——第 i 土条弧线中点切线与水平线夹角。

计算时，选择的各计算滑动面应通过墙体嵌固端或在墙体以下。当嵌固深度以下存在软弱土层时，尚应验算沿软弱下卧层滑动的整体稳定性。有关资料表明，整体稳定条件是墙体嵌固深度的主要控制因素。

②按渗透稳定条件验算

当基坑底为碎石土及砂土、基坑内排水且作用有渗透水压力时，水泥土墙的嵌固深度尚应满足抗渗透稳定要求，可按式（3-66）计算：

$$h_d \geqslant 1.2\gamma_0(h - h_{wa}) \qquad (3-66)$$

式中　h_d——水泥土墙的嵌固深度设计值；

γ_0——基坑侧壁重要性系数；

h——基坑开挖深度；

h_{wa}——地下水埋深。

2）墙体厚度计算

《建筑基坑支护技术规程》规定，水泥土墙厚度宜按重力式结构的抗倾覆极限平衡条件确定。

3）正截面承载力验算：

《建筑基坑支护技术规程》要求对水泥土墙墙体所受压应力和拉应力的强度进行验算，其方法和公式为：

①压应力验算：

$$1.25\gamma_0 \gamma_{cs} Z + \frac{M}{W} \leqslant f_{cs} \qquad (3-67)$$

式中　γ_{cs}——水泥土墙的平均重度；

M——单位长度水泥土墙截面弯矩设计值；

f_{cs}——水泥土开挖龄期抗压强度设计值；

Z——由墙顶至计算截面的深度；

W——水泥土墙截面模量。

②拉应力验算

$$\frac{M}{W} \cdot \gamma_{cs} Z \leqslant 0.06 f_{cs} \qquad (3-68)$$

4）构造要求

①水泥土墙采用格栅布置时，水泥土的置换率对于淤泥不宜小于 0.8，淤泥质土不宜

小于 0.7，一般黏性土及砂土不宜小于 0.6，格栅长宽比不宜大于 2。

②水泥土桩与桩之间的搭接宽度应根据挡土及截水要求确定，考虑截水作用时，桩的有效搭接宽度不宜小于 150mm。当不考虑截水作用时，搭接宽度不宜小于 100mm。

③水泥土墙顶部宜设置钢筋混凝土面板，面板厚度可为 0.15～0.2m。面板与水泥土墙用插筋联结，插筋长度不宜小于 1.0m，采用钢筋时直径不宜小于 12mm，采用竹筋时断面不小于当量直径 $\phi16$，当水泥土墙为搅拌桩时，一般每根桩至少插筋 1 根。

④为了增加水泥土墙的抗倾覆能力和减小变形，可通过加固水泥土墙前的被动土区来提高刚度和抗力，加固宽度和范围应根据实际情况掌握。

6. 基坑工程监测

基坑开挖前必须做出系统的监测方案，监测方案应包括监测项目、监测方法及精度要求、监测点的布置、观测周期、监控时间、工序管理和记录制度、报警标准以及信息反馈系统等。观测点的布置应能满足监测要求，一般从基坑边缘向外两倍开挖深度范围内的建（构）筑物均为监测对象，三倍坑深范围内的重要建（构）筑物，应列入监测范围内。

(1) 基坑变形控制

根据基坑工程设计对正常使用极限状态的要求，基坑变形控制应从基坑正常施工需要对变形控制的要求和基坑周边环境对变形控制的要求两个方面考虑。

1) 基坑正常施工需要对变形控制的要求

①围护体系向坑内位移不得影响地下室底板的平面尺寸和形状。

②围护体系向坑内位移不得影响工程桩的使用条件。

2) 坑外周边环境控制要求

①基坑周边地面沉降不得影响相邻建筑物、构筑物的正常使用或差异沉降不大于允许值。

②基坑周边土体变位不得影响相邻各类管线的正常使用或变形曲率不大于允许值。

③当有共同沟、合流污水管道、地铁等重要设施存在时，土体位移不得造成结构开裂、发生渗漏或影响地铁正常运行。

(2) 基坑变形控制的技术措施

1) 支护体系的平面形状设置要合理，在阳角部位应采取加强措施。

2) 对变形控制严格的支护结构应采取预应力锚（撑）措施。

3) 位于深厚软弱土层中的基坑边坡，当变形控制无法满足设计要求时应采取坡顶卸荷和支护结构被动区土体加固的处理措施。

4) 对造成边坡变形增大的张开型岩石裂隙和软弱层面可采用注浆加固。

5) 基坑工程对相邻建（构）筑物可能引发较大变形或危害时，应加强监测，采取设计和施工措施，并应对建（构）筑物及其地基基础进行预加固处理。

6) 基坑边坡设计应按最不利工况进行边坡稳定和变形验算。

7) 基坑工程施工必须以缩短基坑暴露时间为原则，减少基坑的后期变形。

8) 基坑开挖施工及运行期间，严格控制基坑周边的超载，控制坡顶堆放物或其他荷载。在载重车辆频繁通过的地段应铺设走道板或进行地基加固。

9) 基坑周边防止地表水渗入，当地面有裂缝出现时，必须及时用黏土或水泥砂浆封堵。

10）采用分层有序开挖的基础，每层开挖厚度应遵循设计要求，不得超挖。

7. 深基坑工程常见的事故及防治措施

在基坑开挖过程中常见的事故有坑内土体塌方滑坡、坑底土体管涌和失稳、围护结构位移破坏、支撑失稳等。

（1）支护结构整体失稳或局部失稳引起边坡滑塌、围护结构位移、坑周构筑物沉降倾斜，后果十分严重。其原因有设计安全系数不够，锚杆土钉太短，基坑放坡坡度太陡、土体地下水未有效降低、基坑外水管漏水严重或破裂使土体冲刷带出，出现流砂、开挖顺序不当、超挖、坡顶堆载影响等。

预防措施：基坑土体开挖严格按自上而下、由内而外、分段分层顺序作业和按设计坡比放坡；对含水高的土体采取井点降水措施；在抗周严禁堆载和其他施工作业。对周边漏水管线治理，封堵、将漏水引排。对安全系数不足的位置及早进行加固。

（2）支护结构构件强度破坏和支护桩墙位移过大，引起基坑周边建筑物沉降位移。其原因主要是设计施工不满足结构承载力要求、变形位移要求、支撑不及时或预应力不足。

预防措施：保证锚杆，土钉施工质量和抗拔力，内支撑及时安装并施加预应力，坑内土体不超挖，对坑底软弱土层进行处理或加固。采用安全可靠的支护方案。

治理方法：增加内支撑或锚杆数量、对内支撑重新施加预应力。对坑底土体进行加固处理，提高被动抗力或地面取土卸载。

（3）支护结构渗漏水，引起坑外水土体流失和建筑物沉降。其原因主要是支护结构帷幕不密实或接缝未处理好引起渗漏水或降水措施不合理，未充分排除土层内地下水。

预防措施：提高支护结构施工质量，针对工程具体问题，采取有效止水、降水方案。

治理方法：对止水帷幕或地下连续墙接头处渗漏水注浆堵漏。对渗漏水过大而无法处理的，在坑外进行注浆止水。

（4）坑底土体失稳和管涌，开挖至坑底时出现土体隆起、出现流砂甚至突涌，引起坑内大量积水，坑周土体流失和沉降。其原因主要是坑底土层含粉砂量大且基坑内外水位高差大，动水压力较大。

预防措施：对坑底土层为粉砂且有动水压力的情况，可采用坑底土体井点降水措施。

治理方法：对出现流土和管涌处进行封堵，回填反压，进行基底加固止水，也可采用坑外降水减少动水压力。

3.3.7.3 地下工程

1. 影响地下工程洞室围岩稳定的主要因素

（1）岩体完整性

岩体是否完整，岩体中各种节理、片理、断层等结构面的发育程度，对洞室稳定性影响极大。对此应着重考虑三方面问题：

1）结构面的组数、密度和规模；
2）结构面的产状、组合形态及其与洞壁的关系；
3）结构面的强度。

（2）岩石强度

岩石强度主要取决于岩石的物质成分、组织结构、胶结程度和风化程度等。

（3）地下水

地下水的长期作用将降低岩石强度、软强夹层强度，加速岩石风化，对软弱结构面起软化润滑作用，促使岩块坍塌。如遇膨胀性岩石，还会引起膨胀，增加围岩压力。地下水位很高，还有静水压力作用、渗流压力，对洞室稳定不利。

（4）工程因素

洞室的埋深、几何形状、跨度、高度，洞室立体组合关系及间距，施工方法，围岩暴露时间及衬砌类型等，对围岩应力的大小和性质影响很大。对深埋洞室必须考虑地应力的影响。

洞室危岩应根据岩体基本质量的定性特征和岩体基本质量指标BQ两者相结合，详见3.2节岩体工程中分级指标确定。

2. 地下工程支护类型与设计

（1）支护结构设计的一般原则

支护结构，应按洞室开挖后能发挥围岩的支护机能，保护围岩的原则，安全而有效地进行洞室内作业等设计；应在保持稳定的围岩中与开挖洞室而产生的新的应力相适应，并和洞室围岩成为一体以有效地利用周边围岩的支护机能，维持开挖断面，同时还应确保洞室内作业安全的结构。一般说，作为支护构件有喷射混凝土、锚杆、钢支撑等，但在地质条件差的情况也有用衬砌支护的；考虑支护构件的作用，一般单独地或组合地形成有效的支护结构是必要的。

（2）支护构件的选定及形式的确定

设计时应综合考虑施工地点周围地形、地质、力学特性、埋深、涌水、开挖断面尺寸、地表下沉的控制、施工方法等各种设计条件，确定合理的支护结构。

1）喷射混凝土设计

设计时应满足下述要求：①对作用荷载要有足够的强度；②具有一定的早期强度；③有与围岩良好的附着性；④耐久性好；⑤防水性好；⑥回弹少。

①喷射混凝土配比

喷射混凝土的配比设计要使喷射混凝土能获得必要的强度、耐久性、防水性、附着性、施工的良好性等。设计配比时应选择水灰比、细骨料率、粗骨料的最大尺寸，单位水泥用量及速凝剂材料的种类及单位用量等。

②喷射混凝土的加强

要求喷射混凝土有一定的抗拉强度和韧性时，可采用高强度混凝土的配比，并与钢支撑并用，使构造上得到加强，但一般以采用增设金属网和添加钢纤维来加强构件的方法较多。

③喷射混凝土的设计厚度

喷射混凝土的设计厚度，大多从喷射混凝土的作用效果以及施工实践来确定其厚度。目前多采用5～20cm。在设计上抗剪力不足时，可考虑用钢支撑、钢纤维等加以补强。

2）锚杆设计

①一般原则

锚杆是有效地利用围岩支护机能的一种重要支护构件，因此要使锚杆与围岩成为一体，发挥其作用，特别是对围岩动态的效果进行设计。锚杆的支护效果类型见表3-21。

锚杆的支护效果类型　　　　　　　　　　　　　　　　　　　表 3-21

类　型	图　示
1 串联效果（悬吊效果） 把爆破松动的岩块固定在未松弛的围岩中，防止其掉落，是最单纯的效果。在裂隙、节理发育的围岩中，与喷混凝土一起。对比较小的裂缝，也有作用。相当于把一次衬砌串联在围岩上	
2 梁效果 在层状围岩中，围岩由层里面分离，用锚杆使层间紧密，可沿层理面传递剪应力，而产生组合梁的效果	
3 内压效果 把相当于锚杆拉力的力作用于隧道壁面得内压来考虑，使处于二维应力状态的隧道壁面附近保持三维状态的效果，这与增大压缩试验时的约束压力具有同样意义，而防止了围岩强度和承载力的降低	
4 拱效应 由于系统锚杆的拱效应而使成为一体，提高了承载能力的围岩，产生均匀的位移，而形成平衡拱	
5 改善围岩的效果 围岩插入锚杆，增大围岩抗剪强度，这不仅提高围岩承载力，而增加围岩屈服后的残余强度，这种现象，是锚杆改善了整个物性的结果	

在锚杆设计时应考虑使用目的、围岩条件、作用效果以及施工性等来决定其布置、长度、直径、锚固方式、材质等，尤其要研究围岩条件不同，锚杆的不同的支护效果。

在节理和层理发育的中硬岩、硬岩中，锚杆作用效果，主要是控制岩块掉落和移动、保持其岩体成为整体的效果，即悬吊效果以及改善围岩效果。在强度小的软岩中，则主要是拱效果、内压效果、围岩改良效果等。

②锚杆的锚固方式：见表 3-22。

锚杆的锚固方式　　　　　　　　　　　　　　　　　　　表 3-22

锚固形式	锚固方法	特征	适用范围
端部锚固方式	用机械锚固的楔缝式；膨壳式和用速凝胶结的锚固后用螺帽紧固	用机械锚固时视锚固处围岩状态，锚固力差异大，还有因爆破而松动的问题，但膨壳式在爆破如能重新紧固，可以适用	膨壳型及速凝胶袋型，用于串联效果为目的的场合
全长胶结方式	作为锚固材料，有树脂、水泥砂浆等，把锚杆全长锚固在围岩中	在锚杆全长上给围岩的约束。视围岩强度、节理、裂隙等状态、涌水、孔壁自稳性等，有各种形式	从硬岩、中硬岩、软岩、土砂，直到有膨胀性围岩，都可应用，范围很广
并用方式	1. 前端用机械式锚固的锚杆，后面灌注水泥砂浆 2. 在充填全面胶结的锚固材料时，前端用速凝胶袋锚固	端部锚定型和全长胶结型并用者： 1. 施工时费事 2. 视施工情况，有时出现端部不能速凝的情况	1. 前端用机械式锚固的锚杆，使用不多 2. 在膨胀性围岩或需施加预应力的情况中，是有效的

③锚杆的布置及尺寸

A. 锚杆的布置

锚杆布置，原则上布置在受洞室开挖影响的范围内。锚杆的布置有局部布置和系统布置两种，前者视开挖面的状态来决定锚杆布置，后者根据推测的地质条件决定锚杆的布置。局部布置是在地质差的段落，局部安设锚杆加以补强。系统布置则是在洞室断面上按事先决定的布置来设置锚杆。锚杆的布置通常按洞室成放射状与开挖面呈垂直方向布置，以发挥其作用效果，但也有斜向或与洞室轴线平行设置的。

B. 锚杆尺寸

锚杆长度取决于开挖影响的范围。要考虑断面的大小及施工条件，一般多采用 2～4m。在强度低的围岩中，为了更有效地发挥锚杆的作用，除按标准布置外，还要酌量增加，锚杆长度也适量增长。

锚杆的直径，由一根锚杆所支护的岩块重量和围岩的抗剪强度来决定。一般采用 ϕ25mm 左右。

3）钢支撑

钢支撑是与喷射混凝土、锚杆等共同保持洞室稳定的支护构件。应使钢支撑与其他支护构件，特别是喷射混凝土成为一体来有效地发挥支护功能。钢支撑的目的可分为：①加强喷射混凝土；②掌子面早期稳定；③超前锚杆等的支点。

4）衬砌设计

①衬砌形状

衬砌的形状，应采用能包含所要求的净空断面，并与开挖断面相适应。衬砌形状采用单心圆、三心圆、五心圆等多心圆或直线组合的拱形时，在拱顶接头处应圆顺。

②衬砌厚度

设计时，应考虑衬砌功能所需厚度及施工方法等确定开挖线。对于交通隧道，其衬砌厚度视断面大小而定，一般厚度为 30～150cm；

3. 新澳法的施工原理和技术要点

新澳法即奥地利隧道施工新方法（New Austrian Tunneling Method），是以喷射混凝土和锚杆作为主要支护手段，通过监测控制围岩的变形，便于充分发挥围岩的自承能力的施工方法。其要点是：

1）围岩体和支护视做统一的承载结构体系，岩体是主要的承载单元。

2）允许围岩产生局部应力松弛，也允许作为承载环的支护结构有限制的变形。

3）通过试验、量测决定围岩体和支护结构的承载—变形—时间特性。

4）按"预计的"围岩局部应力松弛选择开挖方法和支护结构。

5）在施工中，通过对支护的量测、监视，修改设计，决定支护措施或第二次衬砌。

新澳法锚喷支护技术的应用和发展，使得隧道及地下洞室工程理论步入到现代理论的新领域，也使隧道及地下洞室工程的设计和施工更符合地下工程实际，即设计理论—施工方法—结构（体系）工作状态（结果）的一致。新澳法作为一种施工方法，已在世界范围内得到了广泛的应用。

（1）新澳法的施工程序

（2）新澳法施工的基本原则

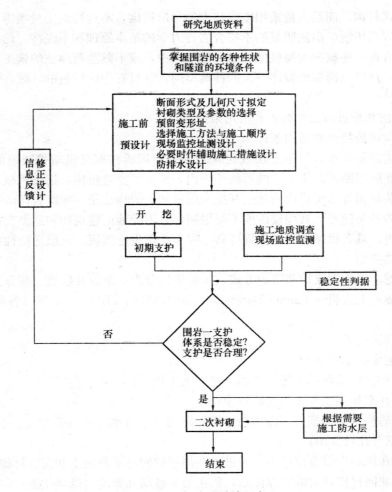

图 3-42 新澳法设计程序

新澳法施工的基本原则可以归纳为"少扰动、早锚喷、勤量测、紧封闭"。

少扰动，是指在进隧道开挖时，要尽量减少对围岩的扰动次数、扰动强度、扰动范围和扰动持续时间。

早喷锚，是指开挖后及时施作初期锚喷支护，使围岩的变形进入受控制状态。

勤量测，是指以直观、可靠的量测方法和量测数据来准确评价围岩（或围岩加支护）的稳定状态，或判断其动态发展趋势，以便及时调整支护形式、开挖方法，确保施工安全和顺利进行。

(3) 新澳法施工

按其开挖断面的大小及位置，可分为：全断面法、台阶法、分部开挖法三大类。详细施工流程可参阅相关工程手册。

4. 矿山法的特点和适用条件

在传统的矿山法中，历史上形成的变化方案很多，其中也包括：全断面法、台阶法、侧壁导坑法等。它与新澳法的根本区别，除了施工原则不同外，在具体作业上还有：传统的矿山法中不强调采用锚喷支护，而大量采用钢、木支撑；不强调要及早闭合支护环；很少采用复合式衬砌,而是大量采用刚度较大的单层衬砌,不进行施工量测等。由于施工机械的发展,以及传统矿山法明显的不符合岩石力学的基本原理和不经济,已基本由新奥法所取代。只有在一些缺少大型机械的中、短隧道中,或不熟悉新奥法的施工单位还采用传统的矿山法。这里只简单地叙述一、两种典型的,并具有中国特色的,现在仍可能采传统矿山法。

5. 盾构法和掘进机法的特点和适用条件

(1) 盾构法的特点和适用条件

盾构掘进法是在地表以下土层或松软岩层中采用盾构掘进机暗挖隧道的一种施工方法。盾构是在隧道断面开头一致的盾构外壳内,装备了推进机构、挡土机械、出土运输机构,衬砌拼装机构等系统机构的隧道开挖专用机械。盾构法是一项综合性的施工技术,采用盾构法建造各类隧道,其埋设深度不受限制,且不受地面建筑物和道路交通的影响,也可在水底掘进。具有机械化自动化程度高、安全、掘进速度快、土层适应性广的优点。

(2) 盾构类型

根据开挖、工作面支护和防护方式,可将盾构分为:全面开放型、部分开放型、密封型及全断面隧道掘进机(Tunnel Boring Machine,简称 TBM)4 大类。各种盾构工法比较见表 3-23。

(3) 盾构法施工

盾构法主要施工步骤为:

1) 在盾构法隧道的起始端和终端各建一个工作井;

2) 盾构在起始端工作井内安装就位;

3) 依靠盾构千斤顶推力(作用在已拼装好的衬砌环和工作井后壁上)将盾构从起始工作井的墙壁开孔处推出;

4) 盾构在地层中沿着设计轴线推进,在推进的同时不断出土和安装衬砌管片;

5) 及时地向衬砌背后的空隙注浆,防止地层移动和固定衬砌环位置;

6) 盾构进入终端工作井并被拆除,如施工需要,也可穿越工作井再向前推进。

6. 岩土体应力应变测试方法

在弹性介质内部作用一瞬间的力,则在介质内产生动应力与动应变,使作用点(震源)周围的质点产生位移,并以波动形式向外传播,形成弹性波。弹性波的传播速度与介质的弹性常数及密度有关。激发弹性波,并测出弹性波在岩体的传播速度,即可利用波速公式求取岩体的弹性常数。P 波即所谓声波,V_p 即声波波速,振动周期在 $1/50000\sim 1/16$s 时,人能感觉到声音,即声波探测。

弹性波在岩体中的传播速度,与岩体的种类、岩质、孔隙率、密度、弹性常数、抗压强度、应力状态以及断层和破碎带等都有一定的关系。一般说来,有如下规律:

(1) 坚硬的岩体传播速度较快,软的岩体传播速度慢;

(2) 裂隙不发育和风化程度低的岩体,传播速度较快,反之传播速度较慢;

(3) 孔隙率小、密度大、弹性常数大的岩体,传播速度较快;反之传播速度较慢;

(4) 抗压强度大的岩体传播速度较快;反之传播速度较慢;

(5) 断层和破碎带少或规模小的岩体传播速度较快;反之,传播速度较慢;

(6) 在压应力方向上传播速度较快;在垂直于压力的方向上传播速度较慢。

盾构类型及其工法比较

表 3-23

类别	全面开放型			封闭式			
	人工挖掘式	半机械挖掘式	机械挖掘式	闭胸式	土压式		泥水加压式
					削土加压式	泥土加压式	
工法概要	人工开挖土砂，以皮带运输机和设备出碴，根据地层性质在顶部安装千斤顶或支撑机构，以稳定开挖面	采用机械进行大部分的开挖和装运，以千斤顶和支撑机等设备顶住开挖面，以人工挖掘式相同机构，对地层的稳定性要求高	盾构前部安装有切削刀头，用机械连接开挖土砂，切削刀面板亦起挡土支撑并稳定开挖面的作用	开挖面密闭，在其上设有所谓的出土口，开挖时盾构推进，使人土砂在密闭胸部内呈塑性流动并从排出口中排出	在切削密闭舱下来的土砂，以盾构推进时的推力加压，来抗衡开挖面上的压力，在保持开挖面稳定的同时，用螺旋输送机出碴	在切削密闭舱内注入混合添加材料，使其与泥原料土搅拌混合形成泥状土塞，用盾构推进力对工作面加压，用排土装置保持开挖面抗在挖土压在挖土稳定的同时用螺栓输送机出碴	向切削密闭舱内循环填充泥浆，用于抵抗开挖面的土压、水压，保持开挖面的稳定，以泥浆开挖下来的土砂以泥浆送的形式通过液体输送方式机送出
开挖方式	人工	机械—人工	全断面切削刀盘	盾构挤压贯入	全断面切削刀盘	同左	同左
开挖面管理	设置挡土支撑机构稳定开挖面	部分靠支撑机构稳定开挖面	未设置挡土支撑机构	调节排土口大小或开挖速度稳定开挖面	调节土舱内土压及排土量控制开挖面的稳定	调节排土压力及排土量控制开挖面的稳定	调节泥水的压力控制开挖面
地层变化的适应性	可适应土质变化地层	土质变化时有可能不适应	不适应土质变化地层	一般只适用干砂，黏性的未分选的冲积层	松砂、沙砾层较难适应	通过调节添加材料的浓度和用量适应不同土层	松砂、沙砾层较难适应
障碍物的处理	能目视开挖面，处理容易	同左	能目视开挖面，但处理稍难	同左	看不到开挖面，处理困难	同左	同左
盾构机的故障处理	故障少且容易处理	同左	发生故障时影响大	故障少且容易处理	发生故障时影响大	同左	同左
施工场地	一般	一般	一般	一般	一般	一般	大
作业环境	人工开挖，作业环境差	作业环境稍差	同左	无人工开挖，安全	人工作业少，环境良好	同左	同左
对周围环境影响	空压机噪声及碴土运输影响	同左	同左	同左	碴土运输影响	同左	泥浆处理设备噪声及搅动、碴土运输、占地多
辅助措施	为保证开挖面稳定需排降水	同左	同左	为防止地表下沉需进行地层改良	为改善开挖性能对砂层进行改良	不需要辅助措施	易坍塌的细砂及砂砾层需进行改良
施工进度	进度慢目变化幅度小	介于手掘式与封闭型之间	如果土质适合，不变化，与封闭型接近	同左	快	同左	后方设备能力强但设备故障影响大

265

所以，根据弹性波在岩体中的传播特性，可以鉴别岩体的物理力学性质、受力状态、完整程度等，测定围岩的松动范围、测定洞室围岩张开裂隙的深度、测定岩体的弹性常数、用岩体弹性波波速作为岩体分类的指标、测定洞室围岩主应力方向、围岩深部位移测量。

3.3.7.4 地下水控制

1. 地下水控制方法及适用条件

在地下工程施工过程中，常因流砂、坑壁坍塌而引起工程事故，造成周围地下管线和建筑物不同程度的损坏；有时坑底下会遇到承压含水层，若不减压，就会导致基底破坏，同时伴随着隆胀流砂和坑底土的流失现象。采用降水或排水技术可以防范这类工程事故的发生。因此，控制地下水水位已成为目前市政工程开挖施工的一项重要的配套措施。

地下水控制方法可分为集水明排、降水、截水和回灌等形式单独或组合使用，应根据场地及周边工程地质条件、水文地质条件和环境条件并结合基础支护和基础施工方案综合分析、确定。当因降水而危及基坑及周边环境安全时，宜采用截水或回灌方法。截水后，基坑中的水量或水压较大时，宜采用基坑内降水。当基坑底为隔水层且层底作用有承压水时，应进行坑底突涌验算。必要时可采取水平封底隔渗或钻孔减压措施保证坑底土层稳定。地下水控制方法及适用范围见表3-24。

地下水控制方法及适用范围　　　　　表3-24

技术方法		适合地层	渗透系数（m·d^{-1}）	降水深度（m）
工程降水	明排井（坑）	黏性土、砂土	<0.5	<2
	真空点井	黏性土、粉质黏土、砂土	0.1~20.0	单级<6　多级<20
	喷射点井	黏性土、粉质黏土、砂土	0.1~50.0	<20
	电渗点井	黏性土	<0.1	按井类型确定
	引渗井	黏性土、砂土	0.1~100.0	由下伏含水层的位置、导水性和水头条件确定
	管井	粉土、砂土、碎石土、可熔岩、破碎带	1.0~200.0	>5
	大口井	砂土、碎石土、风化壳	1.0~200.0	<20
	辐射井	黏性土、砂土、砾砂、可熔岩、破碎带	0.1~20.0	<20
截水（止水）		黏性土、粉土、砂土、碎石土、岩溶岩	不限	不限
回灌		填土、粉土、砂土、碎石土	0.1~200.0	不限

2. 降水井的设计计算

人工降低地下水位常用井点降水的方法。井点降水是在基坑的内部或其周围埋设深于坑底标高的井点或管井，以总管连接所有井点或管井进行集中抽水，达到降低地下水位的目的。

目前常用的降水井点一般有：轻型井点、喷射井点、管井井点、电渗井点和深井井点等。

降水井设计计算，应综合考虑降水场地所处地区的气象条件、地质与地形条件、土与地下水的条件、基坑开挖尺寸、地表水径流和施工的要求，包括渗透系数的确定、影响半径、降水井的深度、降水井的数量等内容。

降水井的施工：

（1）轻型井点

按抽水机械类型不同，可分：①干式真空泵轻型井点；②射流泵轻井点；③隔膜泵轻型井点。其配置形式为井点管、连接轨管及集水总管。

井点平面布置：

1）面状基坑：井点沿基坑上口线外 1.0～1.5m 呈封闭形式环状布置，井点间距 1.0～2m。按降深要求，可以单层或双层以上布置。基坑内亦可以布置轻型井点。

2）条状基坑：井点沿狭长管沟、水渠上口线外 1.0～1.5m 呈线状布置，以沟、渠宽度不同可以单排（布置在地下水补给方向一边）或双排井点管布置。基坑两端井点应外延沟、渠宽度的 1～2 倍。

（2）电渗和喷射井点：电渗井点、喷射井点布置方法基本上与轻型井点相同。

（3）引渗井和管井

引渗井和管井布置方式基本上分为环状布置和线状布置，离基坑上口线外 1.0～1.25m 的布置。井距一般是 6.0～15.0m。

3. 截水（止水）工程

（1）止水帷幕的作用

截水（或止水）工程的主体是止水帷幕，止水帷幕有其本身特有的作用。

1）止水帷幕作为基坑的截水（止水）工程，可以减缓或避免工程降水引起的不良环境效应，如降水引起的地面沉降。

2）在基坑开挖中可以减缓或避免地下水的渗透变形和渗透破坏，如流土、管涌、基坑突涌等。

3）止水帷幕可以作为地下工程结构或基础工程的一部分，如地下连续墙等。

4）可以在施工场地狭窄和环境条件苛刻的场地内施工，如邻近有高大的建（构）筑物和重要的市政工程，无工程降水条件等。

（2）截水（止水）工程的类型

在地下水控制工程中，截水（止水）工程的类型主要有以下几种，见图 3-43。

止水帷幕 $\begin{cases} 水平止水帷幕 \\ 竖向止水帷幕 \begin{cases} 落底式竖向止水帷幕 \\ 悬挂式竖向止水帷幕 \end{cases} \\ 竖向水平组合止水帷幕 \end{cases}$

图 3-43 截水（止水）工程类型

1）垂直止水施工技术

①地下连续墙，或称混凝土防渗墙。施工方法：泥浆护壁→成槽→注入混凝土及接缝。成槽技术：冲击钻法、液压抓斗法、链斗法、液压铣槽机法、射水法。

②振动沉拔钢板桩或沉拔空腹钢模水泥砂浆板墙。

③高压喷射灌浆板墙。

④系列劈裂灌浆帷幕。

⑤土工膜防渗技术。

2）水平止水施工技术

①复合土工膜水平铺盖。
②弱黏性土水平铺盖。
③高压喷射注射。
④水泥土搅拌。
3) 成墙止水防渗材料

目前普遍使用的有黏土浆,纯水泥浆,水泥黏土浆,水泥砂浆,水泥粉煤灰砂浆,黏土混凝土,塑性混凝土,沥青混凝土,高强度低弹模混凝土等。

4. 回灌

当基坑开挖降水使基坑周边土层的地下水位下降并会影响临近建筑物、地下管线等的沉降和产生影响时,可采取地下水回灌措施。回灌的主要要求为:

(1) 回灌可采用井点、砂井、砂沟等。
(2) 回灌井与降水井的距离不宜小于6m。
(3) 回灌井的间距应根据降水井的间距和被保护物的平面位置确定。
(4) 回灌井宜进入稳定水面下1m,且位于渗透性较好的土层中,过滤器的长度应大于降水井过滤器的长度。
(5) 回灌水量可通过水位观测孔中水位变化进行控制和调节,不宜超过原水位标高。回灌水箱高度可根据灌入水量配置。
(6) 回灌砂井的灌砂量应取井孔体积的95%,填料宜采用含泥量不大于3%、不均匀系数在3~5之间的纯净中粗砂。
(7) 回灌井与降水井应协调控制。回灌水宜采用清水。

3.3.8 特殊条件下的岩土工程

3.3.8.1 特殊条件下的岩土工程考试大纲基本内容与要求

1. 特殊性岩土:熟悉软土、湿陷性土、膨胀性岩土、盐渍岩土、多年冻土、风化岩和残积土等特殊性岩土的基本特征、勘察要求、试验方法和分析评价;掌握特殊性岩土的工程设计计算及工程处理方法。

2. 岩溶与土洞:了解岩溶与土洞的发育条件和规律;了解岩溶的分类;了解岩溶与土洞的塌陷机理;掌握岩溶场地的勘察要求和评价方法;了解岩溶与土洞的处理方法。

3. 滑坡、危岩与崩塌:了解滑坡、危岩与崩塌的类型和形成条件;掌握治理滑坡、危岩与崩塌的勘察及稳定性验算方法;掌握治理滑坡、危岩与崩塌的设计、施工及动态监测方法。

4. 泥石流:了解泥石流的形成条件和分类;了解泥石流的计算方法;掌握泥石流的勘察和防治工程设计。

5. 采空区:了解采空区地表移动规律、特征及危害;了解采空区地表移动和变形的预测;掌握采空区的勘察评价原则和处理措施。

6. 地面沉降:了解地面沉降的危害及形成原因;了解地面沉降量的估算和预测方法;掌握地面沉降的评价方法;了解防止地面沉降的主要措施。

7. 废弃物处理场地:了解废弃物处理工程的特点;了解尾矿处理和垃圾填埋场地的岩土工程勘察设计要点和评价方法。

8. 地质灾害危险性评估:了解地质灾害危险性评估范围、内容和分级标准;掌握地质环境条件复杂程度分类、建设项目重要性分类及其内容；了解地质灾害调查的重点、内容和要求；熟悉地质灾害危险性评估方法及评估报告编制要求。

3.3.8.2 特殊性岩土

1. 软土

（1）软土的判别：软土是指天然孔隙比 $e \geqslant 1.0$，且天然含水量大于液限的细粒土。包括淤泥、淤泥质土、泥炭、泥炭质土等。分类标准见表3-25所示。

软土的分类标准　　　　　　　表3-25

土 的 名 称	划 分 标 准	备 注
淤 泥	$e \geqslant 1.5$，$I_L > 1$	
淤泥质土	$1.5 > e \geqslant 1.0$，$I_L > 1$	e—天然孔隙比
泥 炭	$W_u > 60\%$	I_L—液性指数
泥炭质土	$10\% < W_u \leqslant 60\%$	W_u—有机质含量

（2）软土的工程性质

1）触变性：当原状土受到振动或扰动以后，由于土体结构遭破坏，强度会大幅度降低。触变性可用灵敏度 S_t 表示，软土的灵敏度一般在3～4之间，最大可达8～9，故软土属于高灵敏度或极灵敏度。软土地基受振动荷载后，易产生侧向滑动、沉降或基础下土体抗出等现象。

2）流变性：软土在长期荷载作用下，除产生排水固结引起的变形外，还会发生缓慢而长期的剪切变形。这对建筑物地基沉降有较大影响，对斜坡、堤岸、码头和地基稳定性不利。

3）高压缩性：软土属于高压缩性土，压缩系数大。故软土地基上的建筑物沉降量大。

4）低强度：软土不排水抗剪强度一般小于20kPa。软土地基的承载力很低，软土边坡的稳定性极差。

5）低透水性：软土的含水量虽然很高，但透水性差，特别是垂直向透水性更差，垂直向渗透系数一般在 $i \times (10^{-8} \sim 10^{-6})$ cm/s 之间，属微透水或不透水层。对地基排水固结不利，软土地基上建筑物沉降延续时间长，一般达数年以上。在加载初期，地基中常出现较高的孔隙水压力，影响地基强度。

6）不均匀性：由于沉积环境的变化，土质均匀性差。例如三角洲相、河漫滩相软土常夹有粉土或粉砂薄层，具有明显的微层理构造，水平向渗透性常好于垂直向渗透性。湖泊相、沼泽相软土常在淤泥或淤泥质土层中夹有厚度不等的泥炭或泥炭质土薄层或透镜体。作为建筑物地基易产生不均匀沉降。

（3）软土的勘察要求

勘察阶段可分为初步勘察和详细勘察，必要时应进行施工勘察。对大型厂址、重要工程尚应进行可行性研究勘察。但对简单场地、建筑经验成熟地区或位置已确定的工程，勘察阶段可适当简化，可仅进行详细勘察。

当建筑场地工程地质条件复杂，软土在平面上有显著差异时，应根据场地的稳定性和工程地质条件的差异，进行工程地质分区或分段。

勘探工作必须根据工程特性、场地工程地质条件、地层性质，选择合适的勘察方法。

除钻探取样外，对软土厚度较大或夹有粉土、砂土时，可采用静力触探试验、标准贯入试验。对饱和流塑黏性土应采用十字板剪切试验、旁压试验、螺旋板载荷试验、扁铲侧胀试验。

采取土试样应采用薄壁取土器。取样时应避免扰动、涌土等；运输、贮存、制备过程中均应防止试样的扰动。

对重要的建筑物和有特殊要求的软土地基，或对周围环境有影响的场地，在施工和使用过程中，应根据工程建设的需要，进行必要的监测。

（4）软土的工程处理措施

1）暗浜、暗塘、墓穴、古河道的处理

①当范围不大时，一般采用基础加深或换垫处理；

②当宽度不大时，一般采用基础梁跨越处理；

③当范围较大时，一般采用短桩处理。

2）表层或浅层不均匀地基及软土的处理

①对不均匀地基常采用机械碾压法或夯实法；

②对软层常采用垫层法。

3）厚层软土的处理

①采用堆载预压法或真空预压法，或在地基土层中埋置砂井、袋装砂井或塑料排水板与预压相结合的方法；

②采用复合地基，包括砂桩、碎石桩、灰土桩、施喷桩和小断面的预制桩等；

③采用桩基，穿透软土层以达到增大承载力和减小沉降量的目的。

2. 黄土

（1）黄土的一般特征

我国黄土一般具有以下特征，当缺少其中一项或几项特征的称为黄土状土。

1）颜色以黄色、褐黄色为主，有时呈灰黄色；

2）颗粒组成以粉粒（粒径0.05～0.005mm）为主，含量一般在60%以上，粒径大于0.25mm的甚为少见；

3）有肉眼可见的大孔，孔隙比一般在1.0左右；

4）富含碳酸盐类，垂直节理发育。

（2）湿陷性黄土的物理性质

1）颗粒组成：湿陷性黄土的颗粒主要为粉粒，一般含量在50%以上。其次为砂粒和黏粒。

2）孔隙比：变化在0.85～1.24之间，大多数在1.0～1.1之间。孔隙比是影响黄土湿陷性的主要指标之一。西安地区的黄土当$e<0.9$，兰州地区的黄土当$e<0.86$，一般不具湿陷性或湿陷性很弱。

3）天然含水量：黄土的天然含水量与湿陷性关系密切。三门峡地区当黄土$\omega>23\%$、西安地区当黄土$\omega>24\%$、兰州地区当黄土$\omega>25\%$时，一般就不具湿陷性。

4）饱和度：饱和度愈小，黄土的湿陷系数愈大。西安地区当$S_r>70\%$时，只有3%左右的黄土具轻微湿陷性。当$S_r>75\%$时，黄土已不具湿陷性。

5）液限：是决定黄土性质的另一个重要指标。当$\omega_L>30\%$时，黄土的湿陷性一般较弱。

(3) 湿陷性黄土的力学性质

1) 结构性：湿陷性黄土在一定条件下具有保持土的原始基本单元结构形式不被破坏的能力。这是由于黄土在沉积过程中的物理化学作用促使颗粒相互接触处产生了固化联结键，使得构成土骨架具有一定的结构强度，表现出压缩性低、强度高的特点。但结构性一旦遭受破坏，其力学性质将出现屈服、软化、湿陷等性状。

2) 欠压密性：湿陷性黄土沉积过程一般比较缓慢，在此过程中上覆压力增长速率始终比颗粒固化键强度的增长速率缓慢，使得黄土颗粒间保持着比较疏松的高孔隙度组构而未在上覆荷载作用下固结压密，处在欠压密状态。而由于土的结构性所表现出来的超固结称为视超固结。

3) 湿陷性：

湿陷性黄土在一定压力作用下，下沉稳定后浸水饱和所产生的附加下沉量。

湿陷变形是在充分浸水饱和情况下产生的，它的大小除了与土本身密度和结构性有关外，主要取决于土的初始含水量和浸水饱和时的作用压力。

4) 湿陷性的判定：

当湿陷系数 δ_s 值小于 0.015 时，应定为非湿陷性黄土；当湿陷系数 δ_s 值等于或大于 0.015 时，应定为湿陷性黄土。

湿陷性黄土的湿陷程度，可根据实现系数的大小分为三种：

当 $0.015 \leq \delta_s \leq 0.03$ 时，湿陷性轻微；

当 $0.03 < \delta_s \leq 0.07$ 时，湿陷性中等；

当 $\delta_s > 0.07$ 时，湿陷性强烈。

(4) 黄土的勘察要求

应查明的内容有

1) 黄土地层的时代、成因；

2) 湿陷性黄土层的厚度；

3) 湿陷系数和自重湿陷系数随深度的变化；

4) 场地湿陷类型和地基湿陷等级及其平面分布；

5) 湿陷起始压力随深度的变化；

6) 地下水位升降变化的可能性的变化趋势；

7) 其他工程地质条件。

岩土工程勘察应结合建筑物的特点和设计要求，对场地、地基作出评价，对地基处理措施提出建议。

(5) 黄土的工程处理措施

防止和减小建筑物地基浸水湿陷的措施，可分为地基处理措施、防水措施和结构措施。一般以地基处理为主。地基处理措施主要有：

1) 消除地基的全部湿陷量，或采用桩基础穿透全部湿陷性土层，或将基础设置在非湿陷性土层上，常用于甲类建筑；

2) 消除地基的部分湿陷量，如采用复合地基，换土垫层、强夯等，主要用于乙、丙类建筑；

3) 丁类建筑，地基可不处理。

3. 膨胀岩土

(1) 膨胀岩土的特征与判别

1) 膨胀岩土的特征

膨胀土应是土中黏粒成分主要由亲水性矿物组成，同时具有显著的吸水膨胀和失水收缩两种变形特性的黏性土。它的主要特征是：

①粒度组成中黏粒（粒径小于 0.002mm）含量大于 30%；

②黏土矿物成分中，伊利石、蒙脱石等强亲水性矿物占主导地位；

③土体湿度增高时，体积膨胀并形成膨胀压力；土体干燥失水时，体积收缩并形成收缩裂缝；

④膨胀、收缩变形可随环境变化往复发生，导致土的强度衰减；

⑤属液限大于 40% 的高塑性土。

具有上述②、③、④项特征的黏土类岩石称膨胀岩。

2) 膨胀土胀缩变形的主要因素

膨胀土的矿物成分主要是次生黏土矿物－蒙脱石（微晶高岭土）和伊利石（水云母），具有较高的亲水性。当失水时土体收缩甚至干裂，遇水则膨胀隆起。黏土矿物中，水分不仅与晶胞离子结合，还与颗粒表面上的交换阳离子相结合，这些离子随与其结合的水分子进入土中，使土发生膨胀。离子交换量越大，土的胀缩性就越大。黏粒含量越高，比表面积大，吸水能力越强，胀缩变形就越大。土的密度大，孔隙比就小，浸水膨胀强烈，失水收缩小。土体含水量变化，也易产生胀缩变形。

3) 膨胀土的判别

我国《岩土工程勘察规范》（GB 50021—2001）规定，具有下列特征的土可初判为膨胀土。

①多分布在二级或二级以上阶地、山前丘陵和盆地边缘；

②地形平缓、无明显自然陡坎；

③常见浅层滑坡、地裂，新开挖的路堑、边坡、基槽易生坍塌；

④裂缝发育，方向不规则，常有光滑面和擦痕，裂缝中常充填灰白、灰绿色黏土；

⑤干时坚硬，遇水软化，自然条件下呈坚硬或硬塑状态；

⑥自由膨胀率一般大于 40%；

⑦未经处理的建筑物成群破坏、低层较多层严重，刚性结构较柔性结构严重；

⑧建筑物开裂多发生在旱季，裂缝宽度随季节变化。

我国《膨胀土地区建筑技术规范》（GBJ 112—1987）规定，具有四种工程地质特征的场地，且自由膨胀率大于或等于 40% 的土，应判为膨胀土。包括裂隙发育，常有光滑面和擦痕，有的裂隙中充填着灰白、灰绿色黏土。在自然条件下呈坚硬或硬塑状态；多出露于二级或二级以上阶地、山前和盆地边缘丘陵地带，地形平缓，无明显的陡坎；常见浅层塑性滑坡、地裂、新开挖坑（槽）壁易发生坍塌等；建筑物裂缝随气候变化而张开和闭合。

4) 膨胀岩的判别

① 多见于黏土岩、页岩、泥质砂岩；伊利石含量大于 20%；

② 具有本节前述（1）中的第②至第⑤项的特征。

膨胀土的膨胀潜势按其自由膨胀率分为三类，见表 3-26。

膨胀土的膨胀潜势 表 3-26

自由膨胀率（%）	膨胀潜势	自由膨胀率（%）	膨胀潜势	自由膨胀率（%）	膨胀潜势
$40 \leqslant \delta_{ef} < 65$	弱	$65 \leqslant \delta_{ef} < 90$	中	$\delta_{ef} \geqslant 90$	强

（2）膨胀岩土工程的勘察

勘察方法及工作量根据勘察阶段决定，应满足如下要求。

1) 勘探点宜结合地貌单元和微地貌形态布置；其数量应比非膨胀岩土地区适当增加，其中采取试样的勘探点不应少于全部勘探点的 1/2。

2) 勘探孔的深度，除应满足基础埋深和附加应力的影响深度外，尚应超过大气影响深度；控制性勘探孔不应小于 8m，一般性勘探孔不应小于 5m。

3) 在大气影响深度内，每个控制性勘探孔均应采取Ⅰ、Ⅱ级土试样，取样间距不应大于 1m，在大气影响深度以下，取样间距可为 1.5～2.0m；一般性勘探孔从地表下 1m 开始至 5m 深度内，可取Ⅲ级土试样，测定天然含水量。

4) 膨胀岩土应测定自由膨胀率，收缩系数以及膨胀压力。对膨胀土需测定 50kPa 压力下的膨胀率，对膨胀岩尚应测定黏粒、蒙脱石或伊利石含量、体膨胀量及无侧限抗压强度。为确定膨胀岩土的承载力、膨胀压力，还可进行浸水载荷试验、剪切试验和旁压试验等。

（3）膨胀土地基的胀缩等级

根据地基的膨胀、收缩变形对低层砌体混合房屋的影响程度，地基土的膨胀等级可按分级变形量分为三级，见表 3-27。

膨胀土地基胀缩等级 表 3-27

分级变形量（mm）	级别	分级变形量（mm）	级别	分级变形量（mm）	级别
$15 \leqslant s_c < 35$	Ⅰ	$35 \leqslant s_c < 70$	Ⅱ	$s_c \geqslant 70$	Ⅲ

（4）地基处理措施

膨胀土地基处理可采用换土、砂石垫层、土性改良等方法。亦可采用桩基或墩基。

1) 换土可采用非膨胀性材料或灰土，换土厚可过变形计算确定。平坦场地上Ⅰ、Ⅱ级膨胀土的地基处理，宜采用砂石垫层，垫层厚度不应小于 300mm。垫层宽度应大于基底宽度，两侧宜采用与垫层相同的材质回填，并作好防水处理。

2) 采用桩基础时，其深度应达到胀缩活动区以下，且不小于设计地面下 5m。同时，对桩墩本身，宜采用非膨胀土作隔层。桩基设计应符合下列要求：

3) 膨胀岩土作为道路路基时，一般宜先采取石灰填层或石灰水处理以及其他措施，以消除膨胀性对路面的影响。

（5）膨胀岩地区的地下工程

1) 开挖断面及导坑断面宜选用圆形，分部开挖时，各开挖断面形状应光滑，自立时间不能满足施工要求时，宜采用超前支护。

2) 全断面开挖、导坑断面分部开挖时，应根据施工监控的收敛量和收敛率安设锚杆，分层喷射混凝土,必要时分层布筋,应使用各层适时形成封闭型支护,并考虑各断面之间的相互影响。开挖时适当预留收敛裕量。早期变形过大时,宜采用可伸缩支护。

3)设置封闭型永久支护,设置时间有施工监控的收敛量及收敛率决定。

【例题 3-14】 膨胀土宜采用下列地基处理方法（　　）。

A. 换土或砂石垫层　　B. 振冲法　　C. 深层搅拌法　　D. 注浆法

正确答案：B。

分析：本题考察对特殊性膨胀土的工程处理措施的掌握。

其他特殊性岩土如盐渍岩土、多年冻土、风化岩和残积土等的基本特征、勘察要求、试验方法和分析评价及其相应工程设计计算及工程处理方法可参阅相关规范和工程手册。

3.3.8.3 岩溶与土洞

1. 岩溶

岩溶（又称喀斯特）是可溶性岩石在水的溶蚀作用下。产生的各种地质作用、形态和现象的总称。可溶性岩石包括碳酸盐类岩石（石灰石、白云岩等）/硫酸盐类岩石（石膏、芒硝等）和卤素类岩石（岩盐等）。在我国各类可溶性岩石中，碳酸盐类岩石的分布范围占有绝对优势，本章主要叙述碳酸盐类岩石的岩溶问题。

（1）岩溶发育的条件

①具有可溶性的岩层；

②具有有溶解能力（含 CO_2）和足够流量的水；

③具有地表水下渗、地下水流动的途径。

1）岩溶与岩性的关系

岩石成分、分层条件和组织结构等直接影响岩溶的发育程度和速度。一般地说，硫酸盐类和卤素类岩层岩岩溶发展速度较快；碳酸盐类岩层则发育速度较慢。质纯层厚的岩层，岩溶发育强烈，且形态齐全，规模较大；含泥质或其他杂质的岩层，岩溶发育较弱。结晶颗粒粗大的岩石岩溶较为发育；结晶颗粒细小的岩石，岩溶发育较弱。

2）岩溶与地质构造的关系

①节理裂隙：裂隙的发育程度和延伸方向通常决定了岩溶的发育程度和发展方向。在节理裂痕的交叉处或密集带，岩溶最易发育。

②断层：沿断层带是岩溶显著发育地段，常分布有漏斗、竖井、落水洞及溶洞、暗河等。

③褶皱：褶皱轴部一般岩溶较发育。在单斜地层中，岩溶一般顺层面发育。在不对称褶曲中，陡的一翼岩溶较缓的一翼发育。

④岩层产状：倾斜或陡倾斜的岩层，一般岩溶发育较强烈；水平或缓倾斜的岩层，当上覆或下伏非可溶性岩层时，岩溶发育较弱。

⑤可溶性岩与非可溶性岩接触带或不整合面岩溶往往发育。

3）岩溶与新构造运动的关系

地壳强烈上升地区，岩溶以垂直方向发育为主；地壳相对稳定地区，岩溶以水平方向发育为主；地壳下降地区，既有水平发育又有垂直发育，岩溶发育较为复杂。

4）岩溶与地形关系

地形陡峭、岩石裸露的斜坡上，岩溶多呈溶沟、溶槽、石芽等地表形态，地形平缓地带,岩溶多以漏斗、竖井、落水洞、塌陷洼地、溶洞。

5) 地表水体同岩层产状关系对岩溶发育的影响

水体与层面反向或斜交时,岩溶易于发育;水体与层面顺向时,岩溶不易发育。

6) 岩溶与气候关系

在大气降水丰富、气候潮湿地区,地下水能经常得到补给,岩溶易发育。

7) 岩溶发育的带状性和成层性

岩石的岩性、裂隙、断层和接触面等一般都有方向性,造成了岩溶发育的带状性;可溶性岩层与非可溶性岩层互层、地壳强烈的升降运动、水文地质条件的改变等则往往造成岩溶分布的成层性。

(2) 岩溶勘察的主要方法和内容

岩溶勘察除满足一般要求外,应重点调查以下问题:

1) 岩溶洞间隙的类型、形态、分布和发育规律。岩溶洞隙类型一般可分为下列两种。

①地表岩溶地貌:包括石芽、溶槽、漏斗、竖井、落水洞、溶蚀洼地、溶蚀谷地、孤峰和峰林等。

②地下岩溶地貌:主要为溶洞和地下暗河。

2) 岩面起伏、形态和覆盖层厚度。

3) 地下水赋存条件、水位变化和运动规律。

4) 岩溶发育与地貌、地质构造、地层岩性、地下水的关系。

①地貌:岩溶发育与所处地貌部位、地貌发展史、水文网、相对高程的关系;

②地质构造:地质构造部位。断裂带的位置、规模、性质,主要节理裂隙的延伸方向,新构造运动的性质和特点;

③地层岩性:可溶性岩层和非可溶性岩层的分布和接触关系,可溶性岩层的成分、结构和溶解性,第四纪土层的成因类型和分布等;

④岩溶地下水的埋藏、补给、径流和排泄情况,水位动态变化及水力连通情况,场地受岩溶地下水淹没的可能性。

5) 当地治理岩溶的经验。

另外,还可采用浅层地震法、钻孔间地震法、波速测试法、地质雷达法、电法等地球物理勘探方法探测岩溶洞穴的位置、分布、形状、大小等情况。

(3) 岩溶的处理

1) 岩溶对地基稳定性的影响

①在地基主要受力层范围内,若有溶洞,暗河等,在附加荷载或振动荷载作用下,溶洞顶板塌陷,使地基突然下沉;

②溶洞、溶槽、石芽、漏斗等岩溶形态造成基岩面起伏较大,或者有软土分布,使地基不均匀下沉;

③基础埋置在基岩上,其附近有溶沟、竖向溶蚀裂隙、落水洞等,有可能使基础下岩层沿倾向于上述临空面的软弱结构面产生滑动;

④基岩和上覆土层内,由于岩溶地区较复杂的水文地质条件,易产生新的岩土工程问题,造成地基恶化。

2) 地基处理措施

对于影响地基稳定性的岩溶洞穴，应根据其位置、大小、埋深、围岩稳定性和水文地质条件等，因地制宜地采取处理措施。对于洞口较小的洞隙，可以采取换填、镶补、嵌塞与跨盖等措施；对于洞口较大的洞隙，可以采用梁、板、拱等结构跨越；对于围岩不稳定、裂隙发育、风化破碎的岩体，可以采取灌浆加固、清爆填塞措施；规模较大的洞穴可以在洞底支撑或调整柱距，必要时采用桩基；基础下埋藏较深的洞隙，可钻孔向洞隙中灌注水泥砂浆、混凝土、沥青及硅液等填堵洞隙；对建筑物地基内或附近地下水采用排水管道、排水隧洞疏导。另外还可设置"褥垫"，调整基础底面积等以满足设计要求。

2. 土洞

土洞是指埋藏在岩溶地区可溶性岩层的上覆土层内的空洞。土洞继续发展，易行成地表塌陷。

当上覆有适宜被冲蚀的土体，其下有排泄、储存冲蚀物的通道和空间，地表水向下渗透或地下水位在岩土交接处附近作频繁升降运动时，由于水对土层的潜蚀作用，易产生土洞和塌陷。

(1) 土洞勘察要求

岩溶发育地区的下列部位宜查明土洞和土洞群的位置：

1) 土层较薄、土中裂隙及其下岩体洞隙发育部位；
2) 颜面张开裂隙发育，石芽或外露的岩体与土体交接部位；
3) 两组构造裂缝交汇处和宽大裂隙带；
4) 隐伏溶沟、溶槽、漏斗等有上覆软弱土的负岩面地段；
5) 地下水强烈活动于岩上交界面的地段和大幅度人工降水地段；
6) 低洼地段和地表水体近旁。

(2) 土洞的影响与处理措施

1) 当场地存在下列情况之一时，可判定为未经处理不宜作为地基的不利地段：

①埋藏的漏斗、槽谷等，并覆盖有软弱土体的地段；
②土洞或塌陷成群发育地段；
③岩溶水排泄不畅，可能暂时淹没的地段。

2) 有地下水强烈活动于岩土交界面的岩溶地区，应考虑地下水作用所形成的土洞对建筑地基的影响，并预估地下水位在使用期间变化的可能性及其影响。总图布置前，勘察单位应提出场地土洞发育程度的分区资料。施工时，应沿基槽（坑）认真查明基础下土洞的分布位置：

地基处理措施：

由地表水形成的土洞或塌陷地段，应采取地表截流、防渗或堵漏等措施；对土洞应根据其埋深分别选用挖坑、灌砂等方法处理。

由地下水形成的塌陷或浅埋土洞，应清除软土，抛填块石作反滤层，面层用黏土夯填；对深埋土洞，宜用沙、砾石或细石混凝土灌填。在上述处理的同时，尚应采用梁、板或拱跨越。对重要建筑物，开采用桩基处理。

3.3.8.4 滑坡、危岩与崩塌

1. 滑坡

(1) 滑坡的分类

根据滑坡体物质的组成、形成原因及滑动模式等，可将滑坡分类见表 3-28。

滑坡的分类　　　　　　　　　　　　　　　表 3-28

划分依据	名称类别	特征说明
按滑坡物质组成成分分	堆积层滑坡	各种不同性质的堆积层（包括坡积、洪积和残积），体内滑动，或沿基岩面的滑动。其中坡积层的滑动可能性较大
	黄土滑坡	不同时期的黄土层中的滑坡，并多群集出现；常见于高阶地前缘斜坡上，或黄土层沿下伏第三纪岩层滑动
	黏性土滑坡	黏性土本身变形滑动，或与其他土层的接触面或沿基岩接触面而滑动
	岩层（岩体）滑坡	软弱岩层组合物的滑坡，或沿同类基岩面，或沿不同岩层接触面以及较完整的基岩面滑动
	破碎岩体滑坡	发生在构造破碎带或严重风化带形成的凸形山坡上，滑坡规模大
	填土滑坡	发生在路堤或人工弃土堆中，多沿老地面或基底以下松软层滑动
按滑动通过各岩层情况分	同类土滑坡	发生在层理不明显的均质黏性土或黄土中，滑动面均匀光滑
	顺层滑坡	沿岩层面或裂隙面滑动，或沿堆积体与基岩交界面及基岩间不整合面等滑动，大都分布在顺倾向的山坡上
	切层滑坡	滑动面与岩层面相切，常沿倾向山外的一组断裂面发生，滑坡床多呈折线状，多分布在逆倾向岩层的山坡上
按滑动体厚度分	浅层滑坡	滑坡体厚度在 6m 以内
	中层滑坡	滑坡体厚度在 6～20m 左右
	深层滑坡	滑坡体厚度超过 20m
按引起滑动的力学性质分	推移式滑坡	上部岩层滑动挤压下部产生变形，滑动速度较快，多呈楔形环谷外貌，滑体表面波状起伏，多见于有堆积物分布的斜坡地段
	牵引式滑坡	下部先滑使上部失去支撑而变动滑动。一般速度轻慢，多呈上小下大的塔式外貌，横向张性裂隙发育，表面多呈阶梯状或陡坎状，常形成沼泽地
按形成原因分	工程滑坡	由于施工开挖山体引起的滑坡，此类滑坡还可细分为： ①工程新滑坡：由于开挖山体所形成的滑坡 ②工程复活古滑坡：久已存在的滑坡，由于开挖山体引起重新活动的滑坡
	自然滑坡	由于自然地质作用产生的滑坡。按其发生相对时代早晚又可分为 ①老滑坡：坡体上有高大树木，残留部分环谷、断壁擦痕 ②新滑坡：外貌清晰；断壁新鲜
按发生后的活动性分	活滑坡	发生后仍在继续活动的滑坡。后壁及两侧有新鲜擦痕，体内有开裂、鼓起或前缘有挤出等变形迹象，其上偶有旧房遗址，幼小树木歪斜生长等
	死滑坡	发生后已停止发展，一般情况下不可能重新活动，坡体上植被茂盛，常有居民点
按滑体体积分	小型滑坡	$<5000m^3$
	中型滑坡	$5000～50000m^3$
	大型滑坡	$50000～100000m^3$
	巨型滑坡	$>100000m^3$

(2) 滑坡形成的条件

地质和地形地貌条件：

1) 岩性：在岩土层中，必须具有受水构造、聚水条件和软弱面（该软弱面也是有隔水作用）等，才可能形成滑坡。

2) 地质构造：岩体构造和产状对山坡的稳定，滑动面的形成、发展影响很大，一般堆积层和下伏岩层接触面越陡，则其下滑力越大，滑坡产生的可能性也愈大。

从局部地形可以看出，下陡中缓上陡的山坡和山坡上部成马蹄形的环状地形，切汇水面积较大时，在坡积层中或岩基岩面易发生滑动。

另外，包括气候条件、地表水作用、地下水作用等的气候、径流条件，以及地震、人为破坏、坡顶堆载等其他因素也都可能引起滑坡。

(3) 滑坡勘察

滑坡勘察应查明滑坡类型及要求、滑坡的范围、性质、地质背景及其危害程度，分析滑坡原因，判断稳定程度，预测发展趋势，提出防治对策、方案或整治设计的建议。

勘探的主要任务：查明滑坡体的范围、厚度、物质组成和滑动面（带）的个数、形状及各滑动带的物质组成；查明滑坡体内地下水含水层的层数、分布、来源、动态及各含水层间的水力联系等。

(4) 滑坡的观测及预报

滑坡观测项目主要有位移、地下水、孔隙水压力、支挡结构内力等。其中滑坡位移观测内容是观测边坡平面位置和高程的变化，并根据观测结果绘制滑坡位移矢量图。地下水观测包括滑坡体内外地下水位、水文、流向等的变化以及地下水露头的流量和水温变化情况；孔隙水压力观测包括滑坡带内孔隙水压力及其消散、增长情况；支挡结构内力观测包括锚杆、抗滑桩等各种支挡结构承受的压力情况。其他还可采用倾斜仪、伸缩计、地声仪等仪器对滑坡的活动进行观测。

(5) 滑坡的稳定性验算

按《建筑边坡工程技术规范》(GB 50330—2002) 推荐，根据边坡类型、土体性质等条件，可选择采用圆弧滑动条分法、平面滑动法、折线滑动法等方法验算滑坡的稳定性，可参阅相关土力学教材和工程手册。

(6) 滑坡防治和措施

1) 滑坡治理的原则

防治滑坡应当贯彻"早期发现，以防为主，防治结合"的原则；对滑坡的整治，应针对引导滑坡的主导因素进行，原则上应一次根治不留后患；对性质复杂、规模巨大，短期内不易查清或工程建设进度不允许完全查清后再整治的滑坡，应在保证建设工程安全的前提下作出全面整治规划，采用分期治理的方法，使后期工程能获得必须的资料，又能争取到一定的建设时间，保证整个工程的安全和效益；对建设工程随时可能产生危害的滑坡，应先采用立即生效的工程措施，然后再作其他工程；一般情况下，对滑坡进行整治的时间，宜放在旱季为好。施工方法和程序应以避免造成滑坡产生新的滑动为原则。

2) 滑坡治理措施

①防止地面水侵入滑坡体，宜填塞裂缝和消除坡体积水洼地，并采取排水天沟截水或在滑坡体上设置不透水的排水明沟或暗沟，以及种植蒸腾量大的树木等措施。

②对地下水丰富的滑坡体可采取在滑坡体外设截水盲沟和泄水隧洞或在滑坡体内设支撑盲沟和排水仰斜孔、排水隧洞等措施。

③当仅考虑滑坡对滑动前方工程的危害或只考虑滑坡的继续发展对工程的影响时，可按滑坡整体稳定极限状况进行设计。当需考虑滑坡体上工程的安全时，除考虑整个滑梯的稳定性外，尚应考虑坡体变形或局部位移对滑坡整体稳定性和工程的影响。

④对于滑坡的主滑地段可采取挖方卸荷、拆除已有建筑物等减重辅助措施；对抗滑地段可采取堆方加重等辅助措施，对滑坡体有继续向其上方发展的可能时，应采取排水、支撑抗滑措施，并防止滑体松弛后减重失效。

⑤采取支撑盲沟、挡土墙、抗滑桩、抗滑锚杆、抗滑锚索（桩）等措施时，应对滑坡体越过支挡区或自抗滑构筑物。

⑥可采用焙烧法，灌浆法等措施改善滑动带的土质。

3) 整治措施

①清除滑坡体；

②治理地表水；

③治理地下水：a. 治理滑体中的地下水；b. 治理滑带附近的水；c. 排除深层地下水；d. 减重和反压。

④抗滑工程：a. 抗滑挡土墙；b. 抗滑桩；c. 锚杆挡墙

2. 崩塌

崩塌是指陡坡上部分岩土体，在以重力为主的力的作用下，突然向下垮塌的现象。有关崩塌的形成条件、分类和勘察要求，以及工程防治措施可参阅相关手册。

3.3.8.5　泥石流

泥石流是山区特有的一种自然地质现象。它是由于降水（暴雨、融雪、冰川）而形成的一种夹带大量泥沙、石块等固体物质的特殊洪流。它暴发突然，历时短暂，来势凶猛，具有强大的破坏力。

典型的泥石流流域，从上游到下游一般可分为三个区，即泥石流的形成区、流通区和堆积区。

1. 泥石流的形成条件和分类

（1）泥石流的形成条件

1) 陡峭的便于集水、集物的地形条件；

2) 有丰富的松散碎屑物质的地质条件；

3) 短时间内有大量来水的水文气象条件。

此三者缺一便不能形成泥石流。

（2）泥石流的分类

1) 根据流域特征分类

①标准型泥石流流域

流域呈扇形，能明显地分出形成区、流通区和堆积区。沟床下切作用强烈，滑坡、崩塌等发育，松散物质多，主沟坡度大，地表径流集中，泥石流的规模和破坏力较大。

②河谷型泥石流流域

流域呈狭长形，形成区不明显，松散物质只要来自中游地段。泥石流沿沟谷有堆积也有冲刷、搬运，形成逐次搬运的再生式泥石流。

③山坡型泥石流流域

流域面积小，呈漏斗状，流通区不明显，形成区域堆积区直接相连，堆积作用迅速。由于汇水面积不大，水量一般不充沛，多行成重度大、规模小的泥石流。

2）根据物质特征分类

按物质组成可分为：

①泥流：以黏性土为主，混少量砂土、石块。黏度大、呈稠泥状。

②泥石流：由大量的黏性土和粒径不等的砂、石块组成。

③水石流：以大小不等的石块、砂为主，黏性土含量较少。

按物质状态可分为：

①黏性泥石流：含大量黏性土的泥石流，黏性大，固体物质约占40%~60%，最高达80%。

②稀性泥石流：水为主要成分，黏性土含量少，固体物质约占10%~40%，有很大分散性，水为搬运介质，石块以滚动或跳跃方式向前推进。

3）工程分类

根据《岩土工程勘察规范》（GB 50021—2001），按泥石流爆发频率划分为两类：高频率泥石流沟谷和低频率泥石流沟谷，再按破坏严重程度各分为三个亚类，详见表3-29。

泥石流的工程分类和特征　　　　表3-29

类型	泥石流特征	流域特征	亚类	严重程度	流域面积（km²）	固体物质一次冲出量（×10⁴m³）	流量（m³/s）	堆积区面积（km²）
I 高频率泥石流沟谷	基本上每年均有泥石流发生。固体物质主要来源于沟谷的滑坡、崩塌。暴发雨强小于2~4mm/10min。除岩性因素外，滑坡、崩塌严重的沟谷多发生黏性泥石流，规模大，反之多发生稀性泥石流，规模小	多位于强烈抬升区，岩层破碎，风化强烈，山体稳定性差。泥石流堆积新鲜，无植被或仅有稀疏草丛。黏性泥石流沟中下游沟床坡度大于4%	I₁	严重	>5	>5	>100	>1
			I₂	中等	1~5	1~5	30~100	<1
			I₃	轻微	<1	<1	<30	—
II 低频率泥石流沟谷	暴发周期一般在10年以上。固体物质主要来源于沟床，泥石流发生时"揭床"现象明显。暴雨时坡面产生的浅层滑坡往往是激发泥石流形成的重要因素。暴发雨强一般大于4mm/10min。规模一般较大，性质有黏有稀	山体稳定性相对较好，无大型活动性滑坡、崩塌。沟床和扇地上巨砾遍布。植被较好，沟床内灌木丛密布，扇形地多已辟为农田。黏性泥石流沟中下游沟床坡度小于4%	II₁	严重	>10	>5	>100	>1
			II₂	中等	1~10	1~5	0~100	<1
			II₃	轻微	<1	<1	<30	—

注：1. 表中流量对高频率泥石流沟指百年一遇流量；对低频率泥石流沟指历史最大流量；

2. 泥石流的工程分类宜采用野外特征与定量指标相结合的原则，定量指标满足其中一项即可。

2. 泥石流的计算

泥石流的计算包括泥石流流量和流速计算。其中流量计算包括泥石流峰值流量、一次泥石流过程总量计算；流速计算包括稀性泥石流流速、黏性泥石流流速以及石块运动速度计算。详细内容和方法可参阅相关工程手册。

3. 泥石流的勘察

泥石流勘察应在可行性研究或初步勘察阶段进行。应调查地形地貌、地质构造、地层岩性、水文气象等特点，分析判断场地及其上游沟谷是否具备产生泥石流的条件，预测泥石流的类型、规模、发育阶段、活动规律、危害程度等，对工程场地做出适宜性评价，提出防治方案的建议。

泥石流勘察应以工程地质测绘和调查为主，范围包括沟谷至分水岭的全部地段和可能受泥石流影响的地段。除遵循《岩土工程勘察规范》的一般要求外，应以下列与泥石流有关的内容为重点：

（1）冰雪融化和暴雨强度，一次最大降雨量，平均及最大流量，地下水活动等情况；

（2）地层岩性、地质构造、不良地质作用、松散堆积物的物质组成、分布和储量；

（3）地形地貌特征，包括沟谷的发育程度、切割情况、坡度、弯曲、粗糙程度，并划分泥石流的形成区、流通区和堆积区，圈汇整个沟谷的汇水面积；

（4）形成区的水源类型、水量、汇水条件、山坡坡度、岩层性质和风化程度；断裂、滑坡、崩塌岩堆等不良地质作用的发育情况及可能形成泥石流的固体物质的分布范围、储量；

（5）流通区的沟床纵横坡度、跌水、急弯等特征；沟床两侧山坡坡度、稳定程度，沟床的冲淤变化和泥石流的痕迹；

（6）堆积区的堆积扇分布范围、表面形态、纵坡、植被、沟道变迁和冲淤情况；堆积物的物质、层次、厚度、一般粒径和最大粒径；判定堆积物的形成历史、堆积速度，估算一次最大堆积量；

（7）泥石流沟谷的历史，历次泥石流的发生时间、频数、规模、形成过程、暴风前的降雨情况和暴发后产生的灾害情况；

（8）开矿弃渣、修路切坡、砍伐森林、陡坡开荒和过度放牧等人类活动情况；

4. 泥石流的防治

根据表 3-27 对泥石流的工程分类分别考虑工程建设的适宜性：

1）I_1 类和 II_1 类泥石流沟谷不应作为工程场地，各类线路宜避开；

2）I_2 类和 II_2 类泥石流沟谷不宜作为工程场地，当必须利用时，应采取治理措施；线路应避免直穿堆积扇可在沟口设桥（墩）通过；

3）I_3 类和 II_3 类泥石流沟谷可利用其堆积区作为工程场地，但应避开沟口；线路可在堆积扇通过，可分段设桥和采取排洪、导流措施；不宜改沟、并沟；

4）当上游大量弃渣或进行工程建设，改变了原有供排平衡条件时，应重新判定产生新的泥石流的可能性。

（1）预防措施

1）水土保持，植树造林，种植草皮，退耕还林，以稳固土壤不受冲刷，不使流失；

2）坡面治理：包括削坡、挡土、排水等，以防止或减少坡面岩土体和水参与泥石流的形成；

3) 坡面整治：包括固床工程，如拦砂坝、护坡角、护底铺砌；调控工程，如改善或改善流路、引水输砂、调控洪水等，以防止或减少沟底岩土体的破坏。

（2）治理措施

1) 拦截措施：在泥石流沟中修筑各种形式的拦渣坝，如拦砂坝、石笼坝、格栅坝及停淤场等，用以拦截或停积泥石流中的泥砂、石块等固体物质，减轻泥石流的动力作用；

2) 滞留措施：在泥石流沟中修筑各种位于拦渣坝下游的低矮拦挡坝（谷坊），当泥石流漫过拦渣坝顶时，拦蓄泥砂、石块等固体物质，减小泥石流的规模；固定泥石流沟床，防止沟床下切和拦渣坝体坍塌、破坏；减轻纵坡坡度，减小泥石流流速；

3) 排导措施：在下游堆积区修筑排洪道、急流槽、导流堤等设施，以固定沟槽、约束水流、改善沟床平面等。

3.3.8.6 采空区

1. 采空区及其特征

地下矿层被开采后形成的空间称为采空区。

采空区分为老采空区、现采空区和未来采空区。老采空区是指历史上已经开采过、现在停止开采的采空区；现采空区是指正在开采的采空区；未来采空区是指计划开采而尚未开采的采空区。

（1）采空区地表变形特征

地下矿层被开采后，其上部岩层失去支撑，平衡条件被破坏，随之产生弯曲、塌落，以致发展到地表下层变形，造成地表塌陷，形成凹地。随着采空区的不断扩大，凹地不断发展而成凸现盆地，基地表移动盆地。

（2）采空区地表变形分类

采空区地表变形分为两种移动和三种变形。两种移动是垂直下沉移动和水平移动；三种变形包括倾斜、曲率（弯曲）和水平变形（压缩变形和拉伸变形）。

2. 采空区的勘察

主要包括收集资料、调查访问、变形分析和岩土工程评价，详细内容可参阅相关工程手册。其中对地表移动和变形的预测，可以采用典型曲线法、负指数函数法、概率积分法和数值法等，可参阅相关工程手册。

3. 采空区场地的适宜性评价

采空区场地应根据地表移动特征、地表移动所属阶段和地表运动、变形值的大小等进行场地适宜性评价。《岩土工程勘察规范》根据开采情况、地表移动盆地特征和地表变形值的大小，把采空区场地划分为不宜建筑的场地和相对稳定的场地，并应符合规定。

（1）不宜作为建筑场地地段

1) 在开采过程中可能出现非连续变形的地段；

2) 地表移动处于活跃阶段的地段；

3) 特厚矿层和倾角大于 55° 的厚矿层露头阶段；

4) 由于地表移动和变形可能引起边坡失稳和山崖崩塌的地段；

5) 地表倾斜大于 10mm/m 或地表曲率大于 $0.6mm/m^2$ 或地表水平变形大于 6mm/m 的地段。

(2) 作为建筑场地时应评价其适宜性
1) 采空区采深采厚比小于 30 的地段；
2) 采深小、上覆岩层极坚硬，并采用正规开采方法的地段；
3) 地表倾斜 3～10mm/m 或地表曲率为 0.2～0.6mm/m² 或地表水平变形为 2～6mm/m 的地段。

4. 防止地表移动和建筑物变形的措施

(1) 开采技术上的措施：包括①防止地表沉陷的措施；②减小地表沉陷的措施；③减小地表变形的措施；④增大开采区宽度；⑤在建筑物下留设保护矿柱。

(2) 现有建筑物采取的结构措施

提高建筑物的刚度和整体性，增强其抗变形的能力，如设置钢筋混凝土圈梁、基础联系梁、钢筋混凝土锚固板、钢拉杆，堵切门窗洞。

提高建筑物适应地表变形的能力，减少地表变形作用在建筑物上的附加应力，如设置变形缝、挖掘变形缓冲沟等。

3.3.8.7 地面沉降

1. 地面沉降的规律和特点

(1) 发生地面沉降的主要原因是由于抽吸地下水引起土层中水位或水压下降，土体有效应力增大而导致地层压密的结果。上海地区研究表明，大范围、密集高层建筑区也能使深部土层产生类似机理而导致地面沉降。

(2) 发生或可能发生地面沉降的地域范围局限于存在厚层第四纪堆积物的平原、盆地、河口三角洲或滨海地带，往往发生在上述地貌的大城市或高度工业化地区。

(3) 地面沉降发生的范围往往较大，且存在一处或多处沉降中心，其位置和沉降量与地下水取水井的分布和取水量密切相关。

(4) 地面沉降速率一般比较缓慢，常为每年数毫米或数厘米。

(5) 地面沉降一旦发生，即使消除了产生地面沉降的原因，沉降了的地面也不可能完全复原。

2. 地面沉降的危害

(1) 对环境的影响

地面沉降区域内因地面绝对标高降低，引起潮水、江水倒灌，地面积水、受淹，排水设施、防汛设施不能保持原定功效。

(2) 对工程的影响

引起桥墩下沉，桥下净空减小，影响通航标准；码头、仓库及堆场地坪下沉，影响正常使用；堤防工程失去原有功能；各类建筑物，特别是一些古老建筑物常因地面沉降而造成排水困难，底层地坪低于室外地面的情况；城市地下管道坡度改变影响正常使用功能等。

3. 地面沉降勘察要求

(1) 已发生地面沉降地区的勘察要求

应查明其原因和现状，并预测其发展趋势，提出控制和治理方案。

1) 地面沉降原因调查内容

①现成的地貌和微地貌；

②第四纪堆积物的年代、成因、厚度、埋藏条件和土性特征,硬土层和软弱压缩层的分布;

③地下水位以下可压缩层的固结状态和变形参数;

④含水层和隔水层的埋藏条件及承压性质,含水层的渗透系数、单位涌水量等水文地质参数;

⑤地下水的补给、径流、排泄条件、含水层间或地下水的水力联系;

⑥历年地下水位、水头的变化幅度和速率;

⑦历年地下水的开采量和回灌量,开采或回灌的层段;

⑧地下水位下降漏斗及回灌时地下水反漏斗的形成与发展过程。

2) 地面沉降现状调查内容

①按精密水准测量要求进行长期观测,并按不同的结构单元设置高程基准标、地面沉降标和分层沉降标;

②对地下水的水位升降,开采量和回灌量,化学成分,污染情况和孔隙水压力消散、增长情况进行观测;

③调查地面沉降对建、构筑物和环境的影响程度;

④绘制不同时间的地面沉降等值线图,并分析地面沉降中心与地下水位下降漏斗的关系及地面回弹与地下水位反漏斗的关系;

⑤绘制以地面沉降为特征的工程地质分区图。

(2) 尚未发生但可能发生地面沉降地区的勘查要求

在查明场地工程地质、水文地质条件的基础上,预测发生地面沉降的可能性,并对可能的沉降层位作出估计,对沉降量进行估算,提出预防和控制地面沉降的建议。

4. 地面沉降预测和防治

(1) 预测地面沉降的估算方法

①分层总和法;②单位变形量法;③地面沉降发展趋势的预测;④地区性经验公式法。详细内容可参阅相关工程手册。

(2) 地面沉降的防治

1) 已发生地面沉降的地区

①压缩地下水开采量,减少水位降深幅度。在地面沉降剧烈的情况下,应暂时停止开采地下水。

②向含水层进行人工回灌,回灌时要严格控制回灌水源的水质标准,以防止地下水被污染。并要根据地下水动态和地面沉降规律,制定合理的采灌方案。

③调整地下水开采层次,进行合理开采,适当开采更深层的地下水。

④在高层建筑密集区域内应严格控制建筑容积率。

⑤当地面沉降尚不能有效控制时,在新建或改建桥梁、道路、堤坝、排水设施等市政工程时,应考虑到使用期限内可能出现的地面沉降量。

2) 可能发生地面沉降的地区

①估算沉降量,并预测其发展趋势。

②结合水资源评价,研究确定对地下水的合理开发方案。

③在进行桥梁、道路、管道、堤坝、水井及各类房屋建筑等规划、设计时,预先对可

能发生的地面沉降量作充分考虑。

【例题 3-15】 控制城市地面沉降主要措施有（　　）。
A. 压缩地下水开采量　　　　B. 挖除上部土层，减小荷载
C. 回灌地下水　　　　　　　D. 采取挤密碎石桩、强夯或固化液化层
正确答案：A、C、D。
分析：本题考察对地面沉降控制措施的掌握。

3.3.8.8 废弃物处理场地

1. 固体废弃物堆场的特点

固体废弃物是指在生产建设、日常生活和其他活动中产生的污染环境的固态、半固态废弃物质。固体废弃物可分为工业固体废弃物、城市生活垃圾和危险废弃物。固态废弃物堆场是处置废弃物的处理工程。

固体废弃物堆场有山谷型、平地型和坑埋型，以山谷型为主。山谷型废弃物堆场的组成一般有：

(1) 堤坝：一般为土石坝，在坝内填埋废弃物。

(2) 填埋场：即库区，用以填埋废弃物。有时需设置防渗帷幕，以防止渗出液流出库区。有时需设置截洪沟，用以防止洪水入库。

(3) 封闭系统：对于封闭型填埋场，底部设有防渗衬层，顶部有封盖层，以阻断渗出液和气体对环境的污染。

(4) 水和气的排出系统：包括渗出液集排系统、雨水集排系统、地下水集排系统和气体集排系统。采用井、管道、砂、土工布等构筑，将渗出液导入污水池。

(5) 输送系统：对于水力输送的工业固体废弃物填埋场，一般需先筑初期坝，待废弃物超过初期坝高度时，用废渣材料加高坝，并有输送用的管道、隧道等。

(6) 截污坝、污水池、污水处理厂等。

(7) 监测系统：防渗衬层是固体废弃物堆场的关键设施。防渗衬层设在填埋场的底部，具有防止渗漏、防止扩散和吸附污染物的功能。应有足够的强度和适应变形的能力，在发生差异沉降、膨胀收缩和水流冲刷时不致失效。防渗衬层还应具有一定的抗腐蚀能力。

封闭型堆场顶部还有封盖层。其功能是防止雨水和地表水进入堆场和防止废气逸出，污染空气。封盖层应具有一定的强度和抗变形的能力，以适应差异沉降引起的拉应力。

2. 固体废弃物堆场的主要岩土工程问题

(1) 不良地质作用和地质灾害的勘察和防治；
(2) 堆场的稳定性评价和变形分析；
(3) 堆场的渗漏和污染物运移的预测；
(4) 似土废弃物和非土废弃物性能的研究。

3. 固体废弃物堆场的岩土工程勘察

应着重查明的内容有：

(1) 地形地貌特征和水文气象条件；
(2) 地质构造、地层岩性和不良地质作用；
(3) 岩土的物理力学性质；

(4) 水文的地质条件、岩土和废弃物的渗透性；
(5) 场地、地基和边坡的稳定性；
(6) 污染物的运移规律及其对水源和岩土的污染，对环境的影响；
(7) 筑坝材料，防渗衬层和封盖层用黏土的产地、储量、性能指标和运输条件；
(8) 地震设防烈度，场地、地基和堆积体的地震效应。

4．垃圾填埋场的岩土工程评价

垃圾填埋场的岩土工程评价应包括下列内容：
(1) 洪水、泥石流、滑坡、崩塌、岩溶、地震等不良地质作用对工程的影响；
(2) 工程场地的整体稳定性以及废弃物堆积体的变形和稳定性；
(3) 填埋场的渗漏及其影响；
(4) 预测地下水位变化及其影响；
(5) 污染物的运移规律及其对水源。

5．工业废渣堆场的岩土工程评价

工业废渣堆场的岩土工程评价包括场地稳定性，坝基、坝肩和库岩的稳定性，坝址和库区的渗漏及其对环境的影响以及对建筑材料的评价。

3.3.8.9 地质灾害危险性评估

地质灾害危险性评估是在查明各种致灾地质作用的性质、规模和承灾对象的社会经济属性（承灾对象的价值，可移动性等）的基础上，从致灾体稳定性、致灾体和承灾对象遭遇的概率上分析入手，对其潜在的危险性进行客观评估。

地质灾害是指包括自然因素或者人为活动引发的危害人民生命和财产安全的山体崩塌、滑坡、泥石流、地面坍塌、地裂缝、地面沉降等地质作用有关的灾害。地震灾害易发区是指容易产生地质灾害的区域。地质灾害危险区是指可能发生地质灾害且将可能造成较多人员伤亡和严重经济损失的地区。地质灾害危害程度是指地质灾害造成的人员伤亡、经济损失和生态环境破坏的程度。

1．地质灾害危险性评估范围、内容和分级标准

(1) 基本要求

1) 在地质灾害易发区进行工程建设，必须在可行性研究阶段进行地质灾害危险性评估；在地质灾害易发区内进行城市总体规划、村庄和集镇规划时，必须对规划区进行地质灾害危险性评估。

2) 地质灾害危险性评估，必须对建筑工程遭受地质灾害的可能性和该工程在建设和建设后引发地质灾害的可能性做出评价，提出具体的预防和治理措施。

3) 地质灾害危险性评估的灾种主要包括：崩塌、滑坡、泥石流、地面塌陷（含岩溶塌陷和矿山采空塌陷）、地裂缝和地面沉降等。

4) 地质灾害危险性评估的主要内容是阐明工程建设区和规划区的地质环境条件的基本特征；对工程建设区和规划区各种地质灾害的危险性，进行现状评估、预测评估和综合评估；提出防治地质灾害的措施和建议，并作出建设场地适宜性评估的结论。

5) 地质灾害危险必须做评估工作，必须在充分搜集利用已有遥感影像、区域地质、矿产地质、水文地质、工程地质、环境地质和气象水文等资料的基础上，进行地面调查，必要时可适当进行物探、坑槽探和取样测试。

(2) 地质灾害危险性评估的范围

地质灾害危险性评估的范围，不能局限于建设用地和规划用地面积内，应根据建设和规划项目的特点、地质环境条件和地质灾害的种类确定，具体要求是：

1) 若危险性仅限于用地面积内，则按用地范围进行评估；
2) 崩塌、滑坡的评估范围应以第一斜坡带为限；
3) 泥石流必须以完整的沟道流域面积为评估范围；
4) 地面塌陷和地面沉降的评估范围应与初步推测的可能范围一致；
5) 地裂缝应与初步推测可能延展、影响范围一致；
6) 当建筑工程和规划区位于强震区，工程场地内分布有可以明显位错或构造性地裂的全新活动断裂或非发生震断裂时，评估范围应包括邻近地区活动断裂的一些特殊构造部位（不同方向的活动断裂的交汇部位、活动断裂的拐弯段、强烈活动部位、端点及断裂上不平滑处等）；
7) 重要的线路工程建设项目，评估范围一般应以相对线路两侧扩展 500～1000m 为限；
8) 在已进行地质灾害危险性评估的城市规划区范围内进行工程建设，建设工程处于已划定为危险性大～中等的区段，还应按建设工程项目的重要性与工程特点进行建设工程地质灾害危险性地质评估；
9) 区域性工程项目的评估范围，应根据区域地质环境条件和工程类型确定。

(3) 地质灾害危险性评估的分级标准

1) 地质灾害危险性评估的分级

地质灾害危险性评估的分级，应根据地质环境条件复杂程度和建设项目的重要性划分为三级。见表 3-30。在充分搜集分析已有资料的基础上，确定评估范围和级别，拟定调查内容和重点，提出质量监控措施和成果等。

地质灾害危险性评估分级　　　　　表 3-30

项目重要性	复 杂 程 度		
	复杂	中等	简单
重要建设项目	一级	一级	一级
较重要建设项目	一级	二级	三级
一般建设项目	二级	三级	三级

2) 地质灾害危险性评估的深度要求

① 一级评估

A. 应有充足的基础资料，进行充分论证；

B. 必须对评估区域分布的各类地质灾害体的危险性和危险程度逐一进行现状评估；

C. 对建筑场地范围和规划区内，工程建设可能引发或加剧的和本身遭受的各类地质灾害的可能性和危害程度分别进行预测评估；

D. 依现状评估和预测评估结果，综合评估其建设场地和规划区地质灾害危险性程度，分区段划分出危险性等级，说明各区段主要地质灾害和危害程度，对建设场地适宜性做出评估，并提出有效防治地质灾害的措施和建议。

②二级评估

A. 应有足够的基础资料，进行综合分析。

B. 必须对评估区域分布的各类地质灾害的危险性和危害程度逐一进行初步现状评估；

C. 对建筑场地范围和规划区内，工程建设可能引发或加剧的和本身可能遭受的各类地质灾害的可能性和危害程度分别进行初步预测评估；

D. 在上述评估的基础上，综合评估其建设场地和规划区地质灾害危险性程度，分区段划出危险性等级，说明各区段主要地质灾害种类和危害程度，对建设场地适宜性做出评估，并提出可行的防治地质灾害措施和建议。

③三级评估

三级评估对必要的基础资料进行分析，参照一级评估要求的内容，做出概略评估。

2. 地质灾害调查内容和要求：地质灾害调查包括崩塌、滑坡、泥石流、地面塌陷、地裂缝、地面沉降、潜在不稳定斜坡等调查，各种地质灾害详细的调查内容与要求可参阅相关手册。

3. 地质环境条件分析

一切致灾地质作用都受地质环境因素综合作用的控制。地质环境条件分析是地质灾害危险性评估的基础。分析地质环境因素的特征与变化规律。地质环境因素主要包括：

（1）岩土体物性：岩土体类型、组分、结构、工程地质特征；

（2）地质构造：构造形态、分布、特征、组合形式和地壳稳定性；

（3）地形地貌：地貌形态、分布及地表特征；

（4）地下水特征：地下水类型，含水岩组分布，补给、径流和排泄条件，动态变化规律和水质、水量；

（5）地表水活动：径流规律、河床沟谷形态、纵坡、径流速度和流量等；

（6）地表植被：植被种类、覆盖率、退化状况等；

（7）气象：气温变化特征、降水时分布规律与特征、蒸发和风暴等

（8）人类工程—经济活动形式与规模。

有关地质环境条件复杂程度分类、建设项目重要性分类及其内容可参阅相关工程手册。

4. 地质灾害危险性评估

（1）地质灾害危险性分级

地质灾害危险性分级见表3-31。

地质灾害危险性分级 表3-31

危险性分级	确 定 要 素	
	地质灾害发育程度	地质灾害危害程度
危险性大	强发育	危害大
危险性中等	中等发育	危害中等
危险性小	弱发育	危害小

（2）地质灾害危险性评估的内容

地质灾害危险性评估包括：地质灾害危险性现状评估、地质灾害危险性预测评估和地

质灾害危险性综合评估。相应评估的详细内容和要求可参阅相关工程手册。

5. 地质灾害危险性评估成果

地质灾害危险性评估成果应包括：

地质灾害危险性评估报告书或说明书，并附评估区地质灾害分布图、地质灾害危险性综合分区评估图和有关照片、地质地貌剖面图等。

地质灾害危险性一、二级评估，要求提交地质灾害危险性评估报告书；三级评估应提交地质灾害危险性评估说明书。地质灾害危险性评估报告书的主要内容包括评估工作概述、地质环境条件、地质灾害危险性预测评估、地质灾害危险性综合分构评估及预防措施。

3.3.9 地震工程

3.3.9.1 地震工程的考试大纲基本内容与要求

（1）抗震设防的基本知识：了解国家标准《中国地震动参数区划图》的基本内容；了解建筑抗震设防的三个水准要求；熟悉抗震设计的基本参数；了解土动力参数的试验方法；了解影响地震地面运动的因素。

（2）地震作用与地震反应谱：了解设计地震反应谱；掌握地震设计加速度反应谱的主要参数的确定方法及其对勘察的要求。

（3）建筑场地的地段与类别划分：熟悉各类建筑场地地段的划分标准；掌握建筑场地类别划分的方法；了解建筑场地类别划分对抗震设计的影响。

（4）土的液化：了解土的液化机理及其对工程的危害；掌握液化判别方法；掌握液化指数的计算和液化等级的评价方法；熟悉抗液化措施的选用。

（5）地基基础的抗震验算：熟悉地基基础需要进行抗震验算的条件和方法。

（6）土石坝抗震设计：熟悉土石坝的抗震措施；掌握土石坝抗震稳定性计算的方法。

3.3.9.2 抗震设防的基本知识

1.《中国地震动参数区划图》的基本内容

"中国地震动参数区划圈"中的"两图一表"。其中两图是"中国地震动峰值加速度区划图"和"中国地震动反应谱特征周期区划图"。两张区划图的设防水准为50年超越概率10%，即相当于《建筑抗震设计规范》所定的设防烈度（或设计基本地震加速度对应的烈度）的概率水准。

"两图"的场地条件为平坦稳定的一般（中硬）场地。"两图"定义地震动峰值加速度为地震动加速度反应谱最大值相应的水平加速度；定义地震动反应谱特征周期为地震动反应谱开始下降点的周期。"一表"为"地震动反应谱特征周期调整表"，它采用四类场地划分。

"两图"提供了特征周期分区：1区（近震区）、2区（中远震区）、3区（远震区），设计地震分组是将特征周期的各区调整为设计地震的第一、二、三组，并按场地类别给出设计特征周期值。如Ⅱ类场地，第一、二、三组的设计特征值分别为0.35s、0.4s和0.45s。

2. 建筑抗震设防的三个水准要求

按震设防的三个水准即"小震不坏、中震可修、大震不倒"。详细内容见《建筑抗震设计规范》第1.0.1条款之规定（以下简称《规范》）

按《规范》进行抗震设计的建筑，其抗震设防目标是：当遭受低于本地区抗震设防烈度的多遇地震影响时，一般不受损坏或不需修理可继续使用；当遭受相当于本地区抗震设防烈度的地震影响时，可能损坏，或一般修理或不需修理仍可继续使用；当遭受高于本地区抗震设防烈度预估的罕遇地震影响时，不致倒塌或发生危及生命的严重破坏。

3. 抗震设计的基本参数

（1）基本烈度：一地区的基本烈度是指该地区在今后一定时期内在一般场地条件下可能遭遇超越概率为10%的烈度值。一定时期系以50年为期限，即一般工业与民用建筑物的使用期限。按《中国地震动参数区划图》（GB 18306—2001）规定将采用地震动参数逐步代替基本烈度。

（2）抗震设防烈度：按国家规定的权限审批、颁发的文件确定，它可作为一个地区抗震设防依据的烈度，一般情况可采用基本烈度。

（3）设计地震动参数：指抗震设计用的地震加速度（速度、位移）时程曲线、加速度反应谱和峰值加速度。

（4）设计基本地震加速度：50年设计基准期超越概率10%的地震加速度设计值。

（5）设计特征周期：抗震设计用的地震影响系数中，反映地震震级、震中距和场地类别等因素的下降段起点的周期值。

4. 土动力参数的试验方法

地震工程地基基础抗震分析中需要有关的土的动参数包括在野外现场原位测试的有标准贯入试验和剪切波速试验。在室内试验中经常要测土的动强度、动弹性模量模量和阻尼比阻尼等。土动力参数的室内试验方法有动三轴试验、共振柱试验、动单剪试验、动扭转试验和振动台试验。其中前两种是最常用的试验方法。可参阅表 3-32。

土动力测试方法 表 3-32

原位试验	物探方法：检层法波速测试 跨孔法波速测试 表面振动方法 动力载荷试验	室内试验	循环三轴试验 循环直剪试验 循环扭剪试验 共振柱试验 振动台试验

5. 影响地震地面运动的因素

影响地震地面运动的主要因素是震源特征、传播途径和场地条件。

震源特征主要是震源强度即震级大小。传播途径主要指震级、距离、方位角和地震波的衰减规律。场地条件主要指土层分布、波速结构及其非线性特性等。

场地土层的特征周期和加速度是影响地震地面运动的主要因素。但是地震对建筑物的破坏影响，必须综合考虑地面运动加速度幅值与共振有关的各种因素，如建筑物动力特性、基本自振周期、场地特征周期以及地震持续时间等。

3.3.9.3 地震作用与地震反应谱

抗震设计反应谱是根据大量实际地震记录分析得到的地震反应谱进行统计分析，并结合震害经验综合判断给出的。即设计反应谱不具体反映1次地震动过程的频谱特性，而是从工程设计的角度，在总体上把握具有某一类特征的地震动特性。

我国大多数抗震设计规范中的设计反应谱（有关规范称为地震影响系数）可表示为：

$$\alpha(T) = \frac{S_A(T)}{g} = \frac{a \cdot \beta(T)}{g} = k \cdot \beta(T) \tag{3-69}$$

式中 $\alpha(T)$——一般情况下由地震环境（地震烈度）和场地环境（场地类别）确定；
k——是地震系数，一般与地震烈度有关；
$\beta(T)$——一般与场地条件有关，常称为动力放大系数；
a——地面加速度峰值；最大地震影响系数 $\alpha_{max}=k\cdot\beta_{max}$；$\beta_{max}$ 为一般取值在 2~3 之间，我国规范一般取 2.25。

为了考虑场地条件对设计反应谱的影响，可将场地划分为若干类，以便采取合理的设计参数和有关的抗震构造措施。场地分类的目的是确定不同场地上设计反应谱，其作用是在地震作用计算中定量考虑场地条件对设计参数的影响。

设计反应谱是工程结构抗震设计的重要参数之一，我国抗震设计规范采用的设计地震动是通过对地震环境和场地环境的分析判断和分类方法确定。根据工程勘察提供的以下资料或参数，一是有关地震环境方面的资料：包括设计基本地震加速度和设计特征周期等，二是场地环境方面的资料；包括覆盖层厚度、剪切波速测试结果、土层钻孔资料等。

建筑抗震设计规范通过场地分类、设防烈度与设计反应谱相联系，按以下步骤进行：

1）确定设计基本地震加速度和设计特征周期

抗震设防烈度可采用中国地震动参数区划图提供的基本烈度（或与设计基本地震加速度对应的烈度）；对做过抗震防灾规划的城市，可按批准的抗震设防区划（设防烈度或设计地震动参数）确定。

一般情况下，设防烈度及设计基本加速度和设计特征周期可根据场地在中国地震动参数区划图上的位置判断确定。但需考虑《建筑抗震设计规范》的有关规定。

2）计算和确定等效剪切波速

一般情况下，土层的等效剪切波速，应按下列公式计算：

$$v_{se} = d_0/t \tag{3-70}$$

$$t = \sum_{i=1}^{n}(d_i/v_{si}) \tag{3-71}$$

式中 v_{se}——土层等效剪切波速（m/s）；
d_0——计算深度（m），取覆盖层厚度和 20m 二者的较小值；
t——剪切波在地面至计算深度之间的传播时间；
d_i——计算深度范围内第 i 土层的厚度（m）；
v_{si}——计算深度范围内第 i 土层的剪切波速（m/s）；
n——计算深度范围内土层的分层数。

3）确定场地覆盖层厚度

建筑场地覆盖层厚度的确定，应符合下列要求：

①一般情况下，应按地面至剪切波速大于 500m/s 的土层顶面的距离确定。

②当地面 5m 以下存在剪切波速大于相邻上层土剪切波速 2.5 倍的土层，且其下卧岩土的剪切波速均不小于 400m/s 时，可按地面至该土层顶面的距离确定。

③剪切波速大于 500m/s 的孤石、透镜体，应视同周围土层。

④土层中的火山岩硬夹层，应视为刚体，其厚度应从覆盖土层中扣除。

4）场地类别确定

根据工程场地的等效剪切波速和覆盖层厚度按规范相应表格确定场地类别。

基于上述各项确定场地类别、设防烈度、设计基本地震加速度和设计特征周期，可按下式确定设计反应谱（地震影响系数）：

$$\alpha = \begin{cases} [0.45 + 10(\eta_2 - 0.45)T]\alpha_{max} & \text{当 } T \leqslant 0.1s \\ \eta_2 \alpha_{max} & \text{当 } 0.1s < T \leqslant T_g \\ (T_g/T)^{\gamma} \eta_2 \alpha_{max} & \text{当 } T_g < T \leqslant 5T_g \\ [0.2^{\gamma}\eta_2 - \eta_1(T - 5T_g)]\alpha_{max} & \text{当 } T > 5T_g \end{cases} \quad (3-72)$$

式中　α——地震影响系数；

α_{max}——地震影响系数最大值；

η_1——直线下降段的下降斜率调整系数；

γ——衰减指数；

T_g——特征周期；

η_2——阻尼调整系数；

T——结构自振周期。

应注意建筑抗震设计规范设计反应谱适用周期范围是6s以内，大于6s的设计反应谱应做专门研究。另计算8、9度罕遇地震作用时，特征周期应增加0.05s。

其他构筑物、桥梁工程及水工建筑物抗震规范中有关地震设计加速度反应谱主要参数的确定方法可参阅相关行业规范。

3.3.9.4　建筑场地的地段与类别划分

场地覆盖层厚度和表层土的软硬是影响反应谱特性的重要因素，二者综合考虑可较全面、合理地划分场地类别。场地类别系按场地土类型和场地覆盖厚度对场地地震效应的一种划分，作为表征场地条件的指标。

1. 建筑场地地段的划分标准

影响建筑震害和地震动参数的场地因素很多，其中包括有局部地形、地质构造、地基土质等，影响的方式也各不相同。一般认为，对抗震有利的地段指地震时地面无残余变形的坚硬或开阔平坦密实均匀的、中硬土范围或地区；不利地段为可能产生明显变形或地基失效的某一范围或地区；危险地段指可能发生严重的地面残余变形的某一范围或地区。抗震设计规范规定了地震场区选择的原则划分，见表3-33。

建筑场地各类地段的划分　　　　　表3-33

地段类别	地质、地形、地貌
有利地段	稳定基岩、坚硬土或开阔平坦、密实均匀的中硬土等
不利地段	软弱土，液化土，条状突出的山嘴，高耸孤立的山丘，非岩质的陡坡，河岸和边坡边缘，平面分布上成因、岩性、状态明显不均匀的土层（如古河道、断层破碎带、暗埋的塘滨沟谷及半挖半填地基）等
危险地段	地震时可能发生滑坡、崩塌、地陷、地裂、泥石流等及发震断裂带上可能发生地表错位的部位

在选择建筑场地时，应根据工程需要，掌握地震活动情况和工程地质的有关资料，做出综合评价，宜选择有利的地段、避开不利的地段，当无法避开时应采取适当的抗震措

施；不应在危险地段建造甲、乙、丙类建筑。

有利地段的划分是建立在排除场地不利和危险因素基础上的，由一般坚硬土（如稳定岩石、密实的碎石土）及开阔平坦、密实均匀的中硬土（如中密、稍密的碎石土，密实的砾、中、粗砂和老黏性土）构成的场地均可划分为有利场地。

2. 场地选择与划分的意义及对抗震设计的影响

人们常常看到在具有不同工程地质条件的场地上，建筑物在地震中的破坏程度是明显不同的。于是人们自然就想到在不同的场地条件下建筑物所受的破坏程度是不同的，那么，选择对抗震有利的场地和避开不利的场地进行建设，就能大大的减轻地震灾害。另一方面，由于建设用地受到地震以外的许多因素的限制，除了极不利和有严重危险性的场地以外往往是不能排除其作为建设用场地的。这样就有必要按照场地、地基对建筑物所受地震破坏作用的强弱和特征进行分类，以便按照不同场地特点采取抗震措施。这就是地震区场地选择与分类的目的。

【例题 3-16】 场地土类别划分的依据是（　　）。
  A. 场地土等效剪切波速和场地土覆盖层厚度
  B. 场地土类型和土的地质年代
  C. 基本烈度和场地土覆盖层厚度
  D. 场地土等效剪切波速和基本烈度
  正确答案：A。
  分析：本题考查对场地土类别划分依据的掌握。

3.3.9.5 土的液化

1. 土的液化及其对工程的危害

饱和砂土受振动后，致使孔隙水压力上升，相应减小了土粒间的有效应力，降低土的抗剪强度。在周期性地震荷载作用下，孔隙水压力逐渐累积，甚至完全抵消有效应力，使土粒处于悬浮状态，完全丧失土的承载力，这种现象称为液化，在工程中带来的危害主要表现为：

（1）涌砂：涌出的砂掩盖田地，压死农作物，使沃土盐碱化、砂碛化，同时河床、渠底、边沟和井筒淤塞，给农业灌溉设施带来严重的损害。

（2）滑塌：这是砂土液化的最严重的后果之一，即使地势很平缓，也会使土层产生大规模的滑移，导致建于其上的建筑物破坏和地面裂缝。

（3）沉陷：这也是常见的由砂土液化引起的严重震害。

（4）浮起：在一些情况下，砂土液化会使某些构筑在地下的轻型结构物如罐体类结构浮出地面。

2. 液化判别方法

对于一般工程项目砂土或粉土液化判别及危害程度估计可按以下步骤进行。

1) 初判：初判是以地质年代、黏粒含量、地下水位及上覆非液化土层厚度等作为判断条件。具体规定为：①地质年代为第四纪晚更新世（Q_3）及以前时 7、8 度可判为不液化；②当粉土的黏粒（粒径小于 0.005mm 的颗粒）含量百分率在 7、8 和 9 度时分别大于 10、13 和 16 可判为不液化；③采用天然地基的建筑，当上覆非液化土层厚度和地下水位深度符合下列条件之一时，可不考虑液化影响。

$$d_u > d_0 + d_b - 2$$

$$d_w > d_0 + d_b - 3 \qquad (3\text{-}73)$$

$$d_u + d_w > 1.5d_0 + 2d_b - 4.5$$

式中 d_w——地下水位深（m），宜按建筑使用期内年平均最高水位采用，也可按近期内年最高水位采用；

d_u——上覆非液化土层厚度（m），计算时宜将淤泥和淤泥质土层扣除；

d_b——基础埋置深度（m），不超过 2m 时采用 2m；

d_0——液化土特征深度（m），可按表 3-34 采用。

液化土特征深度　　　　　　　　　　　　　　　　　表 3-34

饱和土类别	7 度	8 度	9 度	饱和土类别	7 度	8 度	9 度
粉土	6	7	8	沙土	7	8	9

2）细判

当初判存在液化的可能时，需进行以标准贯入试验为基础的二次判别。当饱和可液化土的标贯击数 N63.5 的值小于式（3-74）计算得出的 N_{cr} 时，判为液化，否则为不液化。

$$N_{cr} = N_0[0.9 + 0.1(d_s - d_w)]\sqrt{3/\rho_c} \qquad (d_s \leqslant 15) \qquad (3\text{-}74)$$

$$N_{cr} = N_0[2.4 + 0.1d_w]\sqrt{3/\rho_c} \qquad (15 \leqslant d_s \leqslant 20)$$

式中 N_0——液化判别标准贯入锤击数基准值；

d_s——饱和土标准贯入试验点深度（m）；

d_w——地下水位深度（m）；

ρ_c——黏粒含量百分率，当小于 3 或是砂土时，均应取 3。

3）土层柱状液化等级判定

《建筑抗震设计规范》提供采用液化指数来表述液化程度的简化方法，液化指数利用式（3-75）计算：

$$I_{le} = \sum_{i=1}^{n}\left(1 - \frac{N_i}{N_{cri}}\right)d_i\omega_i \qquad (3\text{-}75)$$

式中 n——判别深度内第一个钻孔标准贯入试验总数；

N_i、N_{cri}——分别为 i 点标准贯入锤击数的实测值和临界值，当实测值大于临界值时取临界值；

d_i——i 点所代表的土层厚度（m）；

ω_i——第 i 层考虑单位土层厚度的层位影响权函数值（m^{-1}）。若判别深度为 15m，当该层中点深度不大于 5m 时应采用 10，等于 15m 时采用零值，5～15m 时应按线性内插法取值。若判别深度为 20m，当该层中点深度不大于 5m 时应采用 10，等于 20m 时应取零值，5～20m 时应按线性内插法取值。

得到液化指数后，可按表 3-35 确定其液化等级。

液化等级划分 表3-35

液化等级	液化指数 I_{le}	地面震害	建筑物震害
轻微	小于等于5（小于等于6）	地面无喷水冒砂（以下简称喷冒），或仅有零星喷冒点	液化危害小，一般不致引起震害
中等	5～15（6～18）	喷冒的可能性很大，从轻微到严重的喷冒均有，但多属中等喷冒	液化危害性较大，可造成不均匀沉降或开裂，有时地面不均匀沉降可达20cm
严重	>15（>18）	喷冒一般都很严重，地面变化很明显	液化危害大，一般可造成大于20cm的不均匀沉降，高重心结构可能造成不容许的倾斜

注：括号内是判别深度为20m时的液化指数。

【例题3-17】 在抗震设防区的饱和砂土或粉土，当符合下列（　　）条件时，可初步判别为非液化土。

A. 基本烈度为7度，粉土中黏粒含量 ρ_c>10%
B. 形成土的地质年代早于第四纪晚更新世
C. 基本烈度为8度，粉土中黏粒含量 ρ_c>13%
D. 基本烈度为9度，粉土中黏粒含量 ρ_c>15%
E. 标准贯入实际锤击数小于临界锤击数

正确答案：A、B、C。

分析：本题考察对砂土液化初步判别方法的掌握。

公路、水利等行业有关土体的液化判别方法与标准可参阅相关行业规范。

3. 抗液化措施的选用

（1）建筑抗震设计规范

《建筑抗震设计规范》的地基抗液化措施是综合考虑建筑物的重要性和地基液化等级，再结合具体情况确定的。当液化土层较平坦且均匀时，一般可按表3-36选用。

抗液化措施选择原则 表3-36

建筑类别	地基的液化等级		
	轻微	中等	严重
乙类	部分消除液化沉陷，或对地基和上部结构处理	全部消除液化沉陷，或部分消除液化沉陷且对基础和上部结构处理	全部消除液化沉陷
丙类	基础和上部结构处理，亦可不采取措施	基础和上部结构处理，或更高要求的措施	全部消除液化沉陷，或部分消除液化沉陷且对基础和上部结构处理
丁类	可不采取措施	可不采取措施	基础和上部结构处理，或其他经济的措施

（2）全部消除地基液化沉陷的措施，应符合下列要求：

1）采用桩基时，桩端伸入液化深度以下稳定土层中的长度（不包括桩尖部分），应按计算确定，且对碎石土，砾、粗、中砂，坚硬黏性土和密实粉土尚不应小于0.5m，对其他非岩石土尚不应小于1.5m；

2) 采用深基础时，基础底面埋入液化深度以下稳定土层中的深度，不应小于0.5m；

3) 采用加密法（如振冲、振动加密、砂桩挤密、强夯等）加固时，应处理至液化深度下界，且处理后土层的标准贯入锤击数的实测值，不宜小于相应的临界值；

4) 挖除全部液化土层；

5) 采用加密法或换土法处理时，在基础边缘以外的处理宽度，应超过基础底面下处理深度的1/2且不小于基础宽度的1/5。

(3) 部分消除地基液化沉陷的措施，应符合下列要求：

1) 处理深度应使处理后的地基液化指数减少，当判别深度为15m时，其值不宜大于4，当判别深度为20m时，其值不宜大于5；对独立基础与条形基础，尚不应小于基础底面下液化土特征深度和基础宽度的较大值。

2) 处理深度范围内，应挖除其液化土层或采用加密法加固，使处理后土层的标准贯入锤击数实测值不宜小于相应的临界值。

3) 基础边缘以外的处理宽度与全部清除地基液化沉陷时的要求相同。

(4) 减轻液化影响的基础和上部结构处理，可综合考虑采用下列各项措施：

1) 选择合适的基础埋置深度；

2) 调整基础底面积，减少基础偏心；

3) 加强基础的整体性和刚性，如采用箱基、筏基或钢筋混凝土十字形基础，加设基础圈梁、基础系梁等；

4) 减轻荷载，增强上部结构的整体刚度和均匀对称性，合理设置沉降缝，避免采用对不均匀沉降敏感的结构型式等；

5) 管道穿过建筑处应预留足够尺寸或采用柔性接头等。

3.3.9.6 地基基础的抗震验算

(1) 在《建筑抗震设计规范》中规定，下列建筑可不进行天然地基及基础的抗震承载力验算：

1) 砌体房屋；

2) 地基主要受力层范围内不存在软弱黏性土层的一般单层厂房、单层空旷房屋和不超过8层且高度在25m以下的一般民用框架房屋及与其基础荷载相当的多层框架厂房；

3) 本规范规定可不进行上部结构抗震验算的建筑。

(2)《构筑物抗震设计规范》（GB 50191—1993）规定下列天然地基上构筑物，可不进行地基和基础承载力验算：

1) 6度时的构筑物；

2) 7、8和9度时，地基静承载力标准值分别大于80、100、120kPa且高度不超过25m的构筑物；

3) 规范规定可不进行上部结构抗震验算的构筑物。

(3)《建筑抗震设计规范》和《构筑物抗震设计规范》根据结构的特点分别列出了以下桩基不验算范围：

1)《建筑抗震设计规范》对于承受竖向荷载为主的低承台桩基，当地面下无液化土层，且桩承台周围无淤泥、淤泥质土和地基土静承载力标准值不小于100kPa的填土时，下列建筑可不进行桩基抗震承载力验算：

①《建筑抗震设计规范》中不验算地基第（1）和（3）款规定的建筑；

②7度和8度时，一般单层厂房、单层空旷房屋和不超过8层且高度在25m以下的民用框架房屋及与其基础荷载相当的多层框架厂房。

2)《构筑物抗震设计规范》规定承受竖向荷载为主的低承台桩基，当同时符合下列条件时，可不进行桩基竖向抗震承载力和水平抗震承载力的验算：

①6~8度时，符合不做天然地基验算规定的构筑物；

②桩端和桩身周围无液化土层；

③桩承台周围无液化土、淤泥、淤泥质土、松散砂土，且无地基静承载力标准值小于130kPa的填土；

④构筑物不位于斜坡地段。

(4) 地基土抗震承载力设计值确定

规范采用抗震承载力与静力容许承载力的比值作为地基土承载力调整系数，其值也可近似通过动静强度之比求得。《建筑抗震设计规范》规定，对天然地基基础抗震验算时，地基抗震承载力应按式（3-76）计算：

$$f_{aE} = \zeta_a f_a \tag{3-76}$$

式中　f_{aE}——调整后的地基抗震承载力设计值；

ζ_a——地基抗震承载力调整系数，应按表3-37采用；

f_a——深宽修正后的地基承载力特征值，应按现行国家标准《建筑地基基础设计规范》采用。

地基土抗震承载力调整系数　　　　表 3-37

岩土名称和性状	ζ_a
岩石，密实的碎石土，密实的砾、粗、中砂，$f_{ak} \geq 300$ 的黏性土和粉土	1.5
中密、稍密的碎石土，中密和稍密的砾、粗、中砂，密实和中密的细、粉砂，$150 \leq f_{ak} < 300$ 的黏性土和粉土，坚硬黄土	1.3
稍密的细、粉砂，$100 \leq f_{ak} < 150$ 的黏性土和粉土，可塑黄土	1.1
淤泥，淤泥质土，松散的砂，杂填土，新近沉积的黏性土和粉土，流塑黄土	1.0

天然地基地震作用下的承载力验算要求和桩基在地震作用下的承载力验算要求可参阅3.3.3节浅基础和3.3.4节深基础相关内容。

3.3.9.7　土石坝抗震设计

1. 土石坝设计的抗震措施

(1) 土石坝遭遇沿坝轴线方向的地震时，坝体压缩，两岸容易发生张力，致使防渗体产生裂缝，所以，在地震区建坝，坝轴线一般宜采用直线，或向上游弯曲，不宜采用向下游弯曲的、折线形或"S"形的坝轴线。以便在蓄水期间发生地震时，减少两坝肩产生裂缝的几率。

(2) 设计烈度为8度和9度时，宜选用堆石坝，防渗体不宜选用刚性心墙的形式。选用均质坝时，应设置内部排水系统，降低浸润线。

(3) 为改善均质坝的抗震性能，宜设内部排水，如竖向排水或水平排水系统，以降低浸润线。高烈度区不宜建刚性心墙坝。

（4）设计烈度为 8 度和 9 度时，宜加宽坝顶，采用上部缓、下部陡的断面。坝坡可采用大块石压重，或土体内加筋。

（5）应加强土石坝防渗体，特别是在地震中容易发生裂缝的坝体顶部、坝与岸坡或混凝土等刚性建筑物的连接部位。应在防渗体上、下游面设置反滤层和过渡层，且必须压实并适当加厚。

（6）应选用抗震性能和渗透稳定性较好且级配良好的土石料筑坝。均匀的中砂、细砂、粉砂及粉土不宜作为地震区的筑坝材料。

（7）对于黏性土的填筑密度以及堆石的压实功能和设计孔隙率，应按《碾压式土石坝设计规范》中的有关条文执行。设计烈度为 8 度和 9 度时，宜采用其规定范围值的高限。

（8）对于无黏性土压实，要求浸润线以上材料的相对密度不低于 0.75，浸润线以下材料的相对密度可选用 0.75～0.85；对于砂砾料，当大于 5mm 的粗料含量小于 50% 时，应保证细料的相对密度满足上述对无粘性土压实的要求。

（9）1、2 级土石坝，不宜在坝下埋设输水管。

2. 土石坝抗震稳定性计算

土石坝的抗震计算方法主要有二类：一类是建立在有限元法基础上的动力分析方法，该法可以坝体和坝基内动应力分布及地震引起的坝体变形，这类方法在美国是土石坝计算的主要方法，近年来国内高烈度的高土石坝也采用了这种方法计算，另一类是以瑞典圆弧法和简化毕肖普法为基础的拟静力法，该法在国内中小型土石坝应用广泛，积累了大量经验，具有一定可靠性。

《水工建筑抗震设计规范》（DL 5073—2000）规定土石坝的抗震计算应以拟静力法为主。但在高烈度区（设计烈度 8、9 度）且高土石坝（高度大于 70m）或地基中可能存在液化土时，在拟静力法分析的基础上，应同时进行有限元法对坝体和坝基进行动力分析。

3.3.10 岩土工程检测与监测

3.3.10.1 岩土工程检测与监测的考试大纲基本内容与要求

（1）岩土工程检测：了解岩土工程检测的要求；了解岩土工程检测的方法和适用条件；掌握检测数据分析与工程质量评价方法。

（2）岩土工程监测：了解岩土工程监测（包括地下水监测）的目的、内容和方法；掌握监测资料的整理与分析；了解监测数据在信息化施工中的应用。

3.3.10.2 岩土工程检测

1. 岩土工程检测的目的、内容

（1）检测目的

现场检验是指在施工阶段直接或间接揭露的地质情况，对工程勘察成果与评价建议等进行的检查校核，一方面检查施工揭露的情况是否与勘查情况相符，另一方面校核结论和建议是否符合实际，当发现与勘察成果有出入时，应进行补充修正，对施工中出现的问题，应提出处理意见和措施建议，必要时，尚应进行施工阶段的勘察工作。现场检验还包括提供技术要求和施工质量的控制及检验。现场检验的目的，是使设计施工符合岩土工程实际条件，以确保工程质量，并总结勘察经验，提高勘查水平。

（2）检测内容

1）基槽（坑）开挖后基槽（坑）的检验。

2）地基改良和加固处理过程中及处理后对处理质量、方法、设备、材料及处理效果的检验。

3）桩（墩）基础质量及承载能力的检验。

2. 基槽（坑）检测

（1）基槽检验的任务

天然地基的基槽开挖后，均应经检验后方能进行基础施工，以防基底下隐藏与勘察报告不相符合的异常地质情况，给建筑物造成破坏留下隐患。基槽检验的任务如下。

1）检验勘察报告中所提各项地质条件及结论建议是否正确，是否与基槽开挖后的地质情况相符合。

2）根据挖槽后出现的异常地质情况，提出处理措施。

3）解决勘察报告中未能解决的遗留问题。

（2）基槽检验的主要内容和步骤

1）基槽挖开后首先由施工单位全面进行轻型动力触探试验，以了解基底土层的均匀性，基底浅部是否有软弱下卧层及基底下是否有古井、古墓、菜窖等存在。

2）核对基槽位置、平面尺寸和槽底标高是否与勘查时相同。

3）审阅施工单位的轻型动力触探试验记录，试验异常点的分布地段及其分布规律，分析其异常的原因，勘探手段进行验证。

4）逐段或按每个建筑物单元详细检查槽底土质是否与勘查报告中所建议的持力层相符，在城市中应特别注意基底有无杂填土及其分布情况，对于轻型动力触探试验异常部位应特别仔细查验，找到原因，同时核对地下水情况。

5）基底为干硬或稍湿的黏性土层，验槽时可采用铁锹拍底检查古井、墓穴及虚土等。

6）在进行直接观察时可用袖珍贯入仪作为辅助手段。

7）填写验槽记录或检验报告。

3. 桩的动力检测

根据作用在桩顶上动荷载的能量是否使桩土之间产生一定位移，可以把桩的动力检测分为高应变和低应变两种方法。高应变法，作用在桩上的动荷载使桩克服土阻力和桩尖土强度能够得到一定的发挥，所以高应变法主要用于确定单桩承载力。低应变法，作用在桩上的动荷载远小于桩的使用荷载，不足以把桩打动，它是通过应力波在桩身内的传播和反射原理，对桩进行结构完整性评价。

（1）低应变的射波法

把桩视为一维弹性杆。当桩顶作用一脉冲力后，应力波将沿桩身传播，遇到波阻抗变化处将产生反射和透射。根据应力波反射波形特征可以判断桩身介质波阻抗的变化情况，从而判定桩身的完整性。

（2）低应变机械阻抗法

在频域中，动态力和由它产生的运动响应（位移、速度或加速度）之比称为机械阻抗 Z，机械阻抗的倒数称为机械导纳 Y。桩的动力测试通常用速度阻抗和速度导纳。若把桩土系统简化为质、弹、阻尼体系，那么它的阻抗和导纳可用阻尼、弹簧和质量三者集中参数元件的并联网络求得。桩—土系统的速度导纳与桩的质量、桩土阻尼和刚度以及外加动态力频率有关。速度、导纳频率变化曲线称为速度导纳曲线，速度导纳曲线含有与桩身质量有关的信息，它是判断桩身结构完整性的主要依据。

（3）高应变法

高应变动测就是在桩顶作用一个高能量荷载，使桩和桩周土之间产生相对位移，从而激发出桩测土的阻力。通过高桩顶适当距离处安装的加速度传感器和应力传感器，获得桩的动力响应曲线，根据一定的假设条件，从获得的动力响应曲线中，可以确定或估计桩身的承载力、桩侧土阻力分布、桩身的完整性等。

3.3.10.3 岩土工程监测

1. 岩土工程监测的目的、内容

（1）监测目的

现场监测是对自然或人为作用引起岩土性状、周围环境条件（包括工程地质条件、水文地质条件）及相邻结构、设施等发生变化进行的各种观测工作。现场监制的目的，是了解、掌握自然或人为作用的影响程度，监视其变化规律和发展趋势，以便及时采取相应的防治措施，反馈信息，积累经验。

（2）监测内容

1) 对岩土所受到的施工作用、各类荷载的大小，以及在这些荷载作用下岩土反应性状的检测。如土与结构物之间接触压力的测量、岩土体表面及其内部变形与位移的监测。

2) 对建筑或运营中结构物的监测，如对建筑物的沉降观测、基坑开挖中支护结构的检测。

3) 监测岩土工程在施工及运营过程中对周围环境条件的影响，包括基坑开挖和人工水对邻近结构与设施的影响，施工造成的振动、噪声、污染等因素对环境的影响等方面的问题。

4) 地下水的监测，包括地下水的水位、水量、水质、水压、水温及流速。流向等在自然或人为因素影响下随时间或空间的变化规律的监测。

5) 不良地质作用和地质灾害的监测，如对岩溶或土洞、滑坡与崩塌。泥石流、采空区、地面沉降与地裂缝的监测，特殊土地基上建筑物与地基的监测，地震作用下建筑物地基的地震反应。

2. 沉降观测

（1）建筑沉降观测

建筑物沉降观测的目的是测定建筑物地基的沉降量、沉降差及沉降速率并计算基础倾斜、局部倾斜、相对弯曲及构件倾斜。

1) 沉降观测的要求

下列工程应进行沉降观测：

①地基基础设计等级为甲级的建筑物。

②复合地基、不均匀地基或软弱地基上的乙级建筑物。

③加层、拉建，邻近开挖、堆载等，使地基应力发生显著变化的工程。

④因抽水等原因，地下水位发生急剧变化的工程。

⑤其他有关规范规定需要做沉降观测的工程。

2) 基准点的布置和埋设；
3) 沉降观测点的布置；
4) 沉降观测标志的埋设；
5) 观测工作；
6) 沉降观测点的观测方法和技术要求；
7) 资料整理；
8) 成果提交。

(2) 基坑回弹观测：测定深埋大型基础在基坑开挖后，由于卸除地基土自重而引起的基坑内外影响范围内相对于开挖前的回弹量。

(3) 地基土分层沉降观测：测定高层和大型建筑物地基内部各分层土的沉降量、沉降速率以及有效压缩层厚度。

(4) 建筑场地沉降观测：测定建筑物相邻影响范围内的相邻地基沉降与建筑物相邻影响范围外的场地地面沉降。场地地面沉降，主要指由于长期降雨、下水道漏水、地下水位大幅度变化、大量堆载和卸载、地裂缝、潜蚀、砂土液化以及采掘等原因引起的一定范围内的地面沉降。

3. 位移观测

主要包括有：

(1) 建筑物主体倾斜观测

建筑物主体倾斜观测，应测定建筑物顶部相对于底部或各层间上层相对于下层的水平位移与高差，分别计算整体或分层的倾斜度、倾斜方向以及倾斜速率。对具有刚性建筑物的整体倾斜，亦可通过测量顶面或基础的相对沉降间接确定。

(2) 建筑物水平位移观测

建筑物水平位移观测包括位于特殊性土地区的建筑物地基基础水平位移观测、受高层建筑物施工影响的建筑物及工程设施水平位移观测以及挡土墙、大面积堆载等工程中所需的地基土深层侧向位移观测等，应测定在规定水平面位置上随时间变化的位移量和位移速度。

(3) 建筑物裂缝观测

裂缝观测应测定建筑物上的裂缝分布位置裂缝的走向、长度、宽度及其变化程度。观测的裂缝数量视需要而定，主要的或变化大的裂缝应进行观测。

(4) 建筑场地滑坡观测

建筑场地滑坡观测，应测定滑坡的周界、面积、滑动量、滑移方向、主滑线以及滑动速度，并视需要进行滑坡预报。

4. 土中孔隙水压力观测

以孔隙水压力为纵坐标，荷载为横坐标绘制孔隙水压力与荷载的关系曲线。根据曲线可判定施工期间土体中孔隙水压力的变化，以便控制施工加荷的大小。孔隙水压力开始一般随土体上部荷载的增加而逐渐增大，当荷载达到某一限度时，孔隙水压力突然增加，曲线上形成变突点，此时表明土体产生了剪切破坏，荷载已超过土体强度。

目前观测土中孔隙水压力的设备，常用的有孔隙水压计表。孔隙水压计表的形式有三种，即液压式、气压式和电感式。

5. 深基坑工程监测

(1) 监测内容、对象与方法

深基坑工程各种监测具体对象与方法详见表 3-38。各种监测技术工作必须符合有关专业的规范、规程的规定。

基坑工程监测内容、对象与方法　　　　　　　　　表 3-38

内容	对象	方法
变形	地面、边坡、坑底土体、支护结构（桩、锚、内支撑、连续墙等）建（构）筑物、地下设施	目测巡检，对倾斜、开裂、鼓凸等迹象进行丈量、记录、绘制图形或摄影 精密光学仪器、导线或收剑计测量水平和垂直位移，经纬仪投影测量倾斜 埋设测斜管、分层沉降仪测量深层土体变形
应力	支护结构中的受力构件、土体内应力	预埋应力传感器、钢筋应力计、电阻应变片等测量元件 埋设土压力盒或应力铲测压仪
地下水动态	地下水位、水压、抽（排）水量、含砂量	设置地下水观测孔 埋设孔隙水压力计或钻孔测压仪 对抽水流量、含砂量定期观测、记录

(2) 监测项目的选择

根据基坑的安全等级不同，监测的项目应有所区别，具体可见表 3-39 选择。

监测项目的选择　　　　　　　　　表 3-39

监测项目	工程安全等级		
	一级	二级	三级
边坡土体位移观测（用测量仪器）	△	△	△
边坡土体位移观测（用测斜仪）	△	□	□
支护结构位移观测（用测量仪器）	△	△	△
支护结构位移观测（用测斜仪）	△	△	□
边坡土体沉降观测	△	△	△
支护结构沉降观测	△	△	△
边坡土体内部沉降观测	□	×	×
相邻建（构）筑物变形观测	△	△	△
地下设施变形观测	△	△	□
支护结构受力状态监测	△	□	×
土体的土压力及孔隙水压力监测	□	□	×
地下水动态观测	深层降水时必须进行		

注：△—必须进行的项目；□—有条件宜进行的项目；×—可不进行的项目。

(3) 监测工作的要求

1) 对土体和支护结构的水平位移和沉降观测；

2) 土体应力与孔隙水压力压力的监测；
3) 土体、桩体变形监测；
4) 内支撑及锚杆应力监测；
5) 地下水动态监测。

3.3.11 工程经济与管理

3.3.11.1 考试大纲基本内容与要求

（1）建设工程项目总投资：了解现行建设工程项目总投资的构成及其所包含的内容。

（2）建设工程程序与岩土工程技术经济分析：了解建设工程的管理程序；了解项目可行性研究的作用与内容；熟悉岩土工程勘察、设计及治理（施工）技术经济分析的主要内容和一般程序。

（3）岩土工程概预算及收费标准：了解岩土工程设计概算和施工图预算、岩土工程治理（施工）预算的作用；了解其编制依据、步骤、方法及特点；掌握岩土工程勘察、设计、监测、检测及监理的收费标准。

（4）岩土工程招标与投标：了解现行《中华人民共和国招标投标法》的主要内容；掌握投标报价的依据和基本方法；掌握岩土工程标书的编制。

（5）岩土工程合同：了解岩土工程勘察、工程物探、岩土工程设计、治理、监测、检测及监理合同的主要内容。

（6）岩土工程咨询和监理：了解岩土工程咨询和监理的内容、业务范围、基本特点和依据；熟悉主要工作目标和工作方法。

（7）有关工程勘察设计咨询业的主要行政法规：了解工程勘察设计咨询业法规体系的有关内容。

（8）现行 ISO 9000 族标准：了解现行 ISO 9000 族标准及其与国家标准的对应关系；熟悉八项质量管理原则的内容。

（9）建设工程项目管理：了解建设项目法人的职责；了解总承包工程管理的组织系统；了解项目管理的基本内容、组织原则和项目动态管理信息系统。

（10）注册土木工程师（岩土）的权利与义务：熟悉全国勘察设计行业从业公约和全国勘察设计行业职业道德准则；熟悉注册土木工程师（岩土）的权利和义务。

在建设工程项目实施过程中，岩土工程勘察及相关岩土工程的设计、施工、监测与检测等工作作为建设工程项目的一部分，或贯穿于工程项目的设计、施工、监理等过程中，相应的岩土工程经济与管理也是整个工程经济与管理的有机组成部分。有关岩土工程概预算及收费标准、招标与投标、岩土工程合同、岩土工程咨询和监理等方面的内容也是整个工程项目的一部分，可参阅注册建造师等相关内容。其中在涉及岩土工程的概预算中，岩土工程勘察工作量包括以下内容：

①勘探点定点测量工作量；②工程地质测绘工作量；③钻探（钻孔、探井、探槽、平洞）工作量；④取土（水）、石试样工作量；⑤现场原位测试工作量；⑥工程物探工作量；⑦室内试验工作量。

岩土工程勘察收费收费标准主要根据《工程勘察设计收费标准》2002 年修订本，分为通用工程勘察收费标准和专业工程勘察收费标准。其中：

1) 通用工程勘察收费标准适用于工程测量、岩土工程勘察、岩土工程设计与检测监测、水文地质勘察、工程水文气象勘察、工程物探、室内试验等工程勘察的收费。

2) 专业工程勘察收费标准分别适用于煤炭、水利水电、电力、长输管道、铁路、公路、通信、海洋工程等工程勘察的收费。专业工程勘察中的一些项目可以执行通用工程勘察收费标准。

另外，在岩土工程监理工作中，由于涉及岩土体介质的特性和地下工程施工的特点，岩土工程的监理具有以下特点：

1) 隐蔽性 由于岩土工程监理的工程对象主要是地下隐蔽工程，因此，岩土工程监理更要严密细致、方法得当。

2) 复杂性 由于岩土体，特别是土体是非均质各向异性的，特殊性岩土需要专门的工程勘察、设计和施工方法。工程类型繁多，遇到的岩土工程问题可以有多种多样。

3) 风险性 由于岩土体的非均质性，特别是在复杂条件下场地条件的多变性，有时会严重影响岩土工程评价和监控的精度，给岩土工程监理带来风险。

4) 时效性 由于岩土工程的隐蔽性，在其各环节参与者行为进行的过程中，如不及时监控检测，过后一般就难以补救，因此，岩土工程监理有特别强的时效性。

5) 综合性 岩土工程监理是服务并指导工程建设的全过程，涉及的专业是多种多样的，如岩土工程、工程结构、工程施工、工程技术经济、工程物探、原位测试、工程测量、水文地质及环境工程地质等。因此，在组建岩土工程监理机构时，须根据任务的规模和复杂程度配备具有所需专业特长的监理工程师和其他监理人员。

本 章 小 结

通过本章学习，应了解注册土木工程师（岩土）执业制度与管理规定，了解注册土木工程师（岩土）执业范围、权力与责任、义务。了解注册土木工程师（岩土）资格考试的目的、意义及特点，了解注册土木工程师（岩土）基础考试的基本要求和基本内容，熟悉注册土木工程师（岩土）专业考试的基本要求和基本内容，明确考试内容和相关课程的内在联系。

注册岩土工程师考试分两阶段进行，第一阶段是基础考试，其目的是测试考生是否基本掌握进入岩土工程实践所必须具备的基础及专业理论知识；第二阶段是专业考试，其目的是测试考生是否已具备按照国家法律、法规及技术规范进行岩土工程的勘察、设计和施工的能力和解决实践问题的能力。

注册土木工程师（岩土）基础考试为闭卷考试，测试考生对基础科学的掌握程度和对岩土工程直接有关专业理论知识的掌握程度，包括高等数学、普通物理、理论力学、材料力学、流体力学、建筑材料、电工学、工程经济、工程地质、土力学与地基基础、弹性力学、结构力学与结构设计、工程测量、计算机与数值方法、建筑施工与管理、职业法规。本章简要总结了岩体力学与土力学、工程地质、岩体工程与基础工程知识要点。

注册土木工程师（岩土）执业资格专业考试分二天进行，第一天为专业知识考试，第二天为专业案例考试。第一天为知识概念性考题，由八个专业（科目）的试题构成，分别为：岩土工程勘察、浅基础、深基础、地基处理、土工结构与边坡防护、基坑与地下工程、特殊条件下的岩土工程、地震工程、岩土工程检测与监测、工程经济与管理；第二天为案例分析题，由十一个专业（科目）的试题组成，包括：岩土工程勘察、岩土工程设计基本原则、浅基础、深基础、地基处理、土工结构与边坡防护、基坑工程与地下工程，特殊条件下的岩土工程、岩土工程检测与监测、地震工程、工程经济与管理。本章详细介绍了各部分考试大纲内容与要求，简要总结了专业考试大纲所涉及的知识要点。

考试内容与主要课程对应关系见下表：

本章考试内容与主要课程对应关系表

序号	考试内容	主要对应课程名称	备注
1	3.1 注册土木工程师（岩土）执业资格考试简介	土木工程行业执业资格考试概论	
2	3.2.1 岩体力学	岩石力学、岩体工程	有的高校将岩石力学、岩体工程设为岩体力学与工程
3	3.2.2 工程地质	工程地质	
4	3.3.1 岩土工程勘察	岩土工程勘察	
5	3.3.2 岩土工程设计基本原则		一般不单独开课
6	3.3.3 浅基础	基础工程	一般不单独开课
7	3.3.4 深基础	基础工程	一般不单独开课
8	3.3.5 地基处理	基础工程、或地基处理	一般不单独开课
9	3.3.6 土工结构与边坡防护	基础工程、边坡工程	一般不单独开课
10	3.3.7 基坑工程与地下工程	基础工程、基坑工程、地下工程、隧道工程	基坑工程一般不单独开课
11	3.3.8 特殊条件下的岩土工程	基础工程	一般不单独开课
12	3.3.9 地震工程	工程结构抗震原理、岩土地震工程	
13	3.3.10 岩土工程检测与监测	岩土工程检测与监测	
14	3.3.11 工程经济与管理	工程经济、工程项目管理	

本 章 参 考 文 献

[1] 岩土工程勘察规范 GB 50021—2001. 北京：中国建筑工业出版社，2002.
[2] 建筑工程地质钻探技术标准 JGJ 87—92. 北京：中国建筑工业出版社，1992.
[3] 公路工程地质勘测规范 JTJ 064—98. 北京：人民交通出版社，1998.
[4] 铁路工程地质勘察规范 TB 10012—2001. 北京：中国铁道出版社，2001.
[5] 铁路工程不良地质勘察规程 TB 10027—2001. 北京：中国铁道出版社，2001.
[6] 铁路工程特殊岩土勘察规程 TB 10038—2001. 北京：中国铁道出版社，2001.
[7] 地下铁道、轻轨交通岩土工程勘察规范 GB 50307—1999. 北京：中国计划出版社，1999.

[8] 港口工程地质勘察规范 JTJ 240—97. 北京：人民交通出版社，1997.
[9] 水利水电工程地质勘察规范 GB 50287—99. 北京：中国计划出版社，1999.
[10] 原状土取样技术标准 JGJ 89—92. 北京：中国建筑工业出版社，1992.
[11] 工程岩体分级标准 GB 50218—94. 北京：中国计划出版社，1994.
[12] 工程岩体试验方法标准 GBT 50266—99. 北京：中国计划出版社，1999.
[13] 土工试验方法标准 GBT 50123—1999. 北京：中国计划出版社，1999.
[14] 岩土工程基本术语标准 GBT 50279—98. 北京：中国计划出版社，1998.
[15] 建筑结构设计可靠度统一标准 GB 50068—2001.
[16] 建筑结构荷载规范 GB 50009—2001. 北京：中国建筑工业出版社，2001.
[17] 地基基础设计规范 GB 50007—2002. 北京：中国建筑工业出版社，2002.
[18] 公路桥涵地基与基础设计规范 JTG D63—2007. 北京：人民交通出版社，2007.
[19] 公路路基设计规范 JTG D30—2004. 北京：人民交通出版社，2004.
[20] 铁路路基设计规范 TB 10001—2005. 北京：中国铁道出版社，2005.
[21] 铁路桥涵地基和基础设计规范 TB 10002.5—2005. 北京：中国铁道出版社，2005.
[22] 港口工程地基规范 JTJ 250—98. 北京：人民交通出版社，1998.
[23] 建筑地基基础工程施工质量验收规范 GB 50202—2002. 北京：中国建筑工业出版社，2002.
[24] 建筑桩基技术规范 JGJ 94—2008. 北京：中国建筑工业出版社，2008.
[25] 建筑基桩检测技术规范 JGJ 106—2003. 北京：中国建筑工业出版社，2003.
[26] 建筑地基处理技术规范 JGJ 79—2002. 北京：中国建筑工业出版社，2002.
[27] 建筑基坑支护技术规程 JGJ 120—99. 北京：中国建筑工业出版社，1999.
[28] 建筑边坡工程规范 GB 50330—2002. 北京：中国建筑工业出版社，1999.
[29] 地下铁道工程施工及验收规范 GB 50299—1999. 北京：中国计划出版社，1999.
[30] 铁路路基支挡结构设计规范 TB 10025—2001. 北京：中国铁道出版社，2001.
[31] 湿陷性黄土地区建筑规范 GB 50025—2004. 北京：中国建筑工业出版社，2004.
[32] 膨胀土地区建筑技术规范 GBJ 112—87. 北京：中国计划出版社，1987.
[33] 铁路特殊路基设计规范 TB 10035—2002. 北京：中国铁道出版社，2002.
[34] 碾压式土石坝设计规范 SL 274—2001. 北京：中国水利水电出版社，2004.
[35] 水工建筑物抗震设计规范 SL 203—97. 北京：中国水利水电出版社，1997.
[36] 中国地震动参数区划图 GB 18306—2001.
[37] 建筑抗震设计规范 GB 50011—2001. 北京：中国建筑工业出版社，2001.
[38] 公路工程抗震规范 JTJ 044—89. 北京：人民交通出版社，1990.
[39] 岩土工程监测规范 YS 5229—1996. 北京：中国计划出版社，1996.
[40] 土石坝安全监测技术规范 SL 60—94. 北京：中国水利水电出版社，1994.
[41] 建筑变形测量规程 JGJT 8—97. 北京：清华大学出版社，1997.
[42] 孔隙水压力测试规程 CECS55：93. 中国工程建设标准化协会，1993.
[43] 既有建筑地基基础加固技术规范 JGJ 123—2000. 北京：中国建筑工业出版社，2000.
[44] 生活垃圾卫生填埋技术规范 CJJ 17—2004. 北京：中国建筑工业出版社，2004.
[45] 土工合成材料应用技术规范 GB 50290—98. 北京：中国建筑工业出版社，1998.
[46] 动力机器基础设计规范 GB 50040—1996. 北京：中国计划出版社，1996.
[47] 冻土地区建筑地基基础设计规范 JGJ 118—1998. 北京：中国建筑工业出版社，1998.
[48] 天津大学土木工程系. 全国注册岩土工程师执业资格考试应试指导—基础部分（上、下册）. 天津：天津大学出版社. 2003.
[49] 天津大学土木工程系. 全国注册岩土工程师执业资格考试应试指导—专业部分. 天津：天津大学

出版社. 2003.
[50] 于海峰. 全国注册岩土工程师专业考试培训教材(第三版). 武汉：华中科技大学出版社，2008.
[51] 米祥友，徐前. 注册岩土工程师专业考试辅导—习题·考题·解题. 北京：地震出版社，2004.
[52] 刘兴录. 注册岩土工程师执业资格考试300问. 北京：中国环境科学出版社. 2003.
[53] 孙跃东. 100天突破注册土木工程师(岩土)执业资格考试基础考试复习指南. 北京：人民交通出版社，2004.

第 4 章 注册监理工程师执业资格考试

本章导读：注册监理工程师执业资格考试是我国工程领域首先推行的执业资格考试，是检验考生监理执业能力的手段。本章主要内容为：介绍注册监理工程师执业资格考试的目的和意义、考试形式和特点，介绍建设工程合同管理、质量控制、投资控制、进度控制、建设工程监理概论、监理相关法规、案例考试内容和考试要求。本章重点为：建设工程合同管理、质量控制、投资控制、进度控制、建设工程监理概论、监理相关法规的考试内容和考试基本要求。难点为：准确掌握建设工程监理基本概念、基本原理、基本程序和基本方法，并能灵活运用所学知识解决建设工程监理工作中的实际问题。通过本章学习，应对监理工程师考试有初步了解，包括报考条件、考试内容、考试基本要求、考试方式，明确考试内容和相关课程的内在联系。

4.1 注册监理工程师执业资格考试简介

随着我国工程建设事业的发展，我国建设工程监理制度不断得到完善，并受到全社会的广泛关注和重视。建设工程监理制于 1988 年开始试点，5 年后逐步推开，1997 年《中华人民共和国建筑法》以法律制度的形式作出明确规定，使这项制度进一步走上法制化轨道，开创了建设监理事业的新局面。活跃在建设监理事业中的执业人员——监理工程师，在建设领域中发挥着越来越重要的作用。

由于建设监理业务是工程管理服务，是涉及多学科、多专业的技术、经济、管理等知识的系统工程，执业资格条件要求较高。因此，监理工作需要一专多能的复合型人才来承担。监理工程师不仅要有理论知识，熟悉设计、施工、管理，还要有组织、协调能力，更重要的是掌握并会应用合同、经济、法律知识，具有复合型的知识结构。

监理工程师是由建设工程领域中的专业技术人员担任的。只有通过监理工程师执业资格考试，取得执业资格并经注册的人员才能以监理工程师的名义上岗执业。监理工程师执业资格考试是检验应试者监理执业能力的测试手段。实施监理工程师执业资格统一考试，是规范和完善我国建设监理制度的重要措施，也是这一制度的重要组成部分，通过考试，可以有效地提高监理工作水平和监理队伍素质，进而提高工程建设水平。

国际上多数国家在设立执业资格时，通常比较注重执业人员的专业学历和工作经验，他们认为这是执业人员的基本素质，是保证执业工作有效实施的主要条件。我国根据对监理工程师业务素质和能力的要求，要求参加监理工程师执业资格考试的人员要具有一定的专业学历、和一定年限的工程建设实践经验，具体的报考条件如下：

1. 凡中华人民共和国公民、香港、澳门居民，遵纪守法，并具备下列条件之一者，均可报名参加监理工程师执业资格全科（4 科）考试：

（1）工程技术或工程经济专业大专（含大专）以上学历，按照国家有关规定，取得工程技术或工程经济专业中级职务,并任职满3年。

(2)按照国家有关规定,取得工程技术或工程经济专业高级职务。

(3)1970年(含70年)以前工程技术或工程经济专业中专毕业,按照国家有关规定,取得工程技术或工程经济专业中级职务,并任职满3年。

2. 免试部分科目条件

对从事工程建设监理工作并同时具备下列四项条件的报考人员,可免试《工程建设合同管理》和《工程建设质量、投资、进度控制》两科。

(1)1970年(含70年)以前工程技术或工程经济专业中专(含中专)以上毕业。

(2)按照国家有关规定,取得工程技术或工程经济专业高级职务。

(3)从事工程设计或工程施工管理工作满15年。

(4)从事监理工作满1年。

3. 报名条件中所规定的有关工作年限的要求,其截止日期为考试报名年度当年年底。

监理工程师执业资格考试注册制度是政府对监理从业人员实行市场准入控制的有效手段。监理人员经注册,即表明获得了政府对其以监理工程师名义从业的行政许可,因而具有相应工作岗位的责任和权力。由于监理工程师的业务主要是控制建设工程的质量、投资、进度,监督管理建设工程合同,协调工程建设各方面的关系,所以,监理工程师执业资格考试的内容主要是工程建设监理理论、工程质量控制、工程进度控制、工程投资控制、建设工程合同和涉及工程监理的相关法律法规等方面的理论知识和实务技能。

监理工程师执业资格考试是一种水平考试,是对考生掌握监理理论实务技能的抽检。为了体现公开、公平、公正的原则,考试实行全国统一考试大纲、统一命题、统一组织、统一时间、闭卷考试、分科记分、统一录取标准方法,一般每年举行一次。考试所用语言为汉语。

对考试合格人员,由省、自治区、直辖市人民政府人事行政主管部门颁发由国务院人事行政部门统一印制,国务院人事行政主管部门和建设行政主管部门共同印制的《监理工程师执业资格证书》。取得监理工程师执业资格证书并经注册后,即成为监理工程师。

我国对监理工程师执业资格考试工作实行政府统一管理。国务院建设行政主管部门负责编制监理工程师执业资格考试大纲、编写考试教材和组织命题工作,统一规划、组织或授权组织监理工程师执业资格考试的考前培训等有关工作。

全国监理工程师执业资格考试分为4个科目,即科目1:建设工程合同管理(考试时间:120分钟,满分100分);科目2:建设工程质量、投资、进度控制(考试时间:180分钟,满分160分);科目3:建设工程监理基本理论与相关法规(考试时间:120分钟,满分110分);科目4:建设工程监理案例分析(考试时间:210分钟,满分120分)。

4.2 建设工程合同管理

4.2.1 考试大纲基本要求

本科目考试目的是:通过本科目考试,检验考生了解、熟悉和掌握建设工程合同管理知识及解决合同管理实际问题的能力。

大纲的内容对监理工作师应具备的知识和能力划分为"了解"、"熟悉"和"掌握"三个层次，考试大纲要求如下：

了解： 合同的公证与鉴证；合同的类别；格式条款；缔约过失责任；招标方式；政府主管部门对招标的监督；监理人应完成的监理工作；违约责任；设计合同的违约责任；施工合同涉及有关各方；施工准备阶段的合同管理；施工合同文件的组成；合同担保；合同价格；解决合同争议的方式；指定分包商；施工索赔的分类。

熟悉： 代理关系；建设工程一切险；无效合同与可变更、可撤销合同；合同的转让与合同执行的债权债务转移；合同的形式；监理招标；勘察设计招标；合同有效期；监理合同的条款与酬金；发包人应为勘察人提供的现场工作条件；设计合同的生效、变更与终止；合同文件；施工合同的工期和合同价款；设计变更管理；不可抗力；工程试车；竣工验收和工程保修；材料采购合同的违约责任；合同履行涉及的若干期限；工程变更管理；分包合同的管理；索赔程序。

掌握： 合同法律关系；合同担保；合同争议的解决；要约与承诺；合同的生效、变更与终止；合同履行；违约责任；公开招标程序；施工招标；合同当事人双方的权利义务；合同的生效、变更与终止；发包人订立设计合同时应提供的资料和委托工作范围；设计合同履行过程中双方的责任；发包人和承包人的工作；施工进度控制；施工质量控制；支付和结算管理；材料采购合同的交货检验；风险责任的划分；施工进度管理；施工质量管理；进度款的支付管理；竣工验收管理；工程师对索赔的管理。

4.2.2 建设工程合同管理法律基础

合同法律关系是指由合同法律规范所调整的、在民事流转过程中所产生的权利义务关系。合同法律关系包括法律关系主体、合同法律关系客体、合同法律关系内容三要素。这三要素构成合同法律关系，缺少其中任何一个都不能构成合同法律关系，改变其中的任何一个要素就改变了原来设定的法律关系。合同法律关系主体，是参加合同法律关系，享有相应权利、承担相应义务的当事人。合同法律关系的主体可以是自然人、法人、其他组织。合同法律关系客体，是指参加合同法律关系的主体享有的权利和承担的义务所共同指向的对象。合同法律关系客体主要包括物、行为、智力成果。合同法律关系的内容是指合同约定和法律规定的权利和义务。合同法律关系的内容是合同的具体要求，决定了合同法律关系的性质，是连接主体的纽带。

合同法律关系并不是由法律法规本身产生的，合同法律关系只有在具有一定的条件下才能产生、变更和消灭。能够引起合同法律关系产生、变更和消灭的客观现象和事实，就是法律事实。法律事实包括行为和事件。行为是指法律关系主体有意识的活动，能够引起法律关系发生变更和消灭的行为，包括作为和不作为两种表现形式。事件是指不以合同法律关系主体的主观意志为转移而发生的，能够引起合同法律关系产生、变更、消灭的客观现象。这些客观现象的出现与否，是当事人无法预见和控制的。

代理是代理人在代理权限内，以被代理人的名义实施的、其民事责任由被代理人承担的法律行为。代理具有以下特征：代理人必须在代理权限范围内实施代理行为；代理人以被代理人的名义实施代理行为；代理人在被代理人的授权范围内独立地表现自己的意志；被代理人对代理行为承担民事责任。以代理权产生的依据不同，可将代理分为：委托代理、法定代理和指定代理。无权代理是指行为人没有代理权而以他人名义进行民事、经济活动。无权代理包括以下几种情况：没有代理权而为代理行为；超越代理权限为代理行为；代理权限终止为代理行为。对于无权代理行为，被代理人可以根据无权代理行为的后果对自己有利或不利的原则，行使"追认权"或"拒绝权"。行使追认权后，将无权代理行为转化为合法的代理行为。委托代理关系、法定代理关系和指定代理关系满足法律规定的原因时可以终止。

担保是指当事人根据法律规定或者双方约定，为促进债务人履行债务实现债权人的权利的法律制度。担保通常由当事人双方订立担保合同。担保合同是被担保合同的从合同，被担保合同是主合同，主合同无效，从合同也无效。担保活动应当遵循平等、自愿、公平、诚实信用的原则。《担保法》规定的担保方式为保证、抵押、质押、留置和定金。保证是指保证人和债权人约定，当债务人不履行债务时，保证人按照约定履行债务或者承担责任的行为。保证法律关系必须至少有三方参加，即保证人、被保证人和债权人。抵押是指债务人或者第三人向债权人以不占有的方式提供一定的财产作为抵押物，用以担保债务履行的担保方式。债务人不履行债务时，债权人有权依照法律规定以抵押物折价或者变卖抵押物的价款中优先受偿。质押，是指债务人或者第三人将其动产或权利交债权人占有，用以担保债权履行的担保。当债务人不履行债务时，债权人有权依照法律规定就该动产或权利优先得到清偿。留置，是指债权人按照合同约定占有（债务人）的财产，当债务人不能按照合同约定期限履行债务时，债权人有权依照留置该财产并享有处置该财产得到优先受偿的权利。留置权以债权人合法占有对方财产为前提，并且债务人的债务已经到了履行期。定金，是指当事人双方为了保证债务的履行，约定由当事人一方先行支付给对方一定数额的货币作为担保。定金的数额由当事人约定，但不得超过主合同标的额的20%。

在工程建设的过程中，保证是最为常用的一种方式。保证这种担保方式必须由第三方作为保证人，由于保证人的信誉要求较高，建设工程中的保证人往往是银行，也可能是信用较高的其他担保人。在建设工程中习惯把银行出具的保证称为保函，而把其他保证人出具的书面保证称为保证书。在建设工程领域中常见的保证有施工投标保证、施工合同的履约保证、施工预付款保证。

保险，是指投保人根据合同约定，向保险人支付保险费，保险人对于合同约定的可能发生的事故因其发生所造成的财产损失承担赔偿保险金责任，或者当保险人死亡、伤残、疾病或者达到合同约定的年龄、期限时承担给付保险金责任的商业保险行为。保险合同是投保人与保险人约定保险权利义务关系的协议。保险合同一般以保险单的形式订立。保险合同分为财产保险合同和人身保险合同。建设工程由于涉及的法律关系较为复杂，风险也较为多样，因此，建设工程涉及的险种也较多，主要包括：建筑工程一切险、安装工程一切险、机器损坏险、机动车辆险、人身意外伤害险、货物运输险等。建设工程一切险是承保各类民用、工业和公用事业建筑工程项目，包括道路、桥梁、水坝、港口等，在建造过程中因自然灾害或意外事故而引起的一切损失的险种。安装工程一切险是承保安装机器、设备、储油罐、钢结构工程、起重机、吊车以及包含机械工程因素的各种建造工程的险种。

合同公证，是指国家公证机关根据当事人双方的申请，依法对合同的真实性与合法性进行审查并予以确认的一种法律制度。合同公证一般实行自愿公证原则。当事人申请公证，应当亲自到公证处提出书面或口头申请。合同鉴证，是指合同管理机关根据当事人双方的申请对其所签定的合同进行审查，以证明其真实性和合法性，并督促当事人双方认真履行的法律制度。合同鉴证一般实行自愿鉴证原则,合同鉴证根据双方当事人的申请办理。

4.2.3 合同法律制度

合同是平等主体的自然人、法人、其他组织之间设立、变更、终止民事权利义务关系的协议。《合同法》的基本原则是:平等原则、自愿原则、公平原则、诚实信用原则、遵守法律法规和公序良俗原则。《合同法》由总则、分则和附则三部分组成。总则包括以下8章:一般规定、合同的订立、合同的效力、合同的履行、合同的变更和转让、合同的权利义务终止、违约责任、其他规定。分则按照合同的特点分为15类:买卖合同;供用电、水、气、热力合同;赠与合同;借款合同;租赁合同;融资租赁合同;承揽合同;建设工程合同;运输合同;技术合同;保管合同;仓储合同;委托合同;行纪合同;居间合同。

合同的形式是当事人意思表示一致的外在表现形式。合同的形式可分为书面形式、口头形式和其他形式。合同的内容由当事人约定,这是合同自由的重要体现。《合同法》规定了合同一般应该包括的条款,但具备这些条款不是合同成立的必备条件。合同的内容一般包括的条款:当事人的名称或者姓名和住所;标的;数量;质量;价款或者报酬;履行的期限、地点和方式;违约责任;解决争议的方法。

当事人订立合同,采用要约、承诺方式。合同的成立需要经过要约和承诺两个阶段。要约是希望和他人订立合同的意思表示。提出要约的一方为要约人,接受要约的一方为被要约人。要约应当具有以下条件:内容具体确定;表明经受要约人承诺,要约人即受该意思表示约束。要约邀请是希望他人向自己发出要约的意思表示。要约人可以撤回要约,要约撤回,是指要约在发生法律效力之前,欲使其不发生法律效力而取消要约的意思表示。承诺是受要约人作出的同意要约的意思表示。承诺具有以下条件:承诺必须由受要约人作出;承诺只能向要约人作出;承诺的内容应当与要约的内容一致;承诺必须在承诺期限内发出。承诺必须以明示的方式,在要约规定的期限内作出。超过承诺期限到达要约人的承诺,按照承诺期限到达要约人的承诺,按照迟到的原因不同,《合同法》对承诺的有效性作出了不同的区分。承诺可以撤回,承诺的撤回是承诺人阻止或者消灭承诺发生法律效力的意思表示。对于要约和承诺的生效,世界各国有不同的规定,但主要有投邮主义、到达主义和了解主义。我国采用到达主义。《合同法》规定,要约到达受要约人时生效,承诺的通知送达要约人时生效。

格式条款是指合同当事人为了重复使用而预先拟定,并在订立合同时未与对方协商即采用的条款。对格式合同的理解发生争议的,应当按照通常的理解予以解释,对格式条款有两种以上解释的,应当作出不利于提供格式合同条款的一方解释。在格式条款和非格式条款不一致时,应当采用非格式条款。

缔约过失责任,是指在合同缔结过程中,当事人一方或双方因自己的过失而致合同不成立、无效或被撤销,应对信赖其合同为有效成立的相对人赔偿基于此项信赖而发生的损害。

合同生效是指合同对双方当事人的法律约束力的开始。合同成立后,必须具有相应的法律条件才能生效,否则合同是无效的。合同生效应当具备下列条件:当事人具有相应的民事权利能力和民事行为能力;意思表示真实;不违反法律或者社会公共利益。依法成立的合同,自成立时生效。当事人可以对合同生效约定附条件或者约定附期限。附条件的合同，自条件成就时生效；解除附条件的合同，自条件成就时失效。合同成立后，合同中的仲裁条款是独立存在的，合同的无效、变更、解除、终止，不影响仲裁协议的效力。有些合同的效力较为复杂，不能直接判断是否生效，而与合同的一些后续行为有关，这类合同为效力待定合同。

无效合同是指当事人违反了法律规定的条件而订立的，国家不承认其效力，不给予法律保护的合同。无效合同从订立之时就没有法律效力，不论合同履行到什么阶段，合同被确认无效后，这种无效的确认要溯及到合同订立时。无效合同的情形：一方以欺诈、胁迫的手段订立，损害国家利益的合同；恶意串通，损害国家、集体或第三人利益的合同；以合法形式掩盖非法目的的合同；损害社会公共利益；违反法律、行政法规的强制性规定的合同。无效合同的确认权归人民法院或者仲裁机构，合同当事人或其他任何机构均无权认定合同无效。无效合同的法律后果是：返还财产；赔偿损失；追缴财产，收归国有。

可变更或可撤销的合同，是指欠缺生效条件，但一方当事人可依照自己的意思使合同的内容变更或者使合同的效力归于消灭的合同。如果合同当事人对合同的可变更或可撤销发生争议，只有人民法院或者仲裁机构有权变更或者撤销合同。有下列情形之一，当事人一方有权请求人民法院或者仲裁机构变更或者撤销其合同：因重大误解订立的；在订立合同时显失公平的；一方以欺诈、胁迫的手段或者乘人之危，使对方在违背真实意思的情况下订立的合同。当事人请求变更的，人民法院或者仲裁机构不得撤销。合同被撤销后的法律后果与合同无效的法律后果相同，也是返还财产、赔偿损失、追缴财产，收归国有。

合同履行，是指合同各方当事人按照合同的规定，全面履行各自义务，实现各自的权利，使各方的目的得以实现的行为。合同履行的原则是全面履行的原则和诚实信用原则。抗辩权是指在双方合同的履行中，双方都应当履行自己的债务，一方不履行或者有可能不履行时，另一方可以据此拒绝对方的履行要求。合同变更是指当事人对已经发生法律效力，但尚未完全履行的合同，进行修改或补充达成的协议。《合同法》规定，当事人协商可以变更合同。合同的变更一般不涉及已履行的内容。有效合同变更必须要有明确的合同内容的变更。如果当事人对合同的变更约定不明确，视为没有变更。合同内可以约定，履行过程中由债务人向第三人履行债务或由第三人向债权人履行债务，但合同当事人之间的债券和债务关系并不因此而改变。合同转让是指合同一方将合同的权利、义务全部或部分转让给第三人的法律行为。合同的转让包括债权转让和债务承担两种情况，当事人也可将权利义务一并转移。

合同权利义务的终止也称合同终止，指当事人之间根据合同确定的权利义务在客观上不复存在，据此合同不再对双方具有约束力。《合同法》规定，有下列情形之一的，合同的权利义务终止：债务已经按照约定履行；合同解除；债务相互抵销；债务人依法将标的物提存；债权人免除债务；债权债务同归于一人；法律规定或者当事人约定终止的其他情形。

违约责任，是指当事人任何一方不履行合同义务或者履行合同义务不符合约定而应当承担的法律责任。违约行为的表现形式包括不履行和不适当履行。对于违约产生的后果，并非一定要等到合同义务全部履行后才追究违约方的责任，按照合同法的规定对于预期违约的,当事人也应当承担违约责任。按照《合同法》规定,承担违约责任的条件采用严格责任原则,只有当事人有违约行为,即当事人不履行合同或者不履行合同或者履行合同不符合约定的条件,就应当承担违约责任。《合同法》规定的承担违约责任是补偿性原则。承担违约责任的方式是继续履行、采取补救措施、赔偿损失、支付违约金、定金罚则。

合同争议也称合同纠纷,是指合同当事人对合同规定的权利和义务产生了不同的理解。合同争议的解决方法有和解、调解、仲裁、诉讼。和解,是指合同纠纷当事人在自愿友好基础上,互相沟通、互相谅解,从而解决纠纷的一种方式。调解,是指合同当事人对合同所约定的权利、义务发生争议,不能达成和解协议时在经济合同管理机关或有关机关、团体的主持下,通过对当事人进行说服教育,促使双方互相做出让步,平息争端,自愿达成协议,以求解决经济合同纠纷的方法。仲裁,是当事人双方在争议发生前或争议发生后达成协议,自愿将争议交给第三者做出裁决,并负有自动履行义务的一种解决争议的方式。诉讼,是指合同当事人依法请求人民法院行使审判权,审理双方之间的合同争议,作出有国家强制保证实现其合法权益,从而解决纠纷的审判活动。

4.2.4 建设工程招标管理

招标投标是市场经济条件下进行大宗货物的买卖、工程建设项目的发包与承包,以及服务项目的采购与提供时,所采用的一种交易方式。《中华人民共和国招标投标法》是将招标投标的过程纳入法制管理的一部法律。《中华人民共和国招标投标法》要求,在中华人民共和国境内进行下列工程建设项目包括项目的勘察、设计、施工、监理以及与工程建设有关的重要设备、材料等的采购,必须进行招标:

(1)大型基础设施、公用事业等关系社会公共利益、公众安全的项目;

(2)全部或者部分使用国有资金投资或者国家融资的项目;

(3)使用国际组织或者外国政府贷款、援助资金的项目。前款所列项目的具体范围和规模标准,由国务院发展计划部门会同国务院有关部门制订,报国务院批准。法律或者国务院对必须进行招标的其他项目的范围有规定的,依照其规定。

依据《中华人民共和国招标投标法》的基本原则,国家计委颁布《工程建设项目招标范围和规模标准规定》,对必须招标的范围作出了进一步细化的规定。要求各类工程项目的建设活动,达到下列标准之一者,必须进行招标:

(1)施工单项合同估算价在200万元人民币以上的;

(2)重要设备、材料等物质的采购,单项合同估算价在100万元人民币以上的;

(3)勘察、设计、监理等服务的采购,单项合同估算价在50万元人民币以上的;

(4)单项合同估算价低于第(一)、(二)、(三)项规定的标准,但项目总投资额在3000万元人民币以上的。

招标投标活动是属于当事人在法律规定范围内自主进行的市场行为,必须接受政府行政部门的监督。招标分为公开招标和邀请招标。公开招标,招标人通过新闻媒体发布招标公告,具备相应资质符合招标条件的法人或组织不受地域和行业限制均可申请投标。邀请招标,招标人向预先选择的若干家具备相应资质、符合招标条件的法人或组织发出邀请函,将招标工程的概况、工作范围和实施条件等做出简要说明,请他们参加投标竞争。邀请招标对象的数目以5～7家为宜,但不宜少于3家。招标包括招标准备阶段、招标阶段和决标成交阶段三个阶段。招标准备阶段工作包括选择招标方式、办理招标备案、编制招标有关文件。招标阶段工作包括发布招标公告、进行资格预审、编制招标文件、进行现场考察、解答投标人的质疑。决标阶段的主要工作内容包括开标、评标、定标。评标委员会由招标人的代表和有关技术、经济等方面专家组成，成员数为5人以上单数，其中招标人以外的专家不得少于成员总数的2/3。《招标投标法》规定，中标人的投标应当符合下列条件之一：能够最大限度地满足招标文件中规定的各项综合评价标准；能够满足招标文件各项要求，并经评审的价格最低，但投标价格低于成本的除外。

招标人勘察招标，是为建设项目的可行性研究立项选址和进行设计工作取得的实际依据资料，有时可能还要包括某些科研工作内容。勘察投标书主要评审以下内容：勘察方案是否合理；勘查技术水平是否先进；各种所需勘察数据是否准确可靠；报价是否合理。招标人以招标方式委托设计任务，是为了让设计的技术和成果作为有价值的商品进入市场，打破地区、部门的界限开展设计竞争，通过招标择优确定实施单位，达到拟建工程项目能够采取先进的技术和工艺、降低工程造价、缩短建设周期和提高投资效益的目的。鉴于设计任务本身的特点，设计招标应采用设计方案竞赛的方式招标。招标过程中对投标人应进行资格审查、能力审查、经验审查。设计投标书的评审内容包括：设计方案的优劣；投入、产出经济效益比较；设计进度快慢；设计资历和社会信誉；报价的合理性。

监理招标的标的是"监理服务"，鉴于标的具有的特殊性，招标人选择中标人的基本宗旨是对监理单位能力的选择，报价在选择中居于次要地位，邀请投标人较少。划分合同包的工作范围时，通常考虑的因素包括：工程规模；工程项目的专业特点；被监理合同的难易程度。评标委员会对各投标书进行审查评阅，主要考察以下几方面合理性：投标人的资质；监理大纲；拟派项目的主要监理人员；人员派驻计划和监理人员的素质；监理单位提供用于工程的检测设备和仪器，或委托有关单位检测的协议；近几年监理单位的业绩及奖惩情况；监理费报价和费用组成；招标文件要求的其他情况。监理评标的量化比较通常采用综合评分法对各投标人的综合能力进行对比。

施工招标的特点是发包的工作内容明确具体，各投标人编制的投标书在评标时易于横向对比。招标人依据工程施工内容的专业要求、施工现场条件、对工程总投资影响、其他因素的影响划分合同包的工作范围。评标方法包括综合评分法和评标价法。综合评分包括：以标底衡量报价得分的综合评分法；以复合标底值作为报价评分衡量标准的综合评分法；无标底的综合评分法。评标价法，评标委员会首先通过对各投标书的审查淘汰技术方案不满足基本要求的投标书，然后对基本合格的标书按预定的方法将某些评审要素按一定规则折算为评标价，加到该标书的报价上形成评标价。以评标价最低的标书为最优。评标价仅作为衡量投标人能力高低的量化比较方法，与中标人签订合同时仍以投标价格为准。

4.2.5 建设工程委托监理合同

建设工程委托监理合同简称监理合同。"合同"是一个总的协议，是纲领性的法律文件。对委托人和监理人有约束力的合同除双方签署的"合同"协议外，还包括：监理委托函或中标函；建设工程委托监理合同标准条件、建设工程委托监理合同专用条件；在实施过程中双方共同签署的补充与修正文件。在签定《建设工程委托监理合同》时双方必须商定监理期限，标明何时开始，何时完成，监理酬金支付方式也必须明确：首期支付多少，是每月等额支付还是根据工作形象进度支付，支付货币的币种等。

委托人与监理人签定合同，其根本目的是为了实现合同的标的，明确双方的权利和义务。委托人的权利包括：授予监理人权限的权利；对其他合同承包人的选定权；委托监理工作重大事项的决定权；对监理人履行监督控制权。监理人的权利有：委托合同中赋予监理人的权利，包括完成监理任务后获得酬金的权利，终止合同的权利；监理人执行监理业务可以行使的权力，包括：建设工程有关事项和工程设计的建议权；对实施项目的质量、工期和费用的监督控制权；工程建设有关协作单位组织协调的主持权；在业务紧急情况下，为工程和人身安全，尽管变更指令已超越了委托人授权而又不能事先得到批准时，也有权发布变更令，但应尽快通知委托人；审核承包人索赔的权利。

监理合同履行中，监理人必须履行的合同义务，除正常监理工作之外，还应完成的工作包括附加监理工作和额外监理工作。尽管双方签定《建设工程委托监理合同》中注明"本合同自×年×月×日开始实施，至×年×月×日完成"。但此期限仅指完成正常监理工作预定的时间，并不就是监理合同的有效期。通用条款规定，监理合同的有效期为双方签定合同后，工程准备工作开始，到监理人向委托人办理完竣工验收或工程移交手续，承包人和委托人已经签定工程保修责任书，监理收到监理报酬尾款，监理合同才终止。

在合同履行中，委托人的义务是：负责建设工程的所有外部关系的协调工作，满足开展监理工作所需提供的外部条件；与监理人做好协调工作；为了不耽搁服务，委托人要授权一位熟悉建设工程情况，能迅速做出决定的常驻代表，负责与监理人联系；为监理人顺利履行合同义务，做好协助工作。监理人的义务包括：监理人在履行合同的义务期间，应运用合理的技能认真勤奋地工作，公正地维护有关方面的合法权益；合同履行期间按合同的约定派驻足够的人员从事监理工作；在合同期内或合同终止后，未征得有关方同意，不得泄露与本工程、合同业务有关的保密资料；任何由委托人提供的供监理人使用的设施和物品都属于委托人的财产，监理工作完成后或中止时，应将设施和剩余物品归还委托人；非经委托人提出的供监理人使用的设施和物品都属于委托人的财产，监理工作完成或中止时，应将设施和剩余物品归还委托人；监理人不得参与可能与合同规定的与委托人利益相冲突的任何活动；在监理过程中，不得泄露委托人申明的秘密，亦不得泄露设计、承包等单位申明的秘密；负责合同的协调管理工作。

在合同履行中，为保证监理合同规定的各项权利和义务的顺利实现，在《建设工程委托监理合同示范文本》中，制定了约束双方的条款：在合同责任期内，如果监理人未按合同中要求的职责勤恳认真服务，或委托人违背了他对监理人的责任时，均应向对方承担赔偿责任；任何一方对另一方有责任时的赔偿原则是：委托人违约应承担违约责任，赔偿监理人的经济损失；因监理人过失造成经济损失，应向委托人进行赔偿，累计赔偿不应超出监理酬金总额；当一方向另一方的索赔要求不成立时，提出索赔的一方应补偿由此所导致的对方各种费用的支出。监理人在责任期内，如果因过失而造成经济损失，要负监理失职的责任；监理人不对责任期以外发生的任何事情所引起的损失或损害负责，也不对第三方违反合同规定的质量要求和完工时限承担责任。

监理合同的条款中的酬金构成包括：正常监理工作的酬金；附加监理工作的酬金；额外监理工作的酬金；奖金。

监理合同自合同签字之日起生效。在专用条件中订明监理准备工作和完成时间。如果合同履行过程中双方商定延期时间时，完成时间相应顺延。自合同生效起至合同完成之间的时间为合同的有效期。如果委托人要求，监理人可提出更改监理工作建议，这类建议的工作和移交应看做一次附加的工作。如果由于委托人或第三方的原因使监理工作受到阻碍或延误，以致增加了工作量或持续时间，监理人应将此情况与可能产生的影响及时通知委托人。增加的工作量应视为附加工作，完成监理业务的时间应相应延长，并得到附加工作酬金。如果在监理合同签订后，出现了不应由监理人负责的情况，导致监理人不能全部或部分执行监理任务时，监理人应立即通知委托人。合同的暂停和中止包括：监理人向委托人办理完竣工验收或工程移交手续，承包人和委托人以签定工程保修合同，监理人收到监理酬金尾款后，本合同即告终止；当事人一方要求变更或解除合同时，应当在42天前通知对方，因变更或解除合同使一方遭受损失的，除依法可免除责任外，应由责任方负责赔偿；变更或解除合同的通知或协议必须采用书面形式，协议未达成之前，原合同仍然有效；如果委托人认为监理人无正当理由而又未履行监理义务时，可向监理人发出指明其未履行义务的通知；监理人在应当获得监理酬金之日起30天内仍未收到支付单据，而委托人又未对监理人提出任何书面解释，或暂停监理业务期限已超过半年时，监理人可向委托人发出中止合同通知。因违反或终止合同而引起的损失或损害的赔偿，委托人与监理人应协商解决。如协商未能达成一致，可提交主管部门协调。仍不能达成一致时，根据双方约定提交仲裁机构仲裁或向人民法院起诉。

4.2.6 建设工程勘察设计合同管理

勘察设计合同按照委托勘察任务的不同分为两个版本：建设工程勘察合同（一）[GF-2000-0203]；建设工程勘察合同（二）[GF-2000-0204]。设计合同分为两个版本：建设工程勘察合同（一）[GF-2000-0209]；建设工程勘察合同（二）[GF-2000-0210]。

订立勘察合同时，发包人应提供的勘察依据文件和资料包括：提供本工程批准文件（复印件），以及用地（附红线图范围）、施工、勘察许可等批件（复印件）；提供工程勘察工作任务委托书、技术要求和工作范围的地形图、建筑总平面图；提供勘察工作范围已有的技术资料及工程所需的坐标与标高资料；提供勘察工作范围地下已有埋藏的资料（如电力、电讯电缆、各种管道、人防设施、洞室等）及具体位置分布图；其他必要的相关资料。委托任务的工作范围包括：工程勘察任务；技术要求；预计的勘察工作量；勘察成果资料提交的份数。

订立设计合同时，发包人应提供的依据文件和资料包括：设计依据文件资料，包括经批准的项目可行性研究报告或项目建议书、城市规划许可文件、工程勘察资料等；项目设计要求，包括工程的范围和规模、限额设计的要求、设计依据的要求、法律法规规定应满足的其他条件。委托任务的工作范围：设计范围；建筑物的合理使用年限；委托的设计阶段和内容；设计深度要求；设计人配合施工工作的要求。

设计合同采用定金担保，合同总价的20%为定金。设计合同经双方当事人签字盖章并在发包人向设计人支付定金后生效。设计期限除了合同约定的交付设计文件的时间外，还可能包括由于非设计人应承担责任和风险的原因，经双方补充协议确定应顺延的时间之和。在合同正常履行的情况下，工程施工完成竣工验收工作，或委托专业建设工程设计完成施工安装验收，设计人为合同项目的服务结束。合同履行过程中，发包人的责任是：提供设计依据资料，要求按时提供设计依据资料和基础资料，并对资料的正确性负责；提供必要的现场工作条件；外部协调工作；其他相关工作；保护设计人的知识产权；遵循合理设计周期的规律。设计人的责任：保证设计质量；各设计阶段的工作任务：初步阶段包括总体设计、方案设计、编制初步设计文件，技术设计阶段包括提出技术设计计划、编制技术设计文件、参加初步审查并修正；对外商的设计资料进行审查；配合施工的义务，包括设计交底，解决施工中出现的设计问题，工程验收；保护发包人的知识产权。

设计合同的变更，通常指设计人承接工作范围和内容的改变，按照发生原因的不同，一般可能涉及以下几方面原因：设计人的工作；委托任务范围内的设计变更；委托其他设计单位完成的变更；发包人原因的重大设计变更。

设计合同违约责任，发包人的违约责任包括：发包人延误支付；审批工作的延误；因发包人原因要求解除合同。设计人的违约责任包括：设计错误；设计人延误完成设计任务；因设计人原因要求解除合同。由不可抗力因素致使合同无法履行时，双方应及时协商解决。

4.2.7 建设工程施工合同管理

建设工程施工合同，是发包人与承包人就完成具体工程项目的建筑施工、设备安装、设备调试、工程保修等工作内容，确定双方权利和义务的协议。《建设工程合同（示范文本）》[GF-1999-0201] 由《协议书》、《通用条款》、《专用条款》三部分组成，并附有三个附件。合同涉及合同当事人和工程师，当事人指发包人和承包人，工程师指发包人委托的监理或者发包人派驻的代表。

建筑工程施工合同，在协议书和通用条款中规定，对合同当事人双方有约束力的合同文件，包括签定合同时已形成的文件和履行过程中构成对双方有约束力的文件两部分。订立合同时已形成的文件包括：施工合同协议书；中标通知书；投标书及其附件；施工合同专用条款；施工合同通用条款；标准、规范及有关技术文件；图纸；工程量清单；工程报价单或预算书。合同履行过程中，双方有关工程的洽谈、变更等书面协议或文件也构成对双方有约束力的合同文件，并将其视为协议书的组成部分。在合同协议书内应明确注明开工日期、竣工日期和合同总日历天数。招标选择的承包人，工期总日历天数应为投标书内承包人承诺的天数。通用条款中规定，上述合同文件原则上能够互相解释、互相说明。但当合同文件中出现含糊不清或不一致时，上面各文件的序号就是合同的优先解释顺序。

合同价款包括发包人接受的合同价款和追加合同价款。在合同的许多条款内涉及"费用"和"追加合同价款"。费用指不包括含在合同价款之内的应当由发包人或承包人承担的经济支出。追加合同价款是指合同履行中发生需要增加合同价款的情况，经发包人确认后，按照计算合同价款的方法，给承包人增加的合同价款。合同的计价方式有：固定价格合同；可调价格合同；成本加酬金合同。合同采用的计价方式在专用条款中说明。

通用条款中规定发包人的义务包括：

（1）办理土地征用、拆迁补偿、平整施工场地；

（2）将施工所需水、电、电讯线路从施工场地外部接至专用条款约定地点，并保证施工期间需要；

（3）开通施工场地与城乡公共道路的通道。以及专用条款约定的施工场地内的主要交通干道，保证施工期间的畅通，满足施工运输的需要；

（4）向承包人提供施工场地的工程地质和地下管线资料，保证数据真实，位置准确；

(5) 办理施工许可证和临时用地、停水、停电、中断道路交通、爆破作业以及可能损坏道路、管线、电力、通讯等公共设施法律、法规规定的申请批准手续及其他施工所需要证件；

(6) 确定水准点与坐标控制点，以书面形式交给承包人，并进行现场交验；

(7) 组织承包人和设计单位进行图纸会审和设计交底；

(8) 协调处理施工现场周围地下管线和邻近建筑物、构筑物、古树名木的保护工作，并承担有关费用；

(9) 发包人应做的其他工作，双方在专用条款内约定。

通用条款中规定承包人的义务包括：

(1) 根据发包人的委托，在其设计资质允许的范围内，完成施工图设计或与工程配套的设计，经工程师确认后使用，发生费用由发包人承担；

(2) 向工程师提供年、季、月工程进度计划及相应进度统计报表；

(3) 按工程需要提供和维修非夜间施工使用的照明、围栏设施，并负责安全保卫；

(4) 按专用条款约定的数量和要求，向发包人提供在施工现场办公和生活的房屋及设施；

(5) 遵守有关部门对施工场地交通、施工噪声以及环境保护和安全生产等的管理规定，按管理规定办理有关手续，并以书面形式通知发包人；

(6) 已竣工工程未交付发包人之前，承包人按专用条款约定负责已完成工程的成品保护工作，保护期间发生损坏，承包人自费予以修复；

(7) 按专用条款的约定做好施工现场地下管线和邻近建筑物、构筑物、古树名木的保护工作；

(8) 保证施工场地清洁符合环境卫生管理的有关规定；

(9) 承包人应做的其他工作，双方在专用条款内约定。

工程师在施工中应采用巡视、旁站、平行检验等方式监督检查承包人的施工工艺和产品质量，对建筑产品的生产过程进行严格控制。承包人施工的工程质量应当达到合同约定的标准。不论何时，工程师一经发现质量达不到约定标准的工程部分，均可要求承包人拆除和重新施工。承包人承担由于自身原因导致拆除和重新施工的费用，工期不予顺延。若承包人提出使用专利技术或特殊工艺施工，应当首先取得工程师认可，然后由承包人负责申报手续并承担有关费用。施工中隐蔽工程的检查包括承包人的自检和共同检验。无论工程师是否参加了验收，当其对某部分的工程质量有怀疑，均可要求承保人对已经隐蔽的工程进行重新检验。

工程施工阶段，工程师进行进度管理的主要任务是控制施工工作按进度计划执行，确保施工任务在规定的合同工期内完成。不管实际进度是超前还是滞后于计划进度，只要与计划进度不符合时，工程师都有权通知承包人修改进度计划。承包人修改计划并提出相应措施，经工程师确认后执行。施工过程中暂停施工包括工程师指示的暂停施工和由于发包人不能按时支付的暂停施工。暂停施工的原因有：外部条件的变化；发包人应承担责任的原因；协调管理的原因；承包人的原因。

施工合同范本中将工程变更分为工程设计变更和其他变更两类。施工合同范本通用条款中明确规定，工程师依据工程项目的需要和施工现场的实际情况，可以就以下方面向承包人发出变更通知；更改工程有关部分的标高、基线、位置和尺寸；增减合同中约定的工程量；改变有关工程的施工时间和顺序；其他有关工程变更需要的附加工作。其他变更是指合同履行中发包人要求变更工程质量标准及其他实质性质变更。发包人要求的变更应提前14天以书面的形式向承包人发出变更通知。施工中承包人不得因施工方便而要求对原工程设计进行变更。确定变更价款时，应维持承包人投标报价单内的竞争性水平，基本原则是：合同中已有适用于变更工程的价格，按合同已有的价格变更合同价款；合同中只有类似于变更工程的价格，可以参照类似价格变更合同价款；合同中没有适用于或类似于变更工程的价格，由承包人提出适当的变更价格，经工程师确认后执行。

施工合同实行中，可以调整合同价款的原因，在通用条款中规定包括：法律、行政法规和国家有关政策变化影响到合同价款；工程造价部门公布的价格调整；一周内非承包人原因停水、停电、停气造成停工累计超过8小时；双方约定的其他因素。发生上述事件后，承包人应当在情况发生14天内，将调整的原因、金额以书面形式通知工程师，工程师确认调整金额后作为追加合同价款，与工程款同期支付。工程师收到承包人通知后14天不予确定也不提出修改意见，视为已经同意该项调整。工程进度款的计算内容包括：经过确认核实的完成工程量对应工程量清单或报价单的相应价格计算应支付的工程款；设计变更应调整的合同价款；本期应扣回的工程预付款；根据合同允许调整合同价款原因应补偿承包人的款项和应扣减的款项；经过工程师批准的承包人索赔款等。

不可抗力，指合同当事人不能预见、不能避免并且不能克服的客观情况。建设工程施工中不可抗力包括因战争、动乱、空中飞行物坠落或其他发包人责任造成的爆炸、火灾以及专用条款约定的风、雨、雪、洪水、地震等自然灾害。不可抗力事件发生后，承包人应在力所能及的条件下迅速采取措施，尽量减少损失，并在损失事件结束后48小时内向工程师通报受灾情况和损失情况，及预计清理和修理的费用。不可抗力继续发生，承包人应每隔7天向工程师报告一次受害情况，并于不可抗力事件结束后14天内，向工程师提交清理和修理的费用的正式报告及有关资料。

竣工阶段工程试车包括竣工前试车和竣工后试车。竣工前试车分为单机无负荷试车和联动无负荷试车。竣工后试车为投料试车，不属于承包的工作范围。依据施工合同范本通用条款和法规的规定，竣工工程验收必须符合下列基本要求：完成工程设计和合同约定的各项内容；施工单位在工程完工后对工程质量进行了检查，确认工程质量符合有关工程建设强制性标准，符合设计文件及合同要求；对于委托监理的工程项目，监理单位对工程进行了质量评价，具有完整的监理资料，并提出工程质量评价报告；勘察、设计单位对勘察、设计文件及施工过程中由设计单位签署的设计变更通知书进行确认；有完整的技术档案和施工管理资料；有工程使用的主要建筑材料、建筑构配件和设备合格证及必要的进场试验报告；有施工单位签署的工程质量保修书；有公安消防、环保等部门出具的认可文件或准许使用文件；建设行政主管部门及其委托的工程质量监督机构等有关部门责令整改的问题全部整改完毕。工程具备竣工验收条件，发包人按国家工程竣工验收有关规定组织验收工作。工程竣工验收通过，承包人送竣工验收报告的日期为实际竣工日期。承包人应当在工程竣工之前，与发包人签定质量保修书，作为合同附件。质量保修书的主要内容包括工程质量保修范围和内容；质量保修期；质量保修责任；保修费用和其他约定。工程竣工验收报告经发包人认可后，承发包双方应当按协议书约定的合同价款及专用条款约定的合同价款调整方式,进行工程竣工结算。

4.2.8 建设工程物资采购合同管理

建设工程物资采购合同,是指平等主体的自然人、法人、其他组织之间,为实现建设工程物质买卖,设立、变更、终止相互权利义务关系的协议。材料采购合同条款应包括以下几方面内容:产品名称、商标、型号、生产厂家、订购数量、合同金额、供货时间及每次供应数量;质量要求的技术标准、供货方对质量负责的条件和期限;交(提)货的地点、方式;运输方式及到站、港和费用的负担责任;合理损耗及计算方法;包装标准、包装物的供应与回收;验收标准、方法及提出异议的期限;随机备品、配件工具数量及供应办法;结算方式及期限;如需提供担保,另立合同担保书作为合同附件;违约责任;解决合同争议的方法;其他约定事项。

按照合同约定,供货方交付产品时,验收的资料包括:双方签定的采购合同;供货方提供的发货单、计量单、装箱单及其他有关凭证;合同内约定的质量标准。产品合格证、检验单;图纸、样品或其他技术证明文件;双方当事人共同封存的样品。由供货方代运的货物,采购方在站场提货地点应与运输部门共同验货,以便发现灭失、短少、损坏等情况时,能分清责任。采购方接受后,运输部门不再负责。属于交运前出现的问题,由供货方负责;运输过程中发生的问题,由运输部门负责。现场交货的到货验收包括数量验收和交货数量的允许增减范围。

当事人任何一方不能正确履行合同义务时,均应以违约金的形式承担违约赔偿责任。供货方的违约责任包括:未能按合同约定交付货物;产品的质量缺陷;供货方的运输责任。采购方的违约责任包括:不按合同约定接受货物;逾期付款;货物交接地点错误的责任。

4.2.9 FIDIC 合同条件下的施工管理

FIDIC(国际咨询工程师联合会)在 1999 年出版了《施工合同条件》范本。施工合同文件组成包括:合同协议书;中标函;投标书;合同专用条件;合同通用条件;规范;图纸;资料表以及其他构成合同一部分的文件。合同条款规定,承包商签定合同时应提供履约担保,接受预付款担保,在范本中给出了担保书的格式,分为企业法人提供的保证书和金融机构提供的保函两类格式。大型工程建设资金的融资可能包括某些国际援助机构、开发银行等筹集的款项,这些机构往往要求业主应保证履行给承包商付款的义务,在专用条件范例中,增加了业主应向承包商提交"支付保函"的可选择使用的条款,并附有保函格式。

合同工期指所签定合同内注明的完成全部工程的时间,加上合同履行过程中因非承包商应负责任原因和索赔事件发生后,经工程师批准顺延工期之和。施工期指从工程师按合同约定发布的"开工令"中指明的应开工之日起,至工程接收证书注明的竣工日止的日历天数。缺陷通知期为国内施工文本所指工程保修期,自工程接收证书中写明的竣工日开始,至工程师颁发履约证书为止的日历天数。合同有效期指自合同签定之日起至承包商提交给业主的"结算单"生效日止,施工承包合同对业主和承包商均具有法律约束力。

通用条件中分别定义了"接受的合同款项"和"合同价格"。"接受的合同款项"指业主在"中标函"中对实施、完成和修复工程缺陷所接受的金额,来源于承包商的投标报价并对其确认。"合同价格"指按照合同各条款的约定，承包商完成建造和保修任务后，对所有合格工程有权获得的全部工程款。

指定分包商是由业主（或工程师）指定、选定，完成某项特定工作内容并与承包商签定分包合同的特殊分包商。

任何合同争议均交由仲裁或诉讼解决，一方面往往会导致合同关系的破裂；另一方面解决起来费时、费钱且对双方的信誉有不利的影响。为解决工程师的决定可能处理的不公正的情况，通用条件中增加了"争端裁决委员会"处理合同争议的程序。解决合同争议的程序包括：提交工程师决定；提交争端裁决委员决定；双方协商；仲裁。

合同履行中可能发生的风险中业主应承担的风险包括：合同条件规定的业主风险；不可预见的物质条件；其他不能合理预见的风险三类。承包商应承担的风险指在施工现场属于不包括在保险范围内的，由于承包商的施工、管理等失误或违约行为，导致工程、业主人员的伤害及财产损失，应承担责任。

施工阶段的合同管理包括施工进度管理和施工质量管理。工程变更，指施工过程中出现了与签定合同时的预计条件不一致的情况，而需要改变原定施工承包范围内的某些工作内容。由于工程变更属于合同履行过程中的正常管理工作，工程师可以根据施工进展实际情况，在认为必要时就以下几方面发布变更指令：对合同中任何工作工程量的改变；任何工作质量或其他特性的变更；工程任何部分标高、位置和尺寸的改变；删减任何合同约定的工作内容；进行永久工程所必需的任何附加工作、永久设备、材料供应或其他服务，包括任何联合竣工检验、钻孔和其他检验以及勘查工作；改变原定的施工顺序或时间安排。

工程进度款的支付管理包括预付款、用于永久性工程的设备和材料款预付、业主的资金安排、保留金、物价浮动对合同价格的调整内容。

承包商完成工程并准备好竣工报告所需报送的资料后，提前21天将某一确定的日期通知工程师进行竣工验收。工程通过竣工验收检验达到合同规定的"基本竣工"要求后，承包商在他认为可以完成移交工作前14天以书面形式向工程师申请颁发接受证书。如果工程未能通过竣工检验，承包商对缺陷进行修复和改正，在相同条件下重复进行此类未通过的试验和对任何相关工作的竣工检验。

分包合同条件可用于承包商与其选定的分包商，或业主选择的指定分包商签定的合同。分包合同条件的特点是，既要保持与主合同条件中分包工程部分规定的权利义务一致，又要区分负责实施分包工作当事人改变后两个合同之间的差别。承包商可以采用邀请招标或议标的方式与分包商签订分包合同。

4.2.10 建设工程施工索赔

索赔是当事人在合同实施过程中，根据法律、合同规定及惯例，对不应由自己承担责任的情况造成的损失，向合同的另一方当事人提出给予赔偿或补偿要求的行为。在工程建设的各个阶段，都可能发生索赔，但在施工阶段索赔发生较多。按索赔的合同依据，索赔分为合同中明示的索赔和合同中暗示的索赔。按索赔目的分为工期索赔和费用索赔。按索赔事件的性质分为工程延误索赔、工程变更索赔、合同被迫终止的索赔、工程加快索赔、意外风险和不可预见因素索赔、其他索赔。

承包人索赔程序可分为以下几个步骤：承包人提出索赔要求，发出索赔意向通知，递交索赔报告；工程师审核索赔报告，工程师审核承包人的索赔申请，判定索赔成立的原因，对索赔报告的审查；确定合理的补偿额，工程师与承包人协商补偿，工程师索赔处理决定；发包人审查索赔处理；承包人是否接受最终索赔处理。《建设工程施工合同（示范文本）》规定，承包人未能按合同约定履行自己的各项义务或发生错误而给发包人造成损失时，发包人也应按合同约定向承包人索赔。在FIDIC《施工合同条件》中，业主的索赔主要限于施工质量缺陷和拖延工期等违约行为导致的业主损失。

在发包人与承包人之间的索赔事件的处理和解决过程中，工程师是核心。在整个合同的形成和实施过程中，工程师对工程索赔有如下影响：工程师受发包人委托进行工程项目管理；工程师有处理索赔问题的权力；在争议的仲裁和诉讼过程中作为见证人。索赔管理是工程师进行项目管理的主要任务之一，他的索赔管理任务包括：预测和分析导致索赔的原因和可能性；通过有效的合同管理减少索赔事件的发生；公平合理地处理和解决索赔。工程师要使索赔得到公平合理的解决，要注意的原则包括：公平合理地处理索赔；及时作出决定和处理索赔；尽可能通过协商达成一致；诚实信用。工程师对索赔的审查包括：审查索赔证据；审查工期顺延的要求；审查费用索赔要求。

4.2.11 例题

本科目考试包括单选题和多选题，满分110分。单选题共50题，每题1分，每题的备选答案中，只有一个最符合题意。多选题共30题，每题2分，每题的备选答案中有2个或2个以上符合题意，至少有1个错项。错选，不得分；少选，所选的每个选项得0.5分。

单选题：工程师对已经同意承包人隐蔽的工程部位施工质量产生怀疑后，要求承包人进行剥露后的重新检验。检验结果表明施工质量存在缺陷，承包人按工程师的指示修复后再次覆盖。此项事件按照施工合同的规定，对增加的施工成本和延误工期的处理是（　）

A. 工期顺延，施工成本的增加由承包人承担

B. 工期不予顺延，施工成本的增加由承包人承担

C. 顺延工期，补偿剥露和重新覆盖的成本，修复缺陷成本由承包人承担

D. 工期不予顺延，补偿剥露和重新覆盖的成本，修复缺陷成本由承包人承担

正确答案：B。

解题要点：保证工程质量是承包人的基本义务，不应是否经过工程师的质量认可而推卸应承担的合同责任，因此一切损失后果均由承包人承担。

多选题：接到承包人提交的索赔通知后，工程师应（　，　）

A. 及时检查承包人的施工现场同期记录

B. 审查承包人的施工是否受到延误

C. 核对承包人是否增加了施工成本

D. 分析索赔事件的合同责任

E. 认为索赔要求不合理，不予理睬

正确答案：A、B、C、D。

解题要点：工程师处理索赔是合同管理的重要工作之一，对不属于承包人责任事件导致的损害给予相应的补偿。主要包括分析事件的责任和审核承包人实际受到的损失。对于

承包人的不合理要求部分，可以让他提交进一步的损害证据，但不得采取不理睬方式。按照合同规定，承包人提交索赔报告后28天内工程师未作出任何答复，视为已经同意承包人的索赔要求。

4.3 建设工程质量控制

4.3.1 考试大纲基本要求

本科目考试目的，检验考生了解、熟悉和掌握建设工程质量、投资、进度控制的知识及解决建设工程目标培训实际问题的能力。

大纲的内容对监理工作师应具备的知识和能力划分为"了解"、"熟悉"和"掌握"三个层次，考试大纲要求如下：

了解：工程质量及特性；勘察设计质量及其控制数据；监理工程师考核勘察设计单位资质的单位；施工质量控制的系统过程；设备采购的质量控制；施工质量验收的有关术语和规定；工程质量问题、工程质量事故和工程质量不合格三者之间的区别；工程质量事故的特点及分类；质量数据收集方法及其特征值；质量数据的波动原因；抽样检验的两类错误；GB/T 19000—2000族核心标准的构成、主要特点和常用的术语。

熟悉：工程质量形成过程及影响因素；工程质量管理制度；勘察阶段监理工作内容、方法和质量控制要点；施工单位资质核查；质量控制点的设置；施工阶段质量控制依据和手段；设备制造的质量监控方式；设备检验的控制和方法及不合格设备的处理；施工质量验收的层次划分；施工质量不符合要求时的处理；工程质量问题和工程质量事故的成因；工程质量事故处理的鉴定验收；控制图与应用；常用的抽样检验方案；质量管理体系的内容；质量管理体系认证的特征、实施程序。

掌握：监理工程师在质量控制中应遵循的原则；工程质量责任体系；设计阶段监理工作的内容；初步设计、技术设计审核的主要内容；施工图设计的质量控制；施工准备和施工过程中质量控制的主要内容；施工组织设计的审查；见证取样送检；工程变更的控制；隐蔽工程验收；质量检验和不合格的处理；设备安装质量的控制；设备试运行的质量培训；检验批、分项、分部和单位工程质量验收的内容、程序和组织；工程质量事故处理的依据；工程质量问题和工程质量事故的处理程序；排列图、因果分析图、直方图在工程质量控制中的应用；GB/T 19000—2000族标准质量管理的原则。

4.3.2 建设工程质量管理制度及责任体系

建设工程质量简称工程质量。工程质量是指工程满足业主需要的，符合国家法律、法规、技术规范标准、设计文件及合同规定的综合特性。建设工程质量的特性主要表现在以下六方面：适用性；耐久性；安全性；可靠性；经济性；与环境的协调性。

工程建设的不同阶段，对工程项目质量的形成起着不同的作用和影响。项目可行性研究直接影响项目的决策质量和设计质量；项目决策阶段确定工程项目应达到的质量目标和水平；工程勘察是为建设场地的选择和工程的设计与施工提供地质资料依据，工程设计质量是决定工程质量的关键环节；工程施工是形成实体质量的决定性环节；工程竣工验收是保证最终产品的质量。影响工程的因素，归纳起来主要有五方面，即人（Man）、材料（Material）、机械（Machine）、方法（Method）、环境（Environment），简称4M1E。

监理工程师在工程质量控制过程中，应遵循的原则为：坚持质量第一的原则；坚持以人为核心的原则；坚持以预防为主的原则；坚持质量标准的原则；坚持科学、公正、守法的职业道德规范。

在工程项目建设中，参与工程建设的各方，包括建设单位、勘察设计单位、施工单位、工程监理单位、建筑材料、构配件及设备生产或供应单位，应根据国家颁布的《建设工程质量管理条例》以及合同、协议及有关文件的规定承担相应的责任。建设单位的质量责任包括：对其自行选择的设计、施工单位发生的质量问题承担相应责任；应当与监理单位签订监理合同，明确双方的责任和义务；按合同的约定负责采购供应的建筑材料、建筑构配件和设备，应符合设计文件和合同要求，对发生的质量问题，应承担相应的责任。勘察设计单位必须按照国家现行的有关规定、工程建设强制性技术标准和合同要求进行勘察、设计工作，并对所编制的勘察、设计文件的质量负责。施工单位对所承包的工程项目的施工质量负责。工程监理单位应依照法律、法规以及有关技术标准、设计文件和建设工程承包合同，与建设单位签订监理合同，代表建设单位对工程质量实施监理，并对工程质量承担监理责任。建筑材料、构配件及设备生产单位对其生产或供应的产品质量负责。

近年来，我国建设行政主管部门先后颁布了多项建设工程质量管理制度，主要有：施工图设计文件审查制度；工程质量监督制度；工程质量检测制度；工程质量保修制度。

4.3.3 工程勘察设计阶段的质量控制

勘察设计质量的概念，就是在严格遵守技术标准、法规的基础上，对工程地质条件作出及时、准确的评价，正确处理和协调经济、资源、技术、环境条件的制约，使设计项目能更好地满足业主所需要的功能和使用价值，能充分发挥项目投资的经济效益。建设工程勘察、设计的质量控制依据包括：有关工程建设及质量管理方面的法律、法规，城市规划，国家规定的建设工程勘察、设计深度要求；有关工程建设的技术标准；项目批准文件；体现建设单位建设意图的勘察、设计规划大纲、纲要和合同文件；反映项目建设过程中和建成后所需要的有关技术、资源、经济、社会协作等方面的协议、数据和资料。

勘察设计质量控制的要点包括：单位资质控制；勘察质量控制；设计质量控制。对于工程勘察、设计单位的资质进行核查，是勘察、设计质量控制工作的第一步。监理工程师应重点审核以下内容：检查勘察、设计单位的资质证书类别和等级及所规定的适用业务范围与拟建工程的类型、规模、地点、行业特性及要求的勘察、设计任务是否相符，资质证书所规定的有效期是否已过期，其资质年检结论是否合格；检查勘察、设计单位的营业执照，重点是有效期和年检情况；对参与拟建的主要技术人员的执业资格进行检查；对勘察、设计单位实际的建设业绩、人员素质、管理水平、资金情况、技术装备进行考察；对勘察、设计单位的管理水平进行考查。

勘察阶段质量控制监理工作要点是：协助建设单位选定勘察的单位；勘察工作方案的审查和控制；勘察现场作业的质量控制；勘查文件的质量控制；后期服务质量保证；勘察技术档案管理。

工程设计依据工作进程和深度不同，一般按扩大初步设计、施工图设计两阶段进行。监理工程师应按设计准备和设计展开两阶段进行质量控制。设计准备阶段监理工作内容包括：组建项目监理机构，明确监理任务、内容和职责，编制监理规划和设计准备阶段投资进度计划进行控制；组织设计招标或设计方案竞赛；编制设计大纲，确定设计质量要求和标准。优选设计单位，协助建设单位签定设计合同。主要的工作方法包括：收集和熟悉项目原始资料，充分领会建设单位意图；项目总目标论证方法；以初步确定的总建筑规模和质量要求为基础，将论证后所得总投资和总进度切块分解，确定投资和进度规划；起草设计合同，并协助建设单位尽量与设计单位达成限额设计条款。设计展开阶段监理工作内容包括：设计方案、图纸、概预算和主要设备、材料清单的审查；对设计工作的协调控制；参与主要设备、材料的选型；组织对设计的评审或咨询；编写设计阶段监理总结。主要工作方法是：在建设单位与设计单位发挥桥梁和纽带作用；跟踪设计，审核制度化；采用多种方案比较法；协调各相关单位关系。

初步设计阶段监理主要审核内容包括：有关部门的审批意见和设计要求；工艺流程、设备选型先进性、适用性、经济合理性；建设法规、技术规范和功能要求的满足程度；技术参数先进合理性与环境协调程度，对环境保护要求的满足情况；设计深度是否满足施工图设计阶段的要求；采用的新技术、新工艺、新设备、新材料是否安全可靠、经济合理。

技术设计是在初步设计基础上方案设计的具体化，监理工程师对技术设计图纸的审查侧重于各专业设计是否符合预定的质量标准和要求。

施工图审核是指监理工程师对施工图的审核。审核的重点是使用功能及质量要求是否得到满足，并应按有关国家和地方验收标准及设计任务书、设计合同的约定质量标准，针对施工图设计成品，特别是其主要质量特性做出验收评定，签发监理验收结论文件。监理工程师进行施工图审核的主要内容包括：图纸的规范性；建筑造型与立面设计；平面设计；空间设计；装修设计；结构设计；工艺流程设计；设备设计；水、电、自控等设计；城规、环境、消防、卫生等要求满足情况；各专业设计的协调一致情况。

设计交底由建设单位负责组织，设计单位向施工单位和承担施工阶段监理任务的监理单位等相关参建单位进行交底。图纸会审由承担施工阶段监理任务的监理单位负责组织，施工单位、建设单位、设计单位等相关参建单位参加。设计交底应由设计单位整理会议纪要，图纸会审应由施工单位整理会议纪要。

4.3.4 工程施工阶段的质量控制

工程施工是使工程设计意图最终实现并形成工程实体的阶段，也是最终形成工程产品质量和工程项目使用价值的重要阶段。按照工程实体质量形成过程的时间阶段划分，施工阶段质量控制分为：施工准备控制；施工过程控制；竣工验收控制。按工程实体形成过程中物质形态的转化阶段划分：对投入的物质资源质量控制；施工过程质量控制；对完成的工程产出品质量的控制与验收。

施工阶段监理工程师质量控制的依据有：工程合同文件；设计文件；国家及政府有关部门颁布的有关质量管理方面的法律、法规性文件；有关质量检验与控制的专门技术法规性文件。

施工企业按照其承包工程能力，划分为施工总承包、专业承包和劳务分包三个序列。这三个序列按照工程性质和技术特点分别划分为若干资质类别，各资质类别按照规定的条件划分为若干等级。施工准备阶段质量控制中，监理工程师对施工承包单位资质的审核，包括：投标阶段对承包单位资质的审查；根据工程类型、规模特点，确定参与投标企业的资质等级，对符合参与投标承包企业的考核，实地参观近期承建工程，及考核工程质量与现场管理水平；对中标进场从事项目施工的承包企业质量管理体系的核查。

施工组织设计已包含了质量计划的主要内容，监理工程师对施工组织设计的审查也同时包括了对质量计划的审查。施工组织设计的审查程序是：

（1）在工程项目开工前约定的时间内，承包单位必须完成施工组织设计的编制及内部自审批准工作，填写《施工组织设计（方案）报审表》报送项目监理机构；

（2）总监理工程师在约定的时间内，组织专业监理工程师审查，提出意见后，由总监理工程师审核签认。需要承包单位修改时，由总监理工程师签发书面意见，退回承包单位修改后再报审，由总监理工程师重新审查；

（3）已审定的施工组织设计由项目监理机构报送建设单位；

（4）承包单位应按审定的施工组织设计文件组织施工；

（5）规模大、工艺复杂或属新结构、特种结构的工程，项目监理机构对施工组织设计审查后，还应报送监理单位技术负责人审查，提出审查意见后由总监理工程师签发，必要时与建设单位协商，组织有关专业部门和有关专家会审；

（6）规模大、工艺复杂的工程、群体工程或分期出图的工程，经建设单位批准可分阶段报审施工组织设计；技术复杂或采用新技术的分项、分部工程，承包单位还应编制该分项、分部工程的施工方案，报项目监理机构审查。

监理工程师在施工组织审查时的注意事项有以下几点：

（1）重要的分部、分项工程的施工方案，承包单位在开工前，向监理工程师提交详细说明为完成该项工程的施工方法、施工机械设备及人员配备与组织、质量管理措施以及进度安排等，报请监理工程师审查认可后方能实施；

（2）在施工顺序上应符合先地下、后地上；先土建、后设备；先主体、后围护的基本规律；

（3）施工方案与施工进度计划的一致性；

（4）施工方案与施工平面布置协调一致。

在现场施工准备阶段的质量控制，监理工程师应做好以下几方面工作：工程定位及标高基准控制；施工平面布置控制；材料构配件采购订货的控制；施工机械配置的控制；分包单位自制的审核确认；设计交底与施工图纸的现场核对；严把开工关；监理组织内部的监控准备工作。

为确保施工质量，监理工程师要对施工过程进行全过程全方位的质量监督、控制与检查。就整个施工过程而言，可按照事前、事中、事后进行控制。在作业技术准备阶段的控制，应着重抓好以下几个环节：质量控制点的设置；作业技术交底的控制；进场材料构配件的质量控制；环境状态的控制；进场施工机械设备性能及工作状态的控制；施工测量器具性能、精度的控制；施工现场劳动组织及作业人员上岗资格控制。质量控制点是指为了保证作业过程质量而确定的重点控制对象、关键部位或薄弱环节，作为质量控制点重点控制对象的是：人的行为、物的质量与性能、关键的操作、施工技术参数、施工顺序、技术间歇、新工艺、新技术、新材料的应用；产品质量产生不稳定、不合格率较高及易发生质量通病的工序，应列为重点；易对工程质量产生重大影响的施工方法；特殊地基或特种结构。

作业技术活动运行过程的控制中,见证是指由监理工程师现场监督承包单位某工序全过程完成情况的活动。见证取样是指工程项目使用的材料、半成品、构配件的现场取样、工序活动效果的检查实施见证。为确保工程质量,建设部规定,在市政工程及房屋建筑工程项目中,对工程材料、承重结构的混凝土试块,承重墙体的砂浆试块、结构工程的受力钢筋实行见证取样。见证取样的工作程序是:工程项目施工开始前,项目监理机构要督促承包单位尽快落实见证取样的送检试验室;项目监理机构要将选定的试验室到负责本项目的质量监督机构备案并得到认可,同时要将项目监理机构中负责见证取样的监理工程师在质量监督机构备案;承包单位在对进场材料、试块、试件、钢筋接头等实施见证取样前要通知负责见证取样的监理工程师,在该监理工程师的现场监督下,承包单位按相关规范的要求,完成材料、试块、试件等的取样过程;完成取样后,承包单位将送检样品装入木箱,由监理工程师加封,不能装入箱中的试件,如钢筋样品,钢筋接头,则贴上专用加封标志,然后送往实验室。

施工过程中,工程的变更要求可能来自建设单位、设计单位或施工单位。在施工过程中承包单位提出的工程变更要求可能是:要求作某些技术修改;要求作设计变更。设计单位提出的变更的处理:设计单位首先将"设计变更通知"及有关附件报送建设单位;建设单位会同监理、施工承包单位对设计单位提交的"设计变更通知"进行研究,必要时设计单位尚需提供进一步的资料,以便对变更作出决定。建设单位(监理工程师)要求变更的处理:建设单位(监理工程师)将变更的要求(《工程变更单》)通知设计单位;设计单位对《工程变更单》进行研究;根据建设单位的授权监理工程师研究设计单位所提交的建议设计变更方案或其对变更要求所附方案的意见,必要时会同有关的承包单位和设计单位一起进行研究,也可进一步提供资料,以便对变更作出决定;建设单位作出变更的决定后由总监理工程师签发《工程变更单》,指示承包单位按变更的决定组织施工。

隐蔽工程验收是指将被其后工程施工所隐蔽的分项、分部工程,在隐蔽前所进行的检查验收。它是对一些已完成分项、分部工程质量的最后一道检查,由于检查对象就要被其他工程覆盖,给以后的检查整改造成障碍,故显得尤为重要,它是质量控制的一个关键过程。隐蔽工程验收工作程序是:隐蔽工程施工完毕,承包单位按有关技术规程、规范、施工图纸先进行自检,自检合格后,填写《报验申请表》,附上相应的工程检查证(或隐蔽工程检查记录)及有关材料证明,试验报告,复试报告等,报送项目监理机构;监理工程师收到报验申请后首先对质量证明资料进行审查,并在合同规定的时间内到现场检查(检测或核查),承包单位的专职质检员及相关施工人员应随同一起到现场;经现场检查,如符合质量要求,监理工程师在《报验申请表》及工程检查证(或隐蔽工程检查记录)上签字确认,准予承包单位隐蔽、覆盖,进入下一道工序施工。

作业技术活动结果的控制是施工过程中间产品及最终产品质量控制的方式,只有作业活动的中间产品质量符合要求,才能保证最终单位工程产品的质量,主要包括:基槽(基坑)验收;隐蔽工程验收;工序交接验收;检验批、分项、分部工程验收;联动试车或设备的试运转;单位工程或整个工程项目的竣工验收;不合格的处理;成品保护。

作业技术活动中,对于现场所用原材料、半成品、工序过程或工程产品质量进行检验,方法有:目测法、量测法、试验法。

4.3.5 设备采购、制造与安装的质量控制

生产设备及各种配套附属设备,均是建设项目的组成部分,为确保建设整体质量,监理工程师也要做好设备质量的控制工作。采购设备,可采取市场采购,向制造厂商订货或招标采购等方式,采购质量控制主要是采购方案的审查及工作计划中明确的质量要求。

设备的制造过程是形成设备实体并使之具备所需要的技术性能和使用价值的过程。对于某些重要的设备,要求对设备制造厂、生产厂生产制造的全过程实行监造。建设单位直接采购,或招标采购,则委托监理工程师实施。设备制造质量监控方式有:驻厂监造;巡回监造;设置质量控制点监控。

设备质量是设备安装质量的前提,为确保设备质量,监理工程师需要做好设备检查验收的质量控制。设备的检查验收包括供货单位出厂前的自检验收及用户或安装单位在进入安装现场后的检查验收。设备检验的质量控制包括:制定设备检验计划;执行设备检验程序。设备开箱检查包括:箱号、箱数以及包装情况;设备的名称、型号和规格;装箱清单、设备的技术文件、资料及专用工具;设备有无缺损件,表面有无损坏和锈蚀等;其他需要记录的情况。设备开箱检查后是设备的专业检查与单机无负荷试车或联动试车。不合格设备的处理:大型或专用设备,检验及鉴定是否合格均有相应的规定,一般要经过试运转及一定时间的运行方能进行判断,有的则需要组成专门的验收小组或经权威部门鉴定;一般通用或小型设备,出厂前装配不合格的设备,不得进行整机检验,应拆卸后找出原因制定相应的方案后再行装配;整机检验不合格的设备不能出厂;进场验收不合格的设备不得安装,由供货单位或制造单位返修处理;试车不合格的设备不得投入使用,并由建设单位组织相关部门进行研究处理。

设备安装要按设计文件实施,要符合有关的技术要求和质量标准。设备安装过程的质量控制主要包括:设备基础检验、设备就位、调平找正、设备的复查与二次灌浆。设备安装经检验合格后,还必须进行试运转。生产设备安装单位认为达到试运行条件时,应向项目监理机构提出设备试运行申请。监理工程师在设备试运行过程的质量控制主要是监督安装单位按规定的步骤和内容进行运行。试运行中,应坚持下述步骤:先无负荷到负荷;由部件到组件,由组件到单机,由单机到机组;分系统进行,先主动系统后从动系统;先低速逐级增至高速;先手控、后遥控运转,最后进行自控运转。监理工程师应参加试运行的全过程,督促安装单位做好各种检查及记录。

4.3.6 工程施工质量验收

工程施工质量验收是工程建设质量控制的一个重要环节,它包括工程施工质量的中间验收和工程的竣工验收两个方面。《建筑工程施工质量验收统一标准》(GB 50300—2001)中共给出17个术语。较重要的质量验收相关术语包括:验收;检验批;主控项目;一般项目;观感质量;返修;返工。施工质量验收的基本规定有:施工现场质量管理应有相应的施工技术标准,健全的质量管理体系,施工质量检验制度和综合施工质量水平评价考核制度,并做好施工现场质量管理检查记录;建筑工程施工质量应按要求进行验收。

建筑施工质量验收涉及到建筑工程施工过程控制和竣工控制,是工程施工质量控制的重要环节,合理划分建筑工程施工质量验收层次是非常必要的。单位工程划分应按下列原则:具备独立施工条件并能形成独立使用功能的建筑物及构筑物为一个单位工程;规模较大的单位工程,可将其能形成能够独立使用功能的部分划分为一个子单位工程;室外工程

可根据专业类别和工程规模划分单位工程。分部分项工程划分原则：分部分项工程应按专业性质、建筑部位确定；当分部分项工程较大或较复杂时，可按施工程序、专业系统及类别等划分为若干个子分部工程。分项工程应按主要工种、材料、施工工艺、设备类别等进行划分。分项工程可由一个或若干个检验批组成，检验批可根据施工及质量控制和专业验收需要按楼层、施工段、变形缝等进行划分。

建筑工程施工质量验收中，检验批的质量验收合格质量规定：主控项目和一般项目的质量经抽样检验合格；具有完整的施工操作依据、质量检查记录。检验批按规定验收包括：资料检查；主控项目和一般项目的检查；检验批的抽样方案确定；检验批的质量验收记录。分项工程的验收在检验批的基础上进行。分项工程质量验收合格应符合的规定：分项工程所含的检验批均应符合合格质量规定；分项工程所含的检验批的质量验收记录应完整。检验批及分项工程应由监理工程师（建设单位项目技术负责人）组织施工单位项目专业质量（技术）负责人等进行验收。分部（子分部）工程质量验收合格的规定是：分部（子分部）工程所含分项工程的质量应验收合格；质量控制资料应完整；地基与基础、主体结构和设备安装等分部工程有关安全及功能的检验和抽检测结果应符合有关规定；观感质量验收应符合要求。分部（子分部）工程质量应由总监理工程师组织施工项目经理和有关勘察、设计单位项目负责人进行验收。

单位（子工程）工程质量验收合格应符合下列规定：单位（子工程）工程所含分部（子分部）工程的质量应验收合格；质量控制资料应完整；单位（子工程）工程所含分部分项工程有关安全和功能的检验资料应完整；主要功能项目的抽检结果应符合相关专业质量验收规范的规定；观感质量验收应符合要求。当单位工程达到竣工验收条件后，施工单位应在自查、自评工作完成后，填写工程竣工报验单，并将全部竣工资料报送项目监理机构，申请验收。建设单位收到工程验收报告，应由建设单位（项目）负责人组织施工（含分包单位）、设计、监理等单位（项目）负责人进行单位（子单位）工程验收。建设工程经验收合格后，方可交付使用。单位工程质量验收合格后，建设单位应在规定时间内将工程竣工验收报告和有关文件，报建设行政管理部门备案。

4.3.7 工程质量问题和质量事故

凡工程产品质量没有满足某个规定的要求，就称为质量不合格。根据1989年建设部颁布的第3号令《工程建设重大事故报告和调查程序规定》和1990年建设部建建工字第55号文件关于第3号部令有关问题的说明：凡是工程质量不合格，必须进行返修、加固或报废处理，由此造成直接经济损失低于500元的称为质量问题；直接经济损失在5000元（含5000元）以上的称为工程质量事故。工程质量问题常见问题的成因有：违背建设程序；违反法规行为；地质勘察失真；设计差错；施工与管理不到位；使用不合格的原材料、制品及设备；自然环境因素；使用不当。

工程质量事故具有复杂性、严重性、可变性和多发性特点。国家现行对工程质量通常采取按照损失严重程度进行分类，其分为：一般质量事故；严重质量事故；重大质量事故；特别重大质量事故。

工程质量事故处理的依据有四方面：质量事故的实况资料；具有法律效力的，得到有关当事各方认可的工程承包合同、设计委托合同、材料或设备购销合同以及监理合同或分包合同等文件；有关的技术文件、档案和相关的建设法规。

工程质量事故发生后，监理工程师处理程序是：

(1) 工程质量事故发生后，总监理工程师应签发《工程暂停令》，并要求停止进行质量缺陷部分和与其有关部位及下道工序施工，应要求施工单位采取必要的措施，防止事故扩大并保护好现场。同时，要求质量事故发生单位迅速按类别和等级向相应的主管部门上报，并于24小时内写出书面报告；

(2) 监理工程师在事故调查组展开工作后，应积极协助，客观地提供相应证据，若监理方无责任，可邀监理工程师参加调查组；若监理方有责任，则应予以回避，但应配合调查组工作；

(3) 当监理工程师接到质量事故调查组提出的技术处理意见后，可组织有关单位研究，并责成相关单位完成技术处理方案，并予以审核签认；

(4) 技术处理方案核签后，监理工程师应要求施工单位制定详细的施工方案设计，必要时应编制监理实施细则，对工程质量事故技术处理施工质量进行监理，技术处理过程中的关键部位和关键工序应进行旁站，并会同设计、建设等有关单位共同检查认可；

(5) 对施工单位完工自检后报验结果，组织有关各方进行检查验收，必要时应进行处理结果鉴定。

质量事故的技术处理是否达到预期目的，消除工程质量不合格和工程质量问题，是否仍留有隐患，监理工程师应通过组织检查和必要的鉴定，进行验收并予以最终确定。对于处理后符合《建筑工程施工质量验收统一标准》的规定的，监理工程师应予以验收、确认，并应注明责任方主要承担的经济责任。对经加固补强或返工处理仍不能满足安全使用的分部工程、单位工程，应拒绝验收。

4.3.8 工程质量控制的统计分析方法

质量数据的收集方法有全数检验和随机抽样检验两种方法。随机抽样检验又包括简单随机抽样、分层抽样、等距抽样、整群抽样、多阶段抽样等方法。样本数据特征值是由样本数据计算的描述样本质量数据波动规律的指标。统计推断就是根据这些样本数据特征值来分析、判断总体的质量状况。常用的有描述数据分布规律中趋势的算术平均数、中位数和描述数据分布离中趋势的极差、标准偏差、变异系数等。质量特征值的变化在质量标准允许范围内波动称为正常波动，是由偶然性原因引起的；若超越了质量标准允许范围的波动则称为异常波动，是由系统性原因引起的。

质量数据的分析方法有：统计调查表法、分层法、排列图法、因果分析法、直方图法、控制图法、相关图法。排列图又叫帕累托图或主要因素分析图，由两个纵坐标、一个横坐标、几个连起来的直方形和一条曲线组成。实际应用中，通常按累计频率划分为（0~80%）、（80%~90%）、（90%~100%）三部分，与其对应的影响因素分别为A、B、C三类。A类为主要因素，B类为次要因素，C类为一般因素。因果分析图法是利用因果分析图来系统整理分析某个质量问题（结果）与其产生原因之间关系的有效工具。直方图法即频数分布直方图法，它是将收集到的质量数据进行分组整理。绘制成频数分布直方图，用以描述质量分布状态的一种分析方法，又称质量分布图。控制图又称管理图，它是在直角坐标系内画有控制界限，描述生产过程中产品质量波动状态的图形，利用控制图区分质量波动原因，判明生产过程是否处于稳定状态的方法。

常用的抽样检验方案有：标准型抽样检验方案；分选型抽样检验方案；调整型抽样检

验方案。实际抽样检验方案中也都存在两类判断错误，即可能犯第一类错误，将合格批判为不合格批，错误地拒绝；也可能犯第二类错误，将不合格判断为合格，错误地接受。

4.3.9 质量管理体系标准

GB/T 19000—2000族标准的构成包括：GB/T 19000—2000 质量管理体系——基础和术语；GB/T 19001—2000 质量管理体系——要求；GB/T 19004—2000 质量管理体系——业绩改进指南；ISO 19011 质量和环境审核指南。ISO 9000：2000族的特点是：

(1) 标准的结构与内容更好地适应于所有产品类别，不同规模和各种类型的组织；

(2) 采用"过程方法"的结构，同时体现了组织管理的一般原则，有助于组织结合自身的生产和经营活动采用标准来建立质量管理体系，并重视有效性的改进与效率的提高；

(3) 提出了质量管理八项原则并在标准中得到充分体现；

(4) 对标准的适应性进行了更科学与明确的规定，在满足标准要求的途径与方法方面，提倡组织在确保有效性的前提下，可以根据自身经营管理的特点做出不同的选择，给予组织更多的灵活度；

(5) 更加强调管理者的作用，最高管理者通过确定质量目标，制定质量方针，进行质量评审以及确保资源的获得和加强内部沟通等活动，对其建立、实施质量管理体系并持续改进其有效性的承诺提供证据，并确保顾客的要求得到满足，旨在增强顾客满意；

(6) 突出"持续改进"是提高质量管理体系有效性和效率的重要手段；

(7) 强调质量管理体系的有效性和效率，引导组织以顾客为中心并关注相关方的利益，关注产品与过程而不是程序文件与记录；

(8) 对文件化的要求更加灵活，强调文件应能够为过程带来增值，记录只是证据的一种形式；

(9) 将顾客和其相关方满意或不满意的信息作为评价质量管理体系运行状况的一种重要手段；

(10) 概念清楚，语言通俗，易于理解、翻译和使用，用概念图形式表达术语间的逻辑关系；

(11) 强调 ISO 9001 作为要求性的标准，ISO 9004 作为指南性的标准的协调一致性，有利于组织的业绩的持续改进；

(12) 增强了与环境管理体系标准等其他管理体系标准的相容性，从而为建立一体化的管理体系创造了有利条件。

GB/T 19000—2000族标准质量管理原则：以顾客为关注焦点；领导作用；全员参与；过程方法；管理的系统方法；持续改进；基于事实的决策方法；与供方互利的关系。

GB/T 19000—2000族标准中常用的术语有：质量、要求、质量管理体系、质量方针、质量目标、质量管理、质量策划、质量控制、质量保证、质量改进、过程、产品、组织、组织结构、相关方、质量特性、不合格、缺陷、质量手册、质量计划、记录、评审。

质量认证是第三方依据程序对产品、过程或服务符合规定的要求给予书面保证（合格证）。质量认证包括产品质量认证和质量管理体系认证两方面。质量管理体系认证具有以下特征：

(1) 由具有第三方公正地位的认证机构进行客观的评价，作出结论，若通过则颁发认证证书；

（2）认证的依据是质量管理体系的要求标准，即 GB/T 19001，而不能依据质量管理体系的业绩改进指南标准即 GB/T 19004 来进行，更不能依据具体的产品质量标准；

（3）认证过程的审核是围绕企业的质量管理体系要求的符合性和满足质量要求和目标方面的有效性来进行；

（4）认证的结论不是证明具体的产品是否符合相关的技术标准，而是质量管理体系是否符合 ISO 9001 即质量管理体系要求标准，是否具有按规范要求，保证产品质量的能力；

（5）认证合格标志，只能用于宣传，不能将其用于具体的产品上。

质量管理体系认证的实施程序是：提出申请，由申请单位向认证机构提出书面申请；认证机构进行审核；审批与注册发证；获准认证后的监督管理；申诉。

4.3.10 例题

建设工程质量、投资、进度控制合为一个考试科目，满分 160 分。考试包括单选题和多选题。单选题共 80 题，每题 1 分，每题的备选答案中，只有一个最符合题意。多选题共 40 题，每题 2 分，每题的备选答案中有 2 个或 2 个以上符合题意，至少有 1 个错项。错选，不得分；少选，所选的每个选项得 0.5 分。

单选题：施工图设计审查是（　　）对施工图进行结构安全和强制性标准、规范执行情况等进行的独立审查。

A. 建设行政主管部门　　　　　　B. 工程质量监督机构
C. 依法认定的设计审查机构　　　D. 设计主管部门

正确答案：C。

解题要点：施工图设计文件审查是指国务院建设行政主管部门和省、自治区、直辖市人民政府建设行政主管部门委托依法认定的设计审查机构，根据国家法律、法规、技术标准与规范，对施工图进行的结构安全和强制性标准、规范执行情况进行的独立审查。

多选题：成品保护的一般措施有（　　）

A. 防护、包裹　　　　　　B. 旁站
C. 覆盖、封闭　　　　　　D. 巡视　　　　E. 合理安排施工顺序

正确答案：A、C、E。

解题要点：根据需要保护的建筑产品特点不同，可以分别对成品采取："防护"、"覆盖"、"封闭"等保护措施，以及合理安排施工顺序来达到保护成品的目的。

4.4 建设工程投资控制

4.4.1 考试大纲基本要求

通过本科目考试，检验考生了解、熟悉和掌握建设工程投资的知识及解决建设工程目标培训实际问题的能力。

大纲的内容对监理工作师应具备的知识和能力划分为"了解"、"熟悉"和"掌握"三个层次，考试大纲要求如下：

了解：建设工程投资的特点；国际工程项目建筑安装工程费用的构成；企业定额；可行性研究的工作步骤；可行性研究报告的主要内容；环境影响评价；国民经济评价和社会

评价、国民经济评价与财务评价的主要区别;基准收益率的确定;敏感性分析方法;设计标准的作用及设计标准化的要求;标准设计的特点;分类、设计方案优选方法;工程投标报价的计算;施工阶段投资建设的工作流程;竣工决算与竣工结算的区别;竣工决算的内容;竣工财务决算报表的结构。

熟悉: 建设工程总投资、建设投资、静态投资部分、动态投资部分、工程造价和建设工程投资控制要点;工程建设其他费用的构成;预备费、建设期利息的计算;建设工程定额;建设工程投资的其他确定依据;投资估算的编制与审查;现金流量;资金时间价值的计算;盈亏平衡分析;限额设计;价值工程及其主要工作内容;建设工程招标投标价格;资金使用计划的编制;施工阶段投资控制的措施;FIDIC合同条件下工程的变更与估价;常见的索赔内容 FIDIC合同条件下工程费用的支付。

掌握: 项目监理机构在建设工程投资控制中的主要任务;建设工程投资构成、设备、工器具购置费用的构成及计算方法;建筑安装工程费用项目的组成及计算;工程量清单控制、工程量清单计价;财务评价指标的含义、计算及判别准则;设计概算的编制与审查;施工图预算的编制与审查;建设工程承包合同价格及其适用条件;工程计量的程序、依据、方法;项目监理机构对工程变更的管理;工程变更价款的确定方法;索赔费用的计算;工程价款的结算、工程价款的动态结算;投资偏差分析方法;新增固定资产、无形资产、流动资产、其他资产价值的构成。

4.4.2 建设工程投资的特点及主要任务

建设工程总投资,一般是指进行某项工程建设花费的全部费用。生产性建设工程总投资包括建设投资和铺底流动资金两部分;非生产性建设工程总投资只包括建设投资。建设投资,由设备器具购置费、建筑安装工程费、工程建设其他费用、预备费、建设期利息和固定资产投资方向调节税组成。建设投资可以分为静态投资部分和动态投资部分。静态投资部分由建筑安装工程费、设备工器具购置费、工程建设其他费和基本预备费构成。动态投资部分,是指在建设期内,因建设期利息、建设工程需缴纳的固定资产投资方向调节税和国家新批准的税费、汇率、利率变动以及建设期价格变动引起的建设投资增加额。包括涨价费、建设期利息和固定资产投资方向调节税。工程造价,一般是指一项工程预计开支或实际开支的全部固定资产投资费用,在这个意义上工程造价与建设投资的概念是一致的。

建设工程投资的特点是由建设工程的特点决定的:建设工程投资额数额巨大;建设工程投资差异明显;建设工程投资需单独计算;建设工程投资确定依据复杂;建设工程投资确定层次繁多;建设工程投资需动态跟踪调整。

所谓建设工程投资控制,就是在投资决策阶段、设计阶段、发包阶段、施工阶段以及竣工阶段,把建设工程投资控制在批准的投资限额以内,随时纠正发生的偏差,以保证项目投资管理目标的实现,以求在建设项目中能合理使用人力、物力、财力,取得较好的投资效益和社会效益。对建设工程投资的动态控制贯穿于项目建设的始终。

建设工程投资控制是我国建设工程监理的一项主要任务,投资控制贯穿于工程建设的各个阶段,也贯穿于监理工作的各个环节:在建设前期阶段进行工程项目的机会研究、初步可行性研究、编制项目建议书,进行可行性研究,对拟建项目进行市场调查和预测,编制投资估算,进行环境影响评价、财务评价、国民经济评价和社会评价;在设计阶段，协助业主提出设计要求，组织设计方案竞赛或设计招标，用技术经济方法组织评选设计方案；在施工招标阶段，准备与发送招标文件，编制工程量清单和招标工程标底；协助评审投标书，提出评标建议；协助业主与承包单位签定承包合同；在施工阶段，依据施工合同有关条款、施工图、对工程项目造价目标进行风险分析，并制定防范性对策。

4.4.3 建设工程投资构成

我国现行建设工程投资构成见下图4-1。

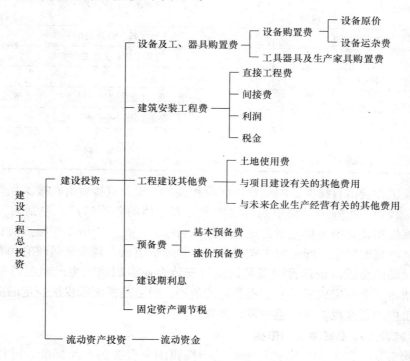

图4-1 我国现行建设工程投资构成

设备购置费是指为建设工程购置或自制的达到固定资产标准的设备、工具、器具的费用。

$$设备购置费 = 设备原价或进口设备抵岸价 + 设备运杂费 \tag{4-1}$$

设备原价是指国产标准设备、非标准设备的原价。设备运杂费指设备原价中未包括的包装材料费、运输费、装卸费、采购费及仓库保管费、供销部门手续费等。进口设备抵岸价是指抵达买方边境港口或边境车站，且交完税以后的价格。

$$进口设备抵岸价 = 货价 + 国外运费 + 国外运输保险费 + 银行财务费 + 外贸手续费$$
$$+ 增值税 + 消费税 + 海关监管手续费 \tag{4-2}$$
$$设备运杂费 = 设备原价 \times 设备运杂费率 \tag{4-3}$$

工具及生产家具购置费是指新建项目或扩建项目初步设计规定所必须购置的不够固定资产标准的设备、仪器、工卡模具、器具、生产家具和备品备件的费用。

$$工器具及生产家具购置费 = 设备购置费 \times 定额费率 \tag{4-4}$$

我国现行建筑安装工程费用构成见下表4-1。

我国现行建筑安装工程费用的构成 表 4-1

费用项目			参考计算方法
直接工程费（一）	直接费	人工费	Σ（人工工日定额消耗量 ×日工资单价）
		材料费	Σ（材料定额消耗量× 材料预算价格）
		施工机械使用费	Σ（机械定额消耗量 ×机械台班预算单价）
	其他直接费		土建工程：（人工＋材料费＋施工机械使用费）×费率 安装工程：人工费×费率
	现场经费	临时设施费	
		现场管理费	
间接费（二）	企业管理费		土建工程：直接费用×费率 安装工程：人工费×费率
	财务费用		
	其他费用		
盈利	利润（三）		土建工程：（直接费用＋间接费）×费率 安装工程：人工费×利润率
	税金（含营业税、城乡维护建设税、教育税附加）（四）		营业额×税率

建筑安装工程费由直接费、间接费、利润和税金组成。直接费由直接工程费和措施费组成。直接工程费，指施工过程中耗费的构成工程实体的各项费用，包括人工费、材料费、施工机械使用费。措施费是指为完成工程项目施工，发生于该工程施工前和施工过程中非工程实体项目的费用。间接费由规费、企业管理费组成。规费是指政府和有关权力部门规定必须缴纳的费用。企业管理费是指建筑安装企业组织施工生产和经营管理所需费用。利润是指施工企业完成所承包工程获得的盈利。税金是指国家税法规定的应计入建筑安装工程造价内的营业税、城市维护税及教育费附加等。

4.4.4 建设工程投资确定的依据

建筑工程定额，即额定的消耗标准，是指按照国家有关的产品标准、设计规范和施工验收规范、质量评定标准，并参考行业、地方标准以及有代表性的工程设计、施工资料确定的工程建设过程中完成规定计量单位产品所消耗的人工、材料、机械等消耗量的标准。

建设工程的特点决定了建设工程投资的特点，建设工程投资的特点又决定了建设工程投资的构成，必须依靠定额来完成。按照定额的适用范围分为国家定额、行业定额、地区定额、企业定额。企业定额是指由工程施工企业根据企业的技术水平和管理水平，编制的完成单位合格产品所需要的人工、材料和施工机械台班消耗量，以及其他生产经营要素消耗的数量标准。企业定额水平应高于国家、行业或地区定额，才能适应投标报价，增强市场竞争能力的要求。

工程量清单是建设工程招标投标文件的重要组成部分。是指由建设工程招标人发出的，对招标工程的全部项目，按统一的工程量计算规则、项目划分和计量单位计算出的工程数量列出的表格。工程量清单包括工程量清单说明和工程量清单表。

建设工程投资的其他确定依据包括工程技术文件、要素市场价格信息、建设工程环境条件、其他国家对建设工程费用计算的规定和相关税率。

4.4.5 建设工程投资决策

可行性研究（Feasibility Study），是运用多种科学手段综合论证一个工程项目在技术上是否先进、实用和可靠，在财务上是否赢利；作出环境影响、社会效益和经济效益的分析和评价，以及工程项目抗风险能力等的结论；为投资决策提供科学的依据。可行性研究的基本工作步骤概括为：签订委托协议；组建工作小组；制定工作计划；市场调查与预测；方案编制与优化；项目评价；编写可行性研究报告；与委托单位交换意见。可行性研究报告一般按以下结构和内容编写：总论；市场调查与预测；资源条件评价；建设规模与产品方案；场址选择；技术方案、设备方案和工程方案；原材料燃料供应；总图运输与公用辅助工程；节能措施；节水措施；环境影响评价；劳动安全卫生与消防；组织机构与人力资源配置；项目实施进度；投资估算；融资方案；项目的经济评价；风险分析；研究结论与建议。

投资估算是在对项目的建设规模、产品方案、工艺技术及设备方案、工程方案及项目实施进度等进行研究并基本确定的基础上，估算项目所需资金总额（包括建设投资和流动资金）并测算建设期分年资金使用计划。建设投资估算方法有：生产能力指数法、资金周转率法、比例估算法、综合指标投资估算法。为了保证项目投资估算的准确性和估算质量，以确保其应有的作用，必须加强对项目投资估算的审查工作，审查时，要注意重点审查以下几点：投资估算编制依据的时效性、准确性；审查选用的投资估算方法的科学性、适用性；审查投资估算的编制内容与拟建项目规划要求的一致性；审查投资估算的费用项目、费用数额的真实性。

资金具有时间价值，即使两笔金额相同的资金，如果发生在不同时期，其实际价值量是不相等的。在建设工程经济分析中，通常是将项目看作是一个独立的经济系统，来考察投资项目的经济效益。对一个系统而言，在某一时间上流出系统的货币称为现金流出；流入系统的货币称为现金流入；同一时间点上的现金流入和现金流出的代数和，称为净现金流量。现金流入、现金流出和净现金流量，统称为现金流量。

资金时间价值计算中，如果将一笔资金存入银行的资金叫做本金，经过一段时间后，从银行提出本金之外，资金所有者还能得到一些报酬，称为利息。利息的计算有单利法和复利法两种。复利法资金时间价值计算的基本公式有：

(1) 一次支付终值公式：$F = P(1+i)^n$ （4-5）

(2) 一次支付现金公式：$P = F(1+i)^{-n}$ （4-6）

(3) 等额资金终值公式：$F = A \dfrac{(1+i)^n - 1}{i}$ （4-7）

(4) 等额资金偿债基金公式：$A = F \dfrac{i}{(1+i)^n - 1}$ （4-8）

(5) 等额资金回收公式：$A = P \dfrac{i(1+i)^n}{(1+i)^n - 1}$ （4-9）

(6) 等额资金现金公式：$P = A \dfrac{(1+i)^n - 1}{i(1+i)^n}$ （4-10）

在上述公式中，i 为利率，n 为计息周期，P 为现值，F 为终值，A 为等额年金。

工程项目一般会引起项目所在地自然环境、社会环境和生态环境的变化，对环境状况、环境质量产生不同程度的影响。环境影响评价是在研究确定场址方案和技术方案中，调查研究环境条件、识别和分析拟建项目影响环境的因素、研究提出治理和保护环境的措施、比选和优化环境保护方案。

财务评价是在国家现行财税制度和市场价格体系下,分析预测项目的财务效益与费用,计算财务评价指标,考察拟建项目的赢利能力、偿债能力,据以判断项目的财务可行性。根据计算项目财务评价指标时是否考虑资金的时间价值,可将常用的财务指标分为静态指标和动态指标两类。静态评价指标主要用于技术经济数据不完备和不精确的方案初选阶段,或对寿命期比较短的方案进行评价;动态评价指标用于方案最后决策前的详细可行性研究阶段,或对寿命期较长的方案进行比较。其中静态指标包括:投资利润率、静态投资回收期、借款偿还期、利息备付率、偿债备付率。动态指标包括:财务净现值、财务净现值指数、财务内部收益率、动态投资回收期。项目财务评价按评价内容的不同,还可分为赢利能力分析指标和偿债能力分析指标两类。赢利能力分析指标包括:财务内部收益率、财务净现值、投资回收期、投资利润率。偿债能力分析指标包括:借款偿还期、利息备付率、偿债备付率。

投资利润率是指项目达到设计生产能力后的一个正常年份的年利润总额与项目总投资的比率。

$$投资利润率 = \frac{年利润总额或年平均利润总额}{项目总投资} \times 100\% \tag{4-11}$$

静态投资回收期就是从项目建设期初起,用各年的净收入将全部投资收回所需的期限。

$$\sum_{t=1}^{P_t}(CI-CO)_t = 0 \tag{4-12}$$

式中 $(CI-CO)_t$——第 t 年的净现金流量;

P_t——静态投资回收期。

判别准则:设基准投资回收期为 P_c,若 $P_t \leqslant P_c$,则方案可行;若 $P_t > P_c$,则方案应予以拒绝。

借款偿还期是指在国家财税制度规定及项目财务条件下,以项目投产后可用于还款的资金偿还本金和建设期利息所需的时间。

$$I_d = \sum_{t=1}^{P_d} R_t \tag{4-13}$$

式中 I_d——借款本金和利息之和;

P_d——投资借款偿还期,从项目建设期初起算;

R_t——第 t 年可用于还款的资金。

判别准则:当借款偿还期满足贷款机构的要求期限时,即认为方案具有清偿能力。

利息备付率是指项目在借款偿还期内,各年可用于支付利息的税前利润与当期应付利息费用的比值。利息备付率可以按年计算,也可以按整个借款期计算。利息备付率表示的利润偿付利息的保证倍率。

$$利息备付率 = \frac{利息前利润}{当期应付利息费用} \tag{4-14}$$

利息备付率可以按年计算,也可以按整个借款期计算。利息备付率表示的利润偿付利息的保证倍率。对于正常运营的企业，利息备付率应当大于 2，否则，表示利息能力保障程度不足。

偿债备付率是指项目在借款偿还期内，各年可用于还本付息资金与当期应还本付息金额的比值。

$$偿还备付率 = \frac{可用于还本付息资金}{当期应还本付息金额} \tag{4-15}$$

偿债备付率可按年计算，也可以按整个借款期计算。偿债备付率表示可用于还本付息的资金偿还借款本息的保证倍率。偿债备付率在正常情况应该大于 1。当指标小于 1 时，表示当年资金来源不足以偿还当期债务，需要通过短期借款偿付已到期债务。

财务净现值（FNPV）是指按行业的基准收益率或投资主体设定的折现率，将方案计算期内各年发生的净现值折现到建设期初的现值之和。

$$FNPV = \sum_{t=1}^{n}(CI-CO)_t(1+i_c)^{-t} \tag{4-16}$$

式中　$FNPV$——财务净现值；
　　　i_c——基准收益率或投资主体设定的折现率；
　　　n——项目计算期。

财务净现值指标的判别准则是：若 $FNPV \geqslant 0$，则方案可行；若 $FNPV < 0$，则方案应予拒绝。

净现值指数（FNPVR）是财务净现值与总投资现值之比，其经济涵义是单位投资现值所带来的净现值。

$$FNPVR = \frac{FNPV}{I_p} = \frac{\sum_{t=1}^{n}(CI-CO)_t(1+i_c)^{-t}}{\sum_{t=1}^{n}I_t(1+i_c)^{-t}} \tag{4-17}$$

式中　I_p——方案总投资现值；
　　　I_t——方案第 t 年的投资额。

财务内部收益率（FIRR），是指项目在整个计算期内各年净现金流量现值累计等于零时的折现率，是评价项目赢利能力的相对指标。财务内部收益率可通过解下述方程求解：

$$\sum_{t=1}^{n}(CI-CO)_t(1+FIRR)^{-t} = 0 \tag{4-18}$$

判别准则：设基准收益率为 i_c，若 $FIRR \geqslant i_c$，则 $FNPV \geqslant 0$，方案财务效果可行；若 $FIRR < i_c$，则 $FNPV < 0$，方案财务效果不可行。

动态投资回收期（P'_t）是在计算回收期时考虑资金的时间价值。表达式为：

$$\sum_{t=1}^{P'_t}(CI-CO)_t(1+i_c)^{-t} = 0 \tag{4-19}$$

判别准则：设基准动态投资回收期为 T_0，若 $P'_t < T_0$，项目可行，否则应予拒绝。

基准收益率是财务评价中的一个重要的参数，是投资者对投资收益率的最低期望值。具体的影响因素有：加权平均资本成本率；投资的机会成本率；风险贴补率；通货膨胀率。

国民经济评价是按照经济资源合理配置的原则,用影子价格和社会折现率等国民经济评价参数,从国民经济整体角度考察项目所消耗的社会资源和对社会的贡献,评价投资项目的经济合理性。社会评价是分析拟建项目对当地社会的影响和当地社会条件对项目的适用性和可接受程度,评价项目的社会可行性。

不确定性分析主要包括盈亏平衡分析、敏感性分析及概率分析。盈亏平衡分析只适用于财务评价,敏感性分析及概率分析可同时用于财务评价和国民经济评价。盈亏平衡分析是一种特殊形式的临界点分析。进行分析时,将产量或者销售量作为不确定因素,求取盈亏平衡时临界点所对应产量或者销售量。

用生产能力利用率表示的盈亏平衡点(BEP)为:

$$BEP(\%) = \frac{年固定总成本}{年销售收入 - 年可变成本 - 年销售税金及附加 - 年增值税} \times 100\%$$

(4-20)

用产量表示的盈亏平衡点(BEP)为:

$$BEP_{(产量)} = \frac{年固定总成本}{单位产品销售价格 - 单位产品可变成本 - 单位产品销售税金及附加 - 单位产品增值税}$$

(4-21)

4.4.6 建设工程设计阶段的投资控制

设计标准是国家经济建设的重要技术规范,是进行工程建设勘察、设计、施工及验收的重要依据。工程标准设计通常指工程设计中,可在一定范围内通用的标准图、通用图和复用图,一般统称为标准图。标准设计的特点是:以图形表示为主,对操作要求和使用方法作文字说明;具有设计、施工、经济标准各项要求的综合性;设计人员选用后可直接用于工程建设,具有产品标准的作用;对地域、环境的适应性要求强,地方性标准较多;除特殊情况可作少量修改外,一般情况设计人员不得自行修改标准设计。标准设计分为:国家标准设计、部级标准设计、省、市、自治区标准设计、设计单位自行制定的标准。

限额设计就是按照批准的投资估算控制初步设计,按批准的初步设计总概算控制施工图设计。即将上阶段设计审定的投资额和工程量先行分解到各专业,然后再分解到各单位工程和分部工程。各专业在保证使用功能的前提下,按分配的投资限额控制设计,严格控制技术设计和施工图设计的不合理变更,以保证总投资额不被突破。

设计方案选择就是通过对工程设计方案的经济分析,从若干设计方案中优选出最佳方案的过程。设计方案选择最常用的方法是比较分析法。

价值工程是通过各相关领域的协作,对所研究对象的功能与成本进行系统分析,不断创新,旨在提高研究对象价值的思想方法和管理技术。用公式表示为:

$$V = \frac{F}{C}$$

(4-22)

式中 V——价值(value);

F——功能(function);

C——成本或费用(cost)。

价值工程的主要工作内容是:对象选择;信息资料的搜集;功能系统分析;功能评价;方案创新的技术方法;方案评价与提案编写。

设计概算是在初步设计或扩大初步设计阶段,由设计单位按照设计要求概略地计算拟建工程从立项开始到交付使用为止全过程所发生的建设费用的文件，是设计文件的重要组成部分。设计概算分为单位工程概算、单项工程综合概算、建设工程总概算三级。设计概算是从最基本的单位工程概算编制开始逐渐汇总而成。单位工程概算分为建筑单位工程概算和设备及安装单位工程概算。编制建筑单位工程概算一般有扩大单价法、概算指标法两种形式。设备及安装工程分为机械设备及安装工程和电气设备及安装工程两部分。设备及安装工程的概算由设备购置费和安装工程费两部分。设备安装工程概算的编制方法有预算单价法、扩大单价法和概算指标法。单项工程综合概算是以单项工程为编制对象，确定建成后可独立发挥作用的建筑物或构筑物所需全部建设费用的文件，由该单项工程概算书汇总而成。总概算是以整个工程项目为对象，确定项目立项开始，到竣工交用整个过程的全部建设费用的文件。由各单项工程综合概算及其他工程和费用概算汇编而成。

　　设计概算审查的主要内容包括：审查设计概算的编制依据，包括合法性审查、时效性审查、适用范围审查；单位工程设计概算构成的审查，包括建筑工程概算审查和设备及安装工程概算审查；综合概算和总概算的审查。设计概算审查一般采用集中会审的方式进行，可按如下步骤进行：概算审查的准备；进行概算审查；进行技术经济对比分析；调查研究；累积资料。

　　施工图预算是根据批准的施工图设计、预算定额和单位计价表、施工组织设计文件以及各种费用定额等有关资料进行计算和编制的单位工程预算造价文件。施工图预算的编制方法包括单价法和实物法。单价法的编制步骤是：准备资料，熟悉施工图纸；计算工程量；套工料单价；编制工料分析表；计算并汇总造价；复核；填写封面、编制说明。实物法的编制步骤是：准备资料，熟悉施工图纸；计算工程量；套用预算人工、材料、机械台班定额；统计汇总单位工程所需的各类消耗品；计算并汇总人工、材料、机械使用费；计算其他各项费用，汇总造价；复核；填写封面、编制说明。

　　施工图预算审查的重点是施工图预算的工程量计算是否准确、定额或单价套用是否合理、各项取费标准是否符合现行规定等方面。审查的内容包括：审查工程量；审查定额或单价的套用；审查其他有关费用。审查的步骤是：审查前准备工作，包括熟悉施工图纸、根据预算编制说明，了解预算包括的工程范围、弄清所用单位工程计价表的适用范围，搜集并熟悉相应的单价、定额资料；选择审查方法、审查相应内容；整理审查资料并调整定案。审查的方法有：逐项审查法；标准预算审查法；分组计算审查法；对比审查法；"筛选"审查法；重点审查法。

4.4.7　建设工作施工招标阶段的投资控制

　　《建筑工程施工发包与承包计价管理办法》规定，合同价可以采用三种形式：固定价、可调价和成本加酬金。建设工程承包合同的计价方式按国际通行做法，又分为总价合同、单价合同和成本加酬金。

　　固定价，是指合同总价或者单价，在合同约定的风险范围内不可调整，即在合同的实施期间不因资源价格等因素的变化而调整的价格。固定总价合同的适用条件为：招标时的设计深度已达到施工图设计要求，工程设计图纸完整齐全，项目范围及工程量计算依据确切，合同履行过程中不会出现较大的设计变更，承包方依据的报价工程量与实际完成的工程量不会有较大的差异；规模较小，技术不太复杂的中小型工程，承包方一般在报价时可以合理地预见到实施过程中可能遇到的各种风险；合同工期较短，一般为工期在一年之内的工程。固定单价包括估算工程量单价和纯单价两种。估算工程量单价合同用于工期长、技术复杂、实施过程中可能会发生各种不可预见因素较多的建设工程；或发包方为了缩短项目建设周期，如在初步设计完成后就拟进行施工招标的工程。纯单价合同主要适用没有施工图、工程量不明，却急需要开工的紧迫工程。

　　可调价，是指合同总价或者单价，在合同实施期内根据合同约定的办法调整，即在合同的实施过程中可以按照约定，随资源价格等因素的变化而调整的价格。可调价合同又分为可调总价和可调单价两种。可调总价合同适用于工程内容和技术经济指标规定很明确的项目，由于合同中列有调值条款，所以工期在一年以上的工程项目较适于这种合同计价方式。可调单价，合同单价可调，一般是工程招标文件中规定。

　　成本加酬金合同是将工程项目的实际投资划分成直接成本费用和承包方完成工作后应得酬金两部分。工程实施过程中发生的直接成本费由发包方实报实销，再按合同约定的方式另外支付给承包方相应酬金。这种合同计价方式主要适用于工程内容及技术经济指标尚未全面确定，投标报价的依据尚不充分的情况下，发包方因工期要求紧迫，必须发包的工程；或者发包方与承包方之间有着高度的信任，承包方在某些方面具有独特的技术、特长或经验。按照酬金的计算方式不同，成本加酬金合同又分为：成本加固定百分比酬金合同；成本加固定金额酬金合同；成本加奖惩；最高限额成本加固定最大酬金。

　　《建筑工程施工发包与承包计价管理办法》（中华人民共和国建设部令第107号）第五条规定了：施工图预算、招标标底和投标报价由成本、利润和税金组成。其编制可以采用工料单价法和综合单价法两种计价方法。工料单价法，采用的分部分项工程量的单价为直接费单价。直接费以人工、材料、机械的消耗量及其相应价格确定。其他直接费、现场经费、间接费、利润、税金按照有关规定另行计算。综合单价法中工程量清单的单价，即分部分项工程量的单价为全费用单价，他综合了直接工程费、间接费、利润、税金等的一切费用。

　　建设工程招标投标定价程序是我国用法律（《中华人民共和国招标投标法》）方式规定的一种定价方式，是由招标人编制招标文件，投标人进行报价竞争，中标人中标后与招标人通过谈判签定合同，以合同价格为建设工程价格的定价方式，这种定价方式无疑属于市场调节价，即是企业自主定价。标底价格是招标人对拟招标工程事先确定的预期价格，而非交易价格。招标人以此作为衡量投标人的投标价格的一个尺度，也是招标人控制投资的一种手段。标底有两个作用：一是招标人发包工程的期望值，即招标人对建设工程价格的期望值；二是评定标价的参考值，设有标底的招标工程，在评标时应当参考标底。投标报价是投标人为了得到工程施工承包的资格，按照招标人在招标文件中的要求进行估价，然后根据投资策略确定的价格，以争取中标并通过工程实施取得经济效益。编制投标报价的依据是企业定额，该定额由企业自己编制，是自身技术水平和管理水平能力的体现。评标的依据一是招标文件，二是标底。《中华人民共和国招标投标法》第四十一条规定：中标人应符合下列两个条件之一：一是"最大限度地满足招标文件中规定的各项综合评价标准"，该评价标准中当然包含投标报价；二是"能够满足招标文件的实质性要求，并经评审的投标价格最低，但投标价低于成本的除外"。中标者的报价，即为决标价，即签定合同的价格依据。

　　工程投标报价工作的主要内容是：复核或计算工程量；确定单价，计算合价；确定分包工程费；确定利润；确定风险费；确定投标价格。投标报价是按直接工程费和间接费、预计利润、风险费用等计算而成的，最终的投标报价通常是以此为基础，运用一定的策略既使招标人可以接受报价，又能让承包人获得更多利润。通常，承包人可能会采用的投标策略有：不平衡报价法，在不影响投标总报价的前提下，将某些分部分项工程的单价定得比正常水平高一些，某些分部分项工程的单价定得比正常水平低一些；其他手法，包括多方案报价法、突然降价法、先亏后盈法。

4.4.8 建设工程施工阶段的投资控制

建筑工程施工阶段涉及面广，涉及人员多，与投资控制有关的工作也多，投资控制的目的是为了确保投资目标的实现，监理工程师必须编制资金使用计划，合理地确定投资控制目标值，包括投资的总目标值、分目标值、各详细目标值。投资目标的分解可以按投资构成、按子项目、按时间分解目标。施工阶段的投资控制仅仅靠控制工程款的支付是不够的，应从组织、经济、技术、合同等方面采取措施，控制投资。

工程计量的程序包括施工合同（示范）文本约定的程序和建设工程监理规范规定的程序。按照施工合同规定，工程计量的一般程序是：承包人应按专用条款约定的时间，向工程师提交已完工程量的报告；工程师接到报告后7天内按设计图纸核实已完工程量，并在计量24小时通知承包人，承包人为计量提供便利条件并派人参加。建设工程监理规范规定的程序是：承包单位统计经专业监理工程师质量验收合格的工程量，按施工合同的约定填报工程量清单和工程款支付申请表；专业监理工程师进行现场计量，按施工合同的约定审核工程量和工程款支付申请表，并报监理工程师审定；总监理工程师签署工程款支付证书，并报建设单位。按照FIDIC条款约定，当工程师要求测量工程的任何部分时，应向承包商代表发出合理通知，承包商代表及时亲自或另派合格代表，协助工程师进行测量，并提供工程师要求的任何具体材料。工程量计量的依据有质量合格证书，工程量清单前言，技术规范中的"计量支付"条款和设计图纸。工程师一般只对以下三方面的工程项目进行计量：工程量清单中的全部项目；合同文件中规定的项目；工程变更项目。根据FIDIC合同条件的规定，工程量计量的方法有：均摊法；凭据法；估价法；断面法；图纸法；分解计量法。

在工程项目的实施过程中，由于多方面的情况变更，经常出现工程量变化、施工进度变化。项目监理机构对工程变更的管理程序是：

（1）设计单位对原设计存在的缺陷提出的工程变更，应编制设计文件；建设单位或承包单位提出的变更，应提交总监理工程师，由总监理工程师组织专业监理工程师审查。审查同意后，应由建设单位转交原设计单位编制设计变更文件。当工程变更涉及安全、环保等内容时，应按规定经有关部门审定；

（2）项目监理机构应了解实际情况和收集与工程变更有关的资料；

（3）总监理工程师必须根据实际情况、设计变更文件和其他有关资料，按照施工合同的有关款项，在指定专业监理工程师完成后，对工程变更的费用和工期做出评估；

（4）总监理工程师就工程变更费用及工期的评估情况与承包单位和建设单位进行协调；

（5）总监理工程师签发工程变更单；

（6）项目监理机构根据项目变更单监督承包单位实施。

《建设工程施工合同（示范文本）》约定的工程变更价款的确定方法是：合同中已有适

用于变更工程的价格，按合同已有的价格变更合同价款；合同中只有类似于变更工程的价格，可以参照类似价格变更合同价款；合同中没有适用或类似于变更工程的价格，由承包人提出适当的变更价格，经工程师确认后执行。

根据 FIDIC 施工合同条件的约定，在颁发工程接收证书前的任何时间，工程师可通过发布指示或要求承包商提交建议书的方式，提出变更。如果工程师在发出变更指示前要求承包商提出一份建议书，承包商应尽快做出书面回应，或提出他不能照办的理由。除非合同中另有规定，工程师应通过 FIDIC（1999 年第一版）第 12.1 款和第 12.2 款商定或确定的测量方法和适宜的费率和价格，对各项工作的内容进行估价，再按照 FIDIC 第 3.5 款，商定或确定合同价格。

索赔是工程承包合同履行中，当事人一方因对方不履行或不完全履行既定的义务，或者由于对方的行为使权利人受到损失时，要求对方补偿损失的权利。索赔是工程承包中经常发生并随处可见的正常现象。承包商向业主的索赔原因包括：不利的自然条件与人为障碍引起的索赔；工程变更引起的索赔；工期延期的费用索赔；加速施工费用的索赔；业主不正当地终止工程而引起的索赔；物价上涨引起的索赔；法律、货币及汇率变化引起的索赔；拖延支付工程款的索赔；业主的风险；不可抗力。业主向承包商的索赔原因：工期延误索赔；质量不满足合同要求索赔；承包商不履行的保险费用索赔；对超额利润的索赔；对指定分包商的付款索赔；业主合理终止合同或承包商不正当地放弃工程的索赔。索赔费用的组成包括：人工费；材料费；施工机械费；分包费用；工地管理费；利息；总部管理费；利润。索赔费用的计算方法有：实际费用法；总费用法；修正的总费用法。

工程价款的结算要考虑工程款的结算方式、工程预付款、预付款的扣回、工程进度款、竣工结算、保修金的返还。工程款的结算方式可以按月结算、竣工后一次结算、分段结算、结算双方约定的其他结算方式结算。工程预付款是建设工程合同订立后发包人按照合同约定，在正式开工前预先支付给承包人的工程款。工程预付款额度，各地区、各部门的规定不完全相同，主要是保证施工所需材料和构件的正常储备。一般是根据施工工期、建安工作量、主要材料和构件费用占建安工作量的比例以及材料储备周期等因素经测算来确定。工程预付款可以在合同中约定，也可以用公式法计算确定。计算公式是：

$$工程预付款 = \frac{工程总价 \times 材料比重（\%）}{年度施工天数} \times 材料储备定额天数 \qquad (4-23)$$

$$工程预付款 = \frac{工程预付款数额}{工程总价} \times 100\% \qquad (4-24)$$

式中年度施工天数按 365 天日历天计算；材料储备定额天数由材料供应的在途天数、加工天数、整理天数、供应间隔天数、保险天数等因素决定。工程预付款的扣回方法：由发包人和承包人通过洽商用合同的形式予以确定，采用等比率或等额扣款的方式；从未施工工程尚需的主要材料及构件的价值相当于工程预付款数额时扣起，从每次中间结算工程价款中，按材料及构件比重扣抵工程价款，至竣工之前全部扣清。工程进度款的计算，主要涉及两个方面：一是工程量的计量；二是单价的计算方法。工程进度款的支付，一般按当月实际完成工程量进行结算，工程竣工后办理竣工结算。工程竣工验收报告经发包人认可后 28 天内，承包人向发包人递交竣工结算报告及完整的结算资料，双方按照协议书约定的合同价款及专用条款约定的合同价款调整内容，进行工程竣工决算。工程保修金一般为施工合同价款的3%。在专用条款中具体规定。发包人在质量保修期后14天内，将剩余保修金和利息返还承包商。

FIDIC合同条件下工程支付的范围主要包括两部分，一部分是工程量清单中的费用，这部分费用是承包商在投标时，根据合同条件的有关规定提出的报价，并经业主认可的费用。另一部分费用是工程量清单以外的费用，这部分费用虽然在工程量清单中没有规定，但是在合同中却有明确的规定。工程支付的条件是：质量合格；符合合同条件；变更项目必须有工程师的变更通知；支付金额必须大于期中支付证书规定的最小限额；承包商的工作使工程师满意。

工程价款的动态结算就是要把各种动态因素渗透到结算过程中，使结算大体能反映实际的消耗费用。常用的几种动态结算方法是：按实际价格结算法；按主材计算价差；主料按抽料计算价差；竣工调价系数法；调值公式法。

在投资控制中，把投资的实际值与计划值的差异叫做投资偏差。偏差的分析方法常用的有横道图法、表格法和曲线法。用横道图法进行投资偏差分析，是用不同的横道图标识已完成工程计划投资、拟完成工程计划投资和已完成工程实际投资，横道的长度与其金额成正比。表格法是进行偏差分析最常用的一种方法，将项目编号、名称、各投资参数以及投资偏差数综合归纳入一张表格中，并且直接在表格中进行比较。曲线法是用累计曲线（S曲线）来进行投资偏差分析的一种方法。

4.4.9 建设工程竣工决算

竣工决算是建设工程经济效益的全面反映，是项目法人核定各类新增资产价值、办理其交付使用的依据。竣工结算是承包方将所承包的工程按照合同规定全部完工交付后，向发包单位进行的最终工程价款结算。竣工结算由承包方的预算部门编制。竣工决算是建设工程从筹建到竣工投产全过程中发生的所有实际支出，包括设备工器具购置费、建筑安装工程费和其他费用。竣工决算由竣工财务决算报表、竣工财务决算说明书、竣工工程平面示意图、工程造价比较分析四部分组成。竣工财务决算报表的格式根据大、中型项目和小型工程项目不同情况分别制定。

工程项目竣工投产运营后，所花费的总投资应按会计制度和有关税法的规定，形成相应的资产。这些新增资产分为固定资产、无形资产、流动资产和其他资产四类。新增固定资产价值的构成包括：按项目概算内容发生的建筑工程和安装工程的实际成本，不包括被安装设备本身的价值以及按照合同规定支付施工企业的预付备料款和预付工程款；按项目概算内容发生的各种设备的实际成本，包括需要安装设备和不需要安装设备的买价、包装费、运输费，以及为生产准备的不够固定资产标准的工具、器具的实际成本；待摊投资支出，指按项目概算内容发生的，按照规定应分摊计入交付使用固定资产价值的各项费用支出。无形资产是指能使企业拥有某种权利、能为企业带来长期经济效益，但没有实物形态的资产。无形资产包括专利权、商标权、专有技术、著作权、土地使用权、商誉等。新增的流动资金是依据投资概算核拨的项目铺底流动资金，由建设单位直接移交使用单位。新增其他资产，是指除固定资产、无形资产、流动资产以外的资产。

4.4.10 例题

单选题：某项目建筑安装工程投资为1000万元，基本预备费为60万元，设备购置费为300万元，涨价预备费为20万元，贷款利息为50万元，则上述投资中属于静态投资的为（　　）万元。

A. 1300　　　B. 1360　　　C. 1380　　　D. 1430

正确答案：B。

解题要点：涨价预备费和贷款利息不属于静态投资。

多选题：静态投资回收期可以从（　　）起算。

A. 项目开始产生净收益的年份　B. 项目投入建设年份
C. 项目试生产年份　　　　　　D. 项目投产年份

正确答案：B、D。

解题要点：静态投资回收期既可包括建设期，也可以不包括建设期，但不包括时必须加以说明。

4.5　建设工程进度控制

4.5.1　考试大纲基本要求

通过本科目考试，检验考生了解、熟悉和掌握建设工程进度的知识及解决建设工程目标培训实际问题的能力。

大纲的内容对监理工作师应具备的知识和能力划分为"了解"、"熟悉"和"掌握"三个层次，考试大纲要求如下：

了解：影响建设工程进度的因素；组织施工的方式及其特点；网络计划费用的和资源优化；影响设计进度的因素；物资供应计划及其编制方法。

熟悉：建设工程进度控制计划体系；工程网络计划与横道计划的优缺点；固定节拍、成倍节拍流水施工的特点和流水施工工期的计算方法；双代号、单代号网络图的绘图规则和绘制方法，网络计划时间参数的计算方法；工程费用与工期的关系；单代号搭接网络计划时间参数的计算方法；实际进度监测与调整的系统过程；监理单位设计进度监控的内容；施工阶段进度控制目标的确定方法；施工进度计划的编制方法；施工进度计划实施中的检查方式和方法；物资供应进度控制的工作内容。

掌握：进度控制的措施；建设工程实施阶段进度控制的主要任务；流水施工参数的概念；非节奏流水施工的特点、流水步距及流水施工工期的计算方法；网络计划时间参数；关键线路和关键工作的确定方法；双代号时标网络计划的绘制与应用；网络计划工期优化的方法；单代号搭接网络计划中的搭接关系；实际进度与计划进度的比较方法（横道图、曲线、前锋线）；进度计划实施中的调整方法；施工进度控制的工作内容；施工进度计划的调整方法及其相应措施；工程延期事件的处理程序、原则和方法。

4.5.2　建设工程进度控制的措施和任务

建设工程进度控制是指对工程项目建设各阶段的工作内容、工作程序、持续时间和衔接关系根据进度总目标及资源优化配置的原则编制计划并付诸实施，然后在进度计划的实施过程中经常检查实际进度是否按计划要求进行，对出现的偏差情况进行分析，采取补救措施或调整、修改原计划后再付诸实施，如此循环，直到建设工程竣工验收交付使用。控制建设工程进度，不仅能够确保工程建设项目按预定的时间交付使用，及时发挥投资效益，而且有益于维持国家良好的经济秩序。在工程建设过程中，常见的影响因素有：业主因素；勘察设计因素；施工技术因素；自然环境因素；社会环境因素；组织管理因素；材料、设备因素；资金因素。

为了实施进度控制，监理工程师必须根据建设工程的具体情况，认真制定进度控制措施，以确保建设工程进度控制目标的实现。进度控制的措施包括组织措施、技术措施、经济措施及合同措施。在设计准备阶段进度控制的主要任务是：收集有关工期的信息，进行工期目标和进度控制决策；编制工程项目建设总进度计划；编制设计准备阶段详细工作计划，并控制其执行；进行环境及施工现场条件的调查和分析。在设计阶段进度控制的任务是：编制设计阶段工作计划，并控制其执行；编制详细的出图计划，并控制其执行。在施工阶段进度控制的任务是：编制施工总进度计划，并控制其执行；编制单位工程施工进度计划，并控制其执行；编制工程年、季、月实施计划，并控制其执行。

建设工程进度控制计划体系主要包括建设单位的计划体系、监理单位的计划体系、设计单位的计划体系和施工单位的计划体系。建设单位编制的进度计划包括工程项目前期工作计划、工程项目建设总进度计划和工程项目年度计划。设计单位的计划系统包括设计总进度计划、阶段性设计计划和设计作业进度计划。施工单位的进度计划包括施工准备工作计划、施工总进度计划、单位工程施工进度计划及分部分项工程进度计划。

建设工程进度计划的表示方法常用的有横道图和网络图两种。横道图具有形象、直观，易于编制和理解的优点，因而长期以来被广泛应用于建设工程进度控制之中。其缺点是：

（1）不能明确反映出各项工作之间错综复杂的相互关系，因而在计划执行过程中，当某些工作的进度由于某种原因提前或拖延时，不便于分析其对其他工作及总工期的影响程度，不利于建设工程进度的控制；

（2）不能明确反映出影响工期的关键工作和关键线；

（3）不能反映出工作所具有的机动时间，看不到计划的潜力，无法进行最合理的组织和指挥；

（4）不能反映出工程费用与工期之间的关系，因而不便于缩短工期和降低工程成本。利用网络计划控制建设工程进度，可以弥补横道图的不足。

与横道图相比，网络计划具有以下主要特点：
（1）网络计划能明确表达各项工作之间的关系；
（2）通过网络计划时间参数的计算，可以找出关键线路和关键工作；
（3）通过网络计划时间参数的计算，可以明确各项工作的机动时间；
（4）网络计划可以利用电子计算机进行计算、优化和调整。

4.5.3 流水施工

考虑工程项目的特点、工艺流程、资源利用、平面或空间布置等要求，施工可以采用依次、平行、流水等组织形式。流水施工参数包括工艺参数、空间参数、时间参数。工艺参数主要指在组织流水施工时，用以表达流水施工在施工工艺方面进展状态的参数，包括施工过程和流水强度。施工过程一般分为三类：建造类施工过程、运输类施工过程、制备类施工过程。流水强度是指流水施工的某施工过程在单位时间内所完成的工程量，也称流水能力或生产能力。空间参数是指在组织流水施工时，用以表达流水施工在空间布置上开展状态的参数，包括工作面和施工段。工作面是指供某专业工种的工人或某种施工机械进行施工的活动空间。将施工对象在平面或空间上划分成若干劳动量大致相等的施工段落，称为施工段或流水段。时间参数是指在组织流水施工时，用以表达流水施工在时间安排上所处状态的参数，包括流水节拍、流水步距和流水施工工期。流水节拍是指在组织流水施工时，某个专业工作队在一个施工段上的施工时间。流水步距是指组织流水施工时，相邻两个施工过程相继开始施工的最小间隔时间。流水施工工期是指从第一个专业工作队投入流水施工开始，到最后一个专业工作队完成流水施工为止的整个持续时间。

固定节拍流水施工的特点是：所有施工过程在各个施工段上的流水节拍相等；相邻施工过程的流水步距相等，且等于流水节拍；专业工作队数等于施工过程数。各个专业工作队在各施工段上能够连续作业。成倍节拍流水施工包括一般的成倍节拍流水施工和加快的成倍节拍流水施工。为了缩短工期，一般采用成倍节拍流水施工方式，其特点是：同一施工过程在其各个施工段上的流水节拍均相等；不同施工过程的流水节拍不相等；相邻施工过程的流水步距相等，为流水节拍的最大公约数；专业工作队数大于施工过程；各个专业工作队在施工段上能够连续作业，施工段之间没有空闲时间。

有间歇时间的固定节拍流水施工工期的计算为：

$$T = (n-1)t + \Sigma G + \Sigma Z + m \cdot t = (m+n-1)t + \Sigma G + \Sigma Z \qquad (4-25)$$

有提前插入时间的固定节拍流水施工工期为：

$$T = (n-1) + \Sigma G + \Sigma Z - \Sigma C + m \cdot t = (m+n-1)t + \Sigma G + \Sigma Z - \Sigma C \quad (4-26)$$

加快的成倍节拍流水施工工期：

$$T = (n'-1)K + \Sigma G + \Sigma Z - \Sigma C + m \cdot K = (m+n'-1)K + \Sigma G + \Sigma Z - \Sigma C$$

$$(4-27)$$

式中　K——流水步距；

　　　G——工艺间歇时间；

　　　Z——组织间歇时间；

　　　n——施工过程数；

　　　m——施工段数；

　　　t——流水节拍；

　　　n'——专业工作队数。

非节奏流水施工具有以下的特点：各施工过程在各施工段的流水节拍不全相等；相邻施工过程的流水步距不尽相等；专业工作队数等于施工过程数；各专业工作队能够在施工段上连续作业，但有的施工段之间可能有空闲时间。在非节奏流水施工中，通常采用累加数列错位相减取大差法计算流水步距。

4.5.4　网络计划技术

网络图是由箭头和节点组成，用来表示工作流程的方向、有序网状图形。网络图有双代号网络图和单代号网络图两种。双代号网络图是以箭头及其两端节点的编号表示工作，同时，节点表示工作的开始或结束以及工作之间的连接状态。单代号网络图是以节点及其编号表示工作，箭线表示工作之间的逻辑关系。

双代号网络图绘制应遵循的原则：

(1) 网络图必须按照已定的逻辑关系绘制；

(2) 网络图中严禁出现从一个节点出发，顺箭头方向又回到原出发点的循环回路；

（3）网络图中的箭线应保持自左向右的方向，不应出现箭头指向左方的水平箭线和箭头偏向左方的斜向箭线；

（4）网络图中严禁出现双向箭头和无箭头的连线；

（5）网络图中严禁出现没有箭尾节点的箭线和没有箭头节点的箭线；

（6）严禁在箭线上引入或引出箭线；

（7）应尽量避免网络图中工作箭线的交叉；

（8）网络图中应只有一个起点节点和一个终点节点。

双代号网络图绘图方法是：

（1）绘制没有紧前工作的工作箭线，使他们具有相同的开始节点，以保持网络图只有一个起点节点；

（2）依次绘制其他工作箭线；

（3）当各项工作箭线都绘制出来之后，应合并那些没有紧后工作箭线的箭头节点，以保证网络图只有一个终点节点；

（4）当确认所绘制的网络图正确后，即可进行节点编号。

单代号网络图的绘图规则与双代号网络图绘图规则基本相同，主要区别在于：当网络图中有多项开始工作时，应增设一项虚拟的工作（S），作为该网络图的起点节点；当网络图中有多项结束工作时，应增设一项虚拟工作（F），作为该网络图的终点节点。

网络计划的时间参数，指网络计划、工作及节点所具有的各种时间值。工作的六个时间参数包括：最早开始时间和最早完成时间、最迟开始时间和最迟完成时间、总时差和自由时差。工作的最早开始时间是指在其所有紧前工作全部完成后，本工作有可能开始的最早时刻。工作的最早完成时间是指在其所有紧前工作全部完成后，本工作有可能完成的最早时刻。工作的最迟完成时间是指在不影响整个任务按期完成的前提下，本工作必须完成的最迟时刻。工作的最迟开始时间是指在不影响整个任务完成的前提下，本工作必须开始的最迟时刻。工作的总时差是指在不影响总工期的前提下，本工作可以利用的机动时间。工作的自由时差是指在不影响其紧后工作最早开始时间的前提下，本工作可以利用的机动时间。节点最早时间是指在双代号网络计划中，以该节点为开始节点的各项工作的最早开始时间。节点最迟时间是指在双代号网络计划中，以该节点为完成节点的各项工作的最迟完成时间。

双代号网络计划的时间参数可以按工作计算，也可以按节点计算。按工作计算法，就是以网络计划中的工作为对象，直接计算各项工作的时间参数。在网络计划中，总时差最小的工作为关键工作，找出关键工作之后，将关键工作首尾相连，便构成起点到终点节点的通路，位于该通路上各项工作的持续时间总和最大，这条通路就是关键线路。工作按节点计算法，就是先计算网络计划中各个节点的最早时间和最迟时间，然后再据此计算各项工作的时间参数和网络计划的计算工期。

双代号时标网络计划以水平时间坐标为尺度表示工作时间。编制时按各项工作的最早开始时间编制，在编制时标网络计划时应使每一个节点和每一项工作尽量向左靠，一般先绘制无时标的网络计划草图，然后再按间接绘制法或直接绘制法进行。时标网络计划的坐标体系有计算坐标体系、工作日坐标体系和日历坐标体系。

网络计划的优化根据目标不同，网络计划的优化可分为工期优化、费用优化、资源优化。工期优化的方法步骤是：

（1）确定初始网络计划的计算工期和关键线路；

（2）按要求工期计算应缩短的时间；

（3）选择应缩短持续时间的关键线路；

（4）将所选的关键工作的持续时间压缩至最短，并重新确定计算工期和关键线路；

（5）当计算工期仍超过要求工期，则重复(2)～(4)步骤，直至计算工期满足要求或计算工期已不能再压缩为止；

（6）当所有关键工作的持续时间都已达到其能缩短的极限而寻找不到继续缩短工期的方案，但网络计划的计算工期仍不能满足要求工期时，应对网络计划的原技术方案、组织方案进行调整，或对要求工期重新审定。

费用优化的步骤是：

（1）按工作的正常持续时间确定计算工期和关键线路；

（2）计算各项工作的直接费用率；

（3）当只有一条关键线路时，应找出直接费率最小的一项关键工作，作为缩短持续时间的对象；当有多条关键线路时，应找出组合直接费用率最小的一组关键工作，作为缩短持续时间的对象；

（4）对于选定的压缩对象，首先比较其直接费用率或组合直接费用率与工程间接费用率的大小；

（5）当需要缩短关键工作时间时，其缩短值的确定必须符合下列两个原则，一是缩短后工作的持续时间不能小于其最短持续时间，二是缩短持续时间的工作不能变成非关键工作；

（6）计算关键工作持续时间缩短后相应增加的总费用；

（7）重复上述（3）～（6），直至计算工期或被压缩对象的直接费用率或组合直接费用率大于工程间接费用率为止。资源是指完成一项计划任务所需投入的人力、材料、机械设备和资金等。资源优化的目的是通过改变工作的开始时间和完成时间，使资源按照时间的分布符合优化目标。资源优化分为"资源有限，工期最短"的优化和"工期最短，资源均衡"的优化。

单代号搭接网络计划包括：结束到开始（FTS）的搭接关系、开始到开始（STS）的搭接关系、结束到结束（FTF）的搭接关系、开始到结束（STF）的搭接关系、混合搭接关系。

4.5.5 建设工程进度计划实施中的监测与调整方法

在建设工程实施过程中，监理工程师应经常地、定期对进度计划的执行情况进行跟踪检查，发现问题后，及时采取措施加以解决。进度调整的系统过程是：分析进度偏差产生的原因；分析进度偏差对后续工作和总工期的影响；确定后续工作和总工期的限制条件；采取措施调整进度计划；实施调整后的进度计划。

实际进度与计划进度的比较是建设工程进度监测的主要环节。常用的进度比较方法有：横道图、S曲线、香蕉曲线、前锋线和列表比较法。横道图比较法是指将项目实施过程中检查实际进度收集到的数据，经加工整理后直接用横道图平行绘制于原计划的横道线处，进行实际进度与计划进度的比较方法。采用横道图比较法，可以形象、直观地反映实际进度与计划进度的比较情况。S曲线比较法是以横坐标表示时间，纵坐标表示累计完成任务量，绘制一条按计划时间累计完成工作量的S曲线；然后将工程项目实施过程中检查时间实际累计完成任务量的S曲线也绘制在同一坐标中，进行实际进度与计划进度比较的一种方法。前锋线比较法是通过绘制某检查时刻工程项目实际进度前锋线，进行工程实际进度与计划进度比较的方法，它主要适用于时标网络计划。

当实际进度偏差影响到后续工作、总工期而需要调整进度计划时，调整方法有两种：一是改变某些工作间的逻辑关系。当工程项目实施中产生的进度偏差影响到总工期，且有关工作的逻辑关系允许改变时，可以改变关键线路和超过计划工期的非关键线路上的有关工作之间的逻辑关系，达到缩短工期的目的；二是缩短某些工作的持续时间。通过采取增加资源投入、提高劳动效率等措施来缩短某些工作的持续时间，使工程进度加快，以保证按计划工期完成该工程项目。

4.5.6 建设工程设计阶段的进度控制

建设工程设计工作属于多专业协作配合的智力劳动，在工程设计中，影响其进度的因素有以下方面：建设意图及要求的改变；设计审批时间的影响；设计专业之间协调配合的影响；工程变更的影响；材料代用、设备选用失误的影响。

监理单位受业主的委托进行工程设计监理时，应落实项目监理班子中专门负责设计进度控制人员，按合同要求对设计工作进度进行严格监控。在设计工作开始前，首先应由监理工程师审查设计单位编制的进度计划的合理性和可行性。在进度计划实施过程中，监理工程师应定期检查设计工作的实际完成情况，并与计划进度比较分析。一旦发现偏差，就应在分析原因的基础上提出纠偏措施，以加快设计工作进度。必要时，应对原进度计划进行调整或修订。

4.5.7 建设工程施工阶段的进度控制

施工阶段是建设工程实体的形成阶段，对其进度实施控制是建设工程进度控制的重点。施工进度控制目标的主要依据有：建设工程总进度目标对施工工期的要求；工期定额、类似工程项目的实际进度；工程难易程度和工程条件的落实情况。建设工程施工进度控制工作的内容包括：编制施工进度控制工作细则；编制或审核施工进度计划；按年、季、月编制工程综合计划；下达工程开工令；协助承包单位实施进度计划；监督施工进度计划的实施；组织现场协调会；签发工程进度款支付凭证；审批工程延期；向业主提供进度报告；督促承包单位整理技术资料；签署工程竣工报验单、提交质量评估报告；整理工程进度资料；工程移交。

施工总进度计划的编制步骤和方法是：计算工程量；确定各单位工程的施工期限；确定各单位工程的开竣工时间和相互搭接关系；编制初步施工总进度计划；编制正式施工总进度计划。单位工程施工进度计划的编制方法是：划分工作项目；确定施工顺序；计算工程量；计算劳动量和机械台班数；确定工作项目的持续时间；绘制施工进度计划图；施工进度计划的检查与调整。

在施工进度计划的实施过程中，由于各种因素的影响，常常会打乱原始计划的安排而出现进度偏差。因此，监理工程师必须对施工进度计划的执行情况进行动态检查，并分析进度偏差产生的原因，以便为施工进度计划的调整提供必要的信息。在建设工程施工过程中，监理工程师可以通过下列方式获得实际进展情况：定期地、经常地收集由承包单位提交的有关进度报表资料；由驻地监理人员现场跟踪检查建设工程的实际进展情况。施工进度检查的主要方法是对比法。施工进度计划调整主要有两种方法：一是通过压缩关键工作的持续时间来缩短工期。具体措施包括组织措施、技术措施、经济措施、其他配套措施。二是组织搭接作业或平行作业来缩短工期。

在建设工程施工过程中，其工期的延长分为工程延误和工程延期。符合以下原因的，监理工程师批准工程延期：因监理工程师工程变更令而导致工程量增加；合同所涉及的任何可能造成工程延期的原因，如延期交图、工程暂停等；异常恶劣的天气；由业主造成的任何延误、干扰或障碍，未及时提供施工场地、未及时付款；除承包单位自身以外的其他任何原因。监理工程师在审批工程延期时应遵循下列原则：合同条件；影响工期；实际情况。监理工程师在工程延期控制中，应做好以下工作：选择合适的时机下达工程开工令；提醒业主履行施工承包合同中所规定的职责；妥善处理工程延期事件。工期延误的处理是：停止付款；误期损失赔偿；取消承包资格。

建设工程物质供应是实现建设工程投资、进度和质量三大目标控制的物质基础。负责物质供应的监理人员应具有编制物质供应计划的能力。应编制的计划有：物质需求计划的编制；物质储备计划的编制；物质供应计划的编制；申请、定货的编制；采购、加工计划的编制；国外进口物质计划的编制。在物质供应计划实施中应进行动态控制。

4.5.8 例题

单选题：在建设工程施工阶段，由于承包单位的责任造成工期延误后，监理工程师对修改后的施工进度计划的批准意味着（　　）。

A. 批准了工程延期　　　　　　B. 批准了承包单位在合理状态下施工
C. 修改立合同工期　　　　　　D. 解除了承包单位的责任

正确答案：B。

解题要点：编制、修改和实施施工进度计划是承包单位的责任。监理工程师对施工进度计划的审查或批准，并不解除承包单位的任何责任和义务。由于承包单位自身原因造成工期延误，应由承包单位承担其应负的一切责任。

多选题：监理工程师进行物资供应进度控制的主要工作内容包括（　　）。

A. 协助建设单位进行物资供应的决策　B. 组织物资供应招标工作
C. 编制或审核物资供应计划　　　　　D. 办理物质运输等有关事宜
E. 签署物资供应合同

正确答案：A、B、C。

解题要点：监理工程师只是协助办理物资的海运、路运、空运等有关事宜；监理工程师可以帮助建设单位拟定物资供应合同条款，而签署物资供应合同应属于建设单位的职责。

4.6 建设工程监理基本理论与相关法规

4.6.1 考试大纲基本要求

本科目的考试目的是通过本科目考试，检验考生了解、熟悉和掌握建设工程监理知识与相关法规的程度和理论联系实际的能力。

大纲的内容对监理工作师应具备的知识和能力划分为"了解"、"熟悉"和"掌握"三个层次，考试大纲要求如下：

了解：建设工程监理制产生的背景；建设工程法律法规体系；注册监理工程师的执业特点；中外合资经营监理企业与中外合作经营监理企业；我国工程监理企业管理体制和经营机制的改革、工程监理企业规章制度；建设工程目标的分解；建设工程设计和施工阶段的特点；风险的分类；风险量函数；风险概率的衡量；组织和组织结构；组织设计；Partnering 模式；Project Controlling 模式。

熟悉：建设工程监理相关知识；建设程序；建设工程管理制度；建设工程安全生产监理工作的主要内容和程序；注册监理工程师的素质；FIDIC 倡导的职业道德准则；注册监理工程师继续教育的有关规定；公司制监理企业的特性；工程监理企业的市场开发；控制程序及其基本环节；目标控制的前提工作；建设工程目标确定；建设工程目标控制的任务和措施；风险识别的特点和原则；风险识别的过程；风险评价的作用；风险回避；风险自留；风险对策决策过程；建设工程组织管理模式；组织协调的范围、层次、工作内容和方法；建设项目管理的类型；咨询工程师的素质要求；工程咨询公司的服务对象和内容；CM 模式、EPC 模式；建设工程信息收集，建设工程文件档案资料的特征；建设工程文件的档案资料管理职责；建设工程档案编制质量要求与组卷方法；《建设工程监理范围和规模标准规定》(建设部令第 86 号)，《注册监理工程师管理规定》(建设部令第 147 号)；《建设工程监理与相关服务收费管理规定》(发改价格 [2007] 670 号)；国务院关于加快服务业发展的若干意见（国发 [2007] 7 号）；工程监理企业资质管理规定（建设部令第 158 号）。

掌握：建设工程监理的性质、作用和特点；建设工作质量和安全生产的监理责任；注册监理工程师的职业道德；注册监理工程师的法律地位和现任；注册监理工程师的注册程序；工程监理企业经营活动基本准则；控制类型；建设工程质量、投资、进度目标控制的内容及相互之间的关系；建设工程风险与风险管理的要点；建设工程风险的分解；风险识别的方法；风险损失的衡量；风险评价；损失控制；风险转移；建设工程监理模式；监理实施原则和程序；建立项目监理机构的步骤和项目监理机构的组织形式、人员及职责分工；监理规划的作用；监理规划编写的依据和要求；监理规划的内容；建设工程档案资料验收与移交的程序和内容；建设工程监理文件档案资料管理；建设工程监理表格体系和主要文件档案；《中华人民共和国建筑法》；《建设工程质量管理条例》；《建设工程安全生产管理条例》；《汶川地震灾后恢复重建条例》；《建设工程监理规范》GB 50319—2000。

4.6.2 注册监理工程师和工程监理企业

建设监理，是指具有相应资质的工程监理企业，接受建设单位的委托，承担其项目管理工作，并代表建设单位对承建单位的建设行为进行监控的专业化服务活动。建设工程监理的性质是服务性、科学性、独立性、公正性。建设工程监理的作用是：有利于提高建设工程投资决策科学化水平；有利于规范工程建设参与各方的建设行为；有利于促使承建单位保证建设工程质量和使用安全；有利于实现建设工程投资效益最大化。现阶段建设工程监理的特点是：建设工程监理的服务对象具有单一性；建设工程监理属于强制推行的制度；建设工程监理具有监督功能；市场准入的双重控制。

具体从事监理工作的监理工程师，应当具备以下素质：较高的专业学历和复合型的知识结构；丰富的工程建设实践经验；良好的品德；健康的体魄和充沛的精力。在监理行业中，监理工程师应严格遵守如下通用职业道德守则：

（1）维护国家的荣誉和利益，按照"守法、诚信、公正、科学"的准则执业；

（2）执行有关工程建设的法律、法规、标准、规范、规程和制度，履行监理合同规定的义务和职责；

（3）努力学习专业技术和建设监理知识，不断提高业务能力和监理水平；

（4）不以个人名义承揽监理业务；

（5）不同时在两个或两个以上监理单位注册和从事监理活动，不在政府部门和施工材料设备的生产供应等单位兼职；

（6）不为所监理项目指定承包商、建筑构配件、设备、材料生产厂家和施工方法；

（7）不受被监理单位的任何礼金；

（8）不泄露所监理工程各方认为需要保密的事项；

（9）坚持独立自主地开展工作。

监理工程师所具有的法律地位，决定了监理工程师在执业中一般享有的权利和应履行的义务。这些权利包括：

（1）使用注册监理工程师称谓；

（2）在规定范围内从事执业活动；

（3）依据本人能力从事相应的执业活动；

（4）保管和使用本人的注册证书和执业印章；

（5）对本人执业活动进行解释和辩护；

（6）接受继续教育；

（7）获得相应的劳动报酬；

（8）对侵犯本人权利的行为进行申诉。

监理工程师应当履行下列义务：

（1）遵守法律、法规和有关管理规定；

（2）履行管理职责，执行技术标准、规范和规程；

（3）保证执业活动成果的质量，并承担相应责任；

（4）接受继续教育，努力提高执业水准；

（5）在本人执业活动所形成的工程监理文件上签字、加盖执业印章；

（6）保守在执业中知悉的国家秘密和他人的商业、技术秘密；

（7）不得涂改、倒卖、出租、出借或者以其他形式非法转让注册证书或者执业印章；

（8）不得同时在两个或者两个以上单位受聘或者执业；

（9）在规定的执业范围和聘用单位业务范围内从事执业活动；

（10）协助注册管理机构完成相关工作。监理工程师的法律责任的表现行为主要有两方面，一是违反法律法规的行为，二是违反合同约定的行为。

注册监理工程师实行注册执业管理制度。取得资格证书的人员，经过注册方能以注册监理工程师的名义执业。注册监理工程师依据其所学专业、工作经历、工程业绩，按照《工程监理企业资质管理规定》划分的工程类别，按专业注册。每人最多可以申请两个专业注册。监理工程师的注册，根据注册内容的不同分为初始注册、续期注册、变更注册。

注册证书和执业印章是注册监理工程师的执业凭证，由注册监理工程师本人保管、使用。注册证书和执业印章的有效期为3年。初始注册者，可自资格证书签发之日起3年内提出申请。逾期未申请者，须符合继续教育的要求后方可申请初始注册。申请注册的程序是：

(1) 申请人向聘用单位提出申请；

(2) 聘用单位同意后，连同相关材料向省、自治区、直辖市人民政府建设主管部门提出申请；

(3) 省、自治区、直辖市人民政府建设主管部门在收到申请人的申请材料初审合格后，报国务院建设行政主管部门；

(4) 国务院建设行政主管部门对初审意见进行审核，对符合条件者准予注册，并颁发由国务院建设行政主管部门统一印制的《监理工程师注册证书》和执业印章。

申请初始注册，应当具备以下条件：

(1) 经全国注册监理工程师执业资格统一考试合格，取得资格证书；

(2) 受聘于一个相关单位；

(3) 达到继续教育要求；

(4) 没有其他不符合注册情形。

初始注册需要提交下列材料：

(1) 申请人的注册申请表；

(2) 申请人的资格证书和身份证复印件；

(3) 申请人与聘用单位签订的聘用劳动合同复印件；

(4) 所学专业、工作经历、工程业绩、工程类中级及中级以上职称证书等有关证明材料；

(5) 逾期初始注册的，应当提供达到继续教育要求的证明材料。注册监理工程师每一注册有效期为3年，注册有效期满需继续执业的，应当在注册有效期满30日前，应申请延续注册。延续注册有效期3年。

延续注册需要提交下列材料：

(1) 申请人延续注册申请表；

(2) 申请人与聘用单位签订的聘用劳动合同复印件；

(3) 申请人注册有效期内达到继续教育要求的证明材料。

变更注册需要提交下列材料：

(1) 申请人变更注册申请表；

(2) 申请人与新聘用单位签订的聘用劳动合同复印件；

(3) 申请人的工作调动证明（与原聘用单位解除聘用劳动合同或者聘用劳动合同到期的证明文件、退休人员的退休证明）。

申请人有下列情形之一的，不予初始注册、延续注册或者变更注册：

(1) 不具有完全民事行为能力的；

(2) 刑事处罚尚未执行完毕或者因从事工程监理或者相关业务受到刑事处罚，自刑事处罚执行完毕之日起至申请注册之日止不满2年的；

(3) 未达到监理工程师继续教育要求的；

(4) 在两个或者两个以上单位申请注册的；

(5) 以虚假的职称证书参加考试并取得资格证书的;
(6) 年龄超过 65 周岁的;
(7) 法律、法规规定不予注册的其他情形。

注册监理工程师有下列情形之一的,其注册证书和执业印章失效:
(1) 聘用单位破产的;
(2) 聘用单位被吊销营业执照的;
(3) 聘用单位被吊销相应资质证书的;
(4) 已与聘用单位解除劳动关系的;
(5) 注册有效期满且未延续注册的;
(6) 年龄超过 65 周岁的;
(7) 死亡或者丧失行为能力的;
(8) 其他导致注册失效的情形。

注册监理工程师有下列情形之一的,负责审批的部门应当办理注销手续,收回注册证书和执业印章或者公告其注册证书和执业印章作废:
(1) 不具有完全民事行为能力的;
(2) 申请注销注册的;
(3) 有本规定第十四条所列情形发生的;
(4) 依法被撤销注册的;
(5) 依法被吊销注册证书的;
(6) 受到刑事处罚的;
(7) 法律、法规规定应当注销注册的其他情形。

注册监理工程师在每一注册有效期内应当达到国务院建设主管部门规定的继续教育要求。继续教育作为注册监理工程师逾期初始注册、延续注册和重新申请注册的条件之一。继续教育分为必修课和选修课,在每一注册有效期内各为 48 学时。

按照我国现行法律法规的规定,我国的工程监理企业有可能存在的企业组织形式包括:公司制监理企业、合伙监理企业、个人独资企业、中外合资经营企业和中外合作经营监理企业。中外合资经营监理企业是指以中国的企业或其他经济组织为一方,以外国的公司、企业、其他经济组织或个人为另一方,在平等互利的基础上,根据《中华人民共和国中外合资经营企业法》,签定合同、制定章程,在中国境内共同投资、共同经营、共同管理、共同分享利润、共同承担风险,主要从事工程监理业务的监理企业。其组织形式是有限责任公司。中外合作经营监理企业是指中国的企业或其他经济组织同外国的企业,其他经济组织或者个人,按照平等互利的原则和我国的法律规定,用合同约定双方的权利和义务,在中国境内共同举办的、主要从事工程监理业务的经济实体。

从事建设工程监理活动的企业,应当按照规定取得工程监理企业资质,并在工程监理企业资质证书(以下简称资质证书)许可的范围内从事工程监理活动。工程监理企业资质分为综合资质、专业资质和事务所资质。其中,专业资质按照工程性质和技术特点划分为若干工程类别。综合资质、事务所资质不分级别。专业资质分为甲级、乙级;其中,房屋建筑、水利水电、公路和市政公用专业资质可设立丙级。

工程监理企业的资质等级标准如下:

1. 综合资质标准

(1) 具有独立法人资格且注册资本不少于 600 万元。

(2) 企业技术负责人应为注册监理工程师，并具有 15 年以上从事工程建设工作的经历或者具有工程类高级职称。

(3) 具有 5 个以上工程类别的专业甲级工程监理资质。

(4) 注册监理工程师不少于 60 人，注册造价工程师不少于 5 人，一级注册建造师、一级注册建筑师、一级注册结构工程师或者其他勘察设计注册工程师合计不少于 15 人次。

(5) 企业具有完善的组织结构和质量管理体系，有健全的技术、档案等管理制度。

(6) 企业具有必要的工程试验检测设备。

(7) 申请工程监理资质之日前一年内没有本规定第十六条禁止的行为。

(8) 申请工程监理资质之日前一年内没有因本企业监理责任造成重大质量事故。

(9) 申请工程监理资质之日前一年内没有因本企业监理责任发生三级以上工程建设重大安全事故或者发生两起以上四级工程建设安全事故。

2. 专业资质标准

(1) 甲级

1) 具有独立法人资格且注册资本不少于 300 万元。

2) 企业技术负责人应为注册监理工程师，并具有 15 年以上从事工程建设工作的经历或者具有工程类高级职称。

3) 注册监理工程师、注册造价工程师、一级注册建造师、一级注册建筑师、一级注册结构工程师或者其他勘察设计注册工程师合计不少于 25 人次；其中，相应专业注册监理工程师不少于《专业资质注册监理工程师人数配备表》（附表 1）中要求配备的人数，注册造价工程师不少于 2 人。

4) 企业近 2 年内独立监理过 3 个以上相应专业的二级工程项目，但是，具有甲级设计资质或一级及以上施工总承包资质的企业申请本专业工程类别甲级资质的除外。

5) 企业具有完善的组织结构和质量管理体系，有健全的技术、档案等管理制度。

6) 企业具有必要的工程试验检测设备。

7) 申请工程监理资质之日前一年内没有本规定第十六条禁止的行为。

8) 申请工程监理资质之日前一年内没有因本企业监理责任造成重大质量事故。

9) 申请工程监理资质之日前一年内没有因本企业监理责任发生三级以上工程建设重大安全事故或者发生两起以上四级工程建设安全事故。

(2) 乙级

1) 具有独立法人资格且注册资本不少于 100 万元。

2) 企业技术负责人应为注册监理工程师，并具有 10 年以上从事工程建设工作的经历。

3) 注册监理工程师、注册造价工程师、一级注册建造师、一级注册建筑师、一级注册结构工程师或者其他勘察设计注册工程师合计不少于 15 人次。其中，相应专业注册监理工程师不少于《专业资质注册监理工程师人数配备表》（附表 1）中要求配备的人数，注册造价工程师不少于 1 人。

4) 有较完善的组织结构和质量管理体系，有技术、档案等管理制度。

5) 有必要的工程试验检测设备。
6) 申请工程监理资质之日前一年内没有本规定第十六条禁止的行为。
7) 申请工程监理资质之日前一年内没有因本企业监理责任造成重大质量事故。
8) 申请工程监理资质之日前一年内没有因本企业监理责任发生三级以上工程建设重大安全事故或者发生两起以上四级工程建设安全事故。

(3) 丙级

1) 具有独立法人资格且注册资本不少于50万元。
2) 企业技术负责人应为注册监理工程师，并具有8年以上从事工程建设工作的经历。
3) 相应专业的注册监理工程师不少于《专业资质注册监理工程师人数配备表》中要求配备的人数。
4) 有必要的质量管理体系和规章制度。
5) 有必要的工程试验检测设备。

3. 事务所资质标准

(1) 取得合伙企业营业执照，具有书面合作协议书。
(2) 合伙人中有3名以上注册监理工程师，合伙人均有5年以上从事建设工程监理的工作经历。
(3) 有固定的工作场所。
(4) 有必要的质量管理体系和规章制度。
(5) 有必要的工程试验检测设备。

工程监理企业可以开展相应类别建设工程的项目管理、技术咨询等业务。

申请工程监理企业资质，应当提交以下材料：

(1) 工程监理企业资质申请表（一式三份）及相应电子文档；
(2) 企业法人、合伙企业营业执照；
(3) 企业章程或合伙人协议；
(4) 企业法定代表人、企业负责人和技术负责人的身份证明、工作简历及任命（聘用）文件；
(5) 工程监理企业资质申请表中所列注册监理工程师及其他注册执业人员的注册执业证书；
(6) 有关企业质量管理体系、技术和档案等管理制度的证明材料；
(7) 有关工程试验检测设备的证明材料。

取得专业资质的企业申请晋升专业资质等级或者取得专业甲级资质的企业申请综合资质的，除前款规定的材料外，还应当提交企业原工程监理企业资质证书正、副本复印件，企业《监理业务手册》及近两年已完成代表工程的监理合同、监理规划、工程竣工验收报告及监理工作总结。

工程监理企业经营活动，应遵循"守法、诚信、公正、科学"的准则。监理企业管理应抓好成本管理、资金管理、质量管理，增强法制意识，依法经营管理，建立健全各项内部管理规章制度。工程监理企业取得监理业务的基本方式有两种：一是通过投标竞争取得监理业务，二是业主直接委托取得监理业务。建设工程监理费由监理直接成本、监理间接成本、税金和利润构成。监理费的计算方法包括：按建设工程投资的百分比计算法、工资加一定比例的其他费用计算法、按时计算法、固定价格计算法。

4.6.3 建设工程目标控制

控制是建设工程监理的重要管理活动。建设工程目标控制的实施过程中，通过对目标、过程和活动的跟踪，全面、及时、准确地掌握有关信息，将工程实际状况与目标和计划进行比较。如果偏离了目标和计划，就需要采取纠偏措施，或改变投入，或修改计划，使工程能在新的计划状态下进行。控制的流程可以分为投入、转换、反馈、对比、纠正五个基本环节。按照控制措施作用于控制对象的时间，可分为事前控制、事中控制和事后控制；按照控制信息的来源，分为前馈控制和后馈控制；按照控制过程是否形成回路，分为开环控制和闭环控制；按照控制措施制定的出发点，分为主动控制和被动控制。

为了进行有效的目标控制，必须做好两项重要的前提工作：一是目标规划和计划；二是目标控制的组织。建设目标规划是一项动态性工作，在建设工程的不同阶段都要进行，因而建设工程的目标并不是一经确定就不再改变的。建立建设工程数据库有利于目标的确定。为了在建设工程实施过程中有效进行目标控制，仅有总目标是不够的，还需要将总目标进行分解。

从建设工程业主的角度出发，往往希望该工程的投资少、工期短、质量好。建设工程三大目标之间是对立关系比较直观，易于理解。三大目标又是统一关系，需要从不同角度分析理解。对投资、进度、质量三大目标之间的统一关系进行分析时要注意以下几方面问题：一是掌握客观规律，充分考虑制约因素；二是对未来的、可能的收益不宜过于乐观；三是将目标规划和计划结合起来。建设工程投资控制的目标，就是通过有效的投资控制工作和具体的投资控制措施，在满足进度和质量要求的前提下，力求使工程实际投资不超过计划投资。建设工程进度控制目标，是通过有效的进度控制工作和具体的进度控制措施，在满足投资和质量要求的前提下，力求使工程实际工期不超过计划工期。建设工程质量控制目标，是通过有效的质量控制工作和具体的质量控制措施，在满足投资和进度要求的前提下，实现工程预定的质量目标。

在建设工程实施的各阶段中，设计阶段、施工招标阶段、施工阶段的持续时间长且涉及的工作内容多。设计阶段，监理投资控制的任务是通过收集类似建设工程投资数据和资料，协助业主制定建设工程投资目标规划；开展技术经济分析等活动，协调和配合设计单位力求使设计投资合理化；审核概算，提出改进意见，优化设计，最终满足业主对建设工程投资的经济性要求。监理单位进度控制的任务，是根据建设工程总工期的要求，协助业主确定合理的设计工期要求；根据设计的阶段性输出，由"粗"到"细"地制定建设工程总进度计划，为建设工程进度控制提供前提和依据；协调各设计单位一体化开展设计工作，力求使设计能按进度计划要求进行；按合同要求及时、准确、完整地提供设计所需要的基础资料和数据；与外部有关部门协调相关事宜，保障设计工作顺利进行。质量控制的任务是了解业主建设需要，协助业主制定建设工程质量目标规划，根据合同要求及时、准确、完善地提供设计工作所需的基础数据和资料；配合设计单位优化设计，并最终确认设计符合有关法规要求，符合技术、经济、财务、环境条件要求，满足业主对建设工程的功能和使用要求。

施工招标阶段监理投资控制的任务是：协助业主编制施工招标文件，为本阶段和施工阶段目标控制打下基础；协助业主编制标底；做好投标资格预审工作；组织开标、评标、定标工作。在施工阶段，监理投资控制的任务是通过工程款控制、工程变更费用控制、预防并处理索赔、挖掘节约投资潜力来努力实现实际发生的费用不超过计划投资。进度控制的任务是通过完善建设工程控制性进度计划、审查施工单位进度计划、做好各项动态控制工作、协调各单位关系、预防处理好工期索赔,以求实际施工进度达到计划施工进度的要求。质量控制的主要任务是通过对施工投入、施工和安装过程、产出品进行全过程控制,以及对参加施工的单位和人员的资质、材料和设备、施工机械和机具、施工方案和方法、施工环境实施全面控制,以期按标准达到预定的施工质量目标。

建设工程目标控制的措施包括组织措施、技术措施、经济措施、合同措施。

4.6.4 建设工程风险管理

风险要具备两个方面条件:一是不确定性,二是产生损失后果。风险按所造成的不同后果分为纯风险和投机风险;按风险产生的原因分为政治风险、社会风险、自然风险、技术风险;按风险的影响范围分为基本风险和特殊风险。

建设工程风险的认识,要明确两点:一是建设工程风险大;二是参与工程建设的各方均有风险,但各方的风险不尽相同。风险的管理过程包括风险识别、风险评价、风险对策决策、实施决策、检查五方面内容。

风险识别有以下几个特点:个别性;主观性;复杂性;不确定性。风险识别的原则应遵循的原则是:由粗到细,由细到粗;严格界定风险内涵并考虑风险因素的相关性;先怀疑,后排除;排除与确认并重;必要时,可作实验论证。风险识别的结果是建立建设工程风险清单。风险识别往往是通过经验数据的分析、风险调查、专家咨询以及实验论证等方式,在对建筑工程风险进行多维分解的过程中,认识风险,建立工程风险清单。根据建设工程的特点,建设工程风险的分解可以按以下途径分解:目标维;时间维;结构维;因素维。风险识别的方法有:专家调查法;财务报表法;流程图法;初始清单法;经验数据法;风险调查法。

所谓风险量,是指各种风险的量化结果,其数值大小取决于各种风险的发生概率及其潜在损失。风险量函数表达公式是:

$$R = f(p,q) \tag{4-28}$$

式中 R——风险量;
p——风险发生的概率;
q——潜在损失。

风险损失的衡量就是定量确定风险损失值的大小。建筑工程风险损失包括以下几方面:投资风险;进度风险;质量风险;安全风险。衡量建设工程风险概率有相对比较法和概率分布法两种方法。风险量的大小可分为五个等级:VL(很小);L(小);M(中等);H(大);VH(很大)。

风险对策包括:风险回避;损失控制;风险自留;风险转移。风险回避就是以一定的方式中断风险源,使其不发生或不再发展,从而避免可能产生的潜在损失。损失控制是一种主动、积极的风险控制。损失控制可分为预防损失和减少损失两方面工作。预防损失措施的主要作用是在于降低或消除损失发生的概率,减少损失措施的作用是在于降低损失的严重性或遏止损失的进一步发挥,使损失最小化。损失控制的计划系统包括预防计划、灾难计划、应急计划。风险自留是从企业内部财务的角度应对风险。它不改变建设工程风险的客观性质,也不改变工程风险潜在损失的严重性。风险转移分为非保险转移和保险转移两种形式。非保险转移有以下三种情况：业主将合同责任和风险转移给对方当事人；承包商进行合同转让或工程分包；第三方担保。保险转移，指通过购买保险，建设工程业主或承包商作为投保人将应由自己承担的工程风险转移给保险公司，从而使自己免受风险损失。

4.6.5 建设工程监理的组织

组织是管理中的一项重要的职能。所谓组织，就是为了使系统达到它特定的目标，使全体参加者经分工与协作以及设置不同层次的权力和责任制度而构成的一种人的组合体。组织内部构成和各部分间所确立的较为稳定的相互关系和联系方式，称为组织结构。组织设计就是对组织活动和组织结构的设计过程，有效的组织设计在提高组织活动效能方面起着重大作用。

建设工程组织管理模式对建筑工程的规划、控制、协调起着重要作用。建设工程组织管理的基本模式有：平行发包模式；设计或施工总分包模式；项目总承包模式；项目总承包管理模式。建设工程监理模式包括：平行承发包模式条件下的监理模式；设计或施工总分包模式条件下的监理模式；项目总承包模式下的监理模式；项目总承包管理模式下的监理模式。

建设工程监理实施的程序是：确定总监理工程师，成立监理机构；编制建设工程监理规划；制定各专业监理实施细则；规范化地开展监理工作；参与验收、签署建设工程监理意见；向业主提交建设工程监理档案资料；监理工作总结。监理单位受业主委托对建设工程实施监理时，应遵守的基本原则包括：公正、独立、自主的原则；权责一致原则；总监理工程师负责制的原则；严格监理、热情服务的原则；综合效益的原则。

监理单位在组建项目机构时，一般按以下步骤进行：确定项目监理机构目标；确定监理工作内容；项目监理机构的组织结构设计；制定工作流程和信息流程。项目监理机构的组织形式有：直线式监理组织形式；职能式监理组织形式；直线职能式监理组织形式；矩阵式监理组织形式。项目监理机构应具有合理的人员机构，包括合理的专业结构、合理的技术职务、职称结构。施工阶段，按照《建设工程监理规范》的规定，项目总监理工程师、总监理工程师代表、专业监理工程师和监理员分别履行以下职责：

总监理工程师应履行以下职责：

（1）确定项目监理机构人员的分工和岗位职责；

（2）主持编写项目监理规划、审批项目监理实施细则，并负责管理项目监理机构的日常工作；

（3）审查分包单位的资质，并提出审查意见；

（4）检查和监督监理人员的工作，根据工程项目的进展情况可进行监理人员调配，对不称职的监理人员应调换其工作；

（5）主持监理工作会议，签发项目监理机构的文件和指令；

（6）审定承包单位提交的开工报告、施工组织设计、技术方案、进度计划；

（7）审核签署承包单位的申请、支付证书和竣工结算；

（8）审查和处理工程变更；

（9）主持或参与工程质量事故的调查；

（10）调解建设单位与承包单位的合同争议、处理索赔、审批工程延期；

（11）组织编写并签发监理月报、监理工作阶段报告、专题报告和项目监理工作总结；

（12）审核签认分部工程和单位工程的质量检验评定资料，审查承包单位的竣工申请，组织监理人员对待验收的工程项目进行质量检查，参与工程项目的竣工验收；

（13）主持整理工程项目的监理资料。

总监理工程师代表应履行以下职责：

（1）负责总监理工程师指定或交办的监理工作；

（2）按总监理工程师的授权，行使总监理工程师的部分职责和权力。

总监理工程师不得将下列工作委托总监理工程师代表：

（1）主持编写项目监理规划、审批项目监理实施细则；

（2）签发工程开工/复工报审表、工程暂停令、工程款支付证书、工程竣工报验单；

（3）审核签认竣工结算；

（4）调解建设单位与承包单位的合同争议、处理索赔、审批工程延期；

（5）根据工程项目的进展情况进行监理人员的调配，调换不称职的监理人员。

专业监理工程师应履行以下职责：

（1）负责编制本专业的监理实施细则；

（2）负责本专业监理工作的具体实施；

（3）组织、指导、检查和监督本专业监理员的工作，当人员需要调整时，向总监理工程师提出建议；

（4）审查承包单位提交的涉及本专业的计划、方案、申请、变更，并向总监理工程师提出报告；

（5）负责本专业分项工程验收及隐蔽工程验收；

（6）定期向总监理工程师提交本专业监理工作实施情况报告，对重大问题及时向总监理工程师汇报和请示；

（7）根据本专业监理工作实施情况做好监理日记；

（8）负责本专业监理资料的收集、汇总及整理，参与编写监理月报；

（9）核查进场材料、设备、构配件的原始凭证、检测报告等质量证明文件及其质量情况，根据实际情况认为有必要时对进场材料、设备、构配件进行平行检验，合格时予以签认；

（10）负责本专业的工程计量工作，审核工程计量的数据和原始凭证。

监理员应履行以下职责：

（1）在专业监理工程师的指导下开展现场监理工作；

（2）检查承包单位投入工程项目的人力、材料、主要设备及其使用、运行状况，并做好检查记录；

（3）复核或从施工现场直接获取工程计量的有关数据并签署原始凭证；

（4）按设计图及有关标准，对承包单位的工艺过程或施工工序进行检查和记录，对加工制作及工序施工质量检查结果进行记录；

（5）担任旁站工作，发现问题及时指出并向专业监理工程师报告；

（6）做好监理日记和有关的监理记录。

协调就是联结、联合调动所有的活动及力量使各方面配合适当，其目的是促使各方面协同一致以实现预定目标。建设工程的协调一般有三大类：一是"人员、人员界面"；二是"系统、系统界面"；三是"系统、环境界面"。项目监理机构协调的范围分为系统内部的协调和系统外部的协调，系统外部协调又分为近外层协调和远外层协调。项目监理机构组织协调的工作内容包括：项目监理机构内部人际关系的协调；与业主的协调；与承包商的协调；与设计单位的协调；与政府部门及其单位的协调。监理工程师组织协调的方法有：会议协调法；交谈协调法；书面协调法；访问协调法；情况介绍法。

4.6.6　建设工程监理规划

建设工程监理工作文件是指监理单位投标时编制的监理大纲、监理合同签定后编制的监理规划和专业监理工程师编制的监理实施细则。建设工程监理规划是监理单位接受业主委托并签定委托监理合同之后，在项目总监理工程师的主持下，根据委托监理合同，在监理大纲基础上，结合工程的具体情况，广泛收集工程信息和资料的情况下制定，经监理单位技术负责人批准，用来指导项目监理机构全面开展监理工作的指导性文件。建设工程监理规划的作用是：指导项目监理机构全面开展监理工作；监理规划是建设监理主管机构对监理单位管理的依据；监理规划是业主确认监理单位履行合同的主要依据；监理规划是监理单位内部考核的依据和重要的存档资料。监理规划编写的依据有：工程建设方面的法律、法规；政府批准的工程建设文件；建设工程监理合同；其他建设工程合同；监理大纲。监理规划编写的要求是：基本构成内容应当力求统一；具体内容应当具有针对性；监理规划应当遵循建设工程的运行规律；项目总监理工程师是监理规划编写的主持人；监理规划一般要分阶段编写；监理规划的表达方式应当格式化、标准化；监理规划应该经过审核。

监理规划包含以下内容：建设工程概况；监理工作范围；监理工作内容；监理工作目标；监理工作依据；项目监理机构的组织形式；项目监理机构的人员配备；项目监理机构的人员岗位职责；监理工作程序；监理工作方法及措施；监理工作制度；监理设施。监理规划的审核内容包括：监理范围、工作内容及监理目标、项目监理机构结构、监理工作工作计划、投资、进度、质量控制方法、监理工作制度审核。

4.6.7　国外建设工程项目管理

建设项目管理的类型按管理主体分为业主方的项目管理、设计单位的项目管理、施工单位的项目管理以及材料、设备供应单位的项目管理。按服务对象分为为业主服务的项目管理、为设计单位服务的项目管理、为施工单位服务的项目管理。按服务的阶段分为施工阶段的项目管理、实施阶段全过程的项目管理和工程建设全过程的项目管理。

工程咨询，是指适应现代经济发展和社会进步的需要，集中专家群体或个人的智慧和经验，运用现代科学技术和工程技术以及经济、管理、法律等方面的知识，为建设工程决策和管理提供的智力服务。从事工程咨询业务为职业的工程技术人员和其他专业人员统称为咨询工程师。咨询工程师应具备以下素质：知识面宽；精通业务；协调、管理能力强；责任心强；不断进取，勇于开拓。工程咨询公司的服务对象不同，相应的服务内容也不同：为业主服务，可以是全过程的服务，也可以是阶段性服务；为承包商服务，为承包商提供合同咨询和索赔服务，为承包商提供技术咨询服务，为承包商提供工程设计；为贷款方服务；联合承包工程。

建设工程组织管理新型模式有：CM 模式、EPC 模式、Partnering 模式、Project

Controlling 模式。CM 模式就是采用快速路径法时，从建设工程的开始阶段就雇用具有施工经验的 CM 单位参与到建设工程实施过程中来，以便为设计人员提供施工方面的建议且随后负责管理施工过程。EPC 为英文 Engineering—Procurement—Construction 的缩写，可将其翻译为设计—采购—建造。Partnering 模式意味着业主与建设工程参与各方在相互信任、资源共享的基础上达成一种短期或长期的协议；在充分考虑参与各方利益的基础上确定建设工程共同目标；建立工作小组，及时沟通以避免争议和诉讼的产生，相互合作、共同解决建设工程实施过程中出现的问题，共同分担风险和有关费用，以保证参与各方目标和利益的实现。Project Controlling 模式是工程咨询和信息技术相结合的产物。Project Controlling 方通常由具有丰富建设项目管理理论知识和实践经验的人员以及掌握最新信息技术且有很强实际工作能力的人员组成。

4.6.8 建设工程信息管理

数据是客观实体属性的反映，是一组表示数量、行为和目标，可以记录下来加以鉴别的符号。信息和数据是不可分割的。信息来源于数据，又高于数据，信息是数据的灵魂，数据是信息的载体。信息有三个时态：信息的过去时是知识，现代时是数据，将来时是情报。信息具有的特点是：真实性、系统性、时效性、不完全性、层次性。建设工程参建各方对数据和信息的收集是不同的，监理在不同阶段收集的信息包括：项目决策阶段的信息收集；设计阶段的信息收集；施工招标投标阶段的信息收集；施工阶段的信息收集。

建设工程文件档案资料的特征是：分散性和复杂性；继承性和时效性；全面性和真实性；随机性；多专业和综合性。建设工程档案资料的管理涉及到建设单位、监理单位、施工单位等以及地方城建档案管理部门，各部门管理职责各不相同。对建设工程档案编制质量与组卷方法，应该按照建设部和国家质量检验检疫总局于 2002 年 1 月 10 号联合发布，2002 年 5 月 1 日实施的《建设工程文件归档整理规范》(GB/T 50328—2001) 国家标准执行，此外，尚应按《科学技术档案案卷构成的一般要求》(GB/T 11822—2000)、《技术制图复制图的折叠方法》(GB/T 10609.3—89)、《城市建设档案案卷质量规定》(建办[1995] 697 号) 等规范或文件的规定及各省、市地方相应的地方规范执行。

建设档案验收要求：

(1) 列入城建档案管理部门档案接收范围的工程，建设单位在组织工程竣工验收前，应提请城建档案管理部门对工程档案进行预验收。建设单位未取得城建档案管理部门出具的认可文件，不得组织工程竣工验收。

(2) 城建档案管理部门在进行工程档案预验收时，应重点验收以下内容：

1) 工程档案分类齐全、系统完整；
2) 工程档案的内容真实、准确地反映工程建设活动和工程实际状况；
3) 工程档案已整理立卷，立卷符合现行《建设工程文件归档整理规范》的规定；
4) 竣工图绘制方法、图式及规格等符合专业技术要求，图面整洁，盖有竣工图章；
5) 文件的形成、来源符合实际，要求单位或个人签章的文件，其签章手续完备；
6) 文件材质、幅面、书写、绘图、用墨、托裱等符合要求。

工程档案由建设单位进行验收，属于向地方城建档案管理部门报送工程档案的工程项目还应会同地方城建档案管理部门共同验收。

（3）国家、省市重点工程项目或一些特大型、大型的工程项目的预验收和验收，必须有地方城建档案管理部门参加。

（4）为确保工程档案的质量，各编制单位、地方城建档案管理部门、建设行政管理部门等要对工程档案进行严格检查、验收。编制单位、制图人、审核人、技术负责人必须进行签字或盖章。对不符合技术要求的，一律退回编制单位进行改正、补齐，问题严重者可令其重做。不符合要求者，不能交工验收。

（5）凡报送的工程档案，如验收不合格将其退回建设单位，由建设单位责成责任者重新进行编制，待达到要求后重新报送。检查验收人员应对接收的档案负责。

（6）地方城建档案管理部门负责工程档案的最后验收。并对编制报送工程档案进行业务指导、督促和检查。

建设档案移交要求：

（1）列入城建档案管理部门接收范围的工程，建设单位在工程竣工验收后3个月内向城建档案管理部门移交一套符合规定的工程档案。

（2）停建、缓建工程的工程档案，暂由建设单位保管。

（3）对改建、扩建和维修工程，建设单位应当组织设计单位、监理单位、施工单位据实修改、补充和完善工程档案。对改变的部位，应当重新编写工程档案，并在工程竣工验收后3个月内向城建档案管理部门移交。

（4）建设单位向城建档案管理部门移交工程档案时，应办理移交手续，填写移交目录，双方签字、盖章后交接。

（5）施工单位、监理单位等有关单位应在工程竣工验收前将工程档案按合同或协议规定的时间、套数移交给建设单位，办理移交手续。

建设工程监理文件档案资料管理主要内容是：监理文件档案资料收、发文与登记；监理文件档案资料传阅；监理文件档案资料分类存放，监理文件档案资料归档、借阅、更改与作废。建设工程监理表格体系有三类：A类表共10个，为承包单位用表；B类表共6个，为监理单位用表；C类表共两个，为各方通用表。主要文件档案包括：监理规划、监理实施细则、监理日记、监理例会会议纪要、监理月报、监理工作总结以及其他监理文件档案资料。

4.6.9 建设工程监理相关法规及规范

监理考试中涉及相关的法律有：《中华人民共和国建筑法》、《中华人民共和国合同法》、《中华人民共和国招标投标法》。相关的行政法规有：《建设工程监理范围和规模标准规定》（建设部令第86号），《注册监理工程师管理规定》（建设部令第147号）；《建设工程监理与相关服务收费管理规定》（发改价格［2007］670号）；国务院关于加快服务业发展的若干意见（国发［2007］7号）；工程监理企业资质管理规定（建设部令第158号）。相关的标准规范有：建设工程监理规范（GB 50319—2000）、建设工程监理规范（GB 50319—2000）条文说明、建设工程工程量清单计价规范（GB 50500—2003）。相关的规范性文件有：关于印发《建设工程施工合同（示范文本）》的通知（建建［1999］313号）、关于印发《建设工程委托监理合同（示范文本）》的通知（建建［2000］44号）、关于印发《建设安装工程费用组成》的通知（建建［2003］206号）、《建设工程安全生产管理条例》、《汶川地震灾后恢复重建条例》。

4.6.10 例题

本科目，满分110分。考试包括单选题和多选题。单选题共50题，每题1分，每题的备选答案中，只有一个最符合题意。多选题共30题，每题2分，每题的备选答案中有2个或2个以上符合题意，至少有1个错项。错选，不得分；少选，所选的每个选项得0.5分。

单选题：按有关规定的精神，在监理工作过程中，（　　）应当负责与建设工程有关的外部关系的组织协调工作。

A. 监理单位　　　　　　　　　　B. 承建单位
C. 建设单位　　　　　　　　　　D. 建设单位与监理单位共同

正确答案：C。

解题要求：协调有关单位之间的关系（组织协调）、保证建设工程的顺利实施是建设工程监理的重点内容之一。在完成组织协调工作中，根据我国委托监理合同示范文本的有关规定，监理单位"主内"，建设单位"主外"，也就是说应当由建设单位负责与建设工程有关的外部关系的组织协调工作。

多选题：根据对建设工程质量进行全方位控制的要求，应对建设工程（　　）进行控制。

A. 设计质量和施工质量　　　　　B. 所有工程内容的质量
C. 质量目标的所有内容　　　　　D. 质量目标的所有影响因素
E. 参与各方

正确答案：B、C、D。

解题要点：建设工程目标控制的全方位控制是指对投资、进度、质量三大目标进行综合控制，而每一个目标也都有各自的全方位控制。备选项中A属于全过程控制，E的部分内容（如人）可归入质量目标的影响因素。其余各项均是质量控制全方位控制的重要内容。

4.7 建设工程监理案例分析

案例分析题是综合考核考生对建设工程监理基本概念、基本原理、基本程序和基本方法的掌握程度以及检验考生灵活应用所学知识解决建设工程监理实际问题的能力。通过案例分析考试，既可考核考生的知识结构、分析推理水平及解决问题的策略，亦为考生提供了独创思维的空间。特别要求考生具有综合分析、推理判断等实际工作能力。

考生对这部分内容的准备，应根据建设监理考试参考教材内容，重点掌握考试大纲中规定的主要概念、原理、程序和解决实际工作问题的方法、手段等内容。建设工程监理的基本理论是解决监理实际问题的理论基础，是考核的重点内容。建设监理的有关法律、法规是考生必须熟悉与掌握的另一基本内容。鉴于我国现阶段监理工作各地区、各部门的发展仍不平衡，各地区、各部门的一些具体规定与做法尚未完全统一，所以考生在应考时应特别注意他们的区别，应以国家法律、法规和建设主管部门办法的有关法规文件为准。

考生若想在综合案例分析考试中取得好的成绩，应注意培养自己理论联系实际和应用法律、法规、规范等解决实际问题的能力，这种能力的培养必须通过建设工程时间和建设工程监理时间来获得。在监理实践中，一些具体的操作程序、方法也可能各有差异。在复习考试中，应以考试教材和法律、法规、规范规定的相应内容、方法为依据。

4.7.1 考试大纲要求

本课程的考试目的是通过本科目考试，检验考生灵活运用所学监理知识和相关法规解决实际问题的综合能力。

本科目考试内容中考试大纲要求：

掌握：监理实施原则和程序；项目监理机构的建立步骤，组织形式及监理人员职责分工；监理规划的编制；建设工程质量、投资、进度控制的程序、内容、任务和措施；建设工程安全生产监理工作；建设工程风险管理；建设工程文件档案资料管理；监理合同人双方的权利、义务；建设工程勘察设计、监理和施工招标；施工合同管理；索赔程序及监理工程师对索赔的管理；建设工程参建各方的质量责任；施工准备、施工过程的质量控制；工程变更的处理；施工阶段质量控制的手段；工程质量问题和质量事故的处理；工程施工质量验收；排列图、因果分析图和直方图应用；建筑安装工程费用项目的组成及计算；工程量清单编制与工程量清单计价；财务评价指标的计算及评价；设计概算和施工图预算的编制与审查；工程结算；工程变更价款的确定；索赔费用的计算；投资偏差分析；流水施工进度计划的安排；关键线路和关键工作的确定方法；网络计划中时差的分析和利用；网络计划工期优化及计划调整方法；双代号时标网络计划及单代号搭接网络计划的应用；实际进度与计划进度的比较方法；工期时间的确定方法；《中华人民共和国建筑法》；《中华人民共和国合同法》；《中华人民共和国招标投标法》；《建设工程质量管理条例》；《建设工程安全生产管理条例》；《建设工程监理规范》。

4.7.2 例题 （2005 年考试真题）

一、某工程，施工总承包单位依据施工合同约定，与甲安装单位签订了安装分包合同。基础工程完成后：由于项目用途发生变化，建设单位要求设计单位编制设计变更文件，并授权项目监理机构就设计变更引起的有关问题与总承包单位进行协商。项目监理机构在收到经相关部门重新审查批准的设计变更文件后，经研究对其今后工作安排如下：

（1）由总监理工程师负责与总承包单位进行质量、费用和工期等问题的协商工作；

（2）要求总承包单位调整施工组织设计，并报建设单位同意后实施；

（3）由总监理工程师代表主持修订监理规划；

（4）由负责合同管理的专业监理工程师全权处理合同争议；

（5）安排一名监理员主持整理工程监理资料。

在协商变更单价过程中，项目监理机构未能与总承包单位达成一致意见，总监理工程师决定以双方提出的变更单价的均值作为最终的结算单价。

项目监理机构认为甲安装分包单位不能胜任变更后的安装工程，要求更换安装分包单位。总承包单位认为项目监理机构无权提出该要求，但仍表示愿意接受，随即提出由乙安装单位分包。

甲安装单位依据原定的安装分包合同已采购的材料，因设计变更需要退货，向项目监理机构提出了申请，要求补偿因材料退货造成的费用损失。

问题：

1.逐项指出项目监理机构对其今后工作的安排是否妥当，不妥之处，写出正确做法。

2. 指出在协商变更单价过程中项目监理机构做法的不妥之处,并按《建设工程监理规范》写出正确做法。

3. 总承包单位认为项目监理机构无权提出更换甲安装分包单位的意见是否正确?为什么?写出项目监理机构对乙安装单位分包资格的审批程序。

4. 指出甲安装单位要求补偿材料退货造成费用损失申请程序的不妥之处,写出正确做法。该费用损失应由谁承担?

参考答案及评分标准:

1. (1) 妥当。

(2) 不妥;正确做法:调整后的施工组织设计应经项目监理机构(或总监理工程师)审核、签认。

(3) 不妥;正确做法:由总监理工程师主持修订监理规划。

(4) 不妥;正确做法:由总监理工程师负责处理合同争议。

(5) 不妥;正确做法:由总监理工程师主持整理工程监理资料。

2. 不妥之处:以双方提出的变更费用价格的均值作为最终的结算单价;

正确做法:项目监理机构(或总监理工程师)提出一个暂定价格,作为临时支付工程进度款的依据。变更费用价格在工程最终结算时以建设单位与总承包单位达成的协议为依据。

3. 不正确;理由:依据有关规定,项目监理机构对工程分包单位有认可权。

程序:项目监理机构(或专业监理工程师)审查总承包单位报送的分包单位资格报审表和分包单位的有关资料;符合有关规定后,由总监理工程师予以签认。

4. 不妥之处:由甲安装分包单位向项目监理机构提出申请;

正确做法:甲安装分包单位向总承包单位提出,再由总承包单位向项目监理机构提出。费用损失由建设单位承担。

二、某工程,建设单位将土建工程、安装工程分别发包给甲、乙两家施工单位。在合同履行过程中发生了如下事件:

事件1:项目监理机构在审查土建工程施工组织设计时,认为脚手架工程危险性较大,要求甲施工单位编制脚手架工程专项施工方案。甲施工单位项目经理部编制了专项施工方案,凭以往经验进行了安全估算,认为方案可行,并安排质量检查员兼任施工现场安全员工作,遂将方案报送总监理工程师签认。

事件2:开工前,专业监理工程师复核甲施工单位报验的测量成果时,发现对测量控制点的保护措施不当,造成建立的施工测量控制网失效,随即向甲施工单位发出了《监理工程师通知单》。

事件3:专业监理工程师在检查甲施工单位投入的施工机械设备时,发现数量偏少,即向甲施工单位发出了《监理工程师通知单》要求整改;在巡视时发现乙施工单位已安装的管道存在严重质量隐患,即向乙施工单位签发了《工程暂停令》,要求对该分部工程停工整改。

事件4:甲施工单位施工时不慎将乙施工单位正在安装的一台设备损坏,甲施工单位向乙施工单位作出了赔偿。因修复损坏的设备导致工期延误,乙施工单位向项目监理机构提出延长工期申请。

问题：

1. 指出事件 1 中脚手架工程专项施工方案编制和报审过程中的不妥之处，写出正确做法。
2. 事件 2 中专业监理工程师的做法是否妥当？《监理工程师通知单》中对甲施工单位的要求应包括哪些内容？
3. 分别指出事件 3 中专业监理工程师做法是否妥当。不妥之处，说明理由并写出正确做法。
4. 在施工单位申请工程复工后，监理单位应该进行哪些方面的工作？
5. 乙施工单位向项目监理机构提出延长工期申请是否正确？说明理由。

答案：

1. （1）不妥之处：凭以往经验进行安全估算；

正确做法：应进行安全验算。

（2）不妥之处：质量检查员兼任施工现场安全员工作；

正确做法：应配备专职安全生产管理人员。

（3）不妥之处：遂将专项施工方案报送总监理工程师签认；

正确做法：专项施工方案应先经甲施工单位技术负责人签认。

2. （1）妥当；

（2）主要内容：重新建立施工测量控制网；改进保护措施。

3. （1）发出《监理工程师通知单》妥当。

（2）不妥之处：签发《工程暂停令》；

理由：无权签发《工程暂停令》（或只有总监理工程师才有权签发《工程暂停令》）；

正确做法：专业监理工程师向总监理工程师报告，总监理工程师在征得建设单位同意后发出《工程暂停令》。

4. 项目监理机构应重新进行复查验收，符合规定要求后，并征得建设单位同意，总监理工程师应及时签署《工程复工报审表》；不符合规定要求，责令乙施工单位继续整改。

5. 正确；

理由：（1）乙施工单位与建设单位有合同关系；

（2）甲施工单位与建设单位有合同关系，建设单位应承担连带责任。

本 章 小 结

通过本章学习，应了解注册监理工程师考试的目的、意义及特点。熟悉注册监理工程师考试的基本要求和基本内容，明确考试内容和相关课程的内在联系。

注册监理工程师执业资格考试，测试考生是否基本掌握监理实践所必须具备的专业理论知识，以及应用所学知识解决建设工程监理实际问题的能力。参加监理工程师执业资格考试需要一定学历要求及职业实践要求。

注册监理工程师考试实行全国统一大纲、统一命题、统一组织的办法，原则上每年举行一次。

建设工程合同管理考试内容包括合同法律制度、建设工程招标阶段、勘察设计阶段、物资采购阶段、施工阶段的合同管理。

建设工程质量、投资、进度控制考试内容包括建设各阶段的工程质量、投资、进度控制的内容和方法。

建设工程监理基本理论与相关法规考试内容包括建设工程监理的相关知识、与建设工程相关的法规。

案例分析考试内容是前面三门课程的综合测试，涵盖前面三科的内容，主要测试考生灵活应用所学知识解决建设工程监理实际问题的能力。

考试内容与主要课程对应关系见下表：

本章考试内容与主要课程对应关系表

序号	考试内容	主要对应课程名称	备注
1	4.2 建设工程合同管理	建筑工程合同管理与索赔	
2	4.3 建设工程质量控制	土木工程施工	
3	4.4 建设工程投资控制	工程经济学 工程造价	
4	4.5 建设工程进度控制	施工组织设计	
5	4.6 建设工程监理基本理论与相关法规	工程监理概论 建设法规 工程项目管理	
6	4.7 建设工程监理案例分析	工程监理概论	

本 章 参 考 文 献

[1] 中国建设监理协会．建设工程监理概论．北京：知识产权出版社，2003．
[2] 中国建设监理协会．建设工程进度控制．北京：知识产权出版社，2003．
[3] 中国建设监理协会．建设工程信息管理．北京：知识产权出版社，2003．
[4] 中国建设监理协会．建设工程合同管理．北京：知识产权出版社，2003．
[5] 中国建设监理协会．建设工程质量控制．北京：知识产权出版社，2003．
[6] 中国建设监理协会．建设工程投资控制．北京：知识产权出版社，2003．
[7] 中国建设监理协会．全国监理工程师执业资格考试辅导资料（上）．北京：知识产权出版社，2003．
[8] 中国建设监理协会．全国监理工程师执业资格考试辅导资料（下）．北京：知识产权出版社，2003．
[9] 中华人民共和国建筑法．1998．
[10] 中华人民共和国合同法．1999．
[11] 中华人民共和国招标投标法．2000．
[12] 建设工程质量管理条例．2000．
[13] 工程监理企业资质管理规定．2007．
[14] 建设工程监理范围和规模标准规定．2001．
[15] 城市建设档案管理规定．1998．
[16] 建设工程监理规范（GB 50319—2000）．
[17] 建设工程监理规范条文说明（GB 50319—2000）条文说明．2000．
[18] 建设工程工程量清单计价规范（GB 50500—2008）．2008．
[19] 建设工程安全管理条例．2004．

[20] 关于印发《建设工程施工合同(示范文本)》的通知(建建[1999]313号文).1999.
[21] 关于印发《建设工程施工委托监理合同(示范文本)》的通知(建建[2000]44号文).2000.
[22] 中华人民共和国国家标准.建筑工程监理规范(GB 50319—2000).北京:中国建筑工业出版社.2001.
[23] 中华人民共和国国家标准.建筑工程施工质量验收统一标准(GB 50300—2001).北京:中国建筑工业出版社.2001.
[24] 中华人民共和国国家标准.混凝土结构工程施工质量验收规范(GB 50204—2002).北京:中国建筑工业出版社.2002.
[25] 中华人民共和国国家标准.建设工程项目管理规范(GB/T 50326—2006).北京:中国建筑工业出版社.2006.

第 5 章 注册建造师执业资格考试

本章导读：注册建造师考试是我国工程领域推行建造师取代项目经理的执业资格考试制度。本章的主要内容为：介绍注册建造师执业资格考试的目的和意义、考试形式和特点，以及建设工程经济、工程项目管理、建设工程法规及相关知识、建筑工程管理与实务考试内容和考试要求。本章重点是：建设工程经济、工程项目管理、建设工程法规及相关知识、建筑工程管理与实务考试内容和考试要求。难点是：建设工程经济、工程项目管理、建设工程法规及相关知识、建筑工程管理与实务考试内容和考试要求，以及和相关课程的关系。通过本章学习，应对建造师考试有初步了解，包括报考条件、考试内容、考试基本要求、考试方式，明确考试内容和相关课程的内在联系。

5.1 建造师执业资格考试简介

《中华人民共和国建筑法》第 14 条规定："从事建筑活动的专业技术人员，应当依法取得相应的执业资格证书，并在执业证书许可的范围内从事建筑活动。"2002 年 12 月 5 日，人事部、建设部联合下发了《关于印发〈建造师执业资格制度暂行规定〉的通知》（人发〔2002〕111 号），印发了《建造师执业资格制度暂行规定》。文件下发，标志我国建立建造师执业资格制度的工作正式启动。

建造师执业资格制度起源于英国，迄今已有 150 余年历史。世界上许多发达国家已经建立该项制度，具有执业资格的建造师已有了国际性的组织——国际建造师协会，已有 11 个国家成为了该协会会员。我国施工企业有 10 万多个，从业人员 3500 多万，建立建造师执业资格制度非常必要。这个制度的建立，必将促进我们在建筑施工领域与世界同行的合作与交流，必将促进我国工程管理人员素质和管理水平的提高，促进我们进一步开拓国际建筑市场，更好的实施走出去的战略方针。

建造师分为一级建造师和二级建造师。英文分别为：Constructor 和 Associate Constructor。一级建造师具有较高的标准、较高的素质和管理水平，有利于开展国际互认。同时，考虑我国建设工程项目量大面广，工程项目的规模差异悬殊，各地经济、文化和社会发展水平有较大差异，以及不同工程项目对管理人员的要求也不尽相同，设立二级建造师，可以适应施工管理的实际需求。

建造师是以专业技术为依托、以工程项目管理为主业的执业注册人员，近期以施工管理为主。建造师是懂管理、懂技术、懂经济、懂法规，综合素质较高的复合型人员，既要有理论水平，也要有丰富的实践经验和较强的组织能力。建造师注册受聘后，可以以建造师的名义担任建设工程项目施工的项目经理、从事其他施工活动的管理、从事法律、行政法规或国务院建设行政主管部门规定的其他业务。在行使项目经理职责时，一级注册建造师可以担任《建筑业企业资质等级标准》中规定的特级、一级建筑业企业资质的建设工程项目施工的项目经理；二级注册建造师可以担任二级建筑业企业资质的建设工程项目施工的项目经理。大中型工程项目的项目经理必须逐步由取得建造师执业资格的人员担任；但取得建造师执业资格的人员能否担任大中型工程项目的项目经理，应由建筑业企业自主决定。

不同类型、不同性质的工程项目，有着各自的专业性和技术性，因而导致其对项目经理的专业学历要求有很大不同。对建造师实行分专业管理，不仅能适应不同类型和性质的工程项目对建造师的专业技术要求，也有利于与现行建设工程管理体制相衔接，充分发挥各有关专业部门的作用。同时，也鼓励建造师在取得本专业建造师执业资格后，跨专业执业，这对企业和建造师个人参与市场竞争、扩展业务范围都是有利的。现对建造师划分为10个专业：建筑工程、公路工程、铁路工程、民航机场工程、港口与航道工程、水利水电工程、市政公用工程、通信与广电工程、矿业工程、机电工程。

一级建造师执业资格实行全国统一大纲、统一命题、统一组织的考试制度，由人事部、建设部共同组织实施，原则上每年举行一次考试；二级建造师执业资格实行全国统一大纲，各省、自治区、直辖市命题并组织的考试制度。考试内容分为综合知识与能力和专业知识与能力两部分。报考人员要符合有关文件规定的相应条件。一级、二级建造师执业资格考试合格人员，分别获得《中华人民共和国一级建造师执业资格证书》、《中华人民共和国二级建造师执业资格证书》。

一级建造师考试科目共设 4 个科目：《建设工程经济》、《建设工程法规及相关知识》、《建设工程项目管理》和《专业工程管理与实务》。考试分 4 个半天，以纸笔作答方式进行。《建设工程经济》科目的考试时间为 2 小时，《建设工程法规及相关知识》和《建设工程项目管理》科目的考试时间均为 3 小时，为客观题。《专业工程管理与实务》科目的考试时间为 4 小时。一级建造师考试《专业工程管理与实务》设置 10 个专业类别：建筑工程、公路工程、铁路工程、民航机场工程、港口与航道工程、水利水电工程、市政公用工程、通信与广电工程、矿业工程、机电工程。考生在报名时可根据实际工作需要选择其一。

一级建造师执业资格考试实行统一大纲、统一命题、统一组织考试的制度，原则上每年举行一次。一级建造师执业资格考试为滚动考试（每两年为一个滚动周期），参加 4 个科目考试的人员必须在连续两个考试年度内通过应试科目为合格；符合免试条件，参加 2 个科目（建设工程法规及相关知识和专业工程管理与实务）考试的人员必须在一个考试年度内通过应试科目为合格。

5.2 建筑工程经济

5.2.1 考试大纲基本要求

建筑工程经济考试科目包括工程经济、会计基础与财务管理、建筑工程估价、宏观经济政策及项目融资四部分内容。由于注册一级建造师考试与注册监理工程师考试在考试内容上有相同，本节不再赘述。本节中工程经济、建筑工程估价部分仅介绍考试大纲的基本要求。工程经济学具体内容详见本书 4.4.2、4.4.3、4.4.4、4.4.5，建筑工程估价具体内容详见 4.4.6、4.4.7、4.4.8、4.4.9。

工程经济学所涉及内容是工程经济学的基本原理和方法。工程经济学是工程与经济的交叉学科，具体研究工程技术实践活动的经济效果。它在建设工程领域的研究客体是由建设工程生产过程、建设管理过程等组成的一个多维系统，通过所考察系统的预期目标和所拥有的资源条件，分析该系统的现金流量情况，选择合适的技术方案，以获得最佳的经济效果。运用工程经济学的理论和方法可以解决建设项目从决策、设计到施工及运行阶段的许多技术经济问题。大纲的内容对建造师应具备的知识和能力划分为"了解"、"熟悉"和"掌握"三个层次，考试大纲要求如下：

了解：财务评价的方法、程序；财务现金流量的分类；建设项目周期。可行性研究的程序；价值工程概念。

熟悉：名义利率和有效利率的计算；敏感性分析；可行性研究的内容；新技术、新工艺和新材料应用方案的技术经济分析方案的选择原则。

掌握：利息的计算；现金流量的绘制；财务评价的内容；财务评价指标体系的组成；财务内部收益率指标的计算；投资回收期指标的计算；不确定性的分析内容；盈亏平衡分析；项目建议书的内容；设备更新方案比选方法；应用新技术、新工艺和新材料应用方案的技术经济分析方案的选择。

在市场经济条件下，企业的生产经营活动的重要目的是获得经济效益。会计与财务管理作为核算、反映、预测、控制经济活动全过程的重要工具，在经济管理中起着十分重要的作用。在工程管理中，随着建造师的定位与职能由施工的管理转向项目全过程的管理，会计与财务管理的知识在建造师履职所必需的知识构架中，占有越来越重要的地位。项目成本管理与财务管理水平的高低直接放映出项目管理状况以及项目经济效果的优劣。因此，建造师作为从事工程项目管理的建造师，了解会计与财务管理必要知识，当属必然。大纲的内容对建造师应具备的知识和能力划分为"了解"、"熟悉"和"掌握"三个层次，考试大纲要求如下：

了解：借贷记账法；会计凭证及会计账簿；留存收益的性质及构成；利润分配的核算。

熟悉：会计的职能、会计假设、会计核算的原则；会计要素和会计等式；财务报表附注的作用及内容；资金成本及其计算。

掌握：流动资产的核算内容；长期股权投资的核算内容；流动负债的核算内容；非流动负债的核算内容；所有者权益的来源；企业组织形式与实收资本；费用与成本的联系与区别；工程成本的核算；期间费用的核算；利润的计算；所得税费用的确认；财务报表列报的内容及分类；收入的分类及确认原则；资产负债表的作用及结构；现金流量表的作用及结构；财务分析方法；利润表的作用及结构；企业状况与经营成果分析；现金和有价证券的财务管理。

"工程估价"一词起源于国外，在国外的基本建设程序中，可行性研究阶段、方案设计阶段、基础工程设计阶段、详细设计阶段及招标投标阶段对建设工程项目投资所做的测算统称"工程估价"。大纲的内容对建造师应具备的知识和能力划分为"了解"、"熟悉"和"掌握"三个层次，考试大纲要求如下：

了解：估算指标；投资估算的编制依据、程序和方法；国际工程投标报价的分析方法；国际工程投标报价的技巧；国际工程投标报价决策的影响因素；宏观经济政策及项目融资。

熟悉：建设工程定额的分类；人工定额；材料消耗定额；施工机械台班使用定额；施工定额；预算定额与单位估价表；企业定额；概算定额与概算指标；投资估算的阶段划分与精度要求。

掌握：建设工程项目总投资的组成；设备及工器具购置费的组成；预备费的组成；建设期利息的计算；建筑安装工程费用项目的组成；直接工程费的组成；措施费的组成；间接费的组成；利润和税金的组成；建筑安装工程费用计算程序；工程量清单编制的方法；设计概算的内容和作用；设计概算的编制依据、程序和步骤；施工图预算的编制方法。

社会主义市场经济是市场经济与社会主义基本制度的结合，具有现代市场经济的基本属性和特点。市场虽然能在资源配置中有效发挥作用，但是它也存在局限性。为纠正市场的缺陷，保证经济和社会的健康发展，政府在市场经济中必须发挥应有的作用，对市场经济进行宏观调控。宏观调控是国家的中央政府运用经济、法律和必要的行政手段，对国民经济发展和市场经济运行总体所进行调控的具有全局意义的调节和控制。宏观经济政策的制定与实施是国家运用经济手段进行调控的具体实现方式。项目融资是现代工程建设中的一种新的融资方式，用来解决建设资金短缺问题的新模式，越来越多的应用到大型工程项目建设中。考试大纲要求如下：

了解：国内生产总值及其核算方法；宏观政策的目标与工具；货币政策；财政政策；供给管理政策；外汇政策；融资的特点；项目融资的结构；项目融资的参与者；项目融资模式。

5.2.2 会计基础与财务管理

会计是经济管理的重要组成部分，包括财务会计和管理会计。会计具有核算和监督的基本职能。会计核算的原则有：客观性原则；可比性原则；相关性原则；及时性原则；明晰性原则；权责发生原则；配比原则；谨慎性原则；历史成本原则。会计要素包括：反映财务状况的要素，资产、负债、所有者权益；反映经营成果的要素，收入、费用、利润。会计等式根据等式反映的内容不同，有静态会计等式和动态会计等式。

流动资产是指可以在1年或者超过1年的一个营业周期内变现或耗用的资产，包括现金、银行存款、应收及预支款、短期投资、待摊费用、存货等。固定资产是指为生产商品、提供劳务、出租或经营管理而持有的，使用寿命超过一个会计年度的有形资产。固定资产的确认需要满足两个条件：与该固定资产有关的经济利益很可能流入企业；该固定资产的成本能够可靠地计量。

长期股权投资是指通过投资取得被投资单位的股权，投资企业成为被投资单位的股东，按所持股份的比例享有权益并承担责任。企业的长期股权投资，应当根据不同情况，分别采用成本法或权益法核算。

流动负债是指将在1年或者超过1年的一个营业周期内偿还的债务，施工企业的流动负债包括短期借款、应付票据、预收账款、应付工资、应付福利费、应付股利、应缴税金、其他暂收应付款项、预提费用和一年内到期的长期借款。非流动负债是指偿还期在1年或者超过1年的一个营业周期以上偿还的债务，包括长期借款、应付债据、长期应付款和专项应付款等。

所有者权益包括实收资本、资产公积、盈余公积和未分配利润，分别来源于所有者投入的资产、直接计入所有者权益的利得和损失以及留存利益。按企业资产经营的法律责任，企业可划分为非公司企业形式和公司企业形式。其中，非公司企业组织形式包括独资企业和合伙企业，公司制企业组织形式包括股份有限公司和有限责任公司。

费用是指企业在日常活动中发生的、会导致所有者权益减少的、与向所有者分配利润无关的经济利益的总流出。费用按经济用途分为生产成本和期间费用。成本是针对一定的成本核算对象而言的，费用则是针对一定的期间而言的。

根据《企业会计准则第15号——建造合同》，工程成本包括从建造合同签定开始至合同完成止所发生的、与执行合同有关的直接费用和间接费用。直接费用包括：耗用的材料费用；耗用的人工费用；耗用的机械使用费用；其他直接费用。间接费用是企业下属的施工单位或生产单位为组织和管理施工生产活动所发生的费用。期间费用是指企业当期发生的，与具体工程没有直接联系的，必须从当期收入中得到补偿的费用。期间费用主要包括管理费用、财务费用和营业费用。

收入按性质分为销售商品收入、提供劳务收入、让渡资产使用权收入和建造合同收入。不同性质的收入确认原则不同。销售商品收入的确认包括：企业已将商品所有权上的主要风险和报酬转换给购货方；企业既没有保留通常与所有权相联系的继续管理权，也没有对已售出的商品实施控制；收入的金额能够可靠地计量；与交易相关的经济利益很可能流入企业；相关的已发生或将发生的成本能够可靠地计量。提供劳务收入的确认包括：企业在资产负债表日提供劳务交易的结果能够可靠估计的劳务收入的确认；资产负债表日劳务交易的结果不能可靠估计的劳务收入的确认。让渡资产使用权收入而发生的收入包括利息和使用费收入。

建造合同收入包括初始收入和因合同变更、索赔、奖励等形式的收入两部分。合同收入的确认要根据建造合同能否可靠估计分别采取不同的确认原则。利润是企业在一定会计期间的经营成果，包括减去费用后的净额、直接计入当期利润的利得和损失等。根据2006年新的《企业会计标准》，利润表分为营业利润、利润总额和净利润三个不同计算口径。所得税是指企业就其生产、经营所得和其他所得按规定缴纳的税金，是根据应纳税所得额计算的，包括企业以应纳税所得额为基础的各种境内和境外税额。

财务报表列报是企业的投资者、经营者、债权人、政府机构以及其他与企业有利害关系的人士获取企业信息，进行风险判断，从而做出正确决策的重要依据。根据会计准则的规定，财务报表至少包括资产负债表、利润表、现金流量表、所得者权益变动表和附注。资产负债表的作用主要体现在以下四方面：资产负债表能够反映企业在某一特定日期所拥有的各种资源总量及其分布情况，通过资产的分布情况可以分析企业的资产构成，以便及时进行调整；资产负债表能够反映企业的偿债能力，根据资产负债表所提供的企业在某一特定日期所负担债务的数额、需要偿还债务期限的长短，投资者和债权人能够分析企业的债务结构以及企业偿还债务的能力；资产负债表能够反映企业在某一特定日期所拥有净资产的数额，以及企业所有者权益的构成情况；资产负债表能够反映企业在某一特定日期的资产总额和权益总额，从企业资产总量方面反映企业的财务状况，进行分析、评价企业未来的发展趋势。资产负债表由表头和基本内容两部分构成。

利润表是反映企业在一定会计期间的经营成果的财务报表。其作用包括：利润表能反映企业在一定期间的收入和费用情况以及获得利润或发生亏损的数额，表明企业投入与产出之间的关系；通过利润表提供的不同时期的比较数字，可以分析判断企业损益发展变化的趋势；通过利润表可以考核企业的经营成果以及利润计划的执行情况，分析企业利润增减变化原因。利润表一般由表头、正表两部分。

现金流量表是反映企业一定会计期间现金和现金等价物流入和流出的财务报表，属于动态的财务报表。现金流量表的作用包括：可以提供企业的现金流量信息，有助于使用者对企业整体财务状况做出客观评价；有助于评价企业的支付能力、偿还能力和周转能力；通过现金流量表可以预测企业未来的发展情况。现金流量表由正表和补充资料两部分组成。

所有者权益变动表是反映构成所有者权益的各部分当期增减变动情况的财务报表。所有者权益变动表全面反映了企业的所有者在年度内的变化情况，便于会计信息使用者深入分析企业所有者权益的增减变化情况，并进而对企业的资本保值增值情况做出正确判断，从而提供对决策有用的信息。所有者权益变动表包括表头和正表两部分。

财务分析的方法包括会计分析法、比率分析法、因素分析法、综合分析法。企业状况与经营成果分析包括赢利能力分析、应运能力分析、偿债能力分析、发展能力分析。

企业现金管理的内容主要包括：目标现金持有的确定；现金收支日常管理和闲置现金投资管理。应收账款是指企业持有一定应收账款所付出的代价。应收账款的成本主要包括机会成本、管理成本和坏账成本三部分。存货指企业在生产经营过程中为销售或耗用而储备的资产、包括库存中的、加工中的和在途的各种原材料、燃料、包装物、产成品以及发出的商品等。

5.2.3 宏观经济政策及融资

国内生产总值（简称 GDP）是衡量一国的国民产出的重要经济指标。国民产出是一个国家一定时期内生产的所有最终产品和劳务的综合，它反映一国的生产水平。在国民经济核算中，有多种不同的 GDP 核算方法，常用的有：收入法、支出法和部门法。收入法是从收入的角度出发，把生产要素在生产中得到的各种收入相加，来计算一定时期内的 GDP。经济中所有用于最终产品的总支出就是该社会 GDP 的市场价值。社会用于支出的部分包含四部分：消费支出、投资支出、政府购买支出、外国人用于该国的支出。部门法是按产品与劳务的各部门的产值来计算 GDP。

宏观经济政策是国家进行总量控制的工具。一般认为，宏观经济政策的目标包括以下四个：持续均衡的经济增长；充分就业；物价水平稳定；国际收支平衡。宏观经济政策工具是用来达到政策目标的工具。一般来说，政策工具是多种多样的，不同的政策工具都有自己的作用，但也往往可以达到相同的政策目标。在宏观经济政策工具中，常用的有需求管理政策、供给管理政策以及国际经济政策。需求管理是通过调节总需求来达到一定政策目标的宏观经济政策工具。供给管理政策是通过对总供给的调节，达到一定的政策目标。现实中，各国经济之间存在着日益密切的往来与相互影响，因此，在宏观经济政策中也应该包括国际经济政策，或者说政府对经济的宏观调控中也包括了对国际经济关系的调节。

货币政策是指中央银行通过银行制度规定，控制货币供给量，进而调节利率，影响投资和整个国民经济以实现预期的经济目标。货币政策一般包括扩大总需求为目的的扩张性的货币政策和减少总需求为目的的紧缩性的货币政策。货币政策是逆经济风向执行的，借助相应的政策工具来实现对宏观经济的调控。

财政政策是运用政府支出和税收来调节经济。一国政府可以实行扩张性财政政策来刺激经济的增长，也可以实行紧缩性的财政政策以抑制经济的过热发展。扩张性财政政策包括：降低税收、增加政府的转移支付、增加政府支出。紧缩性的财政政策包括：加大税收、减少政府的转移支付、减少政府支出。

供给管理政策包括收入政策、指数化政策、人力资本政策和经济增长政策。收入政策目的是防止失业也有遏制通货膨胀，是通过控制工资与物价来制止通货膨胀的政策。收入政策一般有四种形式：工资与物价指导线、对特定工资货物价进行"权威性劝说"或施加政府压力；补偿和税收刺激计划；工资——物价冻结。通货膨胀会引起收入分配的变动，使一些人受害，另一些人受益，从而对经济产生不利的影响。指数化政策就是为了消除这种不利影响，以对付通货膨胀的政策。指数化政策有以下几方面：工资指数化、税收指数化、利率指数化。人力政策是一种旨在改善劳动市场结构，以减少失业的政策，又称就业政策，其中主要有以下几方面：人力资本投资、完善劳动市场、协助工人进行流动。从长期来看，影响总供给的最重要因素还是经济潜力或生产能力。因此，提高经济潜力或生产能力的经济增长政策是供给管理政策的重要内容。促进经济增长的政策主要有以下几方面：增加劳动力的数量和质量、资本积累、技术进步、计划化与平衡增长。

汇率理论是开放经济条件下宏观经济学的重要组成部分。外汇是指外国的货币，或者对外国货币的索要权，如在外国的存款和外国的支付承诺等。汇率是在各国货币的退换中，以一国货币单位表示的另一国货币单位的价格。汇率有两种标法。一种称为直接标价法，另一种称为间接标价法。汇率作为外汇的价格从根本上来说取决于外汇市场上供求关系及变化。汇率的变动实际反映了一国的国际收支与经济状况，取决于多种因素，主要有：国际收支状况、通货膨胀、利率、经济增长率。

项目融资是以项目的资产、预期收益或权益作为抵押取得的一种无追索权或有限追索权的融资或贷款。项目融资作为一种新的融资形式，为解决建设资金的短缺问题提供了一条新的思路，近年来受到各国特别是发展中国家的高度重视，并不断被应用于大型工程项目的建设中。与传统项目融资方式相比，项目融资有如下的基本特点：以项目本身为主体安排的融资；实现项目融资的无追索或有限追索；风险分担；信用分担、信用结构多样化；融资成本相对较高；可实现项目发起人非公司负债型融资的要求。

项目的投资结构，及项目的资产所有权结构，是指项目的投资者对项目资产权益的法律拥有形式和项目投资者之间的法律合作关系。国际上，较为普遍采用的项目投资结构的四种基本的法律形式：公司型盒子结构、合伙制结构、非公司型结构和信托基金结构。公司型合资结构，指各发起人根据股东协议认购合资股份，建立并经营合资公司的结构，公司是与其发起人完全分离的独立法律实体，每个发起方在项目中的利益都是间接的，不直接拥有项目资产的产权。合伙制结构，是指两个以上合伙人之间以获得利润为目的，共同从事某项商业活动而建立起来的一种法律关系。非公司型合资结构，指投资方各方不组成具有法人资格实体的法律实体，只是发起人之间建立的一种契约性质的合伙关系。信托基金结构有多种形式，在项目融资中经常使用单位信托基金形式。

项目融资结构是项目融资的核心部分。通常项目的投资者确定了项目实体的投资结构以后，接下来的重要工作就是设计和选择合适的融资结构以实现投资者再融资方面的目标和要求。项目融资的资金结构指的是项目股本资金、准股本资金和债务资金的形式、相互之间比例关系以及相应的来源。经常为项目融资所采用的资金结构有：股本和准股本金、商业银行贷款和国际银行贷款、国际债券、租赁融资、发展中国家的债务资产转换等。对银行和其他债权人而言，项目融资的安全性来自两方面：一是来自于项目本身的经济强度；另一方面来自于项目之外的各种直接或间接担保。

由于项目融资的结构要比传统融资方式复杂得多，所以参与融资结构并发挥不同作用的利益主体也比传统方式多，概括起来，项目融资的参与者主要包括以下几方面：项目发起者、项目的直接主办人、贷款人、项目设备、能源及原材料供应者、产品需求方，项目承包公司，财务顾问，有关政府机构，保险机构等。项目融资模式有：以"产品支付"为基础的项目融资模式；以"杠杆租赁"为基础的项目融资模式；BOT 项目融资模式。

5.2.4 例题（2007 年真题）

本科目考试包括单选题和多选题。单选题共 60 题，每题 1 分，每题的备选答案中，只有一个最符合题意。多选题共 20 题，每题 2 分，每题的备选答案中有 2 个或 2 个以上符合题意，至少有 1 个错项。错选，不得分；少选，所选的每个选项得 0.5 分。

单选题：某施工企业拟租赁一施工设备，租金按附加率法计算，每年年末支付。已知设备的价格为 95 万元，租期为 6 年。折现率为 8%，附加率为 5%，则该施工企业每年年末应付租金为（　　）万元。

A. 17.89　　　　B. 20.58　　　　C. 23.43　　　　D. 28.18

正确答案：D。

解题分析：根据附加率法计算公式：$R = P\dfrac{(1+N \times i)}{N} + P \times r$

$$R = 95 \times \dfrac{(1+6 \times 8\%)}{6} + 95 \times 5\% = 28.18 \text{万元}$$

多选题：项目融资的特点有，项目融资（　　）。
A. 是以项目本身为主体安排的融资　　B. 可实现项目发起人公司负债型融资的要求
C. 融资成本相对较低　　　　　　　　D. 对项目发起人无追索权或只有有限追索权
E. 以项目发起人自身的资信作为贷款的首要条件

正确答案：A、D。

解题分析：与传统项目融资方式相比，项目融资有如下的基本特点：以项目本身为主体安排的融资；实现项目融资的无追索或有限追索；风险分担；信用分担、信用结构多样化；融资成本相对较高；可实现项目发起人非公司负债型融资的要求。

5.3　建设工程项目管理

5.3.1　考试大纲基本要求

《建设工程项目管理》作为全国一级建造师执业资格考试的考试科目，由七个部分内容组成：建设工程项目的组织与管理、建设工程项目施工成本控制、建设工程项目进度控制、建设工程项目质量控制、建设工程职业健康安全与环境管理、建设工程合同与合同管理、建设工程项目信息管理。其中建设工程项目施工成本控制、建设工程项目进度控制、建设工程项目质量控制、建设工程合同与合同管理、建设工程项目信息管理考试内容与注册监理工程师考试内容相同，本节不再赘述，建设工程项目施工成本控制详见4.4，建设工程项目进度控制详见4.5、建设工程项目质量控制详见4.3、建设工程合同与合同管理详见4.2、建设工程项目信息管理详见4.6.8。本节仅列出相关考试大纲基本要求。大纲的内容对建造师应具备的知识和能力划分为"了解"、"熟悉"和"掌握"三个层次，考试大纲要求如下：

建设项目组织与管理考试内容中考试大纲要求：

了解：业主方和项目其他参与方项目管理的目标和任务；建设工程项目决策阶段策划的工作内容；设计任务委托的模式；建设工程监理的工作方法。

熟悉：建设工程项目实施阶段策划的工作内容；建设工程项目管理规划的内容；施工组织设计的内容；施工组织设计的编制方法；建设工程监理的工作性质。

掌握：施工方项目管理的目标和任务；建设项目工程总承包方项目管理的目标和任务；项目结构分析；项目管理的组织结构；项目管理的管理职能分工；项目管理的工作任务分工；项目管理的工作流程组织；施工任务委托的模式；建设项目工程总承包的模式；项目目标动态控制的方法；进度动态控制的方法；投资动态控制的方法；施工企业项目经理的任务；施工企业项目经理的工作性质。

建设施工项目成本控制考试内容中考试大纲要求：

了解：FIDIC合同条件下建筑安装工程费用的结算。

熟悉：施工成本组成，编制施工成本计划的方法；按工程进度编制施工成本计划的方法；建筑安装工程费用的动态结算。

掌握：施工成本管理的任务；施工成本管理的措施；施工成本计划的类型；工程变更价款的确定方法；工程变更价款的确定程序；施工成本控制的依据；施工成本控制的步骤；施工成本分析的依据；施工成本分析的方法。

建设工程项目进度控制考试内容中考试大纲要求：

了解：计算机辅助建设工程项目进度控制的意义。

熟悉：建设工程项目总进度目标论证的工作内容；建设工程项目总进度目标论证的工作步骤

掌握：建设工程项目进度控制的目的、任务；横道图进度计划的编制方法；工程网络计划的编制方法；关键工作和关键路线；进度计划调整的方法；时差的运用；建设工程项目进度控制的组织措施、经济措施、技术措施、管理措施。

建设工程项目质量控制考试内容中考试大纲要求：

了解：质量控制；建设工程项目质量控制系统的运行；工程竣工验收备案；建设工程项目质量政府监督的内容；企业质量管理体系文件构成；企业质量管理体系的建立和运行；企业质量管理体系的认证与监督；建设工程项目总体规划的编制；建设工程项目设计质量控制的方法。

熟悉：质量管理；施工阶段质量控制的主要途径；建设工程项目竣工质量验收；建设工程项目质量政府监督的职能；质量管理体系八项原则；排列图法、直方图法。

掌握：质量管理与质量控制的关系；建设工程项目质量的形成过程、影响因素；建设工程项目质量控制系统的构成；建设工程项目质量控制系统的建立；施工阶段质量控制的目标；施工质量计划的编制方法；施工生产要素的质量控制；施工过程的作业质量控制；施工过程质量验收；分层法、因果分析图法。

建设工程职业健康安全与环境管理考试内容中考试大纲要求：

了解： 职业健康安全与环境管理体系的运用。

熟悉： 建设工程职业健康安全与环境管理的特点；建设工程环境保护的措施；环境管理体系。

掌握： 建设工程职业健康安全与环境管理的目的、任务；建设工程安全生产管理制度；危险源辨识与风险评价；施工安全技术措施；安全检查；职业伤害事故的分类与处理；建设工程环境保护的要求。

建设工程合同与合同管理考试内容中考试大纲要求：

了解： 工程监理合同的内容；国际建设工程承包合同；国际建设工程承包合同争议的解决方式；国际建设工程承包合同的订立和履行；国际常用的几种建设工程承包合同条件的特点。

熟悉： 建设工程项目总承包合同的内容；成本加酬金合同的运用；投标担保；履约担保；预付款担保；支付担保；费用索赔、工期索赔的计算；

掌握： 建设工程施工招标、投标的程序和要求；建设工程施工合同谈判与签约；施工承包合同、物资采购合同的内容；单价合同、总价合同的运用；建设工程施工合同分析的任务；建设工程施工合同交底的目的和任务；建设工程施工合同实施的控制；建设工程索赔的依据、方法；

建设工程信息管理考试内容中考试大纲要求：

了解： 项目管理信息系统的功能；工程管理信息化。

熟悉： 建设工程项目信息的分类、信息编码的方法、信息处理的方法。

掌握： 建设工程项目信息管理的目的、任务。

5.3.2 建设工程项目的组织与管理

建设工程项目的全寿命周期包括项目的决策阶段、实施阶段和实用阶段。项目立项（立项批准）是项目决策的标志。决策阶段管理工作的主要任务是确定项目的定义，一般包括：确定项目实施的组织；确定落实建设地点；确定建设任务和建设原则；确定和落实项目建设的资金；确定建设项目的投资目标、进度目标和质量目标等。项目的实施阶段包括设计前的准备阶段、设计阶段、施工阶段、动用前准备阶段和保修期。项目实施阶段管理的主要任务是通过管理使项目的目标得以实现。

由于施工方是受业主方的委托承担工程建设任务，施工方必须树立服务观念，为项目建设服务，为业主提供建设服务，服务于项目的整体利益。施工方项目管理的目标应符合合同要求，包括：施工的安全管理目标、施工的成本目标、施工的进度目标、施工的质量目标。施工方项目管理的任务包括：施工安全管理；施工成本管理；施工进度管理；施工质量管理；施工合同管理；施工信息管理；与施工有关的组织与协调等。

由于建设工程项目总承包方是受业主方的委托而完成工程建设任务，建设项目工程总承包必须树立服务观念，为项目建设服务，为业主提供建设服务。在《建设项目工程总承包管理规范》（GB/T 50358—2005）中对工程总承包管理的内容做了如下的规定："工程总承包管理应包括项目全部的项目管理活动和工程总承包企业职能部门参与的项目管理活动。""工程总承包项目管理的全范围应有合同约定。根据合同变更程序并经批准的变更范围，也应列入项目管理范围。""工程总承包项目管理的主要内容包括：任命项目经理，组建项目部，进行项目策划并编制项目计划；实施设计管理，采购管理，施工管理，试运行管理；进行项目范围管理，进度管理，费用管理，设备材料管理，资金管理，质量管理，安全、职业健康和环境管理，人力资源管理，风险管理，沟通与信息管理，合同管理，现场管理，项目收尾等"。

项目结构图（Project Diagram，或称 WBS-Work Breakdown Structure）是一个组织工具，它通过树状图的方式对项目的结构进行逐层分解，以反映组成该项目的所有工作任务。一个建设工程项目有不同类型和不同用途的信息，为了有组织地存储信息、方便信息的检索和信息的加工整理，必须对项目的信息进行编码。

组织结构模式可用组织结构图来描述。组织结构模式反映了一个组织系统中各子系统之间的指令关系，常用的组织结构模式包括职能组织结构、现行组织结构和矩阵组织结构等，这几种常用模式既可用于企业管理中运用，也可在建设项目管理中运用。

施工任务的委托主要有如下几种模式：业主方委托一个施工单位或多个施工单位组成的施工联合体或施工合作体作为施工总承包单位，施工总承包单位视需要再委托其他施工单位作为分包单位配合施工；业主方委托一个施工单位或多个施工单位组成的施工联合体或施工合作体作为施工总承包单位，业主方另委托其他施工单位作为分包单位进行施工；业主方不委托施工总承包单位，也不委托施工总包管理单位，而平行委托多个施工单位进行施工。建设项目工程总承包主要有设计施工总承包和设计采购施工总承包两种方式。

由于项目实施过程中主客观条件的变化是绝对的，不变则是相对的，在项目进展过程中平衡是暂时的，不平衡是永恒的，因此，在项目实施过程中必须随着情况的变化进行项目目标的动态控制。项目动态控制的纠偏措施包括组织措施、管理措施、经济措施、技术措施。

建筑施工企业项目经理是受企业法定代表委托对工程项目施工过程全面负责的项目管理者，是建筑施工企业法定代表人在工程项目上的代表人。项目经理在承担工程项目施工管理中，履行下列职责：贯彻执行国家和工程所在地政府的有关法律、法规和政策，执行企业的各项管理制度；严格执行财务制度，加强财经管理，正确处理国家、企业与个人的利益关系；执行项目承包合同中项目经理负责执行的各项条款；对工程项目施工进行有效控制，执行有关技术规范和标准，积极推广应用新技术，确保工程质量和工期，实现安全、文明生产，努力提高经济效益。项目经理应有以下权限：参与项目招标、投标和合同签订；参与组建项目经理部；主持项目经理部工作；决定授权范围内的项目资金的投入和使用；制订内部计酬办法；参与选择并使用具有相应资质的分包人；参与选择物资供应单位；在授权范围内协调与项目有关的内、外部关系；法定代表人授予的其他权利。

5.3.3 建设工程职业健康安全与环境管理

建筑工程职业健康安全与环境管理的目的是防止和减少生产安全事故、保护产品生产者的健康与安全、保障人民群众的生命财产免受损失。控制影响工作场所内员工、临时工作人员、合同方人员、访问者和其他部门人员健康和安全的条件和因素，考虑和避免因管理不当对员工健康和安全造成的危害，是职业健康安全管理的有效手段。建筑工程环境管理的目的是保护生态环境，使社会的经济发展与人类的生存环境相协调。控制作业现场的各种粉尘、废水、废气、固体废弃物以及噪声、振动对环境的污染和危害，考虑能源节约和避免资源的浪费。

职业健康安全与环境管理的任务是组织为达到建设工程的职业健康安全与环境管理的目的而进行的组织、计划、控制、领导和协调的活动，包括制定、实施、实现、评审和保持职业健康安全与环境方针所需的组织结构、计划活动、职责、惯例、程序、过程和资源。建设工程项目各个阶段的职业健康安全与环境管理在建设工程项目决策阶段、工程设计阶段、工程施工阶段、项目验收试运行阶段有不同的任务。

现阶段已经比较成熟的安全生产制度包括：安全生产责任制度、安全教育制度、安全检查制度、安全措施计划制度、安全监察制度、伤亡事故和职业病统计报告处理制度、"三同时"制度、安全预评价制度。

危险源是安全管理的主要对象，在实际生活和生产过程中的危险源是以多种多样的形式存在的。根据危险源在事故发展中的作用分为第一类危险源和第二类危险源。通常把可能发生意外释放的能量或危险物质称为第一类危险源。造成约束、限制能量和危险物质措施失控的各种不安全因素称为第二类危险源。风险评价是评估危险源所带来风险大小及确定风险是否可容许的全过程。根据评价结果对风险进行分级，按不同级别的风险有针对性地采取风险控制措施。

安全控制是生产过程中涉及到的计划、组织、监控、调节和改进等一系列致力于满足生产所进行的管理活动。建筑施工安全技术控制的特点是：控制面广；控制的动态性；控制系统交叉性；控制的严谨性。施工安全技术措施的一般要求是：施工安全技术措施必须在工程开工前制定；施工安全技术措施要有全面性；施工安全技术措施要有针对性；施工安全技术措施应力求全面、具体、可靠；施工安全技术措施必须包括应急预案；施工安全技术措施要有可行性和可操作性。建设工程结构复杂多变，工程涉及专业和工种很多，安全技术措施内容很广泛。但归纳起来，可以分为一般工程安全技术措施、特殊工程安全技术措施、季节性安全技术措施和应急措施。

工程项目安全检查的目的是为了清除隐患、防止事故、改善劳动条件及提高员工安全生产意识，是安全控制工作的一项重要内容。通过检查可以发现工程中的危险因素，以便有计划地采取措施，保证安全生产。施工项目的安全检查应由项目经理组织，定期进行。安全检查的类型包括：全面安全检查、经常性安全检查、专业或专职安全管理人员的专业安全检查、季节性安全检查、节假日检查、要害部门重点检查。安全检查的主要内容包括：查思想、查管理、查隐患、查整改、查事故处理、

职业健康安全事故分为两类，即职业伤害事故与职业病。按照我国《企业伤亡事故分类标准》（GB 6441—1986）标准规定，职业伤害事故分为20类，其中与建筑业有关的是12类：物体打击；车辆伤害；机械伤害；起重伤害；触电；灼伤；火灾；高处坠落；坍塌；火药爆炸；中毒和窒息；其他伤害。按伤害后果严重程度分为：轻伤事故；重伤事故；死亡事故；重大事故；特大伤亡事故；特别重大事故。安全事故的处理原则是：坚持事故原因未查清不放过、责任人员未处理不放过、整改措施未落实不放过、有关人员未受教育不放过。依据国务院第75号《企业职工伤亡事故报告和处理规定》及《建设工程安

全生产管理条例》，安全事故的报告和处理应遵循相应程序。

建设工程项目必须满足有关环境保护法律法规的要求，在施工过程中注意环境保护，对企业发展、员工健康和社会文明有重大意义。环境保护是文明施工的重要内容。建设工程项目对环境保护的要求应遵守《中华人民共和国环境保护法》和《中华人民共和国环境影响评价法》的有关规定。

5.3.4 例题（2007年真题）

本科目考试包括单选题和多选题，满分110分。单选题共70题，每题1分，每题的备选答案中，只有一个最符合题意。多选题共30题，每题2分，每题的备选答案中有2个或2个以上符合题意，至少有1个错项。错选，不得分；少选，所选的每个选项得0.5分。

单选题：某分项工程计划完成工程量 $3000m^3$，计划成本 $15元/m^3$，实际完成工程量 $2500m^3$，实际成本 $20元/m^3$。则该分项工程的施工进度偏差（   ）。

A. 拖后7500元
B. 提前7500元
C. 拖后12500元
D. 提前12500元

正确答案：A。

解题分析：进度偏差＝拟完工程计划投资－已完工程计划投资＝$3000×15－2500×15$＝7500元 进度偏差为正值，表示工期拖延。

多选题：根据《建设工程施工合同（示范文本）》GF-1999-0201，对材料设备的检验或试验，正确的做法是（   ）。

A. 发包人供应的材料设备使用前应由发包人负责检验或试验，费用由发包人负责
B. 发包人供应的材料设备使用前应由承包人负责检验或试验，费用由发包人负责
C. 发包人供应的材料设备使用前应由承包人负责检验或试验，费用由承包人负责
D. 承包人供应的材料设备使用前应由发包人负责检验或试验，费用由承包人负责
E. 承包人供应的材料设备使用前应由承包人负责检验或试验，费用由承包人负责

正确答案：B、E。

解题分析：《建设工程施工合同（示范文本）》27.5规定，发包人供应的材料设备使用前，由承包人负责检验或试验，不合格的不得使用，检验或试验费用由发包人承担。28.3条规定，承包人采购的材料设备在使用前，承包人应按工程师的要求进行检验或试验，不合格的不得使用，检验或试验费用由承包人承担。

5.4 建设工程法规及相关知识

5.4.1 考试大纲基本要求

本科目包括建设工程法律制度、合同法、建设工程纠纷的处理、建设工程法律责任四部分内容。由于注册一级建造师考试与注册监理工程师考试在考试内容上有相同，本节不再赘述。本节中建设工程法律制度、合同法部分仅介绍考试大纲的基本要求。工程经济学具体内容详见本书4.2节。

建设工程法律制度考试内容中考试大纲要求：

了解：拆迁补偿与安置；保险合同；工程建设领域常见保险种类；税务管理的规定；

公司的组织机构和职权；公司董事、高级管理人员的资格和义务。

熟悉：招标组织形式和招标代理；安全生产的监督管理；安全生产许可证的管理规定；建设工程质量的监督管理；建设工程勘察设计发包与承包，熟悉建设工程勘察设计文件的编制与实施；水、大气、噪声和固体废物环境污染防治；纳税人的权利和义务；营业税和所得税；公司的设立、变更和注册登记。

掌握：建造师注册管理、执业管理、执业工程规模标准监督管理；法律体系；法的形式；民事法律行为的成立要件；债权制度；物权制度；知识产权制度；诉讼时效制度；施工许可制度；企业资质等级许可制度；专业人员执业资格制度；工程发包制度；工程承包制度；工程监理制度；工程分包制度；招标投标活动的原则及适用范围；招标程序；投标的要求；联合体投标；禁止投标人实施不正当竞争行为的规定；评标委员会的规定和评标方法；中标的要求；生产经营单位的安全生产保障；从业人员安全生产的权利和义务；生产安全事故的应急救援与调查处理；建设工程安全生产管理制度；建设单位、工程监理单位、施工单位的安全责任；建设单位、勘察设计单位、施工单位的质量责任和义务；安全生产许可证的取得条件；工程建设强制性标准的实施与监督管理；建设工程项目的节能管理；建设工程档案的移交程序；消防设计的审核与验收。

建设工程合同法的考试内容考试大纲要求：

了解：附条件和附期限合同；撤销权。

熟悉：合同的分类；代位权；合同权利义务终止的其他情况；提供服务的合同。

掌握：合同法原则及调整范围；要约、承诺；合同的一般条款；合同的形式；缔约过失责任；合同的生效；无效合同、可变更、可撤销合同、效力待定合同；合同履行的规定；合同的变更、转让；合同的解除；违约责任的承担方式；不可抗力及违约责任的免除；合同担保的规定；合同担保的方式；建设工程合同的订立；建设工程合同的履行；转移财产权利的合同。

建设工程纠纷的处理考试内容在考试大纲中的基本要求：

了解：仲裁裁决的执行；行政诉讼程序。

熟悉：和解与调解；仲裁裁决的撤销；行政复议范围；行政复议程序；行政诉讼受理范围。

掌握：民事诉讼的特点；证据的种类、保全、应用；诉讼管辖与回避制度、诉讼参加人的规定、财产保全及先予执行的规定；仲裁协议、程序。

建设工程法律责任考试内容考试大纲基本要求：

了解：设计单位、招标代理单位法律责任。

熟悉：承担民事责任的方式；行政处罚程序；工程建设领域的其他犯罪构成；工程监理单位法律责任。

掌握：民事责任的种类；工程建设领域常见的行政责任种类；犯罪构成与刑罚种类；工程建设领域重大责任事故犯罪构成；施工单位法律责任。

5.4.2 建设工程法律制度

注册建造师，是指通过考核认定或考试合格取得中华人民共和国建造师资格证书（以下简称资格证书），并按照本规定注册，取得中华人民共和国建造师注册证书（以下简称注册证书）和执业印章，担任施工单位项目负责人及从事相关活动的专业技术人员。执业资格考试是对执业人员实际工作能力的一种考核,是人才选拔的过程,也是知识水平和综合素质提高的过程。本章仅介绍一级建造师的考试相关考试内容和考试要求。

　　凡遵守国家法律、法规,具备下列条件之一者,可以申请参加一级建造师执业资格考试:

　　(1) 取得工程类或工程经济类专业大学专科学历,工作满6年,其中从事建设工程项目管理工作满4年。

　　(2) 取得工程类或工程经济类专业大学本科学历,工作满4年,其中从事建设工程项目管理工作满3年。

　　(3) 取得工程类或工程经济类双学士学位或研究生班毕业,工作满3年,其中从事建设工程项目管理工作满2年。

　　(4) 取得工程类或工程经济类硕士学位,工作满2年,其中从事建设工程项目管理工作满1年。

　　(5) 取得工程类或工程经济类博士学位;从事建设工程项目管理工作满1年。

　　凡取得一级建造师资格证书并受聘于一个建设工程勘察、设计、施工、监理、招标代理机构、造价咨询等单位的人员,应当通过聘用单位向单位工商注册所在地的省、自治区、直辖市人民政府建设主管部门提出申请。省、自治区、直辖市人民政府建设主管部门受理后提出初审意见,并将初审意见和全部申报材料报国务院建设主管部门审批。符合条件的,由国务院建设行政主管部门核发《中华人民共和国一级建造师注册证书》,并核定执业印章编号。

　　申请初始注册时应当具备以下条件:

　　(1) 经考核认定或考试合格取得资格证书;

　　(2) 受聘于一个相关单位;

　　(3) 达到继续教育要求;

　　(4) 没有明确规定不予注册。

　　注册有效期满需继续执业的,应当在注册有效期届满30日前,按照《注册建造师管理规定》申请延续注册。延续注册的,有效期为3年。申请延续注册的,应当提交下列材料:

　　(1) 注册建造师延续注册申请表;

　　(2) 原注册证书;

　　(3) 申请人与聘用单位签订的聘用劳动合同复印件或其他有效证明文件;

　　(4) 申请人注册有效期内达到继续教育要求的证明材料。

　　在注册有效期内,注册建造师变更执业单位,应当与原聘用单位解除劳动关系,并按照规定办理变更注册手续,变更注册后仍延续原注册有效期。申请变更注册的,应当提交下列材料:

　　(1) 注册建造师变更注册申请表;

　　(2) 注册证书和执业印章;

　　(3) 申请人与新聘用单位签订的聘用合同复印件或有效证明文件;

　　(4) 工作调动证明(与原聘用单位解除聘用合同或聘用合同到期的证明文件、退休人员的退休证明)。注册建造师需要增加执业专业的,应当按照规定申请专业增项注册,并提供相应的资格证明。
　　申请人有下列情形之一的，不予注册：
（1）不具有完全民事行为能力的；
（2）申请在两个或者两个以上单位注册的；
（3）未达到注册建造师继续教育要求的；
（4）受到刑事处罚，刑事处罚尚未执行完毕的；
（5）因执业活动受到刑事处罚，自刑事处罚执行完毕之日起至申请注册之日止不满5年的；
（6）因前项规定以外的原因受到刑事处罚，自处罚决定之日起至申请注册之日止不满3年的；
（7）被吊销注册证书，自处罚决定之日起至申请注册之日止不满2年的；
（8）在申请注册之日前3年内担任项目经理期间，所负责项目发生过重大质量和安全事故的；
（9）申请人的聘用单位不符合注册单位要求的；
（10）年龄超过65周岁的；
（11）法律、法规规定不予注册的其他情形。
　　注册建造师有下列情形之一的，其注册证书和执业印章失效：
（1）聘用单位破产的；
（2）聘用单位被吊销营业执照的；
（3）聘用单位被吊销或者撤回资质证书的；
（4）已与聘用单位解除聘用合同关系的；
（5）注册有效期满且未延续注册的；
（6）年龄超过65周岁的；
（7）死亡或不具有完全民事行为能力的；
（8）其他导致注册失效的情形。
　　注册建造师有下列情形之一的，由注册机关办理注销手续，收回注册证书和执业印章或者公告注册证书和执业印章作废：
（1）有以上规定所列情形发生的；
（2）依法被撤销注册的；
（3）依法被吊销注册证书的；
（4）受到刑事处罚的；
（5）法律、法规规定应当注销注册的其他情形。
　　根据《建造师执业资格制度暂行规定》，建造师的执业范围包括：
（1）担任建设工程项目施工的项目经理；
（2）从事其他施工活动的管理工作；
（3）法律、行政法规或国务院建设行政主管部门规定的其他业务。注册建造师的具体执业范围按照《注册建造师执业工程规模标准》执行。
　　注册建造师享有下列权利：
（1）使用注册建造师名称；

(2) 在规定范围内从事执业活动；
(3) 在本人执业活动中形成的文件上签字并加盖执业印章；
(4) 保管和使用本人注册证书、执业印章；
(5) 对本人执业活动进行解释和辩护；
(6) 接受继续教育；
(7) 获得相应的劳动报酬；
(8) 对侵犯本人权利的行为进行申述。

注册建造师应当履行下列义务：
(1) 遵守法律、法规和有关管理规定，恪守职业道德；
(2) 执行技术标准、规范和规程；
(3) 保证执业成果的质量，并承担相应责任；
(4) 接受继续教育，努力提高执业水准；
(5) 保守在执业中知悉的国家秘密和他人的商业、技术等秘密；
(6) 与当事人有利害关系的，应当主动回避；
(7) 协助注册管理机关完成相关工作。

注册建造师不得有下列行为：
(1) 不履行注册建造师义务；
(2) 在执业过程中，索贿、受贿或者谋取合同约定费用外的其他利益；
(3) 在执业过程中实施商业贿赂；
(4) 签署有虚假记载等不合格的文件；
(5) 允许他人以自己的名义从事执业活动；
(6) 同时在两个或者两个以上单位受聘或者执业；
(7) 涂改、倒卖、出租、出借或以其他形式非法转让资格证书、注册证书和执业印章；
(8) 超出执业范围和聘用单位业务范围内从事执业活动；
(9) 法律、法规、规章禁止的其他行为。

《注册建造师执业工程规模标准》以不同专业为标准分为：房屋建筑工程、公路工程、铁路工程、通信与广电工程、民航机场工程、港口与航道工程、水利水电工程、电力工程、矿山工程、冶炼工程、石油化工工程、市政公用工程、机电安装工程、装饰装修工程。

房屋建筑工程包括14个工程类别：一般房屋建筑工程、高耸构筑物工程、地基与基础工程、土石方工程、园林古建筑工程、钢结构工程、建筑防水工程、防腐保温工程、附着升降脚手架、金属门窗工程、预应力工程、爆破与拆除工程、体育场地设施工程、特种专业工程。

公路工程包括4个工程类别：高速公路各工程类别、桥梁工程、隧道工程、单项合同额公路工程。

铁路工程包括：铁路桥梁、铁路隧道、铁路综合工程。

通信工程分通信和广电。

民航机场工程分为4个工程类别：机场场道工程、机场空管工程、航站楼弱电系统工程、机场目视助航工程。

港口与航道工程包括5个工程类别：港口工程、修造船厂水工工程、通航建筑工程、航道工程、单项工程合同额港口与航道工程。

水利水电工程包括17个工程类别：水库工程（蓄水枢纽工程）、防洪工程、治涝工程、灌溉工程、供水工程、发电工程、拦河水闸工程、引水枢纽工程、泵站工程（提水枢纽工程）、堤防工程、灌溉渠道或排水沟、灌排建筑物、农村饮水工程、河湖整治工程（含疏浚、吹填工程等）、水土保持工程（含防浪林）、环境保护工程、其他。

电力工程包括4个工程类别：火电机组（含燃气发电机组）、送变电、核电、风电。

矿山工程包括5个类别：煤炭矿山、冶金矿山（黑色、有色、黄金）、化工矿山、铀矿山、建材矿山。

冶炼工程包括6个类别：烧结球团、焦化、冶金、制氧、煤气、建材。

石油化工工程包括10个类别：石油天然气建设项目、石油炼制工程、石油产品深加工、有机化工和石油化工、无机化工、化工医药、合成材料及加工、精细化工、化工矿山工程、化纤工程。

市政公用工程包含10个类别：城市道路城市公共广场、城市桥梁、地下交通、城市供水、城市排水、城市供气、城市供热、生活垃圾、交通安全设施、机电系统、轻轨交通、城市园林。

机电安装工程包含12个类别：一般工业、民用、公用建设工程、净化工程、工业炉窑安装工程、动力安装工程、起重设备安装工程、电子工程、环保工程、体育场馆工程、机械、汽车制造工业工程、轻纺工业建设工程、森林工业工程、其他相关专业工程。

装饰装修工程只有1个工程类别即装饰装修工程。

国务院建设主管部门对全国注册建造师的注册、执业活动实施统一监督管理；国务院铁路、交通、水利、信息产业、民航等有关部门按照国务院规定的职责分工，对全国有关专业工程注册建造师的执业活动实施监督管理。县级以上地方人民政府建设主管部门对本行政区域内的注册建造师的注册、执业活动实施监督管理；县级以上地方人民政府交通、水利、通信等有关部门在各自职责范围内，对本行政区域内有关专业工程注册建造师的执业活动实施监督管理。

国务院建设主管部门应当将注册建造师注册信息告知省、自治区、直辖市人民政府建设主管部门。省、自治区、直辖市人民政府建设主管部门应当将注册建造师注册信息告知本行政区域内市、县、市辖区人民政府建设主管部门。县级以上人民政府建设主管部门和有关部门履行监督检查职责时，有权采取下列措施：要求被检查人员出示注册证书；要求被检查人员所在聘用单位提供有关人员签署的文件及相关业务文档；就有关问题询问签署文件的人员；纠正违反有关法律、法规、本规定及工程标准规范的行为。

注册建造师违法从事相关活动的，违法行为发生地县级以上地方人民政府建设主管部门或者其他有关部门应当依法查处，并将违法事实、处理结果告知注册机关；依法应当撤销注册的，应当将违法事实、处理建议及有关材料报注册机关。

有下列情形之一的，注册机关依据职权或者根据利害关系人的请求，可以撤销注册建造师的注册：

（1）注册机关工作人员滥用职权、玩忽职守作出准予注册许可的；

（2）超越法定职权作出准予注册许可的；

（3）违反法定程序作出准予注册许可的；

（4）对不符合法定条件的申请人颁发注册证书和执业印章的；

（5）依法可以撤销注册的其他情形。申请人以欺骗、贿赂等不正当手段获准注册的，应当予以撤销。

注册建造师及其聘用单位应当按照要求，向注册机关提供真实、准确、完整的注册建造师信用档案信息。注册建造师信用档案应当包括注册建造师的基本情况、业绩、良好行为、不良行为等内容。违法违规行为、被投诉举报处理、行政处罚等情况应当作为注册建造师的不良行为记入其信用档案。注册建造师信用档案信息按照有关规定向社会公示。

与工程建设相关的法律有很多，这些法律尽管有着各自的主要调整范围，但是经常互相发生作用。因此，在学习建设法规之前需要掌握我国的法律体系，以便掌握规范工程建设行为的整体法律框架。法律体系，是指一国的全部现行法律规范，按照一定的标准和原则，划分为不同的法律部门而形成的内部和谐一致、有机联系的整体。我国的法律体系通常包括：宪法、民法、商法、经济法、行政法、劳动法与社会保障法、自然资源与环境保护法、刑法、诉讼法。我国法的形式主要包括：宪法、法律、行政法规、地方法规、行政规章、最高人民法院司法解释规范性文件、国际条约。

《中华人民共和国民法通则》、《中华人民共和国著作权法》、《中华人民共和国建筑法》、《中华人民共和国招标投标法》、《中华人民共和国安全生产法》、《建设工程安全生产管理条例》、《安全生产许可证条例》、《建设工程质量管理条例》、《建设工程勘察设计管理条例》、《中华人民共和国标准法》、《中华人民共和国环境保护法》、《中华人民共和国节约能源法》、《中华人民共和国消防法》、《中华人民共和国档案法》、《中华人民共和国土地管理法》、《城市房屋拆迁管理条例》、《中华人民共和国劳动法》、《中华人民共和国保险法》、《税法征收管理法》、《中华人民共和国营业税暂行条例》、《营业税暂行条例实施细则》、《城市维护建设税暂行条例》、《中华人民共和国企业所得税法》、《中华人民共和国个人所得税法》、《中华人民共和国公司法》相关内容，参见相关法律。

5.4.3　建设工程纠纷的处理

由于建设活动具有投资巨大、生产周期长、技术要求高、不可预见因素多、受环境影响强、协作关系复杂以及政府监管严格等特点，因此，建设工程纠纷是不可避免。建设纠纷主要分为民事纠纷和行政纠纷。

民事纠纷，特别是发包人和承包人就有关工期、质量、造价等方面产生的建设工程合同争议，是工程建设领域最常见的纠纷形式。建设工程民事纠纷的处理方式主要有四种，分别是和解、调解、仲裁和诉讼。

民事诉讼是指人民法院在当时任何其他诉讼参与人的参加下，以审理、裁判、执行等方式解决民事纠纷的活动，以及由此产生的各种诉讼关系的总和。在我国《中华人民共和国诉讼法》是调整和规范法院和诉讼参与人的各种民事活动的基本法律。民事诉讼具有公权性、强制性、程序性的特点。民事诉讼是由人民法院代表国家意志行使司法审判权，通过司法手段解决平等民事主体之间的纠纷，这使得民事诉讼与具有民间性质的调节和仲裁有所不同。民事诉讼的公权性，决定了其在案件的审理和执行等方面具有强制性。民事诉讼是依据法定程序进行的诉讼活动，无论是法院，还是当事人和其他诉讼参与人，均须按照民事诉讼法律规定的程序实施诉讼行为。《中华人民共和国诉讼法》第10条规定："人民法院审理案件，依照法律规定实行合议、回避、公开审判和两审终审制度。"

证据，是指在诉讼中能够证明案件真实情况的各种资料。当事人要证明自己提出的主张，需要向法院提供相应的证据资料。《中华人民共和国诉讼法》第63条规定，根据表现形式不同，民事证据有：书证、物证、视听资料、证人证言、当事人的陈述、鉴定结论、勘验笔录。证据保全是重要的证据固定措施。证据保全是指在证据可能灭失或以后难以取得的情况下，法院根据申请人的申请或依职权，对证据加以固定和保护的制度。根据最高人民法院《关于民事诉讼证据的若干的规定》第23条规定，当事人依据《中华人民共和国诉讼法》第74条的规定向法院申请保全证据的，不得迟于举证期限届满前7日。当事人申请保全证据的，人民法院可以要求其提供相应的担保。《中华人民共和国诉讼法》第24条规定，人民法院进行证据保全，可以根据具体情况，采用查封、扣押、拍照、录音、复制、鉴定、勘验、制作笔录等方法。

举证时限，是指法律规定或法院、仲裁机构指定的当事人能够有效举证的期限。证据交换是指在诉讼答辩期届满后审理前，在人民法院的主持下，当事人之间互相明示其持有证据的过程。质证，是指当事人在法院的主持下，围绕证据的真实性、合法性、关联性，针对证据证明有无一级证明力大小，进行质疑，说明与辩驳的过程。认证，是指人民法院对经过质证或当事人在证据交换中认可的各种证据材料做出审查判断，确认其能否作为认定案件事实的根据。

民事诉讼中的管辖，是指各级法院之间和同级法院之间审理第一审民事案件的分工和权限。级别管辖，是指按照一定的标准，划分上下级法院之间第一审民事案件的分工和权限。我国法院有四级，分别是基层人民法院、中级人民法院、高级人民法院和最高人民法院。我国《中华人民共和国诉讼法》主要根据案件的性质、复杂程度和案件影响来确定级别管辖。地域管辖，是指按照各法院的辖区和民事案件的隶属关系，划分同级法院受理第一审民事案件的分工和权限。《中华人民共和国诉讼法》第45条规定，审判人员、书记员、翻译人员、鉴定人、勘验人有下列情形，必须回避：是本案当事人或者当事人、诉讼人的近亲属；与本案有利害关系；与本案当事人有其他关系，可能影响对案件公正审理的。

民事诉讼中的当事人，是指因民事权利和义务发生争议，以自己的名义进行诉讼，请求人民法院进行裁判的公民、法人或其他组织。民事诉讼当事人主要包括原告和被告。诉讼代理人，是指根据法律规定或当事人的委托，代理当事人进行民事诉讼活动的人。

在民事诉讼中，从人民法院审理当事人的起诉开始，到做出生效的法律文书并实现文书所确定的权力，往往需要较长时间。为了防止过长的诉讼时间带来的对当事人权力无法周密保护问题，民事诉讼规定了财产保全和先予执行制度。

审判程序是民事诉讼规定的最为重要的内容，它是人民法院审理案件使用的程序，可以分为一审程序、二审程序和审判程序。一审程序包括普通程序和简易程序。普通程序是指人民法院审理第一审民事案件通常适用的程序。《中华人民共和国诉讼法》第135条规定，应当在立案之日起6个月内审结。第二审程序，又称上诉程序或终审程序，是指由于民事诉讼当事人不服地方各级人民法院尚未生效的第一审判决或裁定，在法定诉讼期内，向上一级法院提出上诉而引起的诉讼程序。

仲裁协议是指当事人自愿将已发生或者可能发生的争议通过仲裁解决的书面协议。在民商仲裁中，仲裁协议是仲裁的前提，没有仲裁协议，就不存在有效的仲裁。根据《中华人民共和国仲裁法》第16条规定，仲裁协议应具有以下内容：请求仲裁的意思表示；仲裁事项；选定的仲裁委员会。这三项内容必须同时具备，仲裁协议才能有效。仲裁协议一经有效成立，即对当事人产生法律约束力。有效的仲裁协议将排除法院的司法管辖权。仲裁协议是仲裁委员会受理仲裁案件的基础，是仲裁庭审理和裁决仲裁案件的依据。《中华人民共和国仲裁法》第19条规定，仲裁协议独立存在，合同的变更、解除终止或者无效，不影响仲裁协议的效力。《中华人民共和国仲裁法》第30条的规定，仲裁庭可以由三名仲裁员或者一名仲裁员组成。由三名组成的，设首席仲裁员。仲裁庭的组成形式包括合议仲裁庭和独任仲裁庭两种。根据《中华人民共和国仲裁法》有关规定，仲裁裁决应当按照多数仲裁员的意见做出，少数仲裁的不同意见可以记入笔录。仲裁庭不能形成多数意见时，裁决应当按照首席仲裁员的意见做出。裁决书自作出之日起发生法律效力。

行政复议，是指行政机关根据上级行政机关对下级行政机关的监督权，在当事人的申请和参加下，按照行政复议程序对具体行政行为进行合法性和实用性审查，并作出裁决解决行政侵权争议的活动。在我国，行政复议的基本法律依据是《中华人民共和国行政复议法》。

5.4.4 建设工程法律责任

民事责任包括违约责任和侵权责任。根据《民法通则》及相关司法解释的有关规定，工程建设领域较常见的侵权行为有：侵害公民身体造成的侵权行为；环境污染致人损害的侵权行为；地面施工致人损害行为；建筑物及地上物致人损害的侵权行为。《民法通则》第134条规定，承担民事责任的方式主要有：停止侵害；排除妨碍；消除危险；返还财产；恢复原状；修理、重做、更换；赔偿损失；支付违约金；消除影响、恢复名誉；赔礼道歉。

在我国工程领域，对于建设单位、勘察、设计单位、施工单位、工程监理单位等参建单位而言，行政处罚是常见的行政责任承担形式。《中华人民共和国行政处罚法》是规范和调整行政处罚的设定和实施的法律依据。行政处罚的种类有：警告；罚款；没收违法所得；责令停产停业；暂扣或者吊销许可证；行政拘留；法律、行政法规规定的其他行政处罚。

我国刑法规定的犯罪都必须具备犯罪客体、犯罪的客观方面、犯罪主体、犯罪的主观方面这四个方面构成。根据我国《刑法》规定，刑罚分为主刑和附加刑。主刑种类有：管制；拘役；有期徒刑；无期徒刑；死刑。附加刑种类有：罚金；剥夺政治权利；没收财产。

根据《刑法》第137条的规定，工程重大安全事故罪，是指建设单位、设计单位、施工单位、工程监理单位违反国家规定，降低工程质量标准，造成重大安全事故的行为。工程重大安全事故的犯罪构成及其特征是：犯罪客体是公共安全和国家有关工程建设管理的法律法规；犯罪的客观方面，表现为违反国家规定，降低工程质量标准，造成重大安全事故行为；犯罪主体是特殊主体，仅限于指建设单位、设计单位、施工单位、工程监理单位；犯罪的主观方面表现为过失；《刑法》第137条的规定："建设单位、设计单位、施工单位、工程监理单位违反国家规定，降低工程质量标准，造成重大安全事故的，对直接责任人员，处以五年以下有期徒刑或者拘役，并处罚金；后果特别严重的，处以五年以上十年以下有期徒刑，并处罚金。"

5.4.5 例题（2007年真题）

本科目考试包括单选题和多选题，满分110分。单选题共70题，每题1分，每题的备选答案中，只有一个最符合题意。多选题共30题，每题2分，每题的备选答案中有2个或2个以上符合题意，至少有1个错项。错选，不得分；少选，所选的每个选项得0.5分。

单选题：某施工单位在参加投标中有违法行为，建设行政主管部门的处罚决定于5月20日作出，施工单位5月25日收到。如果施工单位申请行政复议，申请的最后期限为（　）。

A. 6月4日　　　　B. 6月9日　　　　C. 7月19日　　　　D. 7月24日

正确答案：D。

解题分析：行政复议申请，当事人认为具体行政行为侵犯其合法权益的，可以自知道该具体行政行为之日起60日内提出行政复议申请。施工单位5月25日收到建设行政主管部门的处罚决定，5月25日为施工单位知道之日。

多选题：某建设项目招标，评标委员会由一名招标人代表和三名技术、经济等方面的专家组成，这一组成不符合《招标、投标法》的规定，则下列关于评标委员会重新组成的作法中，正确的有（　）。

A. 减少一名招标人代表，专家不再增加
B. 减少一名招标人代表，再从专家库中抽取一名专家
C. 不减少招标人代表，再从专家库中抽取一名专家
D. 不减少招标人代表，再从专家库中抽取二名专家
E. 不减少招标人代表，再从专家库中抽取三名专家

正确答案：C、E。

解题分析：根据《中华人民共和国招标投标法》第三十七条规定"依法必须进行招标的项目，其评标委员会由招标人的代表和有关技术、经济等方面的专家组成，成员数为5人以上单数，其中技术、经济等方面的专家不得少于成员总数的2/3"。

5.5 专业工程管理与实务（建筑工程专业）

5.5.1 考试基本要求

本课程考试的目的是检验考生灵活运用所学建设工程专业知识和相关法规解决实际问题的综合能力。考试题型包括单选题、多选题和主观题。

由于一级注册建造师考试与注册监理工程师考试在考试内容上有相同，本节不再赘述。本节中建筑工程进度管理、建筑工程质量管理、建筑工程造价管理实务、建筑工程项目资源管理实务、建筑工程合同管理部分仅介绍考试大纲的基本要求。建筑工程进度管理详见本书4.5，建筑工程质量管理详见本书4.4，建筑工程造价管理实务详见本书4.4，建筑工程项目资源管理实务详见本书4.3.8，建筑工程合同管理详见本书4.2，本节仅介绍考试大纲的基本要求。

房屋结构工程技术考试内容中考试大纲要求：

熟悉：房屋结构的耐久性要求；结构抗震的构造要求；常见建筑结构体系及其应用。

掌握：房屋结构的安全性要求；房屋结构的适用性要求；建筑荷载的分类及装饰装修荷载变动对建筑结构的影响；结构平衡的条件；防止结构倾覆的技术要求。

建筑装饰装修技术考试内容中考试大纲要求：

了解：建筑装饰装修设计程序和内容；建筑电气、设备工程安装要求。

熟悉：墙体的建筑构造；屋面、楼面的建筑构造；门窗的建筑构造。

掌握：建筑热工环境及建筑节能技术要求；建筑光环境及天然采光、绿色照明工程技术要求；建筑声环境和噪声控制技术要求；建筑装饰装修构造设计要求；建筑防火、防水工程设计要求；楼梯的建筑构造。

建筑材料考试内容中考试大纲基本要求：

了解：石膏的品种、特性和应用。

熟悉：建筑装饰装修金属材料的特性与应用；建筑功能材料的特性与应用。

掌握：石灰的性能与应用；水泥的技术性能和适用范围；普通混凝土的技术性能和质量要求；常用建筑钢材的性能；常用混凝土外加剂的种类和应用；建筑装饰装修饰面石材、建筑陶瓷的特性与应用；建筑装饰装修用木材、木制品的特性与应用；建筑用高分子材料的特性与应用。

建筑工程施工技术考试内容中考试大纲基本要求：

了解：地形图的识读；地下连续墙的施工工艺；常用的地基处理方法。

熟悉：工程测量仪器的功能与应用；岩土的工程分类及工程性质；钢结构构件的受力特点及连接类型；钢结构施工的技术要求和方法；预应力混凝土工程施工的技术要求和方法；金属与石材幕墙工程施工的技术要求和方法。

掌握：施工测量的内容和方法；主要土方机械施工的适用范围和施工方法；常见基坑开挖与支护方法；人工降低地下水位的方案选择；混凝土基础的施工工艺和要求；钢筋混凝土预制桩、混凝土灌注桩基础的施工工艺和要求；混凝土结构的受力特点及应用；砌体结构施工的技术要求和方法；混凝土结构施工的技术要求和方法；砌体结构的受力特点、构造要求和适用范围；屋面防水工程施工的技术要求和方法；室内防水工程施工的技术要求和方法；地下防水工程施工的技术要求和方法；墙面工程施工的技术要求和方法；吊顶工程施工的技术要求和方法；轻质隔墙工程施工的技术要求和方法；地面工程施工的技术要求和方法；建筑幕墙工程接缝处理的技术要求和方法；玻璃幕墙工程施工的技术要求和方法。

建筑工程项目进度管理考试内容中考试大纲要求：

熟悉：网络计划技术在房屋建筑工程中的应用；网络计划技术在建筑装饰装修工程中的应用；建筑工程项目施工进度计划的编制；建筑工程项目施工进度控制。

掌握：流水施工方法在房屋建筑工程中的应用；流水施工方法在建筑装饰装修工程中的应用；建筑工程项目施工总进度计划的编制。

建筑工程项目质量管理考试内容中考试大纲要求：

了解：控制图法的应用；因果分析图法的应用。

熟悉：建筑幕墙工程的施工质量要求及质量事故处理。

掌握：建筑工程项目质量计划的内容；建筑工程项目质量计划的编制；建筑结构材料的质量管理；建筑装饰装修材料的质量管理；地基基础工程、主体结构工程、防水工程、建筑装饰装修工程、建筑幕墙工程质量检查与检验；建筑工程质量验收的程序和组织；建筑工程质量验收的要求；建筑工程档案编制的内容和要求；地基基础工程的质量验收内容；主体结构工程、防水工程、建筑装饰装修工程、建筑幕墙工程的质量验收内容；建筑工程质量问题的分类；建筑工程重大质量事故的处理程序；地基基础工程、主体结构工程、防水工程、建筑装饰装修工程的施工质量要求及质量事故处理；排列图法的应用。

建筑工程职业健康安全和环境管理考试内容中考试大纲要求：

了解：建筑机具的安全操作要点；建筑工程职业病的防范。

熟悉：施工现场的环境保护；施工现场的卫生与防疫；建筑工程的文明施工。

掌握：建筑工程施工安全管理；建筑工程危险源辨识；建筑工程安全事故防范；建筑工程安全检查内容、方法、标准；基础工程、脚手架搭设、现浇混凝土工程、吊装工程、高处作业、拆除工程、装饰装修工程安全隐患的防范。

建筑工程造价管理考试内容中考试大纲要求：

了解：建筑工程成本的计算。

熟悉：成本控制方法在房屋建筑工程中的应用；成本控制方法在建筑装饰装修工程中的应用。

掌握：房屋建筑工程造价、建筑装饰装修工程造价的计算；工程量清单计价、工程量清单计价在建筑装饰装修工程中的应用；建筑工程合同价款的确定与调整；建筑工程预付款和进度款的计算；建筑工程竣工结算。

建设工程项目资源管理实务考试内容中考试大纲要求：

了解：施工机械设备的选购，了解施工方案中的机械设备选择。

熟悉：材料采购批量的计算，熟悉ABC分类法的应用。

建设工程合同管理考试内容中考试大纲要求：

了解：建筑工程招投标要求；建筑工程合同的内容组成。

熟悉：建筑工程施工合同的履行要求；建筑工程施工索赔。

掌握：房屋建筑工程投标；建筑装饰装修工程投标；建筑幕墙工程投标；建筑工程中总价合同模式的应用；建筑工程中单价合同模式的应用；建筑工程中成本加酬金合同模式的应用；建筑工程中分包合同的应用；房屋建筑工程施工合同、建筑装饰装修工程施工合同、建筑幕墙工程施工合同的履行；房屋建筑工程、建筑装饰装修工程、建筑幕墙工程的施工索赔；

建设工程项目现场管理考试内容中考试大纲要求：

了解：用电量计算；临时用水量计算；临时用水管径计算。

熟悉：配电线路布置；配电箱与开关箱的设置；临时用水管理。

掌握：施工总平面图设计；单位工程、建筑装饰装修工程施工平面图设计；施工平面图管理；安全警示牌的布置原则；施工现场防火要求；建筑装饰装修工程现场消防；临时用电管理。

建筑工程项目的综合管理考试内容中考试大纲要求：

熟悉：施工项目管理规划的作用；特殊环境下施工方案的选择；

掌握：施工项目管理规划的内容；施工总体技术方案的选择；总承包施工管理方案的选择；分供分包方的选用和管理；施工质量、安全、进度、成本的综合管理；建筑装饰装修工程设计知识的应用；建筑装饰装修工程材料的合理选择；建筑装饰装修工程施工方案的选择；建筑装饰装修工程施工现场的管理；建筑装饰装修工程质量、安全、进度、成本的综合管理。

建筑工程法规考试内容中考试大纲要求：

熟悉：获取城市建设土地使用权的方式及条件、土地使用权的年限；房屋的拆迁程序及补偿办法；民用建筑节能管理规定；特殊环境下建设活动的相关规定。

掌握：城市道路管理、城市地下管线管理与建筑工程施工的相关规定；房屋建筑工程竣工验收备案的范围、备案期限及应提交的文件；城市建设档案管理的范围及城市建设档案报送的期限；住宅室内装饰装修管理办法；建筑安全生产责任制；施工现场管理的责任人和责任单位；施工现场的环境保护；工程建设重大事故发生后的报告和调查程序。

建筑工程技术考试内容中考试大纲要求：

熟悉：《建筑地基基础工程施工质量验收规范》（GB 50202—2002）质量要求和验收规定；《金属与石材幕墙工程技术规范》（JGJ 133—2001）中关于安装施工的有关规定。

掌握：建筑装饰装修材料使用部位、功能分类的规定；建筑装饰装修材料的燃烧性能等级的规定；民用建筑装饰装修设计防火的有关规定；《建筑内部装修防火施工及验收规范》（GB 50354—2005）中有关防火施工规定；《民用建筑工程室内环境污染控制规范》（GB 50325—2001）中的有关规定；《混凝土结构工程施工质量验收规范》（GB 50204—2002）质量要求和验收规定；《砌体工程施工质量验收规范》（GB 50203—2002）质量要求和验收规定；《钢结构工程施工质量验收规范》（GB 50205—2001）质量要求和验收规定；《建筑装饰装修工程质量验收规范》（GB 50210—2001）中的有关规定；《住宅装饰装修工程施工规范》（GB 50327—2001）中的有关规定；《玻璃幕墙工程技术规范》（JGJ 102—2003）中关于安装施工的有关规定。

5.5.2 房屋结构工程技术

结构设计的主要目的是保证所建造的结构安全适用，能够在规定的期限内满足各种预期的功能要求，并且要经济合理，具体说是要具有以下几项功能：安全性、适用性、耐久性。房屋结构适用性在设计中称为正常使用的极限状态，相应于结构或构件达到正常使用或耐久性的某项规定的限值；结构构件在规定的荷载作用下，限制过大的变形；针对混凝土梁及受拉构件控制裂缝。结构的耐久性是指结构在规定的工作环境中，在预期的使用年限内，在正常维护条件下不需要进行大修就能完成预定功能的能力。

建筑荷载有不同的分类方法，按随时间的变异性分为永久荷载、可变荷载、偶然荷载。按结构的反应分为静态作用和动态作用；按荷载作用面的大小分为均布荷载、线荷载、集中荷载；按荷载作用方向分为垂直荷载和水平荷载。在装饰装修过程中，如有结构变动，或增加荷载，应注意：在设计和施工时，必须了解结构能承受的荷载值是多少，将各种增加的装修装饰荷载控制在允许范围内，如果做不到这一点，应对结构进行重新验算，必要时采取相应的加固措施；建筑装饰装修工程设计必须保证建筑物的结构安全和主要使用功能；建筑装饰装修工程施工中，严禁违反设计文件擅自改动建筑主体、承重结构或主要使用功能；严禁未经设计确认和有关部门批准擅自拆改水、暖、电、燃气、通信等配套设备。

物体在许多力的共同作用下处于静止状态和等速直线运动状态，力学上把这两种状态都称为平衡状态。二力平衡的条件是：作用于同一物体上的两个力大小相等，方向相反，作用线相重合。平面汇交力系平衡条件是：一个物体上的作用力系，作用线都在同一平面内，且汇于一点。一般平面力系的平衡条件还要加上力矩的平衡。对于悬挑构件（如阳台、雨篷、探头板等）、挡土墙、起重机械防止倾覆的基本要求是：引起倾覆的力矩 $M_{倾}$ 应小于抵抗倾覆的力矩 $M_{抗}$。为了安全起见，要求：$M_{抗} \geqslant (1.2 \sim 1.5) M_{倾}$。

我国结构抗震设防的基本思想和原则是"三水准"为抗震设防目标。简单讲就是"小震不坏，大震不倒"。在对建筑物进行抗震设防设计时，根据以往地震灾害的经验和科学研究的成果首先进行"概念设计"，使我们提高建筑物总体上的抗震能力。在多层砌体房屋框架结构房屋采取抗震构造措施、设置必要的防震缝。常见的建筑结构体系包括：混合结构体系、框架结构体系、剪力墙体系、框架—剪力墙结构、筒体结构、桁架结构、网架结构、拱式结构、悬索结构、薄壁空间结构。

5.5.3 建筑装饰装修技术

建筑室内物理环境包括建筑热工环境、建筑光环境、建筑声环境。装饰装修应为人们提供一个良好、舒适的室内环境。根据传热机理不同，传热的基本方式分为传导、对流、辐射三种。材料的导热能力用导热系数表示。材料的蓄热系数表示材料储蓄热量的能力。体形系数为建筑物室外大气接触的外表面积与该建筑物体积之比值。建筑物还要采取措施防潮。

天然采光是利用天然阳光通过天窗、侧窗进行照明。人工照明的光源主要类别有热辐射光源和气体放电光源。《建筑照明设计标准》对绿色照明的定义是：绿色照明是节约能源、保护环境，有益于提高人们生产、工作、学习效率和生活质量，保护身心健康的照明。

建筑声环境噪声控制技术要求，音频范围是：人耳能听到的声音频率一般在 $20\sim 20000 Hz$，这个范围内的声音称为可听音，高于 $20000Hz$ 的声音为超声，低于 $20Hz$ 的声音为次声。在声频范围内，将频率低于 $300Hz$ 的声音称作低频声；$300\sim 1000Hz$ 的声音称为中频声，$1000Hz$ 以上的声音称为高频声。人耳能感觉到其存在的声音称为声阈，声阈对于不同频率的声波是不相同的，使人产生疼痛感的上限声压为痛阈。

建筑装饰装修构造的设计即建筑细部，必须解决：与建筑主体的附着与剥落；装修层的厚度与分层，均匀与平整等问题；与建筑主体结构的受力和温度变化相一致的构造；为人提供良好的建筑物理环境、生态环境、室内无污染环境、色彩无障碍环境；构造的防火、防水、防潮、防空气渗透和防腐处理。

建筑构件的耐火极限，是指对任一建筑构件按照时间—温度标准曲线进行耐火试验，从受到火的作用起到失去支持能力或完整性被破坏或失去隔火作用为止的这段时间。我国的耐火极限分为四级。防火分区是由能限制火灾蔓延的防火分级结构围起来的建筑分区。建筑防水设计包括：地下室的防潮防水；屋面防水；饰面的防水；楼、地层的防水。建筑楼梯应满足防火、防烟、疏散的要求，在设计中要考虑在空间尺度确定。

5.5.4 建筑材料

将主要成分为碳酸钙的生石灰在适当的温度下煅烧，所得的氧化钙为主要成分的产品是石灰。生石灰与水反应生成氢氧化钙的过程为石灰的熟化。石灰浆的硬化包括干燥结晶和碳化两个过程。石灰的技术性质要求：保水性好、硬化慢、强度低、耐水性差、硬化时体积收缩大；生石灰吸湿性强。石灰的应用包括石灰乳、砂浆、硅酸盐制品。

水泥为无机水硬性胶凝材料，按其主要水硬性物质名称分为硅酸盐水泥、铝酸盐水泥、硫铝酸盐水泥、氟铝酸盐水泥、磷酸盐水泥。常用水泥的技术要求包括：细度；凝结时间；体积安定性；强度及强度等级；碱含量。普通混凝土一般由水泥、砂、石、水组成。混凝土组成材料的技术要求包括：水泥；细骨料；粗骨料；水；外加剂；掺合料。常用混凝土中的外加剂包括减水剂、早强剂、缓凝剂、引气剂、膨胀剂、防冻剂。混凝土的技术性能要求包括：混凝土拌合物的和易性；混凝土的强度；混凝土的变形性能；混凝土的耐久性。

常用的建筑钢材包括钢结构用钢和钢筋混凝土结构用钢。钢结构用钢包括热轧型钢、冷弯薄壁型钢、棒材、钢管和板材。钢筋混凝土结构用钢包括热轧钢筋、冷轧钢筋、冷轧扭钢筋、预应力混凝土用热处理钢筋、预应力混凝土用钢丝和钢绞线。建筑钢材的力学性能包括：抗拉性能；冲击性能；耐疲劳性；钢材中化学成分对钢材性能的影响。

建筑装饰装修饰面石材包括天然花岗石、天然大理石、人造饰面石材。建筑陶瓷通常以黏土为主要原料，经原料处理、成型、焙烧而成的无机非金属材料。建筑装饰用木制品包括实木地板、人造木地板、人造木板。建筑玻璃是以石英砂、纯碱、石灰石、长石等为原料，经1550～1600℃高温熔融、成型、冷却并裁割而得到的有透光性的固体材料，主要成分是二氧化硅。建筑用高分子材料包括建筑塑料、建筑涂料。

5.5.5 建筑工程施工技术

施工测量是研究利用各种测量仪器和工具对建筑场地地面及建筑物的位置进行度量和测定的科学。施工测量的内容包括：施工前施工控制网的建立；建筑物定位、基础放线及细部测设；竣工图的绘制；施工和运营期间，建筑物的变形观测。施工测量的方法包括：已知长度的测量；已知角度的测量；建筑物细部点的平面位置的测设。

土方机械化施工常用机械有：推土机、铲运机、挖掘机、装载机。推土机适用于挖一至四类土；找平表面，场地平整；开挖深度不大于1.5m以内的路基、堤坝，以及配合挖土机从事平整、集中土方、清理场地、修路开道；拖羊足碾、松土机，配合铲运机助铲以及清除障碍等。铲运机适用于含水率27%以下的一至四类土；大面积场地平整、压实；运距800m内的挖运土方；开挖大型基坑、管沟、填筑路基等。正铲挖掘机适用于含水量小于27%的一至四类土和经爆破后的岩石和冻土碎块；大型场地平整土方；工作面狭小且较深的大型管沟和基槽路堑；独立基坑及边坡开挖。反铲挖掘机适用于含水量大的一至三类的砂土或黏土；主要用于停机面以下深度不大的基坑或管沟，独立基坑及边坡的开挖。抓铲挖掘机适用于比较松软土、施工面狭窄的深基坑、基槽，清理河床及水中挖取土、桥基、桩孔挖土，最适宜于水下挖土，或用于水下挖土，或用于装卸碎石、矿渣等松散材料。装载机适用于装卸土方和散料，也可用于较松软土的表层剥离、地面平整、场地清理和土方运送。

土方开挖的顺序、方法必须与设计要求一致，并遵循"开槽支撑，分层开挖，严禁超载"的原则，基坑边界周围地面应设排水沟，对坡顶、坡面、坡脚采取降排水措施。浅基坑的支护包括：斜柱支撑、锚位支撑、型钢桩支撑、短桩横隔板支撑、临时挡土墙支撑、挡土灌注桩支护、叠袋式挡土墙支护。深基坑支护包括：排桩或地下连续墙、水泥土墙、土钉墙、逆作拱墙。

在地下水位以下的含水量丰富的土层中开挖大面积基坑时，采用一般的明沟排水方法，常会遇到大量地下水涌出，难于排干；当遇到粉、细砂层时，还会出现严重的翻浆、冒泥、流砂等现象，造成大量水土流失，使边坡失稳或出现塌陷，遇到这种情况，一般应采取人工降低地下水位的方法施工。人工降低地下水位施工方法有：真空井点、喷射井点、管井井点、截水、井点回灌技术。所有建筑物基坑均应进行施工验槽。基坑挖至基底设计标高并清理后，施工单位必须会同勘察、设计、建设等单位共同进行验槽，合格后方能进行基础施工。验槽的方法主要是观察法，对于基底以下的土层，要辅以钎探法配合共同完成。验槽的内容包括：根据设计图纸检查基槽的开挖平面位置、尺寸、槽底深度；检查是否与设计图纸相符，开挖深度是否符合设计要求；仔细检查槽壁、槽底土质类型、均匀程度和有关异常土质是否存在，核对基坑土质及地下水情况是否与勘察报告相符；检查基槽之中是否有旧建筑物基础、古井、古墓、洞穴、地下掩埋物及地下人防工程等；检查基槽边坡外缘与附近建筑物的距离，基坑开挖对建筑物稳定是否有影响；检查核实分析钎探资料，对存在的异常点进行复核检查。

混凝土基础的主要形式有条形基础、独立基础、筏形基础和箱形基础。钢筋工程的工艺流程是：钢筋放样→钢筋制作→钢筋半成品运输→基础垫层→弹钢筋定位线→钢筋绑扎→钢筋验收、隐蔽。模板工程的施工工艺是：模板制作→定位放线→模板安装、加固→模板验收→模板拆除→模板的清理、保养。混凝土工程工艺流程是：混凝土搅拌→混凝土运输、泵送与布料→混凝土浇筑、振捣和表面抹压→混凝土养护。大体积混凝土浇筑时，采用分层浇筑。浇筑方案根据整体性要求、结构大小、钢筋疏密及混凝土供应情况可以选择全面分层、分段分层、斜面分层三种方式。根据打桩方法的不同，钢筋混凝土预制桩施工方法有锤击沉桩法、静力压桩法及振动法等。

模板工程包括模板和支架两部分。常见的模板包括木模板、组合模板、钢框模板、大模板、散支散拆胶合模板、其他模板。模板工程设计的主要原则是实用性、安全性、经济性。模板工程安装要点有：模板及其支架的安装必须严格按照施工技术方案进行，其支架必须有足够的支承面积，底座必须有足够的承载力；模板的接缝不应该漏浆；在浇筑混凝土前，木模板应浇水润湿，但模板内不应有积水；模板与混凝土的接触面应清理干净并涂刷隔离剂，但不得采用影响结构性能或妨碍装饰工程的隔离剂；浇筑混凝土前，模板内的杂物应清理干净；对清水混凝土工程及装饰混凝土工程，应使用能达到设计效果的模板；用作模板的地坪、胎模等应平整、光洁，不得产生影响构件质量的下沉、裂缝、起砂或起鼓；对跨度不小于 4 米的现浇钢筋混凝土梁、板，其模板应按设计要求起拱；当设计无具体要求时，起拱高度应为 1/1000～3/1000。

屋面防水工程一般包括屋面卷材防水、屋面涂膜防水、屋面刚性防水、瓦屋面防水、屋面接缝密封防水。屋面防水层严禁在雨天、雪天和五级风及其以上时施工。室内防水工程指建筑室内厕浴间、厨房、水池、游泳池等防水工程。

墙面工程指建筑装饰装修工程的抹灰、饰面板、涂饰、裱糊与软包工程。吊顶又称顶棚、天花板，是建筑装饰装修工程中的一个重要子分部工程。吊顶又分为直接式吊顶和悬吊顶两种。吊顶构造由支承、基层和面层构成。

建筑幕墙是由支承结构体系与面板组成的，可相对主体结构有一定位移能力，不分担主体结构所承受作用的建筑外围护结构或装饰性结构。建筑幕墙接缝的设计要点包括：硅酮结构密封胶的胶缝；硅酮耐候结构密封胶的胶缝；其他密封胶的胶缝；橡胶密封条；空缝与对插接缝设计；建筑幕墙变形缝部位的幕墙接缝；建筑幕墙与雨篷等突出建筑构造之间的接缝；建筑幕墙接缝的防腐蚀和防噪声设计。

5.5.6 建筑工程职业健康安全和环境管理

建筑施工企业必须坚持"安全第一、预防为主"的安全生产方针，完善安全生产组织管理体系、检查评价体系，制定安全措施，加强施工安全管理，实施综合治理。建筑工程施工安全管理的程序：确定安全管理目标；编制安全措施计划；实施安全措施计划；安全措施计划实施结果的验证；评价安全管理绩效并持续改进。

安全措施计划的主要内容包括：工程概况；管理目标；组织机构与职责权限；规章制度；风险分析与控制措施；安全专项施工方案；应急准备与响应；资源配备与费用投入计划；教育培训；检查评价、验证与持续改进。

对于达到一定规模、危险性较大的分部、分项工程，应单独编制安全专项施工方案：

（1）开挖深度超过5m（含5m）的基坑（槽）并采用支护结构施工的工程，或基坑虽未超过5m，但地质条件和周围环境复杂、地下水位在坑底以上等工程；

（2）开挖深度超过5m（含5m）的基坑、槽的土方开挖；

（3）各类工具式模板工程，包括滑模、爬模、大模板等；水平混凝土构件模板支撑系统及特殊结构模板工程；

（4）现场临时用电工程；

（5）现场外电防护工程，地下供电、通风、管线及毗邻建筑物防护工程；

（6）脚手架工程：高度超过24m的落地式钢管脚手架、附着式升降脚手架（包括整体提升与分片式提升）、悬挑式脚手架、门型脚手架、挂脚手架、吊篮脚手架、卸料平台；

（7）塔吊、施工电梯等特种设备安拆工程；

（8）起重吊装工程；

（9）采用人工、机械拆除或爆破拆除的工程；

（10）其他危险性较大的工程：建筑幕墙的安装施工、预应力结构张拉施工、隧道工程施工、桥梁工程施工（含架桥）、特种设备施工、网架和索膜结构施工、6m以上的边坡施工、大江、大河的导流、截流施工、港口工程、航道工程、采用新技术、新工艺、新材料，可能影响建设工程质量安全，已经行政许可，尚无技术标准的施工。

危险源是指可能导致人员伤害或疾病、物质财产损失、工作环境破坏的情况或这些情况组合的根源或状态的因素。危险源的辨别方法，常用的有现场调查法、工作任务法、安全检查法、危险与操作性研究法、事件树分析法和故障树分析法。安全事故的主要诱因是：人的不安全行为；物的不安全状态；环境的不利因素；管理上的缺陷。

建筑工程安全事故防范的主要措施有：落实安全责任、实施责任管理；安全教育与训练；安全检查；作业标准化；生产技术与安全技术的统一；施工现场文明施工管理；正确对待事故的调查与处理。建筑工程安全检查主要是以查安全思想、查安全责任、查安全制度、查安全措施、查安全防护、查设备设施、查教育培训、查操作行为、查劳动防护品使用和查伤亡事故处理等内容。建筑工程施工安全检查的主要形式一般分为定期安全检查、经常性安全检查、季节性安全检查、节假日安全检查、开工、复工安全检查、专业性安全检查和设备设施安全验收检查。建筑工程安全检查在正确使用安全检查表的基础上，可以采用"问"、"看"、"量"、"测"、"运转试验"等方法进行。《建筑施工安全检查标准》（JGJ 59—99）条文共22项，18张检查表，168项安全检查内容，575项控制点。安全检查内容中包括保证项目（85项）一般项目（83项）。保证项目为一票否决制项目。

5.5.7 建筑工程项目现场管理

施工总平面图的设计内容有：拟建建筑物、构筑物位置、平面轮廓；施工用地范围、围墙、入口、道路的位置；资源仓库和堆场；钢筋、木材等加工场地；取土及弃土位置；大型机械设备的位置；管理和生活用临时房屋；供电、给水、排水等管线和设备；安全、消防设施；永久性、半永久性坐标的位置；山区建筑物场地的等高线；特殊图例、方向标志、比例尺等。施工总平面图的设计依据包括：勘察设计资料、施工部署和主要工程施工方案、施工总进度计划、施工场地情况、调查收集到的地区资料、资源需要量表、工地业务量计算及有关参考资料等。施工总平面图的设计原则是：根据施工部署、施工方案、进度计划、区域划分，分阶段进行布置；生产区、生活区、办公区相对独立的原则；尽可能缩短运距，减少二次搬运、减少占地；有利于减少扰民、环境保护和文明施工；尽量利用已有设施或先行施工的成品，使临时工程投入最少；充分考虑劳动保护、职业健康、安全与消防。施工总平面图的设计步骤是：设置大门，引入场外道路→布置大型机械→布置仓库、堆场→布置加工厂→布置内部临时运输道路→布置临时房屋→布置临时水电管管网和其他动力设施→绘制图例。

单位工程施工平面图的设计内容：建筑平面图上已建和拟建的地上和地下一切建筑物和构筑物及其尺寸；测量放线桩、地形等高线和取舍土地点；移动式起重机的开行路线及垂直运输设施的位置；材料、构件、脚手架等物资堆场；生产、生活临时设施，包括机棚、工棚、仓库、泵站、房屋、道路、管线、消防及安全设施、其他需建造的设施。单位工程施工平面图的设计步骤是：确定起重机的位置→确定仓库、堆场、加工场地的位置→布置运输道路→布置临时房屋→布置水电管线→计算技术经济指标。

建筑装饰装修工程施工平面图的内容：地下、地上的一切建筑物、构筑物和管线位置；测量放线标桩控制位置，渣土及建筑垃圾堆放场地；垂直运输设备的平面位置，脚手架、防护棚位置；材料、半成品的加工场地；大宗材料、成品、半成品、设备的堆放场地；贵重材料、易损材料仓库；生产、生活用临时设施并附一览表；安全防火设施。

施工平面图管理，依据是施工平面图，法律法规，政策，政府主管部门、建设单位、上级公司等对施工现场的管理。施工现场管理要点：施工现场管理的目的；总体要求；现场大门设置警卫岗亭，安排警卫人员24小时值班，查人员出入证、材料运输单、安全管理等；设专人清扫办公区和生活区，并对施工作业区和临时道路洒水和清扫；规范场容；环境保护；消防保卫；卫生防疫管理。

安全警示牌指提醒人们注意安全的各种标牌、文字、符号以及灯光。安全警示牌的布置原则是：安全警示标志应当明显，便于作业人员识别；安全色分为红、黄、蓝、绿四种颜色，分别表示禁止、警告、指示和提示；安全标志由图形符号、安全色、几何图形或文字组成；项目经理应根据施工平面图和安全管理的需要，绘制施工安全现场安全标志平面图，根据施工不同阶段的特点，按施工阶段进行布置；现场出入口、施工起重机械、临时用电设施、脚手架、出入通道口、楼梯口、电梯口、孔洞口、桥梁口、隧道口、基坑口沿、爆破物、有害气体和液体存放处应设置明显的安全警示标志；安全标志设置后，应当进行统计记录，填写登记表。

施工现场防火要求包括：施工组织设计中的施工平面图、施工方案均要求符合消防安全要求；施工现场明确划分作业区、易燃可燃材料堆场、仓库、易燃废品集中站和生活区；施工现场夜间应有照明设施，保持车辆畅通，值班巡逻；不得在高压线下搭设临时性建筑物或堆放可燃物品；施工现场应配备足够的消防器材，设专人维护、管理、定期更新，保证完整好用；在土建施工时，应先将消防器材和设施配备好，有条件的室外敷设好消防水管和消火栓；危险物品的距离不得少于10m，危险物品与易燃易爆品距离不得少3m；乙炔发生器和氧气瓶存放间距不得少于2m，使用时距离不得少于5m；氧气瓶、乙炔发生器等焊割设备上的安全附件应完整有效，否则不准使用；施工现场的焊、割作业，必须符合规定要求；冬期施工采用保温加热措施时，应符合规定要求；施工现场动火作业必须执行审批制度。

施工现场的消防工作，应遵守国家有关法律、法规，以及所在地政府《关于建设工程施工现场消防安全规定》等规章、规定开展消防安全工作。施工现场必须建立健全、落实各种消防安全职责，包括消防安全制度、消防安全操作规程、消防应急预案、消防组织机构、消防设施平面布置、组织义务消防队等。重点部位的要求包括：易燃仓库的防火要求；电焊、气焊场所的防火要求；油漆料库与调料间的防火要求；木工操作间的防火要求。防火设施设置要考虑灭火器材配备和设置位置。

《施工现场临时用电安全技术规范》（JGJ 46—2005）强制性条文：

（1）建筑施工现场临时用电工程专用的电源中性点直接接地的220/380V三相四线制低压电力系统，系采用TN—S接零保护系统；必须采用三级配电；采用二级漏电保护系统。

（2）当采用专用变压器、TN—S接零保护供电系统的施工现场，电气设备的金属外壳必须与保护零线连接。保护零线应由工作接地线、配电室电源侧零线或总漏电保护器电源零线处引出。

（3）配电柜应装设电源隔离开关及短路、过载、漏电保护电器。电源隔离开关分断时应有明显可见分断点。

（4）配电箱、开关箱的电源进线端严禁采用插头和插座作活动连接。

（5）对混凝土搅拌机、钢筋加工机械、木工机械、盾构机械等设备进行清理、检查、维修时，必须首先将其开关箱分闸断电，呈现可见电源分断点，并关门上锁。

（6）下列特殊场所应使用安全特低电压照明：隧道、人防工程、高温、有导电灰尘、比较潮湿或灯具离地面高度低于2.5m等场所的照明，电源电压应不大于36V，潮湿和易触及带电场所的照明，电源电压不得大于24V；特别潮湿场所、导电良好的地面、锅炉或金属容器内的照明，电源电压不得大于12V。

（7）照明变压器必须使用双绕组型安全隔离变压器，严禁使用自耦变压器。

（8）对夜间影响飞机和车辆通行的在建工程及机械设备，必须设置醒目的红色信号灯，其电源应设在施工现场总电源开关的前侧，并应设置外电线路停止供电时的应急自备电源。

5.5.8 建筑工程项目的综合管理

施工项目管理规划分为施工项目管理规划大纲和施工项目管理实施规划。施工项目管理规划大纲内容包括：项目概况；项目实施条件分析；施工项目管理目标；施工项目组织构架；质量目标规划和主要施工方案；工期目标规划和施工总进度计划；施工预算和成本目标计划；施工风险预测和安全目标规划；施工平面和现场管理规划；投标和签定合同规划；文明施工及环境保护规划。施工项目管理实施规划的内容：工程概况；施工部署；施工方案；施工进度计划；资源供应计划；施工准备工作计划；施工平面图；技术组织措施计划；项目风险管理；项目信息管理；技术经济指标分析。施工项目管理规划的作用是：制定施工项目管理目标；规划实施项目目标的组织、程序和方法，落实责任；作为相应项目的管理规范，在项目管理过程中贯彻执行；作为考核项目经理的依据。

建筑工程施工技术方案是根据施工对象制定的，用以指导施工全过程中，各项施工活动的技术工作。根据施工对象类型的不同，通常分为：施工总体技术方案、单位工程施工技术方案、分部工程或专项工程施工技术方案。施工技术方案通常采用方案比较法。方案比较的方法很多，归纳起来可以分为经验判断法、计算法、综合法。

工程总承包是指从事工程总承包的企业受业主委托，按照合同约定对工程项目勘察、设计、采购、施工、试运行等实施全过程或若干阶段的承包。根据工程总承包合同的不同，工程总承包方式有：设计采购施工（EPC）/交钥匙工程总承包、设计——施工总承包（D—B）、设计——采购总承包（E—P）、采购——施工总承包（P—C）、施工总承包（GC）方式。

专业工程合格分包人合格的条件：营业执照、资质证书、安全许可证、外地进驻建筑企业备案通知书、专业承包企业分包交易服务卡、企业法人委托书、负责人的身份证复印件、中华人民共和国组织机构证、税务登记证等必须齐全有效。劳务分包人合格的条件包括：营业执照、劳务分包资质证书、安全许可证、外地进驻建筑企业备案通知书、劳务承包企业分包交易服务卡、企业法人委托书、负责人的身份证复印件、中华人民共和国组织机构证、税务登记证等必须齐全有效。

施工企业应建立完善的质量、安全、进度、成本管理体系，以满足企业管理的需要。按《质量管理体系要求》（GB/T 19001），建立涵盖工程项目全过程的质量管理体系；按《职业健康安全管理体系规范》（GB/T 28001），建立有效的职业健康安全管理体系。施工项目应按企业管理层的要求，按项目管理目标责任书规定的项目质量目标、安全目标、成本目标和进度目标进行目标管理。

建筑是由各部分构件按其使用功能，根据合理的构造原理组成的。在装饰装修设计中，要求设计者根据房屋的使用功能，合理的进行平面设计，正确地选择材料，确定与结构受力特点相一致的最简洁的构造设计，掌握比例尺度合适的空间造型，为人类提供一个舒适的热工环境、光环境、声环境和绿色环境。这选择涉及到功能要求、经济条件、材料特性、物理环境、生态环境、绿色环境、规范法规等一系列相关知识。建筑装饰装修工程材料的基本要求是：应符合现行国家法律、法规及规范的要求；在符合设计要求的同时，还应符合经业主批准的材料样板要求；应根据材料的特性、使用部位进行选择；应充分考虑颜色、光泽、透明性、表面组织、形状和尺寸、立体造型等因素。

装饰装修工程施工方案应按其施工对象的具体情况来进行编制，建筑装饰装修工程施工的对象常见的有：新建工程结构施工完毕后进行的装饰装修工程、主体结构施工阶段插入进行的装饰装修工程、旧有建筑工程改造进行的装饰装修工程。由于施工对象的具体情况不同，编制的侧重点有所不同。

5.5.9 建筑工程法规

《城市道路管理条例》中规定，城市道路范围内禁止下列行为：

(1) 擅自占用或者挖掘城市道路；
(2) 履带车、铁轮车或者超重、超高、超长车辆擅自在城市道路上行驶；
(3) 机动车在桥梁或者非指定的城市道路上试刹车；
(4) 擅自在城市道路上建设建筑物、构筑物；
(5) 在桥梁上架设压力在 $4kg/cm^2$（0.4MPa）以上的煤气管道、10kV 以上的高压电力线和其他易燃易爆管线；
(6) 擅自在桥梁或者路灯设施上设置广告牌或者其他挂浮物；
(7) 其他损害、侵占城市道路的行为。

履带车、铁轮车或者超重、超高、超长车辆需要在城市道路上行驶的，事先须征得市政工程行政主管部门同意，并按照公安交通管理部门指定的时间、路线行驶。

依附于城市道路建设各种管线、杆线等设施的，应当经市政工程行政主管部门批准，方可建设。未经市政工程行政主管部门和公安交通管理部门批准，任何单位或者个人不得占用或者挖掘城市道路。因特殊情况需要临时占用城市道路的，须经市政工程行政主管部门和公安交通管理部门批准，方可按照规定占用。

经批准临时占用城市道路的，不得损坏城市道路。占用期满后，应当及时清理占用现场，恢复城市道路原状。损坏城市道路的，应当修复或者给予赔偿。因工程建设需要挖掘城市道路的，应当持城市规划部门批准签发的文件和有关设计文件，到市政工程行政主管部门和公安交通管理部门办理审批手续，方可按照规定挖掘。新建、扩建、改建的城市道路交付使用后 5 年内、大修的城市道路竣工后 3 年内不得挖掘；因特殊情况需要挖掘的，须经县级以上城市人民政府批准。经批准挖掘城市道路的，应当在施工现场设置明显标志和安全防卫设施；竣工后，应当及时清理现场，通知市政工程行政主管部门检查验收。

经批准占用或者挖掘城市道路的，应当按照批准的位置、面积、期限占用或者挖掘。需要移动位置、扩大面积、延长时间的，应当提前办理变更审批手续。占用或者挖掘由市政工程行政主管部门管理的城市道路的，应当向市政工程行政主管部门交纳城市道路占用费或者城市道路挖掘修复费。

城市地下管线，是指城市新建、扩建、改建的各类地下管线（含城市供水、排水、燃气、热力、供电、通信、消防等依附于城市道路的各种管线）及相关的人防、地铁等工程。建设单位在申请领取建设工程规划许可证时，应当到城建档案管理机构查询施工路段的地下管线工程档案，取得该施工地段地下管线现状资料。建设单位在地下管线竣工验收前，应当向城建档案管理机构移交符合现行《建设工程文件档案整理规范》要求的资料：地下管线工程项目准备阶段文件、监理文件、施工文件、竣工验收文件和竣工图；地下管线竣工测量成果；其他应当归档文件资料（电子文件、工程照片、录像等）。

房屋建筑工程竣工验收的范围是：

(1) 凡在我国境内新建、扩建、改建各类房屋建筑工程和市政基础设施工程，都实行竣工验收备案制度。

（2）抢险救灾工程、临时性房屋建筑工程和农民自建低层住宅工程，不适用此规定。

（3）军用房屋建筑工程竣工验收备案，按照中央军事委员会的有关规定执行。

建设单位应当自工程竣工验收合格之日起15日内，依照本办法规定，向工程所在地的县级以上地方人民政府建设行政主管部门（以下简称备案机关）备案。

建设单位办理工程竣工验收备案应当提交下列文件：

（1）工程竣工验收备案表。

（2）工程竣工验收报告。竣工验收报告应当包括工程报建日期，施工许可证号，施工图设计文件审查意见，勘察、设计、施工、工程监理等单位分别签署的质量合格文件及验收人员签署的竣工验收原始文件，市政基础设施的有关质量检测和功能性试验资料以及备案机关认为需要提供的有关资料。

（3）法律、行政法规规定应当由规划、公安消防、环保等部门出具的认可文件或者准许使用文件。

（4）施工单位签署的工程质量保修书。

（5）法规、规章规定必须提供的其他文件。商品住宅还应当提交《住宅质量保证书》和《住宅使用说明书》。

备案机关发现建设单位在竣工验收过程中有违反国家有关建设工程质量管理规定行为的，应当在收讫竣工验收备案文件15日内，责令停止使用，重新组织竣工验收。建设单位在工程竣工验收合格之日起15日内未办理工程竣工验收备案的，备案机关责令限期改正，处20万元以上30万元以下罚款。建设单位将备案机关决定重新组织竣工验收的工程，在重新组织竣工验收前，擅自使用的，备案机关责令停止使用，处工程合同价款2%以上4%以下罚款。建设单位采用虚假证明文件办理工程竣工验收备案的，工程竣工验收无效，备案机关责令停止使用，重新组织竣工验收，处20万元以上50万元以下罚款；构成犯罪的，依法追究刑事责任。备案机关决定重新组织竣工验收并责令停止使用的工程，建设单位在备案之前已投入使用或者建设单位擅自继续使用造成使用人损失的，由建设单位依法承担赔偿责任。竣工验收备案文件齐全，备案机关及其工作人员不办理备案手续的，由有关机关责令改正，对直接责任人员给予行政处分。

城市建设档案，是指在城市规划、建设及其管理活动中直接形成的对国家和社会具有保存价值的文字、图纸、图表、声像等各种载体的文件资料。城建档案馆重点管理下列档案资料：

（1）各类城市建设工程档案：

1）工业、民用建筑工程；

2）市政基础设施工程；

3）公用基础设施工程；

4）交通基础设施工程；

5）园林建设、风景名胜建设工程；

6）市容环境卫生设施建设工程；

7）城市防洪、抗震、人防工程；

8）军事工程档案资料中，除军事禁区和军事管理区以外的穿越市区的地下管线走向和有关隐蔽工程的位置图。

（2）建设系统各专业管理部门（包括城市规划、勘测、设计、施工、监理、园林、风景名胜、环卫、市政、公用、房地产管理、人防等部门）形成的业务管理和业务技术档案。

（3）有关城市规划、建设及其管理的方针、政策、法规、计划方面的文件、科学研究成果和城市历史、自然、经济等方面的基础资料。

建设单位应当在工程竣工验收后三个月内，向城建档案馆报送一套符合规定的建设工程档案。凡建设工程档案不齐全的，应当限期补充。停建、缓建工程的档案，暂由建设单位保管。撤销单位的建设工程档案，应当向上级主管机关或者城建档案馆移交。对改建、扩建和重要部位维修的工程，建设单位应当组织设计、施工单位据实修改、补充和完善原建设工程档案。凡结构和平面布置等改变的，应当重新编制建设工程档案，并在工程竣工后三个月内向城建档案馆报送。列入城建档案馆档案接收范围的工程，建设单位在组织竣工验收前，应当提请城建档案管理机构对工程档案进行预验收。预验收合格后，由城建档案管理机构出具工程档案认可文件。建设系统各专业管理部门形成的业务管理和业务技术档案，凡具有永久保存价值的，在本单位保管使用一至五年后，按本规定全部向城建档案馆移交。有长期保存价值的档案，由城建档案馆根据城市建设的需要选择接收。城市地下管线普查和补测补绘形成的地下管线档案应当在普查、测绘结束后三个月内接收进馆。

违反城市建设档案规定有下列行为之一的，由建设行政主管部门对直接负责的主管人员或者其他直接责任人员依法给予行政处分；构成犯罪的，由司法机关依法追究刑事责任，包括：无故延期或者不按照规定归档、报送的；涂改、伪造档案的；档案工作人员玩忽职守，造成档案损失的。

住宅室内装修，是指住宅竣工验收合格后，业主或者住宅使用人对住宅室内进行装饰装修的建筑活动。在城市从事住宅室内装饰装修活动，实施对住宅室内装饰装修活动的监督管理，应当遵守《住宅室内装饰装修管理办法》。国务院建设行政主管部门负责全国住宅室内装饰装修活动的管理工作。省、自治区、人民政府建设行政主管部门负责本行政区域内的住宅室内装饰装修活动的管理工作。直辖市、市、县人民政府房地产行政主管部门负责本行政区域内的住宅室内装饰装修活动的管理工作。

住宅室内装饰装修行为规定：

（1）承接住宅室内装饰装修工程的装饰装修企业，必须经建设行政主管部门资质审查，取得相应的建筑企业资质证书，并在其资质等级许可范围内承揽工程。

（2）装修人委托企业承接其装饰装修工程的，应当选择具有相应资质等级的装饰装修企业。

（3）装修人与装饰装修企业应当签定住宅室内装饰装修合同，明确双方的权利和义务。

（4）住宅室内装饰装修应当保证工程质量和安全，符合工程质量强制性标准。

（5）住宅室内装饰装修活动，禁止下列行为：①未经原设计单位或者具有相应资质等级的设计单位提出设计方案，变动建筑主体和承重结构；②将没有防水要求的房间或者阳台改为卫生间、厨房间；③扩大承重墙上原有的门窗尺寸，拆除连接阳台的砖、混凝土墙体；④损坏房屋原有节能设施，降低节能效果；⑤其他影响建筑结构和使用安全的行为。

（6）装修人从事住宅室内装饰装修活动，经批准，方可施工下列行为：①搭建建筑物、构筑物，应当经城市规划行政主管部门批准；②改变住宅外立面，在非承重外墙上开门、窗，应当经城市规划行政主管部门批准；③拆改供暖管道和设施，应当经供暖管理单位批准；④拆改燃气管道和设施，应当经燃气管理单位批准。

（7）住宅室内装饰装修超过设计标准或者规范增加楼面荷载的，应当经原设计单位或者具有相应资质等级的设计单位提出设计方案。

（8）改动卫生间、厨房间防水层，应当按照防水标准制订施工方案，并做闭水试验。

（9）装修人经原设计单位或者具有相应资质等级的设计单位提出设计方案变动建筑主体和承重结构的，或者装修活动涉及本办法第6条、第7条、第7条内容的，必须委托具有相应资质的装饰装修企业承担。

（10）装饰装修企业必须按照工程建设强制性标准和其他技术标准施工，不得偷工减料，确保装饰装修工程质量。

（11）装饰装修企业从事住宅室内装饰装修活动，应当遵守施工安全操作规程，按照规定采取必要的安全防护和消防措施，不得擅自运用明火和进行焊接作业，保证作业人员和周围住房及财产的安全。

（12）装修人和装饰装修企业从事住宅室内装饰装修活动，不得侵占公共空间，不得损害公共部位和设施。

装修人在住宅室内装饰装修工程开工前，应当向物业管理企业或者房屋管理机构（以下简称物业管理单位）申报登记。非业主的住宅使用人对住宅室内进行装饰装修，应当取得业主的书面同意。申报登记应当提交下列材料：房屋所有权证（或者证明其合法权益的有效凭证）；申请人身份证件；装饰装修方案；变动建筑主体或者承重结构，需提交原设计单位或者具有相应资质等级的设计单位提出的设计方案；涉及本办法第六条行为的，需提交有关部门的批准文件，涉及本办法第七条、第八条行为的，需提交设计方案或者施工方案；委托装饰装修企业施工的，需提供该企业相关资质证书的复印件。

装修人，或者装修人和装饰装修企业，应当与物业管理单位签订住宅室内装饰装修管理服务协议。住宅室内装饰装修管理服务协议应当包括下列内容：装饰装修工程的实施内容；装饰装修工程的实施期限；允许施工的时间；废弃物的清运与处置；住宅外立面设施及防盗窗的安装要求；禁止行为和注意事项；管理服务费用；违约责任；其他需要约定的事项。

住宅室内装饰装修工程竣工后，装修人应当按照工程设计合同约定和相应的质量标准进行验收。验收合格后，装饰装修企业应当出具住宅室内装饰装修质量保修书。物业管理单位应当按照装饰装修管理服务协议进行现场检查，对违反法律、法规和装饰装修管理服务协议的，应当要求装修人和装饰装修企业纠正，并将检查记录存档。住宅室内装饰装修工程竣工后，装饰装修企业负责采购装饰装修材料及设备的，应当向业主提交说明书、保修单和环保说明书。在正常使用条件下，住宅室内装饰装修工程的最低保修期限为二年，有防水要求的厨房、卫生间和外墙面的防渗漏为五年。保修期自住宅室内装饰装修工程竣工验收合格之日起计算。

住宅室内装饰装修法律责任：
（1）因住宅室内装饰装修活动造成相邻住宅的管道堵塞、渗漏水、停水停电、物品毁坏等，装修人应当负责修复和赔偿；属于装饰装修企业责任的，装修人可以向装饰装修企业追偿。装修人擅自拆改供暖、燃气管道和设施造成损失的，由装修人负责赔偿。

（2）装修人因住宅室内装饰装修活动侵占公共空间，对公共部位和设施造成损害的，由城市房地产行政主管部门责令改正，造成损失的，依法承担赔偿责任。

（3）装饰装修企业自行采购或者向装修人推荐使用不符合国家标准的装饰装修材料，造成空气污染超标的，由城市房地产行政主管部门责令改正，造成损失的，依法承担赔偿责任。

（4）装修人或者装饰装修企业违反《建设工程质量管理条例》或违反国家有关安全生产规定和安全生产技术规程的，由建设行政主管部门按照有关规定处罚。

（5）有关部门的工作人员接到物业管理单位对装修人或者装饰装修企业违法行为的报告后，未及时处理，玩忽职守的，依法给予行政处分。

按照《中华人民共和国土地管理法实施条例》的规定，下列土地属于国家：
（1）城市市区的土地；
（2）农村和城市郊区中已经依法没收、征收、征购为国有的土地；
（3）国家依法征用的土地；
（4）依法不属于集体所有的林地、草地、荒地、滩涂及其他土地；
（5）农村集体经济组织全部成员转为城镇居民的，原属于其成员集体所有的土地；
（6）因国家组织移民、自然灾害等原因，农民成建制地集体迁移后不再使用的原属于迁移农民集体所有的土地。

国有土地有偿使用方式包括：国有土地使用权出让；国有土地租赁；国有土地使用权作价出资或者入股。

房屋拆迁的程序是：
（1）申请房屋拆迁许可证；
（2）公布房屋拆迁公告；
（3）通知暂停相关活动；
（4）签定拆迁委托合同；
（5）签定拆迁补偿协议；
（6）实施拆迁。

拆迁的补偿方式有货币补偿、房屋产权调换两种。货币补偿的金额，根据被拆迁房屋的区位、用途、建筑面积等因素，以房地产市场评估价格确定。实施产权调换的，拆迁人与被拆迁人应当依照货币补偿金的确定方法，计算被拆迁房屋的补偿金额和所调换房屋的价格，结清产权调换的差价。

建设单位、勘察单位、设计单位、施工单位、工程监理单位及其他与建设工程安全生产有关的单位，必须遵守《建筑法》、《安全生产法》、《安全生产管理条例》对建筑安全生产责任的规定。保证建设工程安全生产，依法承担建设工程安全生产责任。

建设单位的安全生产责任是：
（1）建设单位应当向施工单位提供施工现场及毗邻区域内供水、排水、供电、供气、供热、通信、广播电视等地下管线资料，气象和水文观测资料，相邻建筑物和构筑物、地下工程的有关资料，并保证资料的真实、准确、完整。

(2) 建设单位不得对勘察、设计、施工、工程监理等单位提出不符合建设工程安全生产法律、法规和强制性标准规定的要求，不得压缩合同约定的工期。

(3) 建设单位在编制工程概算时，应当确定建设工程安全作业环境及安全施工措施所需费用。

(4) 建设单位不得明示或者暗示施工单位购买、租赁、使用不符合安全施工要求的安全防护用具、机械设备、施工机具及配件、消防设施和器材。

(5) 建设单位在申请领取施工许可证时，应当提供建设工程有关安全施工措施的资料。

(6) 建设单位应当将拆除工程发包给具有相应资质等级的施工单位。

(7) 依法批准开工报告的建设工程，建设单位应当自开工报告批准之日起15日内，将保证安全施工的措施报送建设工程所在地的县级以上地方人民政府建设行政主管部门或者其他有关部门备案。

施工单位的安全责任有：

(1) 施工单位从事建设工程的新建、扩建、改建和拆除等活动，应当具备国家规定的注册资本、专业技术人员、技术装备和安全生产等条件，依法取得相应等级的资质证书，并在其资质等级许可的范围内承揽工程。

(2) 施工单位主要负责人依法对本单位的安全生产工作全面负责。施工单位应当建立健全安全生产责任制度和安全生产教育培训制度，制定安全生产规章制度和操作规程，保证本单位安全生产条件所需资金的投入，对所承担的建设工程进行定期和专项安全检查，并做好安全检查记录。

(3) 施工单位的项目负责人应当由取得相应执业资格的人员担任，对建设工程项目的安全施工负责，落实安全生产责任制度、安全生产规章制度和操作规程，确保安全生产费用的有效使用，并根据工程的特点组织制定安全施工措施，消除安全事故隐患，及时、如实报告生产安全事故。

(4) 施工单位对列入建设工程概算的安全作业环境及安全施工措施所需费用，应当用于施工安全防护用具及设施的采购和更新、安全施工措施的落实、安全生产条件的改善，不得挪作他用。

(5) 建设工程实行施工总承包的，由总承包单位对施工现场的安全生产负总责。总承包单位依法将建设工程分包给其他单位的，分包合同中应当明确各自的安全生产方面的权利、义务。

(6) 总承包单位和分包单位对分包工程的安全生产承担连带责任；

(7) 分包单位应当服从总承包单位的安全生产管理，分包单位不服从管理导致生产安全事故的，由分包单位承担主要责任。

(8) 垂直运输机械作业人员、安装拆卸工、爆破作业人员、起重信号工、登高架设作业人员等特种作业人员，必须按照国家有关规定经过专门的安全作业培训，并取得特种作业操作资格证书后，方可上岗作业。

(9) 施工单位应当设立安全生产管理机构，配备专职安全生产管理人员。

(10) 施工单位应当为施工现场从事危险作业的人员办理意外伤害保险。

(11) 施工单位应当向作业人员提供安全防护用具和安全防护服装，并书面告知危险

岗位的操作规程和违章操作的危害;

(12) 建设工程施工前,施工单位负责项目管理的技术人员应当对有关安全施工的技术要求向施工作业班组、作业人员作出详细说明,并由双方签字确认。

(13) 施工单位应当在施工现场入口处、施工起重机械、临时用电设施、脚手架、出入通道口、楼梯口、电梯井口、孔洞口、桥梁口、隧道口、基坑边沿、爆破物及有害危险气体和液体存放处等危险部位,设置明显的安全警示标志。安全警示标志必须符合国家标准。

(14) 施工单位应当将施工现场的办公、生活区与作业区分开设置,并保持安全距离;办公、生活区的选址应当符合安全性要求。职工的膳食、饮水、休息场所等应当符合卫生标准。施工单位不得在尚未竣工的建筑物内设置员工集体宿舍。

(15) 施工单位对因建设工程施工可能造成损害的毗邻建筑物、构筑物和地下管线等,应当采取专项防护措施。

(16) 施工单位应当遵守有关环境保护法律、法规的规定,在施工现场采取措施,防止或者减少粉尘、废气、废水、固体废物、噪声、振动和施工照明对人和环境的危害和污染。

(17) 施工单位应当遵守有关环境保护法律、法规的规定,在施工现场采取措施,防止或者减少粉尘、废气、废水、固体废物、噪声、振动和施工照明对人和环境的危害和污染。

施工现场,是指进行工业和民用建筑项目的房屋建筑、土木工程、设备安装、管线敷设等施工活动,经批准占用的施工现场。施工现场管理的责任人与责任单位:

(1) 建设工程开工前,建设单位或者发包单位应当指定施工现场总代表人,施工单位应当指定项目经理,并分别将总代表和项目经理的姓名及授权事项书面通知对方,同时报施工许可证的发证部门备案;

(2) 在施工过程中,总代表人或者项目经理发生变更的,应当按照前款规定重新通知对方和备案;

(3) 项目经理全面负责施工过程的现场管理,他应根据工程规模、技术复杂程度和施工现场的具体情况,建立施工现场管理责任制,并组织实施;

(4) 建设工程实施总包和分包的,由总承包单位负责施工现场的统一管理,监督检查分包单位的施工现场活动。分包单位应当在总承包单位的统一管理下,在其分包范围内建立施工现场管理责任制,并组织实施。

(5) 总包单位可以受建设单位的委托,负责协调该施工现场内由建设单位直接发包的其他单位的施工现场活动。

(6) 施工单位必须编制建设工程施工组织设计。建设工程实行总包和分包的,由总包单位负责编制施工组织设计或者分阶段施工组织设计。分包单位在总包单位的总体部署下,负责编制分包工程的施工组织设计。

(7) 建设工程施工必须按照批准的施工组织设计进行。在施工过程中确需对施工组织设计进行重大修改的,必须报经批准部门同意。

施工现场管理的内容有,施工单位应当在批准的施工场地内组织进行。需要临时征用施工场地或者临时占用道路的,应当依法办理有关批准手续。施工单位应当按照施工总平面布置图设置各项临时设施。堆放大宗材料、成品、半成品和机具设备，不得侵占场内道路及安全防护等设施。建设工程实行总承包和分包的，分包单位确需进行改变施工总平面布置活动的，应当先向总承包单位提出申请，经总承包单位同意后方可实施。施工机械应当按照施工总平面布置图规定的位置和线路位置，不得任意侵占场内道路。

施工单位应当遵守国家有关环境保护的法律规定，采取措施控制施工现场的各种粉尘、废气、废水、固定废弃物以及噪声、振动对环境的污染和危害。施工单位应当采取下列防止环境污染的措施：

（1）妥善处理泥浆水，未经处理不得直接排入城市排水设施和河流；

（2）除设有符合规定的装置外，不得在施工现场熔融沥青或者焚烧油毡、油漆以及其他会产生有毒有害烟尘和恶臭气体的物质；

（3）使用密封式的圈筒或者采取其他措施处理高空废弃物；

（4）采取有效措施控制施工过程中的扬尘；

（5）禁止将有毒有害废弃物用作土方回填；

（6）对产品噪声、振动的施工机械、应采取有效控制措施，减轻噪声扰民。

建设工程施工由于受技术、经济条件限制，对环境的污染不能控制在规定范围内的，建设单位应当合同施工单位事先报请当地人民政府建设行政主管部门和环境行政主管部门批准。

5.5.10 建筑工程技术标准

本节内容涉及国家现行的规范条文，请参考相关规范：《建筑内部装修设计防火规范》（GB 50222—95）、《建筑设计防火规范》（GB 50016—2006）、《建筑内部装修防火施工及验收规范》（GB 50354—2005）、《民用建筑工程室内环境污染控制规范》（GB 50325—2001）、《混凝土结构工程施工质量验收规范》（GB 50204—2002）、《砌体工程施工质量验收规范》（GB 50203—2002）、《钢结构工程施工质量验收规范》（GB 50205—2001）、《建筑地基基础工程施工质量验收规范》（GB 50202—2002）、《建筑装饰装修工程质量验收规范》（GB 50210—2001）、《住宅装饰装修工程施工规范》（GB 50327—2001）、《玻璃幕墙工程技术规范》（JGJ 102—2003）、《金属与石材幕墙工程技术规范》（JGJ 133—2001）。

5.5.11 例题（2007年真题）

本科目考试包括单选题、多选题和案例分析题，满分160分。单选题共20题，每题1分，每题的备选答案中，只有一个最符合题意。多选题共20题，每题2分，每题的备选答案中有2个或2个以上符合题意，至少有1个错项。错选，不得分；少选，所选的每个选项得0.5分。案例分析题120分。

单选题：普通房屋的正常设计使用年限为（　　）年。

A. 10　　　　B. 25　　　　C. 50　　　　D. 100

正确答案：C。

解题分析：我国《建筑结构可靠度设计统一标准》（GB 50068—2001）提出建筑结构的设计使用年限，普通房屋的正常设计使用年限为50年。

多选题：混凝土拌和物的和易性是一项综合的技术性质，它包括（　　）等几方面的含义。

A. 流动性　　B. 耐久性　　C. 黏聚性　　D. 饱和度　　E. 保水性

正确答案：A、C、E。

解题分析：和易性是指混凝土拌合物易于施工操作（搅拌、运输、浇筑、捣实）并能获得质量均匀、成型密实的性能。和易性是一项综合的技术性质，包括流动性、黏聚性和保水性。

案例分析题：

1. 背景资料

某大型工程，由于技术特别复杂，对施工单位的施工设备与同类工程的施工经验要求较高，经省有关部门批准后决定采取邀请招标方式。招标人于2007年3月8日向通过资格预审的A、B、C、D、E五家施工承包企业发出了投标邀请书，五家企业接受了邀请并于规定时间内购买了招标文件。招标文件规定：2007年4月20日下午4时为投标截止时间，5月10日发出中标通知书。

在4月20日上午A、B、D、E四家企业提交了投标文件，但C企业于4月20日下午5时才送达。4月23日由当地投标监督办公室主持进行了公开开标。

评标委员会共有7人组成，其中当地招标办公室1人，公证处1人，招标人1人，技术经济专家4人。评标时发现B企业投标文件有项目经理签字并盖了公章，但无法定代表人签字和授权委托书；D企业投标报价的大写金额与小写金额不一致；E企业对某分项工程报价有漏项。招标人于5月10日向A企业发出了中标通知书，双方于6月12日签订了书面合同。

问题：

（1）该项目采取的招标方式是否妥当？说明理由。

（2）分别指出对B企业、C企业、D企业和E企业投标文件应如何处理？并说明理由。

（3）指出开标工作的不妥之处，并说明理由。

（4）指出评标委员会人员组成的不妥之处。

（5）指出招标人与中标企业6月12日签订合同是否妥当，并说明理由。

参考答案：

（1）妥当。工程方案、技术特别复杂的工程经批准后方可进行邀请招标。

（2）B企业投标文件无效，因无法人代表签字，又无授权书、C企业投标文件应作废标处理，超出投标截止时间。D企业投标文件有效，属细微偏差。E企业投标文件有效，属细微偏差。

（3）①开标时间不妥。开标时间应为投标截止时间。

②开标主持单位，不妥。开标应由招标单位代表主持。

（4）①公证处人员只公证投标过程，不参与评标；

②招标办公室人员只负责监督招标工作，不参与评标；

③技术经济专家不得少于评标委员会成员总数的2/3，即不少于5人。

（5）不妥。招标人与中标人应于中标通知书发出之日起30日内签订书面合同。

分析：本题测试考生对《招标投标法》的掌握。

2. 背景资料

某18层办公楼，建筑面积32000m²，总高度71m，钢筋混凝土框架—剪力墙结构，脚手架采用悬挑钢管脚手架，外挂密目安全网，塔式起重机作为垂直运输工具。2006年11月9日在15层结构施工时，吊运钢管时钢丝绳滑扣，起吊离地20m后，钢管散落，造成下面作业的4名人员死亡，2人重伤。经事故调查发现：

（1）作业人员严重违章，起重机司机因事请假，工长临时指定一名机械工操作塔吊，钢管没有捆扎就托底兜着吊起，而且钢丝绳没有在吊钩上挂好，只是挂在吊钩的端头上。专职安全员在事故发生时不在现场。

（2）作业前，施工单位项目技术负责人未详细进行安全技术交底，仅向专职安全员口头交待了施工方案中的安全管理要求。

问题：（1）针对现场伤亡事故，项目经理应采取哪些应急措施？
（2）指出本次事故的直接原因。
（3）对本起事故，专职安全员有哪些过错？
（4）指出该项目安全技术交底工作存在的问题。

参考答案：
（1）①组织迅速抢救伤员；②保护好现场；③立即向本单位责任人报告；④启动应急预案；⑤协助事故调查；⑥其他合理的应急措施。

（2）事故直接原因：工长指定一名不是起重吊车的人员负责钢管起吊，没有将钢管捆绑，钢丝绳勾在了吊钩的端头上，致使起吊中钢管高空散落。

（3）安全员严重失职，事发时安全员不在现场，平时对现场防护监督不到位，没有定期检查设备（或参加检查未发现隐患，对隐患整改未落实）。

（4）安全技术交底仅有口头讲解，没有书面签字记录。交底人员应包括施工负责人、生产班组。安全技术交底缺乏针对性，没有细化的施工方案和安全注意事项。

分析：本题测试考生对建筑工程安全管理、安全检查的掌握。

本 章 小 结

一级建造师考试的目的是测试考生是否基本掌握实践所必须具备的专业理论知识。参加建造师执业资格考试需要一定学历要求及职业实践要求。

建设工程经济考试内容包括建设工程经济、会计基础与财务管理、建设工程估价、宏观经济政策及项目融资。

建设工程项目管理考试内容包括建设工程项目的组织与管理、建设工程项目施工成本管理、建设工程项目进度管理、建设工程项目质量管理、建设工程职业健康安全与环境管理、建设工程合同与合同管理、建设工程项目信息管理。

建设工程法规及相关知识考试内容包括建设工程法律制度、合同法、建设工程纠纷处理、建设工程法律责任。

一级建造工程师考试《专业工程管理与实务》科目分10各个专业类别，考生根据实际工作选择其一。《专业工程管理与实务》（建筑工程）考试内容包括建筑工程技术、建筑工程项目管理实务、建筑工程法规及相关知识，主要测试考生灵活应用所学知识解决建设工程施工管理实际问题的能力。

考试内容与主要课程对应关系见下表：

本章考试内容与主要课程对应关系表

序号	考试内容	主要对应课程名称	备注
1	5.2 建筑工程经济	工程经济学 工程造价	
2	5.3 建设工程项目管理	工程项目管理 土木工程施工 工程监理概论	
3	5.4 建设工程法规及相关知识	建筑工程合同管理与索赔 建筑法规	
4	5.5.2 房屋结构工程技术	结构力学 钢筋混凝土结构 建筑结构抗震 高层建筑结构	
5	5.5.3 建筑装饰装修技术	建设物理 房屋建筑学	
6	5.5.4 建筑材料	土木工程材料	
7	5.5.5 建筑工程施工技术	土木工程施工	
8	5.5.7 建筑工程项目现场管理	土木工程施工 建筑设备	
9	5.5.8 建筑工程项目的综合管理	工程项目管理	
10	5.5.10 建筑工程技术标准	建设法规	

本章参考文献

[1] 全国一级建造师执业资格考试用书编写委员会．建设工程经济．北京：中国建筑工业出版社．2007．

[2] 全国一级建造师执业资格考试用书编写委员会．建设工程项目管理．北京：中国建筑工业出版社．2007．

[3] 全国一级建造师执业资格考试用书编写委员会．建设工程法规及相关知识．北京：中国建筑工业出版社．2007．

[4] 全国一级建造师执业资格考试用书编写委员会．建设工程管理与实务．北京：中国建筑工业出版社．2007．

[5] 中华人民共和国建筑法．1998．
[6] 中华人民共和国招标投标法．2000．
[7] 建设工程质量管理条例．2000．
[8] 中华人民共和国安全生产法．2002．
[9] 建筑工程安全生产管理条例．2004．
[10] 安全生产许可证条例．2004．
[11] 建设工程勘察设计管理条例．2000．
[12] 中华人民共和国标准化法．1989．
[13] 中华人民共和国环境保护法．1989．
[14] 中华人民共和国节约能源法．1998．

[15] 中华人民共和国消防法.1998.
[16] 中华人民共和国档案法.1996.
[17] 中华人民共和国土地管理法.2004.
[18] 城市房屋拆迁管理条例.2001.
[19] 中华人民共和国劳动法.1995.
[20] 中华人民共和国保险法.2002.
[21] 中华人民共和国公司法.2006.

第6章 注册造价工程师执业资格考试

本章导读：全国注册造价工程师是指经全国统一考试合格，取得《造价工程师执业资格证书》并经注册登记，在建设工程中从事造价业务活动的专业技术人员。本章的主要内容为：介绍全国注册造价工程师执业资格考试、工程造价的组成内容及确定、工程造价的定额计价方法、工程量清单计价的基本原理和特点、工程造价的计价与控制。其中重点为工程量清单计价的基本原理和特点、工程造价的计价与控制。通过本章学习，应对工程造价的组成有初步了解，包括它的组成、基本原理，掌握其确定和控制方法。

6.1 全国注册造价工程师执业资格考试简介

全国注册造价工程师是指经全国统一考试合格，取得《造价工程师执业资格证书》并经注册登记，在建设工程中从事造价业务活动的专业技术人员。其由国家授予资格并准予注册后执业，专门接受某个部门或某个单位的指定、委托或聘请，负责并协助其进行工程造价的计价、定价及管理业务，以维护其合法权益的工程经济专业人员。国家在工程造价领域实施造价工程师执业资格制度。凡从事工程建设活动的建设、设计、施工、工程造价咨询、工程造价管理等单位和部门，必须在计价、评估、审查（核）、控制及管理等岗位配套有造价工程师执业资格的专业技术人员。

1996年，依据《人事部、建设部关于印发〈造价工程师执业资格制度暂行规定〉的通知》（人发〔1996〕77号），国家开始实施造价工程师执业资格制度。1998年1月，人事部、建设部下发了《人事部、建设部关于实施造价工程师执业资格考试有关问题的通知》（人发〔1998〕8号），并于当年在全国首次实施了造价工程师执业资格考试。考试工作由人事部、建设部共同负责，日常工作由建设部标准定额司承担，具体考务工作委托人事部人事考试中心组织实施。考试每年举行一次，考试时间一般安排在10月中旬。原则上只在省会城市设立考点。考试设置四个科目。具体是：

《工程造价管理相关知识》、《工程造价的确定与控制》、《建设工程技术与计量》（本科目分土建和安装两个专业，考生可任选其一，下同）、《工程造价案例分析》。其中，《工程造价案例分析》为主观题，在答题纸上作答；其余3科均为客观题，在答题卡上作答。

考生应试时，可携带钢笔或圆珠笔（黑色或蓝色）、2B铅笔、橡皮、计算器（无声、无存储编辑功能）。

考试分4个半天进行，《工程造价管理相关知识》和《建设工程技术与计量》的考试时间均为两个半小时；《工程造价的确定与控制》的考试时间为3个小时；《工程造价案例分析》的考试时间为3个半小时。

考试以两年为一个周期，参加全部科目考试的人员须在连续两个考试年度内通过全部科目的考试。免试部分科目的人员须在一个考试年度内通过应试科目。

注册造价工程师报考条件如下：

(1) 凡中华人民共和国公民，遵纪守法并具备以下条件之一者，均可申请参加造价工程师执业资格考试：

1) 工程造价专业大专毕业，从事工程造价业务工作满 5 年；工程或工程经济类大专毕业，从事工程造价业务工作满 6 年。

2) 工程造价专业本科毕业，从事工程造价业务工作满 4 年；工程或工程经济类本科毕业，从事工程造价业务工作满 5 年。

3) 获上述专业第二学士学位或研究生班毕业和获硕士学位，从事工程造价业务工作满 3 年。

4) 获上述专业博士学位，从事工程造价业务工作满 2 年。

(2) 凡符合造价工程师执业资格考试报考条件，且在《造价工程师执业资格制度暂行规定》下发之日（1996 年 8 月 26 日）前，已受聘担任高级专业技术职务并具备下列条件之一者，可免试《工程造价管理基础理论与相关法规》和《建设工程技术与计量》两个科目，只参加《工程造价计价与控制》和《工程造价案例分析》两个科目的考试。

1) 1970 年（含 1970 年，下同）以前工程或工程经济类本科毕业，从事工程造价业务满 15 年。

2) 1970 年以前工程或工程经济类大专毕业，从事工程造价业务满 20 年。

3) 1970 年以前工程或工程经济类中专毕业，从事工程造价业务满 25 年。

上述报考条件中有关学历的要求是指经国家教育行政主管部门承认的正规学历，从事相关工作年限要求是指取得规定学历前、后从事该相关工作时间的总和。

6.2 工程造价概述

建设项目投资包括固定资产投资和流动资产投资两部分，建设项目总投资中的固定资产投资与建设项目的工程造价在量上相等。工程造价基本构成中，包括用于购买工程项目所含各种设备的费用，用于建筑施工和安装施工所需支出的费用，用于委托工程勘察设计应支付的费用，用于购置土地所需的费用，也包括用于建设单位自身进行项目筹建和项目管理所花费费用等。总之，工程造价是工程项目按照确定的建设内容、建设规模、建设标准、功能要求和使用要求等全部建成并验收合格交付使用所需的全部费用。

我国现行工程造价的构成主要划分为设备及工、器具购置费用（设备购置费、工具器具及生产家具购置费）、建筑安装工程费用（直接费、间接费、利润、税金）、工程建设其他费用（土地使用费、与建设项目有关的其他费用、与未来企业生产经营有关的其他费用）、预备费（基本预备费、涨价预备费）、建设期贷款利息、固定资产投资方向调节税等几项。

6.2.1 建筑安装工程费用构成

建筑安装工程费由直接费、间接费、利润和税金组成。

1. 直接费

直接费由直接工程费和措施费组成。

(1) 直接工程费：是指施工过程中耗费的构成工程实体的各项费用，包括人工费、材

```
                    ┌ 直接费
         ┌ 建筑安装 ┤ 间接费
         │ 工程费用 │ 利润
         │         └ 税金
         │                    ┌ 设备原价
         │ 设备及工器 ┌ 设备购置费 ┤
工程     ┤ 具购置费  │          └ 设备运杂费
造价     │         └ 工具、器具及生产家具购置费
         │ 工程建设其 ┌ 土地使用费
         │ 他费用   │ 与项目建设有关的其他费用
         │         └ 与未来经营有关的其他费用
         │ 预备费   ┌ 基本预备费
         │         └ 涨价预备费
         │ 建设期贷款利息
         └ 固定资产投资方向调节税
```

图 6-1 工程造价的组成

料费、施工机械使用费。

1）人工费：是指直接从事建筑安装工程施工的生产工人开支的各项费用，内容包括：

①基本工资：是指发放给生产工人的基本工资。

②工资性补贴：是指按规定标准发放的物价补贴，煤、燃气补贴，交通补贴，住房补贴，流动施工津贴等。

③生产工人辅助工资：是指生产工人年有效施工天数以外非作业天数的工资，包括职工学习、培训期间的工资，调动工作、探亲、休假期间的工资，因气候影响的停工工资，女工哺乳时间的工资，病假在六个月以内的工资及产、婚、丧假期的工资。

④职工福利费：是指按规定标准计提的职工福利费。

⑤生产工人劳动保护费：是指按规定标准发放的劳动保护用品的购置费及修理费，徒工服装补贴，防暑降温费，在有碍身体健康环境中施工的保健费用等。

2）材料费：是指施工过程中耗费的构成工程实体的原材料、辅助材料、构配件、零件、半成品的费用。内容包括：

①材料原价（或供应价格）。

②材料运杂费：是指材料自来源地运至工地仓库或指定堆放地点所发生的全部费用。

③运输损耗费：是指材料在运输装卸过程中不可避免的损耗。

④采购及保管费：是指为组织采购、供应和保管材料过程中所需要的各项费用。包括采购费、仓储费、工地保管费、仓储损耗。

⑤检验试验费：是指对建筑材料、构件和建筑安装物进行一般鉴定、检查所发生的费用，包括自设试验室进行试验所耗用的材料和化学药品等费用。不包括新结构、新材料的试验费和建设单位对具有出厂合格证明的材料进行检验，对构件做破坏性试验及其他特殊要求检验试验的费用。

3）施工机械使用费：是指施工机械作业所发生的机械使用费以及机械安拆费和场外运费。施工机械台班单价应由下列七项费用组成：

①折旧费：指施工机械在规定的使用年限内，陆续收回其原值及购置资金的时间价值。

②大修理费：指施工机械按规定的大修理间隔台班进行必要的大修理，以恢复其正常功能所需的费用。

③经常修理费：指施工机械除大修理以外的各级保养和临时故障排除所需的费用。包括为保障机械正常运转所需替换设备与随机配备工具附具的摊销和维护费用，机械运转中日常保养所需润滑与擦拭的材料费用及机械停滞期间的维护和保养费用等。

④安拆费及场外运费：安拆费指施工机械在现场进行安装与拆卸所需的人工、材料、机械和试运转费用以及机械辅助设施的折旧、搭设、拆除等费用；场外运费指施工机械整

体或分体自停放地点运至施工现场或由一施工地点运至另一施工地点的运输、装卸、辅助材料及架线等费用。

⑤人工费：指机上司机（司炉）和其他操作人员的工作日人工费及上述人员在施工机械规定的年工作台班以外的人工费。

⑥燃料动力费：指施工机械在运转作业中所消耗的固体燃料（煤、木柴）、液体燃料（汽油、柴油）及水、电等。

⑦养路费及车船使用税：指施工机械按照国家规定和有关部门规定应缴纳的养路费、车船使用税、保险费及年检费等。

(2) 措施费：是指为完成工程项目施工，发生于该工程施工前和施工过程中非工程实体项目的费用。包括的费用如下：

1) 环境保护费：是指施工现场为达到环保部门要求所需要的各项费用。

2) 文明施工费：是指施工现场文明施工所需要的各项费用。

3) 安全施工费：是指施工现场安全施工所需要的各项费用。

4) 临时设施费：是指施工企业为进行建筑工程施工所必须搭设的生活和生产用的临时建筑物、构筑物和其他临时设施费用等。临时设施包括：临时宿舍、文化福利及公用事业房屋与构筑物，仓库、办公室、加工厂以及规定范围内道路、水、电、管线等临时设施和小型临时设施。临时设施费用包括：临时设施的搭设、维修、拆除费或摊销费。

5) 夜间施工费：是指因夜间施工所发生的夜班补助费、夜间施工降效、夜间施工照明设备摊销及照明用电等费用。

6) 二次搬运费：是指因施工场地狭小等特殊情况而发生的二次搬运费用。

7) 大型机械设备进出场及安拆费：是指机械整体或分体自停放场地运至施工现场或由一个施工地点运至另一个施工地点，所发生的机械进出场运输及转移费用及机械在施工现场进行安装、拆卸所需的人工费、材料费、机械费、试运转费和安装所需的辅助设施的费用。

8) 混凝土、钢筋混凝土模板及支架费：是指混凝土施工过程中需要的各种钢模板、木模板、支架等的支、拆、运输费用及模板、支架的摊销（或租赁）费用。

9) 脚手架费：是指施工需要的各种脚手架搭、拆、运输费用及脚手架的摊销（或租赁）费用。

10) 已完工程及设备保护费：是指竣工验收前，对已完工程及设备进行保护所需费用。

11) 施工排水、降水费：是指为确保工程在正常条件下施工，采取各种排水、降水措施所发生的各种费用。

2. 间接费

间接费由规费、企业管理费组成。

(1) 规费：规费是指政府和有关权力部门规定必须缴纳的费用（简称规费）。包括：

1) 工程排污费：是指施工现场按规定缴纳的工程排污费。

2) 工程定额测定费：是指按规定支付工程造价（定额）管理部门的定额测定费。

3) 社会保障费：

①养老保险费：是指企业按规定标准为职工缴纳的基本养老保险费。

②失业保险费：是指企业按照国家规定标准为职工缴纳的失业保险费。
③医疗保险费：是指企业按照规定标准为职工缴纳的基本医疗保险费。
4) 住房公积金：是指企业按规定标准为职工缴纳的住房公积金。
5) 危险作业意外伤害保险：是指按照建筑法规定，企业为从事危险作业的建筑安装施工人员支付的意外伤害保险费。

(2) 企业管理费：是指建筑安装企业组织施工生产和经营管理所需费用。费用包括：

1) 管理人员工资：是指管理人员的基本工资、工资性补贴、职工福利费、劳动保护费等。

2) 办公费：是指企业管理办公用的文具、纸张、账表、印刷、邮电、书报、会议、水电、烧水和集体取暖（包括现场临时宿舍取暖）用煤等费用。

3) 差旅交通费：是指职工因公出差、调动工作的差旅费、住勤补助费，市内交通费和误餐补助费，职工探亲路费，劳动力招募费，职工离退休、退职一次性路费，工伤人员就医路费，工地转移费以及管理部门使用的交通工具的油料、燃料、养路费及牌照费。

4) 固定资产使用费：是指管理和试验部门及附属生产单位使用的属于固定资产的房屋、设备仪器等的折旧、大修、维修或租赁费。

5) 工具用具使用费：是指管理使用的不属于固定资产的生产工具、器具、家具、交通工具和检验、试验、测绘、消防用具等的购置、维修和摊销费。

6) 劳动保险费：是指由企业支付离退休职工的易地安家补助费、职工退职金、六个月以上的病假人员工资、职工死亡丧葬补助费、抚恤费、按规定支付给离休干部的各项经费。

7) 工会经费：是指企业按职工工资总额计提的工会经费。

8) 职工教育经费：是指企业为职工学习先进技术和提高文化水平，按职工工资总额计提的费用。

9) 财产保险费：是指施工管理用财产、车辆保险。

10) 财务费：是指企业为筹集资金而发生的各种费用。

11) 税金：是指企业按规定缴纳的房产税、车船使用税、土地使用税、印花税等。

12) 其他：包括技术转让费、技术开发费、业务招待费、绿化费、广告费、公证费、法律顾问费、审计费、咨询费等。

3. 利润。利润是指施工企业完成所承包工程获得的盈利。

4. 税金。税金是指国家税法规定的应计入建筑安装工程造价内的营业税、城市维护建设税及教育费附加等。

6.2.2 设备购置费的构成计算

设备购置费是指为建设项目购置或自制的达到固定资产标准的国产或进口设备、工具、器具的购置费用。它由设备原价和设备运杂费构成。即设备购置费=设备原价+设备运杂费。其中，设备原价指国产设备或进口设备的原价；设备运杂费指除设备原价之外的关于设备采购、运输、途中包装及仓库保管等方面支出费用的总和。

1. 国产设备原价的构成及计算

国产设备原价指设备制造厂的交货价，或订货合同价。国产设备原价分为国产标准设备原价和国产非标准设备原价。

(1) 国产标准设备原价是指按照主管部门颁布的标准图纸和技术要求，由我国设备生产厂批量生产的，符合国家质量检测标准的设备。国产标准设备原价有两种，即带有备件的原价和不带有备件的原价。在计算时，一般采用带有备件的原价。

(2) 国产非标准设备原价是指国家没有定型标准，各设备生产厂不可能在工艺过程中采用批量生产，只能一次订货，并根据具体的设计图纸制造的设备。按照成本估价法，非标准设备的原价由以下几项组成：

1) 材料费：材料费＝材料净重×(1+加工损耗系数)×每吨材料综合价
2) 加工费：加工费＝设备总重量(吨)×设备每吨加工费
3) 辅助材料费：辅助材料费＝设备总重量×辅助材料费指标
4) 专用工具费：按照(1)～(3)项之和乘以一定百分比计算
5) 废品损失费：按照(1)～(4)项之和乘以一定百分比计算
6) 外购配套件费：按照设备图纸所列的外购配套件的名称、型号、规格、数量、重量，根据相应的价格加运杂费计算。
7) 包装费：按照(1)～(6)项之和乘以一定百分比计算
8) 利润：按照(1)～(5)项加第(7)项之和乘以一定利润率计算
9) 税金。主要指增值税。计算公式为：

$$增值税 = 当期销项税额 - 进项税额$$
$$当期销项税额 = 销售额 \times 适用增值税率$$

10) 非标准设备设计费：按照国家规定的设计费收费标准计算。

2. 进口设备原价的构成及计算

进口设备的原价是指进口设备的抵岸价，即抵达买方边境港口或边境车站，且交完关税等税费后形成的价格。进口设备抵岸价的构成与进口设备的交货类别有关。

(1) 进口设备的交货类别

进口设备的交货类别可分为内陆交货类、目的地交货类、装运港交货类。

内陆交货类。即卖方在出口国内陆的某个地点交货。在交货地点，卖方及时提交合同规定的货物和有关凭证，并负担交货前的一切费用和风险；买方按时接受货物，交付货款，负担接货后的一切费用和风险，并自行办理出口手续和装运出口。货物的所有权也在交货后由卖方转移给买方。

目的地交货类。即卖方在进口国的港口或内地交货，有目的港船上交货价、目的港船边交货价（FOS）和目的港码头交货价（关税已付）及完税后交货价（进口国的指定地点）等几种交货价。

装运港交货类。即卖方在出口国装运港交货；主要有装运港船上交货价（FOB），习惯称离岸价格，运费在内价（C&F）和运费、保险费在内价（CIF），习惯称到岸价格。装运港船上交货价（FOB）是我国进口设备采用最多的一种货价。采用装运港船上交货价（FOB）时卖方的责任是在规定的时间内将货物装上买方指定的船只，并及时通知买方。买方的责任是负责租船或订舱，支付运费，并将船期、船名通知买方；负担货物装船后的一切费用和风险；负责办理保险及支付保险费，办理相关手续。

(2) 进口设备抵岸价的构成及计算

进口设备抵岸价＝货价＋国际运费＋运输保险费＋银行财务费＋外贸手续费＋关税＋

增值税—消费税＋海关监管手续费＋车辆购置附加费。

1) 货价。一般指装运港船上交货价（FOB）
2) 国际运费。国际运费是指从装运港到达我国抵达港的运费。计算公式为：

$$国际运费（海、陆、空）＝原币货价（FOB）\times 运费率$$

$$国际运费（海、陆、空）＝运量\times 单位运价$$

3) 运输保险费。计算公式为：

$$运输保险费＝[(原币货价（FOB）＋国外运费)/(1－保险费率)]\times 保险费率$$

4) 银行财务费。一般是指中国银行手续费，可按下式简化计算：

$$银行财务费＝人民币货价（FOB）\times 银行财务费率$$

5) 外贸手续费。外贸手续费一般取为1.5%。计算公式为：

$$外贸手续费＝(装运港船上交货价（FOB）＋国际运费＋运输保险费)\times 外贸手续费率$$

6) 关税。由海关对进出国境的货物或物品征收的一种税。计算公式为：

$$关税＝到岸价格（CIF）\times 进口关税税率$$

7) 增值税。是从事进口贸易的单位和个人，在进口商品报关进口后征收的税种。计算公式为：

$$进口产品增值税额＝组成计税价格\times 增值税税率$$

$$组成计税价格＝关税完税价格＋关税＋消费税$$

增值税税率根据规定的税率计算。

8) 消费税。对部分进口设备征收，计算公式为：

$$应纳消费税额＝[(到岸价＋关税)/(1－消费税税率)]\times 消费税税率$$

9) 海关监管手续费。指海关对进口减税、免税、保税货物实施监督、管理、提供服务的手续费。计算公式为：

$$海关监管手续费＝到岸价\times 海关监管手续费率（一般为0.3\%）$$

10) 车辆购置附加费。进口车辆购置附加费。计算公式为：

$$进口车辆购置附加费＝(到岸价＋关税＋消费税＋增值税)\times 进口车辆购置附加费率$$

3. 设备运杂费的构成及计算

(1) 设备运杂费的构成

设备运杂费通常包括下列内容：

1) 运费和装卸费。国产设备由设备制造厂交货地点起至工地仓库（或施工组织设计指定的需要安装设备的堆放地点）止所发生的运费和装卸费。
2) 包装费。
3) 设备供销部门的手续费。
4) 采购与仓库保管费。指采购、验收、保管和收发设备所发生的各种费用。

(2) 设备运杂费的计算

$$设备运杂费＝设备原价\times 设备运杂费率$$

4. 工具、器具及生产家具购置费的构成及计算

工具、器具及生产家具购置费，是指新建或扩建项目初步设计规定的，保证初期正常生产必须购置的没有达到固定资产标准的设备、仪器、工卡模具、器具、生产家具和备品备件等的购置费用。计算公式为：

工具、器具及生产家具购置费＝设备购置费×定额费率

6.2.3 工程建设其他费用构成

工程建设其他费用是指从工程筹建起到工程竣工验收交付使用止的整个建设期间，除建筑安装工程费用和设备及工、器具购置费用以外的，为保证工程建设顺利完成和交付使用后能够正常发挥效用而发生的各项费用。

6.2.3.1 土地使用费

（1）土地征用及迁移补偿费

土地征用及迁移补偿费是指建设项目通过划拨方式取得无限期的土地使用权，依照《中华人民共和国土地管理法》等规定所支付的费用。其总和一般不得超过被征土地年产值的 30 倍，土地年产值则按该地被征用前 3 年的平均产量和国家规定的价格计算。其内容包括：

1）土地补偿费。
2）青苗补偿费和被征用土地上的房屋、水井、树木等附着物补偿费。
3）安置补助费。
4）缴纳的耕地占用税或城镇土地使用税、土地登记费及征地管理费等。
5）征地动迁费。
6）水利水电工程水库淹没处理补偿费。

（2）土地使用权出让金

土地使用权出让金是指建设项目通过土地使用权出让方式，取得有限期的土地使用权，依照《中华人民共和国城镇国有土地使用权出让和转让暂行条例》规定，支付的土地使用权出让金。

1）明确国家是城市土地的唯一所有者，并分层次、有偿、有限期地出让、转让城市土地。第一层次是城市政府将国有土地使用权出让给用地者，该层次由城市政府垄断经营。出让对象可以是有法人资格的企事业单位，也可以是外商。第二层次及以下层次的转让则发生在使用者之间。

2）城市土地的出让和转让可采用协议、招标、公开拍卖等方式。

3）在有偿出让和转让土地时，政府对地价不作统一规定，但应坚持以下原则：
①地价对目前的投资环境不产生大的影响；
②地价与当地的社会经济承受能力相适应；
③地价要考虑已投入的土地开发费用、土地市场供求关系、土地用途和使用年限。

4）关于政府有偿出让土地使用权的年限，以 50 年为宜。

5）土地有偿出让转让要求签约，明确各自的责权利。

6.2.3.2 与项目建设有关的其他费用

（1）建设单位管理费。建设单位管理费包括建设单位开办费和建设单位经费。

（2）勘察设计费。勘察设计费是指本建设项目提供项目建议书、可行性研究报告及设计文件等所需要的费用。

（3）研究试验费。研究试验费是指为建设项目提供和验证设计参数、数据、资料等所进行的必要的试验费用以及设计规定在施工中必须进行试验、验证所需要的费用。包括自行或委托其他部门研究试验所需要人工费、材料费、实验设备及仪器使用费等。

(4) 建设单位临时设施费。建设单位临时设施费是指建设期间建设单位所需要的临时设施的搭设、维修、摊销费用或租赁费用。

(5) 工程监理费。工程监理费是指建设单位委托工程监理单位对工程实施监理工作所需要的费用。一般按照国家规定的工程建设监理收费标准计算。

(6) 工程保险费。工程保险费是指建设项目在建设期间根据需要实施工程保险所需要的费用。包括各种建筑工程及其在施工过程中的物料、机器设备为保险标的的建筑工程一切险，以及安装工程中的各种机器、机械设备为保险标的的安装工程一切险等。

(7) 引进技术和进口设备其他费用包括出国人员费用、国外工程技术人员来华费用、技术引进费、分期或延期付款利息、担保费以及进口设备检验鉴定费。

(8) 工程承包费。工程承包费是指具有总承包条件的工程公司，对工程建设项目开始建设至竣工投产全过程的总承包所需要的管理费用。该费用按照国家主管部门或省、自治区、直辖市协调规定的工程总承包费取费标准计算。一般工业建设项目为投资估算的 6%～8%，民用建筑和市政项目为 4%～6%。不实行工程承包的项目不计算本项费用。

6.2.3.3　与未来企业生产经营有关的其他费用

(1) 联合试运转费

联合试运转费是指新建企业或新增加生产工艺过程的扩建企业在竣工验收前，按照设计规定的工程质量标准，进行整个车间的负荷或无负荷联合试运转发生的费用支出大于试运转收入的亏损费用。联合试运转费一般根据不同性质的项目按需要试运转车间的工艺设备购置费的百分比计算。

(2) 生产准备费

生产准备费是指新建企业或新增生产能力的企业，为保证竣工交付使用进行必要的生产准备所发生的费用。此项费用包括生产人员培训费和生产单位提前进厂参加施工、设备安装、调试等以及熟悉工艺流程及设备性能等人员的工资、工资性补贴、职工福利费、差旅交通费、劳动保护费等。

(3) 办公和生活家具购置费

办公和生活家具购置费是指为保证新建、改建、扩建项目初期正常生产、使用和管理所必须购置的办公和生活家具、用具的费用。此项费用按照设计定员人数乘以综合指标计算，一般为 600～800 元/人。

6.2.3.4　预备费、建设期贷款利息、固定资产投资方向调节税

(1) 预备费

按我国现行规定，包括基本预备费和涨价预备费。基本预备费是指在初步设计及概算内难以预料的工程费用，费用内容包括：

1) 在批准的初步设计范围内，技术设计、施工图设计及施工过程中所增加的工程费用；设计变更、局部地基处理等增加的费用。

2) 一般自然灾害造成的损失和预防自然灾害所采取的措施费用。实行工程保险的工程项目费用应适当降低。

3) 竣工验收时为鉴定工程质量对隐蔽工程进行必要的挖掘和修复费用。

基本预备费是按设备及工器具购置费、建筑安装工程费用和工程建设其他费用三者之和为计取基础，乘以基本预备费率进行计算。计算公式为：

基本预备费=（设备及工器具购置费+建筑安装工程费用+工程建设其他费用）×基本预备费费率

涨价预备费是指建设项目在建设期间内由于价格等变化引起工程造价变化的预测预留费用。费用内容包括：人工、设备、材料、施工机械的价差费，建筑安装工程费及工程建设其他费用调整，利率、汇率调整等增加的费用。

此项费用的计算公式为：

$$PF = \sum_{i=1}^{n} I_t [(1+f)^t - 1]$$

式中　PF——涨价预备费；
　　　n——建设期年份数；
　　　I_t——建设期中第 t 年的投资计划额，包括设备及工器具购置费、建筑安装工程费、工程建设其他费及基本预备费；
　　　f——年均投资价格上涨率。

（2）建设期贷款利息

建设期贷款利息包括向国内银行和其他非银行金融机构贷款、出口信贷、外国政府贷款、国际商业银行贷款以及在境内外发行的债券等在建设期间内应偿还的贷款利息。

当总贷款是分年均额发放时，建设期利息的计算可按当年借款在年终支用考虑，即当年贷款按半年计息，上年贷款按全年计息。计算公式为：

$$q_j = (P_{j-1} + 0.5 A_j) \times i$$

其中　q_j——建设期第 j 年应计利息；
　　　P_{j-1}——建设期第 ($j-1$) 年末贷款累计金额与利息累计金额之和；
　　　A_j——建设期第 j 年贷款金额；
　　　i——年利率。

【例题 6-1】　某工程经估算建筑安装工程费用为 1000 万元，设备及工器具费用为 1500 万元，工程建设其他费用为 500 万元。经测算：建设期 3 年，第一年完成计划投资的 30%，第二年完成计划投资的 20%，第三年完成计划投资的 50%。基本预备费费率为 5%，涨价预备费费率为 6%。每年投资中的 60% 为银行贷款，贷款利率为 10%。试计算该工程固定资产投资总额。

【解】　（1）基本预备费=（1000+1500+500）×5%=150 万元
（2）涨价预备费=54+74.16+286.524=414.684 万元
第一年：(1000+1500+500)×30%×6%=54 万元
第二年：(1000+1500+500)×20%×[(1+6%)²-1]=74.16 万元
第三年：(1000+1500+500)×50%×[(1+6%)³-1]=286.524 万元
（3）建设期贷款利息=27+74.7+118.17=219.87 万元
第一年 0.5×3000×30%×60%×10%=27 万元
第二年(3000×30%×60%+27+0.5×3000×20%×60%)×10%=74.7 万元
第三年[(3000×30%×60%+27)+(3000×20%×60%+74.7)+0.5×3000×50%
　　　×60%]×10%=118.17 万元
建设项目总固定资产投资=3000+150+414.684+219.87=3784.554 万元

(3) 固定资产投资方向调节税

投资方向调节税根据国家产业政策和项目经济规模实行差别税率，税率为0%、5%、10%、15%、30%五个档次。差别税率按两大类设计，一是基本建设项目投资，二是更新改造项目投资。对前者设计了四挡税率，即0%、5%、15%、30%；对后者设计了两档税率，即0%、10%。为贯彻国家宏观调控政策，扩大内需，鼓励投资，根据国务院的决定，对《中华人民共和国固定资产投资方向调节税暂行条例》规定的纳税义务人，其固定资产投资应税项目自2000年1月1日起新发生的投资额，暂停征收固定资产投资方向调节税。但该税种并未取消。

6.3 工程造价的定额计价方法

6.3.1 工程建设定额分类和特点

工程建设定额是指在工程建设中单位产品上人工、材料、机械、资金消耗的规定额度。

1. 工程建设定额分类

（1）按定额反映的生产要素消耗内容分类

按定额反映的生产要素消耗内容可以分为劳动消耗定额、机械消耗定额、材料消耗定额。

1）劳动消耗定额是指完成一定的合格产品规定活劳动消耗的数量标准。

2）机械消耗定额是指为完成一定合格产品所规定的施工机械消耗的数量标准。

3）材料消耗定额是指完成一定合格产品所需要消耗材料的数量标准。

（2）按定额的编制程序和用途分类

可以把工程建设定额分为施工定额、预算定额、概算定额、概算指标、投资估算指标等五种。

1）施工定额。

施工定额本身由劳动定额、机械定额和材料定额三个相对独立的部分组成，主要直接用于工程的施工管理，作为编制工程施工设计、施工预算、施工作业计划、签发施工任务单、限额领料卡及结算计件工资或计量奖励工资等用。它同时也是编制预算定额的基础。

2）预算定额。预算定额是一种计价的定额。从编制程序上看，预算定额是以施工定额为基础综合扩大编制的；同时它也是编制概算定额的基础。

3）概算定额。概算定额是以扩大的分部分项工程为对象编制的，也是一种计价性定额。概算定额是编制扩大初步设计概算、确定建设项目投资额的依据。

4）概算指标。概算指标是概算定额的扩大与合并，它是以整个建筑物和构筑物为对象，是一种计价定额。称为扩大结构定额。

5）投资估算指标。它是在项目建议书和可行性研究阶段编制投资估算、计算投资需要量时使用的一种定额。它非常概略，往往以独立的单项工程或完整的工程项目为计算对象，编制内容是所有项目费用之和。预算定额、概算定额是其编制基础。

（3）按照投资的费用性质分类：

可以把工程建设定额分为建筑工程定额、设备安装工程定额、建筑安装工程费用定额、工器具定额以及工程建设其他费用定额等。

1) 建筑工程定额。建筑工程定额是建筑工程的施工定额、预算定额、概算定额和概算指标的统称。具体包括一般土建工程、电气工程（动力、照明、弱电）、卫生技术（水、暖、通风）工程、工业管道工程、特殊构筑物工程等。广义上它也被理解为除房屋和构筑物外还包含其他各类工程，如道路、铁路、桥梁、隧道、运河、堤坝、港口、电站、机场等工程。

2) 设备安装工程定额。设备安装工程定额是安装工程施工定额、预算定额、概算定额和概算指标的统称。设备安装工程是对需要安装的设备进行定位、组合、校正、调试等工作的工程。在工业项目中，机械设备安装和电气设备安装工程占有重要的地位。

3) 建筑安装工程费用定额。建筑安装工程费用定额一般包括三部分内容：其他直接费用定额、现场经费定额、间接费定额。

4) 工、器具定额。工、器具定额是为新建或扩建项目投产运转首次配置的工具、器具数量标准。

5) 工程建设其他费用定额。工程建设其他费用定额是独立于建筑安装工程、设备和工器具购置之外的其他费用开支的标准。

(4) 按照专业性质划分

工程建设定额分为全国通用定额、行业通用定额、专业专用定额。全国通用定额是指在部门之间和地区之间都可以使用的定额。行业通用定额是指具有专业特点在行业部门内都可以通用的定额。专业专用定额是特殊专业的定额，只能在制定的范围内使用。

(5) 按主编单位和管理权限分类

工程建设定额可以分为全国统一定额、行业统一定额、地区统一定额、企业定额、补充定额五种。

2. 工程建设定额的特点

(1) 科学性特点。

工程建设定额的科学性包括两重含义。一重含义是指工程建设定额和生产力发展水平相适应，反映出工程建设中生产消费的客观规律。另一重含义是指工程建设定额管理在理论、方法和手段上适应现代科学技术和信息社会发展的需要。

(2) 系统性特点

工程建设定额是相对独立的系统。它是由多种定额结合而成的有机的整体。它的结构复杂，有鲜明的层次，有明确的目标。

(3) 统一性特点

工程建设定额的统一性，主要是由国家对经济发展的有计划的宏观调控职能决定的。

(4) 权威性特点

工程建设定额具有很大权威，这种权威在一些情况下具有经济法规性质。

(5) 稳定性与时效性

工程建设定额在一定时间内都表现出稳定的状态，稳定的时间有长有短，一般在5到10年之间。当生产力向前发展了，定额就会与已经发展了的生产力不相适应。这样，工程建设定额就需要重新编制或修订。

6.3.2 工程定额计价的基本方法

1. 定额计价的基本程序

按照江苏省计价表和费用计算规则，套用定额子目，计算出分部分项工程费、措施项目费、其他项目费、规费和税金的工程造价计价方式。其中人工、机械台班单价按省造价管理部门规定，材料按市造价管理部门发布的市场指导价取定。

定额计价的基本步骤为：

(1) 熟悉施工图纸；
(2) 熟悉现场情况和施工组织设计情况；
(3) 熟悉预算定额；
(4) 列出工程项目；
(5) 计算工程量；
(6) 套定额；
(7) 计算工程造价；
(8) 装订成册。

2. 建筑产品价格定额计价的基本方法如下：

(1) 直接费

$$直接费＝人工费＋材料费＋机械使用费$$
$$人工费＝\Sigma（人工工日定额消耗数量\times 人工日工资标准）$$
$$材料费＝\Sigma（材料定额消耗用量\times 材料预算价格）$$
$$机械使用费＝\Sigma（机械台班定额消耗用量\times 台班单价）$$

(2) 单位直接工程费＝Σ（假定建筑产品工程量×直接费单价）＋其他直接费＋现场经费

(3) 单位工程概预算造价＝单位直接工程费＋间接费＋利润＋税金

(4) 单项工程概算造价＝Σ 单位工程概预算造价＋设备、工器具购置费

(5) 建设项目全部工程概算造价＝Σ 单项工程的概算造价＋有关的其他费用＋预备费

6.3.3 人、机、料定额消耗量确定方法

(1) 施工过程

1) 根据施工过程组织上的复杂程度，可以分解为工序、工作过程和综合工作过程。

2) 按照工艺特点，施工过程可以分为循环施工过程和非循环施工过程两类。

3) 根据使用的工具设备的机械化程度，施工过程又可以分为手动施工过程和机械施工过程两类。

4) 按施工过程的性质不同，可以分为建筑过程、安装过程和建筑安装过程。

对施工过程进行研究，是在施工过程分类的基础上进行的。对施工过程的研究常常采用模型分析的方法。模型可分为实物模型、图式模型和数学模型三种，其中图式模型是常用的基本方法。

(2) 测定时间消耗的基本方法——计时观察法

定额测定是制定定额的一个主要步骤。测定定额是用科学的方法观察、记录、整理、分析施工过程，为制定建筑工程定额提供可靠的依据。测定定额通常采用计时观察法。

计时观察法，是研究工作时间消耗的一种技术测定方法。在机械水平不太高的建筑施工中得到较为广泛的采用。它以研究工时消耗为对象，以观察测时为手段，通过密集抽样和粗放抽样等技术进行直接的时间研究，其种类见图 6-2。

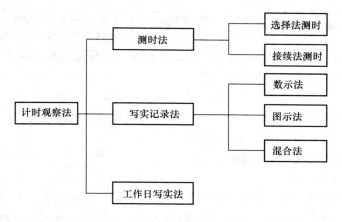

图 6-2 计时观察法的种类

1)测时法。测时法主要适用测定那些定时重复的循环工作的工时消耗,是精确度比较高的一种计时观察法。有选择测时法和接续法测时两种。

2)写实记录法。写实记录法是一种研究各种性质的工作时间消耗的方法。采用这种方法,可以获得分析工作时间消耗的全部资料。写实记录法按记录时间的方法不同分为数示法写实记录、图示法写实记录、混合法写实记录三种。

3)工作日写实法。工作日写实法,是一种研究整个工作班内的各种工时消耗的方法。运用工作日写实法主要有两个目的,一是取得编制定额的基础资料;二是检查定额执行的情况,找出缺点,改进工作。

工作日写实法和测时法、写实记录法比较,具有技术简便、费力不多、应用面广和资料全面的优点,在我国是一种采用较广的编制定额的方法。

(3)确定人工定额消耗量的基本方法

确定人工定额消耗量的基本方法是:首先分析每次计时观察的资料,并对整个施工过程的观察资料进行系统的分析研究和整理。计时资料的整理方法大多采用平均修正法,平均修正法就是在对测时数列进行修正的基础上,求出其平均值。在此过程中对日常积累资料的整理和分析也是非常重要的。日常积累的资料通常主要有四大类:现行定额的执行情况及存在问题的资料;企业和现场补充定额资料;已采用的新工艺和新的操作方法的资料;现行的施工技术规范、操作规程、安全规程和质量标准等,在此基础之上拟定定额的编制方案。其次确定正常的施工条件。测定定额需要考虑施工的正常条件,此条件一般包括正常工作地点的组织、工作内容的组成、施工人员的编制。在正常施工条件下测得的时间消耗才具有参考价值。最后确定人工定额消耗量。人工定额有两种表现形式,即时间定额和产量定额。一般时间定额是基本工作时间、辅助工作时间、不可避免中断时间、准备与结束的工作时间,以及休息时间之和。时间定额与产量定额互成倒数的关系。

(4)机械台班定额消耗量的确定方法

首先确定机械正常的施工条件,即工作地点的合理组织和工人的合理编制。在正常施工条件的基础上再确定机械 1h 的纯工作正常生产率,将机械 1h 的纯工作正常生产率除以一个工作班延续时间 8h 就可以得到机械正常利用系数。由以上确定的机械工作正常条件、机械 1h 的纯工作正常生产率和机械正常利用系数,就可以得到施工机械的产量定额。

$$机械正常利用系数=\frac{机械在一个工作班内纯工作时间}{一个工作班延续时间(8h)}$$

施工机械台班产量定额＝机械1h纯工作正常生产率×工作班延续时间×机械正常利用系

（5）材料定额消耗量确定的基本方法

施工中的材料消耗一般分为必须的材料消耗和损失的材料两大类。对于材料消耗量的确定方法主要有现场测定法、实验室试验法、现场统计法、理论计算法。对于周转材料消耗量的确定则是采用多次使用、分次摊销的方法。

（6）企业定额的用途和编制原则

1）企业编制定额的意义

企业定额是指建筑安装企业根据本企业的技术水平和管理水平，编制完成单位合格产品所必需的人工、材料和施工机械台班的消耗量，以及其他生产经营要素消耗的数量标准。

作为企业定额，必须具备有以下特点：

①其各项平均消耗要比社会平均水平低，体现其先进性。

②可以表现本企业在某些方面的技术优势。

③可以表现本企业局部或全面管理方面的优势。

④所有匹配的单价都是动态的，具有市场性。

⑤与施工方案能全面接轨。

2）企业定额的编制原则

①平均先进性原则。在正常的施工条件下，大多数施工队伍和大多数生产者经过努力能够达到的水平。

②简明适用性原则。主要针对定额的内容和形式而言，要方便定额的贯彻和执行。

③以专家为主编制定额的原则。以专家为主是实践经验的总结，使得企业定额更具有科学性。

④独立自主的原则。表现在自主确定定额水平，自主地划分定额项目，自主地根据需要增加新的定额项目。

⑤时效性原则。企业定额要在一定时期内适应市场竞争和成本监控的需要，否则会挫伤群众的积极性。

⑥保密原则。企业定额的相关指标体系和标准要严格保密，否则会使本企业陷入十分被动的境地，给企业带来不可估量的损失。

3）企业定额的编制方法

编制企业定额最关键的工作是确定人工、材料和机械台班的消耗量，计算分项工程单价或综合单价。

6.3.4 预算定额

预算定额是规定消耗在合格质量的单位工程基本构造要素上的人工、材料和机械台班的数量标准，是计算建筑安装产品价格的基础。

1. 预算定额的种类

（1）按专业性质分，预算定额有建筑工程定额和安装工程定额两大类。建筑工程预算定额按专业对象又分建筑工程预算定额、市政工程预算定额、铁路工程预算定额、公路工程预算定额、房屋修缮工程预算定额、矿山井巷预算定额等。安装工程预算定额按专业对象又分为电气设备安装工程预算定额、机械设备安装工程预算定额、通信设备安装工程定额、化学工业设备安装工程预算定额、工业管道安装工程预算定额、工艺金属结构安装工程预算定额、热力设备安装工程预算定额等。

(2) 从管理权限和执行范围分,预算定额可分为全国统一定额、行业统一定额和地区统一定额等。

(3) 预算定额按物资要素区分为劳动定额、机械定额和材料消耗定额,但它们相互依存形成一个整体,作为编制预算定额依据,各自不具有独立性。

2. 预算定额的编制步骤

(1) 准备工作阶段：首先编制人员拟定编制方案,然后根据实践情况抽调人员根据专业需要划分编制成小组和综合组。

(2) 收集资料阶段：此阶段包括普遍收集资料、专题座谈会、收集现行规定规范政策法规资料、收集定额管理部门积累的资料、专项查定及实验。

(3) 定额编制阶段：首先编制小组确定编制细则,然后确定定额的项目划分和工程量计算规则,最后计算、复核和测算定额人工、材料、机械台班的消耗用量。

(4) 定额报批阶段：此阶段包括审核定稿和预算定额水平测算。

(5) 修改定稿、整理资料阶段。此阶段包括印发征求意见、修改整理报批、撰写编制说明、立档、成卷。

3. 预算定额编制方法

(1) 预算定额编制中的主要工作

1) 确定预算定额的计量单位。主要是根据分部分项工程的形体和结构构件特征及变化确定；

2) 按典型设计图纸和资料计算工程数量；

3) 确定预算定额各项目人工、材料和机械台班消耗指标；

4) 编制定额表及拟定有关说明。

(2) 人工工日消耗量的计算

预算定额用工由基本用工、其他用工和人工幅度差三部分组成。基本用工指完成单位合格产品所必需消耗的技术工种用工。计算公式为：

$$基本用工=\Sigma（综合取定的工程量\times 劳动定额）。$$

其他用工又包括超运距用工和辅助用工。超运距用工指劳动定额中包括的材料、半成品场内水平搬运距离与预算定额所考虑的现场材料、半成品堆放地点到操作地点的水平运输距离之差。计算公式为：

$$超运距用工=\Sigma（超运距材料数量\times 超运距劳动定额）$$

辅助用工指技术工种劳动定额内不包括而在预算定额内又必须考虑的用工。计算公式为：

$$辅助用工=\Sigma（材料加工数量\times 相应的加工劳动定额）$$

人工幅度差指预算定额与劳动定额的差额。主要是指在劳动定额中未包括而在正常施工情况下不可避免但又很难准确计量的用工和各种工时损失。计算公式为：

$$人工幅度差=（基本用工+超运距用工+辅助用工）\times 人工幅度差系数$$

人工幅度差系数一般为10%～15%，在预算定额中，人工幅度差的用工量列入其他用工量中。

(3) 人工单价的确定方法

人工单价是指一个建筑安装生产工人一个工作日在预算中应该计入的全部人工费用。合理确定人工工日单价是正确计算人工费和工程造价的前提和基础。

人工工日单价组成生产工人基本工资、生产工人辅助工资、生产工人工资性补贴、职工福利费、生产工人劳动保护费。

2004土建与装饰定额的人工工日单价的确定方法与以前定额不同，工日单价开始与工人等级挂钩。一类工28.00元/工日、二类工26.00元/工日、三类工24.00元/工日。

2004年计价表中的人工工日单价自2005年4月1日进行了调整，根据苏建定(2005) 65号文件：包工包料工程建筑用工：一类工32.00元/工日、二类工30.00元/工日、三类工27.00元/工日；单独装饰工程人工单价：35.00～50.00元/工日。包工不包料工程人工单价：39.00元/工日；单独装饰工程人工单价：46.00～61.00元/工日。点工人工单价：33.00元/工日；单独装饰工程人工单价：40.00元/工日。

影响人工单价的因素主要有社会平均工资水平、生活消费指数、人工单价的组成内容、劳动力市场供需变化、政府推行的社会保障和福利政策等。

(4) 机械台班消耗量的确定

预算定额机械台班消耗量指在正常的施工条件下，生产单位合格产品必须消耗的某种型号施工机械的台班数量。

机械台班消耗量的确定方法一般是在施工定额或劳动定额中将基本机械台班加上机械台班幅度差计算预算定额的机械台班消耗量。计算公式为：

基本机械台班＝Σ（各工序实物工程量×相应的施工机械台班定额）

预算定额机械台班量＝基本机械台班×（1＋机械幅度差系数）

大型机械幅度差系数：土方机械25%，打桩机械33%，吊装机械30%，钢筋加工、木材、水磨石等专用机械10%。

(5) 施工机械台班单价的确定

施工机械台班单价是指一台施工机械，在正常运转条件下一个工作班中所发生的全部费用，每台班按8h工作制计算。正确制定施工机械台班单价是合理控制工程造价的重要方面。

施工机械台班单价由折旧费、大修理费、经常修理费、安拆及场外运费、燃料动力、人工费、养路费及车船使用税七部分组成。

(6) 材料消耗量的确定

材料消耗量是完成单位合格产品必须消耗的材料数量。预算定额中材料可以分成实体性消耗和周转性材料。实体性消耗量是净用量加损耗量，损耗量可以采用净用量乘以损耗率获得，计算的方式和施工定额完全相同，唯一可能存在差异的是损耗率的大小，施工定额是平均先进水平，损耗率应较低，预算定额平均合理水平，损耗率较施工定额稍高；周转性材料的计算方法也与施工定额相同，存在差异的一个是损耗率（制作损耗率、周转损耗率），另一个是周转次数。在实际工作中，一般认为两种定额中材料的消耗量的确定方法是一样的。

(7) 材料预算价格组成

材料预算价格是指材料从其来源地达到施工工地仓库后出库的综合平均价格。

材料预算价格主要由材料原价、供销部门手续费、包装费、运杂费、采购及保管费五部分组成。材料原价的计算公式为：材料原价总值＝Σ（各次购买量×各次购买价）

当材料的购买有几种来源的，按照不同来源加权平均后获得定额中的材料原价，其中：

$$加权平均原价＝材料原价总值÷材料总量$$

材料预算价格按适用范围划分，有地区材料预算价格和某项工程使用的材料预算价格。

材料预算价格＝（材料原价＋供销部门手续费＋包装费＋运杂费＋运输损耗费）×（1＋采购及保管的费率）－包装材料回收价值

影响材料预算价格变动的因素：

1）市场供需变化。

2）材料生产成本的变动直接涉及材料预算价格的波动。

3）流通环节的多少和材料供应体制也会影响材料预算价格。

4）运输距离和运输方法的改变会影响材料运输费用的增减，从而也会影响材料预算价格。

5）国际市场行情会对进口材料价格产生影响。

【例题 6-2】 某施工队为某工程施工购买水泥，从甲单位购买水泥 200 吨，单价 280 元/吨；从乙单位购买水泥 300 吨，单价 260 元/吨；从丙单位第一次购买水泥 500 吨，单价 240 元/吨；第二次购买水泥 500 吨，单价 235 元/吨（这里的单价均指材料原价）。采用汽车运输，甲地距工地 40km，乙地距工地 60km，丙地距工地 80km。根据该地区公路运价标准：汽运货物运费为 0.4 元/(t.km)，装、卸费各为 10 元/t。求此水泥的预算价格。

【解】 （1）材料原价总值＝Σ（各次购买量×各次购买价）＝200×280＋300×260＋500×240＋500×235＝371500 元

（2）材料总量＝200＋300＋500＋500＝1500 吨

（3）加权平均原价＝材料原价总值÷材料总量＝371500÷1500＝247.67 元/吨

（4）不发生供销部门手续费

（5）包装费：水泥的包装属一次性投入，包装费已包含在材料原价中。

（6）运杂费＝[0.4×(200×40＋300×60＋1000×80)＋10×2×1500]÷1500＝48.27 元/吨

（7）采保费＝(247.67＋48.27)×2％＝5.92 元/吨

（8）水泥预算价格＝247.67＋48.27＋5.92＝301.86 元/吨

答：此水泥的预算价格为 301.86 元/吨。

6.4 工程量清单计价方法

6.4.1 工程量清单的概念和内容

1. 工程量清单的概念

工程量清单是表现拟建工程的分部分项工程项目、措施项目、其他项目名称和相应数量的明细清单。是按照招标要求和施工设计图纸要求规定将拟建招标工程的全部项目和内容，依据统一的工程量计算规则、统一的工程量清单项目编制规则要求，计算拟建招标工程的分部分项工程数量的表格。

工程量清单工程量清单是招标文件的组成部分，也是合同的组成部分。应由具有编制招标文件能力的招标人或受其委托具有相应资质的中介机构进行编制。

2. 工程量清单的内容

工程量清单主要包括工程量清单说明和工程量清单表。工程量清单说明主要是招标人解释拟招标工程的工程量清单编制依据以及重要作用。工程量清单表是工程量清单的重要组成部分。

3. 工程量清单的编制

工程量清单是招标文件的组成部分，主要有分部分项工程量清单、措施项目清单和其他项目清单等组成，是编制标底和投标报价的依据，是签订工程合同、调整工程量和办理竣工结算的基础。

(1) 工程量计算的项目设置

工程量清单的项目设置规则是为了统一工程量清单项目名称、项目编号、计量单位和工程量计算而制定的，是编制工程量清单的依据。

1) 项目编码

项目编码以五级编码设置，用十二位阿拉伯数字表示。一、二、三、四级编码统一；第五级编码由工程量清单编制人区分具体工程的清单项目特征而分别编码

① 第一级表示分类码（二位数字）；建筑工程为01、装饰装修工程为02、安装工程为03、市政工程为04、园林绿化工程为05；
② 第二级表示章顺序码（分二位数字）；
③ 第三级表示节顺序码（分二位数字）；
④ 第四级表示清单项目码（分三位数字）；
⑤ 第五级表示具体清单项目码（分三位数字）。

2) 项目名称原则上以形成工程实体而命名，项目名称如有缺项，招标人可按照相应的原则进行补充，并报当地工程造价管理部门备案。

3) 项目特征是对项目的准确描述，是设置具体清单项目的依据。项目特征按不同的工程部位、施工工艺或材料品种、规格等分别列项。

4) 计量单位采用基本的单位。

5) 工程内容是完成该清单项目可能发生的具体工程，可供招标人确定清单项目和投标人投标报价参考。凡工程内容中未列全的其他具体工程，由投标人按招标文件或图纸要求编制，以完成清单项目为准，综合考虑到报价中。

(2) 招标文件中工程量清单的标准格式

根据工程量清单计价规范规定工程量清单应采用统一格式，一般应由下列内容组成。

1) 封面。封面由招标人填写、签字、盖章，见表6-1。

封　面	表 6-1

```
                    _____工程
                     工程量清单

招 标 人：_____（单位签字盖章）
法定代表人：_____（签字盖章）
中 介 机 构
法定代表人：_____（签字盖章）
造价工程师
及注册证号：_____（签字盖执业专用章）
编 制 时 间：_____
```

2）填表须知。

3）总说明

①工程概况：建设规模、工程特征、计划工期、施工现场实际情况、交通运输情况、自然地理条件、环境保护要求等；

②工程招标和分包范围；

③工程量清单编制依据；

④工程质量、材料、施工等的特殊要求；

⑤招标人自行采购材料的名称、规格型号、数量等；

⑥预留金、自行采购材料的金额数量；

⑦其他须说明的问题。

4）分部分项工程量清单。此项包括项目编码、项目名称、计量单位和工程数量四个部分，见表 6-2。

分部分项工程量清单　　　　　　　　　表 6-2

工程名称：　　　　　　　　　　　　　　　　　　　第　页　共　页

序　号	项目编码	项目名称	计量单位	工程数量

5）措施项目清单。措施项目清单应该根据拟建工程的具体情况，进行填写，见表6-3。

6）其他项目清单。其他项目清单。应该根据拟建工程的具体情况，按照招标人部分和投标人部分进行填写，见表 6-4。

措 施 项 目 清 单　　　　　　　　　　　　表 6-3

工程名称：　　　　　　　　　　　　　　　　　　　　　　　　第　页　共　页

序　号	项　目　名　称
	1. 通用项目
1.1	环境保护
1.2	文明施工
1.3	安全施工
1.4	临时设施
1.5	夜间施工
1.6	二次搬运
1.7	大型机械设备进出场及安拆
1.8	混凝土、钢筋混凝土模板及支架
1.9	脚手架
1.10	已完工程及设备保护
1.11	施工排水、降水
	2. 建筑工程
2.1	垂直运输机械

其 他 项 目 清 单　　　　　　　　　　　　表 6-4

工程名称：　　　　　　　　　　　　　　　　　　　　　　　　第　页　共　页

序　号	项　目　名　称
1	招标人部分
2	投标人部分

6.4.2 工程量清单计价的操作过程与计价办法

投标报价是在业主提供的工程量计算结果的基础上，根据施工企业自身所掌握的各种信息、资料，结合企业定额编制得出的。具体计算方法如下：

①分部分项工程费＝Σ 分部分项工程量×分部分项工程单价

②措施项目费＝Σ 措施项目工程量×措施项目综合单价

③单位工程报价＝分部分项工程费＋措施项目费＋其他项目费＋规费＋税金

④单项工程报价＝Σ 单位工程报价

⑤建设项目总报价＝Σ 单项工程报价

1. 工程量清单计价的操作过程

工程量清单计价作为一种市场价格的形成机制，其使用主要在工程招投标阶段。因此工程量清单计价的操作过程可以从招标、投标、评标三个阶段来阐述。

（1）工程招标阶段

招标单位在工程方案、初步设计或部分施工图设计完成后，即可委托标底编制单位（或招标代理单位）按照统一的工程量计算规则，再以单位工程为对象，计算并列出各分部分项工程的工程量清单，作为招标文件的组成部分发放给各投标单位。单价与合价由投标人根据自己的施工组织设计以及招标单位对工程的质量要求等因素综合评定后填写。

（2）投标单位作标书阶段

投标单位接到招标文件后，首先要对招标文件进行透彻的分析研究，对图纸进行仔细的理解。其次要对招标文件中所列的工程量清单进行审核，审核中，要视招标单位是否允许对工程量清单内所列的工程量误差进行调整决定审核办法。第三工程量单价的套用有两种方法：一种是工料单价法，一种是综合单价法。

（3）评标阶段

在评标时可以对投标单位的最终总报价以及分项工程的综合单价的合理性进行评分。在评标时仍然可以采用综合计分的方法或者采用两阶段评标的办法。

2. 工程量清单计价办法

（1）工程量清单计价。工程量清单计价包括编制招标标底、投标报价、合同价款的确定与调整和办理工程结算等。

1）招标工程如设标底，标底应该按照相关的规定进行编制。

2）投标报价应根据招标文件中的工程量清单和有关要求、施工现场实际情况及拟定的施工方案或施工组织设计，应根据企业定额和市场价格信息，并参照建设行政主管部门发布的现行消耗量定额进行编制。

3）工程量清单计价应包括按招标文件规定完成工程量清单所需的全部费用，通常由分部分项工程费、措施项目费和其他项目费和规费、税金组成。

（2）工程量变更及其计价。合同中综合单价因工程量变更，除合同另有约定外应按照下列办法确定：

1）工程量清单漏项或由于设计变更引起新的工程量清单项目，其相应综合单价由承包方提出，经发包人确认后作为结算的依据。

2）由于设计变更引起工程量增减部分，属合同约定幅度以内的，应执行原有的综合单价；增减的工程量属合同约定幅度以外的，其综合单价由承包人提出，经发包人确认后作为结算的依据。

（3）工程量清单投标报价的标准格式

工程量清单计价格式按照计价规范的要求应该采用统一的格式。清单计价格式应该随招标文件发放至投标人，由投标人填写。工程量清单计价格式应该由下列内容组成：

1）封面。封面应由招标人按照规定内容填写、签字、盖章，见表6-5。

2）投标总价。投标总价应按工程项目总价表合计金额填写，见表6-6。

3）工程项目总价表，见表6-7。

① 表中单项工程名称应按单项工程费汇总表的工程名称填写。

② 表中金额应按单项工程费汇总表的合计金额填写。

4）单项工程费汇总表，见表6-8。

封　面　　　　　　　　　　　　　　表6-5

_____工程
工程量清单报价表
投　标　人：_____（单位签字盖章）
法定代表人：_____（签字盖章）
造价工程师 及注册证号：_____（签字盖执业专用章）
编制时间：_____

投 标 总 价　　　　　　　　　　　　　　　　　　　　　表 6-6

```
                    投 标 总 价

        建设单位：_____
        工程名称：_____
        投标总价（小写）：_____
               （大写）：_____
        投 标 人：_____（单位签字盖章）
        法定代表人：_____（签字盖章）
        编 制 时 间：_____
```

工程项目总价表　　　　　　　　　　　　　　　　　　　　表 6-7

工程名称：　　　　　　　　　　　　　　　　　　　　　　第 页 共 页

序　号	单项工程名称	金额（元）
	合　　计	

单项工程费汇总表　　　　　　　　　　　　　　　　　　　表 6-8

工程名称：　　　　　　　　　　　　　　　　　　　　　　第 页 共 页

序　号	单位工程名称	金额（元）
	合　　计	

单位工程费汇总表　　　　　　　　　　　　　　　　　　　表 6-9

工程名称：　　　　　　　　　　　　　　　　　　　　　　第 页 共 页

序　号	项　目　名　称	金额（元）
1	分部分项工程费合计	
2	措施项目费合计	
3	其他项目费合计	
4	规费	
5	税金	
合　计		

分部分项工程量清单计价表   表 6-10

工程名称：   第 页 共 页

序 号	项目编码	项目名称	计量单位	工程数量	金额（元）	
					综合单价	合 价
		本项小计				
		合计				

措施项目清单计价表   表 6-11

工程名称：   第 页 共 页

序 号	项目名称	金额（元）
	合 计	

① 表中单位工程名称应按单位工程费汇总表的工程名称填写。

② 表中金额应按单位工程费汇总表的合计金额填写。

5）单位工程费汇总表。

单位工程费汇总表中的金额应分别按照分部分项工程量清单计价表、措施项目清单计价表和其他项目计价表的合计金额和按有关规定计算的规费、税金填写，见表 6-9。

6）分部分项工程量清单计价表。

分部分项工程量清单计价表中的序号、项目编码、项目名称、计量单位、工程数量必须按分部分项工程量清单中的相应内容填写，见表 6-10。

7）措施项目清单计价表，见表 6-11。

① 表中的序号、项目名称必须按措施项目清单中的相应内容填写。

② 投标人可根据施工组织设计采取的措施增加项目。

8）其他项目清单计价表，见表 6-12。

① 表中的序号、项目名称必须按其他项目清单中的相应内容填写。

② 投标人部分的金额必须按招标人在工程量清单中列出的金额填写。

其他项目清单计价表   表 6-12

工程名称：   第 页 共 页

序 号	项 目 名 称	金额（元）
1	招标人部分	
2	投标人部分	
	小 计	
	合 计	

零星工作项目计价表　　　　　　　　　　　　　　　　　　表 6-13

工程名称：　　　　　　　　　　　　　　　　　　　　　　　第　页　共　页

序号	名称	计量单位	数量	金额（元）	
				综合单价	合　价
1	人工				
	小计				
2	材料				
	小计				
3	机械				
	小计				
	合计				

9) 零星工作项目计价表，见表 6-13。

表中的人工、材料、机械名称、计量单位和相应数量应按零星工作项目表中相应的内容填写，工程竣工后零星工作费应按实际完成的工程量所需费用结算。

10) 分部分项工程量清单综合单价分析表，见表 6-14。

分部分项工程量清单综合单价分析表和措施项目费分析表，应由招标人根据需要提出要求后填写。

11) 措施项目费分析表，见表 6-15。

措施项目费分析表应该由招标人根据需要提出要求后填写。

12) 主要材料价格表，见表 6-16。

① 投标人提供的主要材料价格表应包括材料编码、材料名称、规格型号和计量单位等。

② 所填写的单价必须与工程量清单计价表中采用的相应材料的单价一致。

分部分项工程量清单综合单价分析表　　　　　　　　　　表 6-14

工程名称：　　　　　　　　　　　　　　　　　　　　　　　第　页　共　页

序号	工程内容	单位	数量	综合单价（元）					
				人工费	材料费	机械使用费	管理费	利润	小计
	合计								

措施项目费分析表　　　　　　　　　　　　　　　　　　　　　　　表 6-15

工程名称：　　　　　　　　　　　　　　　　　　　　　　　　　　　　第　页　共　页

序号	措施项目名称	单位	数量	综合单价（元）					
				人工费	材料费	机械使用费	管理费	利润	小计
	合计								

主要材料价格表　　　　　　　　　　　　　　　　　　　　　　　　表 6-16

工程名称：　　　　　　　　　　　　　　　　　　　　　　　　　　　　第　页　共　页

序　号	材料编码	材料名称	规格、型号等特殊要求	单位	单价（元）

【例题 6-3】　（2004 年案例分析试题五）某工程柱下独立基础见图 6-3、图 6-4，共 18 个。已知：土壤类别为三类土；混凝土现场搅拌，混凝土强度等级：基础垫层 C10，独立基础及独立柱 C20；弃土运距 200m；基础回填土夯填；土方挖、填计算均按天然密实土。

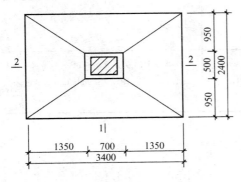

图 6-3　柱下独立基础平面图

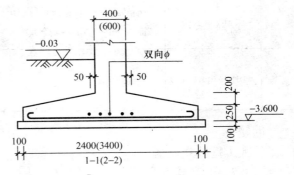

图 6-4　柱下独立基础断面图

问题：

1. 根据图示内容和《建设工程工程量清单计价规范》的规定编制±0.00 以下的分部分项工程量清单，有关分部分项工程量清单统一项目编码见表 6-17。

分部分项工程量清单的统一项目编码表　　　　　　　　　　　　表 6-17

项目编码	项目名称	项目编码	项目名称
010101003	挖基础土方	010402001	矩形柱
010401002	独立基础	010103001	土方回填（基础）

2. 某承包商拟投标该工程,根据地质资料,确定柱基础为人工放坡开挖,工作面每边增加 0.3m;自垫层上表面开始放坡,放坡系数为 0.33;基坑边可堆土 490m³;余土用翻斗车外运 200m. 该承包商使用的消耗量定额如下:挖 1m³ 土方,用工 0.48 工日(已包括基底钎探用工);装运(外运 200m)1m³ 土方,用工 0.10 工日,翻斗车 0.069 台班。已知:翻斗车台班单价为 63.81 元/台班,人工单价为 22 元/工日。计算承包商挖独立基础土方的人工费、材料费、机械费合价。

3. 假定管理费率为 12%;利润率为 7%,风险系数为 1%。按《建设工程工程量清单计价规范》有关规定,计算承包商填报的挖独立基础土方工程量清单的综合单价。(风险费以工料机和管理费之和为基数计算)

(注:问题 2、3 的计算结果要带计量单位。)

问题 1:

分部分项工程量清单 表 6-18

序号	项目编码	项目名称	计量单位	工程数量	计算过程
1	010101003001	挖独立基础土方三类土,垫层面积为 3.6m×2.6m,深 3.4m,弃土运距 200m	m³	572.83	3.6×2.6×3.4×18
2	010401002001	独立基础 C20 现场搅拌混凝土,素混凝土垫层 C10,厚 0.1m	m³	48.96	3.4×2.4×0.25×18+[3.4×2.4+(3.4+0.7)×(2.4+0.5)+0.7×0.5]×0.2÷6×18
3	010402001001	矩形柱,C20 现场搅拌混凝土,截面 0.6m×0.4m。柱高 3.15m	m³	13.61	0.4×0.6×(3.6−0.45)×18
4	010103001001	基础回填土	m³	494.71	572.83−3.6×2.6×0.1×18−48.96−0.4×0.6×(3.6−0.3−0.45)×18

问题 2:

①人工挖独立柱基:

[(3.6+0.3×2)(2.6+0.3×2)×0.1+(3.6+0.3×2+3.3×0.33)(2.6+0.3×2+3.3×0.33)×3.3+(1/3)×0.33²×3.33]×18=1395.13(m³)

②余土外运

1395.13−490=905.13(m³)

③工料机合价:

1395.13×0.48×22+905.13×(0.1×22+0.069×63.81)=20709.11(元)

问题 3:

土方综合单价:20709.11×(1+12%)(1+7%+1%)÷572.83=43.73(元/m³)

或:土方报价:20709.11×(1+12%)(1+7%+1%)=25049.74(元)

土方综合单价:25049.74÷572.83=43.73(元/m³)

6.5 工程造价的计价与控制

6.5.1 建设项目决策阶段工程造价的计价与控制

项目决策阶段主要有以下因素影响工程造价：

（1）项目规模合理的确定

项目规模的合理选择关系着项目的成败，决定着工程造价合理与否。项目规模合理化的制约因素有：

1）市场因素。市场因素是项目规模确定中需考虑的首要因素。

2）技术因素。先进的生产技术及技术装备是项目规模效益赖以存在的基础，而相应的管理技术水平则是实现规模效益的保证。

3）环境因素。项目的建设、生产和经营离不开一定的社会经济环境，项目规模确定中需考虑的主要环境因素有：政策因素、燃料动力供应、协作及土地条件、运输及通信条件。

（2）建设标准水平的确定

建设标准的主要内容有：建设规模、占地面积、工艺装备、建筑标准、配套工程、劳动定员等方面的标准或指标。建设标准是编制、评估、审批项目可行性研究的重要依据，是衡量工程造价是否合理及监督检查项目建设的客观尺度。

（3）建设地区及建设地点（厂址）的选择

1）建设地区的选择

建设地区选择得合理与否，在很大程度上决定着拟建项目的命运，影响着工程造价的高低、建设工期的长短、建设质量的好坏，还影响到项目建成后的经营状况。

建设地区的选择要遵循的基本原则有靠近原料、燃料提供地和产品消费地的原则和工业项目适当聚集。

2）建设地点（厂址）的选择

①节约土地。

②应尽量选在工程地质、水文地质条件较好的地段。

③厂区土地面积与外形能满足厂房与各种构筑物的需要，并适合于按科学的工艺流程布置厂房与构筑物。

④厂区地形力求平坦而略有坡度（一般5%—10%为宜），以减少平整土地的土方工程量，节约投资，又便于地面排水。

⑤应靠近铁路、公路、水路，以缩短运输距离，减少建设投资。

⑥应便于供电、供热和其他协作条件的取得。

⑦应尽量减少对环境的污染。

厂址选择时需要进行项目投资费用和项目投产后生产经营费用比较的分析。

（4）工程技术方案的确定

1）生产工艺方案必须要先进适用和经济合理。

2）主要设备最好尽量选用国产设备；注意进口设备之间以及国内外设备之间的衔接配套问题；进口设备与原有国产设备、厂房之间的配套问题；进口设备与原材料、备品备件及维修能力之间的配套问题占应尽量避免引进的设备所用主要原料需要进口。

6.5.2 建设项目可行性研究

建设项目的可行性研究是在投资决策前,对与拟建项目有关的社会、经济、技术等各方面进行深入细致的调查研究,对各种可能采用的技术方案和建设方案进行认真的技术经济分析和比较论证,对项目建成后的经济效益进行科学的预测和评价。

工程建设项目建设的全过程一般分为三个主要时期:投资前时期、投资时期和生产时期。可行性研究工作主要在投资前时期进行。投资前时期的可行性研究工作主要包括四个阶段:投资机会研究阶段、初步可行性研究阶段、详细可行性研究阶段、评价和决策阶段。

投资机会研究阶段的主要任务就是提出建设项目投资方向建议,通过调查、预测和分析研究,选择建设项目,寻找投资的有利机会。机会研究主要解决两个方面的问题:一是社会是否需要;二是有没有可以开展项目的基本条件。此阶段所估算的投资额和生产成本的精确度大约控制在±30%左右,大中型项目的机会研究所需要的时间大约在1~3个月,所需要的费用约占投资总额的0.2%~1%。

初步可行性研究主要是对前期的项目建议做进一步研究判断项目是否有生命力,是否有较高的经济效益。经过初步可行性研究,认为该项目具有一定的可行性,便可以转入详细可行性研究阶段。此阶段的主要目的是确定是否进行详细可行性研究即确定哪些关键问题需要进行辅助性专题研究。此阶段所估算的投资额和生产成本的精确度大约控制在±20%左右,所需要的时间大约在4~6个月,所需要的费用约占投资总额的0.25%~1.25%。

详细可行性研究是可行性研究的主要阶段,是建设项目投资决策的基础,为项目决策提供技术、经济、社会、商业方面的评价依据。此阶段所估算的投资额和生产成本的精确度大约控制在±10%左右,大型项目所需要的时间大约在8~12个月,所需要的费用约占投资总额的0.2%~1%。中小型项目所需要的时间大约在4~6个月,所需要的费用约占投资总额的1%~3%。

评价和决策是由投资决策部门组织和授权有关咨询公司或有关专家,代表项目业主和出资人对建设项目可行性研究报告进行全面的审核和再评价。其主要任务是对拟建项目的可行性研究报告提出评价意见,最终决策该项目投资是否可行,确定最佳投资方案。项目评价与决策是在可行性研究报告基础上进行的,其内容包括:

(1) 全面审核可行性研究报告中反映的各项情况是否属实;

(2) 分析项目可行性研究报告中各项指标计算是否正确;

(3) 从企业、国家和社会等方面综合分析和判断工程项目的经济效益和社会效益;

(4) 分析判断项目可行性研究的可靠性、真实性和客观性,对项目作出最终的投资决策;

(5) 最后写出项目评估报告。

1. 可行性研究的内容

一般工业建设项目的可行性研究应包含以下几个方面内容。

(1) 总论

(2) 产品的市场需求和拟建规模

(3) 资源、原材料、燃料及公用设施情况

（4）建厂条件和厂址选择
（5）项目设计方案
（6）环境保护与劳动安全
（7）企业组织、劳动定员和人员培训
（8）项目施工计划和进度要求
（9）投资估算和资金筹措
（10）项目的经济评价
（11）综合评价与结论、建议

由以上可以看出，建设项目可行性研究报告的内容可概括为三大部分。首先是市场研究，包括产品的市场调查和预测研究，这是项目可行性研究的前提和基础，其主要任务是要解决项目的"必要性"问题；第二是技术研究，即技术方案和建设条件研究，这是项目可行性研究的技术基础，它要解决项目在技术上的"可行性"问题；第三是效益研究，即经济效益的分析和评价，这是项目可行性研究的核心部分，主要解决项目在经济上的"合理性"问题。

2. 可行性研究报告的编制

可行性研究编制的依据主要有：
（1）项目建议书（初步可行性研究报告）及其批复文件。
（2）国家和地方的经济和社会发展规划，行业部门发展规划。
（3）国家有关法律、法规和政策。
（4）对于大中型骨干项目，必须具有国家批准的资源报告、国土开发整治规划、区域规划、江河流域规划、工业基地规划等有关文件。
（5）有关机构发布的工程建设方面的标准、规范和定额。
（6）合资、合作项目各方签订的协议书或意向书。
（7）委托单位的委托合同。
（8）经国家统一颁布的有关项目评价的基本参数和指标。
（9）有关的基础数据。

根据我国现行的工程项目建设程序和国家颁布的《关于建设项目进行可行性研究试行管理办法》，可行性研究编制的工作程序如下：
（1）建设单位提出项目建议书和初步可行性研究报告。
（2）项目业主、承办单位委托有资格的单位进行可行性研究。
（3）设计或咨询单位进行可行性研究工作，编制完整的可行性研究报告。

对于可行性研究报告的审批按照国家计委的有关规定：大中型建设项目的可行性研究报告，由各主管部门及各省、市、自治区或全国性专业公司负责预审，报国家计委审批，或由国家计委委托有关单位审批；重大项目和特殊项目的可行性研究报告，由国家计委会同有关部门预审，报国务院审批；小型项目的可行性研究报告，按照隶属关系由各主管部门及各省、市、自治区或全国性专业公司审批。

6.5.3　建设项目投资估算

投资估算是指在项目投资决策过程中，依据现有的资料和特定的方法，对建设项目的投资数额进行估计。投资估算的准确与否不仅影响到可行性研究工作的质量和经济评价结果，而且也直接关系到下一阶段设计概算和施工图预算的编制，对建设项目资金筹措方案也有直接的影响。因此，全面准确地估算建设项目的工程造价，是可行性研究乃至整个决策阶段造价管理的重要任务。

1. 投资估算的阶段划分与精度要求

我国项目投资估算的阶段划分与精度要求如下：

（1）项目规划阶段的投资估算。建设项目规划阶段是指有关部门根据国民经济发展规划、地区发展规划和行业发展规划的要求，编制一个建设项目的建设规划。其对投资估算精度的要求为允许误差大于±30%。

（2）项目建议书阶段的投资估算在项目建议书阶段，是按项目建议书中的产品方案、项目建设规模、产品主要生产工艺、企业车间组成、初选建厂地点等，估算建设项目所需要的投资额。其对投资估算精度的要求为误差控制在±30%以内。

（3）初步可行性研究阶段的投资估算是在掌握了更详细、更深入的资料条件下，估算建设项目所需的投资额。其对投资估算精度的要求为误差控制在±20%以内。

（4）详细可行性研究阶段的投资估算至关重要，因为这个阶段的投资估算经审查批准之后，便是工程设计任务书中规定的项目投资限额，并可据此列入项目年度基本建设计划。

2. 投资估算的内容

投资估算应该包括固定资产投资估算和流动资产估算两部分。固定资产投资估算的内容按照费用的性质划分，包括建筑安装工程费、设备及工器具购置费、工程建设其他费用（此时不含流动资金）、基本预备费、涨价预备费、建设期贷款利息、固定资产投资方向调节税等。固定资产投资也可分为静态部分和动态部分。涨价预备费、建设期利息和固定资产投资方向调节税构成动态投资部分，其余部分为静态投资部分。

流动资产是指生产经营项目投产后，用于购买原材料、燃料、支付工资及其他经营费用等所需要的周转资金。流动资金＝流动资产－流动负债，其中，流动资金主要考虑现金、应收账款和存货；流动负债主要考虑应付账款。

投资估算时先分别估算各单项工程所需的建筑工程费、设备及工器具购置费、安装工程费；在汇总以上单项工程费用的基础上，估算工程建设其他费用和基本预备费；然后再估算涨价预备费和建设期利息；最后估算流动资金。

3. 固定资产投资估算方法

（1）静态投资部分的估算方法

1）单位生产能力估算法

依据调查的统计资料，利用相近规模的单位生产能力投资乘以建设规模，即得拟建项目投资。其计算公式为：

$$C_2 = \left(\frac{C_1}{Q_1}\right) Q_2 f$$

式中　C_1——已建类似项目的投资额

　　　C_2——拟建项目投资额

　　　Q_1——已建类似项目的生产能力

Q_2——拟建项目的生产能力

f——不同时期、不同地点的定额、单价、费用变更等的综合调整系数。

这种方法把项目的建设投资与其生产能力的关系视为简单的线性关系。估算结果的误差较大。

2) 生产能力指数法是根据已建成的类似项目生产能力和投资额来粗略估算拟建项目投资额的方法。其计算公式为：

$$C_2 = C_1 \left(\frac{Q_2}{Q_1}\right)^x \cdot f$$

x——生产能力指数。其他符号含义同前。

此种方法是将造价与规模（或容量）看作非线性关系，且单位造价随工程规模（或容量）的增大而减小。在正常情况下，$0 \leqslant x \leqslant 1$。不同生产率水平的国家和不同性质的项目中，$x$的取值是不一样的。

生产能力指数法与单位生产能力估算法相比较精确度较高，其误差可以控制在±20%以内，尽管误差较大，但是此方法不需要详细的工程设计资料，只要知道工艺流程就可以了。在总承包工程报价时，承包商大都采用这种方法估价。

3) 系数估算法以拟建项目的主体工程费或主要设备费为基数，以其他工程费占主体工程费的百分比为系数估算项目总投资的方法。系数估算法包括设备系数法、主体专业系数法、朗格系数法、比例估算法、指标估算法等。

（2）建设投资动态部分估算方法

建设投资动态部分主要包括价格变动可能增加的投资额、建设期利息两部分内容，如果是涉外项目，还应该计算汇率的影响。动态部分的估算应以基准年静态投资的资金使用计划为基础来计算，而不是以编制的年静态投资为基础计算。

1) 涨价预备费的估算

涨价预备费的估算可按国家或部门（行业）的具体规定执行，一般按下式计算：

$$PF = \sum_{i=1}^{n} I_t [(1+f)^t - 1]$$

式中　PF——涨价预备费；

n——建设期年份数；

I_t——建设期中第t年的投资计划额，包括设备及工器具购置费、建筑安装工程费、工程建设其他及基本预备费；

f——年均投资价格上涨率。

2) 建设期利息的估算

建设期利息是指项目借款在建设期内发生并计入固定资产投资的利息。计算建设期利息时，为了简化计算，通常假定当年借款按半年计息，以上年度借款按全年计息，计算公式为：各年应计利息＝（年初借款本息累计＋本年借款额/2）×年利率

年初借款本息累计＝上一年年初借款本息累计＋上年借款＋上年应计利息

本年借款＝本年度固定资产投资－本年自有资金投入

4. 流动资金估算方法

流动资金估算一般采用分项详细估算法。个别情况或者小型项目可采用扩大指标法。

(1) 分项详细估算法

分项详细估算法是根据流动资金周转额与周转速度之间的关系，对构成流动资金的各项流动资产和流动负债分别进行估算。在可行性研究中，为简化计算，仅对存货、现金、应收账款和应付账款四项内容进行估算，计算公式为：

$$流动资金＝流动资产－流动负债$$
$$流动资产＝应收账款＋存货＋现金$$
$$流动负债＝应付账款$$
$$流动资金本年增加额＝本年流动资金－上年流动资金$$

估算的具体步骤是首先计算各类流动资产和流动负债的年周转次数，然后再分项估算占用资金额。

(2) 扩大指标估算法

扩大指标估算法是根据现有同类企业的实际资料，求得各种流动资金率指标，亦可依据行业或部门给定的参考值或经验确定比率。计算公式为：

$$年流动资金额＝年费用基数×各类流动资金率$$
$$流动资金额＝年产量×单位产品产量占用流动资金额$$

(3) 估算流动资金应注意的问题

1) 在采用分项详细估算法时，应根据项目实际情况分别确定现金、应收账款、存货和应付账款的最低周转天数，并考虑一定的保险系数。

2) 在不同生产负荷下的流动资金，应按不同生产负荷所需的各项费用金额，分别按照上述的计算公式进行估算，而不能直接按照100％生产负荷下的流动资金乘以生产负荷百分比求得。

3) 流动资金属于长期性（永久性）流动资产，流动资金的筹措可通过长期负债和资本金（一般要求占30％）的方式解决。

6.5.4 建设项目财务评价

财务评价是根据国家现行财税制度和价格体系，分析、计算项目直接发生的财务效益和费用，编制财务报表，计算评价指标，考察项目盈利能力、清偿能力以及外汇平衡等财务状况，据以判别项目的财务可行性。

财务评价是在项目市场研究、生产条件及技术研究的基础上进行的。它主要通过有关的基础数据，编制财务报表，计算分析相关经济评价指标，做出评价结论。一般应该遵循如下的程序：

(1) 估算现金流量；
(2) 编制基本财务报表；
(3) 计算与评价财务评价指标；
(4) 进行不确定性分析；
(5) 风险分析；
(6) 得出评价结论。

6.5.4.1 财务评价的内容与评价指标

(1) 财务盈利能力评价主要考察投资项目的盈利水平。为此目的，需编制全部投资现金流量表、自有资金现金流量表和损益表三个基本财务报表。计算财务内部收益率、财务净现值、投资回收期、投资收益率等指标。

(2) 投资项目的资金构成一般可分为借入资金和自有资金。自有资金可长期使用，而借入资金必须按期偿还。项目的投资者自然要关心项目偿债能力；借入资金的所有者——债权人也非常关心贷出资金能否按期收回本息。项目偿债能力分析可在编制贷款偿还表的基础上进行。为了表明项目的偿债能力，可按尽早还款的方法计算。在计算中，贷款利息一般做如下假设：长期借款，当年贷款按半年计息，当年还款按全年计息。

(3) 外汇平衡分析主要是考察涉及外汇收支的项目在计算期内各年的外汇余缺程度，在编制外汇平衡表的基础上，了解各年外汇余缺状况，对外汇不能平衡的年份根据外汇短缺程度，提出切实可行的解决方案。

(4) 不确定性分析是指在信息不足，无法用概率描述因素变动规律的情况下，估计可变因素变动对项目可行性的影响程度及项目承受风险能力的一种分析方法。不确定性分析包括盈亏平衡分析和敏感性分析。

(5) 风险分析是指在可变因素的概率分布已知的情况下，分析可变因素在各种可能状态下项目经济评价指标的取值，从而了解项目的风险状况。

财务评价的内容与评价指标 表 6-19

评价内容	基本报表	评价指标	
		静态指标	动态指标
盈利能力分析	全部投资现金流量表	全部投资回收期	财务内部收益率 财务净现值
	自有资金现金流量表		财务内部收益率 财务净现值
	损益表	投资利润率 投资利税率 资本金利润率	
偿债能力分析	资金来源与分析表	借款偿还期	
	资产负债表	资产负债率 流动比率 速动比率	
外汇平衡分析	财务外汇平衡表		
不确定性分析	盈亏平衡分析	盈亏平衡产量 盈亏平衡生产能力利用率	
	敏感性分析	灵敏度 不确定因素的临界值	
风险分析	概率分析	NPV≥0 的累计概率	
	定性分析		

6.5.4.2 基础财务报表的编制

为了进行投资项目的经济效果分析，需编制的财务报表主要有：财务现金流量表、损益表、资金来源与运用表和资产负债表。对于大量使用外汇的项目，还要编制外汇平衡表。

(1) 现金流量表的编制

1) 现金流量及现金流量表的概念

从项目财务评价角度看,在某一时点上流出项目的资金称为现金流出,记为 CO;流入项目的资金称为现金流入,记为 CI。现金流入与现金流出统称为现金流量,现金流入为正现金流量,现金流出为负现金流量。同一时点上的现金流入量与现金流出量的代数和(CI-CO)称为净现金流量,记为 NCF。

现金流量系统是将项目计算期内各年的现金流入与现金流出按照各自发生的时点顺序排列,表达为具有确定时间概念的现金流量系统。现金流量表就是对建设项目现金流量的表格式反映,用以计算各项静态和动态评价指标,进行项目财务盈利能力分析。按照投资计算基础的不同,现金流量表分为全部投资现金流量表和自有资金现金流量表。

全部投资现金流量表是站在项目全部投资的角度,或者说不分投资资金来源,是在设定项目全部投资均为自有资金条件下的项目现金流量系统的表格式反映。表中计算期的年序为 $1, 2, \cdots, n$,建设开始年作为计算期的第一年,年序为 1。自有资金现金流量表是站在项目投资主体角度考察项目的现金流入流出情况,从项目投资主体的角度看,建设项目投资借款是现金流入,但又同时将借款用于项目投资则构成同一时点、相同数额的现金流出,二者相抵,对净现金流量的计算无影响。因此现金流量表中投资只计自有资金。另一方面,现金流入又是因项目全部投资所获得,故应将借款本金的偿还及利息支付计入现金流出。

2) 损益表的编制

损益表编制反映项目计算期内各年的利润总额、所得税及税后利润的分配情况。损益表的编制以利润总额的计算过程为基础。利润总额的计算公式为:利润总额=营业利润+投资净收益+营业外收支净额

其中: 营业利润=主营业务利润+其他业务利润-管理费-财务费

主营业务利润=主营业务收入-主营业务成本-销售费用-销售税金及附加

营业外收支净额=营业外收入-营业外支出

3) 资金来源与资金运用表的编制

资金来源与运用表能全面反映项目资金活动全貌。编制该表时,首先要计算项目计算期内各年的资金来源与资金运用,然后通过资金来源与资金运用的差额反映项目各年的资金盈余或短缺情况。项目资金来源包括:利润、折旧、摊销、长期借款、短期借款、自有资金、其他资金、回收固定资产余值、回收流动资金等;项目资金运用包括:固定资产投资、建设期利息、流动资金投资、所得税、应付利润、长期借款还本、短期借款还本等。

资金来源与运用表反映项目计算期内各年的资金盈余或短缺情况,用于选择资金筹措方案,制定适宜的借款及偿还计划,并为编制资产负债表提供依据。

4) 资产负债表的编制

资产负债表综合反映项目计算期内各年末资产、负债和所有者权益的增减变化及对应关系,用以考察项目资产、负债、所有者权益的结构是否合理,进行清偿能力分析。资产负债表的编制依据是"资产=负债+所有者权益"。

其中资产由流动资产、在建工程、固定资产净值、无形及递延资产净值四项组成。负债包括流动负债和长期负债。流动负债中的应付账款数据可由流动资金估算表直接取得。

流动资金借款和其他短期借款两项流动负债及长期借款均指借款余额,需根据资金来源与运用表中的对应项及相应的本金偿还项进行计算。

(2) 财务评价指标体系与方法

财务评价的主要内容包括:盈利能力评价和清偿能力评价。财务评价的方法有:以现金流量表为基础的动态获利性评价和静态获利性评价、以资产负债表为基础的财务比率分析和考虑项目风险的不确定性分析等。

1) 建设项目财务评价指标体系

建设项目财务评价指标体系根据不同的标准,可作不同的分类形式。根据是否考虑时间价值分类可分为静态经济评价指标和动态经济评价指标。根据指标的性质分类可以分为时间性指标、价值性指标、比率性指标。

2) 建设项目财务评价方法

① 财务盈利能力评价

财务盈利能力评价主要考察投资项目投资的盈利水平。为此需编制全部投资现金流量表、自有资金现金流量表和损益表三个基本财务报表。计算财务内部收益率、财务净现值、投资回收期、投资收益率等指标。

A. 财务净现值（FNPV）。财务净现值是指把项目计算期内各年的财务净现金流量,按照一个给定的标准折现率(基准收益率)折算到建设期初(项目计算期第一年年初)的现值之和。财务净现值是考察项目在其计算期内盈利能力的主要动态评价指标。其表达式为:

$$FNPV = \sum_{i=1}^{n}(CI-CO)_t(1+i_c)^{-t}$$

式中　$FNPV$——财务净现值;

$(CI-CO)_t$——第 t 年的净现金流量;

n——项目计算期;

i_c——标准折现率。

财务净现值表示建设项目的收益水平超过基准收益的额外收益。该指标在用于投资方案的经济评价时,财务净现值大于等于零,项目可行。

B. 财务内部收益率（FIRR）。财务内部收益率是指项目在整个计算期内各年财务净现金流量的现值之和等于零时的折现率,也就是使项目的财务净现值等于零时的折现率,其表达式为:

$$\sum_{i=1}^{n}(CI-CO)_t \times (1+FIRR)^{-t} = 0$$

式中　$FIRR$——财务内部收益率;

其他符号意义同前。

财务内部收益率是反映项目实际收益率的一个动态指标,该指标越大越好。一般情况下,财务内部收益率大于等于基准收益率时,项目可行。

C. 投资回收期。投资回收期按照是否考虑资金时间价值可以分为静态投资回收期和动态投资回收期。静态投资回收期是指以项目每年的净收益回收项目全部投资所需要的时间,是考察项目财务上投资回收能力的重要指标。静态投资回收期的表达式如下:

$$\sum_{i=1}^{P_t}(CI-CO)_t=0$$

式中　　P_t——静态投资回收期；

　　　　CI——现金流入；

　　　　CO——现金流出；

$(CI-CO)_t$——第 t 年的净现金流量。

静态投资回收期一般以"年"为单位，自项目建设开始年算起。当静态投资回收期小于等于基准投资回收期时，项目可行。

动态投资回收期是指在考虑了资金时间价值的情况下，以项目每年的净收益回收项目全部投资所需要的时间。动态投资回收期的表达式如下：

$$\sum_{t=0}^{P'_t}(CI-CO)_t(1+i_c)^{-t}=0$$

式中　　P'_t——动态投资回收期。

其他符号含义同前。

在实际应用中往往是根据项目的现金流量表，采用下列近似公式计算：

P'_t＝累计净现金流量现值开始出现正值的年份－1＋$\dfrac{\text{上一年累计现金流量现值的绝对值}}{\text{当年净现金流量现值}}$

当动态投资回收期不大于项目寿命期时，项目是可行的。

D. 投资收益率。投资收益率是指在项目达到设计能力后，其每年的净收益与项目全部投资的比率，是考察项目单位投资盈利能力的静态指标。其表达式为：

$$\text{投资收益率}=\frac{\text{年净收益}}{\text{项目全部投资}}\times 100\%$$

在采用投资收益率对项目进行经济评价时，投资收益率不小于行业平均的投资收益率（或投资者要求的最低收益率），项目即可行。投资收益率指标由于计算口径不同，又可分为投资利润率、投资利税率、资本金利润率等指标。

② 清偿能力评价

投资项目的资金构成一般可分为借入资金和自有资金。自有资金可长期使用，而借入资金必须按期偿还。因此，偿债分析是财务分析中的一项重要内容。

A. 贷款偿还期分析。项目偿债能力分析可在编制贷款偿还表的基础上进行。在计算中，贷款利息一般作如下假设：对长期借款而言当年贷款按半年计息，当年还款按全年计息。假设在建设期借入资金，生产期逐期归还，则：

建设期年利息＝（年初借款累计＋本年借款/2）×年利率

生产期年利息＝年初借款累计×年利率

流动资金借款及其他短期借款按全年计息。

贷款偿还期的计算公式与投资回收期公式相似，公式为：

贷款偿还期＝偿清债务年分数－1＋$\dfrac{\text{偿清债务当年应付的本息}}{\text{当年可用于偿清的资金总额}}$

B. 资产负债率。

$$\text{资产负债率}=\frac{\text{负债总额}}{\text{资产总额}}$$

资产负债率反映项目的总体偿债能力。这一比率越低,则偿债能力越强。但是此指标的高低还反映了项目利用负债资金的程度,因此该指标水平应当适当。

C. 流动比率。

$$流动比率 = \frac{流动资产总额}{流动负债总额}$$

该指标反映企业偿还短期债务的能力,一般为 2∶1 较好。

D. 速动比率。

$$速动比率 = \frac{速动资产总额}{流动负债总额}$$

该指标反映了企业在很短时间内偿还短期债务的能力。速动比率越高,短期偿债能力越强,此指标一般为 1 左右较好。

③ 不确定性分析

A. 盈亏平衡分析。盈亏平衡分析的目的是寻找盈亏平衡点,据此判断项目风险大小及对风险的承受能力,为投资决策提供科学依据。在线性盈亏平衡分析中:

$$TR = P(1-t)Q$$
$$TC = F + VQ$$

式中 TR——表示项目总收益;
  P——表示产品销售价格;
  t——表示销售税率;
  TC——表示项目总成本;
  F——表示固定成本;
  V——表示单位产品可变成本;
  Q——表示产量或销售量。

令 $TR = TC$ 即可分别求出盈亏平衡产量、盈亏平衡价格、盈亏平衡单位产品可变成本、盈亏平衡生产能力利用率。

B. 敏感性分析。敏感性分析是通过分析、预测项目主要影响因素发生变化时对项目经济评价指标(如 NPV、IRR 等)的影响,从中找出敏感因素,并确定其影响程度的一种分析方法。敏感性分析的核心是寻找敏感因素,并将其按影响程度大小排序。敏感性分析根据同时分析敏感因素数量的多少分为单因素敏感性分析和多因素敏感性分析。

6.6 建设项目施工阶段造价的确定

由于工程建设的周期比较长,涉及到的因素比较多,受自然客观条件的影响比较大,导致工程项目在建设施工的过程中碰到的情况与招投标时的情况发生了很大的改变。为了能够比较合理的反映这种变化,就会涉及到工程变更。一般工程变更包括工程量变更、工程项目的变更、进度计划的变更、施工条件的变更等。考虑到设计变更在工程变更中的重要性,往往将工程变更分为设计变更和其他变更两大类。

6.6.1 《建设工程施工合同(示范文本)》条件下的工程变更

1. 工程变更的程序

(1) 设计变更的程序

1) 发包人对原设计进行变更。施工中发包人如果需要对原工程设计进行变更,应不迟于变更前14天以书面形式向承包人发出变更通知。承包人对于发包人的变更通知没有拒绝的权利,这是合同赋予发包人的一项权利。只有赋予发包人这样的权利才能减少更大的损失。

2) 由于承包人的原因对原设计进行变更。承包人应当严格按照图纸施工,不得随意变更设计。施工中承包人提出的合理化建议涉及到对设计图纸或者施工组织设计的更改及对原材料、设备的更换,须经工程师同意。工程师同意变更后,也须经原规划管理部门和其他有关部门审查批准,并由原设计单位提供变更的相应的图纸和说明。

3) 设计变更事项。能够构成设计变更的事项包括以下变更:更改有关部分的标高、基线、位置和尺寸;增减合同中约定的工程量;改变有关工程的施工时间和顺序;其他有关工程变更需要的附加工作。

(2) 其他变更的程序

从合同的角度看,除设计变更外,其他能够导致合同内容变更的都属于其他变更。如双方对工程质量要求的变化以及对工期要求的变化等。这些变更的程序,首先应当由一方提出,与对方协商一致签署补充协议后,方可进行变更。

2. 变更后合同价款的确定

设计变更发生后,承包人在工程设计变更确定后14天内,提出变更工程价款的报告,经工程师确认后调整合同价款。工程师收到变更工程价款报告之日起7天内,予以确认。工程师无正当理由不确认时,自变更价款报告送达之日起14天后变更工程价款报告自行生效。当工程发生变更后,合同价款按照如下的方法确定:

1) 合同中已有适用于变更工程的价格,按合同已有的价格计算、变更合同价款;

2) 合同中只有类似于变更工程的价格,可以参照此价格确定变更价格,变更合同价款;

3) 合同中没有适用或类似于变更工程的价格,由承包人提出适当的变更价格,经工程师确认后执行。

6.6.2 工程索赔

6.6.2.1 工程索赔的概念

工程索赔是在工程承包合同履行中,当事人一方由于另一方未履行合同所规定的义务或者出现了应当由对方承担的风险而遭受损失时,向另一方提出赔偿要求的行为。在实际工作中,"索赔"应该是双向的,承包人可以向发包人索赔,发包人同样可以向承包人索赔。通常情况下,索赔是指承包人(施工单位)在合同实施过程中,对非自身原因造成的工程延期、费用增加而要求发包人给予补偿损失的一种权利要求。

索赔的含义可以概括为如下3个方面:

1) 一方违约使另一方蒙受损失,受损方向对方提出赔偿损失的要求;

2) 发生应由业主承担责任的特殊风险或遇到不利自然条件等情况,使承包商蒙受较大损失而向业主提出补偿损失要求;

3) 承包商本人应当获得的正当利益,由于没能及时得到监理工程师的确认和业主应给予的支付,而以正式函件向业主索赔。

索赔报告是承包人向监理工程师提交的一份要求发包人给予一定经济补偿和延长工期的正式报告。索赔报告的基本内容如下：

1）题目。主要是表达、高度概括索赔事件的核心内容。

2）事件。阐述索赔事件发生的前因后果、来龙去脉，分析事件的发展后果，重点陈述索赔的原因。

3）理由。提出索赔的相关法律和法规及合同条款依据。

4）结论。指出索赔事件给当事人带来的损失及工期的影响。

5）计算过程及结果。将索赔的费用和工期延长的计算过程列出，必要时辅以表格、数据分析、调查的资料进行说明。

6）总索赔。根据以上索赔的内容，形成分析的结论。

6.6.2.2 《建设工程施工合同文本》规定的工程索赔程序

当合同当事人一方向另一方提出索赔时，要有正当的索赔理由，且有索赔事件发生时的有效证据。发包人未能按合同约定履行自己的各项义务或发生错误以及第三方原因，给承包人造成延期支付合同价款、延误工期或其他经济损失，包括不可抗力延误的工期。《建设工程施工合同文本》规定的工程索赔程序见图6-5。

（1）承包人提出索赔申请。索赔事件发生28天内，向工程师发出索赔意向通知。

（2）发出索赔意向通知后28天内，向工程师提出补偿经济损失和（或）延长工期的索赔报告及有关资料。

（3）工程师审核承包人的索赔申请。工程师在收到承包人送交的索赔报告和有关资料后，于28天内给予答复，或要求承包人进一步补充索赔理由和证据。工程师在28天内未予答复或未对承包人作进一步要求，视为该项索赔已经认可。

（4）当该索赔事件持续进行时，承包人应当阶段性向工程师发出索赔意向，在索赔事件终了后28天内，向工程师提供索赔的有关资料和最终索赔报告。

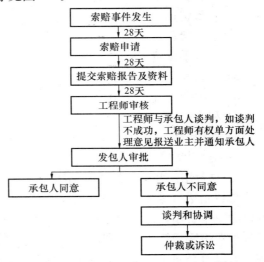

图6-5 施工合同文本规定的工程索赔程序

（5）工程师与承包人谈判达不成共识时，工程师有权确定一个他认为合理的单价或价格作为最终的处理意见报送业主并相应通知承包人。

（6）发包人审批工程师的索赔处理证明。

（7）承包人是否接受最终的索赔决定。

承包人未能按合同约定履行自己的各项义务和发生错误给发包人造成损失的，发包人也可按上述时限向承包人提出索赔。

6.6.2.3 索赔的依据

提出索赔的依据有以下几个方面：

（1）招标文件、施工合同文本及附件，其他各签约（如备忘录、修正案等），经认可的工程实施计划，各种工程图纸、技术规范等；

（2）工程各项经发包人或监理工程师签认的签证；

（3）进度计划和具体的进度以及项目现场的有关文件；

（4）气象资料、工程检查验收报告和各种技术鉴定报告，工程中送停电、送停水、道路开通和封闭的记录和证明；

（5）国家有关法律、法令、政策文件，官方的物价指数、工资指数，各种会计核算资料，材料的采购、订货、运输、进场、使用方面的凭据；

（6）双方的往来信件及各种会谈纪要；

（7）工程预付款、进度款拨付的数额及日期记录；

（8）图纸变更、交底记录的送达份数及日期记录；

（9）工程会计、核算资料。

6.6.2.4 索赔的计算

（1）可索赔的费用

费用内容一般可以包括以下几个方面：

1）人工费；

2）设备费；

3）材料费；

4）保函手续费；

5）贷款利息；

6）保险费；

7）利润；

8）管理费。

（2）费用索赔的计算

1）总费用法和修正的总费用法。

总费用法就是计算出该项工程的总费用，再从这个已实际开支的总费用中减去投标报价时的成本费用，即为要求补偿的索赔费用额。

总费用法尽管不十分科学，但是仍然经常被采用。为了更加合理的计算索赔的费用总额，可以对总费用法进行修正，形成了修正的总费用法。

修正的总费用法就是指对难于用实际总费用进行审核的，可以考虑是否能够计算出与索赔事件有关的单项工程的实际总费用和该单项工程的投标报价。若可行，可按其单项工程的实际费用与报价的差值来计算其索赔的金额。

2）分项法

分项法是将索赔的损失费用分项进行计算，其中包括人工费索赔、材料费索赔、施工机械费索赔、现场管理费索赔、公司管理费索赔、飞融资成本、利润与机会利润损失的索赔。

（3）工期索赔的计算

1）网络分析法。网络分析法就是利用进度计划的网络图，分析其关键线路，如果延误的工作为关键工作，则延误的时间为索赔的工期；如果延误的工作为非关键工作，当该工作拖延的时间超过该工作的总时差，则可以索赔延误时间与时差的差值；若该工作延误后仍为非关键工作,则不可以索赔工期。

2) 对比分析法

当已知额外增加的工程量价格时,其应该索赔的工期计算公式为:

$$索赔的工期值=\frac{额外增加的工程量价格}{原合同总价}\times 原合同总工期$$

当已知部分工程的延期时间,其应该索赔的工期计算公式为:

$$索赔的工期值=\frac{受干扰部分工程的合同价}{原合同总价}\times 该受干扰部分工期拖延时间$$

比例计算法简单方便,但有时不符合实际情况,此法不适用与变更施工顺序、加速施工、删减工程量等事件的索赔。

【例题 6-4】 (2004 案例分析试题一)某房屋建筑工程项目,建设单位与施工单位按照《建设工程施工合同(示范文本)》签订了施工承包合同。施工合同中规定:

(1) 设备由建设单位采购,施工单位安装;

(2) 建设单位原因导致的施工单位人员窝工,按 18 元/工日补偿,建设单位原因导致的施工单位设备闲置,按表 6-20 中所列标准补偿;

设备闲置补偿标准表　　　　　　　　　　表 6-20

机构名称	台班总价(元/台班)	补偿标准
大型起重机	1060	台班单价的 60%
自卸汽车(5t)	318	台班单价的 40%
自卸汽车(8t)	458	台班单价的 50%

(3) 施工过程中发生的设计变更,其价款按建标〔2003〕206 号文件的规定以工料单价法计价程序计价(以直接费为计算基础),间接费费率为 10%,利润率为 5%,税率为 3.41%。

该工程在施工过程中发生以下事件:

事件 1:施工单位在土方工程填筑时,发现取土区的土壤含水量过大,必须经过晾晒后才能填筑,增加费用 30000 元,工期延误 10 天。

事件 2:基坑开挖深度为 3m,施工组织设计中考虑的放坡系数为 0.3(已经监理工程师批准)。施工单位为避免坑壁塌方,开挖时加大了放坡系数,使土方开挖量增加,导致费用超支 10000 元,工期延误 3 天。

事件 3:施工单位在主体钢结构吊装安装阶段发现钢筋混凝土结构上缺少相应的预埋件,经查实是由于土建施工图纸遗漏该预埋件的错误所致。返工处理后,增加费用 20000 元,工期延误 8 天。

事件 4:建设单位采购的设备没有按计划时间到场,施工受到影响,施工单位一台大型起重机、两台自卸汽车(载重 5t、8t 各一台)闲置 5 天,工人窝工 86 工日,工期延误 5 天。

事件 5:某分项工程由于建设单位提出工程使用功能的调整,须进行设计变更。设计变更后,经确认直接工程费增加 18000 元,措施费增加 2000 元。

上述事件发生后,施工单位及时向建设单位造价工程师提出索赔要求。

问题

1. 分析以上各事件中造价工程师是否应该批准施工单位的索赔要求？为什么？

2. 对于工程施工中发生的工程变更，造价工程师对变更部分的合同价款应根据什么原则确定？

3. 造价工程师应批准的索赔金额是多少元？工程延期是多少天？

【解】 问题1：

事件1不应该批准。这是施工单位应该预料到的（属施工单位的责任）。

事件2不应该批准。施工单位为确保安全，自行调整施工方案（属施工单位的责任）。

事件3应该批准。这是由于土建施工图纸中错误造成的（属建设单位的责任）。

事件4应该批准。是由建设单位采购的设备没按计划时间到场造成的（属建设单位的责任）。

事件5应该批准。由于建设单位设计变更造成的（属建设单位的责任）。

问题2：

变更价款的确定原则为：

（1）合同中已有适用于变更工程的价格，按合同已有的价格计算、变更合同价款；

（2）合同中只有类似于变更工程的价格，可以参照此价格确定变更价格，变更合同价款；

（3）合同中没有适用或类似于变更工程的价格，由承包商提出适当的变更价格，经造价工程师确认后执行；如不被造价工程师确认，双方应首先通过协商确定变更工程价款；

当双方不能通过协商确定变更工程价款时，按合同争议的处理方法解决。

问题3：

（1）造价工程师应批准的索赔金额为：

事件3：返工费用：20000元

事件4：机械台班费：$(1060 \times 60\% + 318 \times 40\% + 458 \times 50\%) \times 5 = 4961$（元）

人工费：$86 \times 18 = 1548$（元）

事件5：应给施工单位补偿：

直接费：$18000 + 2000 = 20000$（元）

间接费：$20000 \times 10\% = 2000$（元）

利润：$(20000 + 2000) \times 5\% = 1100$（元）

税金：$(20000 + 2000 + 1100) \times 3.41\% = 787.71$（元）

应补偿：$20000 + 2000 + 1100 + 787.71 = 23887.71$（元）

或：$(18000 + 2000) \times (1 + 10\%)(1 + 5\%)(1 + 3.41\%) = 23887.71$（元）

合计：$20000 + 4961 + 1548 + 23887.71 = 50396.71$（元）

（2）造价工程师应批准的工程延期为：

事件3：8天

事件4：5天

合计：13天

【例题6-5】 （2007案例分析年试题二）某大型工业项目的主厂房工程，发包人通过公开招标选定了承包人。并依据招标文件和投标文件，与承包人签订了施工合同。合同中部分内容如下,(1) 合同工期 160 天,承包方编制的初始网络进度计划,如图 6-6 所示。

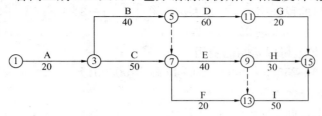

图 6-6 承包方编制的初始网络进度计划图

由于施工工艺要求,该计划中 C、E、I 三项工作施工需使用同一台运输机械;B、D、H 三项工作施工需使用同一台吊装机械。上述工作由于施工机械的限制只能按顺序施工,不能同时平行进行。

(2) 承包人在投标报价中填报的部分相关内容如下:

①完成 A、B、C、D、E、F、G、H、I 九项工作的人工工日消耗量分别为:100、400、400、300、200、60、60、90、1000 个工日;

②工人的日工资单价为 50 元/工日,运输机械台班单价为 2400 元/台班;吊装机械台班单价为 1200 元/台班;

③分项工程项目和措施项目均采用以直接费为计算基础的工料单价法。其中的间接费费率为 18%,利润率为 7%,税金按相关规定计算,施工企业所在地为县城。

(3) 合同中规定:人员窝工费补偿 25 元/工日;运输机械折旧费 1000 元/台班;吊装机械折旧费 500 元/台班。

在施工过程中,由于设计变更使工作 E 增加了工程量,作业时间延长了 20 天,增加用工 100 个工日,增加材料费 2.5 万元,增加机械台班 20 个,相应的措施费增加 1.2 万元。同时,E、H、I 的工人分别属于不同工种,H、I 工作分别推迟 20 天。

问题:

1. 对承包人的初始网络进度计划进行调整,以满足施工工艺和施工机械对施工作业顺序的制约要求。

2. 调整后的网络进度计划总工期为多少天?关键工作有哪些?

3. 按《建筑安装工程费用项目组成》(建标〔2003〕206 号)文件的规定计算该工程的税率。分项列式计算承包商在工作 E 上可以索赔的直接费、间接费、利润和税金。

4. 在因设计变更使工作 E 增加工程量的事件中,承包商除在工作 E 上可以索赔的费用外,是否还可以索赔其他费用?如果有可以索赔的其他费用,请分项列式计算可以索赔的费用,如果没有,请说明原因。(计算结果均保留两位小数。)

【解】 问题 1:

对初始网络进度计划进行调整,结果如图 6-7 所示。

问题 2:

(1) 总工期仍为 160(天)

(2) 关键工作有 A、C、E、I

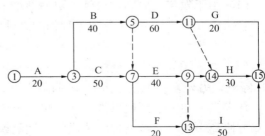

图 6-7 承包方编制的初始网络进度计划调整图

（或①—③—⑦—⑨—⑬—⑮）

问题3：该工程的税金率为：3%(1+5%+3%)/1-3%(1+5%+3%)＝3.35%

或：1/[1-3%(1+5%+3%)]-1＝3.35%

承包在商工作 E 上可以索赔的费用。

直接费 $100\times50+25000+2400\times20+12000=90000$（元）

间接费 $90000\times18\%=16200$（元）

利润 $(90000+16200)\times7\%=7434$（元）

税金 $(90000+16200+7434)\times3.35\%=3806.741$（元）

问题4：

还可以索赔其他费用。

这些费用包括：

(1) H 工作费用索赔：

①因为 H 工作有 10 天总时差，所以，人员窝工和吊装机械闲置时间为：20-10＝10（天）

②每天窝工人数为：90/30＝3（工日/天）

③索赔费用为：$3\times10\times25+10\times500=5750$（元）

(2) I 工作费用索赔：

①人员窝工时间为 20 天

②每天窝工人数为：1000/50＝20（工日/天）

③索赔费用为：$20\times20\times25=10000$（元）

【例题 6-6】（2007 年案例分析试题四）某工程采用公开招标方式，招标人3月1日在指定媒体上发布了招标公告，3月6日至3月12日发售了招标文件，共有A、B、C、D四家投标人购买了招标文件。在招标文件规定的投标截止日（4月5日）前，四家投标人都递交了投标文件。开标时投标人D因其投标文件的签署人没有法定代表人的授权委托书而被招标管理机构宣布为无效投标。

该工程评标委员会于4月15日经评标确定投标人 A 为中标人，并于4月26日向中标人和其他投标人分别发出中标通知书和中标结果通知，同时通知了招标人。

发包人与承包人 A 于5月10日签订了工程承包合同。合同约定的不含税合同价为6948万元，工期为300天；合同价中的间接费以直接费为计算基数，间接费率为12%，利润率为5%。

在施工过程中，该工程的关键线路上发生了以下几种原因引起的工期延误：

(1) 由于发包人原因，设计变更后新增一项工程于7月28日至8月7日施工（新增工程款为160万元）；另一分项工程的图纸延误导致承包人于8月27日至9月12日停工。

(2) 由于承包人原因，原计划于8月5日晨到场的施工机械直到8月26日晨才到场。

(3) 由于天气原因，连续多日高温造成供电紧张。该工程所在地区于8月3日至8月5日停电，另外，该地区于8月24日晨至8月28日晚下了特大暴雨。

在发生上述工期延误事件后，承包人 A 按合同规定的程序向发包人提出了索赔要求，经双方协商一致。除特大暴雨造成的工期延误之外，对其他应予补偿的工期延误事件。既补偿直接费又补偿间接费，间接费补偿按合同工期每天平均分摊的间接费计算。

问题：
1. 指出该工程在招标过程中的不妥之处，并说明理由。
2. 谈工程的实际工期延误为多少天？应予批准的工期延长时间为多少天？分别说明每个工期延误事件应批准的延长时间及其原因。
3. 图纸延误应予补偿的间接费为多少？
4. 该工程所在地市政府规定，高温期间施工企业每日工作时间减少 1 小时，企业必须给职工每人每天 10 元高温津贴。若某分项工程的计划工效为 1.50 平方米/每小时。计划单位工日为 50 元，高温期间的实际工效降低 10%。则高温期间该分项每平方米的人工费比原计划增加多少元？（费用计算结果保留两位小数。）

【解】 问题 1：
招标管理机构宣布无效投标不妥，应由招标人宣布。评标委员会确定中标人并发出中标通知书和中标结果通知不妥，应由招标人发出。

问题 2：
该工程的实际工期延误为 47 天。应批准的工期延长为 32 天。其中，新增工程属于业主应承担的责任，应批准工期延长 11 天（7 月 28 日至 8 月 7 日）。

图纸延误属于业主应承担的责任应批准延长工期为 15 天（8 月 29 日至 9 月 12 日）。

停电属于业主应承担的责任，应批准工期延长为 3 天。

施工机械延误属于承包商责任，不予批准延长工期

特大暴雨造成的工期延误属于业主应承担的风险范围，但 8 月 24～25 日属于承包商机械未到场延误在先，不予索赔，应批准工期延长 3 天(8 月 26 日至 8 月 28 日)。

问题 3：
合同价中的间接费为：$6948 \times (0.12/1.12 \times 1.05) = 708.98$（万元）

或：合同价中的利润为：$6948 \times (0.05/1.05) = 330.86$（万元）

合同价中的间接费为：$(6948 - 330.86) \times (0.12/1.12) = 708.98$（万元）

所以，合同价中每天的间接费为：$708.98/300 = 2.36$（万元/天）

图纸延误应补偿的间接费为：$15 \times 2.36 = 35.40$（万元）

问题 4：
计划的单方人工费为：$50 \div (8 \times 1.5) = 4.17$（元/m^2）

实际的单方人工费为：$(50 + 10) \div [7 \times (1 - 10\%) \times 1.5] = 6.35$（元/m^2），

则单方人工费的增加额为：$6.35 - 4.17 = 2.18$（元/m^2）

6.6.3 建设工程价款结算

工程价款结算是指承包商在工程实施过程中，依据承包合同中关于付款条款的规定和已经完成的工程量，并按照规定的程序向建设单位（业主）收取工程价款的一项经济活动。工程价款的主要结算方式一般有：

（1）按月结算

实行旬末或月中预支，月终结算，竣工后清算的方法。我国建筑安装工程价款结算中，常常采用按月结算。

（2）竣工后一次结算

建设项目或单项工程全部建筑安装工程建设期在 12 个月以内，或者工程承包合同价

值在100万元以下的,一般采用每月月中预支已完工程量的工程价款,竣工后一次结算。

(3) 分段结算

即当年开工,当年不能竣工的单项工程或单位工程按照工程形象进度,划分不同阶段进行结算。

(4) 目标结款方式

即在工程合同中,将承包工程的内容分解成不同的控制界面,以业主验收控制界面作为支付工程价款的前提条件。此种结款方式实质上是运用合同手段、财务手段对工程的完成进行主动控制。

(5) 双方约定的其他结算方式

1. 工程预付款及其计算

施工企业在施工之前需要有一定数量的备料周转金,一般在施工合同中明确规定发包单位在开工前付给施工单位一定数额的工程预付备料款。预付备料款的数量由主要材料(包括外购构件)占工程造价的比重;材料储备期;施工工期三大因素确定。一般建筑工程不应超过当年建筑工作量(包括水、电、暖)的30%,安装工程按年安装工作量的10%;材料占比重较多的安装工程按年计划产值的15%左右拨付。在工程实际开始施工后,建设单位需要逐步扣回已经支付的工程备料款,一般采用扣回工程款的方法,即从每次结算工程价款中,按材料比重扣抵工程价款,竣工前全部扣清。其基本表达公式是:

$$T = P - \frac{M}{N}$$

式中　T——起扣点;

　　　M——预付款的数量;

　　　N——主要材料所占比值;

　　　P——承包工程价款总额。

此时扣回工程预付款的时间应该从未施工工程尚需的主要材料及构件的价值相当于备料款数额时开始。

2. 工程进度款的支付

施工企业在施工过程中,一般按逐月完成的工程数量计算各项费用,向建设单位办理工程进度款的支付。根据国家工商行政管理总局、建设部颁布的《建设工程施工合同(示范文本)》有:

(1) 工程款(进度款)在双方确认计量结果后14天内,发包方应向承包方支付工程款(进度款)。按约定时间发包方应扣回的预付款,与工程款(进度款)同期结算。

(2) 符合规定范围的合同价款的调整,工程变更调整的合同价款及其他条款中约定的追加合同价款,应与工程款(进度款)同期调整支付。

(3) 发包方超过约定的支付时间不支付工程款(进度款),承包方可向发包方发出要求付款通知,发包方收到承包方通知后仍不能按要求付款,可与承包方协商签订延期付款协议,经承包方同意后可延期支付。协议须明确延期支付时间和从发包方计量结果确认后第15天起计算应付款的贷款利息。

(4) 发包方不按合同约定支付工程款(进度款),双方又未达成延期付款协议,导致施工无法进行,承包方可停止施工,由发包方承担违约责任。

3. 工程竣工结算

工程竣工结算是指施工企业按照合同规定的内容全部完成所承包的工程,经验收质量合格,并符合合同要求之后,向发包单位进行的最终工程价款结算。办理工程价款竣工结算的一般公式为:

结算的工程价款＝合同价款＋合同价款的调整－预付和已结算的工程价款－质量保证金

【例题 6-7】（2007 年案例分析试题）某工程项目施工承包合同价为 3200 万元,工期 18 个月,承包合同规定:

1. 发包人在开工前 7 天应向承包人支付合同价 20％的工程预付款。
2. 工程预付款自工程开工后的第 8 个月起分 5 个月等额抵扣。
3. 工程进度款按月结算。工程质量保证金为承包合同价的 5％,发包人从承包人每月的工程款中按比例扣留。
4. 当分项工程实际完成工程量比清单工程量增加 10％以上时,超出部分的相应综合单价调整系数为 0.9。
5. 规费费率 3.5％,以工程量清单中分部分项工程合价为基数计算;税金率 3.41％,按规定计算。

在施工过程中,发生以下事件:

铺贴花岗石面层定额测定消耗量及价格信息（单位：m^2）　　表 6-21

项目		单位	消耗量	市场价（元）
人工	综合工日	工日	0.56	60.00
材料	白水泥	kg	0.155	0.80
	花岗石	m^3	1.06	530.00
	水泥砂浆（1：3）	m^3	0.0299	240.00
	其他材料费			6.40
机械	灰浆搅拌机	台班	0.0052	49.18
	切削机	台班	0.0969	52.00

（1）工程开工后,发包人要求变更设计。增加一项花岗石墙面工程,由发包人提供花岗石材料,双方商定该项综合单价中的管理费、利润均以人工费与机械费之和为计算基数,管理费率为 40％,利润率为 14％。消耗量及价格信息资料见表 6-21。

（2）在工程进度至第 8 个月时,施工单位按计划进度完成了 200 万元建安工作量,同时还完成了发包人要求增加的一项工作内容。经工程师计量后的该工作工程量为 260m^2,经发包人批准的综合单价为 352 元/m^2。

（3）施工至第 14 个月时,承包人向发包人提交了按原综合单价计算的该月已完工程量结算价 18 万元。经工程师计量,其中某分项工程因设计变更实际完成工程数量为 580m^3（原清单工程数量为 360m^3,综合单价 1200 元/m^3）。

问题：

1. 计算该项目工程预付款。
2. 编制花岗石墙面工程的工程量清单综合单价分析表,列式计算并把计算结果填入

表6-22中。

3. 列式计算第8个月的应付工程款。
4. 列式计算第14个月的应付工程款。
（计算结果均保留两位小数，问题3和问题4的计算结果以万元为单位。）

【解】 问题1：
工程预付款：$3200 \times 20\% = 640$（万元）
问题2：人工费：$0.56 \times 60 = 33.60$（元/m²）
材料费：$0.155 \times 0.8 + 0.0299 \times 240 + 6.4 + 1.06 \times 530 = 575.50$（元/m²）
机械费：$0.0052 \times 49.18 + 0.0969 \times 52 = 5.29$（元/m²）
管理费：$(33.60 + 5.29) \times 40\% = 15.56$（元/m²）
利润：$(33.60 + 5.29) \times 14\% = 5.44$（元/m²）
综合单价：$33.60 + 575.50 + 5.29 + 15.56 + 5.44 = 635.39$（元/m²）
分部分项工程量清单综合单价分析表见表6-22。
问题3：
增加工作的工程款：$260 \times 352 \times (1 + 3.5\%)(1 + 3.41\%) = 97953.26$（元）$= 9.80$（万元）

第8月应付工程款：$(200 + 9.80) \times (1 - 5\%) - 640 \div 5 = 71.31$（万元）
问题4：
该分项工程增加工程量后的差价：
$(580 - 360 \times 1.1) \times 1200 \times (1 - 0.9)(1 + 3.5\%)(1 + 3.41\%) = 23632.08$（元）$= 2.36$（万元）

承包商结算报告中该分项工程的工程款为：
$580 \times 1200 \times (1 + 3.5\%)(1 + 3.41\%) = 74.49$（万元）
承包商多报的该分项工程的工程款为：$74.49 - 72.13 = 2.36$（万元）
第14个月应付工程款：$(180 - 2.36) \times (1 - 5\%) = 168.76$（万元）

分部分项工程量清单综合单价分析表（单位：元/m²） 表6-22

项目编号	项目名称	工程内容	综合单价组成					综合单价
			人工费	材料费	机械费	管理费	利润	
020108001001	花岗石墙面	进口花岗石板（25mm）1:3水泥砂浆结合层	33.60	575.5	5.29	15.56	5.44	635.39

6.6.4 竣工验收和竣工决算的编制

6.6.4.1 竣工验收

建设项目竣工验收是指由建设单位、施工单位和项目验收委员会，以项目批准的设计任务书和设计文件，以及国家或部门颁发的施工验收规范和质量检验标准为依据，按照一定的程序和手续，在项目建成并试生产合格后（工业生产性项目），对工程项目的总体进行检验和认证、综合评价和鉴定的活动。在此活动中建设单位、勘察和设计单位、施工单位分别对建设项目的前期决策和可行性研究报告、勘察和设计以及施工的全过程进行最后的评价，对建设项目进展过程中的管理方法进行客观的评价，最后办理建设项目的验收和移交手续，并办理建设项目竣工结算和竣工决算，以及建设项目档案资料的移交和保修手续等。建设项目要想顺利地完成最后竣工验收必须具备以下的条件：

（1）完成建设工程设计和合同约定的各项内容；
（2）有完整的技术档案和施工管理资料；
（3）有工程使用的主要建筑材料、建筑构配件和设备的进场试验报告；
（4）有勘察、设计、施工、工程监理等单位分别签署的质量合格文件；
（5）有施工单位签署的工程保修书。

根据国家颁布的建设法规规定，凡新建、扩建、改建的基本建设项目和技术改造项目（所有列入固定资产投资计划的建设项目或单项工程），已按国家批准的设计文件所规定的内容建成，符合验收标准，不论是属于哪种建设性质，都应及时组织验收，办理固定资产移交手续。

建设项目竣工验收的组织按照国家计委关于《建设项目（工程）竣工验收办法》的规定执行。大中型和限额以上基本建设和技术改造项目，由国家计委或国家计委委托项目主管部门、地方支付部门组织验收。小型和限额以下基本建设和技术改造项目（工程），由项目（工程）主管部门或地方政府部门组织验收。竣工验收根据工程规模大小、复杂程度组成验收委员会，建设单位施工单位、勘察设计单位参加验收工作。验收委员会或验收组的主要职责是：

（1）审查预验收情况报告和移交生产准备情况报告；
（2）审查各种技术资料，如项目可行性研究报告、设计文件、概预算，有关项目建设的重要会议记录，以及各种合同、协议、工程技术经济档案等；
（3）对项目主要生产设备和公用设施进行复验和技术鉴定，审查试车规格，检查试车准备工作，监督检查生产系统的全部带负荷运转，评定工程质量；
（4）处理交接验收过程中出现的有关问题；
（5）核定移交工程清单，签订交工验收证书；
（6）提出竣工验收工作的总结报告和国家验收鉴定书。

6.6.4.2 竣工决算的基本概念

建设项目竣工决算是指所有建设项目竣工后，建设单位按照国家有关规定在新建、改建和扩建工程建设项目竣工验收阶段编制的竣工决算报告。竣工决算由"竣工决算报表"和"竣工情况说明书"两部分组成。一般大、中型建设项目的竣工决算报表包括：竣工工程概况表、竣工财务决算表、建设项目交付使用财产总表和建设项目交付使用财产明细表等；小型建设项目的竣工决算报表一般包括：竣工决算总表和交付使用财产明细表两部分。

（1）竣工决算报告情况说明书

竣工决算报告情况说明书主要反映竣工工程建设成果和经验，是对竣工决算表进行分析和补充说明的文件。其主要内容包括建设项目概况、资金来源及运用等财务分析、基本建设收入、投资包干、竣工结余资金的上交分配情况、各项经济技术指标的分析、工程建设的经验及其他需要解决的问题、需要说明的其他事项。

(2) 竣工财务决算报表

建设项目竣工财务决算报表要根据大、中型建设项目和小型建设项目分别制定。

大、中型建设项目竣工决算报表包括：建设项目竣工财务决算审批表，大、中型建设项目概况表，大、中型建设项目竣工财务决算表，大、中型建设项目交付使用资产总表；

小型建设项目竣工财务决算报表包括：建设项目竣工财务决算审批表，竣工财务决算总表，建设项目交付使用资产明细表。

6.6.4.3 竣工决算的编制

(1) 竣工决算的编制依据

1) 可行性研究报告、投资估算书、初步设计或扩大初步设计、批复文件；
2) 设计变更记录、施工记录或施工签证单及其他施工发生的费用记录；
3) 经批准的施工图预算或标底造价、承包合同、工程结算等有关资料；
4) 历年基建计划、历年财务决算及批复文件；
5) 设备、材料调价文件和调价记录；
6) 其他有关资料。

(2) 竣工决算的编制要求。

1) 按照规定组织竣工验收，保证竣工决算的及时性。
2) 积累、整理竣工项目资料，保证竣工决算的完整性。
3) 清理、核对各项账目，保证竣工决算的正确性。

6.6.4.4 竣工决算中新增资产价值的确定方法

新增固定资产按照资产性质可以分为固定资产、流动资产、无形资产、递延资产和其他资产五大部分。

(1) 新增固定资产价值的确定

新增固定资产价值是以独立发挥生产能力的单项工程为对象的。单项工程建成经过有关部门验收鉴定合格，正式移交生产或使用，就可以计算新增固定资产价值。一次交付生产或使用的工程一次计算新增固定资产的价值，分期分批交付生产或使用的工程，分期分批计算新增固定资产价值。

(2) 流动资产价值的确定

流动资产是指可以在一年内或者超过一年的一个营业周期内变现或者运用的资产。主要包括货币性资金、应收及预付款项、短期投资包括股票、债券、基金、存货。

1) 货币性资金指现金、各种银行存款及其他货币资金。
2) 应收及预付款项。一般情况下应收及预付款项按照企业销售商品、产品或提供劳务时的成交金额入账核算。
3) 短期投资包括股票、债券、基金。股票和债券根据是否可以上市流通分别采用市场法和收益法确定其价值。
4) 存货。存货是指企业的库存材料、在产品、产成品等。各种存货按照取得时的实际成本计价。

(3) 无形资产价值的确定

无形资产是指特定主体所控制的，不具有实物形态，对生产经营长期发挥作用且能够带来经济利益的资源。无形资产的计价原则是投资者按无形资产作为资本金或者合作条件投入时，按评估确认或合同协议约定的金额计价。

（4）递延资产和其他资产价值的确定

1）递延资产价值的确定。

① 开办费是指在筹集期间发生的费用，不能计入固定资产或无形资产价值的费用，主要包括筹建期间人员工资、办公费、员工培训费、差旅费、印刷费、注册登记费以及不计入固定资产和无形资产购建成本的汇兑损益、利息支出等。根据现行财务制度规定，企业筹建期间发生的费用，应于开始生产经营起一次计入开始生产经营当期的损益。企业筹建期间开办费的价值可按其账面价值确定。

② 以经营租赁方式租入的固定资产改良工程支出的计价，应在租赁有限期限内摊入制造费用或管理费用。

2）其他资产。其他资产包括特准储备物资等，按实际入账价值核算。

本 章 小 结

本章介绍了注册造价工程师考试概况，阐述了工程造价的组成内容，我国现行工程造价的构成主要有设备及工、器具购置费用、建筑安装工程费用、工程建设其他费用、预备费、建设期贷款利息、固定资产投资方向调节税等几项，详细说明了各项费用所包含的内容。说明了工程造价定额计价方法以及工程量清单计价的方法。论述了建设工程决策阶段投资估算的计价及财务评价方法及指标体系、施工阶段及建设工程竣工阶段的造价确定。

考试内容与主要课程对应关系见下表。

本章考试内容与主要课程对应关系表

序号	考试内容	主要对应课程名称	备 注
1	6.1 全国注册造价工程师执业资格考试简介	土木工程行业执业资格考试概论	不同学校课程名称可能不同
2	6.2 工程造价概述	土木工程造价	
3	6.3 工程造价的定额计价方法	土木工程造价	
4	6.4 工程量清单计价方法	土木工程造价	
5	6.5 工程造价的计价与控制	土木工程造价、工程项目管理、建设工程监理概论	
6	6.6 建设项目施工阶段造价的确定	土木工程造价、工程项目管理、建设工程招投标与合同管理	

本 章 参 考 文 献

[1] 全国统一建筑安装工程工期定额[S]. 北京：中国计划出版社，2000.

[2] 中华人民共和国建设部，中华人民共和国国家质量监督检验检疫总局联合发布. 建设工程工程量清单计价规范（GB 50500—2003）[S]. 北京：中国计划出版社，2003.

[3] 江苏省工程建设标准定额总站. 2001定额编制说明[M]. 南京：河海大学出版社，2002.

[4] 李希伦. 建设工程工程量清单计价编制实用手册[M]. 北京：中国计划出版社，2003.

[5] 李宏扬．建筑装饰装修工程量清单计价与投标报价[M]．北京：中国建材出版社，2003．
[6] 建设部标准定额研究所．《建设工程工程量清单计价规范》宣贯辅导材料[M]．北京：中国计划出版社，2003．
[7] 江苏省建设厅．江苏省建筑与装饰工程计价表[M]．北京：知识产权出版社，2004．
[8] 江苏省建设厅．江苏省建设工程工程量清单计价项目指引[M]．北京：知识产权出版社，2004．
[9] 卜龙章等．装饰工程定额与预算[M]．南京：东南大学出版社，2004．
[10] 王双增．2009年全国造价工程师执业资格考试考点答疑与例题精解（案例分析分册）[M]．武汉：华中科技大学出版社，2009．
[11] 王清祥．2009年全国造价工程师执业资格考试考点答疑与例题精解——基础课程（土建分册）[M]．北京：华中科技大学出版社，2009．
[12] 全国造价工程师执业资格考试编审组．工程造价计价与控制[M]．北京：中国计划出版社，2009．
[13] 全国造价工程师执业资格考试编审组．工程造价管理基础理论与相关法规[M]．北京：中国计划出版社，2009．
[14] 全国造价工程师执业资格考试编审组．工程造价案例分析[M]．北京：中国计划出版社，2009．
[15] 全国造价工程师执业资格考试编审组．建设工程技术与计量（土建专业）[M]．北京：中国计划出版社，2009．
[16] 全国造价工程师执业资格考试编审组．2009年全国造价工程师执业资格考试大纲[M]．北京：中国计划出版社，2009．

尊敬的读者：

感谢您选购我社图书！建工版图书按图书销售分类在卖场上架，共设22个一级分类及43个二级分类，根据图书销售分类选购建筑类图书会节省您的大量时间。现将建工版图书销售分类及与我社联系方式介绍给您，欢迎随时与我们联系。

★ 建工版图书销售分类表（详见下表）。

★ 欢迎登陆中国建筑工业出版社网站www.cabp.com.cn，本网站为您提供建工版图书信息查询，网上留言、购书服务，并邀请您加入网上读者俱乐部。

★ 中国建筑工业出版社总编室　电　话：010—58337016
　　　　　　　　　　　　　　　传　真：010—68321361

★ 中国建筑工业出版社发行部　电　话：010—58337346
　　　　　　　　　　　　　　　传　真：010—68325420
　　　　　　　　　　　　　　　E-mail：hbw@cabp.com.cn

建工版图书销售分类表

一级分类名称（代码）	二级分类名称（代码）	一级分类名称（代码）	二级分类名称（代码）
建筑学（A）	建筑历史与理论（A10）	园林景观（G）	园林史与园林景观理论（G10）
	建筑设计（A20）		园林景观规划与设计（G20）
	建筑技术（A30）		环境艺术设计（G30）
	建筑表现·建筑制图（A40）		园林景观施工（G40）
	建筑艺术（A50）		园林植物与应用（G50）
建筑设备·建筑材料（F）	暖通空调（F10）	城乡建设·市政工程·环境工程（B）	城镇与乡（村）建设（B10）
	建筑给水排水（F20）		道路桥梁工程（B20）
	建筑电气与建筑智能化技术（F30）		市政给水排水工程（B30）
	建筑节能·建筑防火（F40）		市政供热、供燃气工程（B40）
	建筑材料（F50）		环境工程（B50）
城市规划·城市设计（P）	城市史与城市规划理论（P10）	建筑结构与岩土工程（S）	建筑结构（S10）
	城市规划与城市设计（P20）		岩土工程（S20）
室内设计·装饰装修（D）	室内设计与表现（D10）	建筑施工·设备安装技术（C）	施工技术（C10）
	家具与装饰（D20）		设备安装技术（C20）
	装修材料与施工（D30）		工程质量与安全（C30）
建筑工程经济与管理（M）	施工管理（M10）	房地产开发管理（E）	房地产开发与经营（E10）
	工程管理（M20）		物业管理（E20）
	工程监理（M30）	辞典·连续出版物（Z）	辞典（Z10）
	工程经济与造价（M40）		连续出版物（Z20）
艺术·设计（K）	艺术（K10）	旅游·其他（Q）	旅游（Q10）
	工业设计（K20）		其他（Q20）
	平面设计（K30）	土木建筑计算机应用系列（J）	
执业资格考试用书（R）		法律法规与标准规范单行本（T）	
高校教材（V）		法律法规与标准规范汇编/大全（U）	
高职高专教材（X）		培训教材（Y）	
中职中专教材（W）		电子出版物（H）	

注：建工版图书销售分类已标注于图书封底。